住房和城乡建设部标准定额研究所　　　　建设工程造价技术资料

通用安装工程消耗量

TY 02-31-2021

第八册　工业管道安装工程

TONGYONG ANZHUANG GONGCHENG XIAOHAOLIANG
DI-BA CE GONGYE GUANDAO ANZHUANG GONGCHENG

中国计划出版社

北　京

图书在版编目（CIP）数据

通用安装工程消耗量 : TY02-31-2021. 第八册，工业管道安装工程 / 住房和城乡建设部标准定额研究所组织编制. -- 北京 : 中国计划出版社，2022.2
ISBN 978-7-5182-1406-8

Ⅰ. ①通… Ⅱ. ①住… Ⅲ. ①建筑安装－消耗定额－中国②压力管道－设备安装－消耗定额－中国 Ⅳ. ①TU723.3

中国版本图书馆CIP数据核字(2022)第002793号

责任编辑：沈　建　　　　封面设计：韩可斌
责任校对：杨奇志　袁　铭　　责任印制：康媛媛　王亚军

中国计划出版社出版发行
网址：www.jhpress.com
地址：北京市西城区木樨地北里甲11号国宏大厦C座3层
邮政编码：100038　电话：(010)63906433(发行部)
北京市科星印刷有限责任公司印刷

880mm×1230mm　1/16　33.5印张　1040千字
2022年2月第1版　2022年2月第1次印刷

定价：235.00元

前　　言

工程造价是工程建设管理的重要内容。以人工、材料、机械消耗量分析为基础进行工程计价，是确定和控制工程造价的重要手段之一，也是基于成本的通用计价方法。长期以来，我国建立了以施工阶段为重点，涵盖房屋建筑、市政工程、轨道交通工程等各个专业的计价体系，为确定和控制工程造价、提高我国工程建设的投资效益发挥了重要作用。

随着我国工程建设技术的发展，新的工程技术、工艺、材料和设备不断涌现和应用，落后的工艺、材料、设备和施工组织方式不断被淘汰，工程建设中的人材机消耗量也随之发生变化。2020 年我部办公厅发布《工程造价改革工作方案》（建办标〔2020〕38 号），要求加快转变政府职能，优化概算定额、估算指标编制发布和动态管理，取消最高投标限价按定额计价的规定，逐步停止发布预算定额。为做好改革期间的过渡衔接，在住房和城乡建设部标准定额司的指导下，我所根据工程造价改革的精神，协调 2015 年版《房屋建筑与装饰工程消耗量定额》《市政工程消耗量定额》《通用安装工程消耗量定额》的部分主编单位、参编单位以及全国有关造价管理机构和专家，按照简明适用、动态调整的原则，对上述专业的消耗量定额进行了修订，形成了新的《房屋建筑与装饰工程消耗量》《市政工程消耗量》《通用安装工程消耗量》，由我所以技术资料形式印刷出版，供社会参考使用。

本次经过修订的各专业消耗量，是完成一定计量单位的分部分项工程人工、材料和机械用量，是一段时间内工程建设生产效率社会平均水平的反映。因每个工程项目情况不同，其设计方案、施工队伍、实际的市场信息、招投标竞争程度等内外条件各不相同，工程造价应当在本地区、企业实际人材机消耗量和市场价格的基础上，结合竞争规则、竞争激烈程度等参考选用与合理调整，不应机械地套用。使用本书消耗量造成的任何造价偏差由当事人自行负责。

本次修订中，各主编单位、参编单位、编制人员和审查人员付出了大量心血，在此一并表示感谢。由于水平所限，本书难免有所疏漏，执行中遇到的问题和反馈意见请及时联系主编单位。

住房和城乡建设部标准定额研究所

2021 年 11 月

前言

总 说 明

一、《通用安装工程消耗量》共分十二册,包括:

第一册　机械设备安装工程

第二册　热力设备安装工程

第三册　静置设备与工艺金属结构制作安装工程

第四册　电气设备与线缆安装工程

第五册　建筑智能化工程

第六册　自动化控制仪表安装工程

第七册　通风空调安装工程

第八册　工业管道安装工程

第九册　消防安装工程

第十册　给排水、采暖、燃气安装工程

第十一册　信息通信设备与线缆安装工程

第十二册　防腐蚀、绝热工程

二、本消耗量适用于工业与民用新建、扩建工程项目中的通用安装工程。

三、本消耗量在《通用安装工程消耗量定额》TY 02-31-2015 基础上,以国家和有关行业发布的现行设计规程或规范、施工及验收规范、技术操作规程、质量评定标准、产品标准和安全操作规程、绿色建造规定、通用施工组织与施工技术等为依据编制。同时参考了有关省市、部委、行业、企业定额,以及典型工程设计、施工和其他资料。

四、本消耗量按照正常施工组织和施工条件,国内大多数施工企业采用的施工方法、机械装备水平、合理的劳动组织及工期进行编制。

1. 设备、材料、成品、半成品、构配件完整无损,符合质量标准和设计要求,附有合格证书和检验、试验合格记录。

2. 安装工程和土建工程之间的交叉作业合理、正常。

3. 正常的气候、地理条件和施工环境。

4. 安装地点、建筑物实体、设备基础、预留孔洞、预留埋件等均符合安装设计要求。

五、关于人工:

1. 本消耗量人工以合计工日表示,分别列出普工、一般技工和高级技工的工日消耗量。

2. 人工消耗量包括基本用工、辅助用工和人工幅度差。

3. 人工每工日按照 8 小时工作制计算。

六、关于材料:

1. 本消耗量材料泛指原材料、成品、半成品,包括施工中主要材料、辅助材料、周转材料和其他材料。本消耗量中以“(×××)”表示的材料为主要材料。

2. 材料用量:

(1)本消耗量中材料用量包括净用量和损耗量。

(2)材料损耗量包括从工地仓库运至安装堆放地点或现场加工地点运至安装地点的搬运损耗、安装操作损耗、安装地点堆放损耗。

(3)材料损耗量不包括场外的运输损失、仓库(含露天堆场)地点或现场加工地点保管损耗、由于材料规格和质量不符合要求而报废的数量;不包括规范、设计文件规定的预留量、搭接量、冗余量。

3. 本消耗量中列出的周转性材料用量是按照不同施工方法、考虑不同工程项目类别、选取不同材料规格综合计算出的摊销量。

4. 对于用量少、低值易耗的零星材料，列为其他材料。按照消耗性材料费用比例计算。

七、关于机械：

1. 本消耗量施工机械是按照常用机械、合理配备考虑，同时结合施工企业的机械化能力与水平等情况综合确定。

2. 本消耗量中的施工机械台班消耗量是按照机械正常施工效率并考虑机械施工适当幅度差综合取定。

3. 原单位价值在 2 000 元以内、使用年限在一年以内不构成固定资产的施工机械，不列入机械台班消耗量，其消耗的燃料动力等综合在其他材料费中。

八、关于仪器仪表：

1. 本消耗量仪器仪表是按照正常施工组织、施工技术水平考虑，同时结合市场实际情况综合确定。

2. 本消耗量中的仪器仪表台班消耗量是按照仪器仪表正常使用率，并考虑必要的检验检测及适当幅度差综合取定。

3. 原单位价值在 2 000 元以内、使用年限在一年以内不构成固定资产的仪器仪表，不列入仪器仪表台班消耗量，其消耗的燃料动力等综合在其他材料费中。

九、关于水平运输和垂直运输：

1. 水平运输：

（1）水平运输距离是指自现场仓库或指定堆放地点运至安装地点或垂直运输点的距离。本消耗量设备水平运距按照 200m、材料（含成品、半成品）水平运距按照 300m 综合取定，执行消耗量时不做调整。

（2）消耗量未考虑场外运输和场内二次搬运。工程实际发生时应根据有关规定另行计算。

2. 垂直运输：

（1）垂直运输基准面为室外地坪。

（2）本消耗量垂直运输按照建筑物层数 6 层以下、建筑高度 20m 以下、地下深度 10m 以内考虑，工程实际超过时，通过计算建筑物超高（深）增加费处理。

十、关于安装操作高度：

1. 安装操作基准面一般是指室外地坪或室内各层楼地面地坪。

2. 安装操作高度是指安装操作基准面至安装点的垂直高度。本消耗量除各册另有规定者外，安装操作高度综合取定为 6m 以内。工程实际超过时，计算安装操作高度增加费。

十一、关于建筑超高（深）增加费：

1. 建筑超高（深）增加费是指在建筑物层数 6 层以上、建筑高度 20m 以上、地下深度 10m 以上的建筑施工时，计算由于建筑超高（深）需要增加的安装费。各册另有规定者除外。

2. 建筑超高（深）增加费包括人工降效、使用机械（含仪器仪表、工具用具）降效、延长垂直运输时间等费用。

3. 建筑超高（深）增加费，以单位工程（群体建筑以车间或单楼设计为准）全部工程量（含地下、地上部分）为基数，按照系数法计算。系数详见各册说明。

4. 单位工程（群体建筑以车间或单楼设计为准）满足建筑高度、建筑物层数、地下深度之一者，应计算建筑超高（深）增加费。

十二、关于脚手架搭拆：

1. 本消耗量脚手架搭拆是根据施工组织设计、满足安装需要所采取的安装措施。脚手架搭拆除满足自身安全外，不包括工程项目安全、环保、文明等工作内容。

2. 脚手架搭拆综合考虑了不同的结构形式、材质、规模、占用时间等要素，执行消耗量时不做调整。

3. 在同一个单位工程内有若干专业安装时，凡符合脚手架搭拆计算规定，应分别计取脚手架搭拆费用。

十三、本消耗量没有考虑施工与生产同时进行、在有害身体健康（防腐蚀工程、检测项目除外）条件下施工时的降效，工程实际发生时根据有关规定另行计算。

十四、本消耗量适用于工程项目施工地点在海拔高度 2 000m 以下施工，超过时按照工程项目所在地区的有关规定执行。

十五、本消耗量中注有“××以内”或“××以下”及“小于”者，均包括××本身；注有“××以外”或“××以上”及“大于”者，则不包括××本身。

说明中未注明（或省略）尺寸单位的宽度、厚度、断面等，均以“mm”为单位。

十六、凡本说明未尽事宜，详见各册说明。

册 说 明

一、第八册《工业管道安装工程》(以下简称“本册”)适用于厂区内车间、装置、站、罐区及其相互之间(室外)输送各种生产介质的管道安装工程。包括:管道与管件安装、阀门与法兰安装、管道压力试验与清洗、检测与热处理、管道附件制作与安装等。

二、本册主要依据的标准规范有:

1.《工业金属管道工程施工规范》GB 50235—2010;

2.《工业金属管道工程施工质量验收规范》GB 50184—2011;

3.《现场设备、工业管道焊接工程施工规范》GB 50236—2011;

4.《现场设备、工业管道焊接工程施工质量验收规范》GB 50683—2011;

5.《焊缝无损检测　射线检测》GB/T 3323—2019;

6.《承压设备无损检测》NB/T 47013—2015;

7.《气焊、焊条电弧焊、气体保护焊和高能束焊的推荐坡口》GB/T 985.1—2008;

8.《通用安装工程消耗量定额》TY 02-31-2015;

9. 相关标准图集和技术手册。

三、本册管道压力等级的划分:低压:$0<P\leq1.6$MPa;中压:$1.6\text{MPa}<P\leq10$MPa;高压:$10\text{MPa}<P\leq42$MPa;蒸汽管道 $P\geq9$MPa、工作温度≥500℃时划分为高压。$P>42$MPa 时参照相应行业指标。

四、管道分界:

1. 厂区内外工业管道以第一个连接点分界。

2. 给水(包括生产与生活共用、生产与消防公用)管道以入口水表井分界。

3. 排水(包括分流制废水、合流制废水)以厂区围墙外第一个排放井分界。

4. 蒸汽、燃气管道以入口第一个计量表(或阀门井中连接阀)分界。

5. 锅炉房、水泵房等室内外管道以建筑物(或构筑物)外墙面 1.5m 分界。

五、本册除各章另有说明外,均包括下列工作内容:施工准备、材料及工机具场内运输、临时移动水源与电源、配合检查验收等。

六、本册不包括下列内容:

1. 随设备、装置成套供货预制成型的本体管道安装。

2. 单体试运所需的水、电、蒸汽、气体、油(油脂)、燃气等。

3. 配合联动试运。

4. 防腐蚀、绝热。

5. 管道安装后充氮、防冻保护。

七、执行说明:

1. 管道安装按照设计压力执行相应项目,管件、阀门、法兰按公称压力执行相应项目。

2. 方型补偿器直管件安装执行第一章“管道安装”相应项目,其他部件安装执行第二章“管道连接”相应项目。

3. 厂区围墙外 10km 以内的管道安装项目,其人工、机械乘以系数 1.10,柴油发电机台班另计。

4. 整体封闭式(非盖板封闭)地沟的管道施工,其人工乘以系数 1.12。

5. 超低(高)碳不锈钢管道安装执行相应不锈钢管项目,其人工、机械乘以系数 1.15;焊接材料类别可以替换,消耗量不变。

6. 各种材质管道安装使用特殊焊接材料时可以替换,消耗量不变。

7. 低压螺旋卷管(管件)电弧焊执行中压管道(管件)相应项目乘以系数 0.80。

8. 吊装机械按照50t以内汽车式起重机综合取定。工程实际吊装重量、安装高度必须使用大于50t起重机械时,按照施工方案另行计算。

9. 生活用各种管道执行第十册《给排水、采暖、燃气安装工程》相应项目,消防管道执行第九册《消防安装工程》相应项目。

10. 预应力混凝土管道及其管件安装执行市政相应项目。

11. 厂区内地下管道安装土建配套工程执行《房屋建筑与装饰工程消耗量》TY 01-31-2021,厂区外地下管道安装土建配套工程执行《市政工程消耗量》ZYA 1-31-2021。

12. 防腐蚀、绝热工程执行第十二册《防腐蚀、绝热工程》相应项目。

八、下列费用可按系数分别计取:

1. 脚手架搭拆费按照项目人工费7%计算,其中:人工为40%,材料为53%,机械为7%;埋地管道不计取脚手架搭拆费。

2. 安装高度超过安装操作基准面6m时,超过部分工程量按照项目人工费乘以下表系数计算操作高度增加费。

操作高度增加费系数

安装高度距离安装操作基准面(m)	≤10	≤30	≤50
系数	0.1	0.2	0.5

目　录

第一章　管 道 安 装

第二章　管 件 连 接

第三章　阀门安装

第四章　法兰安装

第五章 管道压力试验、吹扫与清洗

第六章 无损检测与焊口热处理

第七章　其　　他

附　　录

第一章　管 道 安 装

说 明

一、本章包括碳钢管、不锈钢管、合金钢管及有色金属管、非金属管、生产用铸铁管等的安装。

二、本章不包括以下工作内容：

1. 管件连接；
2. 阀门安装；
3. 法兰安装；
4. 管道压力试验、吹扫与清洗；
5. 焊口无损检测、预热及后热、热处理、硬度测定、光谱分析；
6. 管道支吊架制作、安装。

三、有关说明：

1. 管廊及地下管网主材用量，按施工图净用量加规定的损耗量计算。
2. 法兰连接金属软管安装，包括两个垫片和两副法兰用螺栓的安装，螺栓材料量按施工图设计用量加规定的损耗量计算。
3. 不锈钢管道（氩弧焊及氩电联焊）安装项目中不包括充氩保护的工作内容。

工程量计算规则

一、管道安装按不同压力、材质、连接形式,以“10m”为计量单位。

二、各种管道安装工程量,按设计管道中心线以“延长米”长度计算,不扣除阀门及各种管件等所占长度。

三、夹套管安装,内、外管及跨接管分别计算工程量;外管及跨接管按相应管道安装项目,人工、机械乘以系数 1.20。

四、金属软管安装按不同连接形式,以“根”为计量单位。

五、钢套钢直埋保温管道安装按内管公称直径计算工程量。

一、低 压 管 道

1.碳钢有缝钢管(螺纹连接)

工作内容:准备工作,管子切口,套丝,管口组对,管道连接。　　**计量单位:**10m

编　号				8-1-1	8-1-2	8-1-3	8-1-4	8-1-5	8-1-6
项　目				公称直径(mm 以内)					
				15	20	25	32	40	50
名　称			单位	消　耗　量					
人工	合计工日		工日	0.404	0.446	0.509	0.557	0.604	0.679
	其中	普工	工日	0.102	0.111	0.127	0.139	0.151	0.170
		一般技工	工日	0.262	0.290	0.331	0.362	0.393	0.441
		高级技工	工日	0.040	0.045	0.051	0.056	0.060	0.068
材料	碳钢管		m	(9.046)	(9.046)	(9.046)	(9.046)	(9.046)	(8.906)
	氧气		m^3	—	—	0.009	0.013	0.016	0.019
	乙炔气		kg	—	—	0.004	0.005	0.006	0.007
	尼龙砂轮片 $\phi500\times25\times4$		片	0.004	0.005	0.006	0.008	0.009	0.011
	聚四氟乙烯生料带		m	0.518	0.636	0.801	0.989	1.130	1.342
	机油		kg	0.010	0.012	0.015	0.018	0.022	0.026
	其他材料费		%	1.00	1.00	1.00	1.00	1.00	1.00
机械	砂轮切割机 $\phi500$		台班	0.001	0.001	0.002	0.003	0.003	0.003
	管子切断套丝机 159mm		台班	0.018	0.018	0.018	0.020	0.020	0.020

2. 碳钢管（电弧焊）

工作内容：准备工作，管子切口，坡口加工，坡口磨平，管口组对，焊接，管口封闭，管道安装。

计量单位：10m

编号				8-1-7	8-1-8	8-1-9	8-1-10	8-1-11	8-1-12	8-1-13
项目				公称直径（mm 以内）						
				15	20	25	32	40	50	65
名称			单位	消耗量						
人工	合计工日		工日	0.333	0.361	0.433	0.486	0.534	0.597	0.764
	其中	普工	工日	0.083	0.089	0.108	0.122	0.133	0.149	0.191
		一般技工	工日	0.217	0.235	0.282	0.316	0.347	0.388	0.496
		高级技工	工日	0.033	0.037	0.043	0.048	0.054	0.060	0.077
材料	碳钢管		m	(9.137)	(9.137)	(9.137)	(9.137)	(9.137)	(8.996)	(8.996)
	低碳钢焊条 J427 $\phi3.2$		kg	0.022	0.028	0.039	0.049	0.075	0.089	0.163
	氧气		m^3	0.001	0.001	0.001	0.006	0.006	0.009	0.211
	乙炔气		kg	0.001	0.001	0.001	0.002	0.002	0.003	0.081
	尼龙砂轮片 $\phi100\times16\times3$		片	0.038	0.049	0.086	0.096	0.134	0.155	0.200
	尼龙砂轮片 $\phi500\times25\times4$		片	0.002	0.002	0.004	0.005	0.006	0.007	—
	磨头		个	0.013	0.016	0.020	0.024	0.028	0.033	0.044
	钢丝 $\phi4.0$		kg	0.065	0.070	0.071	0.072	0.073	0.074	0.075
	塑料布		m^2	0.149	0.158	0.165	0.175	0.196	0.216	0.238
	碎布		kg	0.087	0.096	0.186	0.207	0.207	0.237	0.241
	其他材料费		%	1.00	1.00	1.00	1.00	1.00	1.00	1.00
机械	电焊机（综合）		台班	0.024	0.031	0.041	0.050	0.057	0.071	0.114
	砂轮切割机 $\phi500$		台班	0.001	0.001	0.002	0.003	0.003	0.003	—
	电焊条烘干箱 $60\times50\times75$（cm^3）		台班	0.002	0.003	0.004	0.005	0.006	0.007	0.012
	电焊条恒温箱		台班	0.002	0.003	0.004	0.005	0.006	0.007	0.012

计量单位：10m

编　号			8-1-14	8-1-15	8-1-16	8-1-17	8-1-18	8-1-19	8-1-20
项　目			公称直径（mm 以内）						
			80	100	125	150	200	250	300
名　称		单位	消　耗　量						
人工	合计工日	工日	0.902	1.008	1.190	1.399	1.603	2.022	2.245
人工	其中 普工	工日	0.224	0.252	0.298	0.349	0.401	0.506	0.562
人工	其中 一般技工	工日	0.587	0.655	0.773	0.910	1.042	1.314	1.459
人工	其中 高级技工	工日	0.091	0.101	0.119	0.140	0.160	0.202	0.224
材料	碳钢管	m	(8.996)	(8.996)	(8.845)	(8.845)	(8.845)	(8.798)	(8.798)
材料	低碳钢焊条 J427 ϕ3.2	kg	0.225	0.325	0.393	0.625	0.992	1.625	2.205
材料	氧气	m^3	0.275	0.333	0.410	0.490	0.684	0.951	1.085
材料	乙炔气	kg	0.106	0.128	0.158	0.188	0.263	0.366	0.417
材料	尼龙砂轮片 $\phi100\times16\times3$	片	0.323	0.360	0.489	0.611	0.936	1.370	1.954
材料	磨头	个	0.052	0.066	—	—	—	—	—
材料	角钢（综合）	kg	—	—	—	—	0.137	0.137	0.138
材料	钢丝 ϕ4.0	kg	0.076	0.077	0.077	0.078	0.079	0.080	0.081
材料	塑料布	m^2	0.266	0.314	0.368	0.431	0.560	0.713	0.878
材料	碎布	kg	0.289	0.338	0.367	0.393	0.475	0.530	0.548
材料	其他材料费	%	1.00	1.00	1.00	1.00	1.00	1.00	1.00
机械	电焊机（综合）	台班	0.134	0.194	0.218	0.273	0.388	0.549	0.580
机械	汽车式起重机 8t	台班	—	0.005	0.006	0.008	0.015	0.024	0.030
机械	吊装机械（综合）	台班	—	0.055	0.071	0.071	0.091	0.126	0.126
机械	载货汽车 - 普通货车 8t	台班	—	0.005	0.006	0.008	0.015	0.024	0.030
机械	电焊条烘干箱 $60\times50\times75$（cm^3）	台班	0.013	0.020	0.022	0.028	0.039	0.055	0.058
机械	电焊条恒温箱	台班	0.013	0.020	0.022	0.028	0.039	0.055	0.058

计量单位：10m

编号				8-1-21	8-1-22	8-1-23	8-1-24	8-1-25
项目				公称直径（mm 以内）				
				350	400	450	500	600
名称			单位	消耗量				
人工	合计工日		工日	2.462	2.818	3.434	4.123	4.812
	其中	普工	工日	0.616	0.705	0.859	1.030	1.203
		一般技工	工日	1.600	1.831	2.232	2.681	3.128
		高级技工	工日	0.246	0.282	0.343	0.412	0.481
材料	碳钢管		m	（8.798）	（8.798）	（8.695）	（8.695）	（8.695）
	低碳钢焊条 J427 $\phi3.2$		kg	2.625	4.125	5.031	6.375	8.548
	氧气		m^3	1.300	1.698	1.970	2.175	2.617
	乙炔气		kg	0.500	0.653	0.758	0.837	1.007
	尼龙砂轮片 $\phi100\times16\times3$		片	2.163	3.185	3.756	4.313	5.129
	角钢（综合）		kg	0.138	0.138	0.138	0.138	0.138
	钢丝 $\phi4.0$		kg	0.082	0.083	0.084	0.085	0.086
	塑料布		m^2	1.061	1.196	1.473	1.698	1.923
	碎布		kg	0.584	0.610	0.689	0.780	0.869
	其他材料费		%	1.00	1.00	1.00	1.00	1.00
机械	电焊机（综合）		台班	0.612	0.693	0.815	0.901	0.986
	汽车式起重机 8t		台班	0.042	0.049	0.060	0.067	0.067
	吊装机械（综合）		台班	0.140	0.153	0.167	0.167	0.173
	载货汽车－普通货车 8t		台班	0.042	0.049	0.060	0.067	0.067
	电焊条烘干箱 $60\times50\times75(cm^3)$		台班	0.061	0.069	0.082	0.090	0.098
	电焊条恒温箱		台班	0.061	0.069	0.082	0.090	0.098

3. 碳钢管（氩电联焊）

工作内容：准备工作，管子切口，坡口加工，坡口磨平，管口组对，焊接，管口封闭，管道安装。

计量单位：10m

编号			8-1-26	8-1-27	8-1-28	8-1-29	8-1-30	8-1-31	8-1-32
项目			公称直径（mm 以内）						
			15	20	25	32	40	50	65
名称		单位	消耗量						
人工	合计工日	工日	0.375	0.408	0.493	0.554	0.609	0.706	0.882
人工	其中 普工	工日	0.094	0.103	0.124	0.139	0.153	0.176	0.220
人工	其中 一般技工	工日	0.244	0.264	0.320	0.360	0.396	0.459	0.574
人工	其中 高级技工	工日	0.037	0.041	0.049	0.055	0.060	0.071	0.088
材料	碳钢管	m	(9.137)	(9.137)	(9.137)	(9.137)	(9.137)	(8.996)	(8.996)
材料	低碳钢焊条 J427 ϕ3.2	kg	—	—	—	—	—	0.044	0.113
材料	碳钢焊丝	kg	0.011	0.014	0.025	0.028	0.038	0.020	0.027
材料	氧气	m^3	0.001	0.001	0.001	0.006	0.006	0.009	0.195
材料	乙炔气	kg	0.001	0.001	0.001	0.002	0.002	0.003	0.075
材料	氩气	m^3	0.031	0.040	0.063	0.070	0.107	0.057	0.075
材料	铈钨棒	g	0.062	0.079	0.125	0.150	0.215	0.113	0.150
材料	尼龙砂轮片 $\phi100\times16\times3$	片	0.037	0.048	0.085	0.095	0.131	0.148	0.199
材料	尼龙砂轮片 $\phi500\times25\times4$	片	0.002	0.002	0.004	0.005	0.006	0.007	0.012
材料	磨头	个	0.013	0.016	0.020	0.024	0.028	0.033	0.044
材料	钢丝 ϕ4.0	kg	0.076	0.078	0.079	0.080	0.081	0.084	0.087
材料	塑料布	m^2	0.150	0.157	0.165	0.174	0.196	0.216	0.238
材料	碎布	kg	0.093	0.097	0.187	0.207	0.207	0.237	0.268
材料	其他材料费	%	1.00	1.00	1.00	1.00	1.00	1.00	1.00
机械	电焊机（综合）	台班	—	—	—	—	—	0.050	0.061
机械	氩弧焊机 500A	台班	0.021	0.028	0.036	0.045	0.051	0.054	0.056
机械	砂轮切割机 ϕ500	台班	0.001	0.001	0.002	0.003	0.003	0.003	0.004
机械	电焊条烘干箱 $60\times50\times75$（cm^3）	台班	—	—	—	—	—	0.005	0.006
机械	电焊条恒温箱	台班	—	—	—	—	—	0.005	0.006

计量单位：10m

编号			8-1-33	8-1-34	8-1-35	8-1-36	8-1-37	8-1-38	8-1-39
项目			公称直径（mm以内）						
			80	100	125	150	200	250	300
名称		单位	消耗量						
人工	合计工日	工日	1.041	1.254	1.360	1.501	1.718	2.169	2.426
人工	其中 普工	工日	0.261	0.314	0.340	0.376	0.429	0.543	0.606
人工	其中 一般技工	工日	0.676	0.815	0.884	0.975	1.117	1.409	1.577
人工	其中 高级技工	工日	0.104	0.125	0.136	0.150	0.172	0.217	0.243
材料	碳钢管	m	(8.996)	(8.996)	(8.845)	(8.845)	(8.845)	(8.798)	(8.798)
材料	低碳钢焊条 J427 ϕ3.2	kg	0.163	0.246	0.313	0.488	0.837	1.494	1.790
材料	碳钢焊丝	kg	0.031	0.041	0.048	0.057	0.080	0.098	0.119
材料	氧气	m^3	0.256	0.306	0.375	0.459	0.650	0.848	1.035
材料	乙炔气	kg	0.098	0.118	0.144	0.177	0.250	0.326	0.398
材料	氩气	m^3	0.088	0.113	0.131	0.160	0.223	0.275	0.333
材料	铈钨棒	g	0.175	0.227	0.263	0.320	0.445	0.550	0.665
材料	尼龙砂轮片 $\phi100\times16\times3$	片	0.320	0.356	0.483	0.605	0.927	1.358	1.940
材料	尼龙砂轮片 $\phi500\times25\times4$	片	0.016	0.020	0.027	—	—	—	—
材料	磨头	个	0.052	0.066	—	—	—	—	—
材料	角钢（综合）	kg	—	—	—	—	0.137	0.137	0.138
材料	钢丝 ϕ4.0	kg	0.089	0.095	0.099	0.104	0.114	0.123	0.133
材料	塑料布	m^2	0.267	0.314	0.369	0.431	0.560	0.713	0.878
材料	碎布	kg	0.289	0.338	0.367	0.393	0.475	0.528	0.548
材料	其他材料费	%	1.00	1.00	1.00	1.00	1.00	1.00	1.00
机械	电焊机（综合）	台班	0.070	0.135	0.138	0.191	0.291	0.453	0.490
机械	氩弧焊机 500A	台班	0.066	0.084	0.100	0.119	0.165	0.204	0.210
机械	砂轮切割机 ϕ500	台班	0.005	0.009	0.009	—	—	—	—
机械	半自动切割机 100mm	台班	—	—	—	0.061	0.087	0.123	0.128
机械	汽车式起重机 8t	台班	—	0.005	0.007	0.011	0.017	0.029	0.035
机械	吊装机械（综合）	台班	—	0.055	0.071	0.071	0.090	0.126	0.126
机械	载货汽车－普通货车 8t	台班	—	0.005	0.007	0.011	0.017	0.029	0.035
机械	电焊条烘干箱 $60\times50\times75$（cm^3）	台班	0.007	0.013	0.014	0.019	0.029	0.045	0.049
机械	电焊条恒温箱	台班	0.007	0.013	0.014	0.019	0.029	0.045	0.049

计量单位：10m

编号				8-1-40	8-1-41	8-1-42	8-1-43	8-1-44
项目				公称直径（mm 以内）				
				350	400	450	500	600
名称			单位	消耗量				
人工	合计工日		工日	2.924	3.047	3.706	4.430	5.270
	其中	普工	工日	0.731	0.761	0.927	1.108	1.317
		一般技工	工日	1.901	1.981	2.408	2.879	3.426
		高级技工	工日	0.292	0.305	0.371	0.443	0.527
材料	碳钢管		m	（8.798）	（8.798）	（8.695）	（8.695）	（8.695）
	低碳钢焊条 J427 ϕ3.2		kg	2.250	3.750	4.666	5.875	8.052
	碳钢焊丝		kg	0.138	0.156	0.176	0.194	0.232
	氧气		m^3	1.193	1.623	1.772	2.095	2.486
	乙炔气		kg	0.459	0.624	0.682	0.806	0.956
	氩气		m^3	0.388	0.435	0.491	0.544	0.649
	铈钨棒		g	0.763	0.869	0.983	1.088	1.298
	尼龙砂轮片 $\phi100 \times 16 \times 3$		片	2.148	3.163	3.734	4.291	5.100
	角钢（综合）		kg	0.138	0.138	0.138	0.138	0.138
	钢丝 ϕ4.0		kg	0.142	0.152	0.161	0.170	0.179
	塑料布		m^2	1.061	1.196	1.473	1.698	1.923
	碎布		kg	0.584	0.610	0.689	0.780	0.869
	其他材料费		%	1.00	1.00	1.00	1.00	1.00
机械	电焊机（综合）		台班	0.525	0.595	0.719	0.795	0.871
	氩弧焊机 500A		台班	0.216	0.246	0.276	0.306	0.336
	半自动切割机 100mm		台班	0.132	0.143	0.164	0.186	0.207
	汽车式起重机 8t		台班	0.050	0.056	0.070	0.077	0.085
	吊装机械（综合）		台班	0.140	0.153	0.167	0.167	0.167
	载货汽车－普通货车 8t		台班	0.050	0.056	0.070	0.077	0.085
	电焊条烘干箱 $60 \times 50 \times 75$（cm^3）		台班	0.052	0.060	0.072	0.079	0.087
	电焊条恒温箱		台班	0.052	0.060	0.072	0.079	0.087

4.碳钢伴热管(电弧焊)

工作内容:准备工作,管子切口,煨弯,管口组对,焊接,绑扎,管道安装。　　**计量单位:**10m

编号				8-1-45	8-1-46	8-1-47	8-1-48	8-1-49	8-1-50
项目				用于装置内管道			用于外管廊管道		
				公称直径(mm 以内)					
				15	20	25	15	20	25
名称			单位	消耗量					
人工	合计工日		工日	1.688	1.980	2.228	0.800	0.923	0.984
	其中	普工	工日	0.422	0.495	0.557	0.200	0.231	0.246
		一般技工	工日	1.097	1.287	1.448	0.520	0.600	0.640
		高级技工	工日	0.169	0.198	0.223	0.080	0.092	0.098
材料	碳钢管		m	(10.200)	(10.200)	(10.200)	(10.150)	(10.150)	(10.150)
	低碳钢焊条 J427 ϕ3.2		kg	0.043	0.054	0.086	0.029	0.035	0.052
	氧气		m^3	0.160	0.220	0.390	0.070	0.095	0.160
	乙炔气		kg	0.062	0.085	0.150	0.027	0.037	0.062
	尼龙砂轮片 $\phi100\times16\times3$		片	0.005	0.007	0.008	0.003	0.004	0.005
	尼龙砂轮片 $\phi500\times25\times4$		片	0.011	0.015	0.019	0.008	0.010	0.012
	镀锌钢带		kg	0.756	0.960	1.254	0.756	0.960	1.254
	碎布		kg	0.089	0.093	0.180	0.088	0.091	0.178
	磨头		个	0.003	0.019	0.047	0.002	0.026	0.031
	其他材料费		%	1.00	1.00	1.00	1.00	1.00	1.00
机械	砂轮切割机 ϕ500		台班	0.001	0.002	0.005	0.001	0.002	0.002
	电焊机(综合)		台班	0.029	0.037	0.049	0.017	0.028	0.031
	电焊条恒温箱		台班	0.003	0.003	0.005	0.002	0.002	0.003
	电焊条烘干箱 $60\times50\times75$(cm^3)		台班	0.003	0.003	0.005	0.002	0.002	0.003

5. 碳钢伴热管(氩弧焊)

工作内容: 准备工作,管子切口,煨弯,管口组对,焊接,绑扎,管道安装。　　**计量单位:** 10m

编号				8-1-51	8-1-52	8-1-53	8-1-54	8-1-55	8-1-56
项目				用于装置内管道			用于外管廊管道		
				公称直径(mm 以内)					
				15	20	25	15	20	25
名称			单位	消耗量					
人工	合计工日		工日	1.908	2.237	2.517	0.903	1.043	1.112
	其中	普工	工日	0.477	0.559	0.630	0.226	0.262	0.278
		一般技工	工日	1.240	1.454	1.635	0.587	0.677	0.723
		高级技工	工日	0.191	0.224	0.252	0.090	0.104	0.111
材料	碳钢管		m	(10.200)	(10.200)	(10.200)	(10.150)	(10.150)	(10.150)
	碳钢氩弧焊丝		kg	0.046	0.057	0.091	0.031	0.037	0.055
	氧气		m^3	0.170	0.234	0.414	0.073	0.101	0.170
	乙炔气		kg	0.065	0.090	0.159	0.028	0.039	0.065
	氩气		m^3	0.063	0.080	0.127	0.042	0.053	0.085
	铈钨棒		g	0.125	0.159	0.255	0.085	0.106	0.170
	尼龙砂轮片 $\phi100\times16\times3$		片	0.005	0.007	0.008	0.003	0.004	0.005
	尼龙砂轮片 $\phi500\times25\times4$		片	0.012	0.016	0.020	0.008	0.011	0.013
	磨头		个	0.003	0.020	0.050	0.002	0.028	0.033
	镀锌钢带		kg	0.801	1.017	1.328	0.801	1.017	1.328
	碎布		kg	0.095	0.098	0.190	0.093	0.097	0.188
	其他材料费		%	1.00	1.00	1.00	1.00	1.00	1.00
机械	氩弧焊机 500A		台班	0.024	0.032	0.043	0.015	0.023	0.028
	砂轮切割机 $\phi500$		台班	0.001	0.002	0.005	0.001	0.002	0.003

6. 碳钢板卷管(电弧焊)

工作内容:准备工作,管子切口,坡口加工,坡口磨平,管口组对,焊接,管道安装。 **计量单位:**10m

编号				8-1-57	8-1-58	8-1-59	8-1-60	8-1-61	8-1-62
项目				公称直径(mm 以内)					
				200	250	300	350	400	450
名称			单位	消耗量					
人工	合计工日		工日	1.273	1.486	1.764	2.150	2.498	3.058
	其中	普工	工日	0.319	0.371	0.441	0.539	0.624	0.765
		一般技工	工日	0.827	0.966	1.147	1.397	1.624	1.988
		高级技工	工日	0.127	0.149	0.176	0.214	0.250	0.305
材料	碳钢板卷管		m	(9.287)	(9.287)	(9.287)	(9.287)	(9.287)	(9.193)
	低碳钢焊条 J427 ϕ3.2		kg	0.787	0.984	1.173	2.145	2.427	2.725
	氧气		m^3	0.706	0.918	1.116	1.318	1.402	1.513
	乙炔气		kg	0.272	0.353	0.429	0.507	0.539	0.582
	尼龙砂轮片 $\phi100\times16\times3$		片	0.962	1.401	1.445	1.847	2.468	2.791
	角钢(综合)		kg	0.162	0.162	0.162	0.162	0.162	0.162
	碎布		kg	0.055	0.067	0.081	0.092	0.104	0.117
	其他材料费		%	1.00	1.00	1.00	1.00	1.00	1.00
机械	电焊机(综合)		台班	0.197	0.246	0.294	0.403	0.456	0.512
	汽车式起重机 8t		台班	0.015	0.019	0.022	0.027	0.030	0.043
	吊装机械(综合)		台班	0.090	0.097	0.102	0.111	0.118	0.128
	载货汽车－普通货车 8t		台班	0.015	0.019	0.022	0.027	0.030	0.043
	电焊条烘干箱 $60\times50\times75(cm^3)$		台班	0.020	0.024	0.029	0.040	0.046	0.052
	电焊条恒温箱		台班	0.020	0.024	0.029	0.040	0.046	0.052

计量单位：10m

编　号				8-1-63	8-1-64	8-1-65	8-1-66	8-1-67	8-1-68
项　目				公称直径（mm 以内）					
				500	600	700	800	900	1 000
名　称			单位	消　耗　量					
人工	合计工日		工日	3.570	4.306	5.055	5.784	6.489	7.260
	其中	普工	工日	0.893	1.076	1.264	1.445	1.622	1.815
		一般技工	工日	2.320	2.799	3.286	3.760	4.218	4.719
		高级技工	工日	0.357	0.431	0.505	0.579	0.649	0.726
材料	碳钢板卷管		m	（9.193）	（9.193）	（9.090）	（9.090）	（9.090）	（8.996）
	低碳钢焊条 J427 ϕ3.2		kg	3.018	5.338	6.110	7.798	8.758	10.846
	氧气		m^3	1.585	1.861	2.427	2.809	3.150	3.821
	乙炔气		kg	0.610	0.716	0.933	1.080	1.212	1.470
	碳精棒		kg	—	0.079	0.090	0.102	0.115	0.127
	尼龙砂轮片 $\phi100 \times 16 \times 3$		片	3.196	4.031	4.808	5.663	6.344	7.714
	角钢（综合）		kg	0.162	0.162	0.179	0.179	0.179	0.179
	碎布		kg	0.128	0.156	0.176	0.202	0.226	0.277
	其他材料费		%	1.00	1.00	1.00	1.00	1.00	1.00
机械	电焊机（综合）		台班	0.568	0.787	0.943	1.077	1.210	1.355
	汽车式起重机 8t		台班	0.049	0.054	0.062	0.078	0.088	0.109
	吊装机械（综合）		台班	0.147	0.153	0.173	0.188	0.204	0.270
	载货汽车－普通货车 8t		台班	0.049	0.054	0.062	0.078	0.088	0.109
	电焊条烘干箱 $60 \times 50 \times 75$（cm^3）		台班	0.056	0.079	0.094	0.108	0.131	0.135
	电焊条恒温箱		台班	0.056	0.079	0.094	0.108	0.131	0.135

计量单位：10m

编号				8-1-69	8-1-70	8-1-71	8-1-72	8-1-73	8-1-74
项目				公称直径（mm 以内）					
				1 200	1 400	1 600	1 800	2 000	2 200
名称			单位	消耗量					
人工	合计工日		工日	9.836	11.995	12.819	15.077	19.451	22.362
	其中	普工	工日	2.460	2.999	3.205	3.769	4.863	5.591
		一般技工	工日	6.393	7.797	8.332	9.800	12.643	14.535
		高级技工	工日	0.983	1.199	1.282	1.508	1.945	2.236
材料	碳钢板卷管		m	（8.996）	（8.996）	（8.798）	（8.798）	（8.798）	（8.798）
	低碳钢焊条 J427 ϕ3.2		kg	17.322	24.895	28.426	31.957	47.432	52.151
	氧气		m^3	5.451	7.329	8.437	9.394	15.160	16.569
	乙炔气		kg	2.097	2.819	3.245	3.613	5.831	6.373
	碳精棒		kg	0.203	0.237	0.270	0.303	0.450	0.494
	尼龙砂轮片 $\phi100\times16\times3$		片	12.281	16.576	18.459	21.403	31.761	34.915
	角钢（综合）		kg	0.314	0.314	0.380	0.380	0.505	0.617
	碎布		kg	0.367	0.423	0.482	0.538	0.688	0.757
	其他材料费		%	1.00	1.00	1.00	1.00	1.00	1.00
机械	电焊机（综合）		台班	2.140	2.527	2.885	3.243	4.802	5.281
	汽车式起重机 8t		台班	0.130	0.152	0.207	0.311	0.344	0.379
	吊装机械（综合）		台班	0.325	0.376	0.450	0.540	0.623	0.748
	载货汽车－普通货车 8t		台班	0.130	0.152	0.207	0.311	0.344	0.379
	电焊条烘干箱 $60\times50\times75$（cm^3）		台班	0.214	0.253	0.289	0.324	0.479	0.583
	电焊条恒温箱		台班	0.214	0.253	0.289	0.324	0.479	0.583

计量单位：10m

编　号				8-1-75	8-1-76	8-1-77	8-1-78
项　目				公称直径（mm 以内）			
				2 400	2 600	2 800	3 000
名　称			单位	消　耗　量			
人工	合计工日		工日	25.274	30.091	34.127	37.918
	其中	普工	工日	6.319	7.523	8.531	9.479
		一般技工	工日	16.428	19.559	22.183	24.647
		高级技工	工日	2.527	3.009	3.413	3.792
材料	碳钢板卷管		m	（8.798）	（8.798）	（8.798）	（8.798）
	低碳钢焊条 J427 ϕ3.2		kg	56.870	74.959	80.706	86.452
	氧气		m^3	18.062	22.038	23.861	27.015
	乙炔气		kg	6.947	8.476	9.177	10.390
	碳精棒		kg	0.539	0.584	0.628	0.672
	尼龙砂轮片 $\phi100 \times 16 \times 3$		片	38.069	45.454	48.471	54.568
	角钢（综合）		kg	0.617	0.617	0.617	0.617
	碎布		kg	0.822	0.891	0.955	1.032
	其他材料费		%	1.00	1.00	1.00	1.00
机械	电焊机（综合）		台班	5.759	7.136	7.697	8.242
	汽车式起重机 8t		台班	0.413	0.449	0.562	0.602
	吊装机械（综合）		台班	0.837	0.978	1.067	1.156
	载货汽车－普通货车 8t		台班	0.413	0.449	0.562	0.602
	电焊条烘干箱 $60 \times 50 \times 75$（cm^3）		台班	0.576	0.713	0.770	0.824
	电焊条恒温箱		台班	0.576	0.713	0.770	0.824

7. 碳钢板卷管(氩电联焊)

工作内容: 准备工作,管子切口,坡口加工,坡口磨平,管口组对,焊接,管口封闭,管道安装。

计量单位: 10m

编号			8-1-79	8-1-80	8-1-81	8-1-82	8-1-83	8-1-84
项目			公称直径(mm 以内)					
			200	250	300	350	400	450
名称		单位	消耗量					
人工	合计工日	工日	1.523	1.778	2.111	2.573	3.207	3.927
人工	其中 普工	工日	0.380	0.445	0.527	0.643	0.802	0.981
人工	其中 一般技工	工日	0.990	1.155	1.372	1.673	2.084	2.552
人工	其中 高级技工	工日	0.153	0.178	0.212	0.257	0.321	0.394
材料	碳钢管	m	(9.287)	(9.287)	(9.287)	(9.287)	(9.287)	(9.193)
材料	低碳钢焊条 J427 ϕ3.2	kg	0.538	0.666	0.794	1.630	1.844	2.079
材料	碳钢焊丝	kg	0.091	0.091	0.135	0.157	0.179	0.203
材料	氧气	m^3	0.636	0.827	1.005	1.187	1.263	1.362
材料	乙炔气	kg	0.245	0.318	0.387	0.457	0.486	0.524
材料	氩气	m^3	0.255	0.255	0.255	0.442	0.501	0.566
材料	尼龙砂轮片 $\phi100 \times 16 \times 3$	片	0.857	1.210	1.210	1.646	2.203	2.493
材料	角钢(综合)	kg	0.146	0.146	0.146	0.146	0.146	0.146
材料	铈钨棒	g	0.510	0.510	0.510	0.883	1.003	1.134
材料	碎布	kg	0.050	0.061	0.073	0.083	0.093	0.105
材料	其他材料费	%	1.00	1.00	1.00	1.00	1.00	1.00
机械	汽车式起重机 8t	台班	0.016	0.026	0.035	0.048	0.054	0.067
机械	吊装机械(综合)	台班	0.060	0.085	0.085	0.094	0.102	0.111
机械	载货汽车－普通货车 8t	台班	0.016	0.026	0.035	0.048	0.054	0.067
机械	氩弧焊机 500A	台班	0.128	0.128	0.128	0.223	0.253	0.286
机械	电焊机(综合)	台班	0.129	0.156	0.192	0.259	0.298	0.334
机械	电焊条烘干箱 $60 \times 50 \times 75$(cm^3)	台班	0.013	0.016	0.019	0.026	0.030	0.033
机械	电焊条恒温箱	台班	0.013	0.016	0.019	0.026	0.030	0.033

计量单位：10m

编　　号				8-1-85	8-1-86	8-1-87	8-1-88	8-1-89	8-1-90
项　　目				公称直径（mm以内）					
				500	600	700	800	900	1 000
名　　称			单位	消　耗　量					
人工	合计工日		工日	4.581	4.954	5.813	6.655	7.466	8.352
	其中	普工	工日	1.145	1.239	1.453	1.664	1.866	2.088
		一般技工	工日	2.978	3.220	3.779	4.326	4.853	5.429
		高级技工	工日	0.458	0.495	0.581	0.665	0.747	0.835
材料	碳钢管		m	（9.193）	（9.193）	（9.090）	（9.090）	（9.090）	（8.996）
	低碳钢焊条 J427 ϕ3.2		kg	2.116	4.502	7.118	9.126	10.252	12.652
	碳钢焊丝		kg	0.206	0.249	0.286	0.347	0.366	0.404
	氧气		m^3	1.427	3.005	3.352	4.127	4.589	5.453
	乙炔气		kg	0.549	1.156	1.289	1.587	1.765	2.097
	氩气		m^3	0.590	0.698	0.800	0.971	1.023	1.130
	尼龙砂轮片 $\phi100\times16\times3$		片	2.820	3.020	3.106	3.142	1.979	2.462
	角钢（综合）		kg	0.146	0.146	0.161	0.161	0.161	0.161
	铈钨棒		g	1.152	1.396	1.601	1.942	2.046	2.260
	碎布		kg	0.115	0.140	0.159	0.182	0.204	0.248
	其他材料费		%	1.00	1.00	1.00	1.00	1.00	1.00
机械	汽车式起重机 8t		台班	0.074	0.081	0.090	0.101	0.113	0.138
	吊装机械（综合）		台班	0.111	0.112	0.123	0.157	0.164	0.218
	载货汽车－普通货车 8t		台班	0.074	0.081	0.090	0.101	0.113	0.138
	半自动切割机 100mm		台班	—	0.043	0.045	0.048	0.057	0.062
	氩弧焊机 500A		台班	0.324	0.327	0.330	0.332	0.344	0.380
	电焊机（综合）		台班	0.369	0.810	0.968	1.106	1.242	1.392
	电焊条烘干箱 $60\times50\times75$（cm^3）		台班	0.037	0.081	0.097	0.111	0.124	0.139
	电焊条恒温箱		台班	0.037	0.081	0.097	0.111	0.124	0.139

计量单位：10m

编号				8-1-91	8-1-92	8-1-93	8-1-94	8-1-95
项目				公称直径（mm 以内）				
				1 200	1 400	1 600	1 800	2 000
名称			单位	消耗量				
人工	合计工日		工日	10.184	12.421	13.274	15.612	20.141
	其中	普工	工日	2.546	3.105	3.319	3.903	5.035
		一般技工	工日	6.620	8.074	8.628	10.148	13.092
		高级技工	工日	1.018	1.242	1.327	1.561	2.014
材料	碳钢管		m	（8.996）	（8.996）	（8.798）	（8.798）	（8.798）
	低碳钢焊条 J427 ϕ3.2		kg	19.889	28.423	32.454	37.525	54.022
	碳钢焊丝		kg	0.466	0.558	0.638	0.716	0.794
	氧气		m^3	8.733	11.438	13.325	14.871	21.563
	乙炔气		kg	3.359	4.399	5.125	5.720	8.293
	氩气		m^3	1.305	1.564	1.784	2.004	2.225
	尼龙砂轮片 $\phi100\times16\times3$		片	3.973	5.614	6.413	7.211	10.517
	角钢（综合）		kg	0.255	0.255	0.308	0.308	0.342
	铈钨棒		g	2.609	3.128	3.568	4.009	4.449
	碎布		kg	0.298	0.343	0.391	0.436	0.479
	其他材料费		%	1.00	1.00	1.00	1.00	1.00
机械	汽车式起重机 8t		台班	0.150	0.174	0.237	0.276	0.328
	吊装机械（综合）		台班	0.235	0.272	0.326	0.391	0.400
	载货汽车－普通货车 8t		台班	0.150	0.174	0.237	0.276	0.328
	半自动切割机 100mm		台班	0.076	0.087	0.097	0.109	0.120
	氩弧焊机 500A		台班	0.438	0.525	0.599	0.673	0.747
	电焊机（综合）		台班	2.195	2.591	2.958	3.326	4.925
	电焊条烘干箱 $60\times50\times75$（cm^3）		台班	0.220	0.259	0.296	0.333	0.493
	电焊条恒温箱		台班	0.220	0.259	0.296	0.333	0.493

计量单位：10m

编号				8-1-96	8-1-97	8-1-98	8-1-99	8-1-100
项目				公称直径（mm 以内）				
				2 200	2 400	2 600	2 800	3 000
名称			单位	消耗量				
人工	合计工日		工日	23.159	26.168	30.850	35.340	38.369
	其中	普工	工日	5.790	6.542	7.713	8.835	9.592
		一般技工	工日	15.053	17.009	20.052	22.971	24.940
		高级技工	工日	2.316	2.617	3.085	3.534	3.837
材料	碳钢管		m	（8.798）	（8.798）	（8.798）	（8.798）	（8.798）
	低碳钢焊条 J427 ϕ3.2		kg	59.398	64.772	85.007	91.524	98.041
	碳钢焊丝		kg	0.874	0.952	1.030	1.111	1.196
	氧气		m^3	23.590	25.678	31.132	33.193	35.585
	乙炔气		kg	9.073	9.876	11.974	12.767	13.687
	氩气		m^3	2.446	2.665	2.886	3.107	3.330
	尼龙砂轮片 $\phi100 \times 16 \times 3$		片	11.565	12.612	16.072	17.306	18.539
	角钢（综合）		kg	0.417	0.417	0.417	0.417	0.417
	铈钨棒		g	4.891	5.330	5.771	5.815	5.855
	碎布		kg	0.520	0.559	0.602	0.646	0.697
	其他材料费		%	1.00	1.00	1.00	1.00	1.00
机械	汽车式起重机 8t		台班	0.361	0.393	0.427	0.536	0.574
	吊装机械（综合）		台班	0.451	0.505	0.589	0.643	0.697
	载货汽车－普通货车 8t		台班	0.361	0.393	0.427	0.536	0.574
	半自动切割机 100mm		台班	0.132	0.151	0.155	0.160	0.165
	氩弧焊机 500A		台班	0.821	0.895	0.969	1.045	1.122
	电焊机（综合）		台班	5.415	5.906	7.317	7.893	8.452
	电焊条烘干箱 $60 \times 50 \times 75$（cm^3）		台班	0.542	0.591	0.732	0.789	0.845
	电焊条恒温箱		台班	0.542	0.591	0.732	0.789	0.845

8. 碳钢板卷管(埋弧自动焊)

工作内容: 准备工作,管子切口,坡口加工,坡口磨平,管口组对,焊接,管道安装。

计量单位: 10m

编号			8-1-101	8-1-102	8-1-103	8-1-104	8-1-105
项目			公称直径(mm 以内)				
			600	700	800	900	1 000
名称		单位	消耗量				
人工	合计工日	工日	3.788	4.419	5.095	5.714	6.347
	其中 普工	工日	0.947	1.105	1.273	1.429	1.586
	其中 一般技工	工日	2.462	2.872	3.312	3.714	4.126
	其中 高级技工	工日	0.379	0.442	0.510	0.571	0.635
材料	碳钢板卷管	m	(9.193)	(9.090)	(9.090)	(9.090)	(8.996)
	碳钢埋弧焊丝	kg	2.174	2.489	3.181	3.573	3.965
	埋弧焊剂	kg	3.261	3.734	4.772	5.360	5.948
	氧气	m^3	2.459	2.743	3.648	4.059	4.463
	乙炔气	kg	0.820	0.915	1.217	1.354	1.500
	碳精棒	kg	0.081	0.092	0.105	0.118	0.131
	尼龙砂轮片 $\phi100\times16\times3$	片	0.881	1.009	1.445	1.623	1.802
	角钢(综合)	kg	0.016	0.176	0.176	0.176	0.176
	碎布	kg	0.153	0.174	0.199	0.223	0.273
	其他材料费	%	1.00	1.00	1.00	1.00	1.00
机械	自动埋弧焊机 1 200A	台班	0.083	0.095	0.111	0.125	0.138
	汽车式起重机 8t	台班	0.055	0.063	0.080	0.090	0.111
	吊装机械(综合)	台班	0.153	0.173	0.188	0.204	0.270
	载货汽车 - 普通货车 8t	台班	0.055	0.063	0.080	0.090	0.111

计量单位：10m

编　号				8-1-106	8-1-107	8-1-108	8-1-109	8-1-110
项　目				公称直径（mm 以内）				
				1 200	1 400	1 600	1 800	2 000
名　称			单位	消　耗　量				
人工	合计工日		工日	8.402	10.411	12.433	14.717	18.600
	其中	普工	工日	2.101	2.603	3.109	3.678	4.650
		一般技工	工日	5.461	6.767	8.081	9.567	12.090
		高级技工	工日	0.840	1.041	1.243	1.472	1.860
材料	碳钢板卷管		m	（8.996）	（8.996）	（8.798）	（8.798）	（8.798）
	碳钢埋弧焊丝		kg	6.234	9.062	10.348	11.633	17.225
	埋弧焊剂		kg	9.351	13.593	15.522	17.450	25.837
	氧气		m^3	7.147	9.360	10.905	12.170	17.647
	乙炔气		kg	2.382	3.120	3.635	4.056	5.883
	碳精棒		kg	0.205	0.239	0.273	0.306	0.453
	尼龙砂轮片 $\phi100\times16\times3$		片	2.908	4.111	4.695	5.279	7.700
	角钢（综合）		kg	0.309	0.309	0.374	0.374	0.498
	碎布		kg	0.362	0.417	0.475	0.530	0.678
	其他材料费		%	1.00	1.00	1.00	1.00	1.00
机械	自动埋弧焊机 1 200A		台班	0.217	0.291	0.333	0.374	0.553
	汽车式起重机 8t		台班	0.133	0.155	0.212	0.318	0.352
	吊装机械（综合）		台班	0.325	0.376	0.450	0.540	0.623
	载货汽车－普通货车 8t		台班	0.133	0.155	0.212	0.318	0.352

计量单位：10m

<table>
<tr><td colspan="3">编　　号</td><td>8-1-111</td><td>8-1-112</td><td>8-1-113</td><td>8-1-114</td><td>8-1-115</td></tr>
<tr><td colspan="3" rowspan="2">项　　目</td><td colspan="5">公称直径（mm 以内）</td></tr>
<tr><td>2 200</td><td>2 400</td><td>2 600</td><td>2 800</td><td>3 000</td></tr>
<tr><td colspan="2">名　　称</td><td>单位</td><td colspan="5">消　耗　量</td></tr>
<tr><td rowspan="4">人工</td><td>合计工日</td><td>工日</td><td>21.537</td><td>24.470</td><td>28.803</td><td>32.934</td><td>36.791</td></tr>
<tr><td>其中 普工</td><td>工日</td><td>5.385</td><td>6.117</td><td>7.201</td><td>8.233</td><td>9.198</td></tr>
<tr><td>其中 一般技工</td><td>工日</td><td>13.999</td><td>15.906</td><td>18.722</td><td>21.407</td><td>23.914</td></tr>
<tr><td>其中 高级技工</td><td>工日</td><td>2.153</td><td>2.447</td><td>2.880</td><td>3.294</td><td>3.679</td></tr>
<tr><td rowspan="10">材料</td><td>碳钢板卷管</td><td>m</td><td>（8.798）</td><td>（8.798）</td><td>（8.798）</td><td>（8.798）</td><td>（8.798）</td></tr>
<tr><td>碳钢埋弧焊丝</td><td>kg</td><td>18.939</td><td>20.650</td><td>25.344</td><td>27.286</td><td>29.229</td></tr>
<tr><td>埋弧焊剂</td><td>kg</td><td>28.409</td><td>30.980</td><td>38.014</td><td>40.929</td><td>43.839</td></tr>
<tr><td>氧气</td><td>m^3</td><td>19.306</td><td>21.015</td><td>25.479</td><td>27.165</td><td>29.122</td></tr>
<tr><td>乙炔气</td><td>kg</td><td>6.435</td><td>7.005</td><td>8.494</td><td>9.055</td><td>9.707</td></tr>
<tr><td>碳精棒</td><td>kg</td><td>0.498</td><td>0.534</td><td>0.588</td><td>0.633</td><td>0.677</td></tr>
<tr><td>尼龙砂轮片 $\phi100\times16\times3$</td><td>片</td><td>8.467</td><td>9.234</td><td>11.771</td><td>12.674</td><td>13.577</td></tr>
<tr><td>角钢（综合）</td><td>kg</td><td>0.608</td><td>0.608</td><td>0.608</td><td>0.608</td><td>0.608</td></tr>
<tr><td>碎布</td><td>kg</td><td>0.746</td><td>0.810</td><td>0.878</td><td>0.941</td><td>1.009</td></tr>
<tr><td>其他材料费</td><td>%</td><td>1.00</td><td>1.00</td><td>1.00</td><td>1.00</td><td>1.00</td></tr>
<tr><td rowspan="4">机械</td><td>自动埋弧焊机 1 200A</td><td>台班</td><td>0.608</td><td>0.664</td><td>0.792</td><td>0.852</td><td>0.913</td></tr>
<tr><td>汽车式起重机 8t</td><td>台班</td><td>0.388</td><td>0.423</td><td>0.459</td><td>0.575</td><td>0.616</td></tr>
<tr><td>吊装机械（综合）</td><td>台班</td><td>0.748</td><td>0.837</td><td>0.978</td><td>1.067</td><td>1.156</td></tr>
<tr><td>载货汽车－普通货车 8t</td><td>台班</td><td>0.388</td><td>0.423</td><td>0.459</td><td>0.575</td><td>0.616</td></tr>
</table>

9. 不锈钢管（电弧焊）

工作内容：准备工作，管子切口，坡口加工，坡口磨平，管口组对，焊接，焊缝钝化，管口封闭，管道安装。

计量单位：10m

编号				8-1-116	8-1-117	8-1-118	8-1-119	8-1-120	8-1-121
项目				公称直径（mm 以内）					
				15	20	25	32	40	50
名称			单位	消耗量					
人工	合计工日		工日	0.421	0.457	0.548	0.615	0.675	0.756
	其中	普工	工日	0.105	0.113	0.137	0.154	0.168	0.189
		一般技工	工日	0.274	0.298	0.356	0.399	0.439	0.491
		高级技工	工日	0.042	0.047	0.054	0.061	0.069	0.076
材料	不锈钢管		m	（9.250）	（9.250）	（9.250）	（9.250）	（9.156）	（9.156）
	不锈钢焊条（综合）		kg	0.022	0.025	0.035	0.043	0.049	0.069
	尼龙砂轮片 ϕ100×16×3		片	0.068	0.085	0.107	0.134	0.155	0.230
	尼龙砂轮片 ϕ500×25×4		片	0.005	0.006	0.010	0.012	0.013	0.013
	丙酮		kg	0.012	0.013	0.016	0.021	0.025	0.030
	酸洗膏		kg	0.005	0.007	0.010	0.012	0.014	0.018
	水		t	0.002	0.002	0.003	0.003	0.003	0.005
	钢丝 ϕ4.0		kg	0.066	0.067	0.068	0.069	0.070	0.073
	塑料布		m^2	0.136	0.143	0.149	0.158	0.178	0.195
	碎布		kg	0.082	0.084	0.177	0.179	0.203	0.205
	其他材料费		%	1.00	1.00	1.00	1.00	1.00	1.00
机械	电焊机（综合）		台班	0.013	0.017	0.023	0.028	0.061	0.072
	砂轮切割机 ϕ500		台班	0.001	0.001	0.003	0.003	0.003	0.004
	电动空气压缩机 6m^3/min		台班	0.002	0.002	0.002	0.002	0.002	0.002
	电焊条烘干箱 60×50×75（cm^3）		台班	0.002	0.002	0.002	0.003	0.006	0.008
	电焊条恒温箱		台班	0.002	0.002	0.002	0.003	0.006	0.008

计量单位：10m

编号				8-1-122	8-1-123	8-1-124	8-1-125	8-1-126	8-1-127
项目				公称直径（mm以内）					
				65	80	100	125	150	200
名称			单位	消耗量					
人工	合计工日		工日	0.967	1.140	1.275	1.507	1.771	2.027
	其中	普工	工日	0.241	0.283	0.319	0.377	0.442	0.507
		一般技工	工日	0.627	0.742	0.829	0.979	1.152	1.318
		高级技工	工日	0.098	0.115	0.127	0.151	0.178	0.202
材料	不锈钢管		m	（9.156）	（8.958）	（8.958）	（8.958）	（8.817）	（8.817）
	不锈钢焊条（综合）		kg	0.088	0.138	0.172	0.315	0.377	0.663
	尼龙砂轮片 $\phi100\times16\times3$		片	0.307	0.365	0.469	0.654	0.799	1.392
	尼龙砂轮片 $\phi500\times25\times4$		片	0.019	0.024	0.036	—	—	—
	丙酮		kg	0.039	0.046	0.059	0.068	0.082	0.113
	酸洗膏		kg	0.025	0.030	0.038	0.058	0.077	0.101
	水		t	0.007	0.009	0.010	0.012	0.014	0.019
	钢丝 $\phi4.0$		kg	0.076	0.078	0.083	0.087	0.091	0.100
	塑料布		m^2	0.221	0.242	0.285	0.334	0.391	0.508
	碎布		kg	0.248	0.291	0.293	0.322	0.345	0.460
	其他材料费		%	1.00	1.00	1.00	1.00	1.00	1.00
机械	电焊机（综合）		台班	0.104	0.122	0.178	0.208	0.285	0.393
	砂轮切割机 $\phi500$		台班	0.007	0.007	0.013	—	—	—
	电动空气压缩机 $1m^3/min$		台班	—	0.061	0.080	0.105	0.126	0.175
	电动空气压缩机 $6m^3/min$		台班	0.002	0.002	0.002	0.002	0.002	0.002
	等离子切割机 400A		台班	—	0.061	0.080	0.105	0.126	0.175
	汽车式起重机 8t		台班	—	—	0.005	0.007	0.009	0.014
	吊装机械（综合）		台班	—	—	0.064	0.065	0.065	0.083
	载货汽车－普通货车 8t		台班	—	—	0.005	0.007	0.009	0.014
	电焊条烘干箱 $60\times50\times75(cm^3)$		台班	0.011	0.012	0.018	0.021	0.029	0.039
	电焊条恒温箱		台班	0.011	0.012	0.018	0.021	0.029	0.039

计量单位：10m

编号				8-1-128	8-1-129	8-1-130	8-1-131	8-1-132	8-1-133
项目				公称直径（mm 以内）					
				250	300	350	400	450	500
名称			单位	消耗量					
人工	合计工日		工日	2.559	2.841	3.115	3.566	4.345	5.219
	其中	普工	工日	0.641	0.712	0.779	0.892	1.087	1.303
		一般技工	工日	1.662	1.846	2.025	2.318	2.825	3.393
		高级技工	工日	0.256	0.283	0.311	0.356	0.434	0.522
材料	不锈钢管		m	（8.817）	（8.817）	（8.817）	（8.817）	（8.817）	（8.817）
	不锈钢焊条（综合）		kg	1.070	1.522	1.768	2.000	3.091	4.493
	尼龙砂轮片 $\phi100\times16\times3$		片	1.969	2.676	3.154	3.568	4.984	6.642
	丙酮		kg	0.141	0.167	0.194	0.218	0.242	0.266
	酸洗膏		kg	0.152	0.182	0.199	0.247	0.294	0.342
	水		t	0.023	0.028	0.033	0.038	0.043	0.085
	钢丝 $\phi4.0$		kg	0.109	0.117	0.126	0.135	0.144	0.158
	塑料布		m^2	0.646	0.796	0.962	1.084	1.207	1.329
	碎布		kg	0.485	0.519	0.545	0.616	0.688	0.759
	其他材料费		%	1.00	1.00	1.00	1.00	1.00	1.00
机械	电焊机（综合）		台班	0.593	0.738	0.857	0.969	1.081	1.193
	电动空气压缩机 $1m^3/min$		台班	0.228	0.278	0.322	0.364	0.405	0.447
	电动空气压缩机 $6m^3/min$		台班	0.002	0.002	0.002	0.002	0.002	0.002
	等离子切割机 400A		台班	0.228	0.278	0.322	0.364	0.405	0.447
	汽车式起重机 8t		台班	0.023	0.032	0.036	0.041	0.047	0.058
	吊装机械（综合）		台班	0.116	0.116	0.129	0.141	0.152	0.159
	载货汽车－普通货车 8t		台班	0.023	0.032	0.036	0.041	0.047	0.058
	电焊条烘干箱 $60\times50\times75(cm^3)$		台班	0.059	0.074	0.086	0.097	0.108	0.119
	电焊条恒温箱		台班	0.059	0.074	0.086	0.097	0.108	0.119

10. 不锈钢管(氩电联焊)

工作内容: 准备工作,管子切口,坡口加工,坡口磨平,管口组对,焊接,焊缝钝化,管口封闭,管道安装。

计量单位:10m

编号				8-1-134	8-1-135	8-1-136	8-1-137	8-1-138	8-1-139	8-1-140
项目				公称直径(mm 以内)						
				50	65	80	100	125	150	200
名称			单位	消耗量						
人工	合计工日		工日	0.893	1.116	1.317	1.658	1.892	2.089	2.392
	其中	普工	工日	0.223	0.278	0.331	0.415	0.473	0.523	0.597
		一般技工	工日	0.581	0.726	0.855	1.078	1.230	1.357	1.555
		高级技工	工日	0.089	0.111	0.131	0.165	0.189	0.209	0.240
材料	不锈钢管		m	(9.156)	(9.156)	(8.958)	(8.958)	(8.958)	(8.817)	(8.817)
	不锈钢焊条(综合)		kg	0.065	0.083	0.096	0.124	0.144	0.298	0.488
	不锈钢焊丝 1Cr18Ni9Ti		kg	0.030	0.039	0.047	0.064	0.075	0.092	0.131
	氩气		m^3	0.083	0.109	0.132	0.178	0.213	0.259	0.365
	铈钨棒		g	0.154	0.199	0.235	0.304	0.357	0.428	0.591
	尼龙砂轮片 $\phi100\times16\times3$		片	0.093	0.120	0.162	0.208	0.294	0.378	0.593
	尼龙砂轮片 $\phi500\times25\times4$		片	0.013	0.019	0.024	0.036	—	—	—
	丙酮		kg	0.030	0.039	0.046	0.059	0.068	0.082	0.113
	酸洗膏		kg	0.018	0.025	0.030	0.038	0.058	0.077	0.101
	水		t	0.005	0.007	0.009	0.010	0.012	0.014	0.019
	钢丝 $\phi4.0$		kg	0.073	0.076	0.078	0.083	0.087	0.091	0.100
	塑料布		m^2	0.195	0.221	0.242	0.285	0.360	0.391	0.508
	碎布		kg	0.205	0.248	0.291	0.293	0.322	0.345	0.460
	其他材料费		%	1.00	1.00	1.00	1.00	1.00	1.00	1.00
机械	氩弧焊机 500A		台班	0.058	0.075	0.087	0.127	0.149	0.175	0.239
	砂轮切割机 $\phi500$		台班	0.004	0.007	0.007	0.014	—	—	—
	普通车床 630×2 000(安装用)		台班	0.026	0.031	0.032	0.047	0.051	0.072	0.073
	电焊机(综合)		台班	0.048	0.061	0.072	0.103	0.119	0.199	0.318
	等离子切割机 400A		台班	—	—	—	—	0.013	0.015	0.022
	汽车式起重机 8t		台班	—	—	—	0.006	0.008	0.010	0.015
	吊装机械(综合)		台班	—	—	—	0.072	0.072	0.072	0.092
	载货汽车-普通货车 8t		台班	—	—	—	0.006	0.008	0.010	0.015
	电动葫芦单速 3t		台班	—	0.031	0.032	0.047	0.051	0.072	0.073
	电动空气压缩机 $1m^3/min$		台班	—	—	—	—	0.013	0.015	0.022
	电动空气压缩机 $6m^3/min$		台班	0.002	0.002	0.002	0.002	0.002	0.002	0.002
	电焊条烘干箱 $60\times50\times75(cm^3)$		台班	0.005	0.006	0.008	0.010	0.012	0.020	0.032
	电焊条恒温箱		台班	0.005	0.006	0.008	0.010	0.012	0.020	0.032

计量单位：10m

编　　号				8-1-141	8-1-142	8-1-143	8-1-144	8-1-145	8-1-146
项　　目				公称直径（mm 以内）					
				250	300	350	400	450	500
名　　称			单位	消　耗　量					
人工	合计工日		工日	3.020	3.377	3.701	4.241	5.160	6.168
	其中	普工	工日	0.756	0.844	0.925	1.059	1.291	1.543
		一般技工	工日	1.962	2.195	2.406	2.757	3.353	4.007
		高级技工	工日	0.302	0.338	0.370	0.424	0.516	0.617
材料	不锈钢管		m	(8.817)	(8.817)	(8.817)	(8.817)	(8.817)	(8.817)
	不锈钢焊条（综合）		kg	1.168	1.720	1.997	2.259	2.521	2.783
	不锈钢焊丝 1Cr18Ni9Ti		kg	0.166	0.205	0.249	0.296	0.342	0.389
	氩气		m^3	0.462	0.572	0.698	0.828	0.997	1.165
	铈钨棒		g	0.732	0.871	1.017	1.153	1.288	1.425
	尼龙砂轮片 $\phi100\times16\times3$		片	1.086	1.376	1.807	2.058	2.309	2.561
	丙酮		kg	0.141	0.167	0.194	0.218	0.242	0.266
	酸洗膏		kg	0.152	0.182	0.199	0.247	0.314	0.382
	水		t	0.023	0.028	0.033	0.038	0.042	0.049
	钢丝 $\phi4.0$		kg	0.109	0.117	0.126	0.135	0.143	0.151
	塑料布		m^2	0.646	0.796	0.962	1.084	1.207	1.302
	碎布		kg	0.485	0.519	0.545	0.616	0.688	0.758
	其他材料费		%	1.00	1.00	1.00	1.00	1.00	1.00
机械	电焊机（综合）		台班	0.511	0.669	0.777	0.878	1.029	1.180
	氩弧焊机 500A		台班	0.305	0.355	0.392	0.445	0.522	0.599
	等离子切割机 400A		台班	0.029	0.034	0.040	0.045	0.053	0.061
	普通车床 630×2 000（安装用）		台班	0.079	0.086	0.089	0.092	0.098	0.106
	汽车式起重机 8t		台班	0.026	0.036	0.040	0.045	0.053	0.062
	吊装机械（综合）		台班	0.128	0.128	0.143	0.156	0.177	0.198
	载货汽车－普通货车 8t		台班	0.026	0.036	0.040	0.045	0.053	0.062
	电动葫芦单速 3t		台班	0.079	0.086	0.089	0.092	0.098	0.106
	电动空气压缩机 $1m^3/min$		台班	0.029	0.034	0.040	0.045	0.052	0.060
	电动空气压缩机 $6m^3/min$		台班	0.002	0.002	0.002	0.002	0.002	0.002
	电焊条烘干箱 60×50×75（cm^3）		台班	0.051	0.067	0.077	0.088	0.103	0.118
	电焊条恒温箱		台班	0.051	0.067	0.077	0.088	0.103	0.118

11. 不锈钢管(氩弧焊)

工作内容: 准备工作,管子切口,坡口加工,坡口磨平,管口组对,焊接,焊缝钝化,管口封闭,管道安装。

计量单位:10m

编号				8-1-147	8-1-148	8-1-149	8-1-150	8-1-151	8-1-152
项目				公称直径(mm 以内)					
				15	20	25	32	40	50
名称			单位	消耗量					
人工	合计工日		工日	0.522	0.568	0.687	0.772	0.848	0.984
	其中	普工	工日	0.131	0.143	0.173	0.194	0.213	0.245
		一般技工	工日	0.339	0.368	0.446	0.501	0.551	0.639
		高级技工	工日	0.051	0.058	0.069	0.077	0.083	0.099
材料	不锈钢管		m	(9.250)	(9.250)	(9.250)	(9.250)	(9.156)	(9.156)
	不锈钢焊丝 1Cr18Ni9Ti		kg	0.010	0.014	0.018	0.023	0.034	0.053
	氩气		m^3	0.027	0.039	0.051	0.065	0.095	0.148
	铈钨棒		g	0.051	0.074	0.097	0.120	0.181	0.280
	尼龙砂轮片 $\phi100\times16\times3$		片	0.028	0.038	0.045	0.058	0.070	0.109
	尼龙砂轮片 $\phi500\times25\times4$		片	0.005	0.006	0.010	0.012	0.013	0.018
	丙酮		kg	0.012	0.013	0.016	0.021	0.025	0.039
	酸洗膏		kg	0.005	0.007	0.010	0.012	0.014	0.018
	水		t	0.002	0.002	0.003	0.003	0.003	0.006
	钢丝 $\phi4.0$		kg	0.066	0.067	0.068	0.069	0.070	0.075
	塑料布		m^2	0.136	0.143	0.149	0.158	0.178	0.180
	碎布		kg	0.082	0.084	0.177	0.179	0.203	0.267
	其他材料费		%	1.00	1.00	1.00	1.00	1.00	1.00
机械	氩弧焊机 500A		台班	0.029	0.038	0.045	0.055	0.065	0.084
	砂轮切割机 $\phi500$		台班	0.001	0.001	0.003	0.003	0.003	0.004
	普通车床 630×2 000(安装用)		台班	—	—	—	—	0.025	0.028
	电动空气压缩机 $6m^3/min$		台班	0.002	0.002	0.002	0.002	0.002	0.002

计量单位：10m

编　号				8-1-153	8-1-154	8-1-155	8-1-156	8-1-157	8-1-158
项　目				公称直径（mm 以内）					
				65	80	100	125	150	200
名　称			单位	消　耗　量					
人工	合计工日		工日	1.227	1.449	1.746	1.894	2.089	2.391
	其中	普工	工日	0.306	0.364	0.437	0.473	0.523	0.598
		一般技工	工日	0.799	0.941	1.134	1.231	1.357	1.555
		高级技工	工日	0.123	0.145	0.174	0.190	0.208	0.239
材料	不锈钢管		m	（9.156）	（8.958）	（8.958）	（8.958）	（8.817）	（8.817）
	不锈钢焊丝 1Cr18Ni9Ti		kg	0.081	0.098	0.130	0.152	0.249	0.388
	氩气		m^3	0.230	0.275	0.363	0.428	0.699	1.084
	铈钨棒		g	0.437	0.512	0.675	0.789	1.308	2.031
	尼龙砂轮片 $\phi100\times16\times3$		片	0.149	0.202	0.206	0.291	0.375	0.588
	尼龙砂轮片 $\phi500\times25\times4$		片	0.025	0.031	0.036	—	—	—
	丙酮		kg	0.051	0.590	0.059	0.068	0.082	0.113
	酸洗膏		kg	0.025	0.030	0.038	0.058	0.077	0.101
	水		t	0.009	0.010	0.010	0.012	0.014	0.019
	钢丝 $\phi4.0$		kg	0.077	0.080	0.083	0.087	0.091	0.100
	塑料布		m^2	0.200	0.250	0.285	0.334	0.391	0.508
	碎布		kg	0.277	0.281	0.296	0.322	0.345	0.460
	其他材料费		%	1.00	1.00	1.00	1.00	1.00	1.00
机械	氩弧焊机 500A		台班	0.113	0.139	0.212	0.237	0.341	0.483
	砂轮切割机 $\phi500$		台班	0.008	0.008	0.015	—	—	—
	普通车床 630×2 000（安装用）		台班	0.034	0.037	0.049	0.050	0.071	0.072
	电动葫芦单速 3t		台班	0.034	0.037	0.049	0.050	0.071	0.072
	电动空气压缩机 $1m^3/min$		台班	—	—	—	0.013	0.015	0.022
	电动空气压缩机 $6m^3/min$		台班	0.002	0.002	0.002	0.002	0.002	0.002
	等离子切割机 400A		台班	—	—	—	0.013	0.015	0.022
	汽车式起重机 8t		台班	—	—	0.006	0.007	0.010	0.015
	吊装机械（综合）		台班	—	—	0.071	0.072	0.072	0.091
	载货汽车－普通货车 8t		台班	—	—	0.006	0.007	0.010	0.015

12. 不锈钢伴热管（电弧焊）

工作内容： 准备工作，管子切口，煨弯，管口组对，焊接，焊缝钝化，绑扎，管道安装。　**计量单位：** 10m

编号				8-1-159	8-1-160	8-1-161	8-1-162	8-1-163	8-1-164
项目				用于装置内管道			用于外管廊管道		
				公称直径（mm 以内）					
				15	20	25	15	20	25
名称			单位	消耗量					
人工	合计工日		工日	1.933	2.332	2.704	0.988	1.093	1.213
	其中	普工	工日	0.483	0.583	0.676	0.247	0.274	0.303
		一般技工	工日	1.256	1.516	1.758	0.642	0.710	0.789
		高级技工	工日	0.194	0.233	0.270	0.099	0.109	0.121
材料	不锈钢管		m	(10.200)	(10.200)	(10.200)	(10.150)	(10.150)	(10.150)
	不锈钢焊条（综合）		kg	0.035	0.043	0.068	0.023	0.029	0.045
	尼龙砂轮片 $\phi100 \times 16 \times 3$		片	0.052	0.065	0.091	0.035	0.043	0.061
	尼龙砂轮片 $\phi500 \times 25 \times 4$		片	0.015	0.018	0.030	0.010	0.012	0.020
	不锈钢带 $\delta15 \times 1$		kg	0.086	1.088	1.420	0.086	1.088	1.420
	丙酮		kg	0.020	0.023	0.032	0.013	0.015	0.021
	酸洗膏		kg	0.006	0.008	0.011	0.006	0.008	0.011
	水		t	0.003	0.003	0.006	0.002	0.002	0.004
	钢丝 $\phi4.0$		kg	0.060	0.060	0.060	0.060	0.060	0.060
	碎布		kg	0.084	0.088	0.181	0.082	0.085	0.178
	其他材料费		%	1.00	1.00	1.00	1.00	1.00	1.00
机械	电焊机（综合）		台班	0.023	0.030	0.041	0.016	0.020	0.027
	砂轮切割机 $\phi500$		台班	0.002	0.004	0.008	0.001	0.003	0.006
	电动空气压缩机 $6m^3/min$		台班	0.003	0.003	0.003	0.002	0.002	0.002
	电焊条烘干箱 $60 \times 50 \times 75(cm^3)$		台班	0.003	0.003	0.004	0.002	0.002	0.003
	电焊条恒温箱		台班	0.003	0.003	0.004	0.002	0.002	0.003

13. 不锈钢伴热管(氩弧焊)

工作内容：准备工作，管子切口，煨弯，管口组对，焊接，焊缝钝化，绑扎，管道安装。　　**计量单位：**10m

编号			8-1-165	8-1-166	8-1-167	8-1-168	8-1-169	8-1-170
项目			用于装置内管道			用于外管廊管道		
			公称直径(mm 以内)					
			15	20	25	15	20	25
名称		单位	消耗量					
人工	合计工日	工日	2.124	2.488	2.799	1.075	1.146	1.290
	其中 普工	工日	0.530	0.622	0.700	0.269	0.286	0.324
	其中 一般技工	工日	1.381	1.618	1.819	0.699	0.745	0.838
	其中 高级技工	工日	0.213	0.248	0.280	0.107	0.115	0.128
材料	不锈钢管	m	(10.200)	(10.200)	(10.200)	(10.150)	(10.150)	(10.150)
	不锈钢焊丝 1Cr18Ni9Ti	kg	0.041	0.052	0.083	0.028	0.034	0.054
	氩气	m^3	0.140	0.146	0.166	0.135	0.144	0.164
	铈钨棒	g	0.108	0.135	0.193	0.073	0.092	0.150
	尼龙砂轮片 $\phi100\times16\times3$	片	0.063	0.079	0.110	0.057	0.080	0.113
	尼龙砂轮片 $\phi500\times25\times4$	片	0.018	0.022	0.036	0.015	0.021	0.038
	不锈钢带 $\delta15\times1$	kg	0.086	1.088	1.420	0.086	1.088	1.420
	丙酮	kg	0.020	0.023	0.032	0.013	0.015	0.021
	酸洗膏	kg	0.006	0.008	0.011	0.006	0.008	0.011
	水	t	0.003	0.003	0.006	0.002	0.002	0.004
	钢丝 $\phi4.0$	kg	0.060	0.060	0.060	0.060	0.060	0.060
	碎布	kg	0.084	0.088	0.181	0.082	0.085	0.178
	其他材料费	%	1.00	1.00	1.00	1.00	1.00	1.00
机械	氩弧焊机 500A	台班	0.025	0.032	0.042	0.017	0.026	0.031
	砂轮切割机 $\phi500$	台班	0.002	0.004	0.008	0.001	0.003	0.006

14. 不锈钢板卷管(电弧焊)

工作内容: 准备工作,管子切口,坡口加工,坡口磨平,管口组对,焊接,焊缝钝化,管道安装。

计量单位:10m

编号				8-1-171	8-1-172	8-1-173	8-1-174	8-1-175	8-1-176	8-1-177
项目				公称直径(mm以内)						
				200	250	300	350	400	450	500
名称			单位	消耗量						
人工	合计工日		工日	1.617	1.904	2.248	2.588	2.967	3.505	3.966
	其中	普工	工日	0.404	0.476	0.561	0.647	0.741	0.876	0.991
		一般技工	工日	1.051	1.238	1.462	1.682	1.929	2.279	2.578
		高级技工	工日	0.162	0.190	0.225	0.259	0.297	0.351	0.397
材料	不锈钢板卷管		m	(9.381)	(9.381)	(9.381)	(9.287)	(9.287)	(9.287)	(9.193)
	不锈钢焊条(综合)		kg	0.570	0.712	0.848	0.985	1.112	1.953	2.162
	尼龙砂轮片 $\phi100\times16\times3$		片	0.512	0.639	0.761	0.884	1.000	1.514	1.677
	丙酮		kg	0.139	0.173	0.205	0.205	0.270	0.302	0.352
	酸洗膏		kg	0.105	0.159	0.190	0.208	0.258	0.290	0.328
	水		t	0.024	0.028	0.034	0.040	0.046	0.052	0.056
	角钢(综合)		kg	—	—	—	—	0.201	0.201	0.201
	碎布		kg	0.061	0.075	0.089	0.111	0.117	0.131	0.149
	其他材料费		%	1.00	1.00	1.00	1.00	1.00	1.00	1.00
机械	电焊机(综合)		台班	0.231	0.289	0.344	0.399	0.450	0.608	0.674
	等离子切割机 400A		台班	0.208	0.259	0.308	0.358	0.405	0.462	0.512
	汽车式起重机 8t		台班	0.010	0.012	0.014	0.017	0.019	0.025	0.028
	吊装机械(综合)		台班	0.083	0.089	0.094	0.102	0.109	0.118	0.135
	载货汽车-普通货车 8t		台班	0.010	0.012	0.014	0.017	0.019	0.025	0.028
	电动空气压缩机 $1m^3/min$		台班	0.208	0.259	0.308	0.358	0.405	0.462	0.512
	电动空气压缩机 $6m^3/min$		台班	0.002	0.002	0.002	0.002	0.002	0.004	0.004
	电焊条烘干箱 $60\times50\times75(cm^3)$		台班	0.023	0.029	0.035	0.040	0.045	0.061	0.068
	电焊条恒温箱		台班	0.023	0.029	0.035	0.040	0.045	0.061	0.068

计量单位：10m

编号				8-1-178	8-1-179	8-1-180	8-1-181	8-1-182	8-1-183	8-1-184
项目				公称直径（mm 以内）						
				600	700	800	900	1 000	1 200	1 400
名称			单位	消耗量						
人工	合计工日		工日	5.118	5.883	6.826	7.755	8.763	10.859	13.057
	其中	普工	工日	1.280	1.471	1.707	1.939	2.192	2.715	3.265
		一般技工	工日	3.326	3.823	4.437	5.041	5.695	7.059	8.487
		高级技工	工日	0.512	0.588	0.683	0.776	0.876	1.086	1.306
材料	不锈钢板卷管		m	(9.193)	(9.193)	(9.193)	(9.193)	(9.193)	(9.193)	(9.193)
	不锈钢焊条（综合）		kg	4.576	5.237	8.346	9.373	10.401	12.456	18.132
	尼龙砂轮片 $\phi100\times16\times3$		片	2.624	3.002	4.813	5.405	5.997	7.181	10.830
	丙酮		kg	0.398	0.455	0.519	0.581	0.644	0.732	0.821
	酸洗膏		kg	0.405	0.499	0.636	0.755	0.883	1.011	1.138
	水		t	0.068	0.076	0.089	0.099	0.109	0.120	0.136
	角钢（综合）		kg	0.201	0.221	0.221	0.221	0.221	0.296	0.296
	碎布		kg	0.174	0.197	0.227	0.252	0.308	0.362	0.417
	其他材料费		%	1.00	1.00	1.00	1.00	1.00	1.00	1.00
机械	电焊机（综合）		台班	1.297	1.484	1.691	1.899	2.107	2.523	2.971
	等离子切割机 400A		台班	0.620	0.709	0.848	0.952	1.055	1.262	1.541
	汽车式起重机 8t		台班	0.034	0.047	0.062	0.079	0.088	0.103	0.150
	吊装机械（综合）		台班	0.153	0.173	0.188	0.204	0.270	0.325	0.376
	载货汽车－普通货车 8t		台班	0.034	0.047	0.062	0.079	0.088	0.103	0.150
	电动空气压缩机 $1m^3/min$		台班	0.620	0.709	0.848	0.952	1.055	1.262	1.541
	电动空气压缩机 $6m^3/min$		台班	0.004	0.004	0.006	0.006	0.006	0.007	0.008
	电焊条烘干箱 $60\times50\times75(cm^3)$		台班	0.129	0.148	0.169	0.190	0.211	0.252	0.297
	电焊条恒温箱		台班	0.129	0.148	0.169	0.190	0.211	0.252	0.297

15. 不锈钢板卷管（氩电联焊）

工作内容： 准备工作，管子切口，坡口加工，坡口磨平，管口组对，焊接，焊缝钝化，管道安装。

计量单位： 10m

编号				8-1-185	8-1-186	8-1-187	8-1-188	8-1-189	8-1-190	8-1-191
项目				公称直径（mm 以内）						
				200	250	300	350	400	450	500
名称			单位	消耗量						
人工	合计工日		工日	2.001	2.362	2.790	3.214	3.683	4.379	4.956
	其中	普工	工日	0.500	0.591	0.698	0.804	0.919	1.095	1.238
		一般技工	工日	1.301	1.535	1.813	2.088	2.395	2.846	3.222
		高级技工	工日	0.200	0.236	0.279	0.322	0.369	0.438	0.496
材料	不锈钢板卷管		m	(9.381)	(9.381)	(9.381)	(9.287)	(9.287)	(9.287)	(9.193)
	不锈钢焊条（综合）		kg	0.294	0.366	0.437	0.507	0.572	1.317	1.457
	不锈钢焊丝 1Cr18Ni9Ti		kg	0.187	0.234	0.281	0.326	0.368	0.413	0.458
	氩气		m^3	0.524	0.658	0.784	0.911	1.031	1.158	1.281
	铈钨棒		g	0.734	0.920	1.097	1.276	1.444	1.616	1.791
	尼龙砂轮片 $\phi100\times16\times3$		片	0.509	0.636	0.758	0.880	0.996	1.508	1.671
	丙酮		kg	0.139	0.173	0.205	0.205	0.270	0.302	0.352
	酸洗膏		kg	0.105	0.159	0.190	0.208	0.258	0.290	0.328
	水		t	0.024	0.028	0.034	0.040	0.046	0.052	0.056
	角钢（综合）		kg	—	—	—	—	0.201	0.201	0.201
	碎布		kg	0.061	0.075	0.089	0.111	0.117	0.131	0.149
	其他材料费		%	1.00	1.00	1.00	1.00	1.00	1.00	1.00
机械	电焊机（综合）		台班	0.119	0.149	0.177	0.205	0.232	0.410	0.454
	氩弧焊机 500A		台班	0.228	0.286	0.345	0.401	0.454	0.512	0.567
	等离子切割机 400A		台班	0.208	0.259	0.308	0.358	0.405	0.462	0.520
	汽车式起重机 8t		台班	0.010	0.012	0.014	0.017	0.019	0.025	0.028
	吊装机械（综合）		台班	0.083	0.089	0.094	0.102	0.109	0.118	0.135
	载货汽车 - 普通货车 8t		台班	0.010	0.012	0.014	0.017	0.019	0.025	0.028
	电动空气压缩机 $1m^3/min$		台班	0.208	0.259	0.308	0.358	0.405	0.462	0.520
	电动空气压缩机 $6m^3/min$		台班	0.002	0.002	0.002	0.002	0.002	0.004	0.004
	电焊条烘干箱 $60\times50\times75(cm^3)$		台班	0.012	0.015	0.018	0.020	0.023	0.041	0.045
	电焊条恒温箱		台班	0.012	0.015	0.018	0.020	0.023	0.041	0.045

计量单位：10m

编号				8-1-192	8-1-193	8-1-194	8-1-195	8-1-196	8-1-197	8-1-198
项目				公称直径（mm以内）						
				600	700	800	900	1 000	1 200	1 400
名称			单位	消耗量						
人工	合计工日		工日	5.868	6.747	8.015	9.108	10.293	12.764	15.553
	其中	普工	工日	1.468	1.688	2.004	2.277	2.574	3.191	3.889
		一般技工	工日	3.814	4.385	5.209	5.920	6.690	8.296	10.109
		高级技工	工日	0.587	0.674	0.802	0.911	1.029	1.277	1.555
材料	不锈钢板卷管		m	(9.193)	(9.193)	(9.193)	(9.193)	(9.193)	(9.193)	(9.193)
	不锈钢焊条（综合）		kg	2.347	2.682	5.366	6.022	6.680	7.993	13.388
	不锈钢焊丝 1Cr18Ni9Ti		kg	0.668	0.764	0.870	0.977	1.082	1.296	1.509
	氩气		m^3	1.872	2.141	2.433	2.733	3.033	3.632	4.224
	铈钨棒		g	2.131	2.440	2.769	3.112	3.455	4.142	4.814
	尼龙砂轮片 $\phi100\times16\times3$		片	2.494	2.853	4.597	5.162	5.727	6.858	10.361
	丙酮		kg	0.398	0.455	0.519	0.581	0.644	0.732	0.821
	酸洗膏		kg	0.406	0.499	0.636	0.755	0.883	1.011	1.138
	水		t	0.068	0.076	0.089	0.099	0.109	0.120	0.136
	角钢（综合）		kg	0.201	0.221	0.221	0.221	0.221	0.296	0.296
	碎布		kg	0.174	0.197	0.227	0.252	0.308	0.362	0.417
	其他材料费		%	1.00	1.00	1.00	1.00	1.00	1.00	1.00
机械	电焊机（综合）		台班	0.665	0.760	1.087	1.220	1.353	1.619	2.169
	氩弧焊机 500A		台班	0.668	0.766	0.871	0.978	1.085	1.314	1.525
	等离子切割机 400A		台班	0.620	0.709	0.848	0.952	1.055	1.262	1.541
	汽车式起重机 8t		台班	0.034	0.047	0.062	0.079	0.088	0.103	0.150
	吊装机械（综合）		台班	0.153	0.173	0.188	0.204	0.270	0.325	0.376
	载货汽车－普通货车 8t		台班	0.034	0.047	0.062	0.079	0.088	0.103	0.150
	电动空气压缩机 $1m^3/min$		台班	0.620	0.709	0.848	0.952	1.055	1.262	1.541
	电动空气压缩机 $6m^3/min$		台班	0.004	0.004	0.006	0.006	0.006	0.007	0.008
	电焊条烘干箱 $60\times50\times75(cm^3)$		台班	0.066	0.076	0.109	0.122	0.135	0.162	0.217
	电焊条恒温箱		台班	0.066	0.076	0.109	0.122	0.135	0.162	0.217

16. 合金钢管（电弧焊）

工作内容：准备工作，管子切口，坡口加工，管口组对，焊接，管口封闭，管道安装。　　**计量单位：**10m

编号				8-1-199	8-1-200	8-1-201	8-1-202	8-1-203	8-1-204	8-1-205
项目				公称直径（mm 以内）						
				15	20	25	32	40	50	65
名称			单位	消耗量						
人工	合计工日		工日	0.383	0.415	0.497	0.558	0.614	0.686	0.879
	其中	普工	工日	0.095	0.102	0.124	0.140	0.153	0.171	0.220
		一般技工	工日	0.250	0.270	0.324	0.363	0.399	0.446	0.570
		高级技工	工日	0.038	0.043	0.049	0.055	0.062	0.069	0.089
材料	合金钢管		m	（9.250）	（9.250）	（9.250）	（9.250）	（9.250）	（9.250）	（9.250）
	合金钢焊条		kg	0.027	0.034	0.053	0.067	0.075	0.105	0.187
	氧气		m^3	0.004	0.004	0.005	0.006	0.006	0.010	0.013
	乙炔气		kg	0.002	0.002	0.002	0.002	0.002	0.004	0.005
	尼龙砂轮片 $\phi100\times16\times3$		片	0.030	0.035	0.042	0.050	0.056	0.066	0.087
	尼龙砂轮片 $\phi500\times25\times4$		片	0.004	0.005	0.006	0.008	0.010	0.014	0.020
	磨头		个	0.021	0.023	0.029	0.033	0.040	0.048	0.064
	丙酮		kg	0.013	0.015	0.020	0.023	0.028	0.033	0.046
	钢丝 $\phi4.0$		kg	0.076	0.078	0.079	0.080	0.081	0.084	0.087
	塑料布		m^2	0.150	0.157	0.165	0.174	0.196	0.216	0.243
	碎布		kg	0.093	0.097	0.187	0.207	0.207	0.238	0.268
	其他材料费		%	1.00	1.00	1.00	1.00	1.00	1.00	1.00
机械	电焊机（综合）		台班	0.023	0.030	0.045	0.055	0.064	0.079	0.128
	砂轮切割机 $\phi500$		台班	0.001	0.001	0.002	0.003	0.003	0.003	0.004
	普通车床 630×2 000（安装用）		台班	—	—	0.024	0.024	0.025	0.028	0.036
	电动葫芦单速 3t		台班	—	—	—	—	—	—	0.036
	电焊条烘干箱 60×50×75（cm^3）		台班	0.002	0.003	0.004	0.006	0.007	0.008	0.013
	电焊条恒温箱		台班	0.002	0.003	0.004	0.006	0.007	0.008	0.013

计量单位：10m

编号				8-1-206	8-1-207	8-1-208	8-1-209	8-1-210	8-1-211	8-1-212
项目				公称直径（mm 以内）						
				80	100	125	150	200	250	300
名称			单位	消耗量						
人工	合计工日		工日	1.038	1.159	1.369	1.609	1.843	2.325	2.582
	其中	普工	工日	0.258	0.290	0.343	0.401	0.461	0.582	0.646
		一般技工	工日	0.675	0.753	0.889	1.047	1.198	1.511	1.678
		高级技工	工日	0.105	0.116	0.137	0.161	0.184	0.232	0.258
材料	合金钢管		m	(8.958)	(8.958)	(8.958)	(8.817)	(8.817)	(8.817)	(8.817)
	合金钢焊条		kg	0.220	0.412	0.458	0.580	0.995	1.956	2.393
	氧气		m^3	0.015	0.022	0.024	0.089	0.134	0.201	0.213
	乙炔气		kg	0.006	0.009	0.009	0.034	0.051	0.077	0.082
	尼龙砂轮片 $\phi100\times16\times3$		片	0.101	0.144	0.155	0.200	0.301	0.466	0.529
	尼龙砂轮片 $\phi500\times25\times4$		片	0.024	0.035	0.037	—	—	—	—
	磨头		个	0.074	0.090	—	—	—	—	—
	丙酮		kg	0.054	0.065	0.075	0.090	0.124	0.155	0.160
	钢丝 $\phi4.0$		kg	0.089	0.095	0.099	0.104	0.114	0.123	0.133
	塑料布		m^2	0.267	0.314	0.397	0.431	0.560	0.713	0.878
	碎布		kg	0.289	0.338	0.367	0.394	0.475	0.530	0.554
	其他材料费		%	1.00	1.00	1.00	1.00	1.00	1.00	1.00
机械	电焊机（综合）		台班	0.151	0.224	0.251	0.304	0.429	0.607	0.642
	砂轮切割机 $\phi500$		台班	0.005	0.009	0.009	—	—	—	—
	半自动切割机 100mm		台班	—	—	—	0.007	0.010	0.014	0.014
	普通车床 630×2 000（安装用）		台班	0.038	0.064	0.065	0.065	0.068	0.069	0.071
	汽车式起重机 8t		台班	—	0.005	0.007	0.011	0.017	0.029	0.035
	吊装机械（综合）		台班	—	0.069	0.071	0.071	0.090	0.126	0.126
	载货汽车－普通货车 8t		台班	—	0.005	0.007	0.011	0.017	0.029	0.035
	电动葫芦单速 3t		台班	0.038	0.064	0.065	0.065	0.068	0.069	0.071
	电焊条烘干箱 60×50×75（cm^3）		台班	0.015	0.023	0.025	0.031	0.043	0.060	0.064
	电焊条恒温箱		台班	0.015	0.023	0.025	0.031	0.043	0.060	0.064

计量单位：10m

编号				8-1-213	8-1-214	8-1-215	8-1-216	8-1-217
项目				公称直径（mm 以内）				
				350	400	450	500	600
名称			单位	消耗量				
人工	合计工日		工日	2.831	3.241	3.949	4.742	5.533
	其中	普工	工日	0.708	0.811	0.988	1.185	1.383
		一般技工	工日	1.840	2.106	2.567	3.083	3.597
		高级技工	工日	0.283	0.324	0.394	0.474	0.553
材料	合金钢管		m	（8.817）	（8.817）	（8.817）	（8.817）	（8.817）
	合金钢焊条		kg	2.828	3.200	4.735	5.235	5.733
	氧气		m^3	0.226	0.255	0.306	0.336	0.365
	乙炔气		kg	0.087	0.098	0.118	0.129	0.141
	尼龙砂轮片 $\phi100\times16\times3$		片	0.612	0.692	0.868	0.961	1.055
	丙酮		kg	0.162	0.185	0.208	0.230	0.253
	钢丝 $\phi4.0$		kg	0.142	0.152	0.161	0.170	0.179
	塑料布		m^2	1.061	1.196	1.473	1.698	1.923
	碎布		kg	0.584	0.610	0.689	0.780	0.869
	其他材料费		%	1.00	1.00	1.00	1.00	1.00
机械	电焊机（综合）		台班	0.676	0.761	0.895	0.990	1.084
	半自动切割机 100mm		台班	0.014	0.016	0.018	0.022	0.025
	普通车床 630×2 000（安装用）		台班	0.071	0.073	0.091	0.096	0.099
	汽车式起重机 8t		台班	0.050	0.056	0.070	0.077	0.085
	吊装机械（综合）		台班	0.140	0.153	0.167	0.167	0.167
	载货汽车－普通货车 8t		台班	0.050	0.056	0.070	0.077	0.085
	电动葫芦单速 3t		台班	0.071	0.073	0.091	0.096	0.099
	电焊条烘干箱 60×50×75（cm^3）		台班	0.068	0.076	0.090	0.099	0.109
	电焊条恒温箱		台班	0.068	0.076	0.090	0.099	0.109

17. 合金钢管（氩电联焊）

工作内容：准备工作，管子切口，坡口加工，坡口磨平，管口组对，焊接，管口封闭，管道安装。

计量单位：10m

编号				8-1-218	8-1-219	8-1-220	8-1-221	8-1-222	8-1-223	8-1-224
项目				公称直径（mm 以内）						
				50	65	80	100	125	150	200
名称			单位	消耗量						
人工	合计工日		工日	0.812	1.014	1.197	1.442	1.564	1.726	1.976
	其中	普工	工日	0.202	0.253	0.300	0.361	0.391	0.432	0.493
		一般技工	工日	0.528	0.660	0.777	0.937	1.017	1.121	1.285
		高级技工	工日	0.082	0.101	0.120	0.144	0.156	0.173	0.198
材料	合金钢管		m	(9.250)	(9.250)	(8.958)	(8.958)	(8.958)	(8.817)	(8.817)
	合金钢焊条		kg	0.073	0.092	0.108	0.281	0.339	0.396	0.733
	合金钢焊丝		kg	0.031	0.039	0.047	0.059	0.071	0.085	0.117
	氧气		m^3	0.010	0.013	0.015	0.022	0.024	0.089	0.134
	乙炔气		kg	0.004	0.005	0.006	0.009	0.009	0.034	0.051
	氩气		m^3	0.085	0.110	0.131	0.167	0.199	0.237	0.327
	铈钨棒		g	0.171	0.221	0.262	0.333	0.396	0.474	0.655
	尼龙砂轮片 $\phi100 \times 16 \times 3$		片	0.070	0.086	0.099	0.142	0.152	0.195	0.294
	尼龙砂轮片 $\phi500 \times 25 \times 4$		片	0.014	0.020	0.024	0.035	0.037	—	—
	磨头		个	0.048	0.064	0.074	0.090	—	—	—
	丙酮		kg	0.033	0.046	0.054	0.065	0.075	0.090	0.124
	钢丝 $\phi4.0$		kg	0.084	0.087	0.089	0.095	0.099	0.104	0.114
	塑料布		m^2	0.216	0.243	0.267	0.314	0.397	0.431	0.560
	碎布		kg	0.238	0.268	0.289	0.338	0.367	0.394	0.475
	其他材料费		%	1.00	1.00	1.00	1.00	1.00	1.00	1.00
机械	氩弧焊机 500A		台班	0.045	0.058	0.069	0.088	0.105	0.125	0.172
	砂轮切割机 $\phi500$		台班	0.003	0.004	0.005	0.009	0.009	—	—
	普通车床 630×2 000（安装用）		台班	0.028	0.036	0.038	0.064	0.065	0.065	0.068
	电焊机（综合）		台班	0.055	0.069	0.082	0.159	0.162	0.214	0.322
	半自动切割机 100mm		台班	—	—	—	—	—	0.007	0.010
	汽车式起重机 8t		台班	—	—	—	0.005	0.007	0.011	0.017
	吊装机械（综合）		台班	—	—	—	0.069	0.071	0.071	0.090
	载货汽车－普通货车 8t		台班	—	—	—	0.005	0.007	0.011	0.017
	电动葫芦单速 3t		台班	—	0.036	0.038	0.064	0.065	0.065	0.068
	电焊条烘干箱 60×50×75（cm^3）		台班	0.006	0.007	0.008	0.016	0.016	0.021	0.032
	电焊条恒温箱		台班	0.006	0.007	0.008	0.016	0.016	0.021	0.032

计量单位：10m

编号				8-1-225	8-1-226	8-1-227	8-1-228	8-1-229	8-1-230	8-1-231
项目				公称直径（mm 以内）						
				250	300	350	400	450	500	600
名称			单位	消耗量						
人工	合计工日		工日	2.494	2.790	3.363	3.504	4.262	5.094	6.061
	其中	普工	工日	0.624	0.697	0.841	0.875	1.066	1.274	1.515
		一般技工	工日	1.620	1.814	2.186	2.278	2.769	3.311	3.940
		高级技工	工日	0.250	0.279	0.336	0.351	0.427	0.509	0.606
材料	合金钢管		m	(8.817)	(8.817)	(8.817)	(8.817)	(8.817)	(8.817)	(8.817)
	合金钢焊条		kg	1.096	1.458	2.415	2.733	4.158	4.596	5.035
	合金钢焊丝		kg	0.125	0.133	0.153	0.174	0.195	0.217	0.239
	氧气		m^3	0.156	0.178	0.226	0.255	0.306	0.336	0.365
	乙炔气		kg	0.060	0.069	0.087	0.098	0.118	0.129	0.141
	氩气		m^3	0.349	0.372	0.429	0.487	0.548	0.607	0.667
	铈钨棒		g	0.700	0.744	0.859	0.975	1.096	1.215	1.334
	尼龙砂轮片 $\phi100\times16\times3$		片	0.413	0.517	0.598	0.678	0.850	0.940	1.030
	丙酮		kg	0.135	0.141	0.162	0.185	0.208	0.230	0.253
	钢丝 $\phi4.0$		kg	0.123	0.133	0.142	0.152	0.161	0.170	0.179
	塑料布		m^2	0.713	0.878	1.061	1.196	1.473	1.698	1.923
	碎布		kg	0.529	0.547	0.584	0.610	0.689	0.780	0.869
	其他材料费		%	1.00	1.00	1.00	1.00	1.00	1.00	1.00
机械	电焊机（综合）		台班	0.389	0.455	0.581	0.654	0.790	0.873	0.978
	氩弧焊机 500A		台班	0.185	0.197	0.226	0.257	0.289	0.320	0.353
	半自动切割机 100mm		台班	0.011	0.012	0.014	0.016	0.018	0.022	0.025
	普通车床 630×2 000（安装用）		台班	0.069	0.069	0.071	0.073	0.091	0.096	0.099
	汽车式起重机 8t		台班	0.029	0.035	0.050	0.056	0.070	0.077	0.085
	吊装机械（综合）		台班	0.126	0.126	0.140	0.153	0.167	0.167	0.167
	载货汽车 - 普通货车 8t		台班	0.029	0.035	0.050	0.056	0.070	0.077	0.085
	电动葫芦单速 3t		台班	0.069	0.069	0.071	0.073	0.091	0.096	0.099
	电焊条烘干箱 60×50×75（cm^3）		台班	0.039	0.045	0.058	0.066	0.079	0.087	0.098
	电焊条恒温箱		台班	0.039	0.045	0.058	0.066	0.079	0.087	0.098

18. 合金钢管（氩弧焊）

工作内容：准备工作，管子切口，坡口加工，坡口磨平，管口组对，焊接，管口封闭，管道安装。

计量单位：10m

编　号				8-1-232	8-1-233	8-1-234	8-1-235	8-1-236	8-1-237	8-1-238
项　目				公称直径（mm 以内）						
				15	20	25	32	40	50	65
名　称			单位	消　耗　量						
人工	合计工日		工日	0.475	0.516	0.624	0.701	0.771	0.894	1.115
	其中	普工	工日	0.119	0.130	0.157	0.176	0.194	0.223	0.278
		一般技工	工日	0.309	0.334	0.405	0.455	0.501	0.581	0.726
		高级技工	工日	0.047	0.052	0.062	0.070	0.076	0.090	0.111
材料	合金钢管		m	(9.250)	(9.250)	(9.250)	(9.250)	(9.250)	(9.250)	(9.250)
	合金钢焊丝		kg	0.013	0.016	0.025	0.032	0.036	0.050	0.089
	氧气		m^3	0.004	0.004	0.005	0.006	0.006	0.010	0.013
	乙炔气		kg	0.002	0.002	0.002	0.002	0.002	0.004	0.005
	氩气		m^3	0.035	0.045	0.071	0.088	0.101	0.140	0.251
	铈钨棒		g	0.070	0.089	0.142	0.177	0.202	0.280	0.500
	尼龙砂轮片 $\phi100\times16\times3$		片	0.038	0.045	0.054	0.065	0.076	0.090	0.129
	尼龙砂轮片 $\phi500\times25\times4$		片	0.004	0.005	0.006	0.008	0.010	0.014	0.020
	磨头		个	0.021	0.023	0.029	0.033	0.040	0.048	0.064
	丙酮		kg	0.013	0.015	0.020	0.023	0.028	0.033	0.046
	钢丝 $\phi4.0$		kg	0.076	0.078	0.079	0.080	0.081	0.084	0.087
	塑料布		m^2	0.150	0.157	0.165	0.174	0.196	0.216	0.243
	碎布		kg	0.093	0.097	0.187	0.207	0.207	0.238	0.268
	其他材料费		%	1.00	1.00	1.00	1.00	1.00	1.00	1.00
机械	氩弧焊机 500A		台班	0.020	0.027	0.038	0.047	0.054	0.077	0.126
	砂轮切割机 $\phi500$		台班	0.001	0.001	0.002	0.003	0.003	0.004	0.005
	普通车床 630×2 000（安装用）		台班	—	—	0.024	0.024	0.025	0.034	0.043
	电动葫芦单速 3t		台班	—	—	—	—	—	—	0.043

计量单位：10m

编号				8-1-239	8-1-240	8-1-241	8-1-242	8-1-243
项目				公称直径（mm 以内）				
				80	100	125	150	200
名称			单位	消耗量				
人工	合计工日		工日	1.317	1.586	1.720	1.899	2.174
	其中	普工	工日	0.330	0.397	0.430	0.476	0.543
		一般技工	工日	0.855	1.031	1.118	1.233	1.413
		高级技工	工日	0.132	0.158	0.172	0.190	0.218
材料	合金钢管		m	（8.958）	（8.958）	（8.958）	（8.817）	（8.817）
	合金钢焊丝		kg	0.105	0.178	0.213	0.287	0.361
	氧气		m^3	0.015	0.022	0.024	0.089	0.154
	乙炔气		kg	0.006	0.009	0.009	0.034	0.059
	氩气		m^3	0.294	0.501	0.597	0.804	1.011
	铈钨棒		g	0.587	1.001	1.193	1.608	2.024
	尼龙砂轮片 $\phi100\times16\times3$		片	0.149	0.218	0.266	0.329	0.393
	尼龙砂轮片 $\phi500\times25\times4$		片	0.024	0.035	0.037	—	—
	磨头		个	0.074	0.090	—	—	—
	丙酮		kg	0.054	0.065	0.075	0.090	0.095
	钢丝 $\phi4.0$		kg	0.089	0.095	0.099	0.104	0.110
	塑料布		m^2	0.267	0.314	0.397	0.431	0.465
	碎布		kg	0.289	0.338	0.367	0.394	0.421
	其他材料费		%	1.00	1.00	1.00	1.00	1.00
机械	氩弧焊机 500A		台班	0.148	0.228	0.272	0.338	0.404
	砂轮切割机 $\phi500$		台班	0.007	0.010	0.010	—	—
	半自动切割机 100mm		台班	—	—	—	0.008	0.011
	普通车床 630×2 000（安装用）		台班	0.046	0.077	0.078	0.078	0.080
	汽车式起重机 8t		台班	—	0.007	0.009	0.013	0.016
	吊装机械（综合）		台班	—	0.080	0.085	0.085	0.087
	载货汽车－普通货车 8t		台班	—	0.007	0.009	0.013	0.016
	电动葫芦单速 3t		台班	0.046	0.077	0.078	0.078	0.079

19. 铝及铝合金管（氩弧焊）

工作内容：准备工作，管子切口，坡口加工，坡口磨平，管口组对，焊前预热，焊接，焊缝酸洗，管道安装。

计量单位：10m

编号				8-1-244	8-1-245	8-1-246	8-1-247	8-1-248	8-1-249
项目				管外径（mm 以内）					
				18	25	30	40	50	60
名称			单位	消耗量					
人工	合计工日		工日	0.295	0.336	0.367	0.433	0.489	0.596
	其中	普工	工日	0.074	0.084	0.092	0.109	0.122	0.149
		一般技工	工日	0.191	0.218	0.238	0.281	0.318	0.387
		高级技工	工日	0.030	0.034	0.037	0.043	0.049	0.060
材料	铝及铝合金管		m	（10.000）	（10.000）	（10.000）	（10.000）	（9.880）	（9.880）
	铝锰合金焊丝 丝 321 ϕ1~6		kg	0.003	0.004	0.005	0.010	0.013	0.017
	氧气		m^3	0.001	0.001	0.001	0.002	0.002	0.038
	乙炔气		kg	—	—	—	0.001	0.001	0.015
	氩气		m^3	0.009	0.011	0.015	0.029	0.036	0.046
	铈钨棒		g	0.017	0.023	0.030	0.058	0.072	0.092
	尼龙砂轮片 $\phi100\times16\times3$		片	0.001	0.001	0.010	0.014	0.018	0.022
	尼龙砂轮片 $\phi500\times25\times4$		片	0.002	0.002	0.002	0.005	0.005	0.005
	铁砂布		张	0.013	0.013	0.016	0.020	0.030	0.037
	氢氧化钠（烧碱）		kg	0.022	0.039	0.049	0.068	0.080	0.095
	硝酸		kg	0.009	0.011	0.014	0.020	0.024	0.029
	重铬酸钾 98%		kg	0.003	0.006	0.007	0.009	0.010	0.012
	水		t	0.002	0.003	0.003	0.003	0.005	0.005
	钢丝 ϕ4.0		kg	0.027	0.027	0.027	0.027	0.027	0.027
	其他材料费		%	1.00	1.00	1.00	1.00	1.00	1.00
	碎布		kg	0.018	0.019	0.025	0.026	0.038	0.038
机械	氩弧焊机 500A		台班	0.006	0.008	0.010	0.017	0.021	0.027
	砂轮切割机 ϕ500		台班	0.001	0.001	0.001	0.002	0.003	0.003
	电动空气压缩机 $6m^3/min$		台班	0.002	0.002	0.002	0.002	0.002	0.002

工作内容：准备工作，管子切口，坡口加工，坡口磨平，管口组对，焊前预热，焊接，焊缝酸洗，管道安装。

计量单位：10m

编号			8-1-250	8-1-251	8-1-252	8-1-253	8-1-254	8-1-255
项目			管外径（mm 以内）					
			70	80	100	125	150	180
名称		单位	消耗量					
人工	合计工日	工日	0.666	0.951	1.155	1.426	1.592	2.098
人工	其中 普工	工日	0.167	0.238	0.288	0.356	0.399	0.524
人工	其中 一般技工	工日	0.433	0.618	0.751	0.927	1.034	1.364
人工	其中 高级技工	工日	0.066	0.095	0.116	0.143	0.159	0.210
材料	铝及铝合金管	m	（9.880）	（9.880）	（9.880）	（9.880）	（9.880）	（9.880）
材料	铝锰合金焊丝 丝 321 ϕ1~6	kg	0.020	0.034	0.037	0.046	0.084	0.098
材料	氧气	m^3	0.047	0.053	0.070	0.088	0.118	0.144
材料	乙炔气	kg	0.018	0.020	0.027	0.034	0.045	0.055
材料	氩气	m^3	0.054	0.093	0.099	0.125	0.227	0.264
材料	铈钨棒	g	0.107	0.186	0.199	0.250	0.454	0.527
材料	尼龙砂轮片 $\phi100\times16\times3$	片	0.026	0.347	0.410	0.517	0.674	0.895
材料	尼龙砂轮片 $\phi500\times25\times4$	片	0.006	—	—	—	—	—
材料	铁砂布	张	0.050	0.059	0.075	0.096	0.106	0.114
材料	氢氧化钠（烧碱）	kg	0.111	0.128	0.160	0.187	0.258	0.335
材料	硝酸	kg	0.034	0.037	0.048	0.060	0.075	0.088
材料	重铬酸钾 98%	kg	0.014	0.015	0.019	0.024	0.031	0.036
材料	水	t	0.007	0.007	0.009	0.012	0.014	0.017
材料	钢丝 ϕ4.0	kg	0.027	0.027	0.027	0.027	0.027	0.027
材料	其他材料费	%	1.00	1.00	1.00	1.00	1.00	1.00
材料	碎布	kg	0.040	0.043	0.057	0.060	0.062	0.064
机械	氩弧焊机 500A	台班	0.031	0.032	0.038	0.049	0.079	0.092
机械	砂轮切割机 ϕ500	台班	0.004	—	—	—	—	—
机械	电动空气压缩机 1m^3/min	台班	—	0.127	0.159	0.199	0.244	0.291
机械	电动空气压缩机 6m^3/min	台班	0.002	0.002	0.002	0.002	0.002	0.002
机械	等离子切割机 400A	台班	—	0.127	0.159	0.199	0.244	0.291
机械	汽车式起重机 8t	台班	—	—	—	—	0.004	0.004
机械	吊装机械（综合）	台班	—	—	—	—	0.052	0.056
机械	载货汽车－普通货车 8t	台班	—	—	—	—	0.004	0.004

工作内容: 准备工作,管子切口,坡口加工,坡口磨平,管口组对,焊前预热,焊接,焊缝酸洗,管道安装。

计量单位: 10m

编号			8-1-256	8-1-257	8-1-258	8-1-259	8-1-260
项目			管外径(mm 以内)				
			200	250	300	350	410
名称		单位	消耗量				
人工	合计工日	工日	2.372	2.681	3.107	4.067	4.895
	其中 普工	工日	0.593	0.671	0.777	1.017	1.223
	其中 一般技工	工日	1.542	1.742	2.020	2.644	3.182
	其中 高级技工	工日	0.237	0.268	0.310	0.406	0.490
材料	铝及铝合金管	m	(9.880)	(9.880)	(9.880)	(9.880)	(9.880)
	铝锰合金焊丝 丝 321 ϕ1~6	kg	0.124	0.164	0.236	0.473	0.765
	氧气	m^3	0.179	0.667	0.897	1.406	2.038
	乙炔气	kg	0.069	0.257	0.345	0.541	0.784
	氩气	m^3	0.332	0.436	0.635	1.287	2.097
	铈钨棒	g	0.664	0.871	1.271	2.573	4.195
	尼龙砂轮片 $\phi100 \times 16 \times 3$	片	0.998	1.477	1.935	2.913	4.275
	铁砂布	张	0.114	0.237	0.283	0.368	0.418
	氢氧化钠(烧碱)	kg	0.357	0.417	0.477	0.534	0.624
	硝酸	kg	0.104	0.119	0.155	0.167	0.196
	重铬酸钾 98%	kg	0.043	0.048	0.063	0.068	0.078
	水	t	0.020	0.022	0.029	0.032	0.037
	钢丝 ϕ4.0	kg	0.027	0.027	0.027	0.027	0.027
	其他材料费	%	1.00	1.00	1.00	1.00	1.00
	碎布	kg	0.066	0.082	0.083	0.094	0.476
机械	氩弧焊机 500A	台班	0.115	0.141	0.206	0.391	0.616
	电动空气压缩机 $1m^3/min$	台班	0.325	0.413	0.495	0.607	0.746
	电动空气压缩机 $6m^3/min$	台班	0.002	0.002	0.002	0.002	0.002
	等离子切割机 400A	台班	0.325	0.413	0.495	0.607	0.746
	汽车式起重机 8t	台班	0.004	0.005	0.007	0.010	0.016
	吊装机械(综合)	台班	0.056	0.064	0.067	0.072	0.078
	载货汽车 - 普通货车 8t	台班	0.004	0.005	0.007	0.010	0.016

20. 铝及铝合金板卷管(氩弧焊)

工作内容: 准备工作,管子切口,坡口加工,坡口磨平,管口组对,焊接,焊缝酸洗,管道安装。

计量单位: 10m

编号				8-1-261	8-1-262	8-1-263	8-1-264	8-1-265	8-1-266	8-1-267
项目				管外径(mm 以内)						
				159	219	273	325	377	426	478
名称			单位	消耗量						
人工	合计工日		工日	2.016	2.359	2.485	2.978	3.571	4.065	4.744
	其中	普工	工日	0.504	0.590	0.622	0.745	0.893	1.017	1.186
		一般技工	工日	1.311	1.533	1.615	1.935	2.321	2.642	3.084
		高级技工	工日	0.201	0.236	0.248	0.298	0.357	0.406	0.474
材料	铝及铝合金板卷管		m	(9.980)	(9.980)	(9.980)	(9.980)	(9.880)	(9.880)	(9.880)
	铝锰合金焊丝 丝321 ϕ1~6		kg	0.097	0.134	0.167	0.200	0.295	0.333	0.374
	氧气		m^3	0.011	0.016	0.019	0.030	0.034	0.039	0.044
	乙炔气		kg	0.004	0.006	0.007	0.012	0.013	0.015	0.017
	氩气		m^3	0.264	0.364	0.455	0.542	0.800	0.904	1.015
	铈钨棒		g	0.527	0.728	0.909	1.083	1.599	1.809	2.030
	尼龙砂轮片 ϕ100×16×3		片	0.746	1.037	1.298	1.550	2.156	2.441	2.743
	铁砂布		张	0.355	0.399	0.496	0.594	0.785	0.886	1.060
	氢氧化钠(烧碱)		kg	0.228	0.323	0.408	0.493	0.578	0.646	0.731
	硝酸		kg	0.075	0.104	0.134	0.155	0.167	0.196	0.228
	重铬酸钾 98%		kg	0.031	0.043	0.054	0.063	0.068	0.078	0.092
	水		t	0.014	0.020	0.026	0.029	0.032	0.037	0.044
	钢丝 ϕ4.0		kg	0.039	0.039	0.039	0.039	0.039	0.039	0.039
	其他材料费		%	1.00	1.00	1.00	1.00	1.00	1.00	1.00
	碎布		kg	0.083	0.086	0.093	0.106	0.111	0.116	0.137
机械	氩弧焊机 500A		台班	0.071	0.097	0.121	0.145	0.199	0.226	0.254
	等离子切割机 400A		台班	0.257	0.355	0.435	0.527	0.622	0.703	0.788
	汽车式起重机 8t		台班	—	—	0.005	0.006	0.008	0.010	0.011
	吊装机械(综合)		台班	0.055	0.060	0.064	0.067	0.072	0.078	0.085
	载货汽车-普通货车 8t		台班	—	—	0.005	0.006	0.008	0.010	0.011
	电动空气压缩机 1m^3/min		台班	0.257	0.355	0.435	0.527	0.622	0.703	0.788
	电动空气压缩机 6m^3/min		台班	0.002	0.002	0.002	0.002	0.002	0.002	0.003

计量单位：10m

编号				8-1-268	8-1-269	8-1-270	8-1-271	8-1-272	8-1-273
项目				管外径（mm 以内）					
				529	630	720	820	920	1 020
名称			单位	消耗量					
人工	合计工日		工日	5.615	6.659	7.873	9.581	11.303	13.160
	其中	普工	工日	1.403	1.665	1.969	2.395	2.825	3.290
		一般技工	工日	3.650	4.328	5.117	6.228	7.347	8.554
		高级技工	工日	0.562	0.666	0.787	0.958	1.131	1.316
材料	铝及铝合金板卷管		m	(9.780)	(9.780)	(9.780)	(9.780)	(9.780)	(9.780)
	铝锰合金焊丝 丝 321 ϕ1~6		kg	0.556	0.654	0.759	1.115	1.252	1.396
	氧气		m^3	0.044	0.057	0.060	0.065	0.072	0.097
	乙炔气		kg	0.017	0.022	0.023	0.025	0.028	0.037
	氩气		m^3	1.515	1.777	2.065	3.031	3.402	3.774
	铈钨棒		g	3.030	3.554	4.130	6.062	6.805	7.547
	尼龙砂轮片 $\phi100\times16\times3$		片	3.539	4.156	4.834	6.292	7.067	7.841
	铁砂布		张	1.107	1.395	1.552	1.725	1.903	2.086
	氢氧化钠（烧碱）		kg	0.731	0.935	1.063	1.204	1.346	1.488
	硝酸		kg	0.252	0.299	0.342	0.391	0.437	0.485
	重铬酸钾 98%		kg	0.102	0.121	0.138	0.158	0.177	0.196
	水		t	0.048	0.058	0.065	0.075	0.083	0.092
	钢丝 ϕ4.0		kg	0.039	0.039	0.039	0.039	0.039	0.039
	其他材料费		%	1.00	1.00	1.00	1.00	1.00	1.00
	碎布		kg	0.149	0.154	0.170	0.187	0.204	0.221
机械	氩弧焊机 500A		台班	0.367	0.431	0.501	0.710	0.796	0.883
	等离子切割机 400A		台班	0.895	1.049	1.219	1.422	1.595	1.769
	汽车式起重机 8t		台班	0.014	0.017	0.019	0.026	0.029	0.032
	吊装机械（综合）		台班	0.096	0.109	0.122	0.134	0.145	0.192
	载货汽车－普通货车 8t		台班	0.014	0.017	0.019	0.026	0.029	0.032
	电动空气压缩机 $1m^3$/min		台班	0.895	1.049	1.219	1.422	1.595	1.769
	电动空气压缩机 $6m^3$/min		台班	0.003	0.003	0.003	0.005	0.005	0.005

21. 铜及铜合金管（氧乙炔焊）

工作内容：准备工作，管子切口，坡口加工，坡口磨平，管口组对，焊前预热，焊接，管道安装。

计量单位：10m

编号				8-1-274	8-1-275	8-1-276	8-1-277	8-1-278	8-1-279	8-1-280
项目				管外径（mm 以内）						
				20	30	40	50	65	75	85
名称			单位	消耗量						
人工	合计工日		工日	0.454	0.602	0.737	0.920	1.061	1.139	1.192
	其中	普工	工日	0.114	0.150	0.184	0.230	0.265	0.285	0.298
		一般技工	工日	0.295	0.392	0.479	0.598	0.690	0.740	0.775
		高级技工	工日	0.045	0.060	0.074	0.092	0.106	0.114	0.119
材料	铜及铜合金管		m	(10.000)	(10.000)	(10.000)	(10.000)	(10.000)	(9.880)	(9.880)
	铜气焊丝		kg	0.013	0.021	0.029	0.036	0.084	0.095	0.110
	氧气		m^3	0.078	0.116	0.167	0.201	0.320	0.439	0.558
	乙炔气		kg	0.030	0.045	0.064	0.077	0.123	0.169	0.215
	尼龙砂轮片 $\phi100\times16\times3$		片	0.003	0.008	0.010	0.013	0.017	0.020	0.211
	尼龙砂轮片 $\phi500\times25\times4$		片	0.005	0.007	0.011	0.013	0.014	0.016	—
	铁砂布		张	0.012	0.015	0.026	0.032	0.048	0.056	0.056
	硼砂		kg	0.004	0.007	0.009	0.011	0.020	0.025	0.030
	钢丝 $\phi4.0$		kg	0.077	0.077	0.077	0.077	0.077	0.077	0.077
	碎布		kg	0.103	0.106	0.229	0.229	0.262	0.295	0.295
	其他材料费		%	1.00	1.00	1.00	1.00	1.00	1.00	1.00
机械	砂轮切割机 $\phi500$		台班	0.001	0.002	0.003	0.004	0.005	0.006	—
	等离子切割机 400A		台班	—	—	—	—	—	—	0.016
	电动空气压缩机 $1m^3/min$		台班	—	—	—	—	—	—	0.016

计量单位：10m

编　　号				8-1-281	8-1-282	8-1-283	8-1-284	8-1-285	8-1-286	8-1-287
项　　目				管外径（mm 以内）						
				100	120	150	185	200	250	300
名　　称			单位	消　耗　量						
人工	合计工日		工日	1.331	1.365	1.578	1.997	2.181	2.609	3.093
	其中	普工	工日	0.332	0.341	0.394	0.499	0.545	0.652	0.774
		一般技工	工日	0.866	0.887	1.026	1.298	1.418	1.696	2.010
		高级技工	工日	0.133	0.137	0.158	0.200	0.218	0.261	0.309
材料	铜及铜合金管		m	（9.880）	（9.880）	（9.880）	（9.880）	（9.880）	（9.880）	（9.880）
	铜气焊丝		kg	0.175	0.210	0.263	0.325	0.350	0.440	0.527
	氧气		m^3	0.677	0.814	1.019	1.257	1.359	1.702	2.043
	乙炔气		kg	0.260	0.313	0.392	0.483	0.523	0.655	0.786
	尼龙砂轮片 $\phi100\times16\times3$		片	0.399	0.482	0.607	0.752	0.814	1.022	1.230
	铁砂布		张	0.071	0.082	0.109	0.145	0.160	0.226	0.292
	硼砂		kg	0.034	0.041	0.051	0.063	0.068	0.085	0.102
	钢丝 $\phi4.0$		kg	0.077	0.077	0.077	0.077	0.077	0.077	0.077
	碎布		kg	0.318	0.373	0.406	0.434	0.436	0.525	0.584
	其他材料费		%	1.00	1.00	1.00	1.00	1.00	1.00	1.00
机械	等离子切割机 400A		台班	0.167	0.201	0.251	0.309	0.335	0.418	0.501
	汽车式起重机 8t		台班	0.005	0.006	0.007	0.009	0.010	0.012	0.018
	吊装机械（综合）		台班	0.065	0.066	0.066	0.085	0.085	0.118	0.118
	载货汽车－普通货车 8t		台班	0.005	0.006	0.007	0.009	0.010	0.012	0.018
	电动空气压缩机 $1m^3/min$		台班	0.167	0.201	0.251	0.309	0.335	0.418	0.501

22. 铜及铜合金板卷管(氧乙炔焊)

工作内容: 准备工作,管子切口,坡口加工,坡口磨平,管口组对,焊前预热,焊接,管道安装。

计量单位: 10m

编号			8-1-288	8-1-289	8-1-290	8-1-291	8-1-292	8-1-293	8-1-294
项目			管外径(mm 以内)						
			155	205	255	305	355	405	505
名称		单位	消耗量						
人工	合计工日	工日	1.714	2.280	2.830	3.327	4.275	5.004	6.228
人工	其中 普工	工日	0.428	0.570	0.708	0.831	1.068	1.251	1.556
人工	其中 一般技工	工日	1.114	1.482	1.839	2.163	2.779	3.252	4.049
人工	其中 高级技工	工日	0.172	0.228	0.283	0.333	0.428	0.501	0.623
材料	铜及铜合金板卷管	m	(9.980)	(9.980)	(9.980)	(9.980)	(9.980)	(9.780)	(9.780)
材料	铜气焊丝	kg	0.296	0.392	0.563	0.674	0.918	1.047	1.308
材料	氧气	m^3	0.761	1.005	1.642	1.966	2.339	2.669	3.334
材料	乙炔气	kg	0.293	0.387	0.632	0.756	0.900	1.027	1.282
材料	尼龙砂轮片 $\phi100\times16\times3$	片	0.464	0.616	1.036	1.242	2.116	2.419	3.025
材料	铁砂布	张	0.243	0.357	0.505	0.604	0.787	0.894	1.231
材料	硼砂	kg	0.041	0.053	0.087	0.104	0.179	0.204	0.253
材料	钢丝 $\phi4.0$	kg	0.041	0.041	0.041	0.041	0.041	0.041	0.041
材料	碎布	kg	0.059	0.072	0.080	0.090	0.098	0.106	0.135
材料	其他材料费	%	1.00	1.00	1.00	1.00	1.00	1.00	1.00
机械	等离子切割机 400A	台班	0.255	0.337	0.426	0.509	0.615	0.702	0.875
机械	汽车式起重机 8t	台班	0.006	0.008	0.013	0.015	0.018	0.020	0.025
机械	吊装机械(综合)	台班	0.066	0.085	0.118	0.118	0.131	0.143	0.156
机械	载货汽车 - 普通货车 8t	台班	0.006	0.008	0.013	0.015	0.018	0.020	0.025
机械	电动空气压缩机 $1m^3/min$	台班	0.255	0.337	0.426	0.509	0.615	0.702	0.875

23. 成品衬里钢管安装（法兰连接）

工作内容：准备工作，管口组对，法兰连接，管道安装。　　**计量单位：**10m

编号				8-1-295	8-1-296	8-1-297	8-1-298	8-1-299	8-1-300
项目				公称直径（mm 以内）					
				32	40	50	65	80	100
名称			单位	消耗量					
人工	合计工日		工日	1.714	1.888	2.112	2.226	2.513	2.975
	其中	普工	工日	0.428	0.472	0.528	0.556	0.628	0.744
		一般技工	工日	1.114	1.227	1.373	1.447	1.633	1.933
		高级技工	工日	0.172	0.189	0.211	0.223	0.252	0.298
材料	成品衬里管道		m	(10.000)	(10.000)	(10.000)	(10.000)	(10.000)	(10.000)
	无石棉橡胶板 低压 δ0.8~6.0		kg	0.783	1.175	1.370	1.576	2.277	2.976
	白铅油		kg	0.587	0.587	0.783	0.876	1.226	1.750
	清油 C01-1		kg	0.195	0.195	0.195	0.275	0.350	0.350
	碎布		kg	0.734	0.930	1.008	1.039	1.096	1.394
	其他材料费		%	1.00	1.00	1.00	1.00	1.00	1.00
机械	汽车式起重机 8t		台班	—	—	—	—	—	0.003
	吊装机械（综合）		台班	—	—	—	—	—	0.024
	载货汽车－普通货车 8t		台班	—	—	—	—	—	0.003

计量单位：10m

编号			8-1-301	8-1-302	8-1-303	8-1-304	8-1-305	8-1-306
项目			公称直径（mm 以内）					
			125	150	200	250	300	350
名称		单位	消耗量					
人工	合计工日	工日	3.106	3.492	4.353	5.412	6.336	6.675
	其中 普工	工日	0.777	0.873	1.088	1.352	1.585	1.669
	其中 一般技工	工日	2.019	2.270	2.830	3.519	4.118	4.339
	其中 高级技工	工日	0.310	0.349	0.435	0.541	0.633	0.667
材料	成品衬里管道	m	（10.000）	（10.000）	（10.000）	（10.000）	（10.000）	（10.000）
	无石棉橡胶板 低压 δ0.8~6.0	kg	4.025	4.279	4.289	4.363	4.435	4.875
	白铅油	kg	2.101	2.140	2.210	2.217	2.270	2.457
	清油 C01-1	kg	0.350	0.459	0.390	0.444	0.475	0.511
	碎布	kg	1.443	1.542	1.708	1.917	2.020	2.093
	其他材料费	%	1.00	1.00	1.00	1.00	1.00	1.00
机械	汽车式起重机 8t	台班	0.003	0.004	0.007	0.011	0.014	0.020
	吊装机械（综合）	台班	0.028	0.028	0.036	0.051	0.051	0.056
	载货汽车－普通货车 8t	台班	0.003	0.004	0.007	0.011	0.014	0.020

计量单位：10m

编号				8-1-307	8-1-308	8-1-309
项目				公称直径（mm 以内）		
				400	450	500
名称			单位	消耗量		
人工	合计工日		工日	7.470	8.163	9.368
	其中	普工	工日	1.867	2.041	2.342
		一般技工	工日	4.856	5.306	6.089
		高级技工	工日	0.747	0.816	0.937
材料	成品衬里管道		m	（10.000）	（10.000）	（10.000）
	无石棉橡胶板 低压 δ0.8~6.0		kg	6.229	7.312	7.492
	白铅油		kg	2.708	2.708	2.979
	清油 C01-1		kg	0.542	0.542	0.542
	碎布		kg	2.271	2.494	2.829
	其他材料费		%	1.00	1.00	1.00
机械	汽车式起重机 8t		台班	0.022	0.028	0.031
	吊装机械（综合）		台班	0.061	0.067	0.067
	载货汽车 - 普通货车 8t		台班	0.022	0.028	0.031

24. 金属软管安装（螺纹连接）

工作内容：准备工作，软管清理检查，管口连接，管道安装。 计量单位：根

编号				8-1-310	8-1-311	8-1-312	8-1-313	8-1-314	8-1-315
项目				公称直径（mm 以内）					
				15	20	25	32	40	50
名称			单位	消耗量					
人工	合计工日		工日	0.174	0.187	0.199	0.210	0.234	0.270
	其中	普工	工日	0.043	0.046	0.050	0.052	0.058	0.067
		一般技工	工日	0.114	0.122	0.129	0.138	0.152	0.176
		高级技工	工日	0.018	0.019	0.020	0.021	0.023	0.027
材料	金属软管		根	（1.000）	（1.000）	（1.000）	（1.000）	（1.000）	（1.000）
	聚四氟乙烯生料带		m	0.004	0.006	0.008	0.012	0.016	0.024
	机油		kg	0.010	0.012	0.014	0.016	0.020	0.023
	碎布		kg	0.081	0.082	0.179	0.179	0.204	0.204
	其他材料费		%	1.00	1.00	1.00	1.00	1.00	1.00

25. 金属软管安装(法兰连接)

工作内容: 准备工作,软管清理检查,管口连接,螺栓涂二硫化钼,管道安装。 **计量单位:** 根

编号			8-1-316	8-1-317	8-1-318	8-1-319	8-1-320	8-1-321	8-1-322
项目			公称直径(mm 以内)						
			15	20	25	32	40	50	65
名称		单位	消耗量						
人工	合计工日	工日	0.194	0.202	0.213	0.249	0.270	0.303	0.343
	其中 普工	工日	0.048	0.050	0.054	0.062	0.067	0.075	0.086
	其中 一般技工	工日	0.126	0.131	0.138	0.162	0.176	0.198	0.223
	其中 高级技工	工日	0.020	0.021	0.021	0.025	0.027	0.030	0.034
材料	金属软管	根	(1.000)	(1.000)	(1.000)	(1.000)	(1.000)	(1.000)	(1.000)
	无石棉橡胶板 低压 δ0.8~6.0	kg	0.092	0.122	0.153	0.196	0.294	0.343	0.394
	二硫化钼	kg	0.002	0.002	0.002	0.002	0.002	0.002	0.003
	碎布	kg	0.081	0.082	0.179	0.179	0.204	0.204	0.030
	其他材料费	%	1.00	1.00	1.00	1.00	1.00	1.00	1.00

工作内容: 准备工作,软管清理检查,管口连接,螺栓涂二硫化钼,管道安装。 **计量单位:** 根

编号			8-1-323	8-1-324	8-1-325	8-1-326	8-1-327	8-1-328	8-1-329
项目			公称直径(mm 以内)						
			80	100	125	150	200	250	300
名称		单位	消耗量						
人工	合计工日	工日	0.354	0.392	0.442	0.497	0.684	0.846	1.039
	其中 普工	工日	0.089	0.098	0.110	0.125	0.170	0.212	0.259
	其中 一般技工	工日	0.230	0.255	0.287	0.322	0.445	0.549	0.675
	其中 高级技工	工日	0.035	0.039	0.044	0.050	0.069	0.084	0.104
材料	金属软管	根	(1.000)	(1.000)	(1.000)	(1.000)	(1.000)	(1.000)	(1.000)
	无石棉橡胶板 低压 δ0.8~6.0	kg	0.569	0.744	1.006	1.070	1.072	1.091	1.109
	二硫化钼	kg	0.003	0.006	0.008	0.008	0.008	0.018	0.018
	碎布	kg	0.035	0.035	0.313	0.331	0.442	0.460	0.506
	其他材料费	%	1.00	1.00	1.00	1.00	1.00	1.00	1.00
机械	汽车式起重机 8t	台班	—	0.002	0.002	0.004	0.006	0.008	0.010
	吊装机械(综合)	台班	—	0.010	0.010	0.012	0.017	0.021	0.024
	载货汽车-普通货车 8t	台班	—	0.002	0.002	0.004	0.006	0.008	0.010

26. 塑料管(承插粘接)

工作内容:准备工作,管子切口,管口组对,粘接,管道安装。　　　　**计量单位:**10m

编号				8-1-330	8-1-331	8-1-332	8-1-333	8-1-334	8-1-335	8-1-336
项目				管外径(mm 以内)						
				20	25	32	40	50	75	90
名称			单位	消耗量						
人工	合计工日		工日	0.328	0.345	0.369	0.407	0.507	0.675	0.722
	其中	普工	工日	0.082	0.086	0.092	0.102	0.126	0.168	0.181
		一般技工	工日	0.213	0.224	0.240	0.264	0.330	0.439	0.469
		高级技工	工日	0.033	0.035	0.037	0.041	0.051	0.068	0.072
材料	承插塑料管		m	(10.000)	(10.000)	(10.000)	(10.000)	(10.000)	(10.000)	(10.000)
	胶粘剂		kg	0.004	0.005	0.007	0.008	0.010	0.016	0.019
	铁砂布		张	—	—	—	—	1.000	1.500	1.500
	锯条(各种规格)		根	0.012	0.015	0.019	0.024	—	—	—
	丙酮		kg	0.006	0.008	0.010	0.012	0.015	0.023	0.028
	碎布		kg	0.052	0.058	0.068	0.080	0.086	0.132	0.157
	其他材料费		%	1.00	1.00	1.00	1.00	1.00	1.00	1.00
机械	木工圆锯机 500mm		台班	—	—	—	—	—	0.001	0.001

27. 塑料管（热熔焊）

工作内容：准备工作，管子切口，管口组对，热熔连接，管道安装。 **计量单位：**10m

编号				8-1-337	8-1-338	8-1-339	8-1-340	8-1-341	8-1-342	8-1-343
项目				管外径（mm 以内）						
				20	25	32	40	50	75	90
名称			单位	消耗量						
人工	合计工日		工日	0.345	0.472	0.577	0.660	0.740	0.859	0.918
	其中	普工	工日	0.108	0.148	0.181	0.205	0.232	0.269	0.286
		一般技工	工日	0.129	0.176	0.215	0.250	0.276	0.321	0.346
		高级技工	工日	0.108	0.148	0.181	0.205	0.232	0.269	0.286
材料	塑料管		m	(10.000)	(10.000)	(10.000)	(10.000)	(10.000)	(10.000)	(10.000)
	碎布		kg	0.048	0.053	0.062	0.073	0.077	0.119	0.142
	铁砂布		张	—	—	—	—	1.000	1.500	1.500
	锯条（各种规格）		根	0.012	0.015	0.019	0.024	—	—	—
	其他材料费		%	1.00	1.00	1.00	1.00	1.00	1.00	1.00
机械	汽车式起重机 8t		台班	—	—	—	—	—	—	0.001
	载货汽车－普通货车 8t		台班	—	—	—	—	—	—	0.001
	木工圆锯机 500mm		台班	—	—	—	—	0.002	0.002	0.002
	热熔对接焊机 630mm		台班	0.075	0.091	0.116	0.158	0.213	0.321	0.424

计量单位：10m

编号				8-1-344	8-1-345	8-1-346	8-1-347	8-1-348	8-1-349
项目				管外径（mm 以内）					
				110	125	150	180	200	250
名称			单位	消耗量					
人工	合计工日		工日	1.129	1.292	1.533	1.850	2.130	2.644
	其中	普工	工日	0.353	0.403	0.479	0.578	0.665	0.827
		一般技工	工日	0.423	0.486	0.575	0.694	0.800	0.990
		高级技工	工日	0.353	0.403	0.479	0.578	0.665	0.827
材料	塑料管		m	（10.000）	（10.000）	（10.000）	（10.000）	（10.000）	（10.000）
	碎布		kg	0.166	0.202	0.263	0.346	0.468	0.602
	铁砂布		张	1.500	2.000	2.000	2.000	2.000	2.500
	其他材料费		%	1.00	1.00	1.00	1.00	1.00	1.00
机械	汽车式起重机 8t		台班	0.001	0.001	0.001	0.001	0.001	0.001
	载货汽车－普通货车 8t		台班	0.001	0.001	0.001	0.001	0.001	0.001
	木工圆锯机 500mm		台班	0.002	0.002	0.002	0.002	0.005	0.005
	热熔对接焊机 630mm		台班	0.551	0.572	0.844	0.895	1.217	1.579

28. 金属骨架复合管（热熔焊）

工作内容：准备工作，管子切口，管口组对，热熔连接，管道安装。

计量单位：10m

编号				8-1-350	8-1-351	8-1-352	8-1-353	8-1-354	8-1-355
项目				管外径（mm 以内）					
				20	25	32	40	50	75
名称			单位	消耗量					
人工	合计工日		工日	0.580	0.621	0.688	0.782	1.201	1.625
	其中	普工	工日	0.145	0.155	0.172	0.196	0.300	0.406
		一般技工	工日	0.377	0.404	0.447	0.508	0.781	1.057
		高级技工	工日	0.058	0.062	0.069	0.078	0.120	0.162
材料	金属骨架复合管		m	（10.000）	（10.000）	（10.000）	（10.000）	（10.000）	（10.000）
	铁砂布		张	0.400	0.400	0.450	0.500	1.000	1.500
	锯条（各种规格）		根	0.012	0.015	0.019	0.024	0.024	0.027
	碎布		kg	0.048	0.053	0.062	0.073	0.077	0.119
	其他材料费		%	1.00	1.00	1.00	1.00	1.00	1.00
机械	热熔对接焊机 630mm		台班	0.050	0.061	0.078	0.106	0.143	0.215
	木工圆锯机 500mm		台班	0.001	0.001	0.001	0.001	0.001	0.001

计量单位：10m

编号				8-1-356	8-1-357	8-1-358	8-1-359	8-1-360	8-1-361
项目				管外径（mm以内）					
				90	110	125	150	180	200
名称			单位	消耗量					
人工	合计工日		工日	1.847	2.301	2.563	3.198	3.571	3.975
	其中	普工	工日	0.462	0.575	0.640	0.800	0.893	0.994
		一般技工	工日	1.201	1.496	1.666	2.078	2.321	2.583
		高级技工	工日	0.184	0.230	0.257	0.320	0.357	0.398
材料	金属骨架复合管		m	（10.000）	（10.000）	（10.000）	（10.000）	（10.000）	（10.000）
	铁砂布		张	1.500	2.035	2.678	3.560	4.132	4.675
	锯条（各种规格）		根	0.030	0.033	0.038	0.044	0.050	0.058
	碎布		kg	0.142	0.174	0.234	0.285	0.325	0.387
	其他材料费		%	1.00	1.00	1.00	1.00	1.00	1.00
机械	热熔对接焊机 630mm		台班	0.285	0.369	0.384	0.567	0.600	0.816
	木工圆锯机 500mm		台班	0.001	0.001	0.001	0.001	0.003	0.003
	汽车式起重机 8t		台班	—	0.001	0.001	0.001	0.001	0.001
	载货汽车－普通货车 8t		台班	—	0.001	0.001	0.001	0.001	0.001

计量单位：10m

编　　号				8-1-362	8-1-363	8-1-364	8-1-365
项　　目				管外径（mm 以内）			
				250	300	400	500
名　　称			单位	消　耗　量			
人工	合计工日		工日	5.814	6.280	8.164	10.613
	其中	普工	工日	1.454	1.570	2.041	2.654
		一般技工	工日	3.779	4.082	5.307	6.898
		高级技工	工日	0.581	0.628	0.816	1.061
材料	金属骨架复合管		m	（10.000）	（10.000）	（10.000）	（10.000）
	铁砂布		张	5.223	5.748	6.432	7.778
	锯条（各种规格）		根	0.067	0.074	0.089	0.100
	碎布		kg	0.435	0.500	0.587	0.783
	其他材料费		%	1.00	1.00	1.00	1.00
机械	热熔对接焊机 630mm		台班	0.893	1.000	1.136	1.250
	木工圆锯机 500mm		台班	0.003	0.003	0.004	0.005
	汽车式起重机 8t		台班	0.001	0.001	0.001	0.001
	载货汽车 – 普通货车 8t		台班	0.001	0.001	0.001	0.001

29. 玻璃钢管(胶泥)

工作内容: 准备工作,管子切口,坡口加工,管口连接,管道安装。 **计量单位:** 10m

编号			8-1-366	8-1-367	8-1-368	8-1-369	8-1-370	8-1-371	8-1-372
项目			公称直径(mm以内)						
			25	40	50	80	100	125	150
名称		单位	消耗量						
人工	合计工日	工日	0.419	0.621	0.782	1.105	1.376	1.765	2.129
人工	其中 普工	工日	0.105	0.156	0.196	0.276	0.344	0.441	0.531
人工	其中 一般技工	工日	0.272	0.403	0.508	0.718	0.894	1.147	1.385
人工	其中 高级技工	工日	0.042	0.062	0.078	0.111	0.138	0.177	0.213
材料	玻璃钢管	m	(10.000)	(10.000)	(10.000)	(10.000)	(10.000)	(10.000)	(10.000)
材料	尼龙砂轮片 $\phi500\times25\times4$	片	0.006	0.013	0.018	0.028	0.041	0.048	0.058
材料	万能胶 环氧树脂	kg	0.007	0.013	0.017	0.026	0.033	0.040	0.046
材料	胶泥	kg	0.455	0.726	0.908	1.452	1.726	1.924	2.779
材料	乙二胺	kg	0.003	0.003	0.003	0.003	0.003	0.003	0.003
材料	玻璃布 $\delta0.2$	m^2	0.079	0.125	0.155	0.248	0.310	0.389	0.465
材料	碎布	kg	0.034	0.039	0.056	0.078	0.092	0.100	0.130
材料	其他材料费	%	1.00	1.00	1.00	1.00	1.00	1.00	1.00
机械	砂轮切割机 $\phi500$	台班	0.002	0.003	0.003	0.006	0.007	0.009	0.011
机械	汽车式起重机 8t	台班	—	—	—	—	0.001	0.001	0.001
机械	载货汽车-普通货车 8t	台班	—	—	—	—	0.001	0.001	0.001

30. 玻璃钢管(环氧树脂)

工作内容: 准备工作,管子切口,坡口加工,管口组对,树脂填充,接口补强,管道安装。

计量单位: 10m

编号				8-1-373	8-1-374	8-1-375	8-1-376	8-1-377	8-1-378
项目				公称直径(mm 以内)					
				25	40	50	80	100	125
名称			单位	消耗量					
人工	合计工日		工日	0.337	0.543	0.673	1.088	1.346	1.692
	其中	普工	工日	0.084	0.136	0.168	0.272	0.336	0.423
		一般技工	工日	0.219	0.353	0.438	0.707	0.875	1.100
		高级技工	工日	0.034	0.054	0.067	0.109	0.135	0.169
材料	玻璃钢管		m	(10.000)	(10.000)	(10.000)	(10.000)	(10.000)	(10.000)
	环氧树脂		kg	0.150	0.200	0.275	0.550	0.675	1.075
	尼龙砂轮片 $\phi100\times16\times3$		片	0.006	0.010	0.012	0.019	0.024	0.030
	碎布		kg	0.044	0.047	0.047	0.051	0.055	0.062
	铁砂布 $0^{\#}$~$2^{\#}$		张	0.100	0.106	0.171	0.212	0.343	0.384
	石英粉		kg	0.012	0.014	0.023	0.028	0.045	0.051
	邻苯二甲酸二丁酯		kg	0.001	0.002	0.002	0.003	0.004	0.005
	丙酮		kg	0.038	0.061	0.076	0.123	0.152	0.191
	乙二胺		kg	0.008	0.013	0.016	0.026	0.032	0.040
	玻璃布 $\delta0.2$		m^2	1.009	1.631	2.018	3.261	4.035	5.074
	其他材料费		%	1.00	1.00	1.00	1.00	1.00	1.00
机械	汽车式起重机 8t		台班	—	—	—	—	0.007	0.007
	载货汽车－普通货车 8t		台班	—	—	—	—	0.007	0.007
	砂轮切割机 $\phi500$		台班	0.002	0.002	0.002	0.005	0.005	0.005

工作内容：准备工作，管子切口，坡口加工，管口组对，树脂填充，接口补强，管道安装。

计量单位：10m

编号			8-1-379	8-1-380	8-1-381	8-1-382	8-1-383	8-1-384
项目			公称直径（mm 以内）					
			150	200	250	300	400	500
名称		单位	消耗量					
人工	合计工日	工日	2.038	2.688	3.394	4.031	5.432	6.724
其中	普工	工日	0.509	0.672	0.849	1.008	1.358	1.681
	一般技工	工日	1.325	1.747	2.206	2.620	3.531	4.371
	高级技工	工日	0.204	0.269	0.339	0.403	0.543	0.672
材料	玻璃钢管	m	(10.000)	(10.000)	(10.000)	(10.000)	(10.000)	(10.000)
	环氧树脂	kg	1.475	1.950	2.925	3.900	6.450	8.825
	尼龙砂轮片 $\phi100\times16\times3$	片	0.036	0.048	0.061	0.072	0.097	0.120
	碎布	kg	0.067	0.081	0.092	0.104	0.117	0.128
	铁砂布 0#~2#	张	0.424	0.642	0.848	1.070	1.271	1.712
	石英粉	kg	0.056	0.085	0.112	0.141	0.168	0.226
	邻苯二甲酸二丁酯	kg	0.006	0.008	0.010	0.012	0.016	0.020
	丙酮	kg	0.230	0.304	0.384	0.456	0.614	0.760
	乙二胺	kg	0.048	0.064	0.081	0.096	0.129	0.160
	玻璃布 $\delta0.2$	m^2	6.113	8.070	10.188	12.103	16.299	20.170
	其他材料费	%	1.00	1.00	1.00	1.00	1.00	1.00
机械	汽车式起重机 8t	台班	0.007	0.007	0.012	0.012	0.015	0.018
	载货汽车－普通货车 8t	台班	0.007	0.007	0.012	0.012	0.015	0.018
	砂轮切割机 $\phi500$	台班	0.006	0.010	0.013	0.016	0.019	0.023

31. 螺旋卷管（氩电联焊）

工作内容：准备工作，管子切口，坡口加工，坡口磨平，管口组对，焊接，管口封闭，管道安装。

计量单位：10m

编　号				8-1-385	8-1-386	8-1-387	8-1-388	8-1-389	8-1-390	8-1-391
项　目				公称直径（mm 以内）						
				200	250	300	350	400	450	500
名　称			单位	消　耗　量						
人工	合计工日		工日	1.185	1.389	1.626	1.912	2.243	2.794	3.310
	其中	普工	工日	0.297	0.347	0.406	0.479	0.560	0.699	0.828
		一般技工	工日	0.770	0.903	1.057	1.242	1.459	1.816	2.151
		高级技工	工日	0.118	0.139	0.163	0.191	0.224	0.279	0.331
材料	低压螺旋卷管		m	(9.287)	(9.287)	(9.287)	(9.287)	(9.287)	(9.193)	(9.193)
	低碳钢焊条 J427 ϕ3.2		kg	0.317	0.394	0.469	0.963	1.089	1.229	1.250
	碳钢氩弧焊丝		kg	0.054	0.054	0.080	0.093	0.106	0.120	0.349
	氧气		m^3	0.327	0.434	0.518	0.618	0.651	0.710	0.738
	乙炔气		kg	0.126	0.167	0.199	0.238	0.250	0.273	0.284
	氩气		m^3	0.151	0.151	0.151	0.261	0.296	0.335	0.349
	铈钨棒		g	0.301	0.301	0.301	0.522	0.592	0.670	0.681
	尼龙砂轮片 $\phi100\times16\times3$		片	0.507	0.716	0.716	0.974	1.304	1.476	1.670
	角钢（综合）		kg	0.064	0.064	0.064	0.064	0.064	0.064	0.064
	碎布		kg	0.038	0.048	0.057	0.066	0.072	0.079	0.087
	其他材料费		%	1.00	1.00	1.00	1.00	1.00	1.00	1.00
机械	电焊机（综合）		台班	0.082	0.084	0.087	0.180	0.203	0.228	0.289
	氩弧焊机 500A		台班	0.071	0.071	0.071	0.122	0.139	0.157	0.178
	汽车式起重机 8t		台班	0.012	0.018	0.021	0.025	0.028	0.036	0.039
	吊装机械（综合）		台班	0.064	0.069	0.073	0.079	0.084	0.091	0.104
	载货汽车－普通货车 8t		台班	0.012	0.018	0.021	0.025	0.028	0.036	0.039
	电焊条烘干箱 $60\times50\times75$（cm^3）		台班	0.008	0.008	0.008	0.018	0.020	0.023	0.029
	电焊条恒温箱		台班	0.008	0.008	0.008	0.018	0.020	0.023	0.029

32. 承插铸铁管（膨胀水泥接口）

工作内容：准备工作，检查及清扫管材，切管，管道安装，调制接口材料，接口，养护。 **计量单位：**10m

编号				8-1-392	8-1-393	8-1-394	8-1-395	8-1-396	8-1-397
项目				公称直径（mm 以内）					
				75	100	150	200	300	400
名称			单位	消耗量					
人工	合计工日		工日	0.611	0.627	0.794	1.270	1.432	1.482
	其中	普工	工日	0.153	0.156	0.199	0.318	0.359	0.371
		一般技工	工日	0.397	0.408	0.516	0.825	0.930	0.963
		高级技工	工日	0.061	0.063	0.079	0.127	0.143	0.148
材料	铸铁管		m	（10.000）	（10.000）	（10.000）	（10.000）	（10.000）	（10.000）
	氧气		m^3	0.055	0.099	0.132	0.231	0.264	0.495
	乙炔气		kg	0.021	0.038	0.051	0.089	0.102	0.190
	膨胀水泥		kg	1.749	2.178	3.201	4.114	5.500	7.546
	油麻		kg	0.231	0.284	0.420	0.536	0.725	0.987
	钢丝 ϕ4.0		kg	0.077	0.077	0.077	0.077	0.077	0.077
	碎布		kg	0.296	0.359	0.414	0.498	0.575	0.634
	其他材料费		%	1.00	1.00	1.00	1.00	1.00	1.00
机械	汽车式起重机 8t		台班	—	0.040	0.040	0.042	0.042	0.045
	吊装机械（综合）		台班	—	0.001	0.001	0.004	0.016	0.026
	载货汽车－普通货车 8t		台班	—	0.040	0.040	0.042	0.042	0.045

计量单位：10m

编号				8-1-398	8-1-399	8-1-400	8-1-401	8-1-402	8-1-403
项目				公称直径（mm 以内）					
				500	600	700	800	900	1 000
名称			单位	消耗量					
人工	合计工日		工日	1.894	2.208	3.040	3.152	4.051	4.198
	其中	普工	工日	0.473	0.552	0.760	0.788	1.013	1.049
		一般技工	工日	1.231	1.435	1.976	2.049	2.633	2.729
		高级技工	工日	0.190	0.221	0.304	0.315	0.405	0.420
材料	铸铁管		m	(10.000)	(10.000)	(10.000)	(10.000)	(10.000)	(10.000)
	氧气		m^3	0.627	0.759	0.891	0.990	1.100	1.232
	乙炔气		kg	0.241	0.292	0.343	0.381	0.423	0.474
	膨胀水泥		kg	10.648	13.222	15.961	18.898	22.011	27.401
	油麻		kg	1.397	1.733	2.090	2.478	2.877	3.581
	钢丝 ϕ4.0		kg	0.077	0.077	0.077	0.077	0.077	0.077
	碎布		kg	0.812	1.000	1.056	1.161	1.278	1.405
	其他材料费		%	1.00	1.00	1.00	1.00	1.00	1.00
机械	汽车式起重机 8t		台班	0.045	0.050	0.050	0.060	0.060	0.090
	吊装机械（综合）		台班	0.052	0.061	0.087	0.087	0.096	0.096
	载货汽车 – 普通货车 8t		台班	0.045	0.050	0.050	0.060	0.060	0.090

计量单位：10m

编号				8-1-404	8-1-405	8-1-406
项目				公称直径（mm 以内）		
				1 200	1 400	1 600
名称			单位	消耗量		
人工	合计工日		工日	5.147	6.817	8.592
	其中	普工	工日	1.287	1.704	2.148
		一般技工	工日	3.346	4.431	5.585
		高级技工	工日	0.514	0.682	0.859
材料	铸铁管		m	（10.000）	（10.000）	（10.000）
	氧气		m^3	1.342	1.452	1.584
	乙炔气		kg	0.516	0.558	0.609
	膨胀水泥		kg	35.068	46.706	56.441
	油麻		kg	4.589	6.111	7.382
	钢丝 ϕ4.0		kg	0.077	0.077	0.077
	碎布		kg	1.532	1.659	1.786
	其他材料费		%	1.00	1.00	1.00
机械	汽车式起重机 8t		台班	0.090	0.110	0.130
	吊装机械（综合）		台班	0.096	0.113	0.113
	载货汽车－普通货车 8t		台班	0.090	0.110	0.130

33. 法兰铸铁管(法兰连接)

工作内容:准备工作,管子切口,管口组对,法兰连接,管道安装。 **计量单位:**10m

编号			8-1-407	8-1-408	8-1-409	8-1-410	8-1-411	8-1-412	8-1-413
项目			公称直径(mm 以内)						
			75	100	125	150	200	250	300
名称		单位	消耗量						
人工	合计工日	工日	0.963	1.021	1.219	1.391	1.698	2.219	2.542
人工	其中 普工	工日	0.241	0.255	0.304	0.349	0.424	0.555	0.636
人工	其中 一般技工	工日	0.626	0.664	0.793	0.903	1.104	1.442	1.652
人工	其中 高级技工	工日	0.096	0.102	0.122	0.139	0.170	0.222	0.254
材料	法兰铸铁管	m	(10.000)	(10.000)	(10.000)	(10.000)	(10.000)	(10.000)	(10.000)
材料	胶圈 ϕ100	个	2.575	2.575	—	—	—	—	—
材料	胶圈 ϕ150	个	—	—	2.575	2.575	—	—	—
材料	胶圈 ϕ200	个	—	—	—	—	2.575	—	—
材料	胶圈 ϕ300	个	—	—	—	—	—	2.575	2.575
材料	支撑圈 *DN*100	套	2.575	2.575	—	—	—	—	—
材料	支撑圈 *DN*150	套	—	—	2.575	2.575	—	—	—
材料	支撑圈 *DN*200	套	—	—	—	—	2.575	—	—
材料	支撑圈 *DN*300	套	—	—	—	—	—	2.575	2.575
材料	白铅油	kg	0.239	0.341	0.409	0.595	0.753	0.826	0.838
材料	镀锌铁丝 ϕ0.7~1.2	kg	0.020	0.024	0.028	0.028	0.034	0.047	0.048
材料	镀锌铁丝 ϕ2.8~4.0	kg	0.051	0.060	0.060	0.060	0.060	0.060	0.060
材料	其他材料费	%	1.00	1.00	1.00	1.00	1.00	1.00	1.00
材料	碎布	kg	0.309	0.380	0.420	0.483	0.508	0.554	0.615
机械	汽车式起重机 8t	台班	0.009	0.011	0.018	0.018	0.021	0.028	0.036
机械	载货汽车 - 普通货车 8t	台班	0.009	0.011	0.018	0.018	0.021	0.028	0.036

计量单位：10m

编号				8-1-414	8-1-415	8-1-416	8-1-417	8-1-418
项目				公称直径（mm 以内）				
				350	400	450	500	600
名称			单位	消耗量				
人工	合计工日		工日	3.368	3.793	4.783	5.284	6.700
	其中	普工	工日	0.842	0.948	1.196	1.321	1.675
		一般技工	工日	2.189	2.466	3.108	3.434	4.355
		高级技工	工日	0.337	0.379	0.479	0.529	0.670
材料	法兰铸铁管		m	（10.000）	（10.000）	（10.000）	（10.000）	（10.000）
	胶圈 $\phi400$		个	2.575	2.575	—	—	—
	胶圈 $\phi500$		个	—	—	2.575	2.575	—
	胶圈 $\phi600$		个	—	—	—	—	2.575
	支撑圈 *DN*400		套	2.575	2.575	—	—	—
	支撑圈 *DN*500		套	—	—	2.575	2.575	—
	支撑圈 *DN*600		套	—	—	—	—	2.575
	黑铅粉		kg	—	—	—	—	0.172
	碳精棒		kg	—	0.075	0.094	0.094	0.113
	白铅油		kg	0.873	0.891	0.891	0.980	—
	镀锌铁丝 $\phi0.7$~1.2		kg	0.062	0.062	0.076	0.076	0.096
	镀锌铁丝 $\phi2.8$~4.0		kg	0.077	0.077	0.077	0.077	0.077
	其他材料费		%	1.00	1.00	1.00	1.00	1.00
	碎布		kg	0.697	0.714	0.748	0.806	0.921
机械	电焊机（综合）		台班	—	0.023	0.029	0.029	0.035
	汽车式起重机 8t		台班	0.044	0.053	0.063	0.073	0.097
	载货汽车－普通货车 8t		台班	0.044	0.053	0.063	0.073	0.097
	电动空气压缩机 0.6m^3/min		台班	—	0.025	0.031	0.031	0.037

34. 直埋保温管（氩电联焊）

工作内容： 准备工作，管子切口，坡口加工，坡口磨平，管口组对，焊接，管口封闭，管道安装。

计量单位： 10m

编号				8-1-419	8-1-420	8-1-421	8-1-422	8-1-423	8-1-424
项目				公称直径（mm 以内）					
				100	200	250	300	350	400
名称			单位	消耗量					
人工	合计工日		工日	0.884	1.475	1.720	2.043	2.490	3.105
	其中	普工	工日	0.221	0.368	0.430	0.510	0.623	0.776
		一般技工	工日	0.575	0.959	1.118	1.328	1.619	2.018
		高级技工	工日	0.088	0.148	0.172	0.205	0.248	0.311
材料	低压直埋保温管		m	（9.287）	（9.287）	（9.287）	（9.287）	（9.287）	（9.287）
	低碳钢焊条 J427 ϕ3.2		kg	0.237	0.473	0.586	0.699	1.434	1.623
	碳钢焊丝		kg	0.040	0.080	0.080	0.119	0.138	0.158
	氧气		m^3	0.280	0.560	0.728	0.884	1.045	1.111
	乙炔气		kg	0.108	0.215	0.280	0.340	0.402	0.427
	氩气		m^3	0.112	0.224	0.224	0.224	0.389	0.441
	尼龙砂轮片 $\phi100 \times 16 \times 3$		片	0.377	0.754	1.065	1.065	1.448	1.939
	角钢（综合）		kg	0.064	0.128	0.128	0.128	0.128	0.128
	铈钨棒		g	0.224	0.449	0.449	0.449	0.777	0.883
	碎布		kg	0.022	0.044	0.054	0.064	0.073	0.082
	其他材料费		%	1.00	1.00	1.00	1.00	1.00	1.00
机械	汽车式起重机 8t		台班	0.009	0.016	0.026	0.033	0.047	0.052
	吊装机械（综合）		台班	0.035	0.058	0.082	0.082	0.091	0.099
	载货汽车－普通货车 8t		台班	0.009	0.016	0.026	0.033	0.047	0.052
	氩弧焊机 500A		台班	0.074	0.124	0.124	0.124	0.216	0.245
	电焊机（综合）		台班	0.075	0.125	0.151	0.186	0.251	0.288
	电焊条烘干箱 $60 \times 50 \times 75$（cm^3）		台班	0.008	0.013	0.015	0.018	0.025	0.029
	电焊条恒温箱		台班	0.008	0.013	0.015	0.018	0.025	0.029

计量单位：10m

编号			8-1-425	8-1-426	8-1-427	8-1-428
项目			公称直径（mm 以内）			
			450	500	600	700
名称		单位	消耗量			
人工	合计工日	工日	3.801	4.434	4.795	5.627
	其中 普工	工日	0.950	1.108	1.199	1.407
	其中 一般技工	工日	2.470	2.883	3.117	3.658
	其中 高级技工	工日	0.381	0.443	0.479	0.562
材料	低压直埋保温管	m	（9.193）	（9.193）	（9.193）	（9.090）
	低碳钢焊条 J427 ϕ3.2	kg	1.830	1.862	3.962	6.264
	碳钢焊丝	kg	0.179	0.181	0.219	0.252
	氧气	m^3	1.199	1.256	2.644	2.950
	乙炔气	kg	0.461	0.483	1.017	1.135
	氩气	m^3	0.498	0.519	0.614	0.704
	尼龙砂轮片 $\phi100\times16\times3$	片	2.194	2.482	2.658	2.733
	角钢（综合）	kg	0.128	0.128	0.128	0.142
	铈钨棒	g	0.998	1.014	1.228	1.409
	碎布	kg	0.092	0.101	0.123	0.140
	其他材料费	%	1.00	1.00	1.00	1.00
机械	汽车式起重机 8t	台班	0.065	0.071	0.078	0.087
	吊装机械（综合）	台班	0.107	0.107	0.108	0.119
	载货汽车－普通货车 8t	台班	0.065	0.071	0.078	0.087
	半自动切割机 100mm	台班	—	—	0.042	0.044
	氩弧焊机 500A	台班	0.277	0.314	0.317	0.319
	电焊机（综合）	台班	0.323	0.357	0.784	0.937
	电焊条烘干箱 $60\times50\times75$（cm^3）	台班	0.032	0.036	0.078	0.094
	电焊条恒温箱	台班	0.032	0.036	0.078	0.094

计量单位：10m

编号				8-1-429	8-1-430	8-1-431	8-1-432
项目				公称直径（mm 以内）			
				800	900	1 000	1 200
名称			单位	消耗量			
人工	合计工日		工日	6.443	7.227	8.084	9.858
	其中	普工	工日	1.611	1.806	2.021	2.465
		一般技工	工日	4.188	4.698	5.255	6.408
		高级技工	工日	0.644	0.723	0.808	0.985
材料	低压直埋保温管		m	（9.090）	（9.090）	（8.996）	（8.996）
	低碳钢焊条 J427 ϕ3.2		kg	8.031	9.022	11.134	17.502
	碳钢焊丝		kg	0.305	0.322	0.356	0.410
	氧气		m^3	3.632	4.038	4.799	7.685
	乙炔气		kg	1.397	1.553	1.846	2.956
	氩气		m^3	0.854	0.900	0.994	1.148
	尼龙砂轮片 $\phi100 \times 16 \times 3$		片	2.765	1.742	2.167	3.496
	角钢（综合）		kg	0.142	0.142	0.142	0.224
	铈钨棒		g	1.709	1.800	1.989	2.296
	碎布		kg	0.160	0.180	0.218	0.262
	其他材料费		%	1.00	1.00	1.00	1.00
机械	汽车式起重机 8t		台班	0.098	0.109	0.134	0.145
	吊装机械（综合）		台班	0.152	0.159	0.211	0.227
	载货汽车－普通货车 8t		台班	0.098	0.109	0.134	0.145
	半自动切割机 100mm		台班	0.046	0.055	0.060	0.074
	氩弧焊机 500A		台班	0.321	0.333	0.368	0.424
	电焊机（综合）		台班	1.071	1.202	1.347	2.125
	电焊条烘干箱 $60 \times 50 \times 75$（cm^3）		台班	0.107	0.120	0.135	0.213
	电焊条恒温箱		台班	0.107	0.120	0.135	0.213

35. 钢套钢直埋保温管（氩电联焊）

工作内容： 准备工作，管子切口，坡口加工，坡口磨平，管口组对，焊接，管口封闭，管道安装。

计量单位：10m

编　号				8-1-433	8-1-434	8-1-435	8-1-436	8-1-437
项　目				公称直径（mm 以内）				
				100	200	250	300	350
名　称			单位	消　耗　量				
人工	合计工日		工日	1.143	1.904	2.222	2.639	3.216
	其中	普工	工日	0.286	0.475	0.556	0.659	0.804
		一般技工	工日	0.743	1.238	1.444	1.715	2.091
		高级技工	工日	0.114	0.191	0.222	0.265	0.321
材料	低压钢套钢保温管		m	（9.287）	（9.287）	（9.287）	（9.287）	（9.287）
	低碳钢焊条 J427 ϕ3.2		kg	0.237	0.473	0.586	0.699	1.434
	碳钢焊丝		kg	0.040	0.080	0.080	0.119	0.138
	氧气		m^3	0.280	0.560	0.728	0.884	1.045
	乙炔气		kg	0.108	0.215	0.280	0.340	0.402
	氩气		m^3	0.112	0.224	0.224	0.224	0.389
	尼龙砂轮片 $\phi100\times16\times3$		片	0.377	0.754	1.065	1.065	1.448
	角钢（综合）		kg	0.064	0.128	0.128	0.128	0.128
	铈钨棒		g	0.224	0.449	0.449	0.449	0.777
	碎布		kg	0.022	0.044	0.054	0.064	0.073
	其他材料费		%	1.00	1.00	1.00	1.00	1.00
机械	汽车式起重机 8t		台班	0.012	0.020	0.033	0.043	0.060
	吊装机械（综合）		台班	0.042	0.075	0.106	0.106	0.118
	载货汽车－普通货车 8t		台班	0.012	0.020	0.033	0.043	0.060
	氩弧焊机 500A		台班	0.090	0.160	0.160	0.160	0.279
	电焊机（综合）		台班	0.091	0.161	0.195	0.240	0.324
	电焊条烘干箱 $60\times50\times75$（cm^3）		台班	0.009	0.016	0.020	0.024	0.033
	电焊条恒温箱		台班	0.009	0.016	0.020	0.024	0.033

计量单位：10m

编号				8-1-438	8-1-439	8-1-440	8-1-441	8-1-442
项目				公称直径（mm 以内）				
				400	450	500	600	700
名称			单位	消耗量				
人工	合计工日		工日	4.009	4.908	5.727	6.193	7.266
	其中	普工	工日	1.002	1.226	1.431	1.549	1.816
		一般技工	工日	2.605	3.190	3.723	4.025	4.724
		高级技工	工日	0.402	0.492	0.573	0.619	0.726
材料	低压钢套钢保温管		m	（9.287）	（9.193）	（9.193）	（9.193）	（9.090）
	低碳钢焊条 J427 ϕ3.2		kg	1.623	1.830	1.862	3.962	6.264
	碳钢焊丝		kg	0.158	0.179	0.181	0.219	0.252
	氧气		m^3	1.111	1.199	1.256	2.644	2.950
	乙炔气		kg	0.427	0.461	0.483	1.017	1.135
	氩气		m^3	0.441	0.498	0.519	0.614	0.704
	尼龙砂轮片 $\phi100\times16\times3$		片	1.939	2.194	2.482	2.658	2.733
	角钢（综合）		kg	0.128	0.128	0.128	0.128	0.142
	铈钨棒		g	0.883	0.998	1.014	1.228	1.409
	碎布		kg	0.082	0.092	0.101	0.123	0.140
	其他材料费		%	1.00	1.00	1.00	1.00	1.00
机械	汽车式起重机 8t		台班	0.068	0.083	0.092	0.101	0.112
	吊装机械（综合）		台班	0.128	0.139	0.139	0.140	0.154
	载货汽车－普通货车 8t		台班	0.068	0.083	0.092	0.101	0.112
	半自动切割机 100mm		台班	—	—	—	0.054	0.056
	氩弧焊机 500A		台班	0.316	0.358	0.405	0.409	0.413
	电焊机（综合）		台班	0.373	0.418	0.461	1.013	1.210
	电焊条烘干箱 $60\times50\times75$（cm^3）		台班	0.038	0.041	0.046	0.101	0.121
	电焊条恒温箱		台班	0.038	0.041	0.046	0.101	0.121

计量单位：10m

编号				8-1-443	8-1-444	8-1-445	8-1-446
项目				公称直径（mm 以内）			
				800	900	1 000	1 200
名称			单位	消耗量			
人工	合计工日		工日	8.319	9.333	10.440	12.731
	其中	普工	工日	2.080	2.333	2.610	3.183
		一般技工	工日	5.408	6.066	6.786	8.275
		高级技工	工日	0.831	0.934	1.044	1.273
材料	低压钢套钢保温管		m	（9.090）	（9.090）	（8.996）	（8.996）
	低碳钢焊条 J427 ϕ3.2		kg	8.031	9.022	11.134	17.502
	碳钢焊丝		kg	0.305	0.322	0.356	0.410
	氧气		m^3	3.632	4.038	4.799	7.685
	乙炔气		kg	1.397	1.553	1.846	2.956
	氩气		m^3	0.854	0.900	0.994	1.148
	尼龙砂轮片 $\phi100\times16\times3$		片	2.765	1.742	2.167	3.496
	角钢（综合）		kg	0.142	0.142	0.142	0.224
	铈钨棒		g	1.709	1.800	1.989	2.296
	碎布		kg	0.160	0.180	0.218	0.262
	其他材料费		%	1.00	1.00	1.00	1.00
机械	汽车式起重机 8t		台班	0.127	0.141	0.173	0.187
	吊装机械（综合）		台班	0.196	0.205	0.273	0.294
	载货汽车－普通货车 8t		台班	0.127	0.141	0.173	0.187
	半自动切割机 100mm		台班	0.060	0.071	0.078	0.095
	氩弧焊机 500A		台班	0.415	0.430	0.475	0.548
	电焊机（综合）		台班	1.383	1.553	1.740	2.744
	电焊条烘干箱 $60\times50\times75$（cm^3）		台班	0.139	0.155	0.174	0.275
	电焊条恒温箱		台班	0.139	0.155	0.174	0.275

二、中 压 管 道

1. 碳钢管（电弧焊）

工作内容：准备工作，管子切口，坡口加工，坡口磨平，管口组对，焊接，管道安装。　　**计量单位**：10m

编　号				8-1-447	8-1-448	8-1-449	8-1-450	8-1-451	8-1-452	8-1-453
项　目				公称直径（mm 以内）						
				15	20	25	32	40	50	65
名　称			单位	消　耗　量						
人工	合计工日		工日	0.459	0.514	0.569	0.641	0.716	0.791	0.965
	其中	普工	工日	0.115	0.128	0.142	0.161	0.179	0.197	0.241
		一般技工	工日	0.252	0.283	0.313	0.352	0.394	0.436	0.531
		高级技工	工日	0.092	0.103	0.114	0.128	0.143	0.158	0.193
材料	碳钢管		m	(9.137)	(9.137)	(9.137)	(9.137)	(9.137)	(8.996)	(8.996)
	低碳钢焊条 J427 ϕ3.2		kg	0.034	0.043	0.063	0.094	0.100	0.125	0.275
	氧气		m^3	0.001	0.001	0.001	0.010	0.011	0.014	0.309
	乙炔气		kg	—	—	—	0.004	0.004	0.005	0.119
	尼龙砂轮片 $\phi100\times16\times3$		片	0.057	0.073	0.123	0.159	0.219	0.227	0.272
	尼龙砂轮片 $\phi500\times25\times4$		片	0.003	0.003	0.005	0.006	0.007	0.011	—
	磨头		个	0.013	0.016	0.020	0.024	0.028	0.033	0.044
	钢丝 ϕ4.0		kg	0.069	0.069	0.070	0.070	0.070	0.071	0.071
	塑料布		m^2	0.149	0.158	0.165	0.175	0.196	0.216	0.242
	碎布		kg	0.093	0.097	0.187	0.207	0.207	0.237	0.268
	其他材料费		%	1.00	1.00	1.00	1.00	1.00	1.00	1.00
机械	电焊机（综合）		台班	0.027	0.043	0.053	0.064	0.078	0.100	0.135
	砂轮切割机 ϕ500		台班	0.001	0.002	0.003	0.003	0.004	0.004	—
	电焊条烘干箱 $60\times50\times75$（cm^3）		台班	0.003	0.004	0.005	0.007	0.008	0.010	0.013
	电焊条恒温箱		台班	0.003	0.004	0.005	0.007	0.008	0.010	0.013

计量单位：10m

编号				8-1-454	8-1-455	8-1-456	8-1-457	8-1-458	8-1-459
项目				公称直径（mm 以内）					
				80	100	125	150	200	250
名称			单位	消耗量					
人工	合计工日		工日	1.195	1.369	1.380	1.479	2.054	2.517
	其中	普工	工日	0.299	0.342	0.345	0.370	0.513	0.629
		一般技工	工日	0.657	0.753	0.759	0.813	1.130	1.385
		高级技工	工日	0.239	0.274	0.276	0.296	0.411	0.503
材料	碳钢管		m	（8.996）	（8.996）	（8.845）	（8.845）	（8.845）	（8.798）
	低碳钢焊条 J427 $\phi3.2$		kg	0.393	0.521	0.810	1.125	2.125	3.375
	氧气		m^3	0.350	0.438	0.573	0.734	0.983	1.368
	乙炔气		kg	0.135	0.168	0.220	0.282	0.378	0.526
	尼龙砂轮片 $\phi100 \times 16 \times 3$		片	0.358	0.479	0.688	0.959	1.478	2.127
	磨头		个	0.052	0.066	—	—	—	—
	角钢（综合）		kg	—	—	—	—	0.137	0.137
	钢丝 $\phi4.0$		kg	0.072	0.072	0.073	0.073	0.075	0.075
	塑料布		m^2	0.266	0.306	0.369	0.431	0.560	0.713
	碎布		kg	0.289	0.338	0.367	0.393	0.475	0.530
	其他材料费		%	1.00	1.00	1.00	1.00	1.00	1.00
机械	电焊机（综合）		台班	0.157	0.213	0.257	0.319	0.470	0.615
	汽车式起重机 8t		台班	—	0.009	0.012	0.014	0.024	0.042
	吊装机械（综合）		台班	—	0.063	0.085	0.085	0.109	0.151
	载货汽车－普通货车 8t		台班	—	0.009	0.012	0.014	0.024	0.042
	电焊条烘干箱 $60 \times 50 \times 75(cm^3)$		台班	0.016	0.021	0.026	0.032	0.047	0.061
	电焊条恒温箱		台班	0.016	0.021	0.026	0.032	0.047	0.061

计量单位：10m

编号				8-1-460	8-1-461	8-1-462	8-1-463	8-1-464	8-1-465
项目				公称直径（mm 以内）					
				300	350	400	450	500	600
名称			单位	消耗量					
人工	合计工日		工日	2.683	3.180	3.782	4.780	5.596	6.413
	其中	普工	工日	0.671	0.795	0.945	1.195	1.399	1.603
		一般技工	工日	1.476	1.749	2.080	2.629	3.078	3.527
		高级技工	工日	0.536	0.636	0.757	0.956	1.119	1.283
材料	碳钢管		m	（8.798）	（8.798）	（8.798）	（8.695）	（8.695）	（8.695）
	低碳钢焊条 J427 ϕ3.2		kg	4.750	6.750	8.750	9.750	13.286	17.042
	氧气		m^3	1.793	2.030	2.296	2.990	3.289	4.292
	乙炔气		kg	0.690	0.781	0.883	1.150	1.265	1.651
	尼龙砂轮片 $\phi100\times16\times3$		片	2.874	3.655	4.550	5.124	5.821	8.561
	角钢（综合）		kg	0.138	0.138	0.138	0.138	0.138	0.138
	钢丝 ϕ4.0		kg	0.076	0.077	0.078	0.080	0.081	0.082
	塑料布		m^2	0.878	1.062	1.197	1.476	1.701	1.980
	碎布		kg	0.547	0.584	0.610	0.689	0.780	0.869
	其他材料费		%	1.00	1.00	1.00	1.00	1.00	1.00
机械	电焊机（综合）		台班	0.700	0.784	1.004	1.196	1.387	1.578
	汽车式起重机 8t		台班	0.057	0.068	0.086	0.107	0.131	0.154
	吊装机械（综合）		台班	0.151	0.168	0.184	0.200	0.200	0.208
	载货汽车－普通货车 8t		台班	0.057	0.068	0.086	0.107	0.131	0.154
	电焊条烘干箱 $60\times50\times75$（cm^3）		台班	0.070	0.079	0.101	0.120	0.138	0.158
	电焊条恒温箱		台班	0.070	0.079	0.101	0.120	0.138	0.158

2. 碳钢管(氩电联焊)

工作内容: 准备工作,管子切口,坡口加工,坡口磨平,管口组对,焊接,管口封闭,管道安装。

计量单位: 10m

编号			8-1-466	8-1-467	8-1-468	8-1-469	8-1-470	8-1-471
项目			公称直径(mm 以内)					
			15	20	25	32	40	50
名称		单位	消耗量					
人工	合计工日	工日	0.502	0.556	0.626	0.708	0.795	0.903
人工	其中 普工	工日	0.126	0.139	0.156	0.178	0.199	0.225
人工	其中 一般技工	工日	0.276	0.306	0.344	0.389	0.437	0.497
人工	其中 高级技工	工日	0.100	0.111	0.126	0.141	0.159	0.181
材料	碳钢管	m	(9.137)	(9.137)	(9.137)	(9.137)	(9.137)	(8.996)
材料	低碳钢焊条 J427 $\phi3.2$	kg	—	—	—	—	—	0.059
材料	碳钢焊丝	kg	0.017	0.022	0.038	0.050	0.063	0.027
材料	氧气	m^3	0.001	0.001	0.001	0.009	0.011	0.014
材料	乙炔气	kg	—	—	—	0.003	0.004	0.005
材料	氩气	m^3	0.048	0.062	0.100	0.138	0.163	0.076
材料	铈钨棒	g	0.097	0.123	0.200	0.269	0.313	0.151
材料	尼龙砂轮片 $\phi100\times16\times3$	片	0.056	0.072	0.123	0.160	0.218	0.223
材料	尼龙砂轮片 $\phi500\times25\times4$	片	0.003	0.003	0.005	0.006	0.007	0.011
材料	磨头	个	0.013	0.016	0.020	0.024	0.028	0.033
材料	钢丝 $\phi4.0$	kg	0.076	0.078	0.079	0.080	0.081	0.084
材料	塑料布	m^2	0.150	0.157	0.165	0.174	0.196	0.216
材料	碎布	kg	0.093	0.097	0.187	0.207	0.207	0.237
材料	其他材料费	%	1.00	1.00	1.00	1.00	1.00	1.00
机械	电焊机(综合)	台班	—	—	—	—	—	0.076
机械	氩弧焊机 500A	台班	0.027	0.037	0.046	0.055	0.067	0.051
机械	砂轮切割机 $\phi500$	台班	0.001	0.003	0.004	0.004	0.005	0.005
机械	电焊条烘干箱 $60\times50\times75(cm^3)$	台班	—	—	—	—	—	0.007
机械	电焊条恒温箱	台班	—	—	—	—	—	0.007

计量单位：10m

编号				8-1-472	8-1-473	8-1-474	8-1-475	8-1-476	8-1-477
项目				公称直径（mm 以内）					
				65	80	100	125	150	200
名称			单位	消耗量					
人工	合计工日		工日	1.100	1.315	1.526	1.580	1.652	2.285
	其中	普工	工日	0.275	0.329	0.382	0.394	0.412	0.572
		一般技工	工日	0.605	0.723	0.839	0.870	0.909	1.256
		高级技工	工日	0.220	0.263	0.305	0.316	0.331	0.457
材料	碳钢管		m	（8.996）	（8.996）	（8.996）	（8.845）	（8.845）	（8.845）
	低碳钢焊条 J427 ϕ3.2		kg	0.225	0.331	0.438	0.716	1.000	1.750
	碳钢焊丝		kg	0.028	0.029	0.039	0.044	0.054	0.075
	氧气		m^3	0.288	0.323	0.400	0.523	0.707	0.930
	乙炔气		kg	0.111	0.124	0.154	0.201	0.272	0.358
	氩气		m^3	0.076	0.081	0.109	0.125	0.150	0.213
	铈钨棒		g	0.151	0.163	0.218	0.250	0.300	0.425
	尼龙砂轮片 $\phi100 \times 16 \times 3$		片	0.269	0.355	0.474	0.682	0.950	1.466
	尼龙砂轮片 $\phi500 \times 25 \times 4$		片	0.016	0.021	0.029	0.038	—	—
	磨头		个	0.044	0.052	—	—	—	—
	角钢（综合）		kg	—	—	—	—	—	0.137
	钢丝 ϕ4.0		kg	0.087	0.089	0.095	0.099	0.104	0.114
	塑料布		m^2	0.243	0.267	0.314	0.369	0.431	0.560
	碎布		kg	0.268	0.289	0.338	0.367	0.393	0.475
	其他材料费		%	1.00	1.00	1.00	1.00	1.00	1.00
机械	电焊机（综合）		台班	0.102	0.118	0.171	0.207	0.264	0.405
	氩弧焊机 500A		台班	0.053	0.063	0.081	0.096	0.115	0.159
	砂轮切割机 ϕ500		台班	0.007	0.008	0.011	0.011	—	—
	电焊条烘干箱 $60 \times 50 \times 75$（cm^3）		台班	0.010	0.012	0.017	0.020	0.026	0.041
	电焊条恒温箱		台班	0.010	0.012	0.017	0.020	0.026	0.041
	半自动切割机 100mm		台班	—	—	—	—	0.088	0.126
	汽车式起重机 8t		台班	—	—	0.011	0.014	0.017	0.029
	吊装机械（综合）		台班	—	—	0.062	0.085	0.085	0.109
	载货汽车－普通货车 8t		台班	—	—	0.011	0.014	0.017	0.029

计量单位：10m

编号			8-1-478	8-1-479	8-1-480	8-1-481	8-1-482	8-1-483	8-1-484
项目			公称直径（mm 以内）						
			250	300	350	400	450	500	600
名称		单位	消耗量						
人工	合计工日	工日	2.803	2.997	3.542	4.201	5.311	6.177	7.834
人工	其中 普工	工日	0.701	0.750	0.886	1.050	1.328	1.545	1.958
人工	其中 一般技工	工日	1.542	1.648	1.948	2.310	2.921	3.397	4.309
人工	其中 高级技工	工日	0.560	0.599	0.708	0.841	1.062	1.235	1.567
材料	碳钢管	m	(8.798)	(8.798)	(8.798)	(8.798)	(8.695)	(8.695)	(8.695)
材料	低碳钢焊条 J427 ϕ3.2	kg	2.750	4.875	6.625	8.625	9.500	12.718	16.313
材料	碳钢焊丝	kg	0.095	0.113	0.133	0.163	0.188	0.244	0.316
材料	氧气	m^3	1.313	1.580	1.923	2.188	2.715	3.231	4.077
材料	乙炔气	kg	0.505	0.608	0.740	0.842	1.044	1.243	1.568
材料	氩气	m^3	0.263	0.316	0.375	0.435	0.475	0.684	0.884
材料	铈钨棒	g	0.525	0.638	0.738	0.869	0.950	1.368	1.769
材料	尼龙砂轮片 $\phi100\times16\times3$	片	2.114	2.853	3.633	4.483	5.099	5.788	8.519
材料	角钢（综合）	kg	0.137	0.138	0.138	0.138	0.138	0.138	0.138
材料	钢丝 ϕ4.0	kg	0.123	0.133	0.142	0.152	0.161	0.170	0.179
材料	塑料布	m^2	0.713	0.878	1.061	1.196	1.473	1.698	1.923
材料	碎布	kg	0.529	0.547	0.584	0.610	0.689	0.780	0.869
材料	其他材料费	%	1.00	1.00	1.00	1.00	1.00	1.00	1.00
机械	电焊机（综合）	台班	0.545	0.630	0.714	0.922	1.159	1.282	1.404
机械	氩弧焊机 500A	台班	0.198	0.204	0.209	0.237	0.266	0.297	0.322
机械	电焊条烘干箱 $60\times50\times75$（cm^3）	台班	0.055	0.063	0.071	0.093	0.116	0.128	0.141
机械	电焊条恒温箱	台班	0.055	0.063	0.071	0.093	0.116	0.128	0.141
机械	半自动切割机 100mm	台班	0.162	0.170	0.178	0.206	0.240	0.256	0.272
机械	汽车式起重机 8t	台班	0.050	0.068	0.079	0.100	0.125	0.153	0.181
机械	吊装机械（综合）	台班	0.151	0.151	0.168	0.184	0.200	0.200	0.208
机械	载货汽车－普通货车 8t	台班	0.050	0.068	0.079	0.100	0.125	0.153	0.181

3. 螺旋卷管(电弧焊)

工作内容: 准备工作,管子切口,坡口加工,坡口磨平,管口组对,焊接,管道安装。　　**计量单位:** 10m

编　号				8-1-485	8-1-486	8-1-487	8-1-488	8-1-489	8-1-490	8-1-491
项　目				公称直径(mm 以内)						
				200	250	300	350	400	450	500
名　称			单位	消　耗　量						
人工	合计工日		工日	1.185	1.389	1.626	1.913	2.243	2.793	3.310
	其中	普工	工日	0.296	0.347	0.407	0.479	0.560	0.699	0.827
		一般技工	工日	0.652	0.764	0.894	1.051	1.234	1.536	1.821
		高级技工	工日	0.237	0.278	0.325	0.383	0.449	0.558	0.662
材料	螺旋卷管		m	(9.287)	(9.287)	(9.287)	(9.287)	(9.287)	(9.193)	(9.193)
	低碳钢焊条 J427 ϕ3.2		kg	0.830	1.038	1.046	1.563	1.769	2.849	3.158
	氧气		m^3	0.451	0.551	0.601	0.746	0.814	1.021	1.100
	乙炔气		kg	0.173	0.212	0.231	0.287	0.313	0.393	0.423
	尼龙砂轮片 $\phi100\times16\times3$		片	0.693	0.830	1.097	1.382	1.564	2.043	2.339
	角钢(综合)		kg	0.080	0.080	0.080	0.080	0.080	0.080	0.080
	碎布		kg	0.048	0.060	0.071	0.082	0.092	0.103	0.113
	其他材料费		%	1.00	1.00	1.00	1.00	1.00	1.00	1.00
机械	电焊机(综合)		台班	0.111	0.126	0.148	0.186	0.211	0.303	0.311
	汽车式起重机 8t		台班	0.015	0.023	0.026	0.031	0.035	0.044	0.049
	吊装机械(综合)		台班	0.081	0.086	0.091	0.099	0.105	0.114	0.116
	载货汽车－普通货车 8t		台班	0.015	0.023	0.026	0.031	0.035	0.044	0.049
	电焊条烘干箱 $60\times50\times75$(cm^3)		台班	0.011	0.012	0.015	0.019	0.021	0.030	0.031
	电焊条恒温箱		台班	0.011	0.012	0.015	0.019	0.021	0.030	0.031

计量单位：10m

编号				8-1-492	8-1-493	8-1-494	8-1-495	8-1-496
项目				公称直径（mm 以内）				
				600	700	800	900	1 000
名称			单位	消耗量				
人工	合计工日		工日	3.981	4.652	5.291	5.960	6.609
	其中	普工	工日	0.995	1.162	1.323	1.490	1.652
		一般技工	工日	2.190	2.559	2.910	3.278	3.635
		高级技工	工日	0.796	0.931	1.058	1.192	1.322
材料	螺旋卷管		m	（9.193）	（9.090）	（9.090）	（9.090）	（8.996）
	低碳钢焊条 J427 ϕ3.2		kg	4.233	5.001	6.939	7.797	8.655
	氧气		m^3	1.288	1.471	1.837	2.171	2.505
	乙炔气		kg	0.495	0.566	0.707	0.835	0.963
	碳精棒		kg	0.042	0.048	0.055	0.061	0.068
	尼龙砂轮片 $\phi100\times16\times3$		片	2.935	3.336	3.988	4.607	5.060
	角钢（综合）		kg	0.080	0.088	0.088	0.088	0.088
	碎布		kg	0.137	0.155	0.179	0.198	0.252
	其他材料费		%	1.00	1.00	1.00	1.00	1.00
机械	电焊机（综合）		台班	0.459	0.526	0.652	0.732	0.812
	汽车式起重机 8t		台班	0.051	0.059	0.074	0.091	0.101
	吊装机械（综合）		台班	0.118	0.133	0.145	0.158	0.209
	载货汽车 - 普通货车 8t		台班	0.051	0.059	0.074	0.091	0.101
	电焊条烘干箱 $60\times50\times75$（cm^3）		台班	0.046	0.053	0.065	0.073	0.081
	电焊条恒温箱		台班	0.046	0.053	0.065	0.073	0.081

4. 螺旋卷管（氩电联焊）

工作内容： 准备工作，管子切口，坡口加工，坡口磨平，管口组对，焊接，管口封闭，管道安装。

计量单位： 10m

编号				8-1-497	8-1-498	8-1-499	8-1-500	8-1-501	8-1-502	8-1-503
项目				公称直径（mm 以内）						
				200	250	300	350	400	450	500
名称			单位	消耗量						
人工	合计工日		工日	1.481	1.737	2.032	2.390	2.804	3.491	4.137
	其中	普工	工日	0.371	0.434	0.507	0.598	0.700	0.872	1.033
		一般技工	工日	0.814	0.955	1.118	1.314	1.543	1.920	2.276
		高级技工	工日	0.296	0.348	0.407	0.478	0.561	0.699	0.828
材料	螺旋卷管		m	(9.287)	(9.287)	(9.287)	(9.287)	(9.287)	(9.193)	(9.193)
	低碳钢焊条 J427 $\phi3.2$		kg	0.700	0.830	1.046	1.382	1.563	2.388	2.640
	碳钢氩弧焊丝		kg	0.054	0.066	0.080	0.093	0.106	0.120	0.130
	氧气		m^3	0.451	0.551	0.601	0.746	0.814	1.021	1.100
	乙炔气		kg	0.173	0.212	0.231	0.287	0.313	0.393	0.423
	氩气		m^3	0.151	0.185	0.222	0.261	0.296	0.335	0.365
	铈钨棒		g	0.301	0.370	0.445	0.522	0.592	0.670	0.730
	尼龙砂轮片 $\phi100 \times 16 \times 3$		片	0.680	0.817	1.088	1.372	1.552	2.022	2.317
	角钢（综合）		kg	0.080	0.080	0.080	0.080	0.080	0.080	0.080
	碎布		kg	0.048	0.060	0.071	0.082	0.090	0.099	0.109
	其他材料费		%	1.00	1.00	1.00	1.00	1.00	1.00	1.00
机械	电焊机（综合）		台班	0.102	0.133	0.157	0.196	0.222	0.268	0.296
	氩弧焊机 500A		台班	0.071	0.086	0.104	0.122	0.139	0.157	0.178
	汽车式起重机 8t		台班	0.015	0.023	0.026	0.031	0.035	0.044	0.049
	吊装机械（综合）		台班	0.081	0.086	0.091	0.099	0.105	0.114	0.131
	载货汽车－普通货车 8t		台班	0.015	0.023	0.026	0.031	0.035	0.044	0.049
	电焊条烘干箱 $60 \times 50 \times 75$（cm^3）		台班	0.010	0.013	0.016	0.020	0.022	0.027	0.029
	电焊条恒温箱		台班	0.010	0.013	0.016	0.020	0.022	0.027	0.029

5. 不锈钢管（电弧焊）

工作内容：准备工作，管子切口，坡口加工，坡口磨平，管口组对，焊接，焊缝钝化，管口封闭，管道安装。

计量单位：10m

编号				8-1-504	8-1-505	8-1-506	8-1-507	8-1-508	8-1-509
项目				公称直径（mm 以内）					
				15	20	25	32	40	50
名称			单位	消耗量					
人工	合计工日		工日	0.580	0.650	0.720	0.811	0.906	1.000
	其中	普工	工日	0.146	0.162	0.180	0.204	0.226	0.249
		一般技工	工日	0.318	0.358	0.395	0.445	0.498	0.552
		高级技工	工日	0.116	0.130	0.144	0.162	0.181	0.200
材料	不锈钢管		m	（9.250）	（9.250）	（9.250）	（9.250）	（9.156）	（9.156）
	不锈钢焊条（综合）		kg	0.022	0.027	0.041	0.050	0.077	0.113
	尼龙砂轮片 $\phi100\times16\times3$		片	0.069	0.085	0.134	0.167	0.239	0.350
	尼龙砂轮片 $\phi500\times25\times4$		片	0.005	0.006	0.012	0.014	0.017	0.019
	丙酮		kg	0.012	0.014	0.019	0.022	0.026	0.031
	酸洗膏		kg	0.007	0.010	0.013	0.016	0.019	0.024
	水		t	0.002	0.002	0.002	0.003	0.003	0.005
	钢丝 $\phi4.0$		kg	0.069	0.070	0.071	0.072	0.073	0.076
	塑料布		m^2	0.121	0.148	0.155	0.164	0.185	0.203
	碎布		kg	0.085	0.087	0.184	0.186	0.211	0.213
	其他材料费		%	1.00	1.00	1.00	1.00	1.00	1.00
机械	电焊机（综合）		台班	0.027	0.034	0.046	0.056	0.074	0.100
	砂轮切割机 $\phi500$		台班	0.001	0.001	0.004	0.004	0.005	0.006
	电动空气压缩机 $6m^3/min$		台班	0.002	0.002	0.002	0.002	0.002	0.002
	电焊条烘干箱 $60\times50\times75(cm^3)$		台班	0.002	0.003	0.005	0.006	0.007	0.010
	电焊条恒温箱		台班	0.002	0.003	0.005	0.006	0.007	0.010

计量单位：10m

编　　号				8-1-510	8-1-511	8-1-512	8-1-513	8-1-514	8-1-515
项　　目				公称直径（mm 以内）					
				65	80	100	125	150	200
名　　称			单位	消　耗　量					
人工	合计工日		工日	1.220	1.511	1.731	1.746	1.871	2.598
	其中	普工	工日	0.304	0.378	0.432	0.437	0.468	0.649
		一般技工	工日	0.671	0.831	0.952	0.960	1.029	1.429
		高级技工	工日	0.244	0.302	0.347	0.349	0.374	0.520
材料	不锈钢管		m	（9.156）	（8.958）	（8.958）	（8.958）	（8.817）	（8.817）
	不锈钢焊条（综合）		kg	0.200	0.259	0.388	0.513	0.736	1.393
	尼龙砂轮片 $\phi100\times16\times3$		片	0.647	0.606	0.747	0.879	1.445	2.198
	尼龙砂轮片 $\phi500\times25\times4$		片	0.034	0.041	0.062	—	—	—
	丙酮		kg	0.041	0.048	0.061	0.071	0.085	0.117
	酸洗膏		kg	0.034	0.040	0.050	0.077	0.103	0.134
	水		t	0.007	0.009	0.010	0.012	0.015	0.020
	钢丝 $\phi4.0$		kg	0.079	0.081	0.086	0.090	0.095	0.104
	塑料布		m^2	0.229	0.251	0.296	0.347	0.406	0.527
	碎布		kg	0.258	0.302	0.304	0.334	0.358	0.478
	其他材料费		%	1.00	1.00	1.00	1.00	1.00	1.00
机械	电焊机（综合）		台班	0.142	0.167	0.245	0.286	0.358	0.531
	砂轮切割机 $\phi500$		台班	0.011	0.014	0.017	—	—	—
	电动空气压缩机 $1m^3/min$		台班	—	0.064	0.084	0.110	0.136	0.196
	电动空气压缩机 $6m^3/min$		台班	0.002	0.002	0.002	0.002	0.002	0.002
	等离子切割机 400A		台班	—	0.064	0.084	0.110	0.136	0.196
	汽车式起重机 8t		台班	—	—	0.009	0.013	0.016	0.026
	吊装机械（综合）		台班	—	—	0.078	0.078	0.078	0.100
	载货汽车－普通货车 8t		台班	—	—	0.009	0.013	0.016	0.026
	电焊条烘干箱 $60\times50\times75(cm^3)$		台班	0.014	0.017	0.025	0.028	0.036	0.053
	电焊条恒温箱		台班	0.014	0.017	0.025	0.028	0.036	0.053

计量单位：10m

编号				8-1-516	8-1-517	8-1-518	8-1-519	8-1-520	8-1-521
项目				公称直径（mm 以内）					
				250	300	350	400	450	500
名称			单位	消耗量					
人工	合计工日		工日	3.184	3.395	4.022	4.785	6.047	7.079
	其中	普工	工日	0.796	0.849	1.005	1.196	1.512	1.770
		一般技工	工日	1.752	1.867	2.213	2.631	3.326	3.893
		高级技工	工日	0.636	0.678	0.804	0.958	1.209	1.416
材料	不锈钢管		m	（8.817）	（8.817）	（8.817）	（8.817）	（8.817）	（8.817）
	不锈钢焊条（综合）		kg	2.289	3.476	5.213	7.146	9.610	10.635
	尼龙砂轮片 $\phi100\times16\times3$		片	3.363	4.447	5.736	7.236	9.019	10.022
	丙酮		kg	0.146	0.173	0.201	0.226	0.251	0.276
	酸洗膏		kg	0.203	0.242	0.265	0.329	0.393	0.457
	水		t	0.024	0.029	0.034	0.039	0.044	0.049
	钢丝 $\phi4.0$		kg	0.113	0.122	0.131	0.140	0.149	0.158
	塑料布		m^2	0.671	0.827	0.999	1.126	1.253	1.380
	碎布		kg	0.504	0.539	0.566	0.640	0.714	0.788
	其他材料费		%	1.00	1.00	1.00	1.00	1.00	1.00
机械	电焊机（综合）		台班	0.729	0.964	1.315	1.693	2.070	2.447
	电动空气压缩机 $1m^3/min$		台班	0.257	0.323	0.391	0.465	0.539	0.613
	电动空气压缩机 $6m^3/min$		台班	0.002	0.002	0.002	0.002	0.002	0.002
	等离子切割机 400A		台班	0.257	0.323	0.391	0.465	0.539	0.613
	汽车式起重机 8t		台班	0.040	0.055	0.073	0.093	0.113	0.132
	吊装机械（综合）		台班	0.140	0.140	0.155	0.169	0.184	0.198
	载货汽车－普通货车 8t		台班	0.040	0.055	0.073	0.093	0.113	0.132
	电焊条烘干箱 $60\times50\times75(cm^3)$		台班	0.073	0.096	0.131	0.169	0.207	0.245
	电焊条恒温箱		台班	0.073	0.096	0.131	0.169	0.207	0.245

6. 不锈钢管（氩电联焊）

工作内容： 准备工作，管子切口，坡口加工，坡口磨平，管口组对，焊接，焊缝钝化，管口封闭，管道安装。

计量单位： 10m

编号			8-1-522	8-1-523	8-1-524	8-1-525	8-1-526	8-1-527	8-1-528
项目			公称直径（mm 以内）						
			50	65	80	100	125	150	200
名称		单位	消耗量						
人工	合计工日	工日	1.141	1.391	1.662	1.930	1.999	2.090	2.890
	其中 普工	工日	0.284	0.348	0.416	0.483	0.498	0.521	0.723
	其中 一般技工	工日	0.629	0.765	0.914	1.061	1.100	1.150	1.589
	其中 高级技工	工日	0.229	0.278	0.333	0.386	0.400	0.419	0.578
材料	不锈钢管	m	(9.156)	(9.156)	(8.958)	(8.958)	(8.958)	(8.817)	(8.817)
	不锈钢焊条（综合）	kg	0.115	0.232	0.273	0.499	0.584	0.864	1.712
	不锈钢焊丝 1Cr18Ni9Ti	kg	0.033	0.045	0.056	0.072	0.092	0.110	0.156
	氩气	m^3	0.093	0.124	0.157	0.202	0.257	0.308	0.437
	铈钨棒	g	0.156	0.194	0.231	0.299	0.354	0.424	0.585
	尼龙砂轮片 $\phi100\times16\times3$	片	0.059	0.088	0.104	0.150	0.176	0.239	0.410
	尼龙砂轮片 $\phi500\times25\times4$	片	0.019	0.034	0.041	0.062	—	—	—
	丙酮	kg	0.031	0.041	0.048	0.061	0.071	0.085	0.117
	酸洗膏	kg	0.020	0.034	0.040	0.050	0.077	0.103	0.134
	水	t	0.005	0.007	0.009	0.010	0.012	0.015	0.020
	钢丝 $\phi4.0$	kg	0.076	0.079	0.081	0.086	0.090	0.095	0.104
	塑料布	m^2	0.203	0.229	0.251	0.296	0.347	0.406	0.527
	碎布	kg	0.213	0.258	0.302	0.304	0.334	0.358	0.478
	其他材料费	%	1.00	1.00	1.00	1.00	1.00	1.00	1.00
机械	氩弧焊机 500A	台班	0.061	0.076	0.089	0.117	0.139	0.161	0.220
	砂轮切割机 $\phi500$	台班	0.006	0.011	0.014	0.017	—	—	—
	普通车床 630×2 000（安装用）	台班	0.037	0.065	0.065	0.067	0.068	0.071	0.080
	电动空气压缩机 $1m^3/min$	台班	—	—	—	—	0.012	0.015	0.022
	电动空气压缩机 $6m^3/min$	台班	0.002	0.002	0.002	0.002	0.002	0.002	0.002
	电焊机（综合）	台班	0.067	0.109	0.129	0.191	0.222	0.293	0.454
	等离子切割机 400A	台班	—	—	—	—	0.012	0.015	0.022
	汽车式起重机 8t	台班	—	—	—	0.008	0.013	0.016	0.026
	吊装机械（综合）	台班	—	—	—	0.078	0.078	0.078	0.100
	载货汽车－普通货车 8t	台班	—	—	—	0.008	0.013	0.016	0.026
	电动葫芦单速 3t	台班	0.037	0.065	0.065	0.067	0.068	0.071	0.080
	电焊条烘干箱 60×50×75（cm^3）	台班	0.006	0.011	0.013	0.019	0.022	0.029	0.045
	电焊条恒温箱	台班	0.006	0.011	0.013	0.019	0.022	0.029	0.045

工作内容：准备工作，管子切口，坡口加工，坡口磨平，管口组对，焊接，焊缝钝化，管口封闭，管道安装。

计量单位：10m

编号				8-1-529	8-1-530	8-1-531	8-1-532	8-1-533	8-1-534
项目				公称直径（mm 以内）					
				250	300	350	400	450	500
名称			单位	消耗量					
人工	合计工日		工日	3.545	3.791	4.480	5.315	6.717	7.813
	其中	普工	工日	0.887	0.948	1.121	1.328	1.679	1.955
		一般技工	工日	1.950	2.085	2.464	2.922	3.694	4.297
		高级技工	工日	0.708	0.758	0.895	1.064	1.344	1.562
材料	不锈钢管		m	（8.817）	（8.817）	（8.817）	（8.817）	（8.817）	（8.817）
	不锈钢焊条（综合）		kg	2.896	4.484	6.828	9.447	12.066	14.685
	不锈钢焊丝 1Cr18Ni9Ti		kg	0.195	0.238	0.276	0.346	0.416	0.486
	氩气		m^3	0.546	0.666	0.774	0.970	1.166	1.362
	铈钨棒		g	0.731	0.870	1.009	1.140	1.271	1.402
	尼龙砂轮片 $\phi100\times16\times3$		片	0.573	0.758	0.991	1.321	1.651	1.981
	丙酮		kg	0.146	0.173	0.201	0.226	0.251	0.276
	酸洗膏		kg	0.203	0.242	0.265	0.323	0.419	0.515
	水		t	0.024	0.029	0.034	0.039	0.044	0.049
	钢丝 $\phi4.0$		kg	0.113	0.122	0.131	0.140	0.149	0.158
	塑料布		m^2	0.671	0.827	0.999	1.126	1.253	1.380
	碎布		kg	0.504	0.539	0.566	0.640	0.714	0.788
	其他材料费		%	1.00	1.00	1.00	1.00	1.00	1.00
机械	氩弧焊机 500A		台班	0.281	0.329	0.357	0.403	0.408	0.413
	普通车床 630×2 000（安装用）		台班	0.095	0.117	0.148	0.187	0.205	0.223
	电动空气压缩机 $1m^3/min$		台班	0.029	0.036	0.044	0.052	0.054	0.056
	电动空气压缩机 $6m^3/min$		台班	0.002	0.002	0.002	0.002	0.002	0.002
	电焊机（综合）		台班	0.609	0.782	1.082	1.406	1.572	1.739
	等离子切割机 400A		台班	0.029	0.036	0.044	0.052	0.054	0.056
	汽车式起重机 8t		台班	0.040	0.055	0.073	0.093	0.102	0.112
	吊装机械（综合）		台班	0.139	0.139	0.154	0.162	0.164	0.164
	载货汽车－普通货车 8t		台班	0.040	0.055	0.073	0.093	0.102	0.112
	电动葫芦单速 3t		台班	0.095	0.117	0.148	0.187	0.205	0.223
	电焊条烘干箱 60×50×75（cm^3）		台班	0.061	0.078	0.108	0.141	0.157	0.174
	电焊条恒温箱		台班	0.061	0.078	0.108	0.141	0.157	0.174

7. 不锈钢管（氩弧焊）

工作内容： 准备工作，管子切口，坡口加工，坡口磨平，管口组对，焊接，焊缝钝化，管口封闭，垂直运输，管道安装。

计量单位：10m

编号			8-1-535	8-1-536	8-1-537	8-1-538	8-1-539	8-1-540	8-1-541
项目			公称直径（mm 以内）						
			15	20	25	32	40	50	65
名称		单位	消耗量						
人工	合计工日	工日	0.699	0.773	0.870	0.985	1.107	1.256	1.531
人工	其中 普工	工日	0.175	0.193	0.217	0.247	0.277	0.313	0.382
人工	其中 一般技工	工日	0.384	0.426	0.478	0.541	0.609	0.691	0.842
人工	其中 高级技工	工日	0.140	0.154	0.175	0.197	0.221	0.252	0.307
材料	不锈钢管	m	(9.250)	(9.250)	(9.250)	(9.250)	(9.156)	(9.156)	(9.156)
材料	不锈钢焊丝 1Cr18Ni9Ti	kg	0.016	0.020	0.029	0.037	0.056	0.090	0.169
材料	氩气	m^3	0.044	0.055	0.083	0.102	0.158	0.254	0.473
材料	铈钨棒	g	0.085	0.105	0.153	0.190	0.292	0.478	0.891
材料	尼龙砂轮片 $\phi100\times16\times3$	片	0.027	0.033	0.042	0.053	0.062	0.078	0.124
材料	尼龙砂轮片 $\phi500\times25\times4$	片	0.005	0.006	0.012	0.014	0.017	0.019	0.034
材料	丙酮	kg	0.012	0.014	0.019	0.022	0.026	0.031	0.041
材料	酸洗膏	kg	0.007	0.010	0.013	0.016	0.019	0.024	0.034
材料	水	t	0.002	0.002	0.003	0.003	0.003	0.005	0.007
材料	钢丝 $\phi4.0$	kg	0.069	0.070	0.071	0.072	0.073	0.076	0.079
材料	塑料布	m^2	0.141	0.148	0.155	0.164	0.185	0.203	0.229
材料	碎布	kg	0.085	0.087	0.184	0.186	0.211	0.213	0.258
材料	其他材料费	%	1.00	1.00	1.00	1.00	1.00	1.00	1.00
机械	氩弧焊机 500A	台班	0.030	0.039	0.049	0.061	0.082	0.115	0.179
机械	砂轮切割机 $\phi500$	台班	0.001	0.001	0.004	0.004	0.005	0.006	0.011
机械	普通车床 630×2 000（安装用）	台班	0.023	0.024	0.026	0.027	0.030	0.037	0.065
机械	电动葫芦单速 3t	台班	—	—	—	—	—	0.037	0.065
机械	电动空气压缩机 $6m^3/min$	台班	0.002	0.002	0.002	0.002	0.002	0.002	0.002

计量单位：10m

编号				8-1-542	8-1-543	8-1-544	8-1-545	8-1-546
项目				公称直径(mm 以内)				
				80	100	125	150	200
名称			单位	消耗量				
人工	合计工日		工日	1.830	2.123	2.198	2.298	3.179
	其中	普工	工日	0.458	0.532	0.548	0.573	0.796
		一般技工	工日	1.006	1.167	1.210	1.265	1.748
		高级技工	工日	0.366	0.424	0.439	0.461	0.636
材料	不锈钢管		m	(8.958)	(8.958)	(8.958)	(8.817)	(8.817)
	不锈钢焊丝 1Cr18Ni9Ti		kg	0.202	0.337	0.402	0.566	1.058
	氩气		m^3	0.566	0.944	1.124	1.586	2.964
	铈钨棒		g	1.049	1.783	2.088	2.980	5.640
	尼龙砂轮片 $\phi100\times16\times3$		片	0.147	0.211	0.248	0.336	0.578
	尼龙砂轮片 $\phi500\times25\times4$		片	0.041	0.062	—	—	—
	丙酮		kg	0.048	0.061	0.071	0.085	0.117
	酸洗膏		kg	0.040	0.050	0.077	0.103	0.134
	水		t	0.009	0.010	0.012	0.015	0.020
	钢丝 $\phi4.0$		kg	0.081	0.086	0.090	0.095	0.104
	塑料布		m^2	0.251	0.296	0.374	0.406	0.527
	碎布		kg	0.302	0.304	0.334	0.358	0.478
	其他材料费		%	1.00	1.00	1.00	1.00	1.00
机械	氩弧焊机 500A		台班	0.210	0.334	0.391	0.526	0.936
	砂轮切割机 $\phi500$		台班	0.014	0.017	—	—	—
	等离子切割机 400A		台班	—	—	0.012	0.015	0.022
	普通车床 630×2 000(安装用)		台班	0.065	0.067	0.068	0.071	0.080
	汽车式起重机 8t		台班	—	0.009	0.013	0.016	0.026
	吊装机械(综合)		台班	—	0.078	0.078	0.078	0.100
	载货汽车－普通货车 8t		台班	—	0.009	0.013	0.016	0.026
	电动葫芦单速 3t		台班	0.065	0.067	0.068	0.071	0.080
	电动空气压缩机 $1m^3/min$		台班	—	—	0.012	0.015	0.022
	电动空气压缩机 $6m^3/min$		台班	0.002	0.002	0.002	0.002	0.002

8. 合金钢管(电弧焊)

工作内容:准备工作,管子切口,坡口加工,管口组对,焊接,管口封闭,管道安装。　　**计量单位:**10m

编号			8-1-547	8-1-548	8-1-549	8-1-550	8-1-551	8-1-552	8-1-553
项目			公称直径(mm以内)						
			15	20	25	32	40	50	65
名称		单位	消耗量						
人工	合计工日	工日	0.528	0.590	0.654	0.737	0.823	0.910	1.110
人工	其中 普工	工日	0.132	0.147	0.163	0.185	0.206	0.227	0.277
人工	其中 一般技工	工日	0.290	0.325	0.360	0.405	0.453	0.501	0.611
人工	其中 高级技工	工日	0.106	0.118	0.131	0.147	0.164	0.182	0.222
材料	合金钢管	m	(9.250)	(9.250)	(9.250)	(9.250)	(9.250)	(9.250)	(9.250)
材料	合金钢焊条	kg	0.033	0.066	0.081	0.100	0.115	0.198	0.328
材料	氧气	m^3	0.005	0.006	0.007	0.008	0.012	0.013	0.022
材料	乙炔气	kg	0.002	0.002	0.003	0.003	0.004	0.005	0.009
材料	尼龙砂轮片 $\phi100\times16\times3$	片	0.032	0.038	0.044	0.052	0.058	0.075	0.106
材料	尼龙砂轮片 $\phi500\times25\times4$	片	0.004	0.005	0.008	0.011	0.013	0.019	0.030
材料	磨头	个	0.021	0.023	0.029	0.033	0.040	0.048	0.064
材料	丙酮	kg	0.013	0.015	0.020	0.023	0.036	0.036	0.046
材料	钢丝 $\phi4.0$	kg	0.076	0.078	0.079	0.080	0.081	0.084	0.087
材料	塑料布	m^2	0.150	0.157	0.165	0.174	0.196	0.216	0.243
材料	碎布	kg	0.093	0.097	0.187	0.207	0.207	0.238	0.268
材料	其他材料费	%	1.00	1.00	1.00	1.00	1.00	1.00	1.00
机械	电焊机(综合)	台班	0.030	0.049	0.059	0.073	0.084	0.111	0.151
机械	砂轮切割机 $\phi500$	台班	0.001	0.001	0.003	0.003	0.004	0.004	0.006
机械	普通车床 630×2 000(安装用)	台班	0.023	0.026	0.027	0.029	0.030	0.041	0.065
机械	电动葫芦单速 3t	台班	—	—	—	—	—	0.041	0.065
机械	电焊条烘干箱 60×50×75(cm^3)	台班	0.003	0.005	0.006	0.007	0.009	0.011	0.015
机械	电焊条恒温箱	台班	0.003	0.005	0.006	0.007	0.009	0.011	0.015

工作内容:准备工作,管子切口,坡口加工,管口组对,焊接,管口封闭,管道安装。 **计量单位:**10m

编号				8-1-554	8-1-555	8-1-556	8-1-557	8-1-558	8-1-559
项目				公称直径(mm 以内)					
				80	100	125	150	200	250
名称			单位	消耗量					
人工	合计工日		工日	1.375	1.574	1.587	1.701	2.363	2.894
	其中	普工	工日	0.344	0.393	0.397	0.426	0.590	0.723
		一般技工	工日	0.756	0.866	0.873	0.935	1.300	1.593
		高级技工	工日	0.275	0.315	0.317	0.340	0.473	0.578
材料	合金钢管		m	(8.958)	(8.958)	(8.958)	(8.958)	(8.817)	(8.817)
	合金钢焊条		kg	0.387	0.657	0.770	1.099	2.079	3.415
	氧气		m^3	0.024	0.033	0.037	0.141	0.216	0.306
	乙炔气		kg	0.009	0.013	0.014	0.054	0.083	0.118
	尼龙砂轮片 $\phi100\times16\times3$		片	0.123	0.172	0.202	0.269	0.455	0.567
	尼龙砂轮片 $\phi500\times25\times4$		片	0.035	0.049	0.057	—	—	—
	磨头		个	0.074	0.096	—	—	—	—
	丙酮		kg	0.056	0.067	0.078	0.093	0.129	0.160
	钢丝 $\phi4.0$		kg	0.089	0.095	0.099	0.104	0.114	0.123
	塑料布		m^2	0.267	0.314	0.369	0.431	0.560	0.713
	碎布		kg	0.289	0.338	0.367	0.394	0.475	0.530
	其他材料费		%	1.00	1.00	1.00	1.00	1.00	1.00
机械	电焊机(综合)		台班	0.179	0.250	0.288	0.357	0.522	0.681
	砂轮切割机 $\phi500$		台班	0.008	0.011	0.011	—	—	—
	普通车床 630×2 000(安装用)		台班	0.065	0.066	0.067	0.070	0.080	0.094
	电动葫芦单速 3t		台班	0.065	0.066	0.067	0.070	0.080	0.094
	电焊条烘干箱 60×50×75(cm^3)		台班	0.018	0.025	0.029	0.036	0.052	0.068
	电焊条恒温箱		台班	0.018	0.025	0.029	0.036	0.052	0.068
	半自动切割机 100mm		台班	—	—	—	0.010	0.015	0.017
	汽车式起重机 8t		台班	—	0.011	0.014	0.017	0.029	0.050
	吊装机械(综合)		台班	—	0.084	0.084	0.084	0.108	0.151
	载货汽车 - 普通货车 8t		台班	—	0.011	0.014	0.017	0.029	0.050

工作内容：准备工作，管子切口，坡口加工，管口组对，焊接，管口封闭，管道安装。　　**计量单位：**10m

编号				8-1-560	8-1-561	8-1-562	8-1-563	8-1-564	8-1-565
项目				公称直径（mm 以内）					
				300	350	400	450	500	600
名称			单位	消耗量					
人工	合计工日		工日	3.085	3.656	4.350	5.496	6.436	7.374
	其中	普工	工日	0.772	0.914	1.087	1.374	1.609	1.843
		一般技工	工日	1.697	2.011	2.392	3.023	3.540	4.056
		高级技工	工日	0.616	0.731	0.871	1.099	1.287	1.475
材料	合金钢管		m	（8.817）	（8.817）	（8.817）	（8.817）	（8.817）	（8.817）
	合金钢焊条		kg	5.189	7.780	10.666	14.343	15.874	17.403
	氧气		m^3	0.394	0.464	0.577	0.649	0.714	0.779
	乙炔气		kg	0.152	0.178	0.222	0.250	0.274	0.299
	尼龙砂轮片 $\phi100\times16\times3$		片	0.747	0.973	1.295	1.569	1.743	1.916
	丙酮		kg	0.190	0.220	0.250	0.281	0.310	0.339
	钢丝 $\phi4.0$		kg	0.133	0.142	0.152	0.161	0.170	0.179
	塑料布		m^2	0.878	1.061	1.196	1.473	1.698	1.923
	碎布		kg	0.555	0.595	0.623	0.704	0.795	0.887
	其他材料费		%	1.00	1.00	1.00	1.00	1.00	1.00
机械	电焊机（综合）		台班	0.849	1.134	1.439	1.798	1.990	2.182
	普通车床 630×2 000（安装用）		台班	0.117	0.147	0.185	0.235	0.255	0.274
	电动葫芦单速 3t		台班	0.117	0.147	0.185	—	—	—
	电焊条烘干箱 60×50×75（cm^3）		台班	0.085	0.113	0.144	0.180	0.199	0.218
	电焊条恒温箱		台班	0.085	0.113	0.144	0.180	0.199	0.218
	半自动切割机 100mm		台班	0.019	0.022	0.025	0.031	0.035	0.038
	汽车式起重机 8t		台班	0.068	0.078	0.099	0.125	0.152	0.180
	吊装机械（综合）		台班	0.151	0.167	0.183	0.199	0.199	0.199
	载货汽车－普通货车 8t		台班	0.068	0.078	0.099	0.125	0.152	0.180
	电动单梁起重机 5t		台班	—	—	—	0.235	0.255	0.274

9. 合金钢管（氩电联焊）

工作内容：准备工作，管子切口，坡口加工，坡口磨平，管口组对，焊接，管口封闭，管道安装。

计量单位：10m

		编号		8-1-566	8-1-567	8-1-568	8-1-569	8-1-570	8-1-571	8-1-572
		项目		公称直径（mm 以内）						
				50	65	80	100	125	150	200
		名称	单位	消耗量						
人工		合计工日	工日	1.039	1.265	1.511	1.755	1.817	1.900	2.628
	其中	普工	工日	0.259	0.316	0.378	0.439	0.453	0.474	0.658
		一般技工	工日	0.572	0.696	0.831	0.965	1.001	1.045	1.444
		高级技工	工日	0.208	0.253	0.302	0.351	0.363	0.381	0.526
材料		合金钢管	m	(9.250)	(9.250)	(8.958)	(8.958)	(8.958)	(8.958)	(8.817)
		合金钢焊条	kg	0.140	0.240	0.282	0.516	0.603	0.892	1.768
		合金钢焊丝	kg	0.030	0.037	0.045	0.057	0.068	0.082	0.113
		氧气	m^3	0.013	0.022	0.024	0.033	0.037	0.124	0.216
		乙炔气	kg	0.005	0.009	0.009	0.013	0.014	0.048	0.083
		氩气	m^3	0.083	0.104	0.125	0.160	0.190	0.228	0.314
		铈钨棒	g	0.165	0.208	0.250	0.321	0.380	0.456	0.630
		尼龙砂轮片 $\phi100\times16\times3$	片	0.078	0.104	0.121	0.169	0.264	0.306	0.445
		尼龙砂轮片 $\phi500\times25\times4$	片	0.019	0.030	0.035	0.049	0.057	—	—
		磨头	个	0.048	0.064	0.074	0.096	—	—	—
		丙酮	kg	0.003	0.046	0.056	0.067	0.078	0.093	0.129
		钢丝 $\phi4.0$	kg	0.084	0.087	0.089	0.095	0.099	0.104	0.114
		塑料布	m^2	0.216	0.243	0.267	0.314	0.397	0.431	0.560
		碎布	kg	0.238	0.268	0.289	0.338	0.367	0.394	0.475
		其他材料费	%	1.00	1.00	1.00	1.00	1.00	1.00	1.00
机械		氩弧焊机 500A	台班	0.048	0.055	0.066	0.084	0.099	0.120	0.165
		砂轮切割机 $\phi500$	台班	0.004	0.006	0.008	0.011	0.011	—	—
		普通车床 630×2 000（安装用）	台班	0.041	0.065	0.065	0.066	0.067	0.070	0.080
		电焊机（综合）	台班	0.083	0.116	0.136	0.203	0.234	0.297	0.451
		半自动切割机 100mm	台班	—	—	—	—	—	0.010	0.015
		电动葫芦单速 3t	台班	0.041	0.065	0.065	0.066	0.067	0.070	0.080
		汽车式起重机 8t	台班	—	—	—	0.011	0.014	0.017	0.029
		吊装机械（综合）	台班	—	—	—	0.085	0.084	0.084	0.108
		载货汽车－普通货车 8t	台班	—	—	—	0.011	0.014	0.017	0.029
		电焊条烘干箱 60×50×75（cm^3）	台班	0.008	0.012	0.014	0.020	0.023	0.030	0.045
		电焊条恒温箱	台班	0.008	0.012	0.014	0.020	0.023	0.030	0.045

计量单位：10m

编　号			8-1-573	8-1-574	8-1-575	8-1-576	8-1-577	8-1-578	8-1-579
项　目			公称直径（mm 以内）						
			250	300	350	400	450	500	600
名　称		单位	消　耗　量						
人工	合计工日	工日	3.223	3.447	4.073	4.832	6.107	7.104	9.009
	其中 普工	工日	0.806	0.863	1.019	1.208	1.527	1.777	2.252
	其中 一般技工	工日	1.773	1.895	2.240	2.657	3.359	3.907	4.955
	其中 高级技工	工日	0.644	0.689	0.814	0.967	1.221	1.420	1.802
材料	合金钢管	m	(8.817)	(8.817)	(8.817)	(8.817)	(8.817)	(8.817)	(8.817)
	合金钢焊条	kg	4.037	4.780	7.279	10.072	13.637	15.093	16.548
	合金钢焊丝	kg	0.189	0.195	0.201	0.227	0.255	0.284	0.311
	氧气	m^3	0.413	0.420	0.493	0.615	0.691	0.760	0.828
	乙炔气	kg	0.159	0.162	0.190	0.237	0.266	0.292	0.318
	氩气	m^3	0.530	0.546	0.561	0.632	0.714	0.794	0.876
	铈钨棒	g	1.061	1.091	1.121	1.266	1.427	1.587	1.747
	尼龙砂轮片 $\phi100\times16\times3$	片	0.832	1.008	1.095	1.457	1.763	1.960	2.157
	丙酮	kg	0.216	0.200	0.228	0.257	0.291	0.321	0.352
	钢丝 $\phi4.0$	kg	0.166	0.179	0.192	0.205	0.218	0.229	0.241
	塑料布	m^2	0.962	1.186	1.432	1.614	1.989	2.292	2.597
	碎布	kg	0.697	0.738	0.789	0.824	0.932	1.054	1.174
	其他材料费	%	1.00	1.00	1.00	1.00	1.00	1.00	1.00
机械	电焊机（综合）	台班	0.604	0.697	0.790	1.011	1.272	1.407	1.542
	氩弧焊机 500A	台班	0.206	0.212	0.218	0.247	0.277	0.309	0.341
	半自动切割机 100mm	台班	0.017	0.017	0.017	0.019	0.025	0.027	0.029
	普通车床 630×2 000（安装用）	台班	0.094	0.103	0.111	0.140	0.179	0.193	0.208
	汽车式起重机 8t	台班	0.050	0.068	0.078	0.099	0.125	0.152	0.180
	吊装机械（综合）	台班	0.151	0.151	0.167	0.183	0.199	0.199	0.199
	载货汽车 - 普通货车 8t	台班	0.050	0.068	0.078	0.099	0.125	0.152	0.180
	电动单梁起重机 5t	台班	—	—	—	—	0.179	0.193	0.208
	电动葫芦单速 3t	台班	0.094	0.103	0.111	0.140	—	—	—
	电焊条烘干箱 60×50×75（cm^3）	台班	0.060	0.070	0.079	0.101	0.127	0.141	0.154
	电焊条恒温箱	台班	0.060	0.070	0.079	0.101	0.127	0.141	0.154

10. 合金钢管(氩弧焊)

工作内容:准备工作,管子切口,坡口加工,坡口磨平,管口组对,焊接,管口封闭,管道安装。

计量单位:10m

编号				8-1-580	8-1-581	8-1-582	8-1-583	8-1-584	8-1-585
项目				公称直径(mm 以内)					
				15	20	25	32	40	50
名称			单位	消耗量					
人工	合计工日		工日	0.635	0.703	0.791	0.895	1.006	1.143
	其中	普工	工日	0.159	0.176	0.197	0.225	0.252	0.285
		一般技工	工日	0.349	0.387	0.435	0.492	0.553	0.629
		高级技工	工日	0.127	0.140	0.159	0.178	0.201	0.229
材料	合金钢管		m	(9.250)	(9.250)	(9.250)	(9.250)	(9.250)	(9.250)
	合金钢焊丝		kg	0.016	0.032	0.039	0.049	0.056	0.103
	氧气		m^3	0.005	0.006	0.007	0.008	0.012	0.013
	乙炔气		kg	0.002	0.002	0.003	0.003	0.004	0.005
	氩气		m^3	0.046	0.090	0.110	0.137	0.157	0.288
	铈钨棒		g	0.091	0.181	0.221	0.274	0.314	0.577
	尼龙砂轮片 $\phi100\times16\times3$		片	0.031	0.036	0.042	0.051	0.057	0.073
	尼龙砂轮片 $\phi500\times25\times4$		片	0.004	0.005	0.008	0.011	0.013	0.019
	磨头		个	0.021	0.023	0.029	0.033	0.040	0.048
	丙酮		kg	0.013	0.015	0.020	0.023	0.036	0.036
	钢丝 $\phi4.0$		kg	0.076	0.078	0.079	0.080	0.081	0.084
	塑料布		m^2	0.150	0.157	0.165	0.174	0.196	0.216
	碎布		kg	0.093	0.097	0.187	0.207	0.207	0.238
	其他材料费		%	1.00	1.00	1.00	1.00	1.00	1.00
机械	氩弧焊机 500A		台班	0.024	0.038	0.047	0.057	0.066	0.111
	砂轮切割机 $\phi500$		台班	—	0.001	0.003	0.003	0.004	0.005
	普通车床 630×2 000(安装用)		台班	0.023	0.026	0.027	0.029	0.030	0.045
	电动葫芦单速 3t		台班	—	—	—	—	—	0.045

计量单位：10m

编　号			8-1-586	8-1-587	8-1-588	8-1-589	8-1-590	8-1-591
项　目			公称直径（mm 以内）					
			65	80	100	125	150	200
名　称		单位	消　耗　量					
人工	合计工日	工日	1.391	1.664	1.930	1.999	2.090	2.891
人工	其中 普工	工日	0.348	0.416	0.483	0.498	0.521	0.724
人工	其中 一般技工	工日	0.765	0.915	1.061	1.101	1.150	1.589
人工	其中 高级技工	工日	0.278	0.333	0.386	0.400	0.419	0.578
材料	合金钢管	m	（9.250）	（8.958）	（8.958）	（8.958）	（8.958）	（8.958）
材料	合金钢焊丝	kg	0.171	0.202	0.328	0.391	0.555	0.720
材料	氧气	m^3	0.022	0.024	0.033	0.037	0.141	0.246
材料	乙炔气	kg	0.009	0.009	0.013	0.014	0.054	0.095
材料	氩气	m^3	0.479	0.564	0.919	1.094	1.556	2.019
材料	铈钨棒	g	0.958	1.129	1.837	2.188	3.112	4.035
材料	尼龙砂轮片 $\phi100\times16\times3$	片	0.102	0.119	0.158	0.291	0.335	0.379
材料	尼龙砂轮片 $\phi500\times25\times4$	片	0.030	0.035	0.049	0.057	—	—
材料	磨头	个	0.064	0.074	0.096	—	—	—
材料	丙酮	kg	0.046	0.056	0.067	0.078	0.093	0.110
材料	钢丝 $\phi4.0$	kg	0.087	0.089	0.095	0.099	0.104	0.110
材料	塑料布	m^2	0.243	0.267	0.314	0.369	0.431	0.494
材料	碎布	kg	0.268	0.289	0.338	0.367	0.394	0.421
材料	其他材料费	%	1.00	1.00	1.00	1.00	1.00	1.00
机械	氩弧焊机 500A	台班	0.172	0.202	0.284	0.338	0.461	0.584
机械	砂轮切割机 $\phi500$	台班	0.007	0.008	0.011	0.011	—	—
机械	普通车床 630×2 000（安装用）	台班	0.065	0.065	0.066	0.067	0.070	0.073
机械	电动葫芦单速 3t	台班	0.065	0.065	0.066	0.067	0.070	0.073
机械	半自动切割机 100mm	台班	—	—	—	—	0.010	0.012
机械	汽车式起重机 8t	台班	—	—	0.011	0.014	0.017	0.020
机械	吊装机械（综合）	台班	—	—	0.084	0.084	0.084	0.084
机械	载货汽车－普通货车 8t	台班	—	—	0.011	0.014	0.017	0.020

11. 铜及铜合金管(氧乙炔焊)

工作内容:准备工作,管子切口,坡口加工,坡口磨平,管口组对,焊前预热,焊接,管道安装。

计量单位:10m

编号				8-1-592	8-1-593	8-1-594	8-1-595	8-1-596	8-1-597	8-1-598
项目				管外径(mm以内)						
				20	30	40	50	65	75	85
名称			单位	消耗量						
人工	合计工日		工日	0.479	0.666	0.842	1.001	1.101	1.189	1.434
	其中	普工	工日	0.120	0.167	0.211	0.250	0.275	0.297	0.359
		一般技工	工日	0.263	0.366	0.463	0.551	0.606	0.654	0.789
		高级技工	工日	0.096	0.133	0.168	0.200	0.220	0.238	0.286
材料	铜管		m	(10.000)	(10.000)	(10.000)	(10.000)	(10.000)	(9.880)	(9.880)
	铜气焊丝		kg	0.033	0.051	0.068	0.086	0.113	0.132	0.223
	氧气		m^3	0.126	0.195	0.267	0.335	0.435	0.510	0.871
	乙炔气		kg	0.048	0.075	0.103	0.129	0.167	0.196	0.335
	尼龙砂轮片 $\phi100\times16\times3$		片	0.042	0.079	0.107	0.135	0.190	0.224	0.533
	尼龙砂轮片 $\phi500\times25\times4$		片	0.005	0.007	0.012	0.016	0.018	0.021	—
	铁砂布		张	0.020	0.026	0.031	0.036	0.049	0.058	0.058
	硼砂		kg	0.007	0.010	0.014	0.017	0.022	0.026	0.044
	钢丝 $\phi4.0$		kg	0.077	0.078	0.079	0.080	0.081	0.082	0.083
	碎布		kg	0.103	0.106	0.229	0.229	0.262	0.295	0.296
	其他材料费		%	1.00	1.00	1.00	1.00	1.00	1.00	1.00
机械	砂轮切割机 $\phi500$		台班	0.001	0.002	0.004	0.005	0.007	0.008	—
	等离子切割机 400A		台班	—	—	—	—	—	—	0.145
	电动空气压缩机 $1m^3/min$		台班	—	—	—	—	—	—	0.145

计量单位：10m

编　号				8-1-599	8-1-600	8-1-601	8-1-602	8-1-603	8-1-604	8-1-605
项　目				管外径（mm 以内）						
				100	120	150	185	200	250	300
名　称			单位	消　耗　量						
人工	合计工日		工日	1.478	1.666	1.930	2.440	2.913	3.522	4.218
	其中	普工	工日	0.369	0.417	0.483	0.610	0.728	0.880	1.055
		一般技工	工日	0.813	0.916	1.061	1.342	1.602	1.937	2.320
		高级技工	工日	0.296	0.333	0.386	0.488	0.583	0.705	0.843
材料	铜管		m	(9.880)	(9.880)	(9.880)	(9.880)	(9.880)	(9.880)	(9.880)
	铜气焊丝		kg	0.256	0.312	0.390	0.483	0.802	1.007	1.210
	氧气		m^3	0.988	1.191	1.495	1.858	2.949	3.702	4.439
	乙炔气		kg	0.380	0.458	0.575	0.715	1.134	1.424	1.707
	尼龙砂轮片 $\phi100\times16\times3$		片	0.606	0.791	0.998	1.240	1.705	2.147	2.588
	铁砂布		张	0.088	0.117	0.163	0.214	0.238	0.313	0.388
	硼砂		kg	0.049	0.060	0.075	0.092	0.156	0.196	0.235
	钢丝 $\phi4.0$		kg	0.084	0.085	0.086	0.087	0.088	0.089	0.090
	碎布		kg	0.369	0.373	0.406	0.434	0.436	0.530	1.088
	其他材料费		%	1.00	1.00	1.00	1.00	1.00	1.00	1.00
机械	等离子切割机 400A		台班	0.169	0.204	0.255	0.315	0.357	0.446	0.536
	汽车式起重机 8t		台班	0.005	0.006	0.007	0.009	0.010	0.012	0.018
	吊装机械（综合）		台班	0.078	0.078	0.078	0.100	0.100	0.139	0.139
	载货汽车－普通货车 8t		台班	0.005	0.006	0.007	0.009	0.010	0.012	0.018
	电动空气压缩机 $1m^3/min$		台班	0.169	0.204	0.255	0.315	0.357	0.446	0.536

12. 金属软管安装（螺纹连接）

工作内容：准备工作，软管清理检查，管口连接，管道安装。　　**计量单位：**根

编号				8-1-606	8-1-607	8-1-608	8-1-609	8-1-610	8-1-611
项目				公称直径（mm 以内）					
				15	20	25	32	40	50
名称			单位	消耗量					
人工	合计工日		工日	0.268	0.287	0.305	0.325	0.359	0.417
	其中	普工	工日	0.067	0.071	0.075	0.082	0.090	0.104
		一般技工	工日	0.147	0.158	0.168	0.178	0.198	0.229
		高级技工	工日	0.054	0.058	0.062	0.065	0.072	0.084
材料	金属软管		根	（1.000）	（1.000）	（1.000）	（1.000）	（1.000）	（1.000）
	聚四氟乙烯生料带		m	0.518	0.636	0.801	0.989	1.130	1.342
	机油		kg	0.012	0.014	0.016	0.019	0.024	0.028
	碎布		kg	0.097	0.099	0.215	0.215	0.245	0.245
	其他材料费		%	1.00	1.00	1.00	1.00	1.00	1.00

13. 金属软管安装（法兰连接）

工作内容：准备工作，软管清理检查，管口连接，螺栓涂二硫化钼，管道安装。　　**计量单位：**根

编号				8-1-612	8-1-613	8-1-614	8-1-615	8-1-616	8-1-617
项目				公称直径（mm 以内）					
				15	20	25	32	40	50
名称			单位	消耗量					
人工	合计工日		工日	0.298	0.310	0.328	0.384	0.417	0.466
	其中	普工	工日	0.074	0.078	0.082	0.096	0.105	0.117
		一般技工	工日	0.164	0.170	0.180	0.211	0.229	0.257
		高级技工	工日	0.060	0.062	0.066	0.077	0.083	0.093
材料	金属软管		根	（1.000）	（1.000）	（1.000）	（1.000）	（1.000）	（1.000）
	无石棉橡胶板 中压 δ0.8~6.0		kg	0.092	0.122	0.153	0.196	0.294	0.343
	二硫化钼		kg	0.003	0.003	0.003	0.003	0.003	0.003
	碎布		kg	0.097	0.099	0.215	0.215	0.245	0.245
	其他材料费		%	1.00	1.00	1.00	1.00	1.00	1.00

计量单位：根

编　号				8-1-618	8-1-619	8-1-620	8-1-621	8-1-622	8-1-623
项　目				公称直径（mm以内）					
				65	80	100	125	150	200
名　称			单位	消　耗　量					
人工	合计工日		工日	0.529	0.543	0.604	0.679	0.762	1.051
	其中	普工	工日	0.133	0.136	0.151	0.170	0.191	0.262
		一般技工	工日	0.290	0.298	0.332	0.374	0.419	0.578
		高级技工	工日	0.106	0.109	0.121	0.136	0.152	0.210
材料	金属软管		根	（1.000）	（1.000）	（1.000）	（1.000）	（1.000）	（1.000）
	无石棉橡胶板　中压　δ0.8~6.0		kg	0.394	0.569	0.744	1.006	1.070	1.072
	二硫化钼		kg	0.004	0.004	0.008	0.010	0.010	0.010
	碎布		kg	0.318	0.334	0.352	0.375	0.397	0.530
	其他材料费		%	1.00	1.00	1.00	1.00	1.00	1.00
机械	汽车式起重机　8t		台班	—	—	0.002	0.003	0.004	0.006
	吊装机械（综合）		台班	—	—	0.014	0.015	0.017	0.024
	载货汽车－普通货车　8t		台班	—	—	0.002	0.003	0.004	0.006

计量单位：根

编　号				8-1-624	8-1-625
项　目				公称直径（mm以内）	
				250	300
名　称			单位	消　耗　量	
人工	合计工日		工日	1.122	1.419
	其中	普工	工日	0.280	0.355
		一般技工	工日	0.617	0.781
		高级技工	工日	0.225	0.283
材料	金属软管		根	（1.000）	（1.000）
	无石棉橡胶板　中压　δ0.8~6.0		kg	1.091	1.109
	二硫化钼		kg	0.021	0.021
	碎布		kg	0.552	0.608
	其他材料费		%	1.00	1.00
机械	汽车式起重机　8t		台班	0.008	0.010
	吊装机械（综合）		台班	0.030	0.037
	载货汽车－普通货车　8t		台班	0.008	0.010

14. 直埋保温管道(氩电联焊)

工作内容: 准备工作,管子切口,坡口加工,坡口磨平,管口组对,焊接,管口封闭,管道安装。

计量单位: 根

编号			8-1-626	8-1-627	8-1-628	8-1-629	8-1-630
项目			公称直径(mm 以内)				
			100	200	250	300	350
名称		单位	消耗量				
人工	合计工日	工日	0.883	1.766	2.058	2.689	2.981
人工	其中 普工	工日	0.276	0.552	0.643	0.840	0.932
人工	其中 一般技工	工日	0.331	0.662	0.772	1.009	1.117
人工	其中 高级技工	工日	0.276	0.552	0.643	0.840	0.932
材料	中压直埋保温管	m	(9.287)	(9.287)	(9.287)	(9.287)	(9.287)
材料	低碳钢焊条 J427 $\phi3.2$	kg	0.319	0.639	0.792	0.944	1.936
材料	碳钢焊丝	kg	0.054	0.108	0.108	0.161	0.187
材料	氧气	m^3	0.378	0.756	0.982	1.194	1.410
材料	乙炔气	kg	0.145	0.291	0.378	0.459	0.542
材料	氩气	m^3	0.151	0.303	0.303	0.303	0.525
材料	尼龙砂轮片 $\phi100\times16\times3$	片	0.509	1.017	1.437	1.519	1.956
材料	角钢(综合)	kg	0.087	0.174	0.174	0.174	0.174
材料	铈钨棒	g	0.303	0.605	0.605	0.605	1.048
材料	碎布	kg	0.030	0.059	0.073	0.086	0.099
材料	其他材料费	%	1.00	1.00	1.00	1.00	1.00
机械	汽车式起重机 8t	台班	0.013	0.021	0.036	0.048	0.065
机械	吊装机械(综合)	台班	0.048	0.082	0.114	0.118	0.130
机械	氩弧焊机 500A	台班	0.115	0.192	0.192	0.192	0.335
机械	电焊机(综合)	台班	0.117	0.194	0.235	0.289	0.390
机械	电焊条烘干箱 $60\times50\times75(cm^3)$	台班	0.012	0.020	0.023	0.029	0.039
机械	电焊条恒温箱	台班	0.012	0.020	0.023	0.029	0.039
机械	载货汽车－普通货车 8t	台班	0.013	0.021	0.036	0.048	0.065

计量单位：10m

编号				8-1-631	8-1-632	8-1-633	8-1-634	8-1-635
项目				公称直径（mm 以内）				
				400	450	500	600	700
名称			单位	消耗量				
人工	合计工日		工日	3.717	4.550	5.311	5.738	6.738
	其中	普工	工日	1.162	1.422	1.660	1.793	2.106
		一般技工	工日	1.393	1.706	1.991	2.152	2.526
		高级技工	工日	1.162	1.422	1.660	1.793	2.106
材料	中压直埋保温管		m	（9.287）	（9.193）	（9.193）	（9.193）	（9.090）
	低碳钢焊条 J427 $\phi3.2$		kg	2.191	2.470	2.515	5.348	8.456
	碳钢焊丝		kg	0.213	0.241	0.244	0.296	0.340
	氧气		m^3	1.500	1.618	1.696	3.570	3.983
	乙炔气		kg	0.577	0.622	0.652	1.373	1.532
	氩气		m^3	0.595	0.673	0.700	0.829	0.951
	尼龙砂轮片 $\phi100\times16\times3$		片	2.617	2.962	3.350	3.404	3.434
	角钢（综合）		kg	0.174	0.174	0.174	0.174	0.192
	铈钨棒		g	1.191	1.347	1.368	1.659	1.902
	碎布		kg	0.111	0.125	0.137	0.167	0.188
	其他材料费		%	1.00	1.00	1.00	1.00	1.00
机械	汽车式起重机 8t		台班	0.075	0.094	0.102	0.112	0.126
	吊装机械（综合）		台班	0.143	0.155	0.155	0.156	0.171
	氩弧焊机 500A		台班	0.381	0.430	0.485	0.486	0.489
	电焊机（综合）		台班	0.449	0.501	0.554	1.217	1.455
	电焊条烘干箱 $60\times50\times75$（cm^3）		台班	0.045	0.051	0.055	0.122	0.146
	电焊条恒温箱		台班	0.045	0.051	0.055	0.122	0.146
	载货汽车－普通货车 8t		台班	0.075	0.094	0.102	0.112	0.126
	半自动切割机 100mm		台班	—	—	—	0.064	0.068

计量单位：10m

编号				8-1-636	8-1-637	8-1-638	8-1-639
项目				公称直径（mm 以内）			
				800	900	1 000	1 200
名称			单位	消耗量			
人工	合计工日		工日	7.707	8.648	9.678	11.794
	其中	普工	工日	2.408	2.702	3.024	3.685
		一般技工	工日	2.891	3.244	3.630	4.424
		高级技工	工日	2.408	2.702	3.024	3.685
材料	中压直埋保温管		m	（9.090）	（9.090）	（9.090）	（8.996）
	低碳钢焊条 J427 ϕ3.2		kg	10.842	12.179	15.030	23.629
	碳钢焊丝		kg	0.412	0.434	0.480	0.553
	氧气		m^3	4.903	5.453	6.478	10.374
	乙炔气		kg	1.886	2.097	2.492	3.990
	氩气		m^3	1.153	1.216	1.342	1.550
	尼龙砂轮片 $\phi100\times16\times3$		片	3.510	3.522	3.815	4.720
	角钢（综合）		kg	0.192	0.192	0.192	0.303
	铈钨棒		g	2.307	2.430	2.685	3.099
	碎布		kg	0.217	0.243	0.295	0.354
	其他材料费		%	1.00	1.00	1.00	1.00
机械	汽车式起重机 8t		台班	0.140	0.156	0.192	0.208
	吊装机械（综合）		台班	0.219	0.228	0.302	0.328
	氩弧焊机 500A		台班	0.490	0.516	0.570	0.658
	电焊机（综合）		台班	1.661	1.868	2.092	3.298
	电焊条烘干箱 $60\times50\times75$（cm^3）		台班	0.166	0.186	0.209	0.330
	电焊条恒温箱		台班	0.166	0.186	0.209	0.330
	载货汽车 - 普通货车 8t		台班	0.140	0.156	0.192	0.208
	半自动切割机 100mm		台班	0.072	0.085	0.093	0.114

15. 钢套钢直埋保温管道（氩电联焊）

工作内容：准备工作，管子切口，坡口加工，坡口磨平，管口组对，焊接，管口封闭，管道安装。

计量单位：10m

编　号				8-1-640	8-1-641	8-1-642	8-1-643	8-1-644
项　目				公称直径（mm 以内）				
				100	200	250	300	350
名　称			单位	消　耗　量				
人工	合计工日		工日	1.106	2.207	2.573	3.361	3.727
	其中	普工	工日	0.346	0.690	0.804	1.050	1.165
		一般技工	工日	0.414	0.827	0.965	1.261	1.397
		高级技工	工日	0.346	0.690	0.804	1.050	1.165
材料	中压钢套钢保温管		m	（9.287）	（9.287）	（9.287）	（9.287）	（9.287）
	低碳钢焊条 J427 ϕ3.2		kg	0.319	0.639	0.792	0.944	1.936
	碳钢焊丝		kg	0.054	0.108	0.108	0.161	0.187
	氧气		m^3	0.378	0.756	0.982	1.194	1.410
	乙炔气		kg	0.145	0.291	0.378	0.459	0.542
	氩气		m^3	0.151	0.303	0.303	0.303	0.525
	尼龙砂轮片 $\phi100 \times 16 \times 3$		片	0.509	1.017	1.437	1.519	1.956
	角钢（综合）		kg	0.087	0.174	0.174	0.174	0.174
	铈钨棒		g	0.303	0.605	0.605	0.605	1.048
	碎布		kg	0.030	0.059	0.073	0.086	0.099
	其他材料费		%	1.00	1.00	1.00	1.00	1.00
机械	汽车式起重机 8t		台班	0.016	0.028	0.045	0.060	0.082
	吊装机械（综合）		台班	0.061	0.101	0.141	0.147	0.163
	氩弧焊机 500A		台班	0.144	0.240	0.240	0.240	0.417
	电焊机（综合）		台班	0.146	0.244	0.293	0.361	0.488
	电焊条烘干箱 $60 \times 50 \times 75$（cm^3）		台班	0.015	0.024	0.030	0.036	0.048
	电焊条恒温箱		台班	0.015	0.024	0.030	0.036	0.048
	载货汽车－普通货车 8t		台班	0.016	0.028	0.045	0.060	0.082

计量单位：10m

编号				8-1-645	8-1-646	8-1-647	8-1-648	8-1-649
项目				公称直径（mm 以内）				
				400	450	500	600	700
名称			单位	消耗量				
人工	合计工日		工日	4.645	5.688	6.639	7.174	8.422
	其中	普工	工日	1.452	1.777	2.075	2.242	2.632
		一般技工	工日	1.741	2.134	2.489	2.690	3.158
		高级技工	工日	1.452	1.777	2.075	2.242	2.632
材料	中压钢套钢保温管		m	（9.287）	（9.193）	（9.193）	（9.193）	（9.090）
	低碳钢焊条 J427 $\phi3.2$		kg	2.191	2.470	2.515	5.348	8.456
	碳钢焊丝		kg	0.213	0.241	0.244	0.296	0.340
	氧气		m^3	1.500	1.618	1.696	3.570	3.983
	乙炔气		kg	0.577	0.622	0.652	1.373	1.532
	氩气		m^3	0.595	0.673	0.700	0.829	0.951
	尼龙砂轮片 $\phi100 \times 16 \times 3$		片	2.617	2.962	3.350	3.404	3.434
	角钢（综合）		kg	0.174	0.174	0.174	0.174	0.192
	铈钨棒		g	1.191	1.347	1.368	1.659	1.902
	碎布		kg	0.111	0.125	0.137	0.167	0.188
	其他材料费		%	1.00	1.00	1.00	1.00	1.00
机械	汽车式起重机 8t		台班	0.094	0.116	0.128	0.140	0.157
	吊装机械（综合）		台班	0.178	0.193	0.193	0.194	0.214
	氩弧焊机 500A		台班	0.475	0.537	0.607	0.608	0.611
	电焊机（综合）		台班	0.561	0.627	0.692	1.521	1.818
	电焊条烘干箱 $60 \times 50 \times 75$（cm^3）		台班	0.056	0.062	0.069	0.152	0.182
	电焊条恒温箱		台班	0.056	0.062	0.069	0.152	0.182
	载货汽车－普通货车 8t		台班	0.094	0.116	0.128	0.140	0.157
	半自动切割机 100mm		台班	—	—	—	0.079	0.085

计量单位：10m

编　号			8-1-650	8-1-651	8-1-652	8-1-653
项　目			公称直径（mm 以内）			
			800	900	1 000	1 200
名　称		单位	消　耗　量			
人工	合计工日	工日	9.635	10.811	12.097	14.744
人工	其中 普工	工日	3.011	3.378	3.780	4.607
人工	其中 一般技工	工日	3.613	4.055	4.537	5.530
人工	其中 高级技工	工日	3.011	3.378	3.780	4.607
材料	中压钢套钢保温管	m	（9.090）	（9.090）	（8.996）	（8.996）
材料	低碳钢焊条 J427 ϕ3.2	kg	10.842	12.179	15.030	23.629
材料	碳钢焊丝	kg	0.412	0.434	0.480	0.553
材料	氧气	m^3	4.903	5.453	6.478	10.374
材料	乙炔气	kg	1.886	2.097	2.492	3.990
材料	氩气	m^3	1.153	1.216	1.342	1.550
材料	尼龙砂轮片 $\phi100 \times 16 \times 3$	片	3.510	3.522	3.815	4.720
材料	角钢（综合）	kg	0.192	0.192	0.192	0.303
材料	铈钨棒	g	2.307	2.430	2.685	3.099
材料	碎布	kg	0.217	0.243	0.295	0.354
材料	其他材料费	%	1.00	1.00	1.00	1.00
机械	汽车式起重机 8t	台班	0.176	0.196	0.241	0.259
机械	吊装机械（综合）	台班	0.273	0.285	0.378	0.409
机械	氩弧焊机 500A	台班	0.612	0.645	0.713	0.822
机械	电焊机（综合）	台班	2.076	2.335	2.614	4.123
机械	电焊条烘干箱 $60 \times 50 \times 75$（cm^3）	台班	0.208	0.233	0.261	0.413
机械	电焊条恒温箱	台班	0.208	0.233	0.261	0.413
机械	载货汽车－普通货车 8t	台班	0.176	0.196	0.241	0.259
机械	半自动切割机 100mm	台班	0.091	0.107	0.117	0.143

三、高 压 管 道

1. 碳钢管(电弧焊)

工作内容:准备工作,管子切口,坡口加工,管口组对,焊接,管口封闭,管道安装。　　**计量单位:**10m

编号				8-1-654	8-1-655	8-1-656	8-1-657	8-1-658	8-1-659	8-1-660
项目				公称直径(mm 以内)						
				15	20	25	32	40	50	65
名称			单位	消耗量						
人工	合计工日		工日	1.511	1.649	1.808	2.302	2.468	2.659	2.903
	其中	普工	工日	0.303	0.329	0.362	0.460	0.492	0.531	0.581
		一般技工	工日	0.604	0.660	0.723	0.921	0.988	1.064	1.161
		高级技工	工日	0.604	0.660	0.723	0.921	0.988	1.064	1.161
材料	碳钢管		m	(9.109)	(9.109)	(9.109)	(9.109)	(9.109)	(8.958)	(8.958)
	低碳钢焊条 J427 $\phi3.2$		kg	0.085	0.139	0.231	0.336	0.390	0.606	1.046
	尼龙砂轮片 $\phi100\times16\times3$		片	0.015	0.020	0.030	0.041	0.049	0.064	0.099
	尼龙砂轮片 $\phi500\times25\times4$		片	0.006	0.010	0.015	0.020	0.025	0.037	0.055
	磨头		个	0.002	0.021	0.026	0.032	0.037	0.044	0.058
	丙酮		kg	0.017	0.019	0.020	0.021	0.024	0.029	0.039
	钢丝 $\phi4.0$		kg	0.096	0.097	0.098	0.099	0.100	0.103	0.105
	塑料布		m^2	0.136	0.143	0.150	0.159	0.179	0.196	0.222
	碎布		kg	0.119	0.123	0.239	0.265	0.265	0.302	0.341
	其他材料费		%	1.00	1.00	1.00	1.00	1.00	1.00	1.00
机械	电焊机(综合)		台班	0.038	0.052	0.068	0.087	0.102	0.126	0.171
	砂轮切割机 $\phi500$		台班	0.002	0.003	0.004	0.005	0.005	0.007	0.008
	普通车床 630×2 000(安装用)		台班	0.029	0.039	0.059	0.060	0.061	0.063	0.068
	电动葫芦单速 3t		台班	—	—	0.059	0.060	0.061	0.063	0.068
	电焊条烘干箱 60×50×75(cm^3)		台班	0.004	0.005	0.006	0.009	0.011	0.013	0.017
	电焊条恒温箱		台班	0.004	0.005	0.006	0.009	0.011	0.013	0.017

计量单位：10m

编　号				8-1-661	8-1-662	8-1-663	8-1-664	8-1-665	8-1-666	8-1-667
项　目				公称直径（mm 以内）						
				80	100	125	150	200	250	300
名　称			单位	消　耗　量						
人工	合计工日		工日	3.112	4.098	4.860	6.184	7.788	9.026	9.818
	其中	普工	工日	0.622	0.820	0.972	1.236	1.558	1.806	1.964
		一般技工	工日	1.245	1.639	1.944	2.474	3.115	3.610	3.927
		高级技工	工日	1.245	1.639	1.944	2.474	3.115	3.610	3.927
材料	碳钢管		m	(8.958)	(8.958)	(8.817)	(8.817)	(8.817)	(8.761)	(8.761)
	低碳钢焊条 J427 ϕ3.2		kg	1.491	2.332	4.024	6.327	9.847	14.437	16.393
	氧气		m^3	—	0.146	0.177	0.258	0.363	0.496	0.546
	乙炔气		kg	—	0.056	0.068	0.099	0.140	0.191	0.210
	尼龙砂轮片 $\phi100\times16\times3$		片	0.122	0.128	0.160	0.190	0.658	0.971	0.984
	尼龙砂轮片 $\phi500\times25\times4$		片	0.074	—	—	—	—	—	—
	磨头		个	0.068	0.087	—	—	—	—	—
	丙酮		kg	0.045	0.059	0.069	0.082	0.113	0.128	0.141
	角钢（综合）		kg	—	—	—	—	0.125	0.125	0.126
	钢丝 ϕ4.0		kg	0.107	0.112	0.116	0.121	0.130	0.138	0.147
	塑料布		m^2	0.243	0.286	0.336	0.393	0.510	0.649	0.800
	碎布		kg	0.368	0.429	0.467	0.498	0.602	0.669	0.693
	其他材料费		%	1.00	1.00	1.00	1.00	1.00	1.00	1.00
机械	电焊机（综合）		台班	0.218	0.334	0.485	0.707	1.084	1.574	1.717
	砂轮切割机 ϕ500		台班	0.010	—	—	—	—	—	—
	半自动切割机 100mm		台班	—	—	—	0.013	0.021	0.046	0.048
	普通车床 630×2 000（安装用）		台班	0.074	0.086	0.180	0.196	0.293	0.354	0.397
	汽车式起重机 8t		台班	0.013	0.019	0.026	0.035	0.060	0.085	0.114
	吊装机械（综合）		台班	0.065	0.083	0.083	0.111	0.120	0.157	0.157
	载货汽车－普通货车 8t		台班	0.013	0.019	0.026	0.035	0.060	0.085	0.114
	电动单梁起重机 5t		台班	—	—	—	—	—	0.354	0.397
	电动葫芦单速 3t		台班	0.074	0.086	0.180	0.196	0.293	—	—
	电焊条烘干箱 60×50×75（cm^3）		台班	0.022	0.033	0.049	0.070	0.108	0.157	0.172
	电焊条恒温箱		台班	0.022	0.033	0.049	0.070	0.108	0.157	0.172

计量单位：10m

编号				8-1-668	8-1-669	8-1-670	8-1-671	8-1-672
项目				公称直径（mm 以内）				
				350	400	450	500	600
名称			单位	消耗量				
人工	合计工日		工日	11.475	13.144	15.159	17.065	18.966
	其中	普工	工日	2.295	2.630	3.031	3.413	3.794
		一般技工	工日	4.590	5.257	6.064	6.826	7.586
		高级技工	工日	4.590	5.257	6.064	6.826	7.586
材料	碳钢管		m	（8.761）	（8.761）	（8.667）	（8.667）	（8.667）
	低碳钢焊条 J427 ϕ3.2		kg	22.253	29.748	38.982	47.437	55.891
	氧气		m^3	0.594	0.683	0.915	1.046	1.310
	乙炔气		kg	0.228	0.263	0.352	0.402	0.504
	尼龙砂轮片 $\phi100\times16\times3$		片	1.286	1.612	1.901	2.369	2.839
	丙酮		kg	0.148	0.167	0.189	0.208	0.227
	角钢（综合）		kg	0.126	0.126	0.126	0.126	0.126
	钢丝 ϕ4.0		kg	0.156	0.164	0.173	0.181	0.189
	塑料布		m^2	0.967	1.089	1.342	1.547	1.752
	碎布		kg	0.738	0.770	0.872	0.984	1.096
	其他材料费		%	1.00	1.00	1.00	1.00	1.00
机械	电焊机（综合）		台班	2.250	2.926	3.805	4.631	5.458
	半自动切割机 100mm		台班	0.059	0.066	0.081	0.108	0.134
	普通车床 630×2 000（安装用）		台班	0.439	0.480	0.597	0.650	0.704
	汽车式起重机 8t		台班	0.168	0.211	0.294	0.328	0.363
	吊装机械（综合）		台班	0.194	0.194	0.241	0.241	0.241
	载货汽车－普通货车 8t		台班	0.168	0.211	0.294	0.328	0.363
	电动单梁起重机 5t		台班	0.439	0.480	0.597	0.650	0.704
	电焊条烘干箱 60×50×75（cm^3）		台班	0.225	0.292	0.381	0.463	0.546
	电焊条恒温箱		台班	0.225	0.292	0.381	0.463	0.546

2. 碳钢管（氩电联焊）

工作内容：准备工作，管子切口，坡口加工，坡口磨平，管口组对，焊接，管口封闭，管道安装。

计量单位：10m

编　号			8-1-673	8-1-674	8-1-675	8-1-676	8-1-677	8-1-678	8-1-679
项　目			公称直径（mm 以内）						
			15	20	25	32	40	50	65
名　称		单位	消　耗　量						
人工	合计工日	工日	1.560	1.717	1.891	2.405	2.582	2.761	3.014
人工	其中 普工	工日	0.312	0.343	0.377	0.481	0.516	0.553	0.604
人工	其中 一般技工	工日	0.624	0.687	0.757	0.962	1.033	1.104	1.205
人工	其中 高级技工	工日	0.624	0.687	0.757	0.962	1.033	1.104	1.205
材料	碳钢管	m	(9.109)	(9.109)	(9.109)	(9.109)	(9.109)	(8.958)	(8.958)
材料	低碳钢焊条 J427 ϕ3.2	kg	—	—	—	—	—	0.562	0.937
材料	碳钢焊丝	kg	0.020	0.024	0.028	0.031	0.035	0.037	0.050
材料	氩气	m^3	0.044	0.053	0.070	0.077	0.104	0.138	0.181
材料	铈钨棒	g	0.072	0.092	0.144	0.179	0.215	0.243	0.319
材料	尼龙砂轮片 $\phi100\times16\times3$	片	0.015	0.019	0.027	0.036	0.043	0.067	0.096
材料	尼龙砂轮片 $\phi500\times25\times4$	片	0.006	0.010	0.015	0.020	0.025	0.037	0.055
材料	磨头	个	0.002	0.021	0.026	0.032	0.037	0.044	0.058
材料	丙酮	kg	0.017	0.019	0.020	0.021	0.024	0.029	0.039
材料	钢丝 ϕ4.0	kg	0.096	0.097	0.098	0.099	0.100	0.103	0.105
材料	塑料布	m^2	0.136	0.143	0.150	0.159	0.179	0.196	0.222
材料	碎布	kg	0.119	0.123	0.239	0.265	0.265	0.302	0.341
材料	其他材料费	%	1.00	1.00	1.00	1.00	1.00	1.00	1.00
机械	电焊机（综合）	台班	—	—	—	—	—	0.118	0.155
机械	氩弧焊机 500A	台班	0.036	0.051	0.064	0.071	0.087	0.062	0.066
机械	砂轮切割机 ϕ500	台班	0.003	0.004	0.006	0.007	0.007	0.007	0.008
机械	普通车床 $630\times2\,000$（安装用）	台班	0.038	0.051	0.051	0.053	0.059	0.063	0.068
机械	电动葫芦单速 3t	台班	—	—	0.051	0.053	0.059	0.063	0.068
机械	电焊条烘干箱 $60\times50\times75$（cm^3）	台班	—	—	—	—	—	0.012	0.015
机械	电焊条恒温箱	台班	—	—	—	—	—	0.012	0.015

计量单位：10m

编号			8-1-680	8-1-681	8-1-682	8-1-683	8-1-684	8-1-685	8-1-686
项目			公称直径（mm 以内）						
			80	100	125	150	200	250	300
名称		单位	消耗量						
人工	合计工日	工日	3.231	4.260	5.051	6.415	8.096	9.395	10.181
	其中 普工	工日	0.645	0.852	1.011	1.283	1.620	1.879	2.037
	其中 一般技工	工日	1.293	1.704	2.020	2.566	3.238	3.758	4.072
	其中 高级技工	工日	1.293	1.704	2.020	2.566	3.238	3.758	4.072
材料	碳钢管	m	(8.958)	(8.958)	(8.817)	(8.817)	(8.817)	(8.761)	(8.761)
	低碳钢焊条 J427 $\phi3.2$	kg	1.177	2.587	4.839	7.669	11.956	17.556	20.032
	碳钢焊丝	kg	0.064	0.112	0.129	0.153	0.229	0.251	0.270
	氧气	m^3	—	0.190	0.230	0.336	0.472	0.531	0.589
	乙炔气	kg	—	0.073	0.089	0.129	0.181	0.204	0.226
	氩气	m^3	0.239	0.415	0.481	0.557	0.849	0.924	0.997
	铈钨棒	g	0.424	0.731	0.847	0.977	1.491	1.621	1.752
	尼龙砂轮片 $\phi100\times16\times3$	片	0.127	0.174	0.199	0.248	0.838	1.236	1.253
	尼龙砂轮片 $\phi500\times25\times4$	片	0.074	—	—	—	—	—	—
	磨头	个	0.068	0.113	—	—	—	—	—
	丙酮	kg	0.045	0.077	0.089	0.107	0.147	0.167	0.184
	角钢（综合）	kg	—	—	—	—	0.162	0.162	0.164
	钢丝 $\phi4.0$	kg	0.107	0.146	0.151	0.157	0.169	0.180	0.191
	塑料布	m^2	0.243	0.372	0.436	0.511	0.663	0.844	1.040
	碎布	kg	0.368	0.557	0.607	0.648	0.782	0.869	0.901
	其他材料费	%	1.00	1.00	1.00	1.00	1.00	1.00	1.00
机械	电焊机（综合）	台班	0.190	0.306	0.453	0.662	1.017	1.479	1.620
	氩弧焊机 500A	台班	0.079	0.100	0.111	0.141	0.248	0.304	0.384
	砂轮切割机 $\phi500$	台班	0.010	—	—	—	—	—	—
	半自动切割机 100mm	台班	—	—	—	0.013	0.021	0.046	0.048
	普通车床 630×2 000（安装用）	台班	0.074	0.086	0.180	0.196	0.293	0.316	0.339
	汽车式起重机 8t	台班	0.013	0.019	0.026	0.035	0.060	0.085	0.114
	吊装机械（综合）	台班	0.065	0.083	0.083	0.111	0.120	0.157	0.157
	载货汽车－普通货车 8t	台班	0.013	0.019	0.026	0.035	0.060	0.085	0.114
	电动单梁起重机 5t	台班	—	—	—	—	—	0.316	0.339
	电动葫芦单速 3t	台班	0.074	0.086	0.180	0.196	0.293	—	—
	电焊条烘干箱 60×50×75（cm^3）	台班	0.019	0.031	0.045	0.066	0.102	0.148	0.162
	电焊条恒温箱	台班	0.019	0.031	0.045	0.066	0.102	0.148	0.162

计量单位:10m

编号			8-1-687	8-1-688	8-1-689	8-1-690	8-1-691
项目			公称直径(mm以内)				
			350	400	450	500	600
名称		单位	消耗量				
人工	合计工日	工日	11.891	13.607	15.646	17.618	19.593
	其中 普工	工日	2.377	2.721	3.128	3.524	3.919
	其中 一般技工	工日	4.757	5.443	6.259	7.047	7.837
	其中 高级技工	工日	4.757	5.443	6.259	7.047	7.837
材料	碳钢管	m	(8.761)	(8.761)	(8.667)	(8.667)	(8.667)
	低碳钢焊条 J427 ϕ3.2	kg	27.250	36.496	47.935	58.331	68.726
	碳钢焊丝	kg	0.315	0.358	0.363	0.449	0.537
	氧气	m^3	0.772	0.888	1.190	1.360	1.530
	乙炔气	kg	0.297	0.342	0.458	0.523	0.588
	氩气	m^3	1.163	1.321	1.340	1.657	1.973
	铈钨棒	g	2.050	2.324	2.358	2.919	3.479
	尼龙砂轮片 $\phi100\times16\times3$	片	1.635	2.050	2.417	3.014	3.609
	丙酮	kg	0.192	0.218	0.245	0.270	0.276
	角钢(综合)	kg	0.164	0.164	0.164	0.164	0.164
	钢丝 ϕ4.0	kg	0.202	0.214	0.225	0.235	0.245
	塑料布	m^2	1.256	1.416	1.744	2.011	2.279
	碎布	kg	0.960	1.001	1.133	1.279	1.425
	其他材料费	%	1.00	1.00	1.00	1.00	1.00
机械	电焊机(综合)	台班	2.128	2.772	3.610	4.395	5.179
	氩弧焊机 500A	台班	0.365	0.473	0.642	0.838	1.005
	半自动切割机 100mm	台班	0.059	0.066	0.081	0.108	0.134
	普通车床 630×2 000(安装用)	台班	0.439	0.480	0.597	0.650	0.704
	汽车式起重机 8t	台班	0.168	0.211	0.294	0.328	0.363
	吊装机械(综合)	台班	0.194	0.194	0.241	0.241	0.241
	载货汽车－普通货车 8t	台班	0.168	0.211	0.294	0.328	0.363
	电动单梁起重机 5t	台班	0.439	0.480	0.597	0.650	0.704
	电焊条烘干箱 60×50×75(cm^3)	台班	0.213	0.277	0.361	0.440	0.518
	电焊条恒温箱	台班	0.213	0.277	0.361	0.440	0.518

3. 不锈钢管（电弧焊）

工作内容： 准备工作，管子切口，坡口加工，管口组对，焊接，焊缝钝化，管口封闭，管道安装。

计量单位： 10m

编号			8-1-692	8-1-693	8-1-694	8-1-695	8-1-696	8-1-697
项目			公称直径（mm 以内）					
			15	20	25	32	40	50
名称		单位	消耗量					
人工	合计工日	工日	1.911	2.086	2.287	2.912	3.121	3.363
其中	普工	工日	0.383	0.416	0.458	0.582	0.622	0.672
	一般技工	工日	0.764	0.835	0.914	1.165	1.250	1.346
	高级技工	工日	0.764	0.835	0.914	1.165	1.250	1.346
材料	不锈钢管	m	（9.250）	（9.250）	（9.250）	（9.250）	（9.156）	（9.156）
	不锈钢焊条（综合）	kg	0.068	0.103	0.173	0.218	0.295	0.413
	尼龙砂轮片 $\phi100\times16\times3$	片	0.029	0.038	0.052	0.068	0.086	0.118
	尼龙砂轮片 $\phi500\times25\times4$	片	0.008	0.011	0.020	0.024	0.030	0.034
	丙酮	kg	0.012	0.014	0.018	0.021	0.025	0.030
	酸洗膏	kg	0.008	0.011	0.015	0.018	0.022	0.027
	水	t	0.002	0.002	0.003	0.003	0.003	0.005
	钢丝 $\phi4.0$	kg	0.089	0.090	0.091	0.092	0.093	0.096
	塑料布	m^2	0.136	0.143	0.150	0.159	0.179	0.196
	碎布	kg	0.111	0.114	0.243	0.245	0.279	0.281
	其他材料费	%	1.00	1.00	1.00	1.00	1.00	1.00
机械	电焊机（综合）	台班	0.040	0.051	0.075	0.094	0.112	0.135
	砂轮切割机 $\phi500$	台班	0.002	0.004	0.005	0.008	0.010	0.012
	普通车床 630×2 000（安装用）	台班	0.032	0.039	0.053	0.062	0.071	0.073
	电动葫芦单速 3t	台班	—	—	—	0.049	0.071	0.073
	电动空气压缩机 $6m^3/min$	台班	0.002	0.002	0.002	0.002	0.002	0.002
	电焊条烘干箱 $60\times50\times75$（cm^3）	台班	0.004	0.005	0.007	0.010	0.011	0.014
	电焊条恒温箱	台班	0.004	0.005	0.007	0.010	0.011	0.014

计量单位：10m

编　号				8-1-698	8-1-699	8-1-700	8-1-701	8-1-702	8-1-703
项　目				公称直径（mm 以内）					
				65	80	100	125	150	200
名　称			单位	消　耗　量					
人工	合计工日		工日	3.671	3.937	5.184	6.147	7.821	9.851
人工	其中	普工	工日	0.735	0.786	1.037	1.230	1.563	1.971
人工	其中	一般技工	工日	1.468	1.575	2.074	2.459	3.129	3.940
人工	其中	高级技工	工日	1.468	1.575	2.074	2.459	3.129	3.940
材料	不锈钢管		m	（9.156）	（8.958）	（8.958）	（8.958）	（8.817）	（8.817）
材料	不锈钢焊条（综合）		kg	0.594	1.052	1.630	2.784	4.238	8.757
材料	尼龙砂轮片 $\phi100\times16\times3$		片	0.178	0.238	0.325	0.457	0.635	1.248
材料	尼龙砂轮片 $\phi500\times25\times4$		片	0.056	0.074	—	—	—	—
材料	丙酮		kg	0.048	0.057	0.059	0.069	0.082	0.134
材料	酸洗膏		kg	0.038	0.045	0.057	0.086	0.116	0.151
材料	水		t	0.007	0.009	0.010	0.012	0.015	0.019
材料	钢丝 $\phi4.0$		kg	0.105	0.109	0.115	0.119	0.128	0.139
材料	塑料布		m^2	0.222	0.243	0.286	0.362	0.393	0.510
材料	碎布		kg	0.398	0.410	0.423	0.436	0.466	0.744
材料	其他材料费		%	1.00	1.00	1.00	1.00	1.00	1.00
机械	电焊机（综合）		台班	0.196	0.261	0.352	0.513	0.728	1.363
机械	砂轮切割机 $\phi500$		台班	0.016	0.021	—	—	—	—
机械	普通车床 630×2 000（安装用）		台班	0.078	0.084	0.089	0.108	0.129	0.266
机械	电动葫芦单速 3t		台班	0.078	0.084	0.089	0.108	0.129	0.266
机械	电动空气压缩机 $1m^3/min$		台班	—	—	0.014	0.017	0.022	0.039
机械	电动空气压缩机 $6m^3/min$		台班	0.002	0.002	0.002	0.002	0.002	0.002
机械	电焊条烘干箱 60×50×75（cm^3）		台班	0.019	0.026	0.036	0.051	0.073	0.136
机械	电焊条恒温箱		台班	0.019	0.026	0.036	0.051	0.073	0.136
机械	等离子切割机 400A		台班	—	—	0.014	0.017	0.022	0.039
机械	汽车式起重机 8t		台班	—	0.013	0.019	0.026	0.035	0.060
机械	吊装机械（综合）		台班	—	0.065	0.083	0.083	0.111	0.120
机械	载货汽车－普通货车 8t		台班	—	0.013	0.019	0.026	0.035	0.060

计量单位：10m

编号				8-1-704	8-1-705	8-1-706	8-1-707	8-1-708	8-1-709
项目				公称直径（mm 以内）					
				250	300	350	400	450	500
名称			单位	消耗量					
人工	合计工日		工日	11.417	12.418	14.515	16.627	19.175	21.586
	其中	普工	工日	2.284	2.484	2.903	3.327	3.834	4.317
		一般技工	工日	4.566	4.967	5.806	6.650	7.670	8.634
		高级技工	工日	4.566	4.967	5.806	6.650	7.670	8.634
材料	不锈钢管		m	(8.817)	(8.817)	(8.817)	(8.817)	(8.817)	(8.817)
	不锈钢焊条（综合）		kg	13.247	19.561	26.721	30.735	34.749	38.763
	尼龙砂轮片 $\phi100\times16\times3$		片	1.806	2.727	3.362	4.096	4.831	5.566
	丙酮		kg	0.166	0.197	0.228	0.257	0.286	0.315
	酸洗膏		kg	0.229	0.273	0.299	0.370	0.441	0.512
	水		t	0.023	0.028	0.033	0.038	0.042	0.047
	钢丝 $\phi4.0$		kg	0.148	0.157	0.165	0.182	0.198	0.214
	塑料布		m^2	0.650	0.800	0.967	1.089	1.211	1.334
	碎布		kg	0.782	0.835	0.874	1.064	1.256	1.446
	其他材料费		%	1.00	1.00	1.00	1.00	1.00	1.00
机械	电焊机（综合）		台班	1.973	2.912	3.813	4.464	5.115	5.766
	普通车床 630×2 000（安装用）		台班	0.437	0.530	0.643	0.739	0.835	0.932
	电动葫芦单速 3t		台班	0.437	—	—	—	—	—
	电动空气压缩机 $1m^3/min$		台班	0.053	0.063	0.086	0.097	0.109	0.120
	电动空气压缩机 $6m^3/min$		台班	0.002	0.002	0.002	0.002	0.003	0.003
	等离子切割机 400A		台班	0.053	0.063	0.086	0.097	0.109	0.120
	汽车式起重机 8t		台班	0.086	0.112	0.166	0.236	0.307	0.378
	吊装机械（综合）		台班	0.157	0.157	0.194	0.194	0.238	0.238
	载货汽车－普通货车 8t		台班	0.086	0.112	0.166	0.236	0.307	0.378
	电动单梁起重机 5t		台班	—	0.530	0.643	0.739	0.835	0.932
	电焊条烘干箱 60×50×75（cm^3）		台班	0.198	0.291	0.381	0.446	0.512	0.576
	电焊条恒温箱		台班	0.198	0.291	0.381	0.446	0.512	0.576

4. 不锈钢管(氩电联焊)

工作内容: 准备工作,管子切口,坡口加工,坡口磨平,管口组对,焊接,焊缝钝化,管口封闭,管道安装。

计量单位: 10m

编　号				8-1-710	8-1-711	8-1-712	8-1-713	8-1-714	8-1-715
项　目				公称直径(mm 以内)					
				15	20	25	32	40	50
名　称			单位	消　耗　量					
人工	合计工日		工日	1.974	2.172	2.391	3.042	3.267	3.492
	其中	普工	工日	0.395	0.433	0.476	0.609	0.653	0.699
		一般技工	工日	0.790	0.869	0.957	1.217	1.307	1.396
		高级技工	工日	0.790	0.869	0.957	1.217	1.307	1.396
材料	不锈钢管		m	(9.250)	(9.250)	(9.250)	(9.250)	(9.156)	(9.156)
	不锈钢焊条(综合)		kg	—	—	—	—	—	0.157
	不锈钢焊丝 1Cr18Ni9Ti		kg	0.030	0.032	0.035	0.037	0.039	0.041
	氩气		m^3	0.090	0.094	0.101	0.105	0.109	0.119
	铈钨棒		g	0.147	0.151	0.157	0.163	0.170	0.176
	尼龙砂轮片 $\phi100\times16\times3$		片	0.033	0.043	0.060	0.077	0.099	0.104
	尼龙砂轮片 $\phi500\times25\times4$		片	0.009	0.013	0.024	0.029	0.036	0.040
	丙酮		kg	0.014	0.016	0.022	0.025	0.030	0.036
	酸洗膏		kg	0.006	0.008	0.011	0.013	0.015	0.019
	水		t	0.002	0.002	0.003	0.003	0.003	0.006
	钢丝 $\phi4.0$		kg	0.106	0.107	0.108	0.109	0.111	0.114
	塑料布		m^2	0.162	0.170	0.178	0.189	0.213	0.234
	碎布		kg	0.132	0.136	0.289	0.291	0.332	0.334
	其他材料费		%	1.00	1.00	1.00	1.00	1.00	1.00
机械	氩弧焊机 500A		台班	0.047	0.053	0.059	0.065	0.070	0.074
	电焊机(综合)		台班	—	—	—	—	—	0.084
	砂轮切割机 $\phi500$		台班	0.002	0.005	0.006	0.008	0.011	0.012
	普通车床 630×2 000(安装用)		台班	0.035	0.043	0.059	0.065	0.078	0.078
	电动葫芦单速 3t		台班	—	—	—	0.065	0.078	0.078
	电动空气压缩机 $6m^3/min$		台班	0.002	0.002	0.002	0.002	0.002	0.002
	电焊条烘干箱 60×50×75(cm^3)		台班	—	—	—	—	—	0.008
	电焊条恒温箱		台班	—	—	—	—	—	0.008

计量单位：10m

编号			8-1-716	8-1-717	8-1-718	8-1-719	8-1-720	8-1-721
项目			公称直径（mm 以内）					
			65	80	100	125	150	200
名称		单位	消耗量					
人工	合计工日	工日	3.813	4.088	5.388	6.390	8.115	10.240
	其中 普工	工日	0.764	0.816	1.078	1.278	1.623	2.049
	其中 一般技工	工日	1.524	1.636	2.155	2.556	3.246	4.095
	其中 高级技工	工日	1.524	1.636	2.155	2.556	3.246	4.095
材料	不锈钢管	m	(9.156)	(8.958)	(8.958)	(8.958)	(8.817)	(8.817)
	不锈钢焊条（综合）	kg	0.589	0.821	1.454	2.801	4.293	8.550
	不锈钢焊丝 1Cr18Ni9Ti	kg	0.061	0.074	0.087	0.106	0.132	0.221
	氩气	m^3	0.170	0.207	0.244	0.299	0.371	0.619
	铈钨棒	g	0.214	0.225	0.250	0.291	0.377	0.646
	尼龙砂轮片 ϕ100×16×3	片	0.207	0.261	0.318	0.492	0.683	1.289
	尼龙砂轮片 ϕ500×25×4	片	0.067	0.089	—	—	—	—
	丙酮	kg	0.058	0.058	0.059	0.076	0.090	0.147
	酸洗膏	kg	0.026	0.032	0.057	0.086	0.116	0.151
	水	t	0.008	0.009	0.010	0.013	0.016	0.021
	钢丝 ϕ4.0	kg	0.137	0.139	0.140	0.142	0.144	0.153
	塑料布	m^2	0.264	0.270	0.286	0.369	0.432	0.561
	碎布	kg	0.485	0.564	0.569	0.618	0.665	0.818
	其他材料费	%	1.00	1.00	1.00	1.00	1.00	1.00
机械	电焊机（综合）	台班	0.166	0.206	0.286	0.427	0.610	1.103
	氩弧焊机 500A	台班	0.094	0.112	0.145	0.160	0.198	0.343
	砂轮切割机 ϕ500	台班	0.016	0.021	—	—	—	—
	普通车床 630×2 000（安装用）	台班	0.078	0.084	0.089	0.108	0.129	0.266
	电动葫芦单速 3t	台班	0.078	0.084	0.089	0.108	0.129	0.266
	电动空气压缩机 1m^3/min	台班	—	—	0.014	0.017	0.022	0.039
	电动空气压缩机 6m^3/min	台班	0.002	0.002	0.002	0.002	0.002	0.002
	等离子切割机 400A	台班	—	—	0.014	0.017	0.022	0.039
	汽车式起重机 8t	台班	—	—	0.019	0.026	0.035	0.060
	吊装机械（综合）	台班	—	0.076	0.083	0.083	0.111	0.120
	载货汽车－普通货车 8t	台班	—	—	0.019	0.026	0.035	0.060
	电焊条烘干箱 60×50×75（cm^3）	台班	0.016	0.020	0.028	0.043	0.061	0.110
	电焊条恒温箱	台班	0.016	0.020	0.028	0.043	0.061	0.110

计量单位：10m

编号				8-1-722	8-1-723	8-1-724	8-1-725	8-1-726	8-1-727
项目				公称直径（mm 以内）					
				250	300	350	400	450	500
名称			单位	消耗量					
人工	合计工日		工日	11.885	12.879	15.041	17.211	19.791	22.284
	其中	普工	工日	2.377	2.577	3.007	3.441	3.956	4.457
		一般技工	工日	4.754	5.151	6.017	6.885	7.917	8.913
		高级技工	工日	4.754	5.151	6.017	6.885	7.917	8.913
材料	不锈钢管		m	（8.817）	（8.817）	（8.817）	（8.817）	（8.817）	（8.817）
	不锈钢焊条（综合）		kg	12.989	19.068	27.560	31.390	37.725	44.060
	不锈钢焊丝 1Cr18Ni9Ti		kg	0.278	0.378	0.409	0.450	0.528	0.607
	氩气		m^3	0.778	1.055	1.145	1.259	1.476	1.693
	铈钨棒		g	0.816	1.230	1.269	1.468	1.782	2.096
	尼龙砂轮片 $\phi100\times16\times3$		片	1.865	2.787	3.618	4.174	5.058	5.942
	丙酮		kg	0.178	0.217	0.251	0.257	0.286	0.333
	酸洗膏		kg	0.229	0.273	0.299	0.370	0.472	0.573
	水		t	0.026	0.031	0.036	0.038	0.043	0.047
	钢丝 $\phi4.0$		kg	0.163	0.172	0.182	0.190	0.198	0.206
	塑料布		m^2	0.714	0.880	1.063	1.089	1.212	1.336
	碎布		kg	0.860	0.918	0.961	1.064	1.255	1.445
	其他材料费		%	1.00	1.00	1.00	1.00	1.00	1.00
机械	电焊机（综合）		台班	1.601	2.350	3.253	4.075	4.898	5.720
	氩弧焊机 500A		台班	0.431	0.619	0.624	0.804	0.984	1.165
	普通车床 630×2 000（安装用）		台班	0.437	0.519	0.643	0.798	0.952	1.108
	电动葫芦单速 3t		台班	0.437	—	—	—	—	—
	电动空气压缩机 $1m^3/min$		台班	0.053	0.063	0.086	0.097	0.108	0.118
	电动空气压缩机 $6m^3/min$		台班	0.002	0.002	0.002	0.002	0.002	0.003
	等离子切割机 400A		台班	0.053	0.063	0.086	0.097	0.108	0.118
	汽车式起重机 8t		台班	0.086	0.112	0.166	0.236	0.307	0.376
	吊装机械（综合）		台班	0.157	0.157	0.194	0.194	0.238	0.238
	载货汽车 - 普通货车 8t		台班	0.086	0.112	0.166	0.236	0.307	0.376
	电动单梁起重机 5t		台班	—	0.519	0.643	0.798	0.952	1.108
	电焊条烘干箱 60×50×75（cm^3）		台班	0.160	0.235	0.325	0.407	0.490	0.572
	电焊条恒温箱		台班	0.160	0.235	0.325	0.407	0.490	0.572

5. 合金钢管(电弧焊)

工作内容: 准备工作,管子切口,坡口加工,管口组对,焊接,管口封闭,管道安装。 **计量单位:** 10m

编号			8-1-728	8-1-729	8-1-730	8-1-731	8-1-732	8-1-733
项目			公称直径(mm 以内)					
			15	20	25	32	40	50
名称		单位	消耗量					
人工	合计工日	工日	1.738	1.896	2.078	2.647	2.838	3.059
人工	其中 普工	工日	0.348	0.378	0.416	0.529	0.566	0.611
人工	其中 一般技工	工日	0.695	0.759	0.831	1.059	1.136	1.224
人工	其中 高级技工	工日	0.695	0.759	0.831	1.059	1.136	1.224
材料	合金钢管	m	(9.250)	(9.250)	(9.250)	(9.250)	(9.250)	(9.250)
材料	合金钢焊条	kg	0.068	0.106	0.173	0.218	0.294	0.422
材料	尼龙砂轮片 $\phi100\times16\times3$	片	0.030	0.037	0.045	0.057	0.070	0.092
材料	尼龙砂轮片 $\phi500\times25\times4$	片	0.006	0.009	0.013	0.015	0.021	0.029
材料	磨头	个	0.019	0.021	0.026	0.030	0.037	0.044
材料	丙酮	kg	0.011	0.015	0.025	0.028	0.032	0.040
材料	钢丝 $\phi4.0$	kg	0.089	0.090	0.091	0.092	0.093	0.096
材料	塑料布	m^2	0.136	0.143	0.150	0.159	0.179	0.196
材料	碎布	kg	0.109	0.112	0.219	0.243	0.243	0.279
材料	其他材料费	%	1.00	1.00	1.00	1.00	1.00	1.00
机械	电焊机(综合)	台班	0.043	0.056	0.073	0.091	0.109	0.136
机械	砂轮切割机 $\phi500$	台班	0.001	0.003	0.004	0.004	0.005	0.005
机械	普通车床 630×2 000(安装用)	台班	0.029	0.037	0.049	0.056	0.065	0.066
机械	电动葫芦单速 3t	台班	—	—	—	0.056	0.065	0.066
机械	电焊条烘干箱 60×50×75(cm^3)	台班	0.004	0.006	0.007	0.009	0.011	0.014
机械	电焊条恒温箱	台班	0.004	0.006	0.007	0.009	0.011	0.014

计量单位：10m

编号				8-1-734	8-1-735	8-1-736	8-1-737	8-1-738	8-1-739
项目				公称直径（mm 以内）					
				65	80	100	125	150	200
名称			单位	消耗量					
人工	合计工日		工日	3.338	3.579	4.713	5.590	7.111	8.956
	其中	普工	工日	0.668	0.715	0.943	1.118	1.421	1.792
		一般技工	工日	1.335	1.432	1.885	2.236	2.845	3.582
		高级技工	工日	1.335	1.432	1.885	2.236	2.845	3.582
材料	合金钢管		m	(9.250)	(8.958)	(8.958)	(8.958)	(8.958)	(8.817)
	合金钢焊条		kg	0.842	1.244	1.626	2.755	4.180	9.132
	氧气		m^3	—	—	0.119	0.171	0.194	0.302
	乙炔气		kg	—	—	0.046	0.066	0.074	0.116
	尼龙砂轮片 $\phi100\times16\times3$		片	0.138	0.175	0.236	0.328	0.387	0.447
	尼龙砂轮片 $\phi500\times25\times4$		片	0.049	0.068	—	—	—	—
	磨头		个	0.058	0.068	0.087	—	—	—
	丙酮		kg	0.052	0.066	0.077	0.092	0.108	0.150
	钢丝 $\phi4.0$		kg	0.099	0.101	0.105	0.109	0.114	0.123
	塑料布		m^2	0.222	0.243	0.286	0.336	0.393	0.510
	碎布		kg	0.313	0.338	0.394	0.430	0.459	0.609
	其他材料费		%	1.00	1.00	1.00	1.00	1.00	1.00
机械	电焊机（综合）		台班	0.189	0.230	0.321	0.450	0.625	1.158
	砂轮切割机 $\phi500$		台班	0.008	0.009	—	—	—	—
	普通车床 630×2 000（安装用）		台班	0.072	0.074	0.082	0.099	0.119	0.269
	电动葫芦单速 3t		台班	0.072	0.074	0.082	0.099	0.119	0.269
	半自动切割机 100mm		台班	—	—	—	—	0.013	0.021
	汽车式起重机 8t		台班	—	0.013	0.019	0.026	0.035	0.060
	吊装机械（综合）		台班	—	0.065	0.083	0.083	0.111	0.120
	载货汽车－普通货车 8t		台班	—	0.013	0.019	0.026	0.035	0.060
	电焊条烘干箱 60×50×75（cm^3）		台班	0.019	0.023	0.032	0.045	0.062	0.116
	电焊条恒温箱		台班	0.019	0.023	0.032	0.045	0.062	0.116

计量单位：10m

编号			8-1-740	8-1-741	8-1-742	8-1-743	8-1-744	8-1-745	8-1-746
项目			公称直径（mm 以内）						
			250	300	350	400	450	500	600
名称		单位	消耗量						
人工	合计工日	工日	10.381	11.291	13.197	15.117	17.434	19.625	21.811
	其中 普工	工日	2.077	2.259	2.639	3.025	3.486	3.925	4.363
	其中 一般技工	工日	4.152	4.516	5.279	6.046	6.974	7.850	8.724
	其中 高级技工	工日	4.152	4.516	5.279	6.046	6.974	7.850	8.724
材料	合金钢管	m	(8.817)	(8.817)	(8.817)	(8.817)	(8.817)	(8.817)	(8.817)
	合金钢焊条	kg	13.550	15.015	19.331	27.263	31.092	43.516	55.940
	氧气	m^3	0.377	0.453	0.490	0.683	0.781	0.872	0.963
	乙炔气	kg	0.145	0.174	0.188	0.263	0.300	0.335	0.370
	尼龙砂轮片 $\phi100\times16\times3$	片	0.455	0.461	1.618	1.998	2.322	2.933	3.544
	丙酮	kg	0.158	0.170	0.196	0.196	0.196	0.225	0.254
	钢丝 $\phi4.0$	kg	0.132	0.140	0.149	0.158	0.166	0.174	0.183
	塑料布	m^2	0.649	0.800	0.967	1.089	1.342	1.547	1.752
	碎布	kg	0.617	0.639	0.681	0.711	0.803	0.908	1.015
	其他材料费	%	1.00	1.00	1.00	1.00	1.00	1.00	1.00
机械	电焊机（综合）	台班	1.666	1.765	2.237	2.956	3.373	4.681	5.990
	普通车床 630×2 000（安装用）	台班	0.365	0.372	0.418	0.527	0.576	0.715	0.854
	电动葫芦单速 3t	台班	0.279	—	—	—	—	—	—
	半自动切割机 100mm	台班	0.041	0.048	0.052	0.066	0.075	0.090	0.106
	汽车式起重机 8t	台班	0.085	0.114	0.168	0.211	0.294	0.328	0.363
	吊装机械（综合）	台班	0.157	0.157	0.194	0.194	0.241	0.241	0.241
	载货汽车－普通货车 8t	台班	0.085	0.114	0.168	0.211	0.294	0.328	0.363
	电动单梁起重机 5t	台班	0.126	0.372	0.418	0.527	0.576	0.715	0.854
	电焊条烘干箱 60×50×75（cm^3）	台班	0.167	0.176	0.223	0.296	0.338	0.468	0.599
	电焊条恒温箱	台班	0.167	0.176	0.223	0.296	0.338	0.468	0.599

6. 合金钢管（氩电联焊）

工作内容： 准备工作，管子切口，坡口加工，坡口磨平，管口组对，焊接，管口封闭，管道安装。

计量单位： 10m

编号			8-1-747	8-1-748	8-1-749	8-1-750	8-1-751	8-1-752
项目			公称直径（mm 以内）					
			15	20	25	32	40	50
名称		单位	消耗量					
人工	合计工日	工日	1.795	1.974	2.176	2.765	2.969	3.176
人工	其中 普工	工日	0.359	0.394	0.434	0.553	0.593	0.636
人工	其中 一般技工	工日	0.718	0.790	0.871	1.106	1.188	1.270
人工	其中 高级技工	工日	0.718	0.790	0.871	1.106	1.188	1.270
材料	合金钢管	m	（9.250）	（9.250）	（9.250）	（9.250）	（9.250）	（9.250）
材料	合金钢焊条	kg	—	—	—	—	—	0.374
材料	合金钢焊丝	kg	0.014	0.015	0.017	0.019	0.021	0.023
材料	氩气	m^3	0.048	0.050	0.055	0.058	0.061	0.064
材料	铈钨棒	g	0.114	0.116	0.119	0.123	0.126	0.128
材料	尼龙砂轮片 $\phi100\times16\times3$	片	0.029	0.036	0.045	0.055	0.068	0.096
材料	尼龙砂轮片 $\phi500\times25\times4$	片	0.006	0.009	0.013	0.015	0.021	0.029
材料	磨头	个	0.019	0.021	0.026	0.030	0.037	0.044
材料	丙酮	kg	0.011	0.015	0.025	0.025	0.025	0.040
材料	钢丝 $\phi4.0$	kg	0.089	0.090	0.091	0.092	0.093	0.096
材料	塑料布	m^2	0.136	0.143	0.150	0.159	0.179	0.196
材料	碎布	kg	0.109	0.112	0.219	0.243	0.243	0.279
材料	其他材料费	%	1.00	1.00	1.00	1.00	1.00	1.00
机械	电焊机（综合）	台班	—	—	—	—	—	0.123
机械	氩弧焊机 500A	台班	0.038	0.052	0.068	0.071	0.084	0.058
机械	砂轮切割机 $\phi500$	台班	0.001	0.004	0.005	0.005	0.007	0.007
机械	普通车床 630×2 000（安装用）	台班	0.037	0.046	0.061	0.066	0.070	0.071
机械	电动葫芦单速 3t	台班	—	—	—	0.066	0.070	0.071
机械	电焊条烘干箱 60×50×75（cm^3）	台班	—	—	—	—	—	0.012
机械	电焊条恒温箱	台班	—	—	—	—	—	0.012

计量单位：10m

编号				8-1-753	8-1-754	8-1-755	8-1-756	8-1-757	8-1-758
项目				公称直径（mm 以内）					
				65	80	100	125	150	200
名称			单位	消耗量					
人工	合计工日		工日	3.467	3.716	4.900	5.809	7.377	9.311
	其中	普工	工日	0.695	0.742	0.980	1.163	1.475	1.863
		一般技工	工日	1.386	1.487	1.960	2.323	2.951	3.724
		高级技工	工日	1.386	1.487	1.960	2.323	2.951	3.724
材料	合金钢管		m	（9.250）	（8.958）	（8.958）	（8.958）	（8.958）	（8.817）
	合金钢焊条		kg	0.740	1.115	1.602	2.778	3.993	8.922
	合金钢焊丝		kg	0.028	0.032	0.050	0.052	0.064	0.100
	氧气		m^3	—	—	0.131	0.188	0.213	0.332
	乙炔气		kg	—	—	0.050	0.072	0.082	0.128
	氩气		m^3	0.077	0.091	0.139	0.147	0.179	0.278
	铈钨棒		g	0.156	0.182	0.279	0.294	0.359	0.557
	尼龙砂轮片 $\phi100\times16\times3$		片	0.135	0.171	0.254	0.353	0.459	0.460
	尼龙砂轮片 $\phi500\times25\times4$		片	0.049	0.068	—	—	—	—
	磨头		个	0.058	0.068	0.096	—	—	—
	丙酮		kg	0.052	0.066	0.085	0.101	0.119	0.165
	钢丝 $\phi4.0$		kg	0.099	0.101	0.116	0.120	0.126	0.135
	塑料布		m^2	0.222	0.243	0.315	0.369	0.432	0.561
	碎布		kg	0.313	0.338	0.433	0.473	0.504	0.611
	其他材料费		%	1.00	1.00	1.00	1.00	1.00	1.00
机械	电焊机（综合）		台班	0.169	0.209	0.292	0.417	0.552	1.042
	氩弧焊机 500A		台班	0.068	0.083	0.104	0.114	0.148	0.257
	砂轮切割机 $\phi500$		台班	0.008	0.009	—	—	—	—
	普通车床 630×2 000（安装用）		台班	0.072	0.077	0.082	0.099	0.119	0.269
	电动葫芦单速 3t		台班	0.072	0.077	0.082	0.099	0.119	0.269
	半自动切割机 100mm		台班	—	—	—	—	0.013	0.021
	汽车式起重机 8t		台班	—	0.013	0.019	0.026	0.035	0.060
	吊装机械（综合）		台班	—	0.065	0.083	0.083	0.111	0.120
	载货汽车－普通货车 8t		台班	—	0.013	0.019	0.026	0.035	0.060
	电焊条烘干箱 60×50×75（cm^3）		台班	0.017	0.021	0.029	0.041	0.055	0.104
	电焊条恒温箱		台班	0.017	0.021	0.029	0.041	0.055	0.104

计量单位：10m

编号				8-1-759	8-1-760	8-1-761	8-1-762	8-1-763	8-1-764	8-1-765
项目				公称直径（mm 以内）						
				250	300	350	400	450	500	600
名称			单位	消耗量						
人工	合计工日		工日	10.805	11.709	13.676	15.647	17.993	20.261	22.533
	其中	普工	工日	2.161	2.343	2.734	3.129	3.597	4.053	4.507
		一般技工	工日	4.322	4.683	5.471	6.259	7.198	8.104	9.013
		高级技工	工日	4.322	4.683	5.471	6.259	7.198	8.104	9.013
材料	合金钢管		m	(8.817)	(8.817)	(8.817)	(8.817)	(8.817)	(8.817)	(8.817)
	合金钢焊条		kg	13.942	15.525	19.988	28.302	35.214	45.279	55.342
	合金钢焊丝		kg	0.105	0.111	0.146	0.147	0.166	0.184	0.203
	氧气		m^3	0.415	0.498	0.539	0.751	0.859	0.959	1.058
	乙炔气		kg	0.160	0.192	0.207	0.289	0.330	0.369	0.407
	氩气		m^3	0.294	0.310	0.408	0.411	0.463	0.515	0.567
	铈钨棒		g	0.589	0.619	0.815	0.822	0.927	1.031	1.136
	尼龙砂轮片 $\phi100\times16\times3$		片	0.494	0.500	1.741	2.151	2.739	3.157	3.573
	丙酮		kg	0.206	0.208	0.216	0.216	0.216	0.248	0.281
	钢丝 $\phi4.0$		kg	0.145	0.154	0.164	0.173	0.183	0.192	0.201
	塑料布		m^2	0.714	0.880	1.063	1.198	1.476	1.702	1.928
	碎布		kg	0.679	0.702	0.749	0.782	0.883	0.999	1.116
	其他材料费		%	1.00	1.00	1.00	1.00	1.00	1.00	1.00
机械	电焊机（综合）		台班	1.567	1.667	2.112	2.800	3.467	4.443	5.420
	氩弧焊机 500A		台班	0.316	0.399	0.381	0.493	0.668	0.872	1.046
	普通车床 630×2 000（安装用）		台班	0.365	0.372	0.418	0.527	0.576	0.715	0.854
	电动葫芦单速 3t		台班	0.348	—	—	—	—	—	—
	半自动切割机 100mm		台班	0.041	0.048	0.052	0.066	0.075	0.090	0.106
	汽车式起重机 8t		台班	0.085	0.114	0.168	0.211	0.294	0.328	0.363
	吊装机械（综合）		台班	0.157	0.157	0.194	0.194	0.241	0.241	0.241
	载货汽车－普通货车 8t		台班	0.085	0.114	0.168	0.211	0.294	0.328	0.363
	电动单梁起重机 5t		台班	0.126	0.372	0.418	0.527	0.576	0.715	0.854
	电焊条烘干箱 60×50×75（cm^3）		台班	0.157	0.167	0.211	0.280	0.347	0.444	0.542
	电焊条恒温箱		台班	0.157	0.167	0.211	0.280	0.347	0.444	0.542

第二章　管 件 连 接

说　　明

一、本章与第一章“管道安装”配套使用。

二、关于下列各项费用的规定：

1. 在管道上安装的仪表一次部件，执行本章管件连接相应项目，消耗量乘以系数 0.70。

2. 仪表的温度计扩大管制作安装，执行本章管件连接相应项目，消耗量乘以系数 1.50。

3. 焊接盲板执行本章管件连接相应项目，消耗量乘以系数 0.60。

4. 不锈钢管件（氩弧焊及氩电联焊）安装项目中不包括充氩保护的工作内容。

工程量计算规则

一、各种管件连接均按不同压力、材质、连接形式，不分种类，以“10 个”为计量单位。

二、各种管道（在现场加工）在主管上挖眼接管三通、摔制异径管，按不同压力、材质、规格均以主管径执行管件连接相应项目，不另计制作费和主材费。

三、挖眼接管三通支线管径小于主管径 1/2 时，不计算管件工程量；在主管上挖眼焊接管接头、凸台等配件，按配件管径计算管件工程量。

四、项目中已综合考虑了弯头、三通、异径管、管帽、管接头等管口含量的差异，使用时按设计图纸用量不分种类执行同一项目。

五、全加热套管的外套管件安装是按两半管件考虑的，包括二道纵缝和两个环缝。两半封闭短管执行两半管件项目。

六、半加热外套管摔口后焊在内套管上，每个焊口按一个管件计算。外套碳钢管如焊在不锈钢管内套管上时，焊口间需加不锈钢短管衬垫，每处焊口按两个管件计算，衬垫短管按设计长度计算。如设计无规定时，按 50mm 长度计算其价值。

七、钢套钢管道外管及管件的焊接执行加热外套管件（两半）相应项目。

一、低 压 管 件

1. 碳钢管件（螺纹连接）

工作内容：准备工作，管子切口，套丝，管件安装。　　**计量单位：**10 个

编　号				8-2-1	8-2-2	8-2-3	8-2-4	8-2-5	8-2-6
项　目				公称直径（mm 以内）					
				15	20	25	32	40	50
名　称			单位	消　耗　量					
人工	合计工日		工日	1.039	1.301	1.664	1.932	2.371	2.992
	其中	普工	工日	0.260	0.325	0.416	0.483	0.593	0.748
		一般技工	工日	0.675	0.846	1.081	1.256	1.541	1.945
		高级技工	工日	0.104	0.130	0.167	0.193	0.237	0.299
材料	低压碳钢螺纹连接管件		个	(10.100)	(10.100)	(10.100)	(10.100)	(10.100)	(10.100)
	氧气		m^3	0.127	0.168	0.212	0.307	0.354	0.425
	乙炔气		kg	0.049	0.065	0.082	0.118	0.136	0.163
	尼龙砂轮片 $\phi500\times25\times4$		片	0.090	0.118	0.146	0.184	0.215	0.307
	机油		kg	0.153	0.177	0.203	0.238	0.297	0.342
	聚四氟乙烯生料带		m	4.145	5.087	6.406	7.913	9.043	10.739
	碎布		kg	0.021	0.043	0.043	0.064	0.064	0.079
	其他材料费		%	1.00	1.00	1.00	1.00	1.00	1.00
机械	砂轮切割机 $\phi500$		台班	0.008	0.018	0.040	0.061	0.066	0.081
	管子切断套丝机 159mm		台班	0.297	0.297	0.297	0.330	0.330	0.330

2. 碳钢管件（电弧焊）

工作内容： 准备工作，管子切口，坡口加工，坡口磨平，管口组对，焊接。　　**计量单位：** 10个

编号				8-2-7	8-2-8	8-2-9	8-2-10	8-2-11	8-2-12	8-2-13
项目				公称直径（mm以内）						
				15	20	25	32	40	50	65
名称			单位	消耗量						
人工	合计工日		工日	0.711	0.930	1.434	1.717	2.035	2.428	3.069
	其中	普工	工日	0.179	0.233	0.358	0.429	0.508	0.607	0.768
		一般技工	工日	0.461	0.604	0.932	1.116	1.323	1.578	1.994
		高级技工	工日	0.071	0.093	0.144	0.172	0.204	0.243	0.307
材料	碳钢对焊管件		个	（10.000）	（10.000）	（10.000）	（10.000）	（10.000）	（10.000）	（10.000）
	低碳钢焊条 J427 $\phi3.2$		kg	0.346	0.442	0.626	0.780	1.196	1.422	2.600
	氧气		m^3	0.041	0.057	0.069	0.087	0.094	0.109	2.197
	乙炔气		kg	0.016	0.022	0.027	0.034	0.036	0.042	0.845
	尼龙砂轮片 $\phi100\times16\times3$		片	0.430	0.546	0.878	1.002	1.392	1.582	2.086
	尼龙砂轮片 $\phi500\times25\times4$		片	0.082	0.099	0.143	0.180	0.237	0.294	—
	磨头		个	0.200	0.260	0.314	0.388	0.444	0.528	0.704
	碎布		kg	0.042	0.064	0.064	0.085	0.085	0.122	0.150
	其他材料费		%	1.00	1.00	1.00	1.00	1.00	1.00	1.00
机械	电焊机（综合）		台班	0.313	0.401	0.526	0.646	0.748	0.927	1.492
	砂轮切割机 $\phi500$		台班	0.008	0.018	0.040	0.061	0.066	0.081	—
	电焊条烘干箱 $60\times50\times75$（cm^3）		台班	0.032	0.040	0.053	0.065	0.074	0.093	0.149
	电焊条恒温箱		台班	0.032	0.040	0.053	0.065	0.074	0.093	0.149

计量单位：10 个

编　号				8-2-14	8-2-15	8-2-16	8-2-17	8-2-18	8-2-19	8-2-20
项　目				公称直径（mm 以内）						
				80	100	125	150	200	250	300
名　称			单位	消　耗　量						
人工	合计工日		工日	3.492	4.432	4.957	6.911	8.299	11.587	13.157
	其中	普工	工日	0.873	1.108	1.239	1.728	2.075	2.896	3.290
		一般技工	工日	2.270	2.881	3.222	4.492	5.394	7.532	8.551
		高级技工	工日	0.349	0.443	0.496	0.691	0.830	1.159	1.315
材料	碳钢对焊管件		个	(10.000)	(10.000)	(10.000)	(10.000)	(10.000)	(10.000)	(10.000)
	低碳钢焊条 J427 $\phi3.2$		kg	3.600	5.196	6.280	10.000	15.872	26.000	32.402
	氧气		m^3	2.831	3.516	4.380	5.196	7.203	10.043	11.415
	乙炔气		kg	1.089	1.352	1.685	1.998	2.770	3.863	4.390
	尼龙砂轮片 $\phi100\times16\times3$		片	3.212	3.694	5.024	6.174	9.442	13.920	19.270
	磨头		个	0.824	1.056	—	—	—	—	—
	角钢（综合）		kg	—	—	—	—	1.794	1.794	2.360
	碎布		kg	0.192	0.214	0.266	0.330	0.450	0.557	0.642
	其他材料费		%	1.00	1.00	1.00	1.00	1.00	1.00	1.00
机械	电焊机（综合）		台班	1.741	2.530	2.865	3.627	5.067	7.170	8.587
	汽车式起重机 8t		台班	—	0.012	0.012	0.012	0.012	0.021	0.031
	载货汽车 – 普通货车 8t		台班	—	0.012	0.012	0.012	0.012	0.021	0.031
	电焊条烘干箱 $60\times50\times75$（cm^3）		台班	0.174	0.253	0.287	0.363	0.507	0.717	0.859
	电焊条恒温箱		台班	0.174	0.253	0.287	0.363	0.507	0.717	0.859

计量单位：10 个

编号				8-2-21	8-2-22	8-2-23	8-2-24	8-2-25
项目				公称直径（mm 以内）				
				350	400	450	500	600
名称			单位	消耗量				
人工	合计工日		工日	15.554	17.553	20.616	22.949	29.833
	其中	普工	工日	3.888	4.389	5.154	5.737	7.459
		一般技工	工日	10.110	11.409	13.400	14.916	19.391
		高级技工	工日	1.556	1.755	2.062	2.295	2.983
材料	碳钢对焊管件		个	（10.000）	（10.000）	（10.000）	（10.000）	（10.000）
	低碳钢焊条 J427 ϕ3.2		kg	42.000	66.000	80.494	102.000	136.764
	氧气		m^3	13.600	17.500	20.400	23.000	27.739
	乙炔气		kg	5.231	6.731	7.846	8.846	10.669
	尼龙砂轮片 $\phi100\times16\times3$		片	21.810	30.960	36.096	41.400	49.022
	角钢（综合）		kg	2.360	2.360	2.360	2.360	2.360
	碎布		kg	0.749	0.830	0.946	1.078	1.186
	其他材料费		%	1.00	1.00	1.00	1.00	1.00
机械	电焊机（综合）		台班	10.462	11.838	13.926	15.395	20.013
	汽车式起重机 8t		台班	0.046	0.059	0.090	0.146	0.364
	载货汽车－普通货车 8t		台班	0.046	0.059	0.090	0.146	0.364
	电焊条烘干箱 $60\times50\times75$（cm^3）		台班	1.046	1.184	1.393	1.539	2.001
	电焊条恒温箱		台班	1.046	1.184	1.393	1.539	2.001

3. 碳钢管件(氩电联焊)

工作内容: 准备工作,管子切口,坡口加工,坡口磨平,管口组对,焊接。　　　　**计量单位:** 10个

编号				8-2-26	8-2-27	8-2-28	8-2-29	8-2-30	8-2-31	8-2-32
项目				公称直径(mm以内)						
				15	20	25	32	40	50	65
名称			单位	消耗量						
人工	合计工日		工日	0.759	0.993	1.519	1.825	2.162	2.538	3.326
	其中	普工	工日	0.190	0.248	0.379	0.456	0.541	0.634	0.832
		一般技工	工日	0.493	0.646	0.988	1.186	1.405	1.650	2.162
		高级技工	工日	0.076	0.099	0.152	0.183	0.216	0.254	0.332
材料	碳钢对焊管件		个	(10.000)	(10.000)	(10.000)	(10.000)	(10.000)	(10.000)	(10.000)
	低碳钢焊条 J427 ϕ3.2		kg	—	—	—	—	—	0.709	1.800
	碳钢焊丝		kg	0.178	0.226	0.400	0.440	0.612	0.323	0.426
	氧气		m^3	0.041	0.057	0.069	0.087	0.094	0.109	1.560
	乙炔气		kg	0.016	0.022	0.027	0.034	0.036	0.042	0.600
	氩气		m^3	0.496	0.634	1.000	1.120	1.716	0.904	1.200
	铈钨棒		g	0.992	1.268	2.000	2.400	3.432	1.809	2.400
	尼龙砂轮片 $\phi100\times16\times3$		片	0.414	0.526	0.854	0.982	1.352	1.469	2.066
	尼龙砂轮片 $\phi500\times25\times4$		片	0.082	0.099	0.143	0.180	0.237	0.294	0.468
	磨头		个	0.200	0.260	0.314	0.388	0.444	0.528	0.704
	碎布		kg	0.042	0.064	0.064	0.085	0.085	0.122	0.150
	其他材料费		%	1.00	1.00	1.00	1.00	1.00	1.00	1.00
机械	电焊机(综合)		台班	—	—	—	—	—	0.694	0.796
	氩弧焊机 500A		台班	0.283	0.363	0.469	0.583	0.666	0.682	0.730
	砂轮切割机 ϕ500		台班	0.008	0.018	0.040	0.061	0.066	0.081	0.102
	电焊条烘干箱 $60\times50\times75$(cm^3)		台班	—	—	—	—	—	0.070	0.079
	电焊条恒温箱		台班	—	—	—	—	—	0.070	0.079

计量单位:10 个

编号			8-2-33	8-2-34	8-2-35	8-2-36	8-2-37	8-2-38	8-2-39
项目			公称直径(mm 以内)						
			80	100	125	150	200	250	300
名称		单位	消耗量						
人工	合计工日	工日	3.812	4.921	5.368	7.245	8.907	12.579	14.377
	其中 普工	工日	0.953	1.230	1.342	1.811	2.226	3.145	3.594
	其中 一般技工	工日	2.478	3.199	3.489	4.710	5.789	8.177	9.346
	其中 高级技工	工日	0.381	0.492	0.537	0.724	0.891	1.257	1.438
材料	碳钢对焊管件	个	(10.000)	(10.000)	(10.000)	(10.000)	(10.000)	(10.000)	(10.000)
	低碳钢焊条 J427 $\phi3.2$	kg	2.600	3.940	5.000	7.800	13.392	23.900	28.642
	碳钢焊丝	kg	0.500	0.648	0.760	0.916	1.272	1.560	1.900
	氧气	m^3	2.044	2.450	3.000	4.763	6.855	9.100	10.896
	乙炔气	kg	0.786	0.942	1.154	1.832	2.637	3.500	4.191
	氩气	m^3	1.400	1.814	2.100	2.560	3.562	4.400	5.320
	铈钨棒	g	2.800	3.628	4.200	5.120	7.124	8.800	10.640
	尼龙砂轮片 $\phi100\times16\times3$	片	3.162	3.622	4.924	6.074	9.296	13.720	19.044
	尼龙砂轮片 $\phi500\times25\times4$	片	0.650	0.790	1.076	—	—	—	—
	磨头	个	0.824	1.056	—	—	—	—	—
	角钢(综合)	kg	—	—	—	—	1.794	1.794	2.360
	碎布	kg	0.192	0.214	0.266	0.330	0.450	0.557	0.642
	其他材料费	%	1.00	1.00	1.00	1.00	1.00	1.00	1.00
机械	电焊机(综合)	台班	0.923	1.764	1.802	2.555	3.802	5.921	7.098
	氩弧焊机 500A	台班	0.864	1.099	1.308	1.564	2.160	2.673	3.210
	砂轮切割机 $\phi500$	台班	0.121	0.192	0.201	—	—	—	—
	半自动切割机 100mm	台班	—	—	—	0.521	0.728	1.042	1.143
	汽车式起重机 8t	台班	—	0.012	0.012	0.012	0.012	0.021	0.031
	载货汽车－普通货车 8t	台班	—	0.012	0.012	0.012	0.012	0.021	0.031
	电焊条烘干箱 $60\times50\times75$(cm^3)	台班	0.092	0.176	0.181	0.256	0.381	0.592	0.710
	电焊条恒温箱	台班	0.092	0.176	0.181	0.256	0.381	0.592	0.710

计量单位：10 个

编 号				8-2-40	8-2-41	8-2-42	8-2-43	8-2-44
项 目				公称直径（mm 以内）				
				350	400	450	500	600
名 称			单位	消 耗 量				
人工	合计工日		工日	17.144	19.374	22.876	25.425	33.052
	其中	普工	工日	4.285	4.843	5.719	6.357	8.263
		一般技工	工日	11.143	12.593	14.870	16.526	21.484
		高级技工	工日	1.715	1.937	2.288	2.543	3.305
材料	碳钢对焊管件		个	（10.000）	（10.000）	（10.000）	（10.000）	（10.000）
	低碳钢焊条 J427 $\phi3.2$		kg	36.000	60.000	74.660	94.000	128.826
	碳钢焊丝		kg	2.200	2.488	2.808	3.100	3.708
	氧气		m^3	12.500	16.746	18.574	22.200	26.399
	乙炔气		kg	4.808	6.441	7.144	8.538	10.153
	氩气		m^3	6.200	6.960	7.862	8.700	10.382
	铈钨棒		g	12.200	13.900	15.724	17.400	20.764
	尼龙砂轮片 $\phi100\times16\times3$		片	21.570	30.600	35.750	41.060	48.558
	角钢（综合）		kg	2.360	2.360	2.360	2.360	2.360
	碎布		kg	0.749	0.830	0.946	1.078	1.186
	其他材料费		%	1.00	1.00	1.00	1.00	1.00
机械	电焊机（综合）		台班	8.986	10.170	12.289	13.588	18.072
	氩弧焊机 500A		台班	3.704	4.203	4.724	5.237	6.964
	半自动切割机 100mm		台班	1.442	1.572	1.806	2.057	2.735
	汽车式起重机 8t		台班	0.046	0.059	0.090	0.146	0.365
	载货汽车－普通货车 8t		台班	0.046	0.059	0.090	0.146	0.365
	电焊条烘干箱 $60\times50\times75$（cm^3）		台班	0.899	1.017	1.229	1.359	1.807
	电焊条恒温箱		台班	0.899	1.017	1.229	1.359	1.807

4. 碳钢板卷管件(电弧焊)

工作内容: 准备工作,管子切口,坡口加工,坡口磨平,管口组对,焊接。 **计量单位:** 10个

编号				8-2-45	8-2-46	8-2-47	8-2-48	8-2-49	8-2-50
项目				公称直径(mm以内)					
				200	250	300	350	400	450
名称			单位	消耗量					
人工	合计工日		工日	5.479	6.795	8.427	10.744	12.129	13.859
	其中	普工	工日	1.371	1.699	2.107	2.686	3.033	3.465
		一般技工	工日	3.561	4.417	5.478	6.984	7.883	9.008
		高级技工	工日	0.547	0.679	0.842	1.074	1.213	1.386
材料	碳钢板卷管件		个	(10.000)	(10.000)	(10.000)	(10.000)	(10.000)	(10.000)
	低碳钢焊条 J427 ϕ3.2		kg	10.092	12.610	15.034	27.506	31.110	34.940
	氧气		m^3	5.560	7.054	8.800	10.262	11.042	11.767
	乙炔气		kg	2.138	2.713	3.385	3.947	4.247	4.526
	尼龙砂轮片 $\phi100\times16\times3$		片	10.304	14.916	15.482	18.624	24.563	28.702
	角钢(综合)		kg	2.001	2.001	2.001	2.001	2.001	2.001
	碎布		kg	0.382	0.472	0.544	0.635	0.704	0.802
	其他材料费		%	1.00	1.00	1.00	1.00	1.00	1.00
机械	电焊机(综合)		台班	2.281	2.848	3.395	4.660	5.270	5.918
	汽车式起重机 8t		台班	0.005	0.008	0.012	0.016	0.027	0.034
	载货汽车-普通货车 8t		台班	0.005	0.008	0.012	0.016	0.027	0.034
	电焊条烘干箱 $60\times50\times75(cm^3)$		台班	0.228	0.285	0.340	0.466	0.527	0.592
	电焊条恒温箱		台班	0.228	0.285	0.340	0.466	0.527	0.592

计量单位：10个

编号				8-2-51	8-2-52	8-2-53	8-2-54	8-2-55	8-2-56
项目				公称直径（mm以内）					
				500	600	700	800	900	1 000
名称			单位	消耗量					
人工	合计工日		工日	15.349	16.249	18.574	21.353	23.935	26.904
	其中	普工	工日	3.837	4.063	4.644	5.338	5.983	6.726
		一般技工	工日	9.977	10.562	12.073	13.880	15.558	17.488
		高级技工	工日	1.535	1.624	1.857	2.135	2.394	2.690
材料	碳钢板卷管件		个	(10.000)	(10.000)	(10.000)	(10.000)	(10.000)	(10.000)
	低碳钢焊条 J427 ϕ3.2		kg	38.698	68.436	78.330	99.970	112.282	139.054
	氧气		m^3	12.448	14.656	18.568	21.800	24.300	29.499
	乙炔气		kg	4.788	5.637	7.142	8.385	9.346	11.346
	尼龙砂轮片 $\phi100\times16\times3$		片	32.885	41.567	49.498	57.436	64.158	78.670
	角钢（综合）		kg	2.001	2.001	2.201	2.201	2.201	2.201
	碎布		kg	0.914	1.006	1.127	1.261	1.413	1.582
	其他材料费		%	1.00	1.00	1.00	1.00	1.00	1.00
机械	电焊机（综合）		台班	6.557	11.595	13.272	15.167	17.036	19.103
	汽车式起重机 8t		台班	0.042	0.061	0.080	0.105	0.165	0.204
	载货汽车－普通货车 8t		台班	0.042	0.061	0.080	0.105	0.165	0.204
	电焊条烘干箱 $60\times50\times75$（cm^3）		台班	0.656	1.160	1.327	1.516	1.704	1.910
	电焊条恒温箱		台班	0.656	1.160	1.327	1.516	1.704	1.910

计量单位:10 个

编号				8-2-57	8-2-58	8-2-59	8-2-60	8-2-61	8-2-62
项目				公称直径(mm 以内)					
				1 200	1 400	1 600	1 800	2 000	2 200
名称			单位	消耗量					
人工	合计工日		工日	32.892	39.065	44.646	50.320	56.075	61.781
	其中	普工	工日	8.222	9.766	11.162	12.580	14.018	15.444
		一般技工	工日	21.380	25.392	29.020	32.708	36.450	40.158
		高级技工	工日	3.290	3.907	4.464	5.032	5.607	6.179
材料	碳钢板卷管件		个	(10.000)	(10.000)	(10.000)	(10.000)	(10.000)	(10.000)
	低碳钢焊条 J427 ϕ3.2		kg	166.554	239.372	273.324	307.282	341.236	375.188
	氧气		m^3	36.029	47.513	54.583	60.930	67.637	73.143
	乙炔气		kg	13.857	18.274	20.993	23.435	26.014	28.132
	尼龙砂轮片 $\phi100\times16\times3$		片	123.084	159.380	177.486	205.796	228.494	251.184
	角钢(综合)		kg	2.942	2.942	3.562	3.562	3.562	4.343
	碎布		kg	1.772	1.985	2.223	2.490	2.789	3.124
	其他材料费		%	1.00	1.00	1.00	1.00	1.00	1.00
机械	电焊机(综合)		台班	22.878	27.036	30.873	34.707	38.542	42.378
	汽车式起重机 8t		台班	0.293	0.477	0.648	0.788	0.972	1.177
	载货汽车 - 普通货车 8t		台班	0.293	0.477	0.648	0.788	0.972	1.177
	电焊条烘干箱 $60\times50\times75(cm^3)$		台班	2.288	2.704	3.087	3.471	3.854	4.238
	电焊条恒温箱		台班	2.288	2.704	3.087	3.471	3.854	4.238

计量单位：10个

编　　号			8-2-63	8-2-64	8-2-65	8-2-66
项　　目			公称直径（mm以内）			
			2 400	2 600	2 800	3 000
名　　称		单位	消　耗　量			
人工	合计工日	工日	67.479	80.431	87.606	93.872
	其中 普工	工日	16.871	20.107	21.902	23.469
	其中 一般技工	工日	43.861	52.280	56.944	61.016
	其中 高级技工	工日	6.747	8.044	8.760	9.387
材料	碳钢板卷管件	个	（10.000）	（10.000）	（10.000）	（10.000）
	低碳钢焊条 J427 ϕ3.2	kg	409.140	539.274	580.616	621.958
	氧气	m^3	79.742	97.921	105.911	118.686
	乙炔气	kg	30.670	37.662	40.735	45.648
	尼龙砂轮片 $\phi100\times16\times3$	片	273.878	327.008	348.710	392.576
	角钢（综合）	kg	4.343	4.343	4.343	4.343
	碎布	kg	3.499	3.919	4.389	4.916
	其他材料费	%	1.00	1.00	1.00	1.00
机械	电焊机（综合）	台班	46.213	57.706	61.634	66.554
	汽车式起重机 8t	台班	1.399	1.642	1.904	2.185
	载货汽车－普通货车 8t	台班	1.399	1.642	1.904	2.185
	电焊条烘干箱 $60\times50\times75$（cm^3）	台班	4.621	5.771	6.164	6.655
	电焊条恒温箱	台班	4.621	5.771	6.164	6.655

5. 碳钢板卷管件(氩电联焊)

工作内容: 准备工作,管子切口,坡口加工,坡口磨平,管口组对,焊接。 **计量单位:** 10 个

编号				8-2-67	8-2-68	8-2-69	8-2-70	8-2-71	8-2-72
项目				公称直径(mm 以内)					
				200	250	300	350	400	450
名称			单位	消耗量					
人工	合计工日		工日	7.752	9.691	11.704	14.192	15.674	17.554
	其中	普工	工日	1.938	2.423	2.926	3.549	3.919	4.389
		一般技工	工日	5.039	6.299	7.608	9.224	10.188	11.410
		高级技工	工日	0.775	0.969	1.170	1.419	1.567	1.755
材料	碳钢板卷管件		个	(10.000)	(10.000)	(10.000)	(10.000)	(10.000)	(10.000)
	低碳钢焊条 J427 $\phi3.2$		kg	7.650	9.491	11.306	23.210	26.252	29.608
	碳钢焊丝		kg	1.296	1.296	1.926	2.244	2.548	2.882
	氧气		m^3	5.560	7.054	8.800	10.262	11.042	11.767
	乙炔气		kg	2.138	2.713	3.385	3.947	4.247	4.526
	氩气		m^3	3.628	3.628	3.628	6.284	7.134	8.070
	尼龙砂轮片 $\phi100\times16\times3$		片	8.576	12.106	14.186	16.468	22.035	24.934
	角钢(综合)		kg	2.061	2.061	2.061	2.061	2.061	2.061
	铈钨棒		g	7.256	7.256	7.256	12.568	14.268	16.140
	碎布		kg	0.382	0.472	0.544	0.635	0.704	0.802
	其他材料费		%	1.00	1.00	1.00	1.00	1.00	1.00
机械	汽车式起重机 8t		台班	0.005	0.008	0.012	0.016	0.027	0.034
	载货汽车-普通货车 8t		台班	0.005	0.008	0.012	0.016	0.027	0.034
	氩弧焊机 500A		台班	1.937	1.937	1.937	3.355	3.810	4.308
	电焊机(综合)		台班	2.087	2.350	3.102	4.230	4.794	5.593
	电焊条烘干箱 $60\times50\times75(cm^3)$		台班	0.209	0.235	0.310	0.423	0.479	0.559
	电焊条恒温箱		台班	0.209	0.235	0.310	0.423	0.479	0.559

计量单位：10个

编　　号			8-2-73	8-2-74	8-2-75	8-2-76	8-2-77	8-2-78
项　　目			公称直径（mm以内）					
			500	600	700	800	900	1 000
名　　称		单位	消　耗　量					
人工	合计工日	工日	19.768	23.543	26.907	28.720	32.228	36.449
	其中 普工	工日	4.942	5.886	6.727	7.180	8.057	9.112
	其中 一般技工	工日	12.849	15.303	17.489	18.668	20.948	23.692
	其中 高级技工	工日	1.977	2.354	2.691	2.872	3.223	3.645
材料	碳钢板卷管件	个	(10.000)	(10.000)	(10.000)	(10.000)	(10.000)	(10.000)
	低碳钢焊条 J427 ϕ3.2	kg	30.122	35.875	41.005	59.093	66.302	90.767
	碳钢焊丝	kg	2.920	3.478	3.975	5.729	6.428	8.800
	氧气	m^3	12.448	14.825	16.945	21.707	24.355	29.983
	乙炔气	kg	4.788	5.702	6.517	8.349	9.367	11.532
	氩气	m^3	8.400	10.004	11.435	16.479	18.489	25.311
	尼龙砂轮片 $\phi100\times16\times3$	片	28.201	30.203	31.066	31.427	33.505	35.575
	角钢（综合）	kg	2.061	2.455	2.806	3.196	3.586	3.977
	铈钨棒	g	16.400	19.532	22.325	32.173	36.098	49.418
	碎布	kg	0.914	1.088	1.244	1.417	1.590	1.763
	其他材料费	%	1.00	1.00	1.00	1.00	1.00	1.00
机械	汽车式起重机 8t	台班	0.042	0.061	0.080	0.105	0.165	0.204
	载货汽车－普通货车 8t	台班	0.042	0.061	0.080	0.105	0.165	0.204
	氩弧焊机 500A	台班	4.879	4.946	5.653	8.147	9.141	12.514
	电焊机（综合）	台班	6.016	6.098	6.970	10.044	11.270	15.428
	电焊条烘干箱 $60\times50\times75(cm^3)$	台班	0.602	0.610	0.697	1.004	1.127	1.543
	电焊条恒温箱	台班	0.602	0.610	0.697	1.004	1.127	1.543

计量单位：10 个

编号				8-2-79	8-2-80	8-2-81	8-2-82	8-2-83
项目				公称直径（mm 以内）				
				1 200	1 400	1 600	1 800	2 000
名称			单位	消耗量				
人工	合计工日		工日	43.593	60.812	69.386	77.920	86.492
	其中	普工	工日	10.898	15.203	17.346	19.480	21.623
		一般技工	工日	28.336	39.528	45.101	50.648	56.220
		高级技工	工日	4.359	6.081	6.939	7.792	8.649
材料	碳钢板卷管件		个	（10.000）	（10.000）	（10.000）	（10.000）	（10.000）
	低碳钢焊条 J427 ϕ3.2		kg	108.557	181.724	207.347	232.851	258.465
	碳钢焊丝		kg	10.525	17.619	20.103	22.576	25.059
	氧气		m^3	35.858	50.023	57.075	64.095	71.145
	乙炔气		kg	13.792	19.240	21.952	24.652	27.363
	氩气		m^3	30.272	50.675	57.820	64.932	72.075
	尼龙砂轮片 $\phi100\times16\times3$		片	39.731	56.142	64.135	72.114	105.177
	角钢（综合）		kg	4.756	5.531	6.311	7.087	7.867
	铈钨棒		g	59.104	98.940	112.891	126.777	140.722
	碎布		kg	2.109	2.453	2.799	3.143	3.489
	其他材料费		%	1.00	1.00	1.00	1.00	1.00
机械	汽车式起重机 8t		台班	0.293	0.477	0.648	0.788	0.972
	载货汽车－普通货车 8t		台班	0.293	0.477	0.648	0.788	0.972
	氩弧焊机 500A		台班	14.966	25.054	28.586	32.102	35.634
	电焊机（综合）		台班	18.452	30.889	35.244	39.579	43.933
	电焊条烘干箱 $60\times50\times75(cm^3)$		台班	1.845	3.089	3.524	3.958	4.393
	电焊条恒温箱		台班	1.845	3.089	3.524	3.958	4.393

计量单位：10 个

编　　号			8-2-84	8-2-85	8-2-86	8-2-87	8-2-88
项　　目			公称直径（mm 以内）				
			2 200	2 400	2 600	2 800	3 000
名　　称		单位	消　耗　量				
人工	合计工日	工日	95.049	103.603	109.286	112.637	120.634
	其中 普工	工日	23.762	25.901	27.321	28.159	30.159
	其中 一般技工	工日	61.782	67.342	71.036	73.214	78.412
	其中 高级技工	工日	9.505	10.360	10.929	11.264	12.063
材料	碳钢板卷管件	个	10.000	10.000	10.000	10.000	10.000
	低碳钢焊条 J427 ϕ3.2	kg	284.053	309.618	456.377	491.062	525.927
	碳钢焊丝	kg	27.540	30.019	44.248	47.611	50.991
	氧气	m^3	78.188	85.225	107.640	115.820	124.042
	乙炔气	kg	30.072	32.779	41.400	44.546	47.708
	氩气	m^3	79.210	86.339	127.264	136.936	146.658
	尼龙砂轮片 $\phi100\times16\times3$	片	115.655	126.122	160.723	173.064	185.391
	角钢（综合）	kg	8.646	9.424	10.206	10.982	11.762
	铈钨棒	g	154.653	168.572	248.475	267.359	286.341
	碎布	kg	3.835	4.181	4.528	4.872	5.218
	其他材料费	%	1.00	1.00	1.00	1.00	1.00
机械	汽车式起重机 8t	台班	1.176	1.401	1.642	1.904	2.185
	载货汽车－普通货车 8t	台班	1.176	1.401	1.642	1.904	2.185
	氩弧焊机 500A	台班	39.162	42.686	62.920	67.702	72.509
	电焊机（综合）	台班	48.282	52.628	77.574	83.469	89.395
	电焊条烘干箱 $60\times50\times75$（cm^3）	台班	4.828	5.263	7.757	8.347	8.940
	电焊条恒温箱	台班	4.828	5.263	7.757	8.347	8.940

6. 碳钢板卷管件(埋弧自动焊)

工作内容:准备工作,管子切口,坡口加工,坡口磨平,管口组对,焊接。　　　　**计量单位:**10个

编号				8-2-89	8-2-90	8-2-91	8-2-92	8-2-93
项目				公称直径(mm以内)				
				600	700	800	900	1 000
名称			单位	消耗量				
人工	合计工日		工日	12.380	14.177	16.329	18.275	20.590
	其中	普工	工日	3.096	3.545	4.083	4.569	5.147
		一般技工	工日	8.046	9.215	10.613	11.878	13.384
		高级技工	工日	1.238	1.417	1.633	1.828	2.059
材料	碳钢板卷管件		个	(10.000)	(10.000)	(10.000)	(10.000)	(10.000)
	碳钢埋弧焊丝		kg	28.994	33.191	38.571	43.329	53.411
	埋弧焊剂		kg	40.790	46.700	53.263	59.830	74.391
	氧气		m^3	21.581	23.573	28.683	31.770	37.462
	乙炔气		kg	7.195	7.858	9.561	10.592	12.648
	尼龙砂轮片 $\phi100\times16\times3$		片	15.114	17.301	21.722	24.400	30.171
	角钢(综合)		kg	2.201	2.201	2.201	2.201	2.201
	碎布		kg	1.006	1.127	1.262	1.413	1.583
	其他材料费		%	1.00	1.00	1.00	1.00	1.00
机械	自动埋弧焊机 1 200A		台班	1.638	1.892	2.157	2.417	2.714
	汽车式起重机 8t		台班	0.062	0.082	0.107	0.169	0.209
	载货汽车－普通货车 8t		台班	0.062	0.082	0.107	0.169	0.209

计量单位：10 个

编　号				8-2-94	8-2-95	8-2-96	8-2-97	8-2-98
项　目				公称直径（mm 以内）				
				1 200	1 400	1 600	1 800	2 000
名　称			单位	消　耗　量				
人工	合计工日		工日	25.606	31.454	35.953	40.580	45.284
	其中	普工	工日	6.401	7.864	8.987	10.146	11.321
		一般技工	工日	16.645	20.445	23.370	26.376	29.434
		高级技工	工日	2.560	3.145	3.596	4.058	4.529
材料	碳钢板卷管件		个	（10.000）	（10.000）	（10.000）	（10.000）	（10.000）
	碳钢埋弧焊丝		kg	63.971	91.677	104.677	117.675	130.675
	埋弧焊剂		kg	89.108	129.547	147.924	166.295	184.672
	氧气		m^3	45.294	58.039	68.382	76.046	83.705
	乙炔气		kg	15.099	19.346	22.794	25.349	27.902
	尼龙砂轮片 $\phi100\times16\times3$		片	36.147	50.522	57.703	64.881	72.062
	角钢（综合）		kg	2.942	2.942	3.562	3.562	3.562
	碎布		kg	1.772	1.985	2.249	2.491	2.789
	其他材料费		%	1.00	1.00	1.00	1.00	1.00
机械	自动埋弧焊机 1 200A		台班	3.348	4.245	4.844	5.457	6.058
	汽车式起重机 8t		台班	0.300	0.488	0.663	0.806	0.995
	载货汽车－普通货车 8t		台班	0.300	0.488	0.663	0.806	0.995

计量单位：10个

编号			8-2-99	8-2-100	8-2-101	8-2-102	8-2-103
项目			公称直径（mm以内）				
			2 200	2 400	2 600	2 800	3 000
名称		单位	消耗量				
人工	合计工日	工日	49.932	54.569	62.179	68.292	73.145
	其中 普工	工日	12.482	13.643	15.545	17.073	18.287
	其中 一般技工	工日	32.456	35.470	40.416	44.390	47.544
	其中 高级技工	工日	4.994	5.456	6.218	6.829	7.314
材料	碳钢板卷管件	个	（10.000）	（10.000）	（10.000）	（10.000）	（10.000）
	碳钢埋弧焊丝	kg	143.674	156.672	190.942	205.579	220.213
	埋弧焊剂	kg	203.049	221.426	271.713	292.539	313.366
	氧气	m^3	91.365	99.389	119.747	128.413	137.272
	乙炔气	kg	30.455	33.128	39.916	42.804	45.755
	尼龙砂轮片 $\phi100\times16\times3$	片	79.241	86.419	109.346	117.739	126.137
	角钢（综合）	kg	4.343	4.343	4.343	4.343	4.343
	碎布	kg	3.124	3.499	3.919	4.388	4.916
	其他材料费	%	1.00	1.00	1.00	1.00	1.00
机械	自动埋弧焊机 1 200A	台班	6.665	7.267	8.413	9.162	9.790
	汽车式起重机 8t	台班	1.204	1.432	1.680	1.948	2.236
	载货汽车－普通货车 8t	台班	1.204	1.432	1.680	1.948	2.236

7. 不锈钢管件（电弧焊）

工作内容：准备工作，管子切口，坡口加工，坡口磨平，管口组对，焊接，焊缝钝化。　　**计量单位：**10 个

编号				8-2-104	8-2-105	8-2-106	8-2-107	8-2-108	8-2-109
项目				公称直径（mm 以内）					
				15	20	25	32	40	50
名称			单位	消耗量					
人工	合计工日		工日	0.899	1.177	1.815	2.173	2.576	3.072
	其中	普工	工日	0.227	0.295	0.453	0.543	0.643	0.768
		一般技工	工日	0.583	0.764	1.180	1.412	1.675	1.997
		高级技工	工日	0.089	0.118	0.183	0.218	0.258	0.307
材料	不锈钢对焊管件		个	(10.000)	(10.000)	(10.000)	(10.000)	(10.000)	(10.000)
	不锈钢焊条（综合）		kg	0.356	0.400	0.558	0.688	0.788	1.096
	尼龙砂轮片 $\phi100\times16\times3$		片	0.724	0.892	1.128	1.398	1.634	2.306
	尼龙砂轮片 $\phi500\times25\times4$		片	0.115	0.133	0.208	0.257	0.296	0.302
	丙酮		kg	0.150	0.171	0.235	0.278	0.321	0.385
	酸洗膏		kg	0.086	0.105	0.140	0.173	0.215	0.269
	水		t	0.021	0.021	0.043	0.043	0.043	0.064
	碎布		kg	0.043	0.064	0.064	0.086	0.086	0.122
	其他材料费		%	1.00	1.00	1.00	1.00	1.00	1.00
机械	电焊机（综合）		台班	0.171	0.216	0.296	0.368	0.784	0.934
	砂轮切割机 $\phi500$		台班	0.011	0.028	0.061	0.068	0.074	0.079
	电动空气压缩机 $6m^3/min$		台班	0.022	0.022	0.022	0.022	0.022	0.022
	电焊条烘干箱 $60\times50\times75(cm^3)$		台班	0.017	0.022	0.030	0.036	0.079	0.093
	电焊条恒温箱		台班	0.017	0.022	0.030	0.036	0.079	0.093

计量单位：10 个

编号				8-2-110	8-2-111	8-2-112	8-2-113	8-2-114	8-2-115
项目				公称直径（mm 以内）					
				65	80	100	125	150	200
名称			单位	消耗量					
人工	合计工日		工日	3.883	4.420	5.609	6.273	8.745	10.504
	其中	普工	工日	0.971	1.105	1.403	1.568	2.187	2.626
		一般技工	工日	2.524	2.873	3.646	4.078	5.684	6.826
		高级技工	工日	0.388	0.442	0.561	0.627	0.875	1.052
材料	不锈钢对焊管件		个	(10.000)	(10.000)	(10.000)	(10.000)	(10.000)	(10.000)
	不锈钢焊条（综合）		kg	1.414	2.212	2.754	5.036	6.034	10.600
	尼龙砂轮片 $\phi100\times16\times3$		片	3.064	3.748	4.748	6.554	8.084	13.872
	尼龙砂轮片 $\phi500\times25\times4$		片	0.433	0.531	0.781	—	—	—
	丙酮		kg	0.514	0.599	0.770	0.895	1.070	1.477
	酸洗膏		kg	0.367	0.430	0.551	0.847	1.137	1.482
	水		t	0.086	0.107	0.128	0.150	0.193	0.257
	碎布		kg	0.150	0.193	0.214	0.265	0.330	0.449
	其他材料费		%	1.00	1.00	1.00	1.00	1.00	1.00
机械	电焊机（综合）		台班	1.337	1.569	2.063	2.655	3.601	5.061
	砂轮切割机 $\phi500$		台班	0.152	0.161	0.277	—	—	—
	等离子切割机 400A		台班	—	0.407	0.527	0.871	1.050	1.459
	汽车式起重机 8t		台班	—	—	0.011	0.011	0.011	0.011
	载货汽车－普通货车 8t		台班	—	—	0.011	0.011	0.011	0.011
	电动空气压缩机 $1m^3/min$		台班	—	0.407	0.527	0.871	1.050	1.459
	电动空气压缩机 $6m^3/min$		台班	0.022	0.022	0.022	0.022	0.022	0.022
	电焊条烘干箱 $60\times50\times75(cm^3)$		台班	0.134	0.157	0.206	0.266	0.360	0.506
	电焊条恒温箱		台班	0.134	0.157	0.206	0.266	0.360	0.506

计量单位：10 个

编　号			8-2-116	8-2-117	8-2-118	8-2-119	8-2-120	8-2-121
项　目			公称直径（mm 以内）					
			250	300	350	400	450	500
名　称		单位	消　耗　量					
人工	合计工日	工日	14.663	16.650	19.683	22.213	26.089	29.042
	其中 普工	工日	3.665	4.164	4.920	5.554	6.522	7.260
	其中 一般技工	工日	9.532	10.822	12.794	14.439	16.958	18.876
	其中 高级技工	工日	1.466	1.664	1.969	2.220	2.609	2.905
材料	不锈钢对焊管件	个	(10.000)	(10.000)	(10.000)	(10.000)	(10.000)	(10.000)
	不锈钢焊条（综合）	kg	17.120	24.348	28.284	31.996	49.448	71.888
	尼龙砂轮片 $\phi100\times16\times3$	片	19.708	26.212	31.154	35.224	47.748	61.852
	丙酮	kg	1.840	2.183	2.525	2.846	3.244	3.699
	酸洗膏	kg	2.236	2.662	2.917	3.616	4.122	4.699
	水	t	0.300	0.364	0.428	0.492	0.561	0.639
	碎布	kg	0.556	0.642	0.749	0.830	0.946	1.078
	其他材料费	%	1.00	1.00	1.00	1.00	1.00	1.00
机械	电焊机（综合）	台班	7.224	9.297	10.731	12.487	14.734	17.387
	等离子切割机 400A	台班	1.897	2.316	2.632	3.037	3.584	4.229
	汽车式起重机 8t	台班	0.019	0.028	0.042	0.053	0.064	0.076
	载货汽车－普通货车 8t	台班	0.019	0.028	0.042	0.053	0.064	0.076
	电动空气压缩机 $1m^3/min$	台班	1.897	2.316	2.686	3.037	3.584	4.229
	电动空气压缩机 $6m^3/min$	台班	0.022	0.022	0.022	0.022	0.022	0.022
	电焊条烘干箱 $60\times50\times75(cm^3)$	台班	0.722	0.929	1.073	1.248	1.474	1.739
	电焊条恒温箱	台班	0.722	0.929	1.073	1.248	1.474	1.739

8. 不锈钢管件(氩电联焊)

工作内容: 准备工作,管子切口,坡口加工,坡口磨平,管口组对,焊接,焊缝钝化。 **计量单位:** 10个

编号				8-2-122	8-2-123	8-2-124	8-2-125	8-2-126	8-2-127	8-2-128
项目				公称直径(mm以内)						
				50	65	80	100	125	150	200
名称			单位	消耗量						
人工	合计工日		工日	3.212	4.209	4.825	6.228	6.793	9.169	11.272
	其中	普工	工日	0.802	1.054	1.207	1.557	1.698	2.292	2.817
		一般技工	工日	2.089	2.735	3.136	4.049	4.415	5.961	7.327
		高级技工	工日	0.321	0.420	0.483	0.622	0.680	0.916	1.128
材料	不锈钢对焊管件		个	(10.000)	(10.000)	(10.000)	(10.000)	(10.000)	(10.000)	(10.000)
	不锈钢焊条(综合)		kg	0.631	0.972	1.265	1.622	1.892	4.266	7.537
	不锈钢焊丝 1Cr18Ni9Ti		kg	0.387	0.507	0.616	0.830	0.991	1.207	1.691
	氩气		m^3	1.083	1.421	1.727	2.326	2.773	3.379	4.734
	铈钨棒		g	2.012	2.602	3.069	3.980	4.674	5.585	7.657
	尼龙砂轮片 $\phi100\times16\times3$		片	1.973	2.826	3.428	4.364	5.884	7.308	12.404
	尼龙砂轮片 $\phi500\times25\times4$		片	0.302	0.433	0.531	0.781	—	—	—
	丙酮		kg	0.385	0.514	0.599	0.770	0.895	1.070	1.477
	酸洗膏		kg	0.269	0.367	0.430	0.551	0.847	1.137	1.482
	水		t	0.064	0.086	0.107	0.128	0.150	0.193	0.257
	碎布		kg	0.122	0.150	0.193	0.214	0.265	0.330	0.449
	其他材料费		%	1.00	1.00	1.00	1.00	1.00	1.00	1.00
机械	电焊机(综合)		台班	0.598	0.689	0.930	1.193	1.637	2.318	4.136
	氩弧焊机 500A		台班	0.722	0.866	1.129	1.481	1.750	2.038	2.457
	砂轮切割机 $\phi500$		台班	0.079	0.152	0.161	0.277	—	—	—
	普通车床 630×2 000(安装用)		台班	0.171	0.203	0.214	0.282	0.306	0.431	0.453
	电动空气压缩机 $1m^3/min$		台班	—	—	—	—	0.256	0.308	0.436
	电动空气压缩机 $6m^3/min$		台班	0.022	0.022	0.022	0.022	0.022	0.022	0.022
	电焊条烘干箱 $60\times50\times75(cm^3)$		台班	0.060	0.069	0.093	0.119	0.164	0.232	0.414
	电焊条恒温箱		台班	0.060	0.069	0.093	0.119	0.164	0.232	0.414
	等离子切割机 400A		台班	—	—	—	—	0.256	0.308	0.436
	汽车式起重机 8t		台班	—	—	—	0.011	0.011	0.011	0.011
	载货汽车-普通货车 8t		台班	—	—	—	0.011	0.011	0.011	0.011
	电动葫芦单速 3t		台班	—	0.203	0.214	0.282	0.306	0.431	0.453

计量单位：10 个

编　号				8-2-129	8-2-130	8-2-131	8-2-132	8-2-133	8-2-134
项　目				公称直径（mm 以内）					
				250	300	350	400	450	500
名　称			单位	消　耗　量					
人工	合计工日		工日	15.920	18.194	21.695	24.518	28.949	32.175
	其中	普工	工日	3.981	4.548	5.423	6.129	7.237	8.044
		一般技工	工日	10.348	11.827	14.102	15.937	18.818	20.913
		高级技工	工日	1.592	1.819	2.170	2.452	2.895	3.217
材料	不锈钢对焊管件		个	(10.000)	(10.000)	(10.000)	(10.000)	(10.000)	(10.000)
	不锈钢焊条（综合）		kg	15.269	22.476	26.112	29.536	34.852	41.126
	不锈钢焊丝 1Cr18Ni9Ti		kg	2.157	2.671	3.257	3.867	4.563	5.384
	氩气		m^3	6.039	7.477	9.119	10.826	12.775	15.074
	铈钨棒		g	9.562	11.385	13.289	15.074	17.787	20.989
	尼龙砂轮片 $\phi100\times16\times3$		片	18.024	24.280	28.940	32.864	44.730	58.568
	丙酮		kg	1.840	2.183	2.525	2.846	3.244	3.699
	酸洗膏		kg	2.236	2.662	2.917	3.616	4.122	4.699
	水		t	0.300	0.364	0.428	0.492	0.561	0.639
	碎布		kg	0.556	0.642	0.749	0.830	0.946	1.195
	其他材料费		%	1.00	1.00	1.00	1.00	1.00	1.00
机械	电焊机（综合）		台班	5.962	7.903	9.369	11.278	13.307	15.703
	氩弧焊机 500A		台班	3.560	4.138	4.576	5.394	6.364	7.510
	等离子切割机 400A		台班	0.558	0.681	0.790	0.893	1.053	1.243
	普通车床 630×2 000（安装用）		台班	0.479	0.518	0.534	0.549	0.566	0.583
	汽车式起重机 8t		台班	0.019	0.028	0.042	0.053	0.064	0.076
	载货汽车 - 普通货车 8t		台班	0.019	0.028	0.042	0.053	0.064	0.076
	电动葫芦单速 3t		台班	0.479	0.518	0.534	0.549	0.566	0.583
	电动空气压缩机 $1m^3/min$		台班	0.558	0.681	0.790	0.893	1.053	1.243
	电动空气压缩机 $6m^3/min$		台班	0.022	0.022	0.022	0.022	0.022	0.022
	电焊条烘干箱 60×50×75（cm^3）		台班	0.596	0.790	0.937	1.128	1.331	1.571
	电焊条恒温箱		台班	0.596	0.790	0.937	1.128	1.331	1.571

9. 不锈钢管件(氩弧焊)

工作内容: 准备工作,管子切口,坡口加工,坡口磨平,管口组对,焊接,焊缝钝化。 **计量单位:** 10个

编号				8-2-135	8-2-136	8-2-137	8-2-138	8-2-139	8-2-140
项目				公称直径(mm以内)					
				15	20	25	32	40	50
名称			单位	消耗量					
人工	合计工日		工日	1.056	1.383	2.116	2.541	3.010	3.533
	其中	普工	工日	0.265	0.345	0.528	0.635	0.753	0.882
		一般技工	工日	0.686	0.899	1.376	1.651	1.956	2.297
		高级技工	工日	0.105	0.138	0.212	0.255	0.300	0.354
材料	不锈钢对焊管件		个	(10.000)	(10.000)	(10.000)	(10.000)	(10.000)	(10.000)
	不锈钢焊丝 1Cr18Ni9Ti		kg	0.124	0.197	0.244	0.334	0.445	0.745
	氩气		m^3	0.349	0.526	0.683	0.845	1.248	1.485
	铈钨棒		g	0.672	0.873	1.271	1.571	2.363	2.816
	尼龙砂轮片 $\phi100\times16\times3$		片	0.532	0.754	0.954	1.194	1.420	1.973
	尼龙砂轮片 $\phi500\times25\times4$		片	0.111	0.133	0.223	0.257	0.296	0.302
	丙酮		kg	0.150	0.171	0.235	0.278	0.321	0.385
	酸洗膏		kg	0.086	0.105	0.140	0.173	0.215	0.269
	水		t	0.021	0.021	0.043	0.043	0.043	0.064
	碎布		kg	0.043	0.064	0.064	0.086	0.086	0.122
	其他材料费		%	1.00	1.00	1.00	1.00	1.00	1.00
机械	氩弧焊机 500A		台班	0.370	0.440	0.586	0.720	0.837	1.197
	砂轮切割机 $\phi500$		台班	0.011	0.028	0.061	0.068	0.074	0.079
	普通车床 630×2000(安装用)		台班	—	—	—	—	0.166	0.171
	电动空气压缩机 $6m^3/min$		台班	0.022	0.022	0.022	0.022	0.022	0.022

计量单位：10 个

编号			8-2-141	8-2-142	8-2-143	8-2-144	8-2-145	8-2-146
项目			公称直径（mm 以内）					
			65	80	100	125	150	200
名称		单位	消耗量					
人工	合计工日	工日	4.629	5.307	6.850	7.473	10.085	12.398
人工	其中 普工	工日	1.158	1.327	1.713	1.868	2.521	3.099
人工	其中 一般技工	工日	3.010	3.450	4.453	4.857	6.556	8.059
人工	其中 高级技工	工日	0.462	0.530	0.685	0.747	1.008	1.241
材料	不锈钢对焊管件	个	（10.000）	（10.000）	（10.000）	（10.000）	（10.000）	（10.000）
材料	不锈钢焊丝 1Cr18Ni9Ti	kg	1.040	1.310	1.695	1.997	3.261	5.063
材料	氩气	m^3	2.313	2.769	4.747	5.590	9.131	14.178
材料	铈钨棒	g	4.387	5.153	8.821	10.306	17.090	26.545
材料	尼龙砂轮片 $\phi100\times16\times3$	片	2.826	3.428	4.364	5.884	7.308	12.404
材料	尼龙砂轮片 $\phi500\times25\times4$	片	0.433	0.531	0.781	—	—	—
材料	丙酮	kg	0.514	0.599	0.770	0.895	1.070	1.477
材料	酸洗膏	kg	0.367	0.430	0.551	0.847	1.137	1.482
材料	水	t	0.086	0.107	0.128	0.150	0.193	0.257
材料	碎布	kg	0.150	0.193	0.214	0.265	0.330	0.449
材料	其他材料费	%	1.00	1.00	1.00	1.00	1.00	1.00
机械	氩弧焊机 500A	台班	1.413	1.871	2.480	3.202	4.006	5.696
机械	砂轮切割机 $\phi500$	台班	0.152	0.161	0.277	—	—	—
机械	等离子切割机 400A	台班	—	—	—	0.256	0.308	0.429
机械	普通车床 630×2 000（安装用）	台班	0.203	0.236	0.282	0.306	0.431	0.440
机械	汽车式起重机 8t	台班	—	—	0.011	0.011	0.011	0.011
机械	载货汽车－普通货车 8t	台班	—	—	0.011	0.011	0.011	0.011
机械	电动葫芦单速 3t	台班	0.203	0.236	0.282	0.306	0.431	0.440
机械	电动空气压缩机 $1m^3/min$	台班	—	—	—	0.256	0.308	0.429
机械	电动空气压缩机 $6m^3/min$	台班	0.022	0.022	0.022	0.022	0.022	0.022

10. 不锈钢板卷管件(电弧焊)

工作内容:准备工作,管子切口,坡口加工,坡口磨平,管口组对,焊接,焊缝钝化。 **计量单位:**10个

编号				8-2-147	8-2-148	8-2-149	8-2-150	8-2-151	8-2-152	8-2-153
项目				公称直径(mm以内)						
				200	250	300	350	400	450	500
名称			单位	消耗量						
人工	合计工日		工日	7.226	9.004	11.206	12.999	14.714	18.081	20.095
	其中	普工	工日	1.806	2.252	2.801	3.249	3.679	4.519	5.024
		一般技工	工日	4.697	5.852	7.284	8.449	9.564	11.753	13.062
		高级技工	工日	0.723	0.900	1.121	1.301	1.471	1.809	2.009
材料	不锈钢板卷管件		个	(10.000)	(10.000)	(10.000)	(10.000)	(10.000)	(10.000)	(10.000)
	不锈钢焊条(综合)		kg	5.677	7.085	8.438	9.790	11.067	19.433	21.514
	尼龙砂轮片 $\phi100 \times 16 \times 3$		片	3.057	3.820	4.554	5.287	5.980	8.850	9.801
	丙酮		kg	1.381	1.721	2.041	2.361	2.681	3.001	3.502
	酸洗膏		kg	1.386	2.091	2.489	2.727	3.381	3.805	4.304
	水		t	0.240	0.280	0.340	0.400	0.460	0.520	0.560
	角钢(综合)		kg	—	—	—	—	2.001	2.001	2.001
	碎布		kg	0.420	0.520	0.600	0.780	0.800	0.900	1.040
	其他材料费		%	1.00	1.00	1.00	1.00	1.00	1.00	1.00
机械	电焊机(综合)		台班	2.312	2.884	3.437	3.986	4.506	6.086	6.738
	等离子切割机 400A		台班	1.309	1.632	1.944	2.255	2.547	2.910	3.221
	汽车式起重机 8t		台班	0.005	0.008	0.012	0.016	0.027	0.034	0.042
	载货汽车-普通货车 8t		台班	0.005	0.008	0.012	0.016	0.027	0.034	0.042
	电动空气压缩机 $1m^3/min$		台班	1.309	1.632	1.944	2.255	2.547	2.910	3.221
	电动空气压缩机 $6m^3/min$		台班	0.020	0.020	0.020	0.020	0.020	0.040	0.040
	电焊条烘干箱 $60 \times 50 \times 75(cm^3)$		台班	0.231	0.289	0.343	0.398	0.451	0.608	0.674
	电焊条恒温箱		台班	0.231	0.289	0.343	0.398	0.451	0.608	0.674

计量单位：10 个

编　号				8-2-154	8-2-155	8-2-156	8-2-157	8-2-158	8-2-159	8-2-160
项　目				公称直径（mm 以内）						
				600	700	800	900	1 000	1 200	1 400
名　称			单位	消　耗　量						
人工	合计工日		工日	27.793	31.947	36.945	41.351	45.884	56.103	66.477
	其中	普工	工日	6.949	7.987	9.237	10.337	11.471	14.026	16.618
		一般技工	工日	18.065	20.766	24.014	26.879	29.825	36.467	43.211
		高级技工	工日	2.779	3.194	3.694	4.135	4.588	5.610	6.648
材料	不锈钢板卷管件		个	（10.000）	（10.000）	（10.000）	（10.000）	（10.000）	（10.000）	（10.000）
	不锈钢焊条（综合）		kg	45.524	52.096	83.017	93.234	103.455	123.891	180.351
	尼龙砂轮片 $\phi100\times16\times3$		片	14.381	16.452	26.141	29.351	32.567	39.001	58.627
	丙酮		kg	3.962	4.522	5.162	5.783	6.403	7.283	8.164
	酸洗膏		kg	5.215	6.549	8.360	9.405	10.450	12.540	14.630
	水		t	0.680	0.760	0.880	0.980	1.080	1.200	1.329
	角钢（综合）		kg	2.001	2.201	2.201	2.201	2.201	2.941	2.941
	碎布		kg	1.201	1.361	1.561	1.741	1.921	2.231	2.548
	其他材料费		%	1.00	1.00	1.00	1.00	1.00	1.00	1.00
机械	电焊机（综合）		台班	12.962	14.832	16.900	18.981	21.060	25.221	29.709
	等离子切割机 400A		台班	3.904	4.460	5.343	5.995	6.647	7.950	9.707
	汽车式起重机 8t		台班	0.061	0.080	0.105	0.165	0.204	0.293	0.477
	载货汽车－普通货车 8t		台班	0.061	0.080	0.105	0.165	0.204	0.293	0.477
	电动空气压缩机 $1m^3/min$		台班	3.904	4.460	5.343	5.995	6.647	7.950	9.707
	电动空气压缩机 $6m^3/min$		台班	0.040	0.040	0.060	0.060	0.060	0.067	0.074
	电焊条烘干箱 $60\times50\times75(cm^3)$		台班	1.296	1.483	1.690	1.899	2.106	2.522	2.971
	电焊条恒温箱		台班	1.296	1.483	1.690	1.899	2.106	2.522	2.971

11. 不锈钢板卷管件（氩电联焊）

工作内容：准备工作，管子切口，坡口加工，坡口磨平，管口组对，焊接，焊缝钝化。　　**计量单位：**10 个

编号				8-2-161	8-2-162	8-2-163	8-2-164	8-2-165
项目				公称直径（mm 以内）				
				200	250	300	350	400
名称			单位	消耗量				
人工	合计工日		工日	8.846	11.033	13.670	15.872	17.968
	其中	普工	工日	2.212	2.759	3.418	3.968	4.492
		一般技工	工日	5.749	7.171	8.886	10.316	11.680
		高级技工	工日	0.886	1.103	1.367	1.588	1.796
材料	不锈钢板卷管件		个	（10.000）	（10.000）	（10.000）	（10.000）	（10.000）
	不锈钢焊条（综合）		kg	2.925	3.646	4.342	5.040	5.697
	不锈钢焊丝 1Cr18Ni9Ti		kg	1.861	2.335	2.785	3.239	3.664
	氩气		m^3	5.210	6.539	7.798	9.070	10.259
	铈钨棒		g	7.307	9.156	10.913	12.694	14.366
	尼龙砂轮片 $\phi100\times16\times3$		片	3.057	3.820	4.554	5.287	5.980
	丙酮		kg	1.381	1.721	2.041	2.361	2.681
	酸洗膏		kg	1.386	2.091	2.489	2.727	3.381
	水		t	0.240	0.280	0.340	0.400	0.460
	角钢（综合）		kg	—	—	—	—	2.001
	碎布		kg	0.420	0.520	0.600	0.780	0.800
	其他材料费		%	1.00	1.00	1.00	1.00	1.00
机械	电焊机（综合）		台班	1.190	1.483	1.767	2.053	2.320
	氩弧焊机 500A		台班	2.279	2.854	3.452	4.012	4.542
	等离子切割机 400A		台班	1.309	1.632	1.944	2.255	2.547
	汽车式起重机 8t		台班	0.005	0.008	0.012	0.016	0.027
	载货汽车－普通货车 8t		台班	0.005	0.008	0.012	0.016	0.027
	电动空气压缩机 $1m^3/min$		台班	1.309	1.632	1.944	2.255	2.547
	电动空气压缩机 $6m^3/min$		台班	0.020	0.020	0.020	0.020	0.020
	电焊条烘干箱 $60\times50\times75$（cm^3）		台班	0.119	0.148	0.177	0.205	0.232
	电焊条恒温箱		台班	0.119	0.148	0.177	0.205	0.232

计量单位：10 个

编　号				8-2-166	8-2-167	8-2-168	8-2-169	8-2-170
项　目				公称直径（mm 以内）				
				450	500	600	700	800
名　称			单位	消　耗　量				
人工	合计工日		工日	22.370	24.854	36.413	41.866	51.326
	其中	普工	工日	5.593	6.212	9.103	10.469	12.833
		一般技工	工日	14.540	16.157	23.668	27.211	33.361
		高级技工	工日	2.237	2.485	3.642	4.186	5.132
材料	不锈钢板卷管件		个	（10.000）	（10.000）	（10.000）	（10.000）	（10.000）
	不锈钢焊条（综合）		kg	13.094	14.497	23.336	26.682	53.370
	不锈钢焊丝 1Cr18Ni9Ti		kg	4.112	4.552	6.649	7.607	8.646
	氩气		m^3	11.513	12.746	18.618	21.302	24.207
	铈钨棒		g	16.079	17.816	21.202	24.271	27.540
	尼龙砂轮片 $\phi100\times16\times3$		片	8.850	9.801	14.381	16.452	26.135
	丙酮		kg	3.001	3.502	3.962	4.522	5.162
	酸洗膏		kg	3.805	4.304	5.215	6.549	8.360
	水		t	0.520	0.560	0.680	0.760	0.880
	角钢（综合）		kg	2.001	2.001	2.001	2.201	2.201
	碎布		kg	0.900	1.040	1.201	1.361	1.561
	其他材料费		%	1.00	1.00	1.00	1.00	1.00
机械	电焊机（综合）		台班	4.100	4.540	6.646	7.595	10.868
	氩弧焊机 500A		台班	5.121	5.676	6.676	7.665	8.706
	等离子切割机 400A		台班	2.910	3.221	3.904	4.460	5.343
	汽车式起重机 8t		台班	0.034	0.042	0.061	0.080	0.105
	载货汽车 - 普通货车 8t		台班	0.034	0.042	0.061	0.080	0.105
	电动空气压缩机 $1m^3/min$		台班	2.910	3.221	3.904	4.460	5.343
	电动空气压缩机 $6m^3/min$		台班	0.040	0.040	0.040	0.040	0.060
	电焊条烘干箱 $60\times50\times75$（cm^3）		台班	0.410	0.454	0.665	0.759	1.087
	电焊条恒温箱		台班	0.410	0.454	0.665	0.759	1.087

计量单位：10 个

编号			8-2-171	8-2-172	8-2-173	8-2-174
项目			公称直径（mm 以内）			
			900	1 000	1 200	1 400
名称		单位	消耗量			
人工	合计工日	工日	57.438	63.731	77.984	95.604
	其中 普工	工日	14.359	15.932	19.496	23.900
	其中 一般技工	工日	37.336	41.425	50.690	62.143
	其中 高级技工	工日	5.743	6.373	7.798	9.560
材料	不锈钢板卷管件	个	（10.000）	（10.000）	（10.000）	（10.000）
	不锈钢焊条（综合）	kg	59.901	66.438	79.510	133.174
	不锈钢焊丝 1Cr18Ni9Ti	kg	9.710	10.773	12.904	15.005
	氩气	m^3	27.188	30.166	36.132	42.013
	铈钨棒	g	30.958	34.367	41.203	47.878
	尼龙砂轮片 $\phi100\times16\times3$	片	29.351	32.567	39.001	58.627
	丙酮	kg	5.783	6.403	7.283	8.164
	酸洗膏	kg	9.405	10.450	12.540	14.630
	水	t	0.980	1.080	1.200	1.329
	角钢（综合）	kg	2.201	2.201	2.941	2.941
	碎布	kg	1.741	1.921	2.231	2.548
	其他材料费	%	1.00	1.00	1.00	1.00
机械	电焊机（综合）	台班	12.197	13.525	16.187	21.688
	氩弧焊机 500A	台班	9.776	10.848	13.139	15.251
	等离子切割机 400A	台班	5.995	6.647	7.950	9.707
	汽车式起重机 8t	台班	0.165	0.204	0.293	0.477
	载货汽车－普通货车 8t	台班	0.165	0.204	0.293	0.477
	电动空气压缩机 $1m^3/min$	台班	5.995	6.647	7.950	9.707
	电动空气压缩机 $6m^3/min$	台班	0.060	0.060	0.067	0.074
	电焊条烘干箱 $60\times50\times75(cm^3)$	台班	1.220	1.352	1.619	2.169
	电焊条恒温箱	台班	1.220	1.352	1.619	2.169

12. 合金钢管件（电弧焊）

工作内容：准备工作，管子切口，坡口加工，管口组对，焊接。　　　　**计量单位：**10 个

编　号				8-2-175	8-2-176	8-2-177	8-2-178	8-2-179	8-2-180	8-2-181
项　目				公称直径（mm 以内）						
				15	20	25	32	40	50	65
名　称			单位	消　耗　量						
人工	合计工日		工日	0.818	1.070	1.650	1.974	2.340	2.792	3.529
	其中	普工	工日	0.206	0.268	0.412	0.493	0.584	0.698	0.883
		一般技工	工日	0.530	0.695	1.072	1.283	1.521	1.815	2.293
		高级技工	工日	0.082	0.107	0.166	0.198	0.235	0.279	0.353
材料	合金钢对焊管件		个	(10.000)	(10.000)	(10.000)	(10.000)	(10.000)	(10.000)	(10.000)
	合金钢焊条		kg	0.335	0.427	0.680	0.840	0.961	1.333	2.388
	氧气		m^3	0.050	0.054	0.066	0.078	0.085	0.118	0.170
	乙炔气		kg	0.019	0.021	0.025	0.030	0.033	0.045	0.065
	尼龙砂轮片 $\phi100\times16\times3$		片	0.262	0.328	0.432	0.529	0.604	0.732	1.017
	尼龙砂轮片 $\phi500\times25\times4$		片	0.090	0.118	0.146	0.184	0.215	0.307	0.448
	磨头		个	0.274	0.307	0.371	0.434	0.524	0.623	0.831
	丙酮		kg	0.165	0.189	0.260	0.307	0.354	0.425	0.590
	碎布		kg	0.042	0.064	0.064	0.085	0.085	0.122	0.150
	其他材料费		%	1.00	1.00	1.00	1.00	1.00	1.00	1.00
机械	电焊机（综合）		台班	0.245	0.311	0.496	0.614	0.700	0.880	1.485
	砂轮切割机 $\phi500$		台班	0.008	0.018	0.040	0.061	0.066	0.081	0.102
	普通车床 630×2 000（安装用）		台班	—	0.159	0.162	0.164	0.166	0.191	0.239
	电动葫芦单速 3t		台班	—	—	—	—	—	—	0.239
	电焊条烘干箱 60×50×75（cm^3）		台班	0.024	0.031	0.049	0.062	0.070	0.088	0.148
	电焊条恒温箱		台班	0.024	0.031	0.049	0.062	0.070	0.088	0.148

计量单位：10 个

编号				8-2-182	8-2-183	8-2-184	8-2-185	8-2-186	8-2-187	8-2-188
项目				公称直径（mm 以内）						
				80	100	125	150	200	250	300
名称			单位	消耗量						
人工	合计工日		工日	4.016	5.096	5.700	7.948	9.545	13.325	15.130
	其中	普工	工日	1.004	1.274	1.425	1.987	2.386	3.330	3.784
		一般技工	工日	2.611	3.313	3.705	5.166	6.203	8.662	9.834
		高级技工	工日	0.401	0.509	0.570	0.795	0.955	1.333	1.512
材料	合金钢对焊管件		个	（10.000）	（10.000）	（10.000）	（10.000）	（10.000）	（10.000）	（10.000）
	合金钢焊条		kg	2.799	5.251	5.813	7.356	12.654	24.886	29.689
	氧气		m^3	0.189	0.286	0.319	1.694	2.597	3.893	4.374
	乙炔气		kg	0.073	0.110	0.123	0.652	0.999	1.497	1.682
	尼龙砂轮片 $\phi100\times16\times3$		片	1.194	1.768	1.897	2.485	3.795	5.971	7.148
	尼龙砂轮片 $\phi500\times25\times4$		片	0.531	0.785	0.832	—	—	—	—
	磨头		个	0.972	1.180	—	—	—	—	—
	丙酮		kg	0.708	0.850	0.991	1.180	1.628	2.030	2.407
	碎布		kg	0.192	0.214	0.274	0.330	0.450	0.557	0.642
	其他材料费		%	1.00	1.00	1.00	1.00	1.00	1.00	1.00
机械	电焊机（综合）		台班	1.741	2.582	2.924	3.616	5.141	7.304	8.712
	砂轮切割机 $\phi500$		台班	0.121	0.192	0.201	—	—	—	—
	半自动切割机 100mm		台班	—	—	—	0.154	0.212	0.309	0.328
	普通车床 630×2 000（安装用）		台班	0.256	0.314	0.381	0.439	0.458	0.509	0.523
	汽车式起重机 8t		台班	—	0.012	0.012	0.012	0.012	0.021	0.031
	载货汽车－普通货车 8t		台班	—	0.012	0.012	0.012	0.012	0.021	0.031
	电动葫芦单速 3t		台班	0.256	0.314	0.381	0.439	0.458	0.509	0.523
	电焊条烘干箱 60×50×75（cm^3）		台班	0.174	0.258	0.292	0.362	0.514	0.730	0.871
	电焊条恒温箱		台班	0.174	0.258	0.292	0.362	0.514	0.730	0.871

计量单位：10 个

编　号			8-2-189	8-2-190	8-2-191	8-2-192	8-2-193
项　目			公称直径（mm 以内）				
			350	400	450	500	600
名　称		单位	消　耗　量				
人工	合计工日	工日	17.888	20.186	23.708	26.391	34.309
	其中 普工	工日	4.471	5.047	5.927	6.597	8.577
	其中 一般技工	工日	11.627	13.120	15.410	17.154	22.300
	其中 高级技工	工日	1.789	2.018	2.372	2.639	3.431
材料	合金钢对焊管件	个	（10.000）	（10.000）	（10.000）	（10.000）	（10.000）
	合金钢焊条	kg	47.231	53.447	79.289	87.655	149.014
	氧气	m^3	5.599	6.296	7.564	8.323	11.236
	乙炔气	kg	2.154	2.422	2.909	3.201	4.322
	尼龙砂轮片 $\phi100\times16\times3$	片	9.917	11.663	14.667	16.253	24.380
	丙酮	kg	2.785	3.162	3.564	3.941	4.926
	碎布	kg	0.749	0.830	0.946	1.078	1.186
	其他材料费	%	1.00	1.00	1.00	1.00	1.00
机械	电焊机（综合）	台班	10.850	12.275	14.445	15.968	21.237
	半自动切割机 100mm	台班	0.396	0.444	0.511	0.598	0.795
	普通车床 630×2 000（安装用）	台班	0.622	0.646	0.808	0.846	1.126
	汽车式起重机 8t	台班	0.046	0.059	0.090	0.146	0.373
	载货汽车－普通货车 8t	台班	0.046	0.059	0.090	0.146	0.373
	电动葫芦单速 3t	台班	0.622	0.646	0.808	0.846	1.126
	电焊条烘干箱 60×50×75（cm^3）	台班	1.085	1.227	1.444	1.597	2.124
	电焊条恒温箱	台班	1.085	1.227	1.444	1.597	2.124

13. 合金钢管件(氩电联焊)

工作内容:准备工作,管子切口,坡口加工,管口组对,焊接。 **计量单位:**10 个

编号		8-2-194	8-2-195	8-2-196	8-2-197	8-2-198	8-2-199	8-2-200
项目		公称直径(mm 以内)						
		50	65	80	100	125	150	200
名称	单位	消耗量						
人工 合计工日	工日	2.919	3.825	4.384	5.660	6.173	8.333	10.243
其中 普工	工日	0.729	0.957	1.096	1.415	1.543	2.083	2.560
其中 一般技工	工日	1.898	2.486	2.850	3.679	4.012	5.417	6.658
其中 高级技工	工日	0.292	0.382	0.438	0.566	0.618	0.833	1.025
材料 合金钢对焊管件	个	(10.000)	(10.000)	(10.000)	(10.000)	(10.000)	(10.000)	(10.000)
合金钢焊条	kg	0.911	1.156	1.352	3.431	3.488	4.956	9.230
合金钢焊丝	kg	0.399	0.517	0.611	0.779	0.925	1.107	1.529
氧气	m^3	0.118	0.170	0.189	0.286	0.319	1.694	2.597
乙炔气	kg	0.045	0.065	0.073	0.110	0.123	0.652	0.999
氩气	m^3	1.116	1.447	1.711	2.181	2.591	3.099	4.281
铈钨棒	g	2.233	2.893	3.422	4.361	5.183	6.197	8.562
尼龙砂轮片 $\phi100 \times 16 \times 3$	片	0.706	0.996	1.168	1.728	1.857	2.431	3.715
尼龙砂轮片 $\phi500 \times 25 \times 4$	片	0.307	0.448	0.531	0.785	0.832	—	—
磨头	个	0.623	0.831	0.972	1.180	—	—	—
丙酮	kg	0.425	0.590	0.708	0.850	0.991	1.180	1.628
碎布	kg	0.122	0.150	0.192	0.214	0.266	0.340	0.450
其他材料费	%	1.00	1.00	1.00	1.00	1.00	1.00	1.00
机械 电焊机(综合)	台班	0.567	0.719	0.841	1.739	1.755	2.439	3.750
氩弧焊机 500A	台班	0.589	0.764	0.905	1.152	1.367	1.637	2.260
砂轮切割机 $\phi500$	台班	0.081	0.102	0.121	0.192	0.201	—	—
普通车床 630×2 000(安装用)	台班	0.191	0.239	0.256	0.314	0.381	0.439	0.458
电动葫芦单速 3t	台班	—	0.239	0.256	0.314	0.381	0.439	0.458
电焊条烘干箱 60×50×75(cm^3)	台班	0.057	0.072	0.084	0.174	0.176	0.244	0.375
电焊条恒温箱	台班	0.057	0.072	0.084	0.174	0.176	0.244	0.375
半自动切割机 100mm	台班	—	—	—	—	—	0.154	0.212
载货汽车 - 普通货车 8t	台班	—	—	—	0.012	0.012	0.012	0.012
汽车式起重机 8t	台班	—	—	—	0.012	0.012	0.012	0.012

计量单位：10 个

编　号			8-2-201	8-2-202	8-2-203	8-2-204	8-2-205	8-2-206	8-2-207
项　目			公称直径(mm 以内)						
			250	300	350	400	450	500	600
名　称		单位	消　耗　量						
人工	合计工日	工日	14.466	16.534	19.715	22.279	26.307	29.239	38.010
人工	其中 普工	工日	3.617	4.133	4.928	5.570	6.576	7.310	9.503
人工	其中 一般技工	工日	9.403	10.747	12.814	14.482	17.100	19.005	24.706
人工	其中 高级技工	工日	1.446	1.654	1.973	2.227	2.631	2.924	3.801
材料	合金钢对焊管件	个	(10.000)	(10.000)	(10.000)	(10.000)	(10.000)	(10.000)	(10.000)
材料	合金钢焊条	kg	20.204	24.100	40.167	45.456	69.415	76.742	130.461
材料	合金钢焊丝	kg	1.893	2.273	2.622	2.976	3.344	3.708	5.006
材料	氧气	m^3	3.893	4.374	5.599	6.296	7.564	8.323	11.236
材料	乙炔气	kg	1.497	1.682	2.154	2.422	2.909	3.201	4.322
材料	氩气	m^3	5.301	6.363	7.342	8.333	9.364	10.382	12.978
材料	铈钨棒	g	10.601	12.725	14.684	16.666	18.729	20.763	25.954
材料	尼龙砂轮片 $\phi100\times16\times3$	片	5.841	6.995	9.693	11.411	14.351	15.902	23.853
材料	丙酮	kg	2.030	2.407	2.785	3.162	3.564	3.941	4.927
材料	碎布	kg	0.557	0.642	0.749	0.830	0.946	1.078	1.186
材料	其他材料费	%	1.00	1.00	1.00	1.00	1.00	1.00	1.00
机械	电焊机(综合)	台班	5.930	7.077	9.226	10.442	12.645	13.982	18.596
机械	氩弧焊机 500A	台班	2.797	3.360	3.874	4.398	4.942	5.479	7.287
机械	普通车床 630×2 000(安装用)	台班	0.509	0.523	0.622	0.646	0.808	0.846	1.126
机械	电动葫芦单速 3t	台班	0.509	0.523	0.622	0.646	0.808	0.846	1.126
机械	电焊条烘干箱 60×50×75(cm^3)	台班	0.593	0.708	0.923	1.044	1.265	1.398	1.860
机械	电焊条恒温箱	台班	0.593	0.708	0.923	1.044	1.265	1.398	1.860
机械	半自动切割机 100mm	台班	0.309	0.328	0.396	0.444	0.511	0.598	0.795
机械	汽车式起重机 8t	台班	0.021	0.031	0.046	0.059	0.090	0.146	0.373
机械	载货汽车－普通货车 8t	台班	0.021	0.031	0.046	0.059	0.090	0.146	0.373

14. 合金钢管件(氩弧焊)

工作内容: 准备工作,管子切口,坡口加工,管口组对,焊接。 **计量单位:** 10个

编号				8-2-208	8-2-209	8-2-210	8-2-211	8-2-212	8-2-213	8-2-214
项目				公称直径(mm以内)						
				15	20	25	32	40	50	65
名称			单位	消耗量						
人工	合计工日		工日	0.960	1.256	1.921	2.308	2.734	3.210	4.207
	其中	普工	工日	0.240	0.314	0.479	0.577	0.684	0.802	1.052
		一般技工	工日	0.624	0.817	1.250	1.500	1.777	2.087	2.735
		高级技工	工日	0.096	0.125	0.192	0.231	0.273	0.321	0.420
材料	合金钢对焊管件		个	(10.000)	(10.000)	(10.000)	(10.000)	(10.000)	(10.000)	(10.000)
	合金钢焊丝		kg	0.195	0.249	0.353	0.439	0.673	0.875	0.975
	氧气		m^3	0.050	0.054	0.066	0.078	0.085	0.118	0.170
	乙炔气		kg	0.019	0.021	0.025	0.030	0.033	0.045	0.065
	氩气		m^3	0.455	0.581	0.932	1.156	1.322	2.185	3.271
	铈钨棒		g	0.911	1.161	1.864	2.313	2.643	3.663	6.542
	尼龙砂轮片 $\phi100\times16\times3$		片	0.255	0.316	0.415	0.512	0.583	0.706	0.982
	尼龙砂轮片 $\phi500\times25\times4$		片	0.090	0.118	0.146	0.184	0.215	0.307	0.448
	磨头		个	0.274	0.307	0.371	0.434	0.524	0.623	0.831
	丙酮		kg	0.165	0.189	0.260	0.307	0.354	0.425	0.590
	碎布		kg	0.042	0.064	0.064	0.085	0.085	0.122	0.150
	其他材料费		%	1.00	1.00	1.00	1.00	1.00	1.00	1.00
机械	氩弧焊机 500A		台班	0.270	0.345	0.492	0.612	0.700	0.837	1.371
	砂轮切割机 $\phi500$		台班	0.008	0.018	0.040	0.061	0.066	0.081	0.102
	普通车床 630×2000(安装用)		台班	—	—	0.162	0.164	0.166	0.191	0.239
	电动葫芦单速 3t		台班	—	—	—	—	—	—	0.239

计量单位：10 个

编号				8-2-215	8-2-216	8-2-217	8-2-218	8-2-219
项目				公称直径（mm 以内）				
				80	100	125	150	200
名称			单位	消耗量				
人工	合计工日		工日	4.823	6.225	6.791	9.165	11.267
	其中	普工	工日	1.206	1.556	1.698	2.291	2.816
		一般技工	工日	3.135	4.047	4.414	5.958	7.324
		高级技工	工日	0.482	0.622	0.679	0.916	1.127
材料	合金钢对焊管件		个	(10.000)	(10.000)	(10.000)	(10.000)	(10.000)
	合金钢焊丝		kg	1.371	2.423	2.827	3.797	6.455
	氧气		m^3	0.189	0.286	0.319	1.694	2.287
	乙炔气		kg	0.073	0.110	0.123	0.652	0.880
	氩气		m^3	3.840	6.785	7.919	10.634	13.293
	铈钨棒		g	7.679	13.570	15.838	21.268	26.585
	尼龙砂轮片 $\phi100\times16\times3$		片	1.152	1.553	1.810	2.347	3.521
	尼龙砂轮片 $\phi500\times25\times4$		片	0.531	0.785	0.832	—	—
	丙酮		kg	0.708	0.850	0.991	1.180	1.475
	磨头		个	0.972	1.180	—	—	—
	碎布		kg	0.192	0.214	0.266	0.330	0.450
	其他材料费		%	1.00	1.00	1.00	1.00	1.00
机械	氩弧焊机 500A		台班	1.610	2.571	3.000	3.721	4.949
	砂轮切割机 $\phi500$		台班	0.121	0.192	0.201	—	—
	半自动切割机 100mm		台班	—	—	—	0.154	0.205
	普通车床 630×2 000（安装用）		台班	0.256	0.314	0.381	0.439	0.584
	汽车式起重机 8t		台班	—	0.012	0.012	0.012	0.012
	载货汽车－普通货车 8t		台班	—	0.012	0.012	0.012	0.012
	电动葫芦单速 3t		台班	0.256	0.314	0.381	0.439	0.584

15. 铝及铝合金管件（氩弧焊）

工作内容：准备工作，管子切口，坡口加工，坡口磨平，管口组对，焊前预热，焊接，焊缝酸洗。

计量单位：10 个

编号				8-2-220	8-2-221	8-2-222	8-2-223	8-2-224	8-2-225
项目				管外径（mm 以内）					
				18	25	30	40	50	60
名称			单位	消耗量					
人工	合计工日		工日	0.535	0.703	0.811	1.124	1.382	2.147
	其中	普工	工日	0.133	0.175	0.203	0.281	0.345	0.536
		一般技工	工日	0.348	0.457	0.527	0.731	0.898	1.396
		高级技工	工日	0.054	0.071	0.081	0.112	0.139	0.215
材料	低压铝及铝合金管件		个	(10.000)	(10.000)	(10.000)	(10.000)	(10.000)	(10.000)
	铝焊丝 丝 301 ϕ3.0		kg	0.040	0.054	0.069	0.136	0.169	0.216
	氧气		m^3	0.011	0.013	0.016	0.020	0.025	0.473
	乙炔气		kg	0.004	0.005	0.006	0.008	0.010	0.182
	氩气		m^3	0.112	0.149	0.194	0.381	0.475	0.607
	铈钨棒		g	0.223	0.299	0.388	0.763	0.950	1.213
	尼龙砂轮片 $\phi100\times16\times3$		片	—	—	0.322	0.402	0.503	0.628
	尼龙砂轮片 $\phi500\times25\times4$		片	0.029	0.034	0.048	0.085	0.090	0.109
	氢氧化钠（烧碱）		kg	0.290	0.513	0.647	0.892	1.048	1.293
	硝酸		kg	0.112	0.178	0.178	0.268	0.312	0.379
	重铬酸钾 98%		kg	0.045	0.089	0.089	0.112	0.134	0.156
	水		t	0.022	0.045	0.045	0.045	0.067	0.067
	碎布		kg	0.134	0.134	0.134	0.156	0.268	0.268
	其他材料费		%	1.00	1.00	1.00	1.00	1.00	1.00
机械	氩弧焊机 500A		台班	0.076	0.101	0.130	0.221	0.276	0.341
	砂轮切割机 ϕ500		台班	0.004	0.006	0.024	0.037	0.050	0.067
	电动空气压缩机 $6m^3/min$		台班	0.022	0.022	0.022	0.022	0.022	0.022

计量单位：10 个

编号				8-2-226	8-2-227	8-2-228	8-2-229	8-2-230	8-2-231
项目				管外径（mm 以内）					
				70	80	100	125	150	180
名称			单位	消耗量					
人工	合计工日		工日	2.382	3.820	4.503	6.137	7.829	9.508
	其中	普工	工日	0.596	0.955	1.125	1.534	1.958	2.377
		一般技工	工日	1.548	2.483	2.927	3.989	5.088	6.180
		高级技工	工日	0.238	0.382	0.451	0.614	0.783	0.951
材料	低压铝及铝合金管件		个	(10.000)	(10.000)	(10.000)	(10.000)	(10.000)	(10.000)
	铝焊丝 丝 301 ϕ3.0		kg	0.252	0.431	0.466	0.584	1.084	1.260
	氧气		m^3	0.573	0.641	0.928	1.158	1.585	1.932
	乙炔气		kg	0.220	0.247	0.357	0.445	0.610	0.743
	氩气		m^3	0.705	1.207	1.305	1.637	3.035	3.528
	铈钨棒		g	1.409	2.413	2.609	3.274	6.069	7.057
	尼龙砂轮片 $\phi100\times16\times3$		片	0.786	0.982	1.257	1.585	2.136	2.577
	尼龙砂轮片 $\phi500\times25\times4$		片	0.125	—	—	—	—	—
	氢氧化钠（烧碱）		kg	1.450	1.673	2.096	2.453	3.390	4.393
	硝酸		kg	0.446	0.491	0.624	0.781	0.981	1.160
	重铬酸钾 98%		kg	0.178	0.201	0.245	0.312	0.401	0.468
	水		t	0.890	0.100	0.112	0.156	0.178	0.223
	碎布		kg	0.268	0.290	0.424	0.424	0.447	0.461
	其他材料费		%	1.00	1.00	1.00	1.00	1.00	1.00
机械	氩弧焊机 500A		台班	0.396	0.415	0.501	0.628	1.044	1.214
	砂轮切割机 ϕ500		台班	0.074	—	—	—	—	—
	等离子切割机 400A		台班	—	1.001	1.299	1.624	1.984	2.382
	汽车式起重机 8t		台班	—	—	0.010	0.010	0.010	0.010
	载货汽车－普通货车 8t		台班	—	—	0.010	0.010	0.010	0.010
	电动空气压缩机 1m^3/min		台班	—	1.001	1.299	1.624	1.984	2.382
	电动空气压缩机 6m^3/min		台班	0.022	0.022	0.022	0.022	0.022	0.022

计量单位：10个

编号				8-2-232	8-2-233	8-2-234	8-2-235	8-2-236
项目				管外径（mm以内）				
				200	250	300	350	410
名称			单位	消耗量				
人工	合计工日		工日	11.269	14.471	19.070	30.099	39.995
	其中	普工	工日	2.817	3.618	4.768	7.525	9.999
		一般技工	工日	7.325	9.406	12.395	19.564	25.997
		高级技工	工日	1.127	1.447	1.907	3.010	3.999
材料	低压铝及铝合金管件		个	（10.000）	（10.000）	（10.000）	（10.000）	（10.000）
	铝焊丝 丝301 $\phi3.0$		kg	1.557	2.106	2.977	6.028	9.825
	氧气		m^3	2.352	6.458	7.242	9.100	11.606
	乙炔气		kg	0.905	2.484	2.785	3.500	4.464
	氩气		m^3	4.357	5.898	8.336	16.877	27.512
	铈钨棒		g	8.715	11.797	16.671	33.753	55.023
	尼龙砂轮片 $\phi100\times16\times3$		片	3.191	4.312	5.774	8.954	13.090
	氢氧化钠（烧碱）		kg	4.683	5.464	6.262	7.002	8.184
	硝酸		kg	1.360	1.561	2.029	2.185	2.565
	重铬酸钾 98%		kg	0.558	0.624	0.825	0.892	1.026
	水		t	0.268	0.290	0.379	0.424	0.491
	碎布		kg	0.491	0.557	0.602	0.691	0.736
	其他材料费		%	1.00	1.00	1.00	1.00	1.00
机械	氩弧焊机 500A		台班	1.499	1.894	2.676	5.081	7.997
	等离子切割机 400A		台班	2.646	3.363	4.037	4.954	6.087
	汽车式起重机 8t		台班	0.010	0.018	0.026	0.038	0.049
	载货汽车－普通货车 8t		台班	0.010	0.018	0.026	0.038	0.049
	电动空气压缩机 1m^3/min		台班	2.646	3.363	4.037	4.954	6.087
	电动空气压缩机 6m^3/min		台班	0.022	0.022	0.022	0.022	0.022

16. 铝及铝合金板卷管件(氩弧焊)

工作内容: 准备工作,管子切口,坡口加工,坡口磨平,管口组对,焊前预热,焊接,焊缝酸洗。

计量单位: 10 个

编号				8-2-237	8-2-238	8-2-239	8-2-240	8-2-241	8-2-242	8-2-243
项目				管外径(mm 以内)						
				159	219	273	325	377	426	478
名称			单位	消耗量						
人工	合计工日		工日	7.613	10.241	11.660	14.494	18.504	20.996	23.639
	其中	普工	工日	1.903	2.560	2.915	3.624	4.626	5.249	5.910
		一般技工	工日	4.948	6.657	7.579	9.421	12.028	13.647	15.365
		高级技工	工日	0.762	1.024	1.166	1.449	1.850	2.100	2.364
材料	低压铝及铝合金板卷管件		个	(10.000)	(10.000)	(10.000)	(10.000)	(10.000)	(10.000)	(10.000)
	铝焊丝 丝 301 $\phi3.0$		kg	1.263	1.744	2.177	2.595	3.830	4.332	4.863
	氧气		m^3	0.150	0.210	0.260	0.397	0.461	0.520	0.584
	乙炔气		kg	0.058	0.081	0.100	0.153	0.177	0.200	0.225
	氩气		m^3	3.536	4.884	6.097	7.264	10.725	12.130	13.616
	铈钨棒		g	7.073	9.768	12.193	14.528	21.450	24.259	27.232
	尼龙砂轮片 $\phi100\times16\times3$		片	2.577	3.581	4.484	5.354	7.449	8.432	9.476
	铁砂布		张	1.550	2.143	2.668	3.192	4.218	4.765	5.358
	氢氧化钠(烧碱)		kg	3.055	4.332	5.472	6.612	7.752	8.664	9.804
	硝酸		kg	1.003	1.391	1.596	2.075	2.234	2.622	3.055
	重铬酸钾 98%		kg	0.410	0.570	0.638	0.844	0.912	1.049	1.231
	水		t	0.182	0.274	0.296	0.388	0.433	0.502	0.593
	碎布		kg	0.456	0.502	0.524	0.684	0.707	0.752	0.912
	其他材料费		%	1.00	1.00	1.00	1.00	1.00	1.00	1.00
机械	氩弧焊机 500A		台班	0.937	1.294	1.613	1.922	2.650	2.997	3.362
	等离子切割机 400A		台班	2.135	2.942	3.101	4.368	5.157	5.826	6.536
	汽车式起重机 8t		台班	0.005	0.005	0.008	0.012	0.016	0.027	0.034
	载货汽车 – 普通货车 8t		台班	0.005	0.005	0.008	0.012	0.016	0.027	0.034
	电动空气压缩机 $1m^3/min$		台班	2.135	2.942	3.101	4.368	5.157	5.826	6.536
	电动空气压缩机 $6m^3/min$		台班	0.023	0.023	0.023	0.023	0.023	0.023	0.046

计量单位：10 个

编号			8-2-244	8-2-245	8-2-246	8-2-247	8-2-248	8-2-249
项目			管外径（mm 以内）					
			529	630	720	820	920	1 020
名称		单位	消耗量					
人工	合计工日	工日	27.611	32.323	37.467	47.022	54.681	60.682
	其中 普工	工日	6.903	8.080	9.367	11.756	13.671	15.171
	其中 一般技工	工日	17.947	21.010	24.353	30.564	35.542	39.443
	其中 高级技工	工日	2.761	3.233	3.747	4.702	5.468	6.068
材料	低压铝及铝合金板卷管件	个	（10.000）	（10.000）	（10.000）	（10.000）	（10.000）	（10.000）
	铝焊丝 丝 301 $\phi3.0$	kg	7.257	8.511	9.891	14.519	16.297	18.076
	氧气	m^3	0.591	0.766	0.869	0.871	0.964	1.297
	乙炔气	kg	0.227	0.295	0.334	0.335	0.371	0.499
	氩气	m^3	20.319	23.831	27.693	40.652	45.632	50.611
	铈钨棒	g	40.639	47.661	55.386	81.305	91.264	101.223
	尼龙砂轮片 $\phi100\times16\times3$	片	12.227	14.357	16.700	21.735	24.412	27.089
	铁砂布	张	5.928	7.501	8.710	10.055	11.400	12.722
	氢氧化钠（烧碱）	kg	9.804	12.540	14.250	16.142	18.058	19.950
	硝酸	kg	3.374	4.013	4.583	5.244	5.860	6.498
	重铬酸钾 98%	kg	1.368	1.619	1.847	2.120	2.371	2.622
	水	t	0.638	0.775	0.866	1.003	1.117	1.231
	碎布	kg	0.958	1.000	1.140	1.277	1.414	1.528
	其他材料费	%	1.00	1.00	1.00	1.00	1.00	1.00
机械	氩弧焊机 500A	台班	4.880	5.722	6.652	9.416	10.568	11.722
	等离子切割机 400A	台班	7.421	8.698	10.101	11.793	13.232	14.669
	汽车式起重机 8t	台班	0.042	0.061	0.081	0.105	0.166	0.205
	载货汽车 – 普通货车 8t	台班	0.042	0.061	0.081	0.105	0.166	0.205
	电动空气压缩机 $1m^3/min$	台班	7.421	8.698	10.101	11.793	13.232	14.669
	电动空气压缩机 $6m^3/min$	台班	0.046	0.046	0.046	0.068	0.068	0.068

17. 铜及铜合金管件（氧乙炔焊）

工作内容：准备工作，管子切口，坡口加工，坡口磨平，管口组对，焊前预热，焊接。　　**计量单位：**10 个

编　号				8-2-250	8-2-251	8-2-252	8-2-253	8-2-254	8-2-255	8-2-256
项　目				管外径（mm 以内）						
				20	30	40	50	65	75	85
名　称			单位	消　耗　量						
人工	合计工日		工日	1.695	2.527	3.160	3.480	4.212	4.464	5.266
	其中	普工	工日	0.424	0.632	0.790	0.870	1.052	1.116	1.316
		一般技工	工日	1.102	1.643	2.054	2.262	2.738	2.902	3.423
		高级技工	工日	0.169	0.252	0.316	0.348	0.422	0.446	0.527
材料	低压铜及铜合金管件		个	(10.000)	(10.000)	(10.000)	(10.000)	(10.000)	(10.000)	(10.000)
	铜气焊丝		kg	0.162	0.243	0.353	0.423	0.951	1.113	1.295
	氧气		m^3	0.950	1.403	2.081	2.607	3.188	3.851	4.440
	乙炔气		kg	0.365	0.540	0.800	1.003	1.226	1.481	1.708
	尼龙砂轮片 $\phi500\times25\times4$		片	0.093	0.135	0.216	0.250	0.280	0.315	—
	硼砂		kg	0.040	0.081	0.110	0.133	0.283	0.344	0.385
	铁砂布		张	0.157	0.202	0.336	0.426	0.650	0.739	0.739
	碎布		kg	0.022	0.045	0.067	0.067	0.090	0.112	0.112
	其他材料费		%	1.00	1.00	1.00	1.00	1.00	1.00	1.00
机械	砂轮切割机 $\phi500$		台班	0.009	0.044	0.067	0.081	0.108	0.120	—
	等离子切割机 400A		台班	—	—	—	—	—	—	0.330
	电动空气压缩机 $1m^3/min$		台班	—	—	—	—	—	—	0.330

计量单位：10 个

编号				8-2-257	8-2-258	8-2-259	8-2-260	8-2-261	8-2-262	8-2-263
项目				管外径（mm 以内）						
				100	120	150	185	200	250	300
名称			单位	消耗量						
人工	合计工日		工日	6.120	7.435	8.326	10.020	10.822	12.201	15.629
	其中	普工	工日	1.530	1.859	2.083	2.505	2.706	3.051	3.907
		一般技工	工日	3.978	4.832	5.411	6.513	7.034	7.930	10.159
		高级技工	工日	0.612	0.744	0.832	1.002	1.082	1.220	1.563
材料	低压铜及铜合金管件		个	(10.000)	(10.000)	(10.000)	(10.000)	(10.000)	(10.000)	(10.000)
	铜气焊丝		kg	2.317	3.336	4.170	5.143	5.560	6.977	8.367
	氧气		m^3	5.348	6.834	8.051	10.389	13.518	16.923	20.018
	乙炔气		kg	2.057	2.628	3.097	3.996	5.199	6.509	7.699
	尼龙砂轮片 $\phi100\times16\times3$		片	1.262	1.526	1.920	2.380	2.577	3.235	3.892
	硼砂		kg	0.448	0.538	0.672	0.829	0.896	1.120	1.344
	铁砂布		张	0.941	1.075	1.434	1.904	2.106	2.979	3.853
	碎布		kg	0.134	0.179	0.202	0.269	0.291	0.358	0.426
	其他材料费		%	1.00	1.00	1.00	1.00	1.00	1.00	1.00
机械	等离子切割机 400A		台班	1.368	1.642	2.053	2.532	2.738	3.421	4.105
	汽车式起重机 8t		台班	0.010	0.010	0.010	0.010	0.010	0.018	0.026
	载货汽车－普通货车 8t		台班	0.010	0.010	0.010	0.010	0.010	0.018	0.026
	电动空气压缩机 $1m^3/min$		台班	1.368	1.642	2.053	2.532	2.738	3.421	4.105

18. 铜及铜合金板卷管件(氧乙炔焊)

工作内容: 准备工作,管子切口,坡口加工,坡口磨平,管口组对,焊前预热,焊接。　　**计量单位:** 10个

编号				8-2-264	8-2-265	8-2-266	8-2-267	8-2-268	8-2-269	8-2-270
项目				管外径(mm以内)						
				155	205	255	305	355	405	505
名称			单位	消耗量						
人工	合计工日		工日	7.812	10.179	12.264	16.056	18.574	22.522	26.490
	其中	普工	工日	1.953	2.545	3.066	4.014	4.644	5.630	6.622
		一般技工	工日	5.078	6.616	7.971	10.436	12.073	14.639	17.219
		高级技工	工日	0.781	1.018	1.227	1.606	1.857	2.253	2.649
材料	铜及铜合金板卷管件		个	(10.000)	(10.000)	(10.000)	(10.000)	(10.000)	(10.000)	(10.000)
	铜气焊丝		kg	3.729	4.930	7.168	8.568	9.977	11.388	14.202
	氧气		m^3	7.745	9.521	15.594	19.362	22.542	25.736	30.265
	乙炔气		kg	2.979	3.662	5.998	7.447	8.670	9.898	11.640
	尼龙砂轮片 $\phi100\times16\times3$		片	1.814	2.413	3.996	4.792	8.334	9.529	11.917
	硼砂		kg	0.542	0.701	1.153	1.379	2.373	2.712	3.367
	铁砂布		张	1.446	2.124	3.006	3.593	4.678	5.311	7.322
	碎布		kg	0.226	0.294	0.362	0.429	0.497	0.565	0.723
	其他材料费		%	1.00	1.00	1.00	1.00	1.00	1.00	1.00
机械	等离子切割机 400A		台班	2.097	2.774	3.514	4.202	5.064	5.780	7.205
	汽车式起重机 8t		台班	0.005	0.005	0.008	0.012	0.016	0.027	0.042
	载货汽车－普通货车 8t		台班	0.005	0.005	0.008	0.012	0.016	0.027	0.042
	电动空气压缩机 $1m^3/min$		台班	2.097	2.774	3.514	4.202	5.064	5.780	7.205

19. 加热外套碳钢管件（两半）（电弧焊）

工作内容： 准备工作，管子切口，坡口加工，坡口磨平，管口组对，焊接。 **计量单位：** 10个

编号				8-2-271	8-2-272	8-2-273	8-2-274	8-2-275	8-2-276
项目				公称直径（mm以内）					
				32	40	50	65	80	100
名称			单位	消耗量					
人工	合计工日		工日	3.197	3.791	4.520	5.713	6.501	8.250
	其中	普工	工日	0.800	0.948	1.130	1.429	1.625	2.062
		一般技工	工日	2.077	2.464	2.938	3.713	4.226	5.363
		高级技工	工日	0.320	0.379	0.452	0.571	0.650	0.825
材料	碳钢两半管件		片	（20.000）	（20.000）	（20.000）	（20.000）	（20.000）	（20.000）
	低碳钢焊条 J427 $\phi3.2$		kg	1.508	1.731	2.395	4.287	5.072	9.441
	氧气		m^3	0.087	0.094	0.109	2.341	2.653	3.977
	乙炔气		kg	0.034	0.036	0.042	0.900	1.020	1.529
	尼龙砂轮片 $\phi100\times16\times3$		片	1.574	2.032	2.821	4.361	5.233	8.562
	尼龙砂轮片 $\phi500\times25\times4$		片	0.184	0.215	0.307	—	—	—
	磨头		个	0.801	0.917	1.090	1.454	1.702	2.181
	碎布		kg	0.170	0.170	0.244	0.300	0.384	0.428
	其他材料费		%	1.00	1.00	1.00	1.00	1.00	1.00
机械	电焊机（综合）		台班	1.131	1.309	1.623	2.610	3.047	4.427
	砂轮切割机 $\phi500$		台班	0.061	0.066	0.081	—	—	—
	电焊条烘干箱 $60\times50\times75$（cm^3）		台班	0.113	0.131	0.162	0.261	0.304	0.443
	电焊条恒温箱		台班	0.113	0.131	0.162	0.261	0.304	0.443
	汽车式起重机 8t		台班	—	—	—	—	—	0.012
	载货汽车－普通货车 8t		台班	—	—	—	—	—	0.012

计量单位：10 个

编号				8-2-277	8-2-278	8-2-279	8-2-280	8-2-281	8-2-282
项目				公称直径（mm 以内）					
				125	150	200	250	300	350
名称			单位	消耗量					
人工	合计工日		工日	9.228	12.868	16.612	23.197	26.337	31.137
	其中	普工	工日	2.307	3.217	4.153	5.799	6.583	7.784
		一般技工	工日	5.998	8.364	10.798	15.078	17.120	20.239
		高级技工	工日	0.923	1.287	1.661	2.320	2.634	3.114
材料	碳钢两半管件		片	（20.000）	（20.000）	（20.000）	（20.000）	（20.000）	（20.000）
	低碳钢焊条 J427 $\phi3.2$		kg	10.465	13.815	22.753	44.744	53.381	84.604
	氧气		m^3	4.092	5.435	7.539	11.225	12.679	16.609
	乙炔气		kg	1.574	2.090	2.900	4.317	4.877	6.388
	尼龙砂轮片 $\phi100\times16\times3$		片	9.218	13.811	21.266	35.543	42.489	65.081
	角钢（综合）		kg	—	—	1.794	1.794	2.360	2.360
	碎布		kg	0.532	0.660	0.900	1.114	1.284	1.498
	其他材料费		%	1.00	1.00	1.00	1.00	1.00	1.00
机械	电焊机（综合）		台班	5.014	6.347	8.867	12.549	15.028	18.309
	汽车式起重机 8t		台班	0.012	0.012	0.012	0.021	0.031	0.046
	载货汽车－普通货车 8t		台班	0.012	0.012	0.012	0.021	0.031	0.046
	电焊条烘干箱 60×50×75（cm^3）		台班	0.501	0.635	0.887	1.255	1.503	1.831
	电焊条恒温箱		台班	0.501	0.635	0.887	1.255	1.503	1.831

计量单位：10 个

编　　号				8-2-283	8-2-284	8-2-285	8-2-286
项　　目				公称直径（mm 以内）			
				400	450	500	600
名　　称			单位	消　耗　量			
人工	合计工日		工日	35.138	41.270	45.939	59.720
	其中	普工	工日	8.784	10.318	11.484	14.930
		一般技工	工日	22.840	26.825	29.861	38.818
		高级技工	工日	3.514	4.127	4.594	5.972
材料	碳钢两半管件		片	（20.000）	（20.000）	（20.000）	（20.000）
	低碳钢焊条 J427 ϕ3.2		kg	95.738	141.651	156.598	266.211
	氧气		m^3	18.314	21.313	24.710	33.359
	乙炔气		kg	7.044	8.197	9.504	12.830
	尼龙砂轮片 $\phi100\times16\times3$		片	72.528	94.350	104.419	156.628
	角钢（综合）		kg	2.360	2.360	2.360	2.360
	碎布		kg	1.660	1.892	2.156	2.372
	其他材料费		%	1.00	1.00	1.00	1.00
机械	电焊机（综合）		台班	20.716	24.371	26.941	35.832
	汽车式起重机 8t		台班	0.059	0.090	0.146	0.365
	载货汽车－普通货车 8t		台班	0.059	0.090	0.146	0.365
	电焊条烘干箱 $60\times50\times75(cm^3)$		台班	2.072	2.437	2.694	3.583
	电焊条恒温箱		台班	2.072	2.437	2.694	3.583

20. 加热外套不锈钢管件（两半）（电弧焊）

工作内容： 准备工作，管子切口，坡口加工，坡口磨平，管口组对，焊接，焊缝钝化。　　**计量单位：** 10个

编号				8-2-287	8-2-288	8-2-289	8-2-290	8-2-291	8-2-292
项目				公称直径（mm以内）					
				32	40	50	65	80	100
名称			单位	消耗量					
人工	合计工日		工日	3.233	5.130	5.357	7.512	8.331	9.185
	其中	普工	工日	0.808	1.283	1.340	1.878	2.083	2.296
		一般技工	工日	2.102	3.334	3.481	4.883	5.415	5.970
		高级技工	工日	0.323	0.513	0.536	0.751	0.833	0.919
材料	不锈钢两半管件		片	(20.000)	(20.000)	(20.000)	(20.000)	(20.000)	(20.000)
	不锈钢焊条（综合）		kg	1.045	1.570	1.869	2.921	3.430	5.861
	尼龙砂轮片 $\phi100\times16\times3$		片	1.338	3.255	3.877	6.176	7.662	11.277
	尼龙砂轮片 $\phi500\times25\times4$		片	0.257	0.296	0.302	0.433	0.531	0.781
	丙酮		kg	0.487	0.562	0.674	0.899	1.049	1.348
	酸洗膏		kg	0.304	0.377	0.470	0.642	0.753	0.964
	水		t	0.075	0.075	0.112	0.150	0.187	0.225
	碎布		kg	0.150	0.150	0.214	0.262	0.337	0.375
	其他材料费		%	1.00	1.00	1.00	1.00	1.00	1.00
机械	电焊机（综合）		台班	0.645	1.372	1.634	2.339	2.746	4.023
	砂轮切割机 $\phi500$		台班	0.068	0.074	0.079	0.152	0.161	0.277
	等离子切割机 400A		台班	—	—	—	—	0.407	0.527
	汽车式起重机 8t		台班	—	—	—	—	—	0.011
	载货汽车－普通货车 8t		台班	—	—	—	—	—	0.011
	电动空气压缩机 $1m^3/min$		台班	—	—	—	—	0.712	0.923
	电动空气压缩机 $6m^3/min$		台班	0.038	0.038	0.038	0.038	0.038	0.038
	电焊条烘干箱 $60\times50\times75$（cm^3）		台班	0.065	0.137	0.164	0.234	0.274	0.402
	电焊条恒温箱		台班	0.065	0.137	0.164	0.234	0.274	0.402

计量单位：10 个

编号			8-2-293	8-2-294	8-2-295	8-2-296	8-2-297	8-2-298
项目			公称直径（mm 以内）					
			125	150	200	250	300	350
名称		单位	消耗量					
人工	合计工日	工日	10.241	12.666	17.153	23.368	28.323	32.600
	其中 普工	工日	2.560	3.167	4.288	5.842	7.081	8.150
	其中 一般技工	工日	6.657	8.232	11.150	15.189	18.410	21.190
	其中 高级技工	工日	1.024	1.267	1.715	2.337	2.832	3.260
材料	不锈钢两半管件	片	（20.000）	（20.000）	（20.000）	（20.000）	（20.000）	（20.000）
	不锈钢焊条（综合）	kg	6.850	12.006	16.587	34.069	48.453	56.284
	尼龙砂轮片 $\phi100\times16\times3$	片	14.355	20.048	31.155	59.104	79.653	97.367
	丙酮	kg	1.565	1.873	2.584	3.221	3.820	4.419
	酸洗膏	kg	1.483	1.990	2.594	3.914	4.659	5.105
	水	t	0.262	0.337	0.449	0.524	0.637	0.749
	碎布	kg	0.464	0.577	0.786	0.974	1.124	1.311
	其他材料费	%	1.00	1.00	1.00	1.00	1.00	1.00
机械	电焊机（综合）	台班	4.700	6.410	8.983	13.363	16.630	19.318
	等离子切割机 400A	台班	0.871	1.050	1.459	1.897	2.316	2.686
	汽车式起重机 8t	台班	0.011	0.011	0.011	0.019	0.028	0.042
	载货汽车－普通货车 8t	台班	0.011	0.011	0.011	0.019	0.028	0.042
	电动空气压缩机 $1m^3/min$	台班	1.524	1.838	2.554	3.320	4.053	4.701
	电动空气压缩机 $6m^3/min$	台班	0.038	0.038	0.038	0.038	0.038	0.038
	电焊条烘干箱 $60\times50\times75(cm^3)$	台班	0.470	0.641	0.898	1.336	1.663	1.932
	电焊条恒温箱	台班	0.470	0.641	0.898	1.336	1.663	1.932

计量单位：10 个

编　号				8-2-299	8-2-300	8-2-301
项　目				公称直径（mm 以内）		
				400	450	500
名　称			单位	消　耗　量		
人工	合计工日		工日	36.708	41.848	47.705
	其中	普工	工日	9.177	10.462	11.926
		一般技工	工日	23.860	27.201	31.009
		高级技工	工日	3.671	4.185	4.770
材料	不锈钢两半管件		片	（20.000）	（20.000）	（20.000）
	不锈钢焊条（综合）		kg	63.669	75.129	88.653
	尼龙砂轮片 $\phi100\times16\times3$		片	110.549	126.026	143.666
	丙酮		kg	4.981	5.678	6.473
	酸洗膏		kg	6.327	7.213	8.212
	水		t	0.861	0.982	1.119
	碎布		kg	1.453	1.695	1.932
	其他材料费		%	1.00	1.00	1.00
机械	电焊机（综合）		台班	21.852	25.785	30.426
	等离子切割机 400A		台班	3.037	3.584	4.229
	汽车式起重机 8t		台班	0.053	0.064	0.076
	载货汽车－普通货车 8t		台班	0.053	0.064	0.076
	电动空气压缩机 $1m^3/min$		台班	5.015	5.918	6.983
	电动空气压缩机 $6m^3/min$		台班	0.038	0.038	0.038
	电焊条烘干箱 $60\times50\times75(cm^3)$		台班	2.185	2.579	3.043
	电焊条恒温箱		台班	2.185	2.579	3.043

21.塑料管件(承插粘接)

工作内容:准备工作,管子切口,坡口加工,管口组对,粘接。 **计量单位:**10个

编号			8-2-302	8-2-303	8-2-304	8-2-305	8-2-306	8-2-307	8-2-308
项目			管外径(mm以内)						
			20	25	32	40	50	75	90
名称		单位	消耗量						
人工	合计工日	工日	0.225	0.271	0.330	0.426	0.718	1.051	1.253
人工	其中 普工	工日	0.056	0.068	0.082	0.106	0.179	0.263	0.314
人工	其中 一般技工	工日	0.146	0.176	0.215	0.277	0.467	0.683	0.814
人工	其中 高级技工	工日	0.023	0.027	0.033	0.043	0.072	0.105	0.125
材料	承插塑料管件	个	(10.000)	(10.000)	(10.000)	(10.000)	(10.000)	(10.000)	(10.000)
材料	胶粘剂	kg	0.034	0.042	0.052	0.066	0.082	0.124	0.148
材料	锯条(各种规格)	根	0.149	0.187	0.238	0.303	0.305	—	—
材料	铁砂布	张	—	—	—	—	—	6.000	6.000
材料	丙酮	kg	0.050	0.062	0.076	0.098	0.122	0.184	0.220
材料	碎布	kg	0.028	0.036	0.044	0.056	0.072	0.106	0.120
材料	其他材料费	%	1.00	1.00	1.00	1.00	1.00	1.00	1.00
机械	木工圆锯机 500mm	台班	—	—	—	—	—	0.010	0.010

计量单位：10 个

编　号			8-2-309	8-2-310	8-2-311	8-2-312	8-2-313	8-2-314
项　目			管外径（mm 以内）					
			110	125	150	180	200	250
名　称		单位	消　耗　量					
人工	合计工日	工日	1.518	1.748	2.223	2.523	2.881	3.887
	其中 普工	工日	0.379	0.437	0.555	0.631	0.720	0.972
	其中 一般技工	工日	0.987	1.136	1.445	1.640	1.873	2.527
	其中 高级技工	工日	0.152	0.175	0.223	0.252	0.288	0.388
材料	承插塑料管件	个	(10.000)	(10.000)	(10.000)	(10.000)	(10.000)	(10.000)
	胶粘剂	kg	0.252	0.286	0.344	0.412	0.458	0.572
	铁砂布	张	6.000	8.000	8.000	8.000	8.968	12.700
	丙酮	kg	0.378	0.428	0.516	0.618	0.688	0.860
	碎布	kg	0.134	0.152	0.182	0.220	0.244	0.304
	其他材料费	%	1.00	1.00	1.00	1.00	1.00	1.00
机械	木工圆锯机 500mm	台班	0.010	0.010	0.010	0.015	0.020	0.020
	汽车式起重机 8t	台班	0.008	0.008	0.008	0.010	0.010	0.018
	载货汽车 – 普通货车 8t	台班	0.008	0.008	0.008	0.010	0.010	0.018

22. 塑料管件（热熔焊）

工作内容：准备工作，管子切口，坡口加工，管口组对，焊接。　　**计量单位：**10个

编号				8-2-315	8-2-316	8-2-317	8-2-318	8-2-319	8-2-320	8-2-321
项目				管外径（mm以内）						
				20	25	32	40	50	75	90
名称			单位	消耗量						
人工	合计工日		工日	0.626	0.752	0.937	1.270	1.689	2.361	3.091
	其中	普工	工日	0.196	0.235	0.293	0.397	0.528	0.738	0.966
		一般技工	工日	0.234	0.282	0.351	0.476	0.633	0.885	1.159
		高级技工	工日	0.196	0.235	0.293	0.397	0.528	0.738	0.966
材料	塑料管件		个	(10.000)	(10.000)	(10.000)	(10.000)	(10.000)	(10.000)	(10.000)
	碎布		kg	0.028	0.036	0.044	0.056	0.072	0.106	0.120
	锯条（各种规格）		根	0.149	0.187	0.238	0.303	0.305	—	—
	铁砂布 0#~2#		张	—	—	—	—	—	6.000	6.000
	其他材料费		%	1.00	1.00	1.00	1.00	1.00	1.00	1.00
机械	载货汽车－普通货车 8t		台班	—	—	—	—	—	—	0.007
	汽车式起重机 8t		台班	—	—	—	—	—	—	0.007
	木工圆锯机 500mm		台班	—	—	—	—	—	0.008	0.008
	热熔对接焊机 630mm		台班	0.352	0.430	0.549	0.746	1.006	1.514	2.006
	电动空气压缩机 0.6m³/min		台班	0.290	0.354	0.450	0.615	0.714	1.098	1.422

计量单位：10 个

编　号				8-2-322	8-2-323	8-2-324	8-2-325	8-2-326	8-2-327
项　目				管外径（mm 以内）					
				110	125	150	180	200	250
名　称			单位	消　耗　量					
人工	合计工日		工日	3.940	4.058	5.794	6.223	7.938	9.802
	其中	普工	工日	1.231	1.268	1.811	1.945	2.481	3.063
		一般技工	工日	1.478	1.522	2.172	2.333	2.976	3.676
		高级技工	工日	1.231	1.268	1.811	1.945	2.481	3.063
材料	塑料管件		个	（10.000）	（10.000）	（10.000）	（10.000）	（10.000）	（10.000）
	碎布		kg	0.134	0.152	0.182	0.220	0.244	0.304
	铁砂布 0#~2#		张	6.000	8.000	8.000	8.968	8.968	12.700
	其他材料费		%	1.00	1.00	1.00	1.00	1.00	1.00
机械	汽车式起重机 8t		台班	0.007	0.007	0.007	0.008	0.008	0.009
	载货汽车－普通货车 8t		台班	0.007	0.007	0.007	0.008	0.008	0.009
	木工圆锯机 500mm		台班	0.008	0.008	0.008	0.012	0.016	0.016
	热熔对接焊机 630mm		台班	2.598	2.703	3.992	4.224	5.745	7.468
	电动空气压缩机 0.6m³/min		台班	1.913	1.913	2.746	2.992	4.004	5.206

23. 金属骨架复合管件(热熔焊)

工作内容:准备工作,管子切口,坡口加工,管口组对,热熔连接。 **计量单位**:10个

编号				8-2-328	8-2-329	8-2-330	8-2-331	8-2-332	8-2-333
项目				管外径(mm以内)					
				20	25	32	40	50	65
名称			单位	消耗量					
人工	合计工日		工日	0.677	0.815	1.019	1.656	1.862	2.321
	其中	普工	工日	0.169	0.204	0.255	0.414	0.466	0.581
		一般技工	工日	0.440	0.529	0.662	1.076	1.210	1.508
		高级技工	工日	0.068	0.082	0.102	0.166	0.186	0.232
材料	低压金属骨架复合管件		个	(10.000)	(10.000)	(10.000)	(10.000)	(10.000)	(10.000)
	锯条(各种规格)		根	0.149	0.179	0.215	0.257	0.309	0.371
	铁砂布		张	5.000	5.000	5.000	5.000	5.000	5.000
	碎布		kg	0.028	0.036	0.044	0.056	0.072	0.086
	其他材料费		%	1.00	1.00	1.00	1.00	1.00	1.00
机械	热熔对接焊机 630mm		台班	0.370	0.451	0.577	0.783	1.057	1.185
	木工圆锯机 500mm		台班	0.004	0.005	0.006	0.006	0.007	0.007

计量单位：10 个

编　　号				8-2-334	8-2-335	8-2-336	8-2-337	8-2-338	8-2-339
项　　目				管外径（mm 以内）					
				76	90	114	140	166	218
名　　称			单位	消　耗　量					
人工	合计工日		工日	2.714	3.606	4.509	5.523	6.265	10.121
	其中	普工	工日	0.679	0.902	1.128	1.380	1.567	2.530
		一般技工	工日	1.764	2.344	2.930	3.590	4.072	6.579
		高级技工	工日	0.271	0.360	0.451	0.553	0.626	1.012
材料	低压金属骨架复合管件		个	（10.000）	（10.000）	（10.000）	（10.000）	（10.000）	（10.000）
	锯条（各种规格）		根	0.445	0.534	0.641	0.769	0.923	1.107
	铁砂布		张	5.000	5.000	6.000	7.200	8.640	10.368
	碎布		kg	0.104	0.124	0.149	0.179	0.215	0.258
	其他材料费		%	1.00	1.00	1.00	1.00	1.00	1.00
机械	热熔对接焊机 630mm		台班	1.390	1.590	2.106	2.728	2.838	4.191
	木工圆锯机 500mm		台班	0.008	0.008	0.008	0.008	0.012	0.016
	汽车式起重机 8t		台班	—	—	0.008	0.008	0.008	0.010
	载货汽车－普通货车 8t		台班	—	—	0.008	0.008	0.008	0.010

计量单位：10 个

编号			8-2-340	8-2-341	8-2-342	8-2-343
项目			管外径（mm 以内）			
			250	300	400	500
名称		单位	消耗量			
人工	合计工日	工日	16.036	18.442	23.973	29.967
	其中 普工	工日	4.009	4.610	5.994	7.491
	其中 一般技工	工日	10.423	11.987	15.582	19.479
	其中 高级技工	工日	1.604	1.845	2.397	2.997
材料	低压金属骨架复合管件	个	（10.000）	（10.000）	（10.000）	（10.000）
	锯条（各种规格）	根	1.328	1.594	1.913	2.296
	铁砂布	张	12.442	14.930	17.916	21.499
	碎布	kg	0.310	0.371	0.446	0.535
	其他材料费	%	1.00	1.00	1.00	1.00
机械	热熔对接焊机 630mm	台班	7.842	9.018	10.370	11.926
	木工圆锯机 500mm	台班	0.016	0.018	0.025	0.031
	汽车式起重机 8t	台班	0.018	0.030	0.042	0.073
	载货汽车 – 普通货车 8t	台班	0.018	0.030	0.042	0.073

24. 玻璃钢管件(胶泥)

工作内容:准备工作,管子切口,坡口加工,坡口磨平,管口组对,管口连接。 **计量单位**:10个

编号				8-2-344	8-2-345	8-2-346	8-2-347	8-2-348	8-2-349	8-2-350
项目				公称直径(mm以内)						
				25	40	50	80	100	125	150
名称			单位	消耗量						
人工	合计工日		工日	1.417	2.296	2.879	4.261	5.337	7.220	8.676
	其中	普工	工日	0.354	0.574	0.719	1.065	1.334	1.805	2.169
		一般技工	工日	0.921	1.492	1.872	2.770	3.469	4.693	5.639
		高级技工	工日	0.142	0.230	0.288	0.426	0.534	0.722	0.868
材料	玻璃钢管件		个	(10.000)	(10.000)	(10.000)	(10.000)	(10.000)	(10.000)	(10.000)
	胶泥		kg	2.760	4.400	5.500	8.800	10.460	11.660	16.840
	尼龙砂轮片 $\phi500\times25\times4$		片	0.061	0.125	0.177	0.279	0.406	0.482	0.580
	乙二胺		kg	0.020	0.020	0.020	0.020	0.020	0.020	0.020
	环氧树脂		kg	0.040	0.080	0.100	0.160	0.200	0.240	0.280
	玻璃布 $\delta0.2$		m^2	0.480	0.760	0.940	1.500	1.880	2.360	2.820
	其他材料费		%	1.00	1.00	1.00	1.00	1.00	1.00	1.00
机械	砂轮切割机 $\phi500$		台班	0.024	0.038	0.043	0.069	0.086	0.113	0.133
	汽车式起重机 8t		台班	—	—	—	—	0.008	0.008	0.008
	载货汽车 – 普通货车 8t		台班	—	—	—	—	0.008	0.008	0.008

25. 玻璃钢管件（环氧树脂）

工作内容： 准备工作，管子切口，坡口加工，坡口磨平，管口组对，树脂填充连接，接口补强，管口连接。

计量单位：10个

编号			8-2-351	8-2-352	8-2-353	8-2-354	8-2-355	8-2-356
项目			公称直径（mm以内）					
			25	40	50	80	100	150
名称		单位	消耗量					
人工	合计工日	工日	2.197	3.555	4.399	7.110	8.797	13.329
人工	其中 普工	工日	1.319	2.134	2.640	4.265	5.279	7.997
人工	其中 一般技工	工日	0.878	1.421	1.759	2.845	3.518	5.332
材料	玻璃钢管件	个	(10.000)	(10.000)	(10.000)	(10.000)	(10.000)	(10.000)
材料	环氧树脂	kg	2.266	4.532	5.562	12.154	16.068	24.102
材料	尼龙砂轮片 $\phi500\times25\times4$	片	0.005	0.011	0.015	0.016	0.016	0.017
材料	碎布	kg	0.542	0.580	0.580	0.629	0.678	0.826
材料	铁砂布 0#~2#	张	0.041	0.082	0.124	0.206	0.228	0.618
材料	石英粉	kg	1.267	1.974	2.474	4.978	6.216	13.698
材料	邻苯二甲酸二丁酯	kg	0.080	0.124	0.156	0.313	0.391	0.862
材料	丙酮	kg	0.310	0.483	0.606	1.218	1.521	3.353
材料	乙二胺	kg	0.062	0.097	0.121	0.244	0.304	0.671
材料	玻璃布 $\delta0.2$	m^2	8.312	12.906	16.130	32.558	40.572	89.456
材料	其他材料费	%	1.00	1.00	1.00	1.00	1.00	1.00
机械	汽车式起重机 8t	台班	—	—	—	0.008	0.009	0.009
机械	载货汽车－普通货车 8t	台班	—	—	—	0.008	0.009	0.009
机械	砂轮切割机 $\phi500$	台班	0.016	0.028	0.031	0.049	0.062	0.095

26. 螺旋卷管件(氩电联焊)

工作内容: 准备工作,管子切口,坡口加工,坡口磨平,管口组对,焊接。 **计量单位:** 10个

编号				8-2-357	8-2-358	8-2-359	8-2-360	8-2-361	8-2-362	8-2-363
项目				公称直径(mm以内)						
				200	250	300	350	400	450	500
名称			单位	消耗量						
人工	合计工日		工日	7.166	8.959	10.817	13.117	14.487	16.227	18.272
	其中	普工	工日	1.791	2.240	2.704	3.279	3.622	4.057	4.568
		一般技工	工日	4.658	5.823	7.031	8.526	9.417	10.547	11.876
		高级技工	工日	0.717	0.896	1.082	1.312	1.448	1.623	1.828
材料	低压螺旋卷管件		个	(10.000)	(10.000)	(10.000)	(10.000)	(10.000)	(10.000)	(10.000)
	低碳钢焊条 J427 $\phi3.2$		kg	7.650	9.491	11.306	23.210	26.252	29.608	30.122
	碳钢氩弧焊丝		kg	1.296	1.296	1.926	2.244	2.548	2.882	2.920
	氧气		m^3	5.560	7.054	8.800	10.262	11.042	11.767	12.448
	乙炔气		kg	2.138	2.713	3.385	3.947	4.247	4.526	4.788
	氩气		m^3	3.628	3.628	3.628	6.284	7.134	8.070	8.400
	铈钨棒		g	7.256	7.256	7.256	12.568	14.268	16.140	16.400
	尼龙砂轮片 $\phi100\times16\times3$		片	12.166	17.186	17.186	23.378	31.285	35.414	40.061
	角钢(综合)		kg	1.736	1.736	1.736	1.736	1.736	1.736	1.736
	碎布		kg	0.306	0.379	0.437	0.509	0.564	0.643	0.733
	其他材料费		%	1.00	1.00	1.00	1.00	1.00	1.00	1.00
机械	电焊机(综合)		台班	3.596	3.666	3.839	7.877	8.913	10.050	12.709
	氩弧焊机 500A		台班	2.329	2.329	2.329	4.033	4.580	5.178	5.866
	汽车式起重机 8t		台班	0.005	0.007	0.011	0.014	0.025	0.032	0.039
	载货汽车－普通货车 8t		台班	0.005	0.007	0.011	0.014	0.025	0.032	0.039
	电焊条烘干箱 $60\times50\times75(cm^3)$		台班	0.360	0.367	0.384	0.788	0.891	1.005	1.271
	电焊条恒温箱		台班	0.360	0.367	0.384	0.788	0.891	1.005	1.271

27. 承插铸铁管件(膨胀水泥接口)

工作内容:准备工作,管子切口,管口处理,管件安装,调制接口材料,接口,养护。 **计量单位:**10个

编号				8-2-364	8-2-365	8-2-366	8-2-367	8-2-368	8-2-369	8-2-370
项目				公称直径(mm以内)						
				75	100	150	200	300	400	500
名称			单位	消耗量						
人工	合计工日		工日	3.850	3.953	5.525	7.166	7.948	11.128	15.275
	其中	普工	工日	0.962	0.988	1.381	1.791	1.987	2.782	3.819
		一般技工	工日	2.503	2.570	3.591	4.658	5.166	7.233	9.929
		高级技工	工日	0.385	0.395	0.553	0.717	0.795	1.113	1.527
材料	铸铁管件		个	(10.000)	(10.000)	(10.000)	(10.000)	(10.000)	(10.000)	(10.000)
	氧气		m^3	0.440	0.750	1.010	1.830	2.640	4.950	6.270
	乙炔气		kg	0.169	0.288	0.388	0.704	1.015	1.904	2.412
	碳精棒		kg	—	—	—	—	—	0.940	1.180
	膨胀水泥		kg	13.990	17.400	25.590	32.870	55.000	75.460	106.480
	油麻		kg	1.830	2.270	3.340	4.310	7.250	9.870	13.970
	其他材料费		%	1.00	1.00	1.00	1.00	1.00	1.00	1.00
机械	汽车式起重机 8t		台班	—	0.010	0.010	0.010	0.012	0.028	0.043
	载货汽车－普通货车 8t		台班	—	0.010	0.010	0.010	0.012	0.028	0.043

计量单位：10 个

编　号				8-2-371	8-2-372	8-2-373	8-2-374
项　目				公称直径（mm 以内）			
				600	700	800	900
名　称			单位	消　耗　量			
人工	合计工日		工日	20.129	29.149	30.491	40.275
	其中	普工	工日	5.032	7.287	7.623	10.069
		一般技工	工日	13.084	18.947	19.819	26.179
		高级技工	工日	2.013	2.915	3.049	4.027
材料	铸铁管件		个	（10.000）	（10.000）	（10.000）	（10.000）
	氧气		m^3	7.590	8.910	9.900	11.000
	乙炔气		kg	2.919	3.427	3.808	4.231
	碳精棒		kg	1.410	2.060	2.360	3.180
	膨胀水泥		kg	132.220	159.610	188.980	220.110
	油麻		kg	17.330	20.900	24.780	28.770
	其他材料费		%	1.00	1.00	1.00	1.00
机械	汽车式起重机 8t		台班	0.062	0.082	0.107	0.169
	载货汽车 – 普通货车 8t		台班	0.062	0.082	0.107	0.169

计量单位：10 个

编号			8-2-375	8-2-376	8-2-377	8-2-378
项目			公称直径（mm 以内）			
			1 000	1 200	1 400	1 600
名称		单位	消耗量			
人工	合计工日	工日	44.653	60.779	84.427	126.828
人工	其中 普工	工日	11.164	15.195	21.106	31.707
人工	其中 一般技工	工日	29.024	39.506	54.878	82.438
人工	其中 高级技工	工日	4.465	6.078	8.443	12.683
材料	铸铁管件	个	（10.000）	（10.000）	（10.000）	（10.000）
材料	氧气	m^3	12.320	13.420	14.520	15.840
材料	乙炔气	kg	4.738	5.162	5.585	6.092
材料	碳精棒	kg	3.530	3.880	4.230	4.580
材料	膨胀水泥	kg	274.010	350.680	467.060	564.410
材料	油麻	kg	35.810	45.890	61.110	73.820
材料	其他材料费	%	1.00	1.00	1.00	1.00
机械	汽车式起重机 8t	台班	0.209	0.301	0.489	0.664
机械	载货汽车－普通货车 8t	台班	0.209	0.301	0.489	0.664

28. 法兰铸铁管件（法兰连接）

工作内容：准备工作，管口组对，管件连接。　　　　**计量单位：**10 个

编号				8-2-379	8-2-380	8-2-381	8-2-382	8-2-383	8-2-384	8-2-385
项目				公称直径（mm 以内）						
				75	100	125	150	200	250	300
名称			单位	消耗量						
人工	合计工日		工日	0.290	0.335	0.424	0.482	0.519	0.681	0.820
	其中	普工	工日	0.072	0.083	0.106	0.120	0.130	0.170	0.205
		一般技工	工日	0.189	0.218	0.275	0.314	0.337	0.443	0.533
		高级技工	工日	0.029	0.034	0.043	0.048	0.052	0.068	0.082
材料	法兰铸铁管件		个	(10.000)	(10.000)	(10.000)	(10.000)	(10.000)	(10.000)	(10.000)
	无石棉橡胶板 低压 $\delta 0.8\sim6.0$		kg	0.260	0.340	0.460	0.560	0.660	0.740	0.800
	白铅油		kg	0.140	0.200	0.240	0.280	0.340	0.400	0.500
	清油 C01-1		kg	0.040	0.040	0.040	0.060	0.060	0.080	0.100
	其他材料费		%	1.00	1.00	1.00	1.00	1.00	1.00	1.00
	碎布		kg	0.040	0.060	0.060	0.060	0.060	0.080	0.100
机械	汽车式起重机 8t		台班	—	0.010	0.010	0.010	0.010	0.018	0.026
	载货汽车 - 普通货车 8t		台班	—	0.010	0.010	0.010	0.010	0.018	0.026

计量单位：10 个

编号				8-2-386	8-2-387	8-2-388	8-2-389	8-2-390
项目				公称直径（mm 以内）				
				350	400	450	500	600
名称			单位	消耗量				
人工	合计工日		工日	0.959	1.194	1.318	1.677	1.938
	其中	普工	工日	0.240	0.298	0.329	0.419	0.485
		一般技工	工日	0.623	0.776	0.857	1.091	1.259
		高级技工	工日	0.096	0.120	0.132	0.167	0.194
材料	法兰铸铁管件		个	（10.000）	（10.000）	（10.000）	（10.000）	（10.000）
	无石棉橡胶板 低压 δ0.8~6.0		kg	1.080	1.380	1.620	1.660	1.680
	碳精棒		kg	—	0.940	0.940	1.180	1.410
	黑铅粉		kg	—	—	—	—	0.120
	白铅油		kg	0.500	0.600	0.600	0.660	—
	清油 C01-1		kg	0.100	0.120	0.120	0.120	0.360
	其他材料费		%	1.00	1.00	1.00	1.00	1.00
	碎布		kg	0.100	0.120	0.120	0.140	0.140
机械	电焊机（综合）		台班	—	0.283	0.283	0.359	0.425
	汽车式起重机 8t		台班	0.038	0.049	0.075	0.122	0.159
	载货汽车－普通货车 8t		台班	0.038	0.049	0.075	0.122	0.159
	电动空气压缩机 0.6m³/min		台班	—	0.301	0.301	0.382	0.452

29. 钢套钢直埋保温管件（氩电联焊）

工作内容：准备工作，管子切口，坡口加工，坡口磨平，管口组对，焊接。　　**计量单位：**10个

编　号				8-2-391	8-2-392	8-2-393	8-2-394	8-2-395
项　目				公称直径（mm以内）				
				100	200	250	300	350
名　称			单位	消　耗　量				
人工	合计工日		工日	4.263	8.528	10.660	12.873	15.612
	其中	普工	工日	1.332	2.132	2.665	3.218	3.904
		一般技工	工日	1.599	5.543	6.929	8.368	10.147
		高级技工	工日	1.332	0.853	1.066	1.287	1.561
材料	碳钢板卷管件		个	（10.000）	（10.000）	（10.000）	（10.000）	（10.000）
	低碳钢焊条 J427 ϕ3.2		kg	3.366	7.650	9.491	11.306	23.210
	碳钢焊丝		kg	0.570	1.296	1.296	1.926	2.244
	氧气		m^3	2.446	5.560	7.054	8.800	10.262
	乙炔气		kg	0.941	2.138	2.713	3.385	3.947
	氩气		m^3	1.596	3.628	3.628	3.628	6.284
	尼龙砂轮片 $\phi100\times16\times3$		片	5.353	12.166	17.186	17.186	23.378
	角钢（综合）		kg	0.907	2.061	2.061	2.061	2.061
	铈钨棒		g	3.193	7.256	7.256	7.256	12.568
	碎布		kg	0.168	0.382	0.472	0.544	0.635
	其他材料费		%	1.00	1.00	1.00	1.00	1.00
机械	汽车式起重机 8t		台班	0.003	0.006	0.009	0.013	0.017
	载货汽车－普通货车 8t		台班	0.003	0.005	0.009	0.013	0.017
	氩弧焊机 500A		台班	1.197	2.131	2.131	2.131	3.690
	电焊机（综合）		台班	1.289	2.295	2.585	3.412	4.653
	电焊条烘干箱 $60\times50\times75$（cm^3）		台班	0.129	0.230	0.259	0.341	0.465
	电焊条恒温箱		台班	0.129	0.230	0.259	0.341	0.465

工作内容: 准备工作,管子切口,坡口加工,坡口磨平,管口组对,焊接。 **计量单位:** 10个

编号				8-2-396	8-2-397	8-2-398	8-2-399	8-2-400
项目				公称直径(mm以内)				
				400	450	500	600	700
名称			单位	消耗量				
人工	合计工日		工日	17.241	19.310	21.744	25.897	29.598
	其中	普工	工日	4.310	4.828	5.436	6.475	7.400
		一般技工	工日	11.207	12.551	14.133	16.833	19.238
		高级技工	工日	1.724	1.931	2.175	2.589	2.960
材料	碳钢板卷管件		个	(10.000)	(10.000)	(10.000)	(10.000)	(10.000)
	低碳钢焊条 J427 ϕ3.2		kg	26.252	29.608	30.122	35.875	41.005
	碳钢焊丝		kg	2.548	2.882	2.920	3.478	3.975
	氧气		m^3	11.042	11.767	12.448	14.825	16.945
	乙炔气		kg	4.247	4.526	4.788	5.702	6.517
	氩气		m^3	7.134	8.070	8.400	10.004	11.435
	尼龙砂轮片 $\phi100\times16\times3$		片	31.285	35.414	40.061	47.713	54.536
	角钢(综合)		kg	2.061	2.061	2.061	2.455	2.806
	铈钨棒		g	14.268	16.140	16.400	19.532	22.325
	碎布		kg	0.704	0.802	0.914	1.088	1.244
	其他材料费		%	1.00	1.00	1.00	1.00	1.00
机械	汽车式起重机 8t		台班	0.030	0.038	0.046	0.067	0.088
	载货汽车－普通货车 8t		台班	0.030	0.038	0.046	0.067	0.088
	氩弧焊机 500A		台班	4.191	4.739	5.367	5.441	6.218
	电焊机(综合)		台班	5.273	6.152	6.618	6.708	7.667
	电焊条烘干箱 $60\times50\times75$(cm^3)		台班	0.527	0.615	0.662	0.671	0.767
	电焊条恒温箱		台班	0.527	0.615	0.662	0.671	0.767

工作内容：准备工作，管子切口，坡口加工，坡口磨平，管口组对，焊接。　　　**计量单位：**10 个

编　号				8-2-401	8-2-402	8-2-403	8-2-404
项　目				公称直径（mm 以内）			
				800	900	1 000	1 200
名　称			单位	消 耗 量			
人工	合计工日		工日	31.592	35.451	40.094	47.953
	其中	普工	工日	7.898	8.863	10.023	11.988
		一般技工	工日	20.535	23.043	26.061	31.170
		高级技工	工日	3.159	3.545	4.010	4.795
材料	碳钢板卷管件		个	（10.000）	（10.000）	（10.000）	（10.000）
	低碳钢焊条 J427 ϕ3.2		kg	59.093	66.302	90.767	108.557
	碳钢焊丝		kg	5.729	6.428	8.800	10.525
	氧气		m^3	21.707	24.355	29.983	35.858
	乙炔气		kg	8.349	9.367	11.532	13.792
	氩气		m^3	16.479	18.489	25.311	30.272
	尼龙砂轮片 $\phi100\times16\times3$		片	62.117	69.695	85.795	102.611
	角钢（综合）		kg	3.196	3.586	3.977	4.756
	铈钨棒		g	32.173	36.098	49.418	59.104
	碎布		kg	1.417	1.590	1.763	2.109
	其他材料费		%	1.00	1.00	1.00	1.00
机械	汽车式起重机 8t		台班	0.115	0.182	0.225	0.323
	载货汽车－普通货车 8t		台班	0.115	0.182	0.225	0.323
	氩弧焊机 500A		台班	8.962	10.055	13.765	16.463
	电焊机（综合）		台班	11.048	12.397	16.971	20.297
	电焊条烘干箱 $60\times50\times75$（cm^3）		台班	1.104	1.240	1.697	2.030
	电焊条恒温箱		台班	1.104	1.240	1.697	2.030

二、中 压 管 件

1. 碳钢管件（电弧焊）

工作内容：准备工作，管子切口，坡口加工，坡口磨平，管口组对，焊接。 **计量单位：**10个

编号			8-2-405	8-2-406	8-2-407	8-2-408	8-2-409	8-2-410	8-2-411
项目			公称直径（mm以内）						
			15	20	25	32	40	50	65
名称		单位	消耗量						
人工	合计工日	工日	1.020	1.395	1.824	2.164	2.770	3.167	3.718
其中	普工	工日	0.255	0.349	0.456	0.541	0.693	0.791	0.929
	一般技工	工日	0.561	0.767	1.003	1.190	1.523	1.743	2.045
	高级技工	工日	0.204	0.279	0.365	0.433	0.554	0.633	0.744
材料	碳钢对焊管件	个	(10.000)	(10.000)	(10.000)	(10.000)	(10.000)	(10.000)	(10.000)
	低碳钢焊条 J427 ϕ3.2	kg	0.538	0.686	1.000	1.498	1.600	2.000	4.400
	氧气	m^3	0.058	0.078	0.097	0.125	0.137	0.184	3.167
	乙炔气	kg	0.022	0.030	0.037	0.048	0.053	0.071	1.218
	尼龙砂轮片 $\phi100\times16\times3$	片	0.596	0.758	1.194	1.546	2.104	2.226	2.756
	尼龙砂轮片 $\phi500\times25\times4$	片	0.104	0.127	0.180	0.247	0.290	0.425	—
	磨头	个	0.200	0.260	0.314	0.388	0.444	0.528	0.704
	碎布	kg	0.042	0.064	0.064	0.085	0.085	0.122	0.150
	其他材料费	%	1.00	1.00	1.00	1.00	1.00	1.00	1.00
机械	电焊机（综合）	台班	0.334	0.483	0.591	0.733	0.841	1.142	1.574
	砂轮切割机 ϕ500	台班	0.008	0.043	0.063	0.080	0.087	0.103	—
	电焊条烘干箱 $60\times50\times75(cm^3)$	台班	0.033	0.048	0.059	0.073	0.084	0.114	0.157
	电焊条恒温箱	台班	0.033	0.048	0.059	0.073	0.084	0.114	0.157

计量单位：10 个

编　号			8-2-412	8-2-413	8-2-414	8-2-415	8-2-416	8-2-417
项　目			公称直径（mm 以内）					
			80	100	125	150	200	250
名　称		单位	消　耗　量					
人工	合计工日	工日	4.220	5.386	6.955	8.089	10.735	14.177
	其中 普工	工日	1.055	1.347	1.738	2.022	2.684	3.544
	其中 一般技工	工日	2.321	2.962	3.826	4.449	5.904	7.797
	其中 高级技工	工日	0.844	1.077	1.391	1.618	2.147	2.836
材料	碳钢对焊管件	个	（10.000）	（10.000）	（10.000）	（10.000）	（10.000）	（10.000）
	低碳钢焊条 J427 ϕ3.2	kg	6.280	8.340	12.960	18.000	34.000	54.000
	氧气	m^3	3.691	4.700	6.204	7.750	10.500	14.700
	乙炔气	kg	1.420	1.808	2.386	2.981	4.038	5.654
	尼龙砂轮片 $\phi100\times16\times3$	片	3.572	4.756	6.704	9.136	14.048	20.424
	磨头	个	0.824	1.056	—	—	—	—
	角钢（综合）	kg	—	—	—	—	1.794	1.794
	碎布	kg	0.192	0.214	0.266	0.330	0.450	0.557
	其他材料费	%	1.00	1.00	1.00	1.00	1.00	1.00
机械	电焊机（综合）	台班	1.853	2.559	2.998	3.803	5.629	7.336
	汽车式起重机 8t	台班	—	0.012	0.012	0.012	0.012	0.021
	载货汽车－普通货车 8t	台班	—	0.012	0.012	0.012	0.012	0.021
	电焊条烘干箱 $60\times50\times75$（cm^3）	台班	0.186	0.256	0.300	0.380	0.563	0.733
	电焊条恒温箱	台班	0.186	0.256	0.300	0.380	0.563	0.733

计量单位：10个

编号				8-2-418	8-2-419	8-2-420	8-2-421	8-2-422	8-2-423
项目				公称直径(mm以内)					
				300	350	400	450	500	600
名称			单位	消耗量					
人工	合计工日		工日	17.748	20.499	25.045	30.546	33.784	43.919
	其中	普工	工日	4.437	5.125	6.262	7.636	8.445	10.981
		一般技工	工日	9.761	11.274	13.774	16.800	18.581	24.155
		高级技工	工日	3.550	4.099	5.009	6.109	6.757	8.784
材料	碳钢对焊管件		个	(10.000)	(10.000)	(10.000)	(10.000)	(10.000)	(10.000)
	低碳钢焊条 J427 ϕ3.2		kg	76.000	108.000	140.000	156.000	212.573	272.675
	氧气		m^3	18.900	21.200	24.640	31.600	35.558	46.231
	乙炔气		kg	7.269	8.154	9.477	12.154	13.676	17.781
	尼龙砂轮片 $\phi100\times16\times3$		片	27.180	34.484	42.800	47.980	55.130	79.117
	角钢(综合)		kg	2.360	2.360	2.360	2.360	2.360	2.360
	碎布		kg	0.642	0.749	0.830	0.946	1.078	1.186
	其他材料费		%	1.00	1.00	1.00	1.00	1.00	1.00
机械	电焊机(综合)		台班	9.234	12.584	16.203	20.302	22.468	29.882
	汽车式起重机 8t		台班	0.030	0.046	0.058	0.089	0.145	0.370
	载货汽车－普通货车 8t		台班	0.030	0.046	0.058	0.089	0.145	0.370
	电焊条烘干箱 $60\times50\times75(cm^3)$		台班	0.924	1.259	1.620	2.030	2.246	2.989
	电焊条恒温箱		台班	0.924	1.259	1.620	2.030	2.246	2.989

2. 碳钢管件(氩电联焊)

工作内容:准备工作,管子切口,坡口加工,坡口磨平,管口组对,焊接。　　　**计量单位**:10个

编　号				8-2-424	8-2-425	8-2-426	8-2-427	8-2-428	8-2-429	8-2-430
项　目				公称直径(mm以内)						
				15	20	25	32	40	50	65
名　称			单位	消　耗　量						
人工	合计工日		工日	1.070	1.431	1.874	2.221	2.847	3.416	4.203
	其中	普工	工日	0.268	0.358	0.468	0.555	0.711	0.854	1.051
		一般技工	工日	0.588	0.787	1.031	1.221	1.566	1.879	2.311
		高级技工	工日	0.214	0.286	0.375	0.445	0.570	0.683	0.841
材料	碳钢对焊管件		个	(10.000)	(10.000)	(10.000)	(10.000)	(10.000)	(10.000)	(10.000)
	低碳钢焊条 J427 ϕ3.2		kg	—	—	—	—	—	0.947	3.600
	碳钢焊丝		kg	0.276	0.352	0.600	0.800	1.000	0.432	0.440
	氧气		m^3	0.058	0.078	0.097	0.125	0.137	0.184	2.300
	乙炔气		kg	0.022	0.030	0.037	0.048	0.053	0.071	0.885
	氩气		m^3	0.772	0.986	1.600	2.200	2.600	1.208	1.220
	铈钨棒		g	1.544	1.974	3.200	4.300	5.000	2.416	2.420
	尼龙砂轮片 $\phi100 \times 16 \times 3$		片	0.576	0.734	1.194	1.552	2.084	2.175	2.696
	尼龙砂轮片 $\phi500 \times 25 \times 4$		片	0.104	0.127	0.180	0.247	0.290	0.425	0.637
	磨头		个	0.200	0.260	0.314	0.388	0.444	0.528	0.704
	碎布		kg	0.042	0.064	0.064	0.085	0.085	0.122	0.150
	其他材料费		%	1.00	1.00	1.00	1.00	1.00	1.00	1.00
机械	电焊机(综合)		台班	—	—	—	—	—	0.814	1.149
	氩弧焊机 500A		台班	0.297	0.468	0.573	0.708	0.814	0.540	0.681
	砂轮切割机 ϕ500		台班	0.008	0.043	0.063	0.080	0.087	0.103	0.134
	电焊条烘干箱 $60 \times 50 \times 75(cm^3)$		台班	—	—	—	—	—	0.081	0.115
	电焊条恒温箱		台班	—	—	—	—	—	0.081	0.115

计量单位：10 个

编号				8-2-431	8-2-432	8-2-433	8-2-434	8-2-435	8-2-436
项目				公称直径（mm 以内）					
				80	100	125	150	200	250
名称			单位	消耗量					
人工	合计工日		工日	4.835	5.752	7.331	8.175	10.948	14.500
	其中	普工	工日	1.209	1.438	1.833	2.043	2.737	3.625
		一般技工	工日	2.659	3.164	4.032	4.497	6.021	7.975
		高级技工	工日	0.967	1.150	1.466	1.635	2.190	2.900
材料	碳钢对焊管件		个	（10.000）	（10.000）	（10.000）	（10.000）	（10.000）	（10.000）
	低碳钢焊条 J427 $\phi3.2$		kg	5.300	7.000	11.460	16.000	28.000	44.000
	碳钢焊丝		kg	0.460	0.620	0.700	0.860	1.200	1.520
	氧气		m^3	2.580	3.200	4.180	7.460	10.000	14.100
	乙炔气		kg	0.992	1.231	1.608	2.869	3.846	5.423
	氩气		m^3	1.300	1.740	2.000	2.400	3.400	4.200
	铈钨棒		g	2.600	3.480	4.000	4.800	6.800	8.400
	尼龙砂轮片 $\phi100 \times 16 \times 3$		片	3.532	4.676	6.604	9.006	13.848	20.224
	尼龙砂轮片 $\phi500 \times 25 \times 4$		片	0.858	1.152	1.500	—	—	—
	磨头		个	0.824	1.056	—	—	—	—
	角钢（综合）		kg	—	—	—	—	1.794	1.794
	碎布		kg	0.192	0.214	0.266	0.330	0.450	0.557
	其他材料费		%	1.00	1.00	1.00	1.00	1.00	1.00
机械	电焊机（综合）		台班	1.352	2.008	2.350	3.088	4.788	6.423
	氩弧焊机 500A		台班	0.816	1.048	1.244	1.491	2.060	2.570
	砂轮切割机 $\phi500$		台班	0.158	0.233	0.250	—	—	—
	半自动切割机 100mm		台班	—	—	—	0.742	1.079	1.344
	汽车式起重机 8t		台班	—	0.012	0.012	0.012	0.012	0.021
	载货汽车－普通货车 8t		台班	—	0.012	0.012	0.012	0.012	0.021
	电焊条烘干箱 $60 \times 50 \times 75$（cm^3）		台班	0.135	0.201	0.235	0.308	0.479	0.643
	电焊条恒温箱		台班	0.135	0.201	0.235	0.308	0.479	0.643

计量单位:10 个

编 号				8-2-437	8-2-438	8-2-439	8-2-440	8-2-441	8-2-442
项 目				公称直径(mm 以内)					
				300	350	400	450	500	600
名 称			单位	消 耗 量					
人工	合计工日		工日	18.158	20.956	25.400	30.755	34.057	44.274
	其中	普工	工日	4.540	5.239	6.350	7.688	8.514	11.069
		一般技工	工日	9.986	11.525	13.970	16.916	18.731	24.350
		高级技工	工日	3.632	4.192	5.080	6.151	6.811	8.855
材料	碳钢对焊管件		个	(10.000)	(10.000)	(10.000)	(10.000)	(10.000)	(10.000)
	低碳钢焊条 J427 $\phi3.2$		kg	78.000	106.000	138.000	152.000	203.485	261.011
	碳钢焊丝		kg	1.800	2.120	2.600	3.000	3.908	5.054
	氧气		m^3	16.800	20.100	23.506	28.600	34.697	44.004
	乙炔气		kg	6.462	7.731	9.041	11.000	13.345	16.925
	氩气		m^3	5.060	6.000	6.960	7.600	10.943	14.151
	铈钨棒		g	10.200	11.800	13.900	15.200	21.886	28.302
	尼龙砂轮片 $\phi100\times16\times3$		片	26.840	34.124	41.720	47.580	54.601	78.446
	角钢(综合)		kg	2.360	2.360	2.360	2.360	2.360	2.360
	碎布		kg	0.642	0.749	0.830	0.946	1.078	1.186
	其他材料费		%	1.00	1.00	1.00	1.00	1.00	1.00
机械	电焊机(综合)		台班	8.240	11.406	14.820	18.699	20.694	27.523
	氩弧焊机 500A		台班	3.063	3.551	4.012	4.520	5.031	6.691
	半自动切割机 100mm		台班	1.624	1.895	2.191	2.581	2.769	3.683
	汽车式起重机 8t		台班	0.030	0.046	0.058	0.089	0.145	0.362
	载货汽车 - 普通货车 8t		台班	0.030	0.046	0.058	0.089	0.145	0.362
	电焊条烘干箱 $60\times50\times75$(cm^3)		台班	0.824	1.140	1.482	1.870	2.070	2.752
	电焊条恒温箱		台班	0.824	1.140	1.482	1.870	2.070	2.752

3. 螺旋卷管件(电弧焊)

工作内容:准备工作,管子切口,坡口加工,坡口磨平,管口组对,焊接。 **计量单位:**10个

<table>
<tr><td colspan="4">编 号</td><td>8-2-443</td><td>8-2-444</td><td>8-2-445</td><td>8-2-446</td><td>8-2-447</td><td>8-2-448</td><td>8-2-449</td></tr>
<tr><td colspan="4" rowspan="2">项 目</td><td colspan="7">公称直径(mm以内)</td></tr>
<tr><td>200</td><td>250</td><td>300</td><td>350</td><td>400</td><td>450</td><td>500</td></tr>
<tr><td colspan="3">名 称</td><td>单位</td><td colspan="7">消 耗 量</td></tr>
<tr><td rowspan="4">人工</td><td colspan="2">合计工日</td><td>工日</td><td>6.479</td><td>8.330</td><td>10.268</td><td>12.257</td><td>13.826</td><td>15.797</td><td>17.477</td></tr>
<tr><td rowspan="3">其中</td><td>普工</td><td>工日</td><td>1.620</td><td>2.082</td><td>2.567</td><td>3.064</td><td>3.456</td><td>3.949</td><td>4.369</td></tr>
<tr><td>一般技工</td><td>工日</td><td>3.563</td><td>4.582</td><td>5.647</td><td>6.742</td><td>7.605</td><td>8.689</td><td>9.613</td></tr>
<tr><td>高级技工</td><td>工日</td><td>1.296</td><td>1.666</td><td>2.054</td><td>2.451</td><td>2.765</td><td>3.159</td><td>3.495</td></tr>
<tr><td rowspan="8">材料</td><td colspan="2">螺旋卷管件</td><td>个</td><td>(10.000)</td><td>(10.000)</td><td>(10.000)</td><td>(10.000)</td><td>(10.000)</td><td>(10.000)</td><td>(10.000)</td></tr>
<tr><td colspan="2">低碳钢焊条 J427 ϕ3.2</td><td>kg</td><td>19.993</td><td>25.023</td><td>25.200</td><td>37.664</td><td>42.622</td><td>68.658</td><td>76.086</td></tr>
<tr><td colspan="2">氧气</td><td>m^3</td><td>7.800</td><td>9.600</td><td>10.300</td><td>12.496</td><td>13.787</td><td>17.086</td><td>18.556</td></tr>
<tr><td colspan="2">乙炔气</td><td>kg</td><td>3.000</td><td>3.692</td><td>3.962</td><td>4.806</td><td>5.303</td><td>6.572</td><td>7.137</td></tr>
<tr><td colspan="2">尼龙砂轮片 $\phi100\times16\times3$</td><td>片</td><td>16.616</td><td>19.916</td><td>26.302</td><td>33.158</td><td>37.520</td><td>48.989</td><td>56.096</td></tr>
<tr><td colspan="2">角钢(综合)</td><td>kg</td><td>2.006</td><td>2.006</td><td>2.006</td><td>2.006</td><td>2.006</td><td>2.006</td><td>2.006</td></tr>
<tr><td colspan="2">碎布</td><td>kg</td><td>0.383</td><td>0.473</td><td>0.546</td><td>0.637</td><td>0.706</td><td>0.804</td><td>0.916</td></tr>
<tr><td colspan="2">其他材料费</td><td>%</td><td>1.00</td><td>1.00</td><td>1.00</td><td>1.00</td><td>1.00</td><td>1.00</td><td>1.00</td></tr>
<tr><td rowspan="5">机械</td><td colspan="2">电焊机(综合)</td><td>台班</td><td>3.666</td><td>4.155</td><td>4.888</td><td>6.137</td><td>6.946</td><td>10.020</td><td>10.265</td></tr>
<tr><td colspan="2">汽车式起重机 8t</td><td>台班</td><td>0.005</td><td>0.009</td><td>0.013</td><td>0.017</td><td>0.030</td><td>0.038</td><td>0.046</td></tr>
<tr><td colspan="2">载货汽车 - 普通货车 8t</td><td>台班</td><td>0.005</td><td>0.009</td><td>0.013</td><td>0.017</td><td>0.030</td><td>0.038</td><td>0.046</td></tr>
<tr><td colspan="2">电焊条烘干箱 $60\times50\times75$(cm^3)</td><td>台班</td><td>0.367</td><td>0.415</td><td>0.489</td><td>0.614</td><td>0.695</td><td>1.002</td><td>1.026</td></tr>
<tr><td colspan="2">电焊条恒温箱</td><td>台班</td><td>0.367</td><td>0.415</td><td>0.489</td><td>0.614</td><td>0.695</td><td>1.002</td><td>1.026</td></tr>
</table>

计量单位：10 个

编　号			8-2-450	8-2-451	8-2-452	8-2-453	8-2-454
项　目			公称直径（mm 以内）				
			600	700	800	900	1 000
名　称		单位	消　耗　量				
人工	合计工日	工日	21.572	24.723	28.108	31.466	34.855
	其中 普工	工日	5.393	6.181	7.027	7.866	8.714
	其中 一般技工	工日	11.864	13.598	15.459	17.307	19.170
	其中 高级技工	工日	4.315	4.944	5.622	6.293	6.971
材料	螺旋卷管件	个	（10.000）	（10.000）	（10.000）	（10.000）	（10.000）
	低碳钢焊条 J427 ϕ3.2	kg	102.000	120.495	167.196	187.870	125.985
	氧气	m^3	21.844	24.729	31.000	36.000	37.550
	乙炔气	kg	8.402	9.511	11.923	13.846	14.442
	尼龙砂轮片 $\phi100\times16\times3$	片	70.394	80.018	95.668	110.518	22.931
	碳精棒	kg	1.010	1.154	1.314	1.474	1.639
	角钢（综合）	kg	2.207	2.207	2.207	2.207	2.207
	碎布	kg	1.008	1.130	1.265	1.416	1.587
	其他材料费	%	1.00	1.00	1.00	1.00	1.00
机械	电焊机（综合）	台班	15.153	17.352	21.507	24.166	20.995
	汽车式起重机 8t	台班	0.066	0.088	0.115	0.181	0.224
	载货汽车 – 普通货车 8t	台班	0.066	0.088	0.115	0.181	0.224
	电焊条烘干箱 $60\times50\times75$（cm^3）	台班	1.515	1.735	2.151	2.417	2.100
	电焊条恒温箱	台班	1.515	1.735	2.151	2.417	2.100

4. 螺旋卷管件(氩电联焊)

工作内容: 准备工作,管子切口,坡口加工,坡口磨平,管口组对,焊接。　　**计量单位:** 10 个

编号				8-2-455	8-2-456	8-2-457	8-2-458	8-2-459	8-2-460	8-2-461
项目				公称直径(mm 以内)						
				200	250	300	350	400	450	500
名称			单位	消耗量						
人工	合计工日		工日	8.958	11.197	13.522	16.397	18.109	20.282	22.839
	其中	普工	工日	2.239	2.799	3.380	4.099	4.527	5.071	5.710
		一般技工	工日	4.927	6.158	7.437	9.019	9.960	11.155	12.561
		高级技工	工日	1.792	2.240	2.705	3.279	3.622	4.056	4.568
材料	螺旋卷管件		个	(10.000)	(10.000)	(10.000)	(10.000)	(10.000)	(10.000)	(10.000)
	低碳钢焊条 J427 ϕ3.2		kg	16.869	20.000	25.200	33.290	37.674	57.532	63.604
	碳钢氩弧焊丝		kg	1.296	1.600	1.926	2.244	2.548	2.882	3.142
	氧气		m^3	7.800	9.600	10.300	12.496	13.787	17.086	18.556
	乙炔气		kg	3.000	3.692	3.962	4.806	5.303	6.572	7.137
	氩气		m^3	3.628	4.460	5.360	6.284	7.134	8.070	8.798
	铈钨棒		g	7.256	8.920	10.720	12.568	14.268	16.140	17.596
	尼龙砂轮片 $\phi100\times16\times3$		片	16.316	19.596	26.102	32.896	37.226	48.485	55.560
	角钢(综合)		kg	2.169	2.169	2.169	2.169	2.169	2.169	2.169
	碎布		kg	0.383	0.473	0.546	0.637	0.706	0.804	0.916
	其他材料费		%	1.00	1.00	1.00	1.00	1.00	1.00	1.00
机械	电焊机(综合)		台班	4.644	5.988	7.088	8.844	10.008	12.119	13.403
	氩弧焊机 500A		台班	2.329	2.859	3.422	4.033	4.580	5.178	5.866
	汽车式起重机 8t		台班	0.006	0.009	0.014	0.018	0.032	0.039	0.048
	载货汽车－普通货车 8t		台班	0.006	0.009	0.014	0.018	0.032	0.039	0.048
	电焊条烘干箱 60×50×75(cm^3)		台班	0.464	0.599	0.709	0.885	1.001	1.212	1.340
	电焊条恒温箱		台班	0.464	0.599	0.709	0.885	1.001	1.212	1.340

5. 不锈钢管件(电弧焊)

工作内容:准备工作,管子切口,坡口加工,坡口磨平,管口组对,焊接,焊缝钝化。 **计量单位**:10个

编号				8-2-462	8-2-463	8-2-464	8-2-465	8-2-466	8-2-467	8-2-468
项目				公称直径(mm以内)						
				15	20	25	32	40	50	65
名称			单位	消耗量						
人工	合计工日		工日	1.289	1.764	2.308	2.737	3.503	4.005	4.704
	其中	普工	工日	0.322	0.442	0.577	0.684	0.876	1.000	1.176
		一般技工	工日	0.709	0.970	1.269	1.505	1.926	2.205	2.587
		高级技工	工日	0.258	0.353	0.462	0.548	0.701	0.800	0.941
材料	不锈钢对焊管件		个	(10.000)	(10.000)	(10.000)	(10.000)	(10.000)	(10.000)	(10.000)
	不锈钢焊条(综合)		kg	0.356	0.438	0.648	0.802	1.228	1.800	3.200
	尼龙砂轮片 $\phi100\times16\times3$		片	0.730	0.896	1.346	1.670	2.340	3.362	4.956
	尼龙砂轮片 $\phi500\times25\times4$		片	0.111	0.133	0.256	0.296	0.362	0.403	0.718
	丙酮		kg	0.150	0.171	0.235	0.278	0.321	0.385	0.514
	酸洗膏		kg	0.103	0.126	0.168	0.208	0.258	0.322	0.441
	水		t	0.021	0.021	0.043	0.043	0.043	0.064	0.086
	碎布		kg	0.043	0.064	0.064	0.086	0.086	0.122	0.150
	其他材料费		%	1.00	1.00	1.00	1.00	1.00	1.00	1.00
机械	电焊机(综合)		台班	0.346	0.426	0.577	0.714	0.937	1.257	1.792
	砂轮切割机 $\phi500$		台班	0.011	0.028	0.075	0.081	0.104	0.134	0.226
	电动空气压缩机 $6m^3/min$		台班	0.021	0.021	0.021	0.021	0.021	0.021	0.021
	电焊条烘干箱 $60\times50\times75(cm^3)$		台班	0.035	0.043	0.058	0.071	0.093	0.126	0.179
	电焊条恒温箱		台班	0.035	0.043	0.058	0.071	0.093	0.126	0.179

计量单位：10 个

编号				8-2-469	8-2-470	8-2-471	8-2-472	8-2-473
项目				公称直径（mm 以内）				
				80	100	125	150	200
名称			单位	消耗量				
人工	合计工日		工日	5.339	6.814	8.798	10.232	13.579
	其中	普工	工日	1.334	1.704	2.199	2.557	3.395
		一般技工	工日	2.936	3.747	4.840	5.628	7.468
		高级技工	工日	1.068	1.363	1.759	2.047	2.716
材料	不锈钢对焊管件		个	（10.000）	（10.000）	（10.000）	（10.000）	（10.000）
	不锈钢焊条（综合）		kg	4.144	6.200	8.200	11.782	36.620
	尼龙砂轮片 $\phi100\times16\times3$		片	5.778	7.246	8.468	13.518	20.602
	尼龙砂轮片 $\phi500\times25\times4$		片	0.884	1.329	—	—	—
	丙酮		kg	0.599	0.770	0.895	1.072	1.477
	酸洗膏		kg	0.516	0.661	1.017	1.365	1.778
	水		t	0.107	0.128	0.150	0.193	0.257
	碎布		kg	0.193	0.214	0.265	0.330	0.449
	其他材料费		%	1.00	1.00	1.00	1.00	1.00
机械	电焊机（综合）		台班	2.110	3.076	3.601	4.498	6.673
	砂轮切割机 $\phi500$		台班	0.300	0.371	—	—	—
	等离子切割机 400A		台班	0.417	0.548	0.904	1.110	1.601
	汽车式起重机 8t		台班	—	0.010	0.010	0.010	0.010
	载货汽车－普通货车 8t		台班	—	0.010	0.010	0.010	0.010
	电动空气压缩机 $1m^3/min$		台班	0.417	0.548	0.904	1.110	1.601
	电动空气压缩机 $6m^3/min$		台班	0.021	0.021	0.021	0.021	0.021
	电焊条烘干箱 $60\times50\times75$（cm^3）		台班	0.211	0.307	0.360	0.450	0.668
	电焊条恒温箱		台班	0.211	0.307	0.360	0.450	0.668

计量单位：10 个

编　号				8-2-474	8-2-475	8-2-476	8-2-477	8-2-478	8-2-479
项　目				公称直径（mm 以内）					
				250	300	350	400	450	500
名　称			单位	消　耗　量					
人工	合计工日		工日	17.933	22.451	25.930	31.680	38.638	42.736
	其中	普工	工日	4.484	5.612	6.483	7.920	9.659	10.683
		一般技工	工日	9.863	12.348	14.262	17.424	21.252	23.505
		高级技工	工日	3.586	4.490	5.185	6.336	7.728	8.548
材料	不锈钢对焊管件		个	（10.000）	（10.000）	（10.000）	（10.000）	（10.000）	（10.000）
	不锈钢焊条（综合）		kg	41.640	55.620	83.404	114.340	153.764	170.164
	尼龙砂轮片 $\phi100\times16\times3$		片	31.366	41.148	52.856	65.768	81.354	90.300
	丙酮		kg	1.840	2.183	2.525	2.846	3.244	3.699
	酸洗膏		kg	2.684	3.195	3.500	4.339	5.424	6.780
	水		t	0.300	0.364	0.428	0.492	0.561	0.639
	碎布		kg	0.556	0.642	0.749	0.830	0.946	1.078
	其他材料费		%	1.00	1.00	1.00	1.00	1.00	1.00
机械	电焊机（综合）		台班	8.564	12.133	16.138	21.292	25.124	29.647
	等离子切割机 400A		台班	2.092	2.638	3.189	3.799	4.483	5.290
	汽车式起重机 8t		台班	0.019	0.027	0.041	0.052	0.063	0.074
	载货汽车－普通货车 8t		台班	0.019	0.027	0.041	0.052	0.063	0.074
	电动空气压缩机 $1m^3/min$		台班	2.092	2.638	3.189	3.799	4.483	5.290
	电动空气压缩机 $6m^3/min$		台班	0.021	0.021	0.021	0.021	0.021	0.021
	电焊条烘干箱 $60\times50\times75$（cm^3）		台班	0.856	1.213	1.614	2.129	2.512	2.965
	电焊条恒温箱		台班	0.856	1.213	1.614	2.129	2.512	2.965

6. 不锈钢管件(氩电联焊)

工作内容: 准备工作,管子切口,坡口加工,坡口磨平,管口组对,焊接,焊缝钝化。 **计量单位:** 10 个

编号				8-2-480	8-2-481	8-2-482	8-2-483	8-2-484	8-2-485	8-2-486
项目				公称直径(mm 以内)						
				50	65	80	100	125	150	200
名称			单位	消耗量						
人工	合计工日		工日	4.320	5.317	6.117	7.276	9.273	10.341	13.849
	其中	普工	工日	1.080	1.330	1.530	1.819	2.318	2.585	3.462
		一般技工	工日	2.376	2.923	3.364	4.002	5.101	5.688	7.616
		高级技工	工日	0.864	1.064	1.223	1.455	1.854	2.068	2.770
材料	不锈钢对焊管件		个	(10.000)	(10.000)	(10.000)	(10.000)	(10.000)	(10.000)	(10.000)
	不锈钢焊条(综合)		kg	1.445	2.923	3.439	6.283	7.357	10.875	21.556
	不锈钢焊丝 1Cr18Ni9Ti		kg	0.449	0.559	0.706	0.912	1.156	1.385	1.962
	氩气		m^3	1.168	1.564	1.977	2.553	3.236	3.878	5.496
	铈钨棒		g	1.965	2.444	2.910	3.762	4.460	5.333	7.370
	尼龙砂轮片 $\phi100\times16\times3$		片	2.897	4.436	5.164	6.440	7.568	12.366	18.866
	尼龙砂轮片 $\phi500\times25\times4$		片	0.403	0.718	0.884	1.329	—	—	—
	丙酮		kg	0.385	0.514	0.599	0.770	0.895	1.072	1.477
	酸洗膏		kg	0.322	0.441	0.516	0.661	1.017	1.365	1.778
	水		t	0.064	0.086	0.107	0.128	0.150	0.193	0.257
	碎布		kg	0.122	0.150	0.193	0.214	0.265	0.330	0.449
	其他材料费		%	1.00	1.00	1.00	1.00	1.00	1.00	1.00
机械	电焊机(综合)		台班	0.839	1.374	1.615	2.400	2.808	3.694	5.727
	氩弧焊机 500A		台班	0.770	0.962	1.125	1.475	1.756	2.036	2.768
	砂轮切割机 $\phi500$		台班	0.134	0.226	0.300	0.371	—	—	—
	普通车床 630×2 000(安装用)		台班	0.238	0.422	0.424	0.434	0.439	0.458	0.520
	电动葫芦单速 3t		台班	0.238	0.422	0.424	0.434	0.439	0.458	0.520
	电动空气压缩机 $1m^3/min$		台班	—	—	—	—	0.266	0.326	0.471
	电动空气压缩机 $6m^3/min$		台班	0.021	0.021	0.021	0.021	0.021	0.021	0.021
	电焊条烘干箱 60×50×75(cm^3)		台班	0.084	0.137	0.162	0.240	0.281	0.369	0.573
	电焊条恒温箱		台班	0.084	0.137	0.162	0.240	0.281	0.369	0.573
	等离子切割机 400A		台班	—	—	—	—	0.266	0.326	0.471
	汽车式起重机 8t		台班	—	—	—	0.010	0.010	0.010	0.010
	载货汽车 - 普通货车 8t		台班	—	—	—	0.010	0.010	0.010	0.010

计量单位：10 个

编号				8-2-487	8-2-488	8-2-489	8-2-490	8-2-491	8-2-492
项目				公称直径（mm 以内）					
				250	300	350	400	450	500
名称			单位	消耗量					
人工	合计工日		工日	18.341	22.969	26.507	32.130	38.904	43.080
	其中	普工	工日	4.586	5.743	6.627	8.033	9.725	10.770
		一般技工	工日	10.087	12.632	14.579	17.672	21.398	23.694
		高级技工	工日	3.668	4.594	5.302	6.425	7.781	8.616
材料	不锈钢对焊管件		个	(10.000)	(10.000)	(10.000)	(10.000)	(10.000)	(10.000)
	不锈钢焊条（综合）		kg	36.453	56.443	88.091	124.274	171.498	236.667
	不锈钢焊丝 1Cr18Ni9Ti		kg	2.452	2.996	3.478	4.359	5.449	6.811
	氩气		m^3	6.865	8.389	9.737	12.207	15.259	19.073
	铈钨棒		g	9.202	10.953	12.703	14.347	17.934	22.417
	尼龙砂轮片 $\phi100\times16\times3$		片	29.268	38.492	49.568	62.160	77.042	85.704
	丙酮		kg	1.840	2.183	2.525	2.846	3.131	3.444
	酸洗膏		kg	2.684	3.195	3.500	4.339	5.424	6.780
	水		t	0.300	0.364	0.428	0.492	0.561	0.639
	碎布		kg	0.556	0.642	0.749	0.830	0.946	1.078
	其他材料费		%	1.00	1.00	1.00	1.00	1.00	1.00
机械	电焊机（综合）		台班	7.681	11.865	14.647	19.735	25.655	33.351
	氩弧焊机 500A		台班	3.541	4.148	4.768	5.080	5.994	7.073
	等离子切割机 400A		台班	0.615	0.776	1.117	1.758	2.075	2.448
	普通车床 630×2 000（安装用）		台班	0.618	0.762	0.959	1.211	1.430	1.687
	汽车式起重机 8t		台班	0.019	0.027	0.041	0.052	0.063	0.074
	载货汽车－普通货车 8t		台班	0.019	0.027	0.041	0.052	0.063	0.074
	电动葫芦单速 3t		台班	0.618	0.762	0.959	1.211	1.430	1.687
	电动空气压缩机 $1m^3/min$		台班	0.615	0.776	0.937	1.117	1.318	1.555
	电动空气压缩机 $6m^3/min$		台班	0.021	0.021	0.021	0.021	0.021	0.021
	电焊条烘干箱 60×50×75（cm^3）		台班	0.768	1.186	1.464	1.974	2.565	3.335
	电焊条恒温箱		台班	0.768	1.186	1.464	1.974	2.565	3.335

7. 不锈钢管件(氩弧焊)

工作内容: 准备工作,管子切口,坡口加工,坡口磨平,管口组对,焊接,焊缝钝化。　　**计量单位:** 10 个

编号				8-2-493	8-2-494	8-2-495	8-2-496	8-2-497	8-2-498
项目				公称直径(mm 以内)					
				15	20	25	32	40	50
名称			单位	消耗量					
人工	合计工日		工日	1.488	1.991	2.608	3.090	3.962	4.754
	其中	普工	工日	0.373	0.498	0.651	0.772	0.990	1.189
		一般技工	工日	0.818	1.095	1.435	1.699	2.179	2.614
		高级技工	工日	0.297	0.398	0.522	0.619	0.793	0.951
材料	不锈钢对焊管件		个	(10.000)	(10.000)	(10.000)	(10.000)	(10.000)	(10.000)
	不锈钢焊丝 1Cr18Ni9Ti		kg	0.201	0.248	0.370	0.460	0.713	1.141
	氩气		m^3	0.563	0.696	1.038	1.288	1.997	3.195
	铈钨棒		g	1.066	1.318	1.930	2.397	3.681	6.018
	尼龙砂轮片 $\phi100\times16\times3$		片	0.608	0.756	1.160	1.452	2.058	2.897
	尼龙砂轮片 $\phi500\times25\times4$		片	0.111	0.133	0.256	0.296	0.362	0.403
	丙酮		kg	0.150	0.171	0.257	0.278	0.321	0.385
	酸洗膏		kg	0.103	0.126	0.168	0.208	0.258	0.322
	水		t	0.021	0.021	0.043	0.043	0.043	0.064
	碎布		kg	0.043	0.064	0.064	0.086	0.086	0.122
	其他材料费		%	1.00	1.00	1.00	1.00	1.00	1.00
机械	氩弧焊机 500A		台班	0.384	0.463	0.620	0.764	1.020	1.448
	砂轮切割机 $\phi500$		台班	0.011	0.028	0.075	0.081	0.104	0.134
	普通车床 630×2 000(安装用)		台班	0.150	0.154	0.167	0.173	0.197	0.238
	电动葫芦单速 3t		台班	—	—	—	—	—	0.238
	电动空气压缩机 $6m^3/min$		台班	0.021	0.021	0.021	0.021	0.021	0.021

计量单位：10 个

编　号			8-2-499	8-2-500	8-2-501	8-2-502	8-2-503	8-2-504
项　目			公称直径（mm 以内）					
			65	80	100	125	150	200
名　称		单位	消　耗　量					
人工	合计工日	工日	5.848	6.727	8.003	10.200	11.375	15.234
人工	其中 普工	工日	1.462	1.682	2.001	2.550	2.843	3.809
人工	其中 一般技工	工日	3.216	3.700	4.402	5.610	6.257	8.377
人工	其中 高级技工	工日	1.170	1.345	1.600	2.040	2.274	3.048
材料	不锈钢对焊管件	个	(10.000)	(10.000)	(10.000)	(10.000)	(10.000)	(10.000)
材料	不锈钢焊丝 1Cr18Ni9Ti	kg	2.125	2.544	4.248	5.053	7.130	13.324
材料	氩气	m^3	5.951	7.126	11.894	14.145	19.966	37.307
材料	铈钨棒	g	11.218	13.208	22.444	26.279	37.510	70.992
材料	尼龙砂轮片 $\phi100\times16\times3$	片	4.436	5.164	6.440	7.568	12.366	18.866
材料	尼龙砂轮片 $\phi500\times25\times4$	片	0.718	0.884	1.329	—	—	—
材料	丙酮	kg	0.514	0.599	0.770	0.895	1.072	1.477
材料	酸洗膏	kg	0.441	0.516	0.661	1.017	1.365	1.778
材料	水	t	0.086	0.107	0.128	0.150	0.193	0.257
材料	碎布	kg	0.150	0.193	0.214	0.265	0.330	0.449
材料	其他材料费	%	1.00	1.00	1.00	1.00	1.00	1.00
机械	氩弧焊机 500A	台班	2.257	2.639	4.192	4.923	6.607	8.773
机械	砂轮切割机 $\phi500$	台班	0.226	0.300	0.371	—	—	—
机械	等离子切割机 400A	台班	—	—	—	0.266	0.326	0.471
机械	普通车床 630×2 000（安装用）	台班	0.422	0.424	0.434	0.439	0.458	0.520
机械	汽车式起重机 8t	台班	—	—	0.010	0.010	0.010	0.010
机械	载货汽车－普通货车 8t	台班	—	—	0.010	0.010	0.010	0.010
机械	电动葫芦单速 3t	台班	0.422	0.424	0.434	0.439	0.458	0.520
机械	电动空气压缩机 $1m^3/min$	台班	—	—	—	0.266	0.326	0.471
机械	电动空气压缩机 $6m^3/min$	台班	0.021	0.021	0.021	0.021	0.021	0.021

8. 合金钢管件(电弧焊)

工作内容:准备工作,管子切口,坡口加工,管口组对,焊接。 **计量单位:**10 个

编号			8-2-505	8-2-506	8-2-507	8-2-508	8-2-509	8-2-510
项目			公称直径(mm 以内)					
			15	20	25	32	40	50
名称		单位	消耗量					
人工	合计工日	工日	1.173	1.604	2.097	2.489	3.185	3.642
	其中 普工	工日	0.293	0.401	0.524	0.622	0.797	0.910
	其中 一般技工	工日	0.645	0.882	1.153	1.369	1.751	2.004
	其中 高级技工	工日	0.235	0.321	0.420	0.498	0.637	0.728
材料	合金钢对焊管件	个	(10.000)	(10.000)	(10.000)	(10.000)	(10.000)	(10.000)
	合金钢焊条	kg	0.434	0.861	1.055	1.307	1.499	2.579
	氧气	m^3	0.066	0.080	0.094	0.111	0.151	0.172
	乙炔气	kg	0.025	0.031	0.036	0.043	0.058	0.066
	尼龙砂轮片 $\phi100\times16\times3$	片	0.283	0.366	0.446	0.555	0.637	0.857
	尼龙砂轮片 $\phi500\times25\times4$	片	0.090	0.151	0.189	0.240	0.280	0.426
	磨头	个	0.274	0.307	0.371	0.434	0.524	0.623
	丙酮	kg	0.165	0.189	0.260	0.307	0.472	0.519
	碎布	kg	0.042	0.064	0.064	0.085	0.085	0.122
	其他材料费	%	1.00	1.00	1.00	1.00	1.00	1.00
机械	电焊机(综合)	台班	0.315	0.533	0.650	0.807	0.924	1.257
	砂轮切割机 $\phi500$	台班	0.008	0.043	0.063	0.080	0.087	0.103
	普通车床 630×2 000(安装用)	台班	0.156	0.177	0.184	0.196	0.203	0.278
	电动葫芦单速 3t	台班	—	—	—	—	—	0.278
	电焊条烘干箱 60×50×75(cm^3)	台班	0.031	0.053	0.065	0.081	0.092	0.126
	电焊条恒温箱	台班	0.031	0.053	0.065	0.081	0.092	0.126

计量单位：10 个

编号				8-2-511	8-2-512	8-2-513	8-2-514	8-2-515	8-2-516
项目				公称直径（mm 以内）					
				65	80	100	125	150	200
名称			单位	消耗量					
人工	合计工日		工日	4.276	4.853	6.194	7.999	9.302	12.345
	其中	普工	工日	1.068	1.213	1.549	1.999	2.325	3.087
		一般技工	工日	2.352	2.669	3.406	4.400	5.116	6.789
		高级技工	工日	0.856	0.971	1.239	1.600	1.861	2.469
材料	合金钢对焊管件		个	（10.000）	（10.000）	（10.000）	（10.000）	（10.000）	（10.000）
	合金钢焊条		kg	4.293	5.055	8.595	10.065	14.363	27.178
	氧气		m^3	0.286	0.321	0.432	0.484	2.688	4.197
	乙炔气		kg	0.110	0.123	0.166	0.186	1.034	1.614
	尼龙砂轮片 $\phi100\times16\times3$		片	1.256	1.487	2.126	2.758	3.389	5.808
	尼龙砂轮片 $\phi500\times25\times4$		片	0.654	0.778	1.077	1.270	—	—
	磨头		个	0.831	0.972	1.246	—	—	—
	丙酮		kg	0.590	0.732	0.873	1.015	1.227	1.676
	碎布		kg	0.150	0.192	0.214	0.266	0.330	0.450
	其他材料费		%	1.00	1.00	1.00	1.00	1.00	1.00
机械	电焊机（综合）		台班	1.732	2.037	2.816	3.297	4.183	6.191
	砂轮切割机 $\phi500$		台班	0.134	0.158	0.233	0.250	—	—
	半自动切割机 100mm		台班	—	—	—	—	0.220	0.337
	普通车床 630×2 000（安装用）		台班	0.433	0.435	0.445	0.450	0.469	0.533
	汽车式起重机 8t		台班	—	—	0.012	0.012	0.012	0.012
	载货汽车－普通货车 8t		台班	—	—	0.012	0.012	0.012	0.012
	电动葫芦单速 3t		台班	0.433	0.435	0.445	0.450	0.469	0.533
	电焊条烘干箱 60×50×75（cm^3）		台班	0.173	0.204	0.282	0.329	0.418	0.619
	电焊条恒温箱		台班	0.173	0.204	0.282	0.329	0.418	0.619

计量单位：10 个

编号				8-2-517	8-2-518	8-2-519	8-2-520	8-2-521	8-2-522	8-2-523
项目				公称直径（mm 以内）						
				250	300	350	400	450	500	600
名称			单位	消耗量						
人工	合计工日		工日	16.304	20.411	23.574	28.802	35.128	38.852	50.507
	其中	普工	工日	4.076	5.103	5.894	7.201	8.782	9.712	12.628
		一般技工	工日	8.967	11.225	12.965	15.841	19.321	21.369	27.778
		高级技工	工日	3.261	4.083	4.714	5.760	7.025	7.771	10.102
材料	合金钢对焊管件		个	(10.000)	(10.000)	(10.000)	(10.000)	(10.000)	(10.000)	(10.000)
	合金钢焊条		kg	44.651	67.824	101.699	139.426	187.497	207.494	352.740
	氧气		m^3	5.861	7.594	8.962	11.217	12.674	13.968	18.857
	乙炔气		kg	2.254	2.921	3.447	4.314	4.875	5.372	7.253
	尼龙砂轮片 $\phi100\times16\times3$		片	8.102	10.721	14.009	18.675	22.649	25.186	37.779
	丙酮		kg	2.100	2.478	2.879	3.257	3.682	4.059	5.074
	碎布		kg	0.557	0.642	0.749	0.830	0.946	1.078	1.186
	其他材料费		%	1.00	1.00	1.00	1.00	1.00	1.00	1.00
机械	电焊机（综合）		台班	8.069	10.158	13.844	17.824	22.333	24.714	32.129
	半自动切割机 100mm		台班	0.383	0.440	0.478	0.545	0.687	0.755	1.003
	普通车床 630×2 000（安装用）		台班	0.634	0.780	0.983	1.242	1.584	1.708	2.272
	汽车式起重机 8t		台班	0.021	0.030	0.046	0.058	0.089	0.145	0.362
	载货汽车－普通货车 8t		台班	0.021	0.030	0.046	0.058	0.089	0.145	0.362
	电动单梁起重机 5t		台班	—	—	—	—	1.584	1.708	2.272
	电动葫芦单速 3t		台班	0.634	0.780	0.983	1.242	—	—	—
	电焊条烘干箱 60×50×75（cm^3）		台班	0.807	1.016	1.385	1.782	2.234	2.471	3.213
	电焊条恒温箱		台班	0.807	1.016	1.385	1.782	2.234	2.471	3.213

9. 合金钢管件(氩电联焊)

工作内容:准备工作,管子切口,坡口加工,管口组对,焊接。　　**计量单位:**10个

编号			8-2-524	8-2-525	8-2-526	8-2-527	8-2-528	8-2-529	8-2-530
项目			公称直径(mm以内)						
			15	20	25	32	40	50	65
名称		单位	消耗量						
人工	合计工日	工日	1.230	1.646	2.155	2.554	3.275	3.928	4.834
人工	其中 普工	工日	0.308	0.412	0.538	0.638	0.818	0.982	1.209
人工	其中 一般技工	工日	0.676	0.905	1.186	1.404	1.801	2.161	2.658
人工	其中 高级技工	工日	0.246	0.329	0.431	0.512	0.656	0.785	0.967
材料	合金钢对焊管件	个	(10.000)	(10.000)	(10.000)	(10.000)	(10.000)	(10.000)	(10.000)
材料	合金钢焊条	kg	—	—	—	—	—	1.836	3.134
材料	合金钢焊丝	kg	0.212	0.422	0.517	0.640	0.734	0.385	0.486
材料	氧气	m^3	0.661	0.054	0.094	0.111	0.151	0.172	0.286
材料	乙炔气	kg	0.254	0.021	0.036	0.043	0.058	0.066	0.110
材料	氩气	m^3	0.595	1.182	1.447	1.791	2.056	1.076	1.362
材料	铈钨棒	g	1.189	2.365	2.893	3.582	4.111	2.152	2.723
材料	尼龙砂轮片 $\phi100\times16\times3$	片	0.165	0.189	0.257	0.444	0.555	0.885	1.230
材料	尼龙砂轮片 $\phi500\times25\times4$	片	0.090	0.118	0.189	0.240	0.280	0.426	0.654
材料	磨头	个	0.274	0.307	0.371	0.434	0.524	0.623	0.831
材料	丙酮	kg	0.165	0.198	0.260	0.307	0.472	0.519	0.590
材料	碎布	kg	0.042	0.064	0.064	0.085	0.085	0.122	0.150
材料	其他材料费	%	1.00	1.00	1.00	1.00	1.00	1.00	1.00
机械	电焊机(综合)	台班	—	—	—	—	—	0.895	1.264
机械	氩弧焊机 500A	台班	0.313	0.490	0.603	0.744	0.855	0.564	0.713
机械	砂轮切割机 $\phi500$	台班	0.008	0.018	0.063	0.080	0.087	0.103	0.134
机械	普通车床 630×2 000(安装用)	台班	0.156	0.177	0.184	0.196	0.203	0.278	0.433
机械	电动葫芦单速 3t	台班	—	—	—	—	—	0.278	0.433
机械	电焊条烘干箱 60×50×75(cm^3)	台班	—	—	—	—	—	0.089	0.126
机械	电焊条恒温箱	台班	—	—	—	—	—	0.089	0.126

计量单位：10 个

编号			8-2-531	8-2-532	8-2-533	8-2-534	8-2-535	8-2-536	8-2-537
项目			公称直径（mm 以内）						
			80	100	125	150	200	250	300
名称		单位	消耗量						
人工	合计工日	工日	5.560	6.616	8.431	9.401	12.589	16.675	20.882
人工	其中 普工	工日	1.390	1.654	2.108	2.349	3.147	4.169	5.221
人工	其中 一般技工	工日	3.058	3.639	4.637	5.172	6.924	9.171	11.485
人工	其中 高级技工	工日	1.112	1.323	1.686	1.880	2.518	3.335	4.177
材料	合金钢对焊管件	个	(10.000)	(10.000)	(10.000)	(10.000)	(10.000)	(10.000)	(10.000)
材料	合金钢焊条	kg	3.686	6.740	7.892	11.661	23.116	39.089	60.529
材料	合金钢焊丝	kg	0.583	0.748	0.887	1.064	1.470	1.834	2.185
材料	氧气	m^3	0.321	0.432	0.484	2.688	4.197	5.861	7.594
材料	乙炔气	kg	0.123	0.166	0.186	1.034	1.614	2.254	2.921
材料	氩气	m^3	1.633	2.096	2.485	2.981	4.116	5.135	6.119
材料	铈钨棒	g	3.266	4.191	4.970	5.961	8.232	10.271	12.239
材料	尼龙砂轮片 $\phi100 \times 16 \times 3$	片	1.454	2.079	2.697	3.316	5.683	7.925	10.490
材料	尼龙砂轮片 $\phi500 \times 25 \times 4$	片	0.778	1.077	1.270	—	—	—	—
材料	磨头	个	0.972	1.246	—	—	—	—	—
材料	丙酮	kg	0.732	0.873	1.015	1.227	1.676	2.100	2.478
材料	碎布	kg	0.192	0.214	0.266	0.330	0.450	0.557	0.642
材料	其他材料费	%	1.00	1.00	1.00	1.00	1.00	1.00	1.00
机械	电焊机（综合）	台班	1.486	2.208	2.586	3.396	5.267	7.066	9.063
机械	氩弧焊机 500A	台班	0.855	1.097	1.302	1.561	2.157	2.687	3.205
机械	砂轮切割机 $\phi500$	台班	0.158	0.233	0.250	—	—	—	—
机械	半自动切割机 100mm	台班	—	—	—	0.220	0.337	0.383	0.440
机械	普通车床 630×2 000（安装用）	台班	0.435	0.445	0.450	0.469	0.533	0.634	0.780
机械	汽车式起重机 8t	台班	—	0.012	0.012	0.012	0.012	0.021	0.030
机械	载货汽车－普通货车 8t	台班	—	0.012	0.012	0.012	0.012	0.021	0.030
机械	电动葫芦单速 3t	台班	0.435	0.445	0.450	0.469	0.533	0.634	0.780
机械	电焊条烘干箱 60×50×75（cm^3）	台班	0.149	0.221	0.259	0.340	0.527	0.707	0.906
机械	电焊条恒温箱	台班	0.149	0.221	0.259	0.340	0.527	0.707	0.906

计量单位：10 个

编　号			8-2-538	8-2-539	8-2-540	8-2-541	8-2-542
项　目			公称直径（mm 以内）				
			350	400	450	500	600
名　称		单位	消　耗　量				
人工	合计工日	工日	24.099	29.209	35.368	39.165	50.914
	其中 普工	工日	6.025	7.302	8.842	9.791	12.729
	其中 一般技工	工日	13.254	16.066	19.453	21.541	28.002
	其中 高级技工	工日	4.820	5.841	7.074	7.833	10.183
材料	合金钢对焊管件	个	（10.000）	（10.000）	（10.000）	（10.000）	（10.000）
	合金钢焊条	kg	92.167	131.067	172.688	191.106	324.880
	合金钢焊丝	kg	2.535	2.863	3.226	3.590	6.103
	氧气	m^3	8.962	11.217	12.674	13.968	18.857
	乙炔气	kg	3.447	4.314	4.875	5.372	7.253
	氩气	m^3	7.097	8.015	9.034	10.051	12.563
	铈钨棒	g	14.193	16.029	18.068	20.102	25.128
	尼龙砂轮片 $\phi100\times16\times3$	片	13.707	19.451	22.158	24.641	36.962
	丙酮	kg	2.879	3.257	3.682	4.059	5.074
	碎布	kg	0.749	0.830	0.946	1.078	1.186
	其他材料费	%	1.00	1.00	1.00	1.00	1.00
机械	电焊机（综合）	台班	12.546	16.302	20.570	22.762	30.275
	氩弧焊机 500A	台班	3.715	4.196	4.729	5.262	6.999
	半自动切割机 100mm	台班	0.478	0.545	0.687	0.755	1.003
	普通车床 630×2 000（安装用）	台班	0.983	1.242	1.584	1.708	2.272
	汽车式起重机 8t	台班	0.046	0.058	0.089	0.145	0.362
	载货汽车－普通货车 8t	台班	0.046	0.058	0.089	0.145	0.362
	电动单梁起重机 5t	台班	—	—	1.584	1.708	2.272
	电动葫芦单速 3t	台班	0.983	1.242	—	—	—
	电焊条烘干箱 60×50×75（cm^3）	台班	1.255	1.630	2.057	2.276	3.028
	电焊条恒温箱	台班	1.255	1.630	2.057	2.276	3.028

10. 合金钢管件(氩弧焊)

工作内容:准备工作,管子切口,坡口加工,管口组对,焊接。 **计量单位:**10个

编号			8-2-543	8-2-544	8-2-545	8-2-546	8-2-547	8-2-548	8-2-549
项目			公称直径(mm以内)						
			15	20	25	32	40	50	65
名称		单位	消耗量						
人工	合计工日	工日	1.354	1.811	2.370	2.810	3.601	4.321	5.317
人工	其中 普工	工日	0.339	0.453	0.592	0.702	0.899	1.080	1.330
人工	其中 一般技工	工日	0.744	0.996	1.304	1.545	1.981	2.377	2.923
人工	其中 高级技工	工日	0.271	0.362	0.474	0.563	0.721	0.864	1.064
材料	合金钢对焊管件	个	(10.000)	(10.000)	(10.000)	(10.000)	(10.000)	(10.000)	(10.000)
材料	合金钢焊丝	kg	0.212	0.422	0.517	0.640	0.734	1.345	2.237
材料	氧气	m^3	0.066	0.078	0.094	0.111	0.151	0.172	0.286
材料	乙炔气	kg	0.025	0.030	0.036	0.043	0.058	0.066	0.110
材料	氩气	m^3	0.595	1.182	1.447	1.791	2.056	3.767	6.263
材料	铈钨棒	g	1.189	2.365	2.893	3.582	4.111	7.533	12.527
材料	尼龙砂轮片 $\phi100\times16\times3$	片	0.274	0.387	0.432	0.536	0.616	0.826	1.211
材料	尼龙砂轮片 $\phi500\times25\times4$	片	0.090	0.118	0.189	0.240	0.280	0.426	0.654
材料	磨头	个	0.274	0.307	0.371	0.434	0.524	0.623	0.831
材料	丙酮	kg	0.165	0.189	0.260	0.307	0.472	0.517	0.590
材料	碎布	kg	0.042	0.064	0.064	0.085	0.085	0.122	0.150
材料	其他材料费	%	1.00	1.00	1.00	1.00	1.00	1.00	1.00
机械	氩弧焊机 500A	台班	0.313	0.490	0.603	0.744	0.855	1.307	2.035
机械	砂轮切割机 $\phi500$	台班	0.008	0.018	0.063	0.080	0.087	0.103	0.134
机械	普通车床 630×2 000(安装用)	台班	0.156	0.177	0.184	0.196	0.203	0.278	0.433
机械	电动葫芦单速 3t	台班	—	—	—	—	—	0.278	0.433

计量单位：10 个

编　号				8-2-550	8-2-551	8-2-552	8-2-553	8-2-554
项　目				公称直径（mm 以内）				
				80	100	125	150	200
名　称			单位	消　耗　量				
人工	合计工日		工日	6.116	7.276	9.273	10.341	13.850
	其中	普工	工日	1.529	1.819	2.319	2.584	3.462
		一般技工	工日	3.364	4.002	5.100	5.689	7.617
		高级技工	工日	1.223	1.455	1.854	2.068	2.770
材料	合金钢对焊管件		个	（10.000）	（10.000）	（10.000）	（10.000）	（10.000）
	合金钢焊丝		kg	2.634	4.444	5.186	7.351	8.673
	氧气		m^3	0.321	0.432	0.484	2.688	3.064
	乙炔气		kg	0.123	0.166	0.186	1.034	1.178
	氩气		m^3	7.375	12.443	14.523	20.582	23.463
	铈钨棒		g	14.750	24.885	29.046	41.163	46.926
	尼龙砂轮片 $\phi100\times16\times3$		片	1.433	2.006	2.549	3.093	3.526
	尼龙砂轮片 $\phi500\times25\times4$		片	0.778	1.077	1.270	—	—
	磨头		个	0.972	1.246	—	—	—
	丙酮		kg	0.732	0.873	1.015	1.227	1.399
	碎布		kg	0.192	0.214	0.266	0.330	0.450
	其他材料费		%	1.00	1.00	1.00	1.00	1.00
机械	氩弧焊机 500A		台班	2.397	3.831	4.472	6.076	7.170
	砂轮切割机 $\phi500$		台班	0.158	0.233	0.250	—	—
	半自动切割机 100mm		台班	—	—	—	0.220	0.260
	普通车床 630×2 000（安装用）		台班	0.435	0.445	0.450	0.469	0.554
	汽车式起重机 8t		台班	—	0.012	0.012	0.012	0.013
	载货汽车－普通货车 8t		台班	—	0.012	0.012	0.012	0.013
	电动葫芦单速 3t		台班	0.435	0.445	0.450	0.469	0.554

11. 铜及铜合金管件(氧乙炔焊)

工作内容: 准备工作,管子切口,坡口加工,坡口磨平,管口组对,焊前预热,焊接。 **计量单位:** 10个

编号				8-2-555	8-2-556	8-2-557	8-2-558	8-2-559	8-2-560	8-2-561
项目				管外径(mm以内)						
				20	30	40	50	65	75	85
名称			单位	消耗量						
人工	合计工日		工日	1.980	3.034	3.790	4.175	5.053	5.353	6.317
	其中	普工	工日	0.495	0.758	0.948	1.044	1.263	1.338	1.580
		一般技工	工日	1.089	1.669	2.084	2.296	2.779	2.944	3.474
		高级技工	工日	0.396	0.607	0.758	0.835	1.011	1.071	1.263
材料	中压铜及铜合金管件		个	(10.000)	(10.000)	(10.000)	(10.000)	(10.000)	(10.000)	(10.000)
	铜气焊丝		kg	0.220	0.420	0.580	0.980	1.280	1.500	2.160
	氧气		m^3	1.330	1.964	2.913	3.650	4.463	5.391	6.216
	乙炔气		kg	0.512	0.755	1.120	1.404	1.717	2.073	2.391
	尼龙砂轮片 $\phi100\times16\times3$		片	0.200	0.300	0.309	0.391	0.515	0.606	1.638
	尼龙砂轮片 $\phi500\times25\times4$		片	0.093	0.135	0.249	0.325	0.368	0.414	—
	硼砂		kg	0.044	0.089	0.121	0.146	0.311	0.378	0.424
	铁砂布		张	0.269	0.336	0.403	0.470	0.650	0.762	0.900
	碎布		kg	0.022	0.045	0.067	0.067	0.090	0.112	0.134
	其他材料费		%	1.00	1.00	1.00	1.00	1.00	1.00	1.00
机械	砂轮切割机 $\phi500$		台班	0.009	0.044	0.079	0.107	0.142	0.156	—
	等离子切割机 400A		台班	—	—	—	—	—	—	1.215
	电动空气压缩机 $1m^3/min$		台班	—	—	—	—	—	—	1.215

计量单位：10 个

编　号				8-2-562	8-2-563	8-2-564	8-2-565	8-2-566	8-2-567	8-2-568
项　目				管外径（mm 以内）						
				100	120	150	185	200	250	300
名　称			单位	消　耗　量						
人工	合计工日		工日	6.262	7.777	9.625	11.574	12.980	14.635	18.748
	其中	普工	工日	1.566	1.944	2.406	2.893	3.245	3.659	4.687
		一般技工	工日	3.444	4.277	5.294	6.366	7.139	8.049	10.312
		高级技工	工日	1.252	1.556	1.925	2.315	2.596	2.927	3.749
材料	中压铜及铜合金管件		个	(10.000)	(10.000)	(10.000)	(10.000)	(10.000)	(10.000)	(10.000)
	铜气焊丝		kg	2.450	3.500	4.380	5.420	9.160	11.500	13.820
	氧气		m^3	6.417	8.200	9.661	12.467	16.222	20.308	24.022
	乙炔气		kg	2.468	3.154	3.716	4.795	6.239	7.811	9.239
	尼龙砂轮片 $\phi100\times16\times3$		片	1.854	2.249	2.841	3.530	5.049	6.364	7.679
	硼砂		kg	0.650	0.784	0.986	1.210	2.061	2.576	3.091
	铁砂布		张	1.165	1.546	2.150	2.822	3.136	4.122	5.107
	碎布		kg	0.134	0.179	0.202	0.269	0.291	0.358	0.426
	其他材料费		%	1.00	1.00	1.00	1.00	1.00	1.00	1.00
机械	等离子切割机 400A		台班	1.412	1.694	2.119	2.614	2.972	3.713	4.457
	汽车式起重机 8t		台班	0.010	0.010	0.010	0.010	0.010	0.018	0.025
	载货汽车－普通货车 8t		台班	0.010	0.010	0.010	0.010	0.010	0.018	0.025
	电动空气压缩机 $1m^3/min$		台班	1.412	1.694	2.119	2.614	2.972	3.713	4.457

12. 钢套钢直埋保温管件(氩电联焊)

工作内容:准备工作,管子切口,坡口加工,坡口磨平,管口组对,焊前预热,焊接。 **计量单位:**10 个

编号				8-2-569	8-2-570	8-2-571	8-2-572	8-2-573
项目				公称直径(mm 以内)				
				100	200	250	300	350
名称			单位	消耗量				
人工	合计工日		工日	5.310	10.621	13.274	16.034	19.444
	其中	普工	工日	1.659	3.319	4.148	5.011	6.076
		一般技工	工日	1.992	3.983	4.978	6.012	7.292
		高级技工	工日	1.659	3.319	4.148	5.011	6.076
材料	预制钢套钢复合保温管管件		个	(10.000)	(10.000)	(10.000)	(10.000)	(10.000)
	低碳钢焊条 J427 ϕ3.2		kg	8.435	16.869	20.000	25.200	33.290
	碳钢焊丝		kg	0.648	1.296	1.600	1.926	2.244
	氧气		m^3	3.900	7.800	9.600	10.300	12.495
	乙炔气		kg	1.500	3.000	3.692	3.962	4.806
	氩气		m^3	1.814	3.628	4.460	5.360	6.284
	尼龙砂轮片 $\phi100\times16\times3$		片	8.159	16.318	19.599	26.105	32.900
	角钢(综合)		kg	1.085	2.169	2.169	2.169	2.169
	铈钨棒		g	3.628	7.256	8.920	10.720	12.568
	碎布		kg	0.192	0.383	0.473	0.546	0.636
	其他材料费		%	1.00	1.00	1.00	1.00	1.00
机械	汽车式起重机 8t		台班	0.008	0.013	0.024	0.037	0.054
	载货汽车-普通货车 8t		台班	0.008	0.013	0.024	0.037	0.054
	氩弧焊机 500A		台班	1.308	2.180	2.677	3.203	3.775
	电焊机(综合)		台班	2.608	4.347	5.606	6.635	8.280
	电焊条烘干箱 $60\times50\times75$(cm^3)		台班	0.261	0.435	0.561	0.664	0.828
	电焊条恒温箱		台班	0.261	0.435	0.561	0.664	0.828

工作内容：准备工作，管子切口，坡口加工，坡口磨平，管口组对，焊前预热，焊接。　　**计量单位**：10个

编号				8-2-574	8-2-575	8-2-576	8-2-577	8-2-578
项目				公称直径（mm以内）				
				400	450	500	600	700
名称			单位	消耗量				
人工	合计工日		工日	21.476	24.052	27.082	32.256	36.867
	其中	普工	工日	6.711	7.516	8.463	10.080	11.520
		一般技工	工日	8.054	9.020	10.156	12.096	13.827
		高级技工	工日	6.711	7.516	8.463	10.080	11.520
材料	预制钢套钢复合保温管管件		个	（10.000）	（10.000）	（10.000）	（10.000）	（10.000）
	低碳钢焊条 J427 ϕ3.2		kg	37.674	57.532	63.604	75.752	86.585
	碳钢焊丝		kg	2.548	2.882	3.142	3.742	4.277
	氧气		m^3	13.787	17.085	18.555	22.100	25.260
	乙炔气		kg	5.303	6.571	7.137	8.500	9.715
	氩气		m^3	7.134	8.070	8.798	10.478	11.976
	尼龙砂轮片 $\phi100\times16\times3$		片	37.230	48.491	55.567	66.181	75.644
	角钢（综合）		kg	2.169	2.169	2.169	2.583	2.952
	铈钨棒		g	14.268	16.140	17.596	20.957	23.954
	碎布		kg	0.705	0.804	0.916	1.091	1.247
	其他材料费		%	1.00	1.00	1.00	1.00	1.00
机械	汽车式起重机 8t		台班	0.070	0.108	0.175	0.434	0.506
	载货汽车－普通货车 8t		台班	0.070	0.108	0.175	0.434	0.506
	氩弧焊机 500A		台班	4.288	4.848	5.491	6.541	7.476
	电焊机（综合）		台班	9.370	11.345	12.547	14.944	17.080
	电焊条烘干箱 60×50×75（cm^3）		台班	0.937	1.135	1.255	1.494	1.708
	电焊条恒温箱		台班	0.937	1.135	1.255	1.494	1.708

工作内容：准备工作，管子切口，坡口加工，坡口磨平，管口组对，焊前预热，焊接。　　**计量单位：**10 个

编号				8-2-579	8-2-580	8-2-581	8-2-582
项目				公称直径（mm 以内）			
				800	900	1 000	1 200
名称			单位	消耗量			
人工	合计工日		工日	44.551	49.982	55.433	75.778
	其中	普工	工日	13.922	15.619	17.323	23.681
		一般技工	工日	16.707	18.744	20.787	28.416
		高级技工	工日	13.922	15.619	17.323	23.681
材料	预制钢套钢复合保温管管件		个	（10.000）	（10.000）	（10.000）	（10.000）
	低碳钢焊条 J427 ϕ3.2		kg	134.310	150.696	167.122	261.045
	碳钢焊丝		kg	6.636	7.446	8.258	12.899
	氧气		m^3	33.575	37.672	41.777	57.110
	乙炔气		kg	12.913	14.489	16.068	21.965
	氩气		m^3	18.577	20.843	23.115	36.106
	尼龙砂轮片 $\phi100\times16\times3$		片	100.548	112.814	125.111	171.027
	角钢（综合）		kg	3.362	3.772	4.183	5.003
	铈钨棒		g	37.157	41.690	46.234	72.218
	碎布		kg	1.420	1.593	1.766	2.112
	其他材料费		%	1.00	1.00	1.00	1.00
机械	汽车式起重机 8t		台班	0.580	0.591	0.595	0.601
	载货汽车－普通货车 8t		台班	0.580	0.591	0.595	0.601
	氩弧焊机 500A		台班	11.596	13.012	14.430	22.540
	电焊机（综合）		台班	26.495	29.726	32.967	51.494
	电焊条烘干箱 $60\times50\times75$（cm^3）		台班	2.649	2.973	3.297	5.149
	电焊条恒温箱		台班	2.649	2.973	3.297	5.149

三、高 压 管 件

1. 碳钢管件(电弧焊)

工作内容:准备工作,管子切口,坡口加工,坡口磨平,管口组对,焊接。 **计量单位:**10个

编号				8-2-583	8-2-584	8-2-585	8-2-586	8-2-587	8-2-588	8-2-589
项目				公称直径(mm以内)						
				15	20	25	32	40	50	65
名称			单位	消耗量						
人工	合计工日		工日	1.260	1.779	2.347	2.779	3.291	3.814	4.245
	其中	普工	工日	0.252	0.355	0.471	0.557	0.659	0.764	0.849
		一般技工	工日	0.504	0.712	0.938	1.111	1.316	1.525	1.698
		高级技工	工日	0.504	0.712	0.938	1.111	1.316	1.525	1.698
材料	碳钢对焊管件		个	(10.000)	(10.000)	(10.000)	(10.000)	(10.000)	(10.000)	(10.000)
	低碳钢焊条 J427 $\phi3.2$		kg	0.800	1.652	2.758	3.996	4.644	7.210	12.390
	尼龙砂轮片 $\phi100\times16\times3$		片	0.180	0.250	0.362	0.496	0.602	0.774	1.196
	尼龙砂轮片 $\phi500\times25\times4$		片	0.121	0.196	0.301	0.427	0.512	0.750	1.145
	磨头		个	0.020	0.260	0.314	0.388	0.444	0.528	0.704
	丙酮		kg	0.216	0.230	0.242	0.260	0.292	0.350	0.474
	碎布		kg	0.042	0.064	0.064	0.085	0.085	0.122	0.150
	其他材料费		%	1.00	1.00	1.00	1.00	1.00	1.00	1.00
机械	电焊机(综合)		台班	0.374	0.519	0.676	0.873	1.016	1.251	1.780
	砂轮切割机 $\phi500$		台班	0.033	0.070	0.090	0.102	0.111	0.138	0.152
	普通车床 630×2 000(安装用)		台班	0.175	0.235	0.353	0.357	0.362	0.374	0.404
	电动葫芦单速 3t		台班	—	—	0.353	0.357	0.362	0.374	0.404
	电焊条烘干箱 60×50×75(cm^3)		台班	0.037	0.052	0.068	0.087	0.101	0.125	0.178
	电焊条恒温箱		台班	0.037	0.052	0.068	0.087	0.101	0.125	0.178

计量单位：10 个

编号				8-2-590	8-2-591	8-2-592	8-2-593	8-2-594	8-2-595	8-2-596
项目				公称直径（mm 以内）						
				80	100	125	150	200	250	300
名称			单位	消耗量						
人工	合计工日		工日	4.986	8.166	11.217	14.579	20.733	29.531	41.602
	其中	普工	工日	0.996	1.634	2.243	2.915	4.146	5.906	8.321
		一般技工	工日	1.995	3.266	4.487	5.832	8.294	11.813	16.640
		高级技工	工日	1.995	3.266	4.487	5.832	8.294	11.813	16.640
材料	碳钢对焊管件		个	(10.000)	(10.000)	(10.000)	(10.000)	(10.000)	(10.000)	(10.000)
	低碳钢焊条 J427 ϕ3.2		kg	17.525	27.811	48.551	76.533	119.214	175.111	269.048
	氧气		m^3	—	3.024	3.653	5.339	7.508	10.252	11.699
	乙炔气		kg	—	1.163	1.405	2.053	2.888	3.943	4.500
	尼龙砂轮片 $\phi100\times16\times3$		片	1.464	1.865	2.795	3.984	6.427	9.483	12.966
	尼龙砂轮片 $\phi500\times25\times4$		片	1.546	—	—	—	—	—	—
	磨头		个	0.824	1.056	—	—	—	—	—
	丙酮		kg	0.558	0.716	0.838	1.000	1.380	1.720	2.040
	角钢（综合）		kg	—	—	—	—	1.520	1.520	2.000
	碎布		kg	0.192	0.214	0.266	0.330	0.450	0.557	0.642
	其他材料费		%	1.00	1.00	1.00	1.00	1.00	1.00	1.00
机械	电焊机（综合）		台班	2.290	3.412	5.139	7.583	11.641	16.934	25.056
	砂轮切割机 ϕ500		台班	0.183	—	—	—	—	—	—
	半自动切割机 100mm		台班	—	—	—	0.263	0.416	0.888	1.179
	普通车床 630×2 000（安装用）		台班	0.441	0.509	1.070	1.169	1.744	2.104	2.661
	汽车式起重机 8t		台班	0.008	0.016	0.030	0.042	0.063	0.105	0.146
	载货汽车－普通货车 8t		台班	0.008	0.016	0.030	0.042	0.063	0.105	0.146
	电动单梁起重机 5t		台班	—	—	—	—	—	2.104	2.661
	电动葫芦单速 3t		台班	0.441	0.509	1.070	1.169	1.744	—	—
	电焊条烘干箱 60×50×75（cm^3）		台班	0.229	0.341	0.514	0.758	1.164	1.694	2.506
	电焊条恒温箱		台班	0.229	0.341	0.514	0.758	1.164	1.694	2.506

计量单位：10 个

编号				8-2-597	8-2-598	8-2-599	8-2-600	8-2-601
项目				公称直径（mm 以内）				
				350	400	450	500	600
名称			单位	消耗量				
人工	合计工日		工日	55.510	70.226	85.736	105.091	136.619
	其中	普工	工日	11.102	14.045	17.146	21.019	27.325
		一般技工	工日	22.204	28.091	34.295	42.036	54.647
		高级技工	工日	22.204	28.091	34.295	42.036	54.647
材料	碳钢对焊管件		个	（10.000）	（10.000）	（10.000）	（10.000）	（10.000）
	低碳钢焊条 J427 $\phi3.2$		kg	379.674	507.933	642.628	803.579	1366.084
	氧气		m^3	15.342	17.641	23.647	27.025	36.484
	乙炔气		kg	5.901	6.785	9.095	10.394	14.032
	尼龙砂轮片 $\phi100\times16\times3$		片	17.595	22.056	25.232	32.120	40.150
	丙酮		kg	2.360	2.660	3.000	3.300	3.630
	角钢（综合）		kg	2.000	2.000	2.000	2.000	2.000
	碎布		kg	0.749	0.830	0.946	1.078	1.186
	其他材料费		%	1.00	1.00	1.00	1.00	1.00
机械	电焊机（综合）		台班	34.096	44.424	56.202	70.279	93.471
	半自动切割机 100mm		台班	1.452	1.638	1.989	2.658	3.534
	普通车床 630×2 000（安装用）		台班	3.444	3.776	4.688	5.106	6.791
	汽车式起重机 8t		台班	0.189	0.244	0.298	0.368	0.490
	载货汽车－普通货车 8t		台班	0.189	0.244	0.298	0.368	0.490
	电动单梁起重机 5t		台班	3.444	3.776	4.688	5.106	6.791
	电焊条烘干箱 60×50×75（cm^3）		台班	3.409	4.442	5.620	7.028	9.347
	电焊条恒温箱		台班	3.409	4.442	5.620	7.028	9.347

2. 碳钢管件(氩电联焊)

工作内容: 准备工作,管子切口,坡口加工,坡口磨平,管口组对,焊接。　　**计量单位:** 10个

编号				8-2-602	8-2-603	8-2-604	8-2-605	8-2-606	8-2-607	8-2-608
项目				公称直径(mm以内)						
				15	20	25	32	40	50	65
名称			单位	消耗量						
人工	合计工日		工日	1.289	1.988	2.673	3.170	3.735	4.051	4.496
	其中	普工	工日	0.257	0.398	0.535	0.632	0.745	0.809	0.900
		一般技工	工日	0.516	0.795	1.069	1.269	1.495	1.621	1.798
		高级技工	工日	0.516	0.795	1.069	1.269	1.495	1.621	1.798
材料	碳钢对焊管件		个	(10.000)	(10.000)	(10.000)	(10.000)	(10.000)	(10.000)	(10.000)
	低碳钢焊条 J427 $\phi3.2$		kg	—	—	—	—	—	6.680	11.058
	碳钢焊丝		kg	0.416	0.862	1.246	1.572	1.816	0.240	0.316
	氩气		m^3	1.164	2.414	3.488	4.402	5.084	0.672	0.884
	铈钨棒		g	2.328	4.828	6.976	8.804	10.168	1.344	1.768
	尼龙砂轮片 $\phi100\times16\times3$		片	0.170	0.240	0.330	0.440	0.520	0.820	1.170
	尼龙砂轮片 $\phi500\times25\times4$		片	0.121	0.196	0.301	0.427	0.512	0.750	1.145
	磨头		个	0.020	0.260	0.314	0.388	0.444	0.528	0.704
	丙酮		kg	0.216	0.230	0.242	0.260	0.292	0.350	0.474
	碎布		kg	0.042	0.064	0.064	0.085	0.085	0.122	0.150
	其他材料费		%	1.00	1.00	1.00	1.00	1.00	1.00	1.00
机械	电焊机(综合)		台班	—	—	—	—	—	1.159	1.589
	氩弧焊机 500A		台班	0.406	0.748	1.036	1.307	1.509	0.570	0.786
	砂轮切割机 $\phi500$		台班	0.033	0.070	0.090	0.102	0.111	0.138	0.152
	普通车床 630×2 000(安装用)		台班	0.175	0.235	0.353	0.357	0.362	0.374	0.404
	电动葫芦单速 3t		台班	—	—	0.353	0.357	0.362	0.374	0.404
	电焊条烘干箱 60×50×75(cm^3)		台班	—	—	—	—	—	0.116	0.159
	电焊条恒温箱		台班	—	—	—	—	—	0.116	0.159

计量单位：10 个

编　号			8-2-609	8-2-610	8-2-611	8-2-612	8-2-613	8-2-614	8-2-615
项　目			公称直径（mm 以内）						
			80	100	125	150	200	250	300
名　称		单位	消　耗　量						
人工	合计工日	工日	5.290	8.588	11.727	15.104	21.493	29.616	43.045
人工	其中 普工	工日	1.058	1.716	2.345	3.020	4.298	5.923	8.609
人工	其中 一般技工	工日	2.116	3.436	4.691	6.042	8.598	11.846	17.218
人工	其中 高级技工	工日	2.116	3.436	4.691	6.042	8.598	11.846	17.218
材料	碳钢对焊管件	个	(10.000)	(10.000)	(10.000)	(10.000)	(10.000)	(10.000)	(10.000)
材料	低碳钢焊条 J427 ϕ3.2	kg	13.963	23.472	44.861	71.297	111.272	153.454	258.171
材料	碳钢焊丝	kg	0.418	0.550	0.645	0.743	1.134	1.484	1.847
材料	氧气	m^3	—	3.707	4.450	5.339	7.508	10.252	11.699
材料	乙炔气	kg	—	1.426	1.712	2.053	2.888	3.943	4.500
材料	氩气	m^3	1.171	1.540	1.804	2.080	3.175	4.154	5.170
材料	铈钨棒	g	2.343	3.080	3.608	4.160	6.349	8.308	10.341
材料	尼龙砂轮片 $\phi100 \times 16 \times 3$	片	1.540	1.808	2.744	3.904	6.291	8.691	12.958
材料	尼龙砂轮片 $\phi500 \times 25 \times 4$	片	1.546	—	—	—	—	—	—
材料	磨头	个	0.824	1.056	—	—	—	—	—
材料	丙酮	kg	0.558	0.716	0.838	1.000	1.380	1.720	2.040
材料	角钢（综合）	kg	—	—	—	—	1.520	1.520	2.000
材料	碎布	kg	0.192	0.214	0.266	0.330	0.450	0.557	0.642
材料	其他材料费	%	1.00	1.00	1.00	1.00	1.00	1.00	1.00
机械	电焊机（综合）	台班	2.007	3.066	4.749	7.066	10.866	14.840	24.042
机械	氩弧焊机 500A	台班	0.959	1.199	1.316	1.672	2.798	3.462	4.957
机械	砂轮切割机 ϕ500	台班	0.183	—	—	—	—	—	—
机械	半自动切割机 100mm	台班	—	—	—	0.263	0.416	0.888	1.179
机械	普通车床 630×2 000（安装用）	台班	0.441	0.509	1.070	1.169	1.744	2.104	2.661
机械	汽车式起重机 8t	台班	0.008	0.016	0.030	0.042	0.063	0.105	0.146
机械	载货汽车－普通货车 8t	台班	0.008	0.016	0.030	0.042	0.063	0.105	0.146
机械	电动单梁起重机 5t	台班	—	—	—	—	—	2.104	2.661
机械	电动葫芦单速 3t	台班	0.441	0.509	1.070	1.169	1.744	—	—
机械	电焊条烘干箱 60×50×75（cm^3）	台班	0.200	0.307	0.475	0.707	1.087	1.484	2.405
机械	电焊条恒温箱	台班	0.200	0.307	0.475	0.707	1.087	1.484	2.405

计量单位：10 个

编号				8-2-616	8-2-617	8-2-618	8-2-619	8-2-620
项目				公称直径（mm 以内）				
				350	400	450	500	600
名称			单位	消耗量				
人工	合计工日		工日	56.325	70.434	86.347	105.279	136.863
	其中	普工	工日	11.266	14.087	17.270	21.056	27.374
		一般技工	工日	22.529	28.173	34.538	42.111	54.744
		高级技工	工日	22.529	28.173	34.538	42.111	54.744
材料	碳钢对焊管件		个	（10.000）	（10.000）	（10.000）	（10.000）	（10.000）
	低碳钢焊条 J427 ϕ3.2		kg	354.590	469.502	609.684	755.731	1284.743
	碳钢焊丝		kg	2.178	2.440	2.488	3.082	5.239
	氧气		m^3	15.342	17.641	23.647	25.404	34.295
	乙炔气		kg	5.901	6.785	9.095	9.771	13.190
	氩气		m^3	6.098	6.831	6.839	8.629	10.786
	铈钨棒		g	12.197	13.662	13.667	17.257	21.571
	尼龙砂轮片 $\phi100\times16\times3$		片	17.075	21.144	24.760	31.248	39.060
	丙酮		kg	2.360	2.660	3.000	3.300	3.630
	角钢（综合）		kg	2.000	2.000	2.000	2.000	2.000
	碎布		kg	0.749	0.830	0.946	1.078	1.186
	其他材料费		%	1.00	1.00	1.00	1.00	1.00
机械	电焊机（综合）		台班	31.844	41.062	53.322	66.095	87.906
	氩弧焊机 500A		台班	5.728	6.942	8.618	10.567	12.680
	半自动切割机 100mm		台班	1.452	1.638	1.989	2.498	3.323
	普通车床 630×2 000（安装用）		台班	3.444	3.776	4.688	5.106	6.791
	汽车式起重机 8t		台班	0.189	0.244	0.298	0.368	0.490
	载货汽车－普通货车 8t		台班	0.189	0.244	0.298	0.368	0.490
	电动单梁起重机 5t		台班	3.444	3.776	4.688	5.106	6.791
	电焊条烘干箱 60×50×75（cm^3）		台班	3.185	4.106	5.332	6.609	8.791
	电焊条恒温箱		台班	3.185	4.106	5.332	6.609	8.791

3. 不锈钢管件(电弧焊)

工作内容:准备工作,管子切口,坡口加工,坡口磨平,管口组对,焊接,焊缝钝化。 **计量单位:**10 个

编号				8-2-621	8-2-622	8-2-623	8-2-624	8-2-625	8-2-626
项目				公称直径(mm 以内)					
				15	20	25	32	40	50
名称			单位	消耗量					
人工	合计工日		工日	1.594	2.251	2.969	3.515	4.163	4.825
	其中	普工	工日	0.319	0.449	0.596	0.705	0.834	0.966
		一般技工	工日	0.638	0.901	1.187	1.405	1.664	1.929
		高级技工	工日	0.638	0.901	1.187	1.405	1.664	1.929
材料	不锈钢对焊管件		个	(10.000)	(10.000)	(10.000)	(10.000)	(10.000)	(10.000)
	不锈钢焊条(综合)		kg	0.824	1.248	2.104	2.642	3.584	5.018
	尼龙砂轮片 $\phi100\times16\times3$		片	0.350	0.454	0.630	0.824	1.046	1.438
	尼龙砂轮片 $\phi500\times25\times4$		片	0.155	0.217	0.423	0.503	0.617	0.690
	丙酮		kg	0.140	0.160	0.220	0.260	0.300	0.360
	酸洗膏		kg	0.120	0.147	0.197	0.243	0.302	0.377
	水		t	0.020	0.020	0.040	0.040	0.040	0.060
	碎布		kg	0.042	0.064	0.064	0.085	0.085	0.122
	其他材料费		%	1.00	1.00	1.00	1.00	1.00	1.00
机械	电焊机(综合)		台班	0.461	0.597	0.863	1.084	1.287	1.567
	砂轮切割机 $\phi500$		台班	0.050	0.090	0.117	0.141	0.188	0.229
	普通车床 630×2 000(安装用)		台班	0.188	0.235	0.319	0.366	0.424	0.432
	电动葫芦单速 3t		台班	—	—	—	0.366	0.424	0.432
	电动空气压缩机 $6m^3/min$		台班	0.021	0.021	0.021	0.021	0.021	0.021
	电焊条烘干箱 $60\times50\times75(cm^3)$		台班	0.046	0.060	0.086	0.108	0.128	0.156
	电焊条恒温箱		台班	0.046	0.060	0.086	0.108	0.128	0.156

计量单位：10 个

编 号				8-2-627	8-2-628	8-2-629	8-2-630	8-2-631	8-2-632
项 目				公称直径（mm 以内）					
				65	80	100	125	150	200
名 称			单位	消 耗 量					
人工	合计工日		工日	5.369	6.307	10.328	14.189	18.441	26.225
	其中	普工	工日	1.074	1.260	2.067	2.837	3.687	5.244
		一般技工	工日	2.148	2.524	4.131	5.676	7.377	10.491
		高级技工	工日	2.148	2.524	4.131	5.676	7.377	10.491
材料	不锈钢对焊管件		个	(10.000)	(10.000)	(10.000)	(10.000)	(10.000)	(10.000)
	不锈钢焊条（综合）		kg	7.129	12.646	19.820	33.816	51.534	106.039
	尼龙砂轮片 $\phi100\times16\times3$		片	2.138	2.867	3.954	5.548	7.714	12.106
	尼龙砂轮片 $\phi500\times25\times4$		片	1.094	1.561	—	—	—	—
	丙酮		kg	0.595	0.717	0.720	0.836	1.002	1.380
	酸洗膏		kg	0.515	0.603	0.773	1.188	1.595	2.078
	水		t	0.080	0.100	0.120	0.140	0.180	0.240
	碎布		kg	0.150	0.192	0.214	0.266	0.330	0.450
	其他材料费		%	1.00	1.00	1.00	1.00	1.00	1.00
机械	电焊机（综合）		台班	2.226	2.978	4.067	5.926	8.414	15.684
	砂轮切割机 $\phi500$		台班	0.296	0.406	—	—	—	—
	等离子切割机 400A		台班	—	—	0.272	0.345	0.433	0.645
	普通车床 630×2 000（安装用）		台班	0.458	0.488	0.529	0.634	0.768	1.713
	汽车式起重机 8t		台班	—	0.008	0.016	0.030	0.042	0.063
	载货汽车 - 普通货车 8t		台班	—	0.008	0.016	0.030	0.042	0.063
	电动葫芦单速 3t		台班	0.458	0.488	0.529	0.634	0.768	1.713
	电动空气压缩机 $1m^3/min$		台班	—	—	0.272	0.345	0.433	0.645
	电动空气压缩机 $6m^3/min$		台班	0.021	0.021	0.021	0.021	0.021	0.021
	电焊条烘干箱 $60\times50\times75(cm^3)$		台班	0.222	0.298	0.407	0.592	0.842	1.569
	电焊条恒温箱		台班	0.222	0.298	0.407	0.592	0.842	1.569

计量单位：10 个

编　号				8-2-633	8-2-634	8-2-635	8-2-636	8-2-637	8-2-638
项　目				公称直径（mm 以内）					
				250	300	350	400	450	500
名　称			单位	消　耗　量					
人工	合计工日		工日	37.355	52.621	70.215	88.830	108.448	132.931
	其中	普工	工日	7.470	10.525	14.043	17.766	21.688	26.587
		一般技工	工日	14.943	21.048	28.086	35.532	43.380	53.172
		高级技工	工日	14.943	21.048	28.086	35.532	43.380	53.172
材料	不锈钢对焊管件		个	（10.000）	（10.000）	（10.000）	（10.000）	（10.000）	（10.000）
	不锈钢焊条（综合）		kg	162.583	234.078	323.009	371.374	512.496	707.245
	尼龙砂轮片 $\phi100 \times 16 \times 3$		片	17.755	26.070	32.498	39.461	49.326	61.658
	丙酮		kg	1.720	2.040	2.360	2.660	2.926	3.219
	酸洗膏		kg	3.135	3.732	4.089	5.069	5.576	6.133
	水		t	0.280	0.340	0.400	0.460	0.506	0.556
	碎布		kg	0.520	0.642	0.749	0.830	0.946	1.078
	其他材料费		%	1.00	1.00	1.00	1.00	1.00	1.00
机械	电焊机（综合）		台班	22.999	33.113	43.782	51.230	66.599	86.578
	等离子切割机 400A		台班	0.970	1.199	1.570	1.961	2.549	3.314
	普通车床 630×2 000（安装用）		台班	2.486	2.972	3.717	4.512	5.865	7.625
	汽车式起重机 8t		台班	0.105	0.146	0.189	0.244	0.316	0.411
	载货汽车－普通货车 8t		台班	0.105	0.146	0.189	0.244	0.316	0.411
	电动单梁起重机 5t		台班	—	2.972	3.717	4.512	5.865	7.625
	电动葫芦单速 3t		台班	2.486	—	—	—	—	—
	电动空气压缩机 $1m^3/min$		台班	0.970	1.199	1.570	1.961	2.549	3.314
	电动空气压缩机 $6m^3/min$		台班	0.021	0.021	0.021	0.021	0.021	0.021
	电焊条烘干箱 60×50×75（cm^3）		台班	2.300	3.311	4.378	5.123	6.660	8.658
	电焊条恒温箱		台班	2.300	3.311	4.378	5.123	6.660	8.658

4. 不锈钢管件(氩电联焊)

工作内容:准备工作,管子切口,坡口加工,坡口磨平,管口组对,焊接,焊缝钝化。 **计量单位:**10个

编号				8-2-639	8-2-640	8-2-641	8-2-642	8-2-643	8-2-644
项目				公称直径(mm以内)					
				15	20	25	32	40	50
名称			单位	消耗量					
人工	合计工日		工日	1.631	2.515	3.382	4.009	4.723	5.125
	其中	普工	工日	0.325	0.503	0.677	0.800	0.942	1.024
		一般技工	工日	0.653	1.006	1.352	1.605	1.891	2.050
		高级技工	工日	0.653	1.006	1.352	1.605	1.891	2.050
材料	不锈钢对焊管件		个	(10.000)	(10.000)	(10.000)	(10.000)	(10.000)	(10.000)
	不锈钢焊条(综合)		kg	—	—	—	—	—	5.636
	不锈钢焊丝 1Cr18Ni9Ti		kg	0.432	0.656	1.092	1.378	1.878	0.528
	氩气		m^3	1.210	1.838	3.058	3.858	5.260	7.336
	铈钨棒		g	2.308	3.496	5.892	7.404	10.048	14.056
	尼龙砂轮片 $\phi100\times16\times3$		片	0.336	0.438	0.608	0.794	1.010	1.386
	尼龙砂轮片 $\phi500\times25\times4$		片	0.155	0.217	0.423	0.503	0.503	0.503
	丙酮		kg	0.140	0.160	0.220	0.260	0.300	0.360
	酸洗膏		kg	0.120	0.147	0.197	0.243	0.302	0.377
	水		t	0.020	0.020	0.040	0.040	0.040	0.060
	碎布		kg	0.042	0.064	0.064	0.085	0.085	0.122
	其他材料费		%	1.00	1.00	1.00	1.00	1.00	1.00
机械	电焊机(综合)		台班	—	—	—	—	—	1.709
	氩弧焊机 500A		台班	0.559	0.780	1.209	1.537	1.971	0.813
	砂轮切割机 $\phi500$		台班	0.050	0.090	0.117	0.141	0.141	0.141
	普通车床 630×2 000(安装用)		台班	0.188	0.235	0.319	0.366	0.424	0.432
	电动葫芦单速 3t		台班	—	—	—	0.366	0.424	0.432
	电动空气压缩机 $6m^3/min$		台班	0.021	0.021	0.021	0.021	0.021	0.021
	电焊条烘干箱 60×50×75(cm^3)		台班	—	—	—	—	—	0.171
	电焊条恒温箱		台班	—	—	—	—	—	0.171

计量单位:10个

编号			8-2-645	8-2-646	8-2-647	8-2-648	8-2-649	8-2-650
项目			公称直径(mm以内)					
			65	80	100	125	150	200
名称		单位	消耗量					
人工	合计工日	工日	5.687	6.692	10.862	14.834	19.105	27.187
其中	普工	工日	1.138	1.338	2.171	2.966	3.820	5.436
	一般技工	工日	2.274	2.677	4.346	5.934	7.643	10.875
	高级技工	工日	2.274	2.677	4.346	5.934	7.643	10.875
材料	不锈钢对焊管件	个	(10.000)	(10.000)	(10.000)	(10.000)	(10.000)	(10.000)
	不锈钢焊条(综合)	kg	6.164	10.853	17.688	31.259	48.464	100.949
	不锈钢焊丝 1Cr18Ni9Ti	kg	0.634	0.780	1.060	1.184	1.766	2.806
	氩气	m^3	1.775	2.181	2.968	3.315	4.106	6.456
	铈钨棒	g	2.246	2.658	3.036	3.245	4.168	7.335
	尼龙砂轮片 $\phi100\times16\times3$	片	2.170	2.734	3.868	5.485	7.548	10.222
	尼龙砂轮片 $\phi500\times25\times4$	片	1.094	1.561	—	—	—	—
	丙酮	kg	0.595	0.717	0.720	0.836	1.002	1.380
	酸洗膏	kg	0.515	0.603	0.773	1.188	1.595	2.078
	水	t	0.080	0.100	0.120	0.140	0.180	0.240
	碎布	kg	0.150	0.192	0.214	0.266	0.330	0.450
	其他材料费	%	1.00	1.00	1.00	1.00	1.00	1.00
机械	电焊机(综合)	台班	1.964	2.440	3.303	4.984	7.052	13.069
	氩弧焊机 500A	台班	1.110	1.322	1.688	1.858	2.283	3.759
	砂轮切割机 $\phi500$	台班	0.296	0.406	—	—	—	—
	等离子切割机 400A	台班	—	—	0.272	0.345	0.433	0.645
	普通车床 630×2 000(安装用)	台班	0.458	0.488	0.529	0.634	0.768	1.713
	汽车式起重机 8t	台班	—	0.008	0.016	0.030	0.042	0.063
	载货汽车-普通货车 8t	台班	—	0.008	0.016	0.030	0.042	0.063
	电动葫芦单速 3t	台班	0.458	0.488	0.529	0.634	0.768	1.713
	电动空气压缩机 $1m^3/min$	台班	—	—	0.272	0.345	0.433	0.645
	电动空气压缩机 $6m^3/min$	台班	0.021	0.021	0.021	0.021	0.021	0.021
	电焊条烘干箱 60×50×75(cm^3)	台班	0.196	0.244	0.330	0.499	0.705	1.307
	电焊条恒温箱	台班	0.196	0.244	0.330	0.499	0.705	1.307

计量单位：10 个

编　号			8-2-651	8-2-652	8-2-653	8-2-654	8-2-655	8-2-656
项　目			公称直径（mm 以内）					
			250	300	350	400	450	500
名　称		单位	消　耗　量					
人工	合计工日	工日	37.462	54.449	71.245	89.092	109.220	133.168
人工	其中 普工	工日	7.492	10.890	14.250	17.818	21.845	26.634
人工	其中 一般技工	工日	14.985	21.780	28.497	35.637	43.687	53.267
人工	其中 高级技工	工日	14.985	21.780	28.497	35.637	43.687	53.267
材料	不锈钢对焊管件	个	(10.000)	(10.000)	(10.000)	(10.000)	(10.000)	(10.000)
材料	不锈钢焊条（综合）	kg	149.133	211.104	298.132	386.290	533.080	735.651
材料	不锈钢焊丝 1Cr18Ni9Ti	kg	2.918	3.908	4.166	5.161	7.122	9.829
材料	氩气	m^3	8.172	10.942	11.666	14.450	19.941	27.519
材料	铈钨棒	g	9.400	13.619	13.731	18.060	24.923	34.393
材料	尼龙砂轮片 $\phi100 \times 16 \times 3$	片	14.967	21.609	27.390	35.963	49.629	68.488
材料	丙酮	kg	1.720	2.040	2.360	2.660	2.926	3.219
材料	酸洗膏	kg	3.135	3.732	4.089	5.069	5.576	6.133
材料	水	t	0.280	0.340	0.400	0.460	0.506	0.557
材料	碎布	kg	0.557	0.642	0.749	0.830	0.946	1.078
材料	其他材料费	%	1.00	1.00	1.00	1.00	1.00	1.00
机械	电焊机（综合）	台班	19.210	27.195	36.775	47.647	61.941	80.524
机械	氩弧焊机 500A	台班	4.770	6.713	7.691	8.790	11.428	14.856
机械	等离子切割机 400A	台班	0.970	1.199	1.570	1.961	2.549	3.314
机械	普通车床 630×2 000（安装用）	台班	2.486	2.972	3.717	4.512	5.865	7.625
机械	汽车式起重机 8t	台班	0.105	0.146	0.189	0.244	0.316	0.411
机械	载货汽车－普通货车 8t	台班	0.105	0.146	0.189	0.244	0.316	0.411
机械	电动单梁起重机 5t	台班	—	2.972	3.717	4.512	5.865	7.625
机械	电动葫芦单速 3t	台班	2.486	—	—	—	—	—
机械	电动空气压缩机 $1m^3/min$	台班	0.970	1.199	1.570	1.961	2.549	3.314
机械	电动空气压缩机 $6m^3/min$	台班	0.021	0.021	0.021	0.021	0.021	0.021
机械	电焊条烘干箱 60×50×75（cm^3）	台班	1.921	2.720	3.677	4.765	6.194	8.052
机械	电焊条恒温箱	台班	1.921	2.720	3.677	4.765	6.194	8.052

5. 合金钢管件(电弧焊)

工作内容: 准备工作,管子切口,坡口加工,管口组对,焊接。　　　　**计量单位:** 10个

编　号				8-2-657	8-2-658	8-2-659	8-2-660	8-2-661	8-2-662
项　目				公称直径(mm以内)					
				15	20	25	32	40	50
名　称			单位	消　耗　量					
人工	合计工日		工日	1.451	2.047	2.701	3.199	3.786	4.389
	其中	普工	工日	0.290	0.408	0.542	0.641	0.758	0.879
		一般技工	工日	0.580	0.819	1.080	1.279	1.514	1.755
		高级技工	工日	0.580	0.819	1.080	1.279	1.514	1.755
材料	合金钢对焊管件		个	(10.000)	(10.000)	(10.000)	(10.000)	(10.000)	(10.000)
	合金钢焊条		kg	0.800	1.260	2.046	2.570	3.484	4.880
	尼龙砂轮片 $\phi100\times16\times3$		片	0.254	0.342	0.450	0.584	0.744	1.012
	尼龙砂轮片 $\phi500\times25\times4$		片	0.114	0.176	0.253	0.327	0.432	0.600
	磨头		个	0.232	0.260	0.314	0.368	0.444	0.528
	丙酮		kg	0.252	0.280	0.300	0.340	0.388	0.480
	碎布		kg	0.042	0.064	0.064	0.085	0.085	0.122
	其他材料费		%	1.00	1.00	1.00	1.00	1.00	1.00
机械	电焊机(综合)		台班	0.412	0.535	0.708	0.889	1.070	1.318
	砂轮切割机 $\phi500$		台班	0.027	0.063	0.083	0.093	0.106	0.111
	普通车床 630×2 000(安装用)		台班	0.173	0.218	0.291	0.334	0.389	0.396
	电动葫芦单速 3t		台班	—	—	—	0.334	0.389	0.396
	电焊条烘干箱 60×50×75(cm^3)		台班	0.041	0.053	0.071	0.089	0.107	0.132
	电焊条恒温箱		台班	0.041	0.053	0.071	0.089	0.107	0.132

计量单位：10 个

编号				8-2-663	8-2-664	8-2-665	8-2-666	8-2-667	8-2-668
项目				公称直径（mm 以内）					
				65	80	100	125	150	200
名称			单位	消耗量					
人工	合计工日		工日	4.884	5.736	9.396	12.905	16.774	23.856
	其中	普工	工日	0.976	1.146	1.880	2.580	3.354	4.770
		一般技工	工日	1.954	2.295	3.758	5.163	6.710	9.543
		高级技工	工日	1.954	2.295	3.758	5.163	6.710	9.543
材料	合金钢对焊管件		个	（10.000）	（10.000）	（10.000）	（10.000）	（10.000）	（10.000）
	合金钢焊条		kg	9.902	14.451	19.272	32.881	50.112	107.184
	氧气		m^3	—	—	2.450	3.540	3.997	6.235
	乙炔气		kg	—	—	0.942	1.362	1.537	2.398
	尼龙砂轮片 $\phi100\times16\times3$		片	1.570	1.978	2.766	3.877	5.270	8.123
	尼龙砂轮片 $\phi500\times25\times4$		片	1.013	1.390	—	—	—	—
	磨头		个	0.704	0.824	1.056	—	—	—
	丙酮		kg	0.640	0.800	0.940	1.120	1.320	1.820
	碎布		kg	0.150	0.192	0.214	0.266	0.330	0.450
	其他材料费		%	1.00	1.00	1.00	1.00	1.00	1.00
机械	电焊机（综合）		台班	1.889	2.283	3.047	4.435	6.300	11.682
	砂轮切割机 $\phi500$		台班	0.149	0.180	—	—	—	—
	半自动切割机 100mm		台班	—	—	—	—	0.255	0.408
	普通车床 630×2 000（安装用）		台班	0.426	0.460	0.484	0.593	0.704	1.601
	汽车式起重机 8t		台班	—	0.008	0.016	0.030	0.042	0.063
	载货汽车－普通货车 8t		台班	—	0.008	0.016	0.030	0.042	0.063
	电动葫芦单速 3t		台班	0.426	0.460	0.484	0.593	0.704	1.601
	电焊条烘干箱 60×50×75（cm^3）		台班	0.188	0.228	0.305	0.444	0.630	1.168
	电焊条恒温箱		台班	0.188	0.228	0.305	0.444	0.630	1.168

计量单位：10 个

编号				8-2-669	8-2-670	8-2-671	8-2-672	8-2-673	8-2-674	8-2-675
项目				公称直径（mm 以内）						
				250	300	350	400	450	500	600
名称			单位	消耗量						
人工	合计工日		工日	33.978	47.866	63.868	80.801	98.645	120.915	157.190
	其中	普工	工日	6.795	9.574	12.774	16.159	19.729	24.184	31.439
		一般技工	工日	13.591	19.146	25.547	32.321	39.458	48.366	62.875
		高级技工	工日	13.591	19.146	25.547	32.321	39.458	48.366	62.875
材料	合金钢对焊管件		个	(10.000)	(10.000)	(10.000)	(10.000)	(10.000)	(10.000)	(10.000)
	合金钢焊条		kg	164.125	245.305	319.751	434.805	565.365	730.645	1 242.097
	氧气		m^3	9.491	11.699	14.019	17.641	20.478	24.300	32.805
	乙炔气		kg	3.650	4.500	5.392	6.785	7.876	9.346	12.617
	尼龙砂轮片 $\phi100\times16\times3$		片	12.027	16.006	21.355	27.792	33.872	44.384	55.480
	丙酮		kg	2.280	2.700	2.860	3.120	3.120	3.580	4.475
	碎布		kg	0.557	0.642	0.749	0.830	0.946	1.078	1.186
	其他材料费		%	1.00	1.00	1.00	1.00	1.00	1.00	1.00
机械	电焊机（综合）		台班	17.459	25.129	32.756	42.951	54.392	70.292	93.488
	半自动切割机 100mm		台班	0.814	1.179	1.381	1.638	1.881	2.397	3.188
	普通车床 630×2 000（安装用）		台班	2.170	2.836	3.374	4.041	4.658	5.487	7.297
	汽车式起重机 8t		台班	0.105	0.146	0.189	0.244	0.298	0.368	0.490
	载货汽车－普通货车 8t		台班	0.105	0.146	0.189	0.244	0.298	0.368	0.490
	电动单梁起重机 5t		台班	0.764	2.836	3.374	4.041	4.658	5.487	7.297
	电动葫芦单速 3t		台班	1.620	—	—	—	—	—	—
	电焊条烘干箱 60×50×75（cm^3）		台班	1.746	2.513	3.276	4.295	5.440	7.029	9.349
	电焊条恒温箱		台班	1.746	2.513	3.276	4.295	5.440	7.029	9.349

6. 合金钢管件(氩电联焊)

工作内容: 准备工作,管子切口,坡口加工,管口组对,焊接。 **计量单位:** 10 个

编号				8-2-676	8-2-677	8-2-678	8-2-679	8-2-680	8-2-681
项目				公称直径(mm 以内)					
				15	20	25	32	40	50
名称			单位	消耗量					
人工	合计工日		工日	1.483	2.287	3.075	3.647	4.297	4.660
	其中	普工	工日	0.296	0.458	0.615	0.727	0.857	0.930
		一般技工	工日	0.593	0.914	1.230	1.460	1.720	1.865
		高级技工	工日	0.593	0.914	1.230	1.460	1.720	1.865
材料	合金钢对焊管件		个	(10.000)	(10.000)	(10.000)	(10.000)	(10.000)	(10.000)
	合金钢焊丝		kg	0.416	0.658	1.066	1.340	1.816	2.184
	氩气		m^3	1.164	1.842	2.984	3.752	5.084	6.116
	铈钨棒		g	2.328	3.684	5.968	7.504	10.168	12.232
	尼龙砂轮片 $\phi100 \times 16 \times 3$		片	0.244	0.330	0.434	0.564	0.718	0.880
	尼龙砂轮片 $\phi500 \times 25 \times 4$		片	0.114	0.176	0.253	0.327	0.432	0.600
	磨头		个	0.232	0.260	0.314	0.368	0.444	0.528
	丙酮		kg	0.252	0.280	0.300	0.340	0.388	0.480
	碎布		kg	0.042	0.064	0.064	0.085	0.085	0.122
	合金钢焊条		kg	—	—	—	—	—	7.529
	其他材料费		%	1.00	1.00	1.00	1.00	1.00	1.00
机械	氩弧焊机 500A		台班	0.426	0.632	0.970	1.221	1.585	0.595
	砂轮切割机 $\phi500$		台班	0.027	0.063	0.083	0.093	0.106	0.111
	普通车床 630×2 000(安装用)		台班	0.173	0.218	0.291	0.334	0.389	0.396
	电动葫芦单速 3t		台班	—	—	—	0.334	0.389	0.396
	电焊机(综合)		台班	—	—	—	—	—	1.203
	电焊条烘干箱 60×50×75(cm^3)		台班	—	—	—	—	—	0.120
	电焊条恒温箱		台班	—	—	—	—	—	0.120

工作内容：准备工作，管子切口，坡口加工，管口组对，焊接。　　　　**计量单位：**10 个

编　号				8-2-682	8-2-683	8-2-684	8-2-685	8-2-686	8-2-687
项　目				公称直径（mm 以内）					
				65	80	100	125	150	200
名　称			单位	消　耗　量					
人工	合计工日		工日	5.174	6.086	9.880	13.494	17.378	24.730
	其中	普工	工日	1.036	1.218	1.974	2.698	3.475	4.944
		一般技工	工日	2.069	2.434	3.953	5.398	6.951	9.893
		高级技工	工日	2.069	2.434	3.953	5.398	6.951	9.893
材料	合金钢对焊管件		个	(10.000)	(10.000)	(10.000)	(10.000)	(10.000)	(10.000)
	合金钢焊丝		kg	0.338	0.494	0.851	1.588	1.752	2.132
	氩气		m^3	0.946	1.104	1.540	1.645	2.506	3.171
	铈钨棒		g	1.892	2.208	3.080	3.289	4.212	6.342
	尼龙砂轮片 $\phi100\times16\times3$		片	1.536	1.974	2.766	3.849	5.270	8.995
	尼龙砂轮片 $\phi500\times25\times4$		片	1.013	1.390	—	—	—	—
	磨头		个	0.704	0.824	1.056	—	—	—
	丙酮		kg	0.640	0.800	0.940	1.120	1.320	1.820
	碎布		kg	0.150	0.192	0.214	0.266	0.330	0.450
	合金钢焊条		kg	8.971	13.360	17.602	30.524	46.754	103.396
	氧气		m^3	—	—	2.450	3.540	3.997	6.235
	乙炔气		kg	—	—	0.942	1.362	1.537	2.398
	其他材料费		%	1.00	1.00	1.00	1.00	1.00	1.00
机械	氩弧焊机 500A		台班	0.823	1.005	1.255	1.378	1.750	2.929
	砂轮切割机 $\phi500$		台班	0.149	0.180	—	—	—	—
	普通车床 630×2 000（安装用）		台班	0.426	0.460	0.484	0.593	0.704	1.601
	电动葫芦单速 3t		台班	0.426	0.460	0.484	0.593	0.704	1.387
	电焊机（综合）		台班	1.653	2.080	2.720	4.119	5.801	10.944
	半自动切割机 100mm		台班	—	—	—	—	0.255	0.408
	汽车式起重机 8t		台班	—	0.008	0.016	0.030	0.042	0.063
	载货汽车－普通货车 8t		台班	—	0.008	0.016	0.030	0.042	0.063
	电焊条烘干箱 60×50×75（cm^3）		台班	0.166	0.208	0.272	0.412	0.580	1.095
	电焊条恒温箱		台班	0.166	0.208	0.272	0.412	0.580	1.095

计量单位：10 个

编号				8-2-688	8-2-689	8-2-690	8-2-691	8-2-692	8-2-693	8-2-694
项目				公称直径（mm 以内）						
				250	300	350	400	450	500	600
名称			单位	消耗量						
人工	合计工日		工日	34.075	49.527	64.806	81.039	99.349	121.131	157.471
	其中	普工	工日	6.815	9.906	12.962	16.208	19.871	24.227	31.495
		一般技工	工日	13.630	19.811	25.922	32.416	39.739	48.452	62.988
		高级技工	工日	13.630	19.811	25.922	32.416	39.739	48.452	62.988
材料	合金钢对焊管件		个	(10.000)	(10.000)	(10.000)	(10.000)	(10.000)	(10.000)	(10.000)
	合金钢焊条		kg	158.454	259.080	311.327	427.185	558.676	722.818	1228.791
	合金钢焊丝		kg	2.284	2.580	2.883	3.199	3.327	3.537	6.013
	氧气		m^3	9.491	11.699	14.019	17.641	20.478	24.300	32.805
	乙炔气		kg	3.650	4.500	5.392	6.785	7.876	9.346	12.617
	氩气		m^3	4.554	5.266	6.812	7.157	7.859	8.284	10.355
	铈钨棒		g	8.408	10.532	12.224	12.315	15.718	15.769	19.711
	尼龙砂轮片 $\phi100\times16\times3$		片	13.243	20.266	23.269	29.007	36.945	37.894	56.841
	丙酮		kg	2.280	2.700	2.860	3.120	3.120	3.580	4.475
	碎布		kg	0.557	0.642	0.749	0.830	0.946	1.078	1.186
	其他材料费		%	1.00	1.00	1.00	1.00	1.00	1.00	1.00
机械	电焊机(综合)		台班	16.324	26.539	30.459	40.714	50.861	65.592	87.237
	氩弧焊机 500A		台班	3.620	5.187	5.992	7.260	9.016	11.052	13.263
	半自动切割机 100mm		台班	0.814	1.179	1.381	1.638	1.881	2.397	3.187
	普通车床 630×2 000(安装用)		台班	2.170	2.836	3.374	4.041	4.658	5.487	7.297
	汽车式起重机 8t		台班	0.105	0.146	0.189	0.244	0.298	0.368	0.490
	载货汽车－普通货车 8t		台班	0.105	0.146	0.189	0.244	0.298	0.368	0.490
	电动单梁起重机 5t		台班	0.764	2.836	3.374	4.041	4.658	5.487	7.297
	电动葫芦单速 3t		台班	1.406	—	—	—	—	—	—
	电焊条烘干箱 60×50×75(cm^3)		台班	1.632	2.654	3.046	4.071	5.086	6.559	8.724
	电焊条恒温箱		台班	1.632	2.654	3.046	4.071	5.086	6.559	8.724

第三章　阀 门 安 装

说　明

一、本章包括螺纹阀门、法兰阀门、安全阀门、焊接阀门等安装及安全阀调试。

二、本章各种阀门安装（调节阀门除外）均包括壳体压力试验和密封试验工作内容。

三、本章各种阀门安装不包括阀体磁粉检测和阀杆密封填料更换工作内容。

四、关于下列各项费用的规定：

1. 阀门安装不做壳体压力试验和密封试验时，消耗量乘以系数 0.60。

2. 仪表流量计安装执行阀门安装相应项目，消耗量乘以系数 0.60。

3. 限流孔板、八字盲板执行阀门安装相应项目，消耗量乘以系数 0.40。

五、有关说明：

1. 法兰阀门安装包括一个垫片和一副法兰用螺栓的安装。

2. 焊接阀门安装是按碳钢焊接阀门编制的，采用合金钢焊接阀门，执行焊接阀门相应项目，人工、机械乘以系数 1.15，采用不锈钢焊接阀门，执行焊接阀门相应项目，人工、机械乘以系数 1.25，焊材按实调整。

3. 阀门壳体压力试验和密封试验是按水考虑的，如设计要求其他介质，可按实计算。

4. 法兰阀门安装使用垫片是按无石棉橡胶板考虑的，实际施工与项目不同时，可替换。

5. 齿轮、液压传动、电动阀门安装已包括齿轮、液压传动、电动机安装，检查接线执行其他册相应项目。

工程量计算规则

一、各种阀门按不同压力、连接形式,以“个”为计量单位。

二、各种法兰阀门安装与配套法兰的安装,分别计算工程量。

三、阀门安装中螺栓材料量按施工图设计用量加规定的损耗量。

一、低 压 阀 门

1. 螺 纹 阀 门

工作内容：准备工作，阀门壳体压力试验和密封试验，管子切口，套丝，阀门安装。　　**计量单位**：个

编　号				8-3-1	8-3-2	8-3-3	8-3-4	8-3-5	8-3-6
项　目				公称直径（mm 以内）					
				15	20	25	32	40	50
名　称			单位	消　耗　量					
人工	合计工日		工日	0.194	0.209	0.243	0.310	0.340	0.382
	其中	普工	工日	0.049	0.051	0.060	0.077	0.086	0.095
		一般技工	工日	0.125	0.136	0.158	0.201	0.221	0.248
		高级技工	工日	0.020	0.022	0.024	0.032	0.033	0.039
材料	螺纹阀门		个	(1.020)	(1.020)	(1.010)	(1.010)	(1.010)	(1.010)
	低碳钢焊条 J427 ϕ3.2		kg	0.165	0.165	0.165	0.165	0.165	0.165
	氧气		m^3	0.141	0.141	0.141	0.141	0.141	0.141
	乙炔气		kg	0.054	0.054	0.054	0.054	0.054	0.054
	尼龙砂轮片 $\phi500\times25\times4$		片	0.008	0.010	0.012	0.016	0.018	0.026
	无石棉橡胶板 低压 δ0.8~6.0		kg	0.034	0.050	0.084	0.101	0.140	0.168
	聚四氟乙烯生料带		m	0.415	0.509	0.641	0.791	0.904	1.074
	热轧厚钢板 δ20		kg	0.007	0.009	0.010	0.014	0.016	0.020
	无缝钢管 $D22\times2.5$		m	0.010	0.010	0.010	0.010	0.010	0.010
	输水软管 ϕ25		m	0.020	0.020	0.020	0.020	0.020	0.020
	螺纹截止阀 J11T-16 DN15		个	0.020	0.020	0.020	0.020	0.020	0.020
	压力表 Y-100 0~6MPa		块	0.020	0.020	0.020	0.020	0.020	0.020
	压力表补芯		个	0.020	0.020	0.020	0.020	0.020	0.020
	机油		kg	0.007	0.009	0.011	0.014	0.017	0.021
	水		kg	0.004	0.008	0.017	0.036	0.070	0.140
	其他材料费		%	1.00	1.00	1.00	1.00	1.00	1.00
机械	电焊机（综合）		台班	0.034	0.034	0.034	0.034	0.034	0.034
	试压泵 60MPa		台班	0.016	0.016	0.016	0.016	0.032	0.032
	砂轮切割机 ϕ500		台班	0.001	0.002	0.003	0.006	0.007	0.008
	电焊条烘干箱 $60\times50\times75$（cm^3）		台班	0.004	0.004	0.004	0.004	0.004	0.004
	电焊条恒温箱		台班	0.004	0.004	0.004	0.004	0.004	0.004
	管子切断套丝机 159mm		台班	0.029	0.029	0.029	0.032	0.032	0.032

2. 承插焊阀门

工作内容：准备工作，阀门壳体压力试验和密封试验，管子切口，管口组对，焊接，阀门安装。

计量单位：个

编号			8-3-7	8-3-8	8-3-9	8-3-10	8-3-11	8-3-12
项目			公称直径(mm 以内)					
			15	20	25	32	40	50
名称		单位	消耗量					
人工	合计工日	工日	0.192	0.211	0.237	0.280	0.312	0.358
	其中 普工	工日	0.048	0.053	0.059	0.070	0.078	0.090
	其中 一般技工	工日	0.125	0.137	0.154	0.182	0.203	0.233
	其中 高级技工	工日	0.019	0.021	0.024	0.028	0.031	0.035
材料	焊接阀门	个	(1.000)	(1.000)	(1.000)	(1.000)	(1.000)	(1.000)
	低碳钢焊条 J427 $\phi3.2$	kg	0.209	0.214	0.228	0.247	0.259	0.282
	氧气	m^3	0.141	0.141	0.141	0.148	0.149	0.150
	乙炔气	kg	0.054	0.054	0.054	0.057	0.057	0.058
	尼龙砂轮片 $\phi100\times16\times3$	片	0.003	0.004	0.005	0.007	0.019	0.023
	尼龙砂轮片 $\phi500\times25\times4$	片	0.008	0.010	0.012	0.016	0.018	0.026
	无石棉橡胶板 低压 $\delta0.8$~6.0	kg	0.034	0.050	0.084	0.101	0.140	0.168
	磨头	块	0.020	0.026	0.031	0.039	0.044	0.053
	热轧厚钢板 $\delta20$	kg	0.007	0.009	0.010	0.014	0.016	0.020
	无缝钢管 $D22\times2.5$	m	0.010	0.010	0.010	0.010	0.010	0.010
	输水软管 $\phi25$	m	0.020	0.020	0.020	0.020	0.020	0.020
	螺纹截止阀 J11T-16 *DN*15	个	0.020	0.020	0.020	0.020	0.020	0.020
	压力表 Y-100 0~6MPa	块	0.020	0.020	0.020	0.020	0.020	0.020
	压力表补芯	个	0.020	0.020	0.020	0.020	0.020	0.020
	水	kg	0.004	0.008	0.017	0.036	0.070	0.140
	碎布	kg	0.002	0.003	0.004	0.006	0.006	0.007
	其他材料费	%	1.00	1.00	1.00	1.00	1.00	1.00
机械	电焊机(综合)	台班	0.061	0.064	0.075	0.086	0.094	0.108
	砂轮切割机 $\phi500$	台班	0.001	0.002	0.003	0.006	0.007	0.008
	试压泵 60MPa	台班	0.016	0.016	0.016	0.016	0.032	0.032
	电焊条烘干箱 $60\times50\times75(cm^3)$	台班	0.006	0.006	0.007	0.009	0.009	0.011
	电焊条恒温箱	台班	0.006	0.006	0.007	0.009	0.009	0.011

3.法兰阀门

工作内容：准备工作，阀门壳体压力试验和密封试验，阀门安装。　　**计量单位：**个

编号				8-3-13	8-3-14	8-3-15	8-3-16	8-3-17	8-3-18	8-3-19
项目				公称直径(mm 以内)						
				15	20	25	32	40	50	65
名称			单位	消耗量						
人工	合计工日		工日	0.264	0.264	0.264	0.280	0.280	0.296	0.432
	其中	普工	工日	0.066	0.066	0.066	0.070	0.070	0.074	0.107
		一般技工	工日	0.172	0.172	0.172	0.182	0.182	0.192	0.281
		高级技工	工日	0.026	0.026	0.026	0.028	0.028	0.030	0.044
材料	法兰阀门		个	(1.000)	(1.000)	(1.000)	(1.000)	(1.000)	(1.000)	(1.000)
	低碳钢焊条 J427 $\phi3.2$		kg	0.165	0.165	0.165	0.165	0.165	0.165	0.165
	氧气		m^3	0.141	0.141	0.141	0.141	0.141	0.141	0.141
	乙炔气		kg	0.054	0.054	0.054	0.054	0.054	0.054	0.054
	无石棉橡胶板 低压 $\delta0.8\sim6.0$		kg	0.010	0.020	0.040	0.040	0.060	0.070	0.090
	热轧厚钢板 $\delta20$		kg	0.007	0.009	0.010	0.014	0.016	0.020	0.025
	无缝钢管 $D22\times2.5$		m	0.010	0.010	0.010	0.010	0.010	0.010	0.010
	输水软管 $\phi25$		m	0.020	0.020	0.020	0.020	0.020	0.020	0.020
	螺纹截止阀 J11T-16 *DN*15		个	0.020	0.020	0.020	0.020	0.020	0.020	0.020
	压力表 Y-100 0~6MPa		块	0.020	0.020	0.020	0.020	0.020	0.020	0.020
	压力表补芯		个	0.020	0.020	0.020	0.020	0.020	0.020	0.020
	二硫化钼		kg	0.002	0.002	0.002	0.004	0.004	0.004	0.004
	水		kg	0.004	0.008	0.017	0.036	0.070	0.140	0.302
	其他材料费		%	1.00	1.00	1.00	1.00	1.00	1.00	1.00
机械	电焊机(综合)		台班	0.034	0.034	0.034	0.034	0.034	0.034	0.034
	试压泵 60MPa		台班	0.016	0.016	0.016	0.016	0.032	0.032	0.036
	电焊条烘干箱 $60\times50\times75(cm^3)$		台班	0.004	0.004	0.004	0.004	0.004	0.004	0.004
	电焊条恒温箱		台班	0.004	0.004	0.004	0.004	0.004	0.004	0.004

计量单位：个

编号				8-3-20	8-3-21	8-3-22	8-3-23	8-3-24	8-3-25	8-3-26
项目				公称直径（mm 以内）						
				80	100	125	150	200	250	300
名称			单位	消耗量						
人工	合计工日		工日	0.469	0.624	0.764	0.828	1.192	1.824	2.115
	其中	普工	工日	0.117	0.156	0.191	0.207	0.298	0.456	0.529
		一般技工	工日	0.305	0.405	0.497	0.538	0.775	1.186	1.375
		高级技工	工日	0.047	0.063	0.076	0.083	0.119	0.182	0.211
材料	法兰阀门		个	(1.000)	(1.000)	(1.000)	(1.000)	(1.000)	(1.000)	(1.000)
	低碳钢焊条 J427 $\phi3.2$		kg	0.165	0.165	0.165	0.165	0.165	0.165	0.165
	氧气		m^3	0.159	0.204	0.273	0.312	0.447	0.627	0.750
	乙炔气		kg	0.061	0.078	0.105	0.120	0.172	0.241	0.288
	无石棉橡胶板 低压 $\delta0.8$~6.0		kg	0.130	0.170	0.230	0.280	0.330	0.370	0.400
	热轧厚钢板 $\delta20$		kg	0.030	0.036	0.047	0.061	0.088	0.128	0.165
	无缝钢管 $D22 \times 2.5$		m	0.010	0.010	0.010	0.010	0.010	0.010	0.010
	输水软管 $\phi25$		m	0.020	0.020	0.020	0.020	0.020	0.020	0.020
	螺纹截止阀 J11T-16 $DN15$		个	0.020	0.020	0.020	0.020	0.020	0.020	0.020
	压力表 Y-100 0~6MPa		块	0.020	0.020	0.020	0.020	0.020	0.020	0.020
	压力表补芯		个	0.020	0.020	0.020	0.020	0.020	0.020	0.020
	二硫化钼		kg	0.006	0.006	0.013	0.013	0.013	0.019	0.029
	水		kg	0.563	1.099	2.148	3.711	8.796	17.181	29.687
	其他材料费		%	1.00	1.00	1.00	1.00	1.00	1.00	1.00
机械	电焊机（综合）		台班	0.034	0.034	0.034	0.034	0.034	0.034	0.034
	汽车式起重机 8t		台班	—	0.011	0.011	0.011	0.011	0.011	0.011
	吊装机械（综合）		台班	—	0.058	0.058	0.058	0.058	0.068	0.068
	载货汽车－普通货车 8t		台班	—	0.011	0.011	0.011	0.011	0.011	0.011
	试压泵 60MPa		台班	0.041	0.048	0.088	0.128	0.128	0.128	0.128
	电焊条烘干箱 $60 \times 50 \times 75$（cm^3）		台班	0.004	0.004	0.004	0.004	0.004	0.004	0.004
	电焊条恒温箱		台班	0.004	0.004	0.004	0.004	0.004	0.004	0.004

计量单位：个

编号				8-3-27	8-3-28	8-3-29	8-3-30	8-3-31	8-3-32	8-3-33
项目				公称直径（mm 以内）						
				350	400	450	500	600	700	800
名称			单位	消耗量						
人工	合计工日		工日	2.242	2.531	3.002	3.396	4.132	5.497	6.709
	其中	普工	工日	0.561	0.634	0.750	0.849	1.033	1.375	1.677
		一般技工	工日	1.457	1.645	1.951	2.207	2.686	3.573	4.361
		高级技工	工日	0.224	0.253	0.300	0.340	0.414	0.550	0.671
材料	法兰阀门		个	(1.000)	(1.000)	(1.000)	(1.000)	(1.000)	(1.000)	(1.000)
	低碳钢焊条 J427 $\phi3.2$		kg	0.165	0.165	0.165	0.165	0.165	0.165	0.165
	氧气		m^3	0.820	0.910	1.078	1.130	1.275	1.455	1.590
	乙炔气		kg	0.315	0.350	0.415	0.435	0.490	0.560	0.612
	无石棉橡胶板 低压 $\delta0.8\sim6.0$		kg	0.540	0.690	0.810	0.830	0.840	1.030	1.160
	热轧厚钢板 $\delta20$		kg	0.211	0.262	—	—	—	—	—
	热轧厚钢板 $\delta30$		kg	—	—	0.479	0.582	0.826	0.969	1.217
	无缝钢管 $D22\times2.5$		m	0.010	0.010	0.010	0.010	0.010	0.010	0.010
	输水软管 $\phi25$		m	0.020	0.020	0.020	0.020	0.020	0.020	0.020
	螺纹截止阀 J11T-16 $DN15$		个	0.020	0.020	0.020	0.020	0.020	0.020	0.020
	压力表 Y-100 0~6MPa		块	0.020	0.020	0.020	0.020	0.020	0.020	0.020
	压力表补芯		个	0.020	0.020	0.020	0.020	0.020	0.020	0.020
	二硫化钼		kg	0.029	0.038	0.038	0.038	0.056	0.067	0.101
	水		kg	47.144	70.371	100.197	137.445	237.510	281.484	377.510
	其他材料费		%	1.00	1.00	1.00	1.00	1.00	1.00	1.00
机械	电焊机（综合）		台班	0.034	0.034	0.034	0.034	0.034	0.034	0.034
	汽车式起重机 8t		台班	0.026	0.032	0.033	0.035	0.051	0.063	0.101
	吊装机械（综合）		台班	0.106	0.106	0.136	0.136	0.242	0.290	0.339
	载货汽车 - 普通货车 8t		台班	0.026	0.032	0.033	0.035	0.051	0.063	0.101
	试压泵 60MPa		台班	0.143	0.159	0.175	0.191	0.191	0.207	0.223
	电焊条烘干箱 $60\times50\times75$（cm^3）		台班	0.004	0.004	0.004	0.004	0.004	0.004	0.004
	电焊条恒温箱		台班	0.004	0.004	0.004	0.004	0.004	0.004	0.004

计量单位：个

编号			8-3-34	8-3-35	8-3-36	8-3-37	8-3-38	8-3-39	8-3-40
项目			公称直径（mm 以内）						
			900	1 000	1 200	1 400	1 600	1 800	2 000
名称		单位	消耗量						
人工	合计工日	工日	7.676	8.874	12.244	13.703	15.274	17.373	18.976
人工	其中 普工	工日	1.919	2.218	3.061	3.426	3.819	4.343	4.744
人工	其中 一般技工	工日	4.989	5.768	7.959	8.908	9.928	11.292	12.335
人工	其中 高级技工	工日	0.768	0.888	1.224	1.370	1.527	1.737	1.898
材料	法兰阀门	个	(1.000)	(1.000)	(1.000)	(1.000)	(1.000)	(1.000)	(1.000)
材料	低碳钢焊条 J427 $\phi3.2$	kg	0.165	0.165	0.292	0.292	0.292	0.567	0.567
材料	氧气	m^3	1.785	2.160	2.790	3.480	3.975	4.470	4.965
材料	乙炔气	kg	0.687	0.831	1.073	1.338	1.529	1.719	1.910
材料	无石棉橡胶板 低压 $\delta0.8\sim6.0$	kg	1.300	1.310	1.460	2.160	2.450	2.600	2.900
材料	热轧厚钢板 $\delta30$	kg	1.468	1.843	2.025	2.562	3.212	3.936	4.733
材料	无缝钢管 $D22\times2.5$	m	0.015	0.015	0.015	0.015	0.015	0.015	0.015
材料	输水软管 $\phi25$	m	0.040	0.040	0.040	0.040	0.040	0.040	0.040
材料	螺纹截止阀 J11T-16 $DN15$	个	0.020	0.020	0.020	0.020	0.020	0.020	0.020
材料	压力表 Y-100 0~6MPa	块	0.020	0.020	0.020	0.020	0.020	0.020	0.020
材料	压力表补芯	个	0.020	0.020	0.020	0.020	0.020	0.020	0.020
材料	二硫化钼	kg	0.101	0.118	0.134	0.151	0.175	0.208	0.240
材料	水	kg	463.316	549.780	950.012	1 508.598	2 251.900	3 206.308	4 398.226
材料	其他材料费	%	1.00	1.00	1.00	1.00	1.00	1.00	1.00
机械	电焊机（综合）	台班	0.034	0.034	0.604	0.604	0.604	1.173	1.173
机械	汽车式起重机 8t	台班	0.116	0.150	0.203	0.232	0.273	0.331	0.382
机械	吊装机械（综合）	台班	0.387	0.532	0.610	0.697	0.765	0.832	0.910
机械	载货汽车－普通货车 8t	台班	0.116	0.150	0.203	0.232	0.273	0.331	0.382
机械	试压泵 60MPa	台班	0.223	0.223	0.239	0.239	0.239	0.239	0.239
机械	电焊条烘干箱 $60\times50\times75(cm^3)$	台班	0.004	0.004	0.060	0.060	0.060	0.118	0.118
机械	电焊条恒温箱	台班	0.004	0.004	0.060	0.060	0.060	0.118	0.118

4. 齿轮、液压传动、电动阀门

工作内容: 准备工作,阀门壳体压力试验和密封试验,阀门调试,阀门安装。 **计量单位:** 个

编号				8-3-41	8-3-42	8-3-43	8-3-44	8-3-45	8-3-46	8-3-47
项目				公称直径(mm 以内)						
				100	125	150	200	250	300	350
名称			单位	消耗量						
人工	合计工日		工日	1.000	1.236	1.299	1.463	1.892	2.246	2.685
	其中	普工	工日	0.250	0.308	0.325	0.366	0.473	0.561	0.671
		一般技工	工日	0.650	0.804	0.844	0.951	1.230	1.460	1.745
		高级技工	工日	0.100	0.124	0.130	0.146	0.189	0.225	0.269
材料	齿轮、液压、电动阀门		个	(1.000)	(1.000)	(1.000)	(1.000)	(1.000)	(1.000)	(1.000)
	低碳钢焊条 J427 ϕ3.2		kg	0.165	0.165	0.165	0.165	0.165	0.165	0.165
	氧气		m^3	0.204	0.273	0.312	0.447	0.627	0.750	0.820
	乙炔气		kg	0.078	0.105	0.120	0.172	0.241	0.288	0.315
	无石棉橡胶板 低压 δ0.8~6.0		kg	0.170	0.230	0.280	0.330	0.370	0.400	0.540
	热轧厚钢板 δ20		kg	0.036	0.047	0.061	0.088	0.128	0.165	0.204
	无缝钢管 $D22\times2.5$		m	0.010	0.010	0.010	0.010	0.010	0.010	0.010
	输水软管 ϕ25		m	0.020	0.020	0.020	0.020	0.020	0.020	0.020
	螺纹截止阀 J11T-16 *DN*15		个	0.020	0.020	0.020	0.020	0.020	0.020	0.020
	压力表 Y-100 0~6MPa		块	0.020	0.020	0.020	0.020	0.020	0.020	0.020
	压力表补芯		个	0.020	0.020	0.020	0.020	0.020	0.020	0.020
	二硫化钼		kg	0.006	0.006	0.009	0.013	0.019	0.029	0.029
	水		kg	1.099	2.148	3.711	8.796	17.181	29.687	47.144
	其他材料费		%	1.00	1.00	1.00	1.00	1.00	1.00	1.00
机械	电焊机(综合)		台班	0.034	0.034	0.034	0.034	0.034	0.034	0.034
	汽车式起重机 8t		台班	0.012	0.012	0.012	0.012	0.012	0.012	0.026
	吊装机械(综合)		台班	0.071	0.071	0.071	0.071	0.081	0.081	0.128
	载货汽车 - 普通货车 8t		台班	0.012	0.012	0.012	0.012	0.012	0.012	0.026
	试压泵 60MPa		台班	0.048	0.088	0.128	0.128	0.128	0.128	0.143
	电焊条烘干箱 $60\times50\times75$(cm^3)		台班	0.004	0.004	0.004	0.004	0.004	0.004	0.004
	电焊条恒温箱		台班	0.004	0.004	0.004	0.004	0.004	0.004	0.004

计量单位：个

编号				8-3-48	8-3-49	8-3-50	8-3-51	8-3-52	8-3-53	8-3-54
项目				公称直径（mm 以内）						
				400	450	500	600	700	800	900
名称			单位	消耗量						
人工	合计工日		工日	3.301	3.834	4.241	5.023	6.442	8.129	9.617
	其中	普工	工日	0.825	0.958	1.061	1.257	1.611	2.033	2.404
		一般技工	工日	2.146	2.492	2.757	3.264	4.187	5.284	6.251
		高级技工	工日	0.330	0.384	0.424	0.502	0.644	0.813	0.962
材料	齿轮、液压、电动阀门		个	（1.000）	（1.000）	（1.000）	（1.000）	（1.000）	（1.000）	（1.000）
	低碳钢焊条 J427 ϕ3.2		kg	0.165	0.165	0.165	0.165	0.165	0.165	0.165
	氧气		m^3	0.910	1.078	1.130	1.275	1.455	1.590	1.785
	乙炔气		kg	0.350	0.415	0.435	0.490	0.560	0.612	0.687
	无石棉橡胶板 低压 δ0.8~6.0		kg	0.690	0.810	0.830	0.840	1.030	1.160	1.300
	热轧厚钢板 δ20		kg	0.262	—	—	—	—	—	—
	热轧厚钢板 δ30		kg	—	0.479	0.582	0.826	0.969	1.217	1.468
	无缝钢管 $D22\times2.5$		m	0.010	0.010	0.010	0.010	0.010	0.010	0.010
	输水软管 ϕ25		m	0.020	0.020	0.020	0.020	0.020	0.020	0.020
	螺纹截止阀 J11T-16 *DN*15		个	0.020	0.020	0.020	0.020	0.020	0.020	0.020
	压力表 Y-100 0~6MPa		块	0.020	0.020	0.020	0.020	0.020	0.020	0.020
	压力表补芯		个	0.020	0.020	0.020	0.020	0.020	0.020	0.020
	二硫化钼		kg	0.038	0.038	0.038	0.056	0.067	0.101	0.101
	水		kg	70.371	100.197	137.445	237.510	281.484	377.510	463.316
	其他材料费		%	1.00	1.00	1.00	1.00	1.00	1.00	1.00
机械	电焊机（综合）		台班	0.034	0.034	0.034	0.034	0.034	0.034	0.034
	汽车式起重机 8t		台班	0.032	0.033	0.035	0.051	0.063	0.101	0.116
	吊装机械（综合）		台班	0.128	0.163	0.163	0.290	0.348	0.407	0.465
	载货汽车－普通货车 8t		台班	0.032	0.033	0.035	0.051	0.063	0.101	0.116
	试压泵 60MPa		台班	0.159	0.175	0.191	0.191	0.207	0.223	0.223
	电焊条烘干箱 $60\times50\times75$（cm^3）		台班	0.004	0.004	0.004	0.004	0.004	0.004	0.004
	电焊条恒温箱		台班	0.004	0.004	0.004	0.004	0.004	0.004	0.004

计量单位：个

编　　号			8-3-55	8-3-56	8-3-57	8-3-58	8-3-59	8-3-60
项　　目			公称直径（mm 以内）					
			1 000	1 200	1 400	1 600	1 800	2 000
名　　称		单位	消　耗　量					
人工	合计工日	工日	11.246	14.703	16.247	18.586	21.250	24.386
人工	其中 普工	工日	2.812	3.676	4.062	4.647	5.312	6.097
人工	其中 一般技工	工日	7.309	9.557	10.560	12.081	13.812	15.851
人工	其中 高级技工	工日	1.124	1.470	1.625	1.859	2.125	2.438
材料	齿轮、液压、电动阀门	个	(1.000)	(1.000)	(1.000)	(1.000)	(1.000)	(1.000)
材料	低碳钢焊条 J427 $\phi3.2$	kg	0.165	0.292	0.292	0.292	0.567	0.567
材料	氧气	m^3	2.160	2.790	3.480	3.975	4.470	4.965
材料	乙炔气	kg	0.831	1.073	1.338	1.529	1.719	1.910
材料	无石棉橡胶板 低压 $\delta0.8$~6.0	kg	1.310	1.460	2.160	2.450	2.600	2.900
材料	热轧厚钢板 $\delta30$	kg	1.843	2.025	2.562	3.212	3.936	4.733
材料	无缝钢管 $D22\times2.5$	m	0.015	0.015	0.015	0.015	0.015	0.015
材料	输水软管 $\phi25$	m	0.040	0.040	0.040	0.040	0.040	0.040
材料	螺纹截止阀 J11T-16 $DN15$	个	0.020	0.020	0.020	0.020	0.020	0.020
材料	压力表 Y-100 0~6MPa	块	0.020	0.020	0.020	0.020	0.020	0.020
材料	压力表补芯	个	0.020	0.020	0.020	0.020	0.020	0.020
材料	二硫化钼	kg	0.118	0.134	0.151	0.175	0.208	0.240
材料	水	kg	549.780	950.012	1 508.598	2 251.900	3 206.308	4 398.226
材料	其他材料费	%	1.00	1.00	1.00	1.00	1.00	1.00
机械	电焊机（综合）	台班	0.034	0.604	0.604	0.604	1.173	1.173
机械	汽车式起重机 8t	台班	0.150	0.203	0.232	0.273	0.331	0.382
机械	吊装机械（综合）	台班	0.523	0.732	0.836	0.918	0.999	1.092
机械	载货汽车 - 普通货车 8t	台班	0.150	0.203	0.232	0.273	0.331	0.382
机械	试压泵 60MPa	台班	0.223	0.239	0.239	0.239	0.239	0.239
机械	电焊条烘干箱 $60\times50\times75$（cm^3）	台班	0.004	0.060	0.060	0.060	0.118	0.118
机械	电焊条恒温箱	台班	0.004	0.060	0.060	0.060	0.118	0.118

5. 调节阀门

工作内容: 准备工作,阀门安装。

计量单位: 个

编号				8-3-61	8-3-62	8-3-63	8-3-64	8-3-65	8-3-66	8-3-67
项目				公称直径(mm 以内)						
				20	25	32	40	50	65	80
名称			单位	消耗量						
人工	合计工日		工日	0.320	0.320	0.320	0.320	0.320	0.565	0.583
	其中	普工	工日	0.080	0.080	0.080	0.080	0.080	0.141	0.145
		一般技工	工日	0.208	0.208	0.208	0.208	0.208	0.367	0.379
		高级技工	工日	0.032	0.032	0.032	0.032	0.032	0.057	0.059
材料	调节阀门		个	(1.000)	(1.000)	(1.000)	(1.000)	(1.000)	(1.000)	(1.000)
	无石棉橡胶板 低压 δ0.8~6.0		kg	0.020	0.040	0.040	0.060	0.070	0.090	0.130
	二硫化钼		kg	0.002	0.002	0.004	0.004	0.004	0.006	0.006
	其他材料费		%	1.00	1.00	1.00	1.00	1.00	1.00	1.00
机械	汽车式起重机 8t		台班	—	—	—	—	0.006	0.006	0.006
	吊装机械(综合)		台班	—	—	—	—	0.029	0.029	0.029
	载货汽车 - 普通货车 8t		台班	—	—	—	—	0.006	0.006	0.006

计量单位: 个

编号				8-3-68	8-3-69	8-3-70	8-3-71	8-3-72	8-3-73
项目				公称直径(mm 以内)					
				100	125	150	200	250	300
名称			单位	消耗量					
人工	合计工日		工日	0.857	1.050	1.083	1.276	1.516	1.705
	其中	普工	工日	0.214	0.262	0.271	0.319	0.379	0.426
		一般技工	工日	0.557	0.683	0.704	0.830	0.986	1.108
		高级技工	工日	0.086	0.105	0.108	0.127	0.152	0.171
材料	调节阀门		个	(1.000)	(1.000)	(1.000)	(1.000)	(1.000)	(1.000)
	无石棉橡胶板 低压 δ0.8~6.0		kg	0.170	0.230	0.280	0.330	0.370	0.400
	二硫化钼		kg	0.006	0.013	0.013	0.013	0.019	0.029
	其他材料费		%	1.00	1.00	1.00	1.00	1.00	1.00
机械	汽车式起重机 8t		台班	0.011	0.011	0.011	0.011	0.011	0.011
	吊装机械(综合)		台班	0.058	0.058	0.058	0.058	0.068	0.068
	载货汽车 - 普通货车 8t		台班	0.011	0.011	0.011	0.011	0.011	0.011

计量单位：个

编　号			8-3-74	8-3-75	8-3-76	8-3-77
项　目			公称直径（mm 以内）			
			350	400	450	500
名　称		单位	消　耗　量			
人工	合计工日	工日	1.820	1.982	2.258	2.452
	其中 普工	工日	0.455	0.496	0.566	0.613
	其中 一般技工	工日	1.183	1.289	1.467	1.594
	其中 高级技工	工日	0.182	0.198	0.225	0.245
材料	调节阀门	个	（1.000）	（1.000）	（1.000）	（1.000）
	无石棉橡胶板　低压　δ0.8~6.0	kg	0.540	0.690	0.810	0.830
	二硫化钼	kg	0.029	0.038	0.038	0.038
	其他材料费	%	1.00	1.00	1.00	1.00
机械	汽车式起重机　8t	台班	0.026	0.032	0.033	0.035
	吊装机械（综合）	台班	0.106	0.106	0.136	0.136
	载货汽车－普通货车　8t	台班	0.026	0.032	0.033	0.035

6. 安全阀门(螺纹连接)

工作内容: 准备工作,阀门壳体压力试验和密封试验,管子切口,套丝,阀门安装。 **计量单位:** 个

编号			8-3-78	8-3-79	8-3-80	8-3-81	8-3-82	8-3-83
项目			公称直径(mm 以内)					
			15	20	25	32	40	50
名称		单位	消耗量					
人工	合计工日	工日	0.361	0.396	0.467	0.633	0.702	0.804
	其中 普工	工日	0.090	0.100	0.117	0.158	0.176	0.201
	其中 一般技工	工日	0.235	0.257	0.304	0.411	0.456	0.523
	其中 高级技工	工日	0.036	0.039	0.046	0.064	0.070	0.080
材料	安全阀门	个	(1.000)	(1.000)	(1.000)	(1.000)	(1.000)	(1.000)
	低碳钢焊条 J427 $\phi3.2$	kg	0.165	0.165	0.165	0.165	0.165	0.165
	氧气	m^3	0.141	0.141	0.141	0.141	0.141	0.141
	乙炔气	kg	0.054	0.054	0.054	0.054	0.054	0.054
	无石棉橡胶板 低压 $\delta0.8$~6.0	kg	0.020	0.020	0.040	0.040	0.060	0.080
	聚四氟乙烯生料带	m	0.142	0.188	0.236	0.302	0.376	0.472
	青铅(综合)	kg	0.050	0.050	0.050	0.050	0.050	0.050
	机油	kg	0.007	0.009	0.011	0.014	0.017	0.021
	热轧厚钢板 $\delta20$	kg	0.007	0.009	0.010	0.014	0.016	0.020
	镀锌铁丝 $\phi1.2$~1.6	kg	0.500	0.500	0.500	0.500	0.500	0.500
	无缝钢管 $D22\times2.5$	m	0.010	0.010	0.010	0.010	0.010	0.010
	输水软管 $\phi25$	m	0.020	0.020	0.020	0.020	0.020	0.020
	螺纹截止阀 J11T-16 *DN*15	个	0.020	0.020	0.020	0.020	0.020	0.020
	压力表 Y-100 0~6MPa	块	0.020	0.020	0.020	0.020	0.020	0.020
	压力表补芯	个	0.020	0.020	0.020	0.020	0.020	0.020
	水	kg	0.004	0.008	0.017	0.036	0.070	0.140
	其他材料费	%	1.00	1.00	1.00	1.00	1.00	1.00
机械	电焊机(综合)	台班	0.034	0.034	0.034	0.034	0.034	0.034
	汽车式起重机 8t	台班	—	—	—	—	—	0.006
	吊装机械(综合)	台班	—	—	—	—	—	0.029
	载货汽车 - 普通货车 8t	台班	—	—	—	—	—	0.006
	试压泵 60MPa	台班	0.032	0.032	0.032	0.035	0.059	0.064
	电焊条烘干箱 $60\times50\times75$(cm^3)	台班	0.004	0.004	0.004	0.004	0.004	0.004
	电焊条恒温箱	台班	0.004	0.004	0.004	0.004	0.004	0.004

计量单位：个

编号			8-3-84	8-3-85	8-3-86	8-3-87	8-3-88	8-3-89
项目			公称直径（mm 以内）					
			65	80	100	125	150	200
名称		单位	消耗量					
人工	合计工日	工日	0.901	1.154	1.601	1.977	2.041	2.262
	其中 普工	工日	0.225	0.288	0.400	0.495	0.511	0.565
	其中 一般技工	工日	0.586	0.750	1.041	1.285	1.326	1.470
	其中 高级技工	工日	0.090	0.116	0.160	0.197	0.204	0.226
材料	安全阀门	个	(1.000)	(1.000)	(1.000)	(1.000)	(1.000)	(1.000)
	低碳钢焊条 J427 $\phi3.2$	kg	0.165	0.165	0.165	0.165	0.165	0.165
	氧气	m^3	0.141	0.159	0.204	0.273	0.312	0.447
	乙炔气	kg	0.054	0.061	0.078	0.105	0.120	0.172
	无石棉橡胶板 低压 $\delta0.8\sim6.0$	kg	0.100	0.130	0.170	0.230	0.280	0.330
	青铅（综合）	kg	0.050	0.050	0.050	—	—	—
	热轧厚钢板 $\delta20$	kg	0.025	0.030	0.036	0.047	0.061	0.088
	镀锌铁丝 $\phi1.2\sim1.6$	kg	0.500	0.500	1.000	1.000	1.000	1.000
	无缝钢管 $D22\times2.5$	m	0.010	0.010	0.010	0.010	0.010	0.010
	输水软管 $\phi25$	m	0.020	0.020	0.020	0.020	0.020	0.020
	螺纹截止阀 J11T-16 $DN15$	个	0.020	0.020	0.020	0.020	0.020	0.020
	压力表 Y-100 0~6MPa	块	0.020	0.020	0.020	0.020	0.020	0.020
	压力表补芯	个	0.020	0.020	0.020	0.020	0.020	0.020
	水	kg	0.717	1.608	3.140	9.487	10.604	25.132
	其他材料费	%	1.00	1.00	1.00	1.00	1.00	1.00
机械	电焊机（综合）	台班	0.034	0.034	0.034	0.034	0.034	0.034
	汽车式起重机 8t	台班	0.006	0.006	0.011	0.011	0.011	0.011
	吊装机械（综合）	台班	0.029	0.029	0.058	0.058	0.058	0.058
	载货汽车 - 普通货车 8t	台班	0.006	0.006	0.011	0.011	0.011	0.011
	试压泵 60MPa	台班	0.066	0.077	0.108	0.154	0.182	0.182
	电焊条烘干箱 $60\times50\times75(cm^3)$	台班	0.004	0.004	0.004	0.004	0.004	0.004
	电焊条恒温箱	台班	0.004	0.004	0.004	0.004	0.004	0.004

7. 安全阀门(法兰连接)

工作内容:准备工作,阀门壳体压力试验和密封试验,阀门安装。 **计量单位**:个

编号			8-3-90	8-3-91	8-3-92	8-3-93	8-3-94	8-3-95
项目			公称直径(mm 以内)					
			15	20	25	32	40	50
名称		单位	消耗量					
人工	合计工日	工日	0.638	0.638	0.638	0.667	0.667	0.699
其中	普工	工日	0.159	0.159	0.159	0.167	0.167	0.174
	一般技工	工日	0.415	0.415	0.415	0.434	0.434	0.455
	高级技工	工日	0.064	0.064	0.064	0.066	0.066	0.070
材料	安全阀门	个	(1.000)	(1.000)	(1.000)	(1.000)	(1.000)	(1.000)
	低碳钢焊条 J427 $\phi3.2$	kg	0.165	0.165	0.165	0.165	0.165	0.165
	氧气	m^3	0.141	0.141	0.141	0.141	0.141	0.141
	乙炔气	kg	0.054	0.054	0.054	0.054	0.054	0.054
	无石棉橡胶板 低压 $\delta0.8\sim6.0$	kg	0.020	0.020	0.040	0.040	0.060	0.070
	青铅(综合)	kg	0.050	0.050	0.050	0.050	0.050	0.050
	热轧厚钢板 $\delta20$	kg	0.008	0.009	0.010	0.014	0.016	0.020
	镀锌铁丝 $\phi1.2\sim1.6$	kg	0.500	0.500	0.500	0.500	0.500	0.500
	无缝钢管 $D22\times2.5$	m	0.010	0.010	0.010	0.010	0.010	0.010
	输水软管 $\phi25$	m	0.020	0.020	0.020	0.020	0.020	0.020
	螺纹截止阀 J11T-16 $DN15$	个	0.020	0.020	0.020	0.020	0.020	0.020
	压力表 Y-100 0~6MPa	块	0.020	0.020	0.020	0.020	0.020	0.020
	压力表补芯	个	0.020	0.020	0.020	0.020	0.020	0.020
	二硫化钼	kg	0.002	0.003	0.004	0.006	0.006	0.006
	水	kg	0.024	0.024	0.048	0.104	0.200	0.400
	其他材料费	%	1.00	1.00	1.00	1.00	1.00	1.00
机械	电焊机(综合)	台班	0.034	0.034	0.034	0.034	0.034	0.034
	汽车式起重机 8t	台班	—	—	—	—	—	0.006
	吊装机械(综合)	台班	—	—	—	—	—	0.029
	载货汽车-普通货车 8t	台班	—	—	—	—	—	0.006
	试压泵 60MPa	台班	0.023	0.023	0.023	0.026	0.041	0.046
	电焊条烘干箱 $60\times50\times75$(cm^3)	台班	0.004	0.004	0.004	0.004	0.004	0.004
	电焊条恒温箱	台班	0.004	0.004	0.004	0.004	0.004	0.004

计量单位：个

编号				8-3-96	8-3-97	8-3-98	8-3-99	8-3-100	8-3-101
项目				公称直径（mm 以内）					
				65	80	100	125	150	200
名称			单位	消耗量					
人工	合计工日		工日	1.104	1.154	1.601	1.977	2.041	2.256
	其中	普工	工日	0.277	0.288	0.400	0.495	0.511	0.563
		一般技工	工日	0.717	0.750	1.041	1.285	1.326	1.467
		高级技工	工日	0.110	0.116	0.160	0.197	0.204	0.226
材料	安全阀门		个	(1.000)	(1.000)	(1.000)	(1.000)	(1.000)	(1.000)
	低碳钢焊条 J427 ϕ3.2		kg	0.165	0.165	0.165	0.165	0.165	0.165
	氧气		m^3	0.141	0.159	0.204	0.273	0.312	0.447
	乙炔气		kg	0.054	0.061	0.078	0.105	0.120	0.172
	无石棉橡胶板 低压 δ0.8~6.0		kg	0.090	0.130	0.170	0.230	0.280	0.330
	青铅（综合）		kg	0.050	0.050	0.050	0.050	0.050	0.050
	热轧厚钢板 δ20		kg	0.025	0.030	0.036	0.047	0.061	0.088
	镀锌铁丝 ϕ1.2~1.6		kg	0.500	0.500	1.000	1.000	1.000	1.000
	无缝钢管 $D22\times2.5$		m	0.010	0.010	0.010	0.010	0.010	0.010
	输水软管 ϕ25		m	0.020	0.020	0.020	0.020	0.020	0.020
	螺纹截止阀 J11T-16 DN15		个	0.020	0.020	0.020	0.020	0.020	0.020
	压力表 Y-100 0~6MPa		块	0.020	0.020	0.020	0.020	0.020	0.020
	压力表补芯		个	0.020	0.020	0.020	0.020	0.020	0.020
	二硫化钼		kg	0.006	0.013	0.013	0.016	0.019	0.029
	水		kg	0.864	1.608	3.140	9.487	10.604	25.132
	其他材料费		%	1.00	1.00	1.00	1.00	1.00	1.00
机械	电焊机（综合）		台班	0.034	0.034	0.034	0.034	0.034	0.034
	汽车式起重机 8t		台班	0.006	0.006	0.011	0.011	0.011	0.011
	吊装机械（综合）		台班	0.029	0.029	0.058	0.058	0.058	0.058
	载货汽车－普通货车 8t		台班	0.006	0.006	0.011	0.011	0.011	0.011
	试压泵 60MPa		台班	0.052	0.059	0.068	0.154	0.182	0.182
	电焊条烘干箱 $60\times50\times75$（cm^3）		台班	0.004	0.004	0.004	0.004	0.004	0.004
	电焊条恒温箱		台班	0.004	0.004	0.004	0.004	0.004	0.004

计量单位：个

编号			8-3-102	8-3-103	8-3-104	8-3-105	8-3-106
项目			公称直径（mm 以内）				
			250	300	350	400	450
名称		单位	消耗量				
人工	合计工日	工日	2.715	3.248	3.788	4.332	4.869
	其中 普工	工日	0.679	0.811	0.947	1.083	1.217
	其中 一般技工	工日	1.765	2.112	2.463	2.816	3.165
	其中 高级技工	工日	0.272	0.325	0.379	0.433	0.487
材料	安全阀门	个	（1.000）	（1.000）	（1.000）	（1.000）	（1.000）
	低碳钢焊条 J427 ϕ3.2	kg	0.165	0.165	0.165	0.165	0.165
	氧气	m^3	0.536	0.644	0.772	0.927	1.112
	乙炔气	kg	0.206	0.248	0.297	0.357	0.428
	无石棉橡胶板 低压 δ0.8~6.0	kg	0.396	0.475	0.570	0.684	0.821
	青铅（综合）	kg	0.050	0.050	0.075	0.075	0.075
	热轧厚钢板 δ20	kg	0.114	0.148	0.192	0.250	0.325
	镀锌铁丝 ϕ1.2~1.6	kg	1.000	1.000	1.000	1.000	1.000
	无缝钢管 $D22 \times 2.5$	m	0.010	0.010	0.010	0.010	0.010
	输水软管 ϕ25	m	0.020	0.020	0.020	0.020	0.020
	螺纹截止阀 J11T-16 DN15	个	0.020	0.020	0.020	0.020	0.020
	压力表 Y-100 0~6MPa	块	0.020	0.020	0.020	0.020	0.020
	压力表补芯	个	0.020	0.020	0.020	0.020	0.020
	二硫化钼	kg	0.033	0.035	0.035	0.038	0.038
	水	kg	32.783	59.010	106.218	191.193	344.147
	其他材料费	%	1.00	1.00	1.00	1.00	1.00
机械	电焊机（综合）	台班	0.034	0.034	0.034	0.034	0.034
	汽车式起重机 8t	台班	0.011	0.011	0.025	0.033	0.034
	吊装机械（综合）	台班	0.068	0.068	0.107	0.114	0.135
	载货汽车－普通货车 8t	台班	0.011	0.011	0.025	0.033	0.034
	试压泵 60MPa	台班	0.205	0.205	0.228	0.228	0.228
	电焊条烘干箱 $60 \times 50 \times 75$（cm^3）	台班	0.004	0.004	0.004	0.004	0.004
	电焊条恒温箱	台班	0.004	0.004	0.004	0.004	0.004

8. 安全阀调试定压

工作内容：准备工作，整定压力测试，打铅封，挂合格证。 **计量单位：**个

编号			8-3-107	8-3-108	8-3-109	8-3-110	8-3-111	8-3-112
项目			公称直径（mm 以内）					
			15	20	25	32	40	50
名称		单位	消耗量					
人工	合计工日	工日	0.445	0.514	0.585	0.631	0.697	0.737
其中	普工	工日	0.111	0.129	0.147	0.158	0.174	0.184
	一般技工	工日	0.289	0.334	0.380	0.410	0.453	0.479
	高级技工	工日	0.045	0.051	0.058	0.063	0.070	0.074
材料	二硫化钼	kg	0.002	0.002	0.003	0.003	0.004	0.004
	内外环缠绕垫（综合）	个	0.150	0.150	0.150	0.150	0.150	0.150
	碎布	kg	0.021	0.021	0.023	0.023	0.030	0.035
	其他材料费	%	1.00	1.00	1.00	1.00	1.00	1.00
机械	电动空气压缩机 $10m^3/min$	台班	0.011	0.013	0.014	0.017	0.018	0.020
	安全阀试压机 YFC-A	台班	0.059	0.071	0.080	0.088	0.097	0.106

计量单位：个

编号			8-3-113	8-3-114	8-3-115	8-3-116	8-3-117	8-3-118
项目			公称直径（mm 以内）					
			65	80	100	125	150	200
名称		单位	消耗量					
人工	合计工日	工日	0.831	0.897	0.962	1.122	1.122	1.242
其中	普工	工日	0.207	0.224	0.240	0.281	0.281	0.310
	一般技工	工日	0.541	0.583	0.626	0.729	0.729	0.807
	高级技工	工日	0.083	0.090	0.096	0.112	0.112	0.125
材料	二硫化钼	kg	0.006	0.007	0.010	0.014	0.014	0.017
	内外环缠绕垫（综合）	个	0.150	0.150	0.150	0.150	0.150	0.150
	碎布	kg	0.049	0.063	0.070	0.112	0.112	0.140
	其他材料费	%	1.00	1.00	1.00	1.00	1.00	1.00
机械	叉式起重机 3t	台班	—	—	0.008	0.008	0.008	0.008
	电动单梁起重机 5t	台班	—	—	0.028	0.032	0.032	0.034
	电动空气压缩机 $10m^3/min$	台班	0.021	0.022	0.023	0.024	0.024	0.025
	安全阀试压机 YFC-A	台班	0.112	0.118	0.124	0.129	0.129	0.136

计量单位：个

编号			8-3-119	8-3-120	8-3-121	8-3-122	8-3-123
项目			公称直径（mm 以内）				
			250	300	350	400	450
名称		单位	消耗量				
人工	合计工日	工日	1.369	1.507	1.658	1.822	2.005
	其中 普工	工日	0.343	0.377	0.415	0.456	0.502
	其中 一般技工	工日	0.889	0.979	1.077	1.184	1.303
	其中 高级技工	工日	0.137	0.151	0.166	0.182	0.200
材料	二硫化钼	kg	0.020	0.023	0.027	0.030	0.034
	内外环缠绕垫（综合）	个	0.150	0.150	0.150	0.150	0.150
	碎布	kg	0.154	0.175	0.196	0.217	0.238
	其他材料费	%	1.00	1.00	1.00	1.00	1.00
机械	叉式起重机 3t	台班	0.008	0.009	0.009	0.009	0.009
	电动单梁起重机 5t	台班	0.037	0.039	0.040	0.042	0.044
	电动空气压缩机 10m^3/min	台班	0.028	0.030	0.032	0.034	0.038
	安全阀试压机 YFC-A	台班	0.141	0.147	0.154	0.159	0.166

9.塑料阀门

工作内容:准备工作,阀门壳体压力试验和密封试验,管子切口,管口组对,法兰焊接,阀门安装。

计量单位:个

编号			8-3-124	8-3-125	8-3-126	8-3-127	8-3-128	8-3-129
项目			公称直径(mm以内)					
			20	25	32	40	50	65
名称		单位	消耗量					
人工	合计工日	工日	0.320	0.370	0.403	0.468	0.526	0.699
人工	其中 普工	工日	0.080	0.093	0.101	0.116	0.131	0.175
人工	其中 一般技工	工日	0.208	0.240	0.262	0.305	0.342	0.454
人工	其中 高级技工	工日	0.032	0.037	0.040	0.047	0.053	0.070
材料	塑料阀门	个	(1.000)	(1.000)	(1.000)	(1.000)	(1.000)	(1.000)
材料	聚氯乙烯焊条(综合)	kg	0.003	0.004	0.004	0.007	0.014	0.016
材料	低碳钢焊条 J427 $\phi3.2$	kg	0.165	0.165	0.165	0.165	0.165	0.165
材料	氧气	m^3	0.141	0.141	0.141	0.141	0.141	0.141
材料	乙炔气	kg	0.054	0.054	0.054	0.054	0.054	0.054
材料	无石棉橡胶板 低压 $\delta0.8\sim6.0$	kg	0.020	0.040	0.040	0.060	0.070	0.090
材料	耐酸无石棉橡胶板(综合)	kg	0.060	0.070	0.080	0.110	0.140	0.180
材料	电阻丝	根	0.003	0.003	0.003	0.004	0.004	0.004
材料	木柴	kg	0.103	0.103	0.103	0.103	0.206	0.206
材料	锯条(各种规格)	根	0.019	0.024	0.030	0.031	0.064	0.076
材料	热轧厚钢板 $\delta20$	kg	0.009	0.010	0.014	0.016	0.020	0.025
材料	无缝钢管 $D22\times2.5$	m	0.010	0.010	0.010	0.010	0.010	0.010
材料	输水软管 $\phi25$	m	0.020	0.020	0.020	0.020	0.020	0.020
材料	螺纹截止阀 J11T-16 $DN15$	个	0.020	0.020	0.020	0.020	0.020	0.020
材料	压力表 Y-100 0~6MPa	块	0.020	0.020	0.020	0.020	0.020	0.020
材料	压力表补芯	个	0.020	0.020	0.020	0.020	0.020	0.020
材料	水	kg	0.006	0.012	0.026	0.050	0.100	0.216
材料	其他材料费	%	1.00	1.00	1.00	1.00	1.00	1.00
机械	电焊机(综合)	台班	0.030	0.030	0.030	0.030	0.030	0.030
机械	试压泵 60MPa	台班	0.010	0.010	0.010	0.020	0.020	0.023
机械	电动空气压缩机 $0.6m^3/min$	台班	0.056	0.069	0.074	0.075	0.115	0.137
机械	电焊条烘干箱 $60\times50\times75(cm^3)$	台班	0.003	0.003	0.003	0.003	0.003	0.003
机械	电焊条恒温箱	台班	0.003	0.003	0.003	0.003	0.003	0.003

计量单位：个

编号			8-3-130	8-3-131	8-3-132	8-3-133	8-3-134	8-3-135
项目			公称直径（mm 以内）					
			80	100	125	150	200	250
名称		单位	消耗量					
人工	合计工日	工日	0.765	0.929	1.170	1.392	2.027	2.757
	其中 普工	工日	0.192	0.233	0.292	0.348	0.507	0.690
	其中 一般技工	工日	0.497	0.603	0.761	0.905	1.317	1.791
	其中 高级技工	工日	0.076	0.093	0.117	0.139	0.203	0.276
材料	塑料阀门	个	(1.000)	(1.000)	(1.000)	(1.000)	(1.000)	(1.000)
	聚氯乙烯焊条（综合）	kg	0.021	0.038	0.054	0.067	0.119	0.428
	低碳钢焊条 J427 ϕ3.2	kg	0.165	0.165	0.165	0.165	0.165	0.165
	氧气	m^3	0.159	0.204	0.273	0.312	0.447	0.627
	乙炔气	kg	0.061	0.078	0.105	0.120	0.172	0.241
	无石棉橡胶板 低压 δ0.8~6.0	kg	0.130	0.170	0.230	0.280	0.330	0.370
	耐酸无石棉橡胶板（综合）	kg	0.260	0.350	0.460	0.550	0.660	1.036
	电阻丝	根	0.005	0.006	0.006	0.007	0.007	0.008
	木柴	kg	0.279	0.310	0.824	0.824	0.824	1.030
	锯条（各种规格）	根	0.102	0.153	0.247	0.323	0.397	0.600
	热轧厚钢板 δ20	kg	0.030	0.036	0.047	0.061	0.088	0.128
	无缝钢管 $D22\times2.5$	m	0.010	0.010	0.010	0.010	0.010	0.010
	输水软管 ϕ25	m	0.020	0.020	0.020	0.020	0.020	0.020
	螺纹截止阀 J11T-16 *DN*15	个	0.020	0.020	0.020	0.020	0.020	0.020
	压力表 Y-100 0~6MPa	块	0.020	0.020	0.020	0.020	0.020	0.020
	压力表补芯	个	0.020	0.020	0.020	0.020	0.020	0.020
	水	kg	0.402	0.785	1.534	2.651	6.283	12.272
	其他材料费	%	1.00	1.00	1.00	1.00	1.00	1.00
机械	电焊机（综合）	台班	0.030	0.030	0.030	0.030	0.030	0.030
	试压泵 60MPa	台班	0.026	0.030	0.055	0.080	0.080	0.080
	电动空气压缩机 0.6m^3/min	台班	0.159	0.190	0.295	0.338	0.477	0.626
	电焊条烘干箱 $60\times50\times75$（cm^3）	台班	0.003	0.003	0.003	0.003	0.003	0.003
	电焊条恒温箱	台班	0.003	0.003	0.003	0.003	0.003	0.003

二、中压阀门

1.螺纹阀门

工作内容：准备工作，阀门壳体压力试验和密封试验，管子切口，套丝，阀门安装。 **计量单位：**个

编号				8-3-136	8-3-137	8-3-138	8-3-139	8-3-140	8-3-141
项目				公称直径（mm以内）					
				15	20	25	32	40	50
名称			单位	消耗量					
人工	合计工日		工日	0.206	0.227	0.265	0.337	0.371	0.415
	其中	普工	工日	0.051	0.057	0.066	0.084	0.094	0.104
		一般技工	工日	0.113	0.125	0.146	0.185	0.203	0.228
		高级技工	工日	0.041	0.045	0.053	0.068	0.074	0.083
材料	螺纹阀门		个	(1.020)	(1.020)	(1.010)	(1.010)	(1.010)	(1.010)
	低碳钢焊条 J427 $\phi3.2$		kg	0.165	0.165	0.165	0.165	0.165	0.165
	氧气		m^3	0.141	0.141	0.141	0.141	0.141	0.141
	乙炔气		kg	0.054	0.054	0.054	0.054	0.054	0.054
	尼龙砂轮片 $\phi500\times25\times4$		片	0.008	0.013	0.016	0.020	0.024	0.036
	无石棉橡胶板 中压 $\delta0.8\sim6.0$		kg	0.034	0.050	0.084	0.101	0.140	0.168
	聚四氟乙烯生料带		m	0.415	0.509	0.641	0.791	0.904	1.074
	热轧厚钢板 $\delta20$		kg	0.007	0.009	0.010	0.014	0.016	0.020
	无缝钢管 $D22\times2.5$		m	0.010	0.010	0.010	0.010	0.010	0.010
	输水软管 $\phi25$		m	0.020	0.020	0.020	0.020	0.020	0.020
	螺纹截止阀 J11T-16 $DN15$		个	0.020	0.020	0.020	0.020	0.020	0.020
	压力表 中压		块	0.020	0.020	0.020	0.020	0.020	0.020
	压力表补芯		个	0.020	0.020	0.020	0.020	0.020	0.020
	机油		kg	0.007	0.009	0.011	0.014	0.017	0.021
	水		kg	0.004	0.008	0.017	0.036	0.070	0.140
	其他材料费		%	1.00	1.00	1.00	1.00	1.00	1.00
机械	电焊机（综合）		台班	0.034	0.034	0.034	0.034	0.034	0.034
	砂轮切割机 $\phi500$		台班	0.001	0.005	0.006	0.008	0.009	0.010
	试压泵 60MPa		台班	0.019	0.019	0.019	0.025	0.031	0.039
	电焊条烘干箱 $60\times50\times75$（cm^3）		台班	0.004	0.004	0.004	0.004	0.004	0.004
	电焊条恒温箱		台班	0.004	0.004	0.004	0.004	0.004	0.004
	管子切断套丝机 159mm		台班	0.032	0.032	0.032	0.035	0.035	0.035

2. 承插焊阀门

工作内容： 准备工作，阀门壳体压力试验和密封试验，管子切口，管口组对，焊接，阀门安装。

计量单位：个

编号			8-3-142	8-3-143	8-3-144	8-3-145	8-3-146	8-3-147
项目			公称直径（mm 以内）					
			15	20	25	32	40	50
名称		单位	消耗量					
人工	合计工日	工日	0.211	0.252	0.285	0.335	0.397	0.448
	其中 普工	工日	0.053	0.063	0.071	0.083	0.100	0.112
	其中 一般技工	工日	0.116	0.139	0.157	0.185	0.218	0.247
	其中 高级技工	工日	0.042	0.050	0.057	0.067	0.079	0.089
材料	焊接阀门	个	（1.000）	（1.000）	（1.000）	（1.000）	（1.000）	（1.000）
	低碳钢焊条 J427 ϕ3.2	kg	0.209	0.241	0.258	0.280	0.342	0.390
	氧气	m^3	0.141	0.141	0.141	0.152	0.153	0.157
	乙炔气	kg	0.054	0.054	0.054	0.058	0.059	0.060
	尼龙砂轮片 $\phi100 \times 16 \times 3$	片	0.004	0.004	0.005	0.023	0.027	0.038
	尼龙砂轮片 $\phi500 \times 25 \times 4$	片	0.008	0.013	0.026	0.032	0.038	0.058
	无石棉橡胶板 中压 δ0.8~6.0	kg	0.034	0.050	0.084	0.101	0.140	0.168
	磨头	块	0.020	0.026	0.031	0.039	0.044	0.053
	热轧厚钢板 δ20	kg	0.007	0.009	0.010	0.014	0.016	0.020
	无缝钢管 $D22 \times 2.5$	m	0.010	0.010	0.010	0.010	0.010	0.010
	输水软管 ϕ25	m	0.020	0.020	0.020	0.020	0.020	0.020
	螺纹截止阀 J11T-16 *DN*15	个	0.020	0.020	0.020	0.020	0.020	0.020
	压力表 中压	块	0.020	0.020	0.020	0.020	0.020	0.020
	压力表补芯	个	0.020	0.020	0.020	0.020	0.020	0.020
	水	kg	0.004	0.008	0.017	0.036	0.070	0.140
	碎布	kg	0.002	0.003	0.004	0.006	0.006	0.007
	其他材料费	%	1.00	1.00	1.00	1.00	1.00	1.00
机械	电焊机（综合）	台班	0.065	0.085	0.098	0.113	0.129	0.158
	砂轮切割机 ϕ500	台班	0.001	0.005	0.006	0.008	0.008	0.010
	试压泵 60MPa	台班	0.019	0.019	0.019	0.025	0.031	0.039
	电焊条烘干箱 $60 \times 50 \times 75$（cm^3）	台班	0.006	0.008	0.010	0.011	0.013	0.015
	电焊条恒温箱	台班	0.006	0.008	0.010	0.011	0.013	0.015

3. 对焊阀门(氩电联焊)

工作内容: 准备工作,阀门壳体压力试验和密封试验,管子切口,坡口加工,管口组对,焊接,阀门安装。

计量单位: 个

编号			8-3-148	8-3-149	8-3-150	8-3-151	8-3-152	8-3-153	8-3-154
项目			公称直径(mm以内)						
			15	20	25	32	40	50	65
名称		单位	消耗量						
人工	合计工日	工日	0.363	0.508	0.563	0.626	0.894	0.993	1.336
	其中 普工	工日	0.091	0.127	0.141	0.157	0.224	0.249	0.333
	其中 一般技工	工日	0.200	0.279	0.309	0.344	0.491	0.546	0.735
	其中 高级技工	工日	0.073	0.102	0.113	0.125	0.179	0.198	0.268
材料	焊接阀门	个	(1.000)	(1.000)	(1.000)	(1.000)	(1.000)	(1.000)	(1.000)
	低碳钢焊条 J427 ϕ3.2	kg	0.130	0.130	0.144	0.160	0.160	0.178	0.360
	碳钢焊丝	kg	0.028	0.035	0.060	0.080	0.100	0.043	0.044
	氧气	m^3	0.013	0.013	0.014	0.016	0.016	0.018	0.230
	乙炔气	kg	0.005	0.005	0.006	0.006	0.006	0.007	0.088
	氩气	m^3	0.077	0.099	0.160	0.220	0.260	0.121	0.122
	铈钨棒	g	0.154	0.197	0.320	0.430	0.500	0.242	0.242
	尼龙砂轮片 $\phi100\times16\times3$	片	0.058	0.073	0.119	0.155	0.208	0.217	0.430
	尼龙砂轮片 $\phi500\times25\times4$	片	0.010	0.013	0.018	0.025	0.029	0.043	0.064
	无石棉橡胶板 中压 δ0.8~6.0	kg	0.145	0.145	0.161	0.178	0.178	0.198	0.257
	磨头	块	0.020	0.026	0.031	0.039	0.044	0.053	0.070
	丙酮	kg	0.255	0.255	0.284	0.315	0.315	0.350	0.474
	热轧厚钢板 δ20	kg	0.007	0.009	0.010	0.014	0.016	0.020	0.025
	无缝钢管 $D22\times2.5$	m	0.010	0.010	0.010	0.010	0.010	0.010	0.010
	输水软管 ϕ25	m	0.020	0.020	0.020	0.020	0.020	0.020	0.020
	螺纹截止阀 J11T-16 *DN*15	个	0.020	0.020	0.020	0.020	0.020	0.020	0.020
	压力表 中压	块	0.020	0.020	0.020	0.020	0.020	0.020	0.020
	压力表补芯	个	0.020	0.020	0.020	0.020	0.020	0.020	0.020
	钢丝 ϕ4.0	kg	0.013	0.013	0.014	0.016	0.016	0.018	—
	碎布	kg	0.023	0.023	0.026	0.029	0.029	0.032	0.011
	水	kg	0.120	0.120	0.134	0.149	0.149	0.165	0.356
	其他材料费	%	1.00	1.00	1.00	1.00	1.00	1.00	1.00
机械	电焊机(综合)	台班	0.130	0.130	0.145	0.161	0.161	0.179	0.252
	氩弧焊机 500A	台班	0.086	0.086	0.096	0.107	0.107	0.119	0.150
	砂轮切割机 ϕ500	台班	0.016	0.016	0.018	0.020	0.020	0.022	0.029
	普通车床 $630\times2\,000$(安装用)	台班	0.049	0.049	0.054	0.060	0.060	0.067	0.073
	试压泵 60MPa	台班	0.056	0.056	0.063	0.070	0.070	0.077	0.089
	电焊条烘干箱 $60\times50\times75$(cm^3)	台班	0.013	0.013	0.015	0.016	0.016	0.018	0.025
	电焊条恒温箱	台班	0.013	0.013	0.015	0.016	0.016	0.018	0.025

计量单位：个

编号			8-3-155	8-3-156	8-3-157	8-3-158	8-3-159	8-3-160
项目			公称直径（mm 以内）					
			80	100	125	150	200	250
名称		单位	消耗量					
人工	合计工日	工日	1.540	1.818	2.310	2.603	3.192	3.774
人工	其中 普工	工日	0.385	0.454	0.577	0.651	0.798	0.944
人工	其中 一般技工	工日	0.847	1.000	1.271	1.431	1.756	2.076
人工	其中 高级技工	工日	0.308	0.364	0.462	0.521	0.638	0.755
材料	焊接阀门	个	(1.000)	(1.000)	(1.000)	(1.000)	(1.000)	(1.000)
材料	低碳钢焊条 J427 ϕ3.2	kg	0.530	0.700	1.146	1.600	2.800	4.400
材料	碳钢焊丝	kg	0.046	0.062	0.070	0.086	0.120	0.152
材料	氧气	m^3	0.258	0.320	0.418	0.746	1.000	1.410
材料	乙炔气	kg	0.099	0.123	0.161	0.287	0.385	0.542
材料	氩气	m^3	0.130	0.174	0.200	0.240	0.340	0.420
材料	铈钨棒	g	0.260	0.348	0.400	0.480	0.680	0.840
材料	尼龙砂轮片 $\phi100\times16\times3$	片	0.568	0.758	1.090	1.521	2.345	3.382
材料	尼龙砂轮片 $\phi500\times25\times4$	片	0.086	0.115	0.150	—	—	—
材料	无石棉橡胶板 中压 δ0.8~6.0	kg	0.376	0.496	0.654	0.793	0.951	1.050
材料	丙酮	kg	0.558	0.716	0.838	1.000	1.380	1.720
材料	磨头	块	0.094	0.106	—	—	—	—
材料	热轧厚钢板 δ20	kg	0.030	0.036	0.047	0.061	0.088	0.128
材料	无缝钢管 $D22\times2.5$	m	0.010	0.010	0.010	0.010	0.010	0.010
材料	输水软管 ϕ25	m	0.020	0.020	0.020	0.020	0.020	0.020
材料	螺纹截止阀 J11T-16 *DN*15	个	0.020	0.020	0.020	0.020	0.020	0.020
材料	压力表 中压	块	0.020	0.020	0.020	0.020	0.020	0.020
材料	压力表补芯	个	0.020	0.020	0.020	0.020	0.020	0.020
材料	角钢（综合）	kg	—	—	—	—	0.174	0.174
材料	碎布	kg	0.014	0.016	0.019	0.024	0.032	0.039
材料	水	kg	0.664	1.297	2.535	4.379	10.379	20.274
材料	其他材料费	%	1.00	1.00	1.00	1.00	1.00	1.00
机械	电焊机（综合）	台班	0.297	0.441	0.516	0.678	1.051	1.410
机械	氩弧焊机 500A	台班	0.179	0.230	0.273	0.327	0.452	0.564
机械	汽车式起重机 8t	台班	—	0.011	0.011	0.011	0.011	0.011
机械	吊装机械（综合）	台班	—	0.058	0.058	0.058	0.058	0.068
机械	载货汽车 - 普通货车 8t	台班	—	0.011	0.011	0.011	0.011	0.011
机械	半自动切割机 100mm	台班	—	—	—	0.161	0.234	0.292
机械	砂轮切割机 ϕ500	台班	0.034	0.051	0.054	—	—	—
机械	试压泵 60MPa	台班	0.098	0.114	0.210	0.305	0.305	0.305
机械	普通车床 630×2 000（安装用）	台班	0.078	0.092	0.191	0.209	0.312	0.377
机械	电焊条烘干箱 60×50×75（cm^3）	台班	0.030	0.045	0.052	0.068	0.105	0.141
机械	电焊条恒温箱	台班	0.030	0.045	0.052	0.068	0.105	0.141

计量单位：个

编　号				8-3-161	8-3-162	8-3-163	8-3-164	8-3-165	8-3-166
项　目				公称直径（mm 以内）					
				300	350	400	450	500	600
名　称			单位	消　耗　量					
人工	合计工日		工日	4.701	5.648	6.851	8.409	9.521	10.758
	其中	普工	工日	1.175	1.412	1.713	2.103	2.381	2.689
		一般技工	工日	2.586	3.107	3.768	4.625	5.236	5.917
		高级技工	工日	0.940	1.130	1.370	1.681	1.904	2.152
材料	焊接阀门		个	（1.000）	（1.000）	（1.000）	（1.000）	（1.000）	（1.000）
	低碳钢焊条 J427 $\phi3.2$		kg	7.800	10.600	13.800	15.200	20.348	26.101
	碳钢焊丝		kg	0.180	0.212	0.260	0.300	0.391	0.505
	氧气		m^3	1.680	2.010	2.351	2.860	3.470	4.400
	乙炔气		kg	0.646	0.773	0.904	1.100	1.335	1.692
	氩气		m^3	0.506	0.600	0.696	0.760	1.094	1.415
	铈钨棒		g	1.020	1.180	1.390	1.520	2.189	2.830
	尼龙砂轮片 $\phi100\times16\times3$		片	4.564	5.812	7.172	8.158	9.260	13.630
	无石棉橡胶板 中压 $\delta0.8$~6.0		kg	1.149	1.546	1.982	2.339	2.379	2.688
	丙酮		kg	2.040	2.448	2.938	3.525	4.230	4.780
	热轧厚钢板 $\delta20$		kg	0.165	0.211	0.262	—	—	—
	热轧厚钢板 $\delta30$		kg	—	—	—	0.479	0.582	0.826
	无缝钢管 $D22\times2.5$		m	0.010	0.010	0.010	0.010	0.010	0.010
	输水软管 $\phi25$		m	0.020	0.020	0.020	0.020	0.020	0.020
	螺纹截止阀 J11T-16 $DN15$		个	0.020	0.020	0.020	0.020	0.020	0.020
	压力表 中压		块	0.020	0.020	0.020	0.020	0.020	0.020
	压力表补芯		个	0.020	0.020	0.020	0.020	0.020	0.020
	角钢（综合）		kg	0.229	0.229	0.229	0.229	0.229	0.259
	碎布		kg	0.046	0.055	0.062	0.069	0.076	0.085
	水		kg	35.031	55.630	83.038	118.232	162.185	183.269
	其他材料费		%	1.00	1.00	1.00	1.00	1.00	1.00
机械	电焊机（综合）		台班	1.809	2.505	3.254	4.106	4.544	5.135
	氩弧焊机 500A		台班	0.673	0.780	0.881	0.993	1.105	1.248
	汽车式起重机 8t		台班	0.011	0.025	0.033	0.034	0.035	0.039
	吊装机械（综合）		台班	0.068	0.107	0.106	0.135	0.135	0.153
	载货汽车－普通货车 8t		台班	0.011	0.025	0.033	0.034	0.035	0.039
	半自动切割机 100mm		台班	0.353	0.412	0.476	0.561	0.602	0.680
	试压泵 60MPa		台班	0.305	0.344	0.383	0.421	0.460	0.520
	普通车床 630×2 000（安装用）		台班	0.477	0.572	0.686	0.824	0.988	1.117
	电焊条烘干箱 60×50×75（cm^3）		台班	0.181	0.251	0.325	0.411	0.455	0.514
	电焊条恒温箱		台班	0.181	0.251	0.325	0.411	0.455	0.514

4. 法 兰 阀 门

工作内容：准备工作，阀门壳体压力试验和密封试验，阀门安装。　　　　**计量单位：**个

编号				8-3-167	8-3-168	8-3-169	8-3-170	8-3-171	8-3-172	8-3-173
项目				公称直径（mm 以内）						
				15	20	25	32	40	50	65
名称			单位	消耗量						
人工	合计工日		工日	0.304	0.304	0.304	0.323	0.323	0.342	0.503
	其中	普工	工日	0.076	0.076	0.076	0.081	0.081	0.086	0.126
		一般技工	工日	0.167	0.167	0.167	0.177	0.177	0.188	0.277
		高级技工	工日	0.061	0.061	0.061	0.065	0.065	0.068	0.100
材料	法兰阀门		个	(1.000)	(1.000)	(1.000)	(1.000)	(1.000)	(1.000)	(1.000)
	低碳钢焊条 J427 ϕ3.2		kg	0.165	0.165	0.165	0.165	0.165	0.165	0.165
	氧气		m^3	0.141	0.141	0.141	0.141	0.141	0.141	0.141
	乙炔气		kg	0.054	0.054	0.054	0.054	0.054	0.054	0.054
	无石棉橡胶板 中压 δ0.8~6.0		kg	0.020	0.020	0.040	0.040	0.060	0.070	0.090
	热轧厚钢板 δ20		kg	0.007	0.009	0.010	0.014	0.016	0.020	0.025
	无缝钢管 D22×2.5		m	0.010	0.010	0.010	0.010	0.010	0.010	0.010
	输水软管 ϕ25		m	0.020	0.020	0.020	0.020	0.020	0.020	0.020
	螺纹截止阀 J11T-16 DN15		个	0.020	0.020	0.020	0.020	0.020	0.020	0.020
	压力表 中压		块	0.020	0.020	0.020	0.020	0.020	0.020	0.020
	压力表补芯		个	0.020	0.020	0.020	0.020	0.020	0.020	0.020
	二硫化钼		kg	0.004	0.004	0.004	0.006	0.006	0.006	0.006
	水		kg	0.004	0.008	0.017	0.036	0.070	0.140	0.302
	其他材料费		%	1.00	1.00	1.00	1.00	1.00	1.00	1.00
机械	电焊机（综合）		台班	0.034	0.034	0.034	0.034	0.034	0.034	0.034
	试压泵 60MPa		台班	0.019	0.019	0.019	0.025	0.033	0.039	0.044
	电焊条烘干箱 60×50×75（cm^3）		台班	0.004	0.004	0.004	0.004	0.004	0.004	0.004
	电焊条恒温箱		台班	0.004	0.004	0.004	0.004	0.004	0.004	0.004

计量单位：个

编号				8-3-174	8-3-175	8-3-176	8-3-177	8-3-178	8-3-179
项目				公称直径（mm 以内）					
				80	100	125	150	200	250
名称			单位	消耗量					
人工	合计工日		工日	0.543	0.721	0.877	1.351	1.614	1.996
	其中	普工	工日	0.137	0.181	0.219	0.338	0.403	0.499
		一般技工	工日	0.298	0.396	0.482	0.743	0.888	1.098
		高级技工	工日	0.108	0.144	0.176	0.270	0.323	0.400
材料	法兰阀门		个	（1.000）	（1.000）	（1.000）	（1.000）	（1.000）	（1.000）
	低碳钢焊条 J427 $\phi3.2$		kg	0.165	0.165	0.165	0.165	0.165	0.165
	氧气		m^3	0.159	0.204	0.273	0.312	0.447	0.627
	乙炔气		kg	0.061	0.078	0.105	0.120	0.172	0.241
	无石棉橡胶板 中压 $\delta0.8$~6.0		kg	0.130	0.170	0.230	0.280	0.330	0.370
	热轧厚钢板 $\delta20$		kg	0.030	0.036	0.047	0.061	0.088	0.128
	无缝钢管 $D22\times2.5$		m	0.010	0.010	0.010	0.010	0.010	0.010
	输水软管 $\phi25$		m	0.020	0.020	0.020	0.020	0.020	0.020
	螺纹截止阀 J11T-16 *DN*15		个	0.020	0.020	0.020	0.020	0.020	0.020
	压力表 中压		块	0.020	0.020	0.020	0.020	0.020	0.020
	压力表补芯		个	0.020	0.020	0.020	0.020	0.020	0.020
	二硫化钼		kg	0.013	0.013	0.013	0.019	0.029	0.034
	水		kg	0.563	1.099	2.148	3.711	8.796	17.181
	其他材料费		%	1.00	1.00	1.00	1.00	1.00	1.00
机械	电焊机（综合）		台班	0.034	0.034	0.034	0.034	0.034	0.034
	汽车式起重机 8t		台班	—	0.011	0.011	0.011	0.011	0.011
	吊装机械（综合）		台班	—	0.058	0.058	0.058	0.058	0.068
	载货汽车－普通货车 8t		台班	—	0.011	0.011	0.011	0.011	0.011
	试压泵 60MPa		台班	0.049	0.057	0.105	0.153	0.153	0.153
	电焊条烘干箱 $60\times50\times75$（cm^3）		台班	0.004	0.004	0.004	0.004	0.004	0.004
	电焊条恒温箱		台班	0.004	0.004	0.004	0.004	0.004	0.004

计量单位：个

编号				8-3-180	8-3-181	8-3-182	8-3-183	8-3-184
项目				公称直径（mm 以内）				
				300	350	400	450	500
名称			单位	消耗量				
人工	合计工日		工日	2.261	2.534	2.849	3.394	3.853
	其中	普工	工日	0.566	0.634	0.712	0.848	0.963
		一般技工	工日	1.243	1.394	1.567	1.866	2.119
		高级技工	工日	0.452	0.507	0.570	0.679	0.771
材料	法兰阀门		个	（1.000）	（1.000）	（1.000）	（1.000）	（1.000）
	低碳钢焊条 J427 ϕ3.2		kg	0.165	0.165	0.165	0.165	0.165
	氧气		m^3	0.750	0.820	0.910	1.078	1.130
	乙炔气		kg	0.288	0.315	0.350	0.415	0.435
	无石棉橡胶板 中压 δ0.8~6.0		kg	0.400	0.540	0.690	0.810	0.830
	热轧厚钢板 δ20		kg	0.165	0.211	0.262	—	—
	热轧厚钢板 δ30		kg	—	—	—	0.479	0.582
	无缝钢管 $D22\times2.5$		m	0.010	0.010	0.010	0.010	0.010
	输水软管 ϕ25		m	0.020	0.020	0.020	0.020	0.020
	螺纹截止阀 J11T-16 *DN*15		个	0.020	0.020	0.020	0.020	0.020
	压力表 中压		块	0.020	0.020	0.020	0.020	0.020
	压力表补芯		个	0.020	0.020	0.020	0.020	0.020
	二硫化钼		kg	0.034	0.045	0.067	0.084	0.100
	水		kg	29.687	47.144	70.371	100.197	137.445
	其他材料费		%	1.00	1.00	1.00	1.00	1.00
机械	电焊机（综合）		台班	0.034	0.034	0.034	0.034	0.034
	汽车式起重机 8t		台班	0.011	0.026	0.032	0.033	0.035
	吊装机械（综合）		台班	0.068	0.106	0.106	0.136	0.136
	载货汽车 - 普通货车 8t		台班	0.011	0.026	0.032	0.033	0.035
	试压泵 60MPa		台班	0.153	0.172	0.191	0.211	0.230
	电焊条烘干箱 $60\times50\times75$（cm^3）		台班	0.004	0.004	0.004	0.004	0.004
	电焊条恒温箱		台班	0.004	0.004	0.004	0.004	0.004

5. 齿轮、液压传动、电动阀门

工作内容：准备工作，阀门壳体压力试验和密封试验，阀门调试，阀门安装。　　　**计量单位：**个

编号				8-3-185	8-3-186	8-3-187	8-3-188	8-3-189	8-3-190	8-3-191
项目				公称直径（mm 以内）						
				100	125	150	200	250	300	350
名称			单位	消耗量						
人工	合计工日		工日	1.242	1.536	1.626	1.982	2.348	2.750	3.333
	其中	普工	工日	0.311	0.384	0.407	0.496	0.587	0.687	0.833
		一般技工	工日	0.683	0.844	0.894	1.090	1.292	1.513	1.833
		高级技工	工日	0.248	0.308	0.325	0.396	0.470	0.550	0.666
材料	齿轮、液压、电动阀门		个	(1.000)	(1.000)	(1.000)	(1.000)	(1.000)	(1.000)	(1.000)
	低碳钢焊条 J427 ϕ3.2		kg	0.165	0.165	0.165	0.165	0.165	0.165	0.165
	氧气		m^3	0.204	0.273	0.312	0.447	0.627	0.750	0.820
	乙炔气		kg	0.078	0.105	0.120	0.172	0.241	0.288	0.315
	无石棉橡胶板 中压 δ0.8~6.0		kg	0.170	0.230	0.280	0.330	0.370	0.400	0.540
	热轧厚钢板 δ20		kg	0.036	0.047	0.061	0.088	0.128	0.165	0.211
	无缝钢管 $D22\times2.5$		m	0.010	0.010	0.010	0.010	0.010	0.010	0.010
	输水软管 ϕ25		m	0.020	0.020	0.020	0.020	0.020	0.020	0.020
	螺纹截止阀 J11T-16 DN15		个	0.020	0.020	0.020	0.020	0.020	0.020	0.020
	压力表 中压		块	0.020	0.020	0.020	0.020	0.020	0.020	0.020
	压力表补芯		个	0.020	0.020	0.020	0.020	0.020	0.020	0.020
	二硫化钼		kg	0.011	0.011	0.015	0.024	0.034	0.034	0.045
	水		kg	1.099	2.148	3.711	8.796	17.181	29.687	47.144
	其他材料费		%	1.00	1.00	1.00	1.00	1.00	1.00	1.00
机械	电焊机（综合）		台班	0.034	0.034	0.034	0.034	0.034	0.034	0.034
	汽车式起重机 8t		台班	0.013	0.013	0.013	0.013	0.013	0.013	0.028
	吊装机械（综合）		台班	0.078	0.078	0.078	0.078	0.089	0.089	0.141
	载货汽车 - 普通货车 8t		台班	0.013	0.013	0.013	0.013	0.013	0.013	0.028
	试压泵 60MPa		台班	0.057	0.105	0.153	0.153	0.153	0.153	0.172
	电焊条烘干箱 $60\times50\times75$（cm^3）		台班	0.004	0.004	0.004	0.004	0.004	0.004	0.004
	电焊条恒温箱		台班	0.004	0.004	0.004	0.004	0.004	0.004	0.004

计量单位：个

编号			8-3-192	8-3-193	8-3-194	8-3-195	8-3-196	8-3-197	8-3-198
项目			公称直径（mm以内）						
			400	450	500	600	700	800	900
名称		单位	消耗量						
人工	合计工日	工日	4.117	4.794	5.323	6.399	7.669	9.561	11.519
人工	其中 普工	工日	1.030	1.198	1.331	1.600	1.917	2.390	2.880
人工	其中 一般技工	工日	2.264	2.636	2.927	3.520	4.218	5.258	6.335
人工	其中 高级技工	工日	0.823	0.959	1.065	1.280	1.534	1.912	2.304
材料	齿轮、液压、电动阀门	个	(1.000)	(1.000)	(1.000)	(1.000)	(1.000)	(1.000)	(1.000)
材料	低碳钢焊条 J427 $\phi3.2$	kg	0.165	0.165	0.165	0.165	0.165	0.165	0.165
材料	氧气	m^3	0.910	1.078	1.130	1.275	1.455	1.590	1.785
材料	乙炔气	kg	0.350	0.415	0.435	0.490	0.560	0.612	0.687
材料	无石棉橡胶板 中压 $\delta0.8\sim6.0$	kg	0.690	0.810	0.830	0.840	1.030	1.160	1.300
材料	热轧厚钢板 $\delta20$	kg	0.262	—	—	—	—	—	—
材料	热轧厚钢板 $\delta30$	kg	—	0.479	0.582	0.826	0.969	1.217	1.468
材料	无缝钢管 $D22\times2.5$	m	0.010	0.010	0.010	0.010	0.010	0.010	0.015
材料	输水软管 $\phi25$	m	0.020	0.020	0.020	0.020	0.020	0.020	0.040
材料	螺纹截止阀 J11T-16 $DN15$	个	0.020	0.020	0.020	0.020	0.020	0.020	0.020
材料	压力表 中压	块	0.020	0.020	0.020	0.020	0.020	0.020	0.020
材料	压力表补芯	个	0.020	0.020	0.020	0.020	0.020	0.020	0.020
材料	二硫化钼	kg	0.067	0.084	0.100	0.144	0.158	0.193	0.193
材料	水	kg	70.371	100.197	137.445	237.510	279.923	330.818	390.195
材料	其他材料费	%	1.00	1.00	1.00	1.00	1.00	1.00	1.00
机械	电焊机（综合）	台班	0.034	0.034	0.034	0.034	0.034	0.034	0.034
机械	汽车式起重机 8t	台班	0.036	0.037	0.038	0.056	0.070	0.111	0.127
机械	吊装机械（综合）	台班	0.141	0.179	0.179	0.319	0.383	0.447	0.511
机械	载货汽车－普通货车 8t	台班	0.036	0.037	0.038	0.056	0.070	0.111	0.127
机械	试压泵 60MPa	台班	0.191	0.211	0.230	0.230	0.271	0.320	0.377
机械	电焊条烘干箱 $60\times50\times75$（cm^3）	台班	0.004	0.004	0.004	0.004	0.004	0.004	0.004
机械	电焊条恒温箱	台班	0.004	0.004	0.004	0.004	0.004	0.004	0.004

计量单位：个

编号				8-3-199	8-3-200	8-3-201	8-3-202	8-3-203	8-3-204
项目				公称直径（mm 以内）					
				1 000	1 200	1 400	1 600	1 800	2 000
名称			单位	消耗量					
人工	合计工日		工日	13.710	17.070	19.477	23.127	27.540	32.959
	其中	普工	工日	3.428	4.267	4.869	5.781	6.885	8.240
		一般技工	工日	7.540	9.388	10.712	12.720	15.147	18.127
		高级技工	工日	2.742	3.414	3.896	4.626	5.508	6.592
材料	齿轮、液压、电动阀门		个	（1.000）	（1.000）	（1.000）	（1.000）	（1.000）	（1.000）
	低碳钢焊条 J427 ϕ3.2		kg	0.165	0.292	0.292	0.292	0.567	0.567
	氧气		m^3	2.160	2.790	3.480	3.975	4.470	4.965
	乙炔气		kg	0.831	1.073	1.338	1.529	1.719	1.910
	无石棉橡胶板 中压 δ0.8~6.0		kg	1.310	1.460	2.160	2.450	2.600	2.900
	热轧厚钢板 δ30		kg	1.843	2.025	2.562	3.212	3.936	4.733
	无缝钢管 $D22\times2.5$		m	0.015	0.015	0.015	0.015	0.015	0.015
	输水软管 ϕ25		m	0.040	0.040	0.040	0.040	0.040	0.040
	螺纹截止阀 J11T-16 *DN*15		个	0.020	0.020	0.020	0.020	0.020	0.020
	压力表 中压		块	0.020	0.020	0.020	0.020	0.020	0.020
	压力表补芯		个	0.020	0.020	0.020	0.020	0.020	0.020
	二硫化钼		kg	0.224	0.255	0.287	0.333	0.395	0.456
	水		kg	459.752	542.880	641.277	756.639	892.359	1 053.527
	其他材料费		%	1.00	1.00	1.00	1.00	1.00	1.00
机械	电焊机（综合）		台班	0.034	0.604	0.604	0.604	1.173	1.173
	汽车式起重机 8t		台班	0.165	0.223	0.255	0.300	0.364	0.420
	吊装机械（综合）		台班	0.575	0.805	0.920	1.009	1.099	1.201
	载货汽车－普通货车 8t		台班	0.165	0.223	0.255	0.300	0.364	0.420
	试压泵 60MPa		台班	0.444	0.525	0.620	0.731	0.862	1.018
	电焊条烘干箱 $60\times50\times75$（cm^3）		台班	0.004	0.060	0.060	0.060	0.118	0.118
	电焊条恒温箱		台班	0.004	0.060	0.060	0.060	0.118	0.118

6. 调节阀门

工作内容：准备工作，阀门安装。

计量单位：个

编号				8-3-205	8-3-206	8-3-207	8-3-208	8-3-209	8-3-210	8-3-211
项目				公称直径（mm 以内）						
				20	25	32	40	50	65	80
名称			单位	消耗量						
人工	合计工日		工日	0.389	0.389	0.389	0.389	0.389	0.680	0.697
	其中	普工	工日	0.097	0.097	0.097	0.097	0.097	0.170	0.174
		一般技工	工日	0.214	0.214	0.214	0.214	0.214	0.374	0.384
		高级技工	工日	0.078	0.078	0.078	0.078	0.078	0.136	0.139
材料	调节阀门		个	(1.000)	(1.000)	(1.000)	(1.000)	(1.000)	(1.000)	(1.000)
	无石棉橡胶板 中压 δ0.8~6.0		kg	0.020	0.040	0.040	0.060	0.070	0.090	0.130
	二硫化钼		kg	0.004	0.004	0.006	0.006	0.006	0.006	0.006
	其他材料费		%	1.00	1.00	1.00	1.00	1.00	1.00	1.00
机械	汽车式起重机 8t		台班	—	—	—	—	0.007	0.007	0.007
	吊装机械（综合）		台班	—	—	—	—	0.035	0.035	0.035
	载货汽车－普通货车 8t		台班	—	—	—	—	0.007	0.007	0.007

计量单位：个

编号				8-3-212	8-3-213	8-3-214	8-3-215	8-3-216	8-3-217
项目				公称直径（mm 以内）					
				100	125	150	200	250	300
名称			单位	消耗量					
人工	合计工日		工日	1.017	1.235	1.266	1.437	1.708	1.883
	其中	普工	工日	0.255	0.309	0.316	0.360	0.427	0.470
		一般技工	工日	0.559	0.679	0.697	0.790	0.939	1.036
		高级技工	工日	0.203	0.247	0.253	0.287	0.342	0.377
材料	调节阀门		个	(1.000)	(1.000)	(1.000)	(1.000)	(1.000)	(1.000)
	无石棉橡胶板 中压 δ0.8~6.0		kg	0.170	0.230	0.280	0.330	0.370	0.400
	二硫化钼		kg	0.013	0.013	0.019	0.029	0.034	0.034
	其他材料费		%	1.00	1.00	1.00	1.00	1.00	1.00
机械	汽车式起重机 8t		台班	0.013	0.013	0.013	0.013	0.013	0.013
	吊装机械（综合）		台班	0.069	0.069	0.069	0.070	0.081	0.081
	载货汽车－普通货车 8t		台班	0.013	0.013	0.013	0.013	0.013	0.013

计量单位：个

编号				8-3-218	8-3-219	8-3-220	8-3-221
项目				公称直径（mm 以内）			
				350	400	450	500
名称			单位	消耗量			
人工	合计工日		工日	2.010	2.330	2.659	2.890
	其中	普工	工日	0.502	0.582	0.664	0.722
		一般技工	工日	1.105	1.281	1.462	1.590
		高级技工	工日	0.403	0.466	0.532	0.578
材料	调节阀门		个	（1.000）	（1.000）	（1.000）	（1.000）
	无石棉橡胶板 中压 δ0.8~6.0		kg	0.540	0.690	0.810	0.830
	二硫化钼		kg	0.045	0.067	0.084	0.100
	其他材料费		%	1.00	1.00	1.00	1.00
机械	汽车式起重机 8t		台班	0.031	0.039	0.040	0.041
	吊装机械（综合）		台班	0.128	0.128	0.163	0.163
	载货汽车－普通货车 8t		台班	0.031	0.039	0.040	0.041

7. 安全阀门（螺纹连接）

工作内容：准备工作，阀门壳体压力试验和密封试验，管子切口，套丝，阀门安装。　　**计量单位：**个

编号			8-3-222	8-3-223	8-3-224	8-3-225	8-3-226	8-3-227
项目			公称直径（mm 以内）					
			15	20	25	32	40	50
名称		单位	消耗量					
人工	合计工日	工日	0.432	0.474	0.562	0.645	0.764	0.862
人工	其中 普工	工日	0.108	0.118	0.140	0.161	0.191	0.216
人工	其中 一般技工	工日	0.238	0.261	0.309	0.355	0.420	0.474
人工	其中 高级技工	工日	0.086	0.095	0.113	0.129	0.153	0.172
材料	安全阀门	个	（1.000）	（1.000）	（1.000）	（1.000）	（1.000）	（1.000）
材料	低碳钢焊条 J427 $\phi3.2$	kg	0.165	0.165	0.165	0.165	0.165	0.165
材料	氧气	m^3	0.141	0.141	0.141	0.141	0.141	0.141
材料	乙炔气	kg	0.054	0.054	0.054	0.054	0.054	0.054
材料	尼龙砂轮片 $\phi500\times25\times4$	片	0.010	0.013	0.019	0.028	0.041	0.060
材料	无石棉橡胶板 中压 $\delta0.8\sim6.0$	kg	0.055	0.083	0.138	0.165	0.228	0.276
材料	聚四氟乙烯生料带	m	0.142	0.188	0.236	0.302	0.376	0.472
材料	青铅（综合）	kg	0.050	0.050	0.050	0.050	0.050	0.050
材料	机油	kg	0.007	0.009	0.011	0.014	0.017	0.021
材料	热轧厚钢板 $\delta20$	kg	0.007	0.009	0.010	0.014	0.016	0.020
材料	镀锌铁丝 $\phi1.2\sim1.6$	kg	0.500	0.500	0.500	0.500	0.500	0.500
材料	无缝钢管 $D22\times2.5$	m	0.010	0.010	0.010	0.010	0.010	0.010
材料	输水软管 $\phi25$	m	0.020	0.020	0.020	0.020	0.020	0.020
材料	螺纹截止阀 J11T-16 *DN*15	个	0.020	0.020	0.020	0.020	0.020	0.020
材料	压力表 中压	块	0.020	0.020	0.020	0.020	0.020	0.020
材料	压力表补芯	个	0.020	0.020	0.020	0.020	0.020	0.020
材料	水	kg	0.004	0.008	0.017	0.036	0.070	0.140
材料	其他材料费	%	1.00	1.00	1.00	1.00	1.00	1.00
机械	电焊机（综合）	台班	0.034	0.034	0.034	0.034	0.034	0.034
机械	汽车式起重机 8t	台班	—	—	—	—	—	0.006
机械	吊装机械（综合）	台班	—	—	—	—	—	0.032
机械	载货汽车－普通货车 8t	台班	—	—	—	—	—	0.006
机械	砂轮切割机 $\phi500$	台班	0.001	0.005	0.008	0.014	0.024	0.043
机械	试压泵 60MPa	台班	0.038	0.038	0.038	0.042	0.069	0.075
机械	电焊条烘干箱 $60\times50\times75$（cm^3）	台班	0.004	0.004	0.004	0.004	0.004	0.004
机械	电焊条恒温箱	台班	0.004	0.004	0.004	0.004	0.004	0.004

8. 安全阀门（法兰连接）

工作内容：准备工作，阀门壳体压力试验和密封试验，阀门安装。　　**计量单位：**个

编　号				8-3-228	8-3-229	8-3-230	8-3-231	8-3-232	8-3-233
项　目				公称直径（mm 以内）					
				15	20	25	32	40	50
名　称			单位	消　耗　量					
人工	合计工日		工日	0.726	0.726	0.726	0.761	0.761	0.796
	其中	普工	工日	0.181	0.181	0.181	0.190	0.190	0.199
		一般技工	工日	0.399	0.399	0.399	0.419	0.419	0.438
		高级技工	工日	0.146	0.146	0.146	0.152	0.152	0.159
材料	安全阀门		个	（1.000）	（1.000）	（1.000）	（1.000）	（1.000）	（1.000）
	低碳钢焊条 J427 ϕ3.2		kg	0.165	0.165	0.165	0.165	0.165	0.165
	氧气		m^3	0.141	0.141	0.141	0.141	0.141	0.141
	乙炔气		kg	0.054	0.054	0.054	0.054	0.054	0.054
	无石棉橡胶板 中压 δ0.8~6.0		kg	0.020	0.020	0.040	0.040	0.060	0.070
	青铅（综合）		kg	0.050	0.050	0.050	0.050	0.050	0.050
	热轧厚钢板 δ20		kg	0.008	0.009	0.010	0.014	0.016	0.020
	镀锌铁丝 ϕ1.2~1.6		kg	0.500	0.500	0.500	0.500	0.500	0.500
	无缝钢管 $D22\times2.5$		m	0.010	0.010	0.010	0.010	0.010	0.010
	输水软管 ϕ25		m	0.020	0.020	0.020	0.020	0.020	0.020
	螺纹截止阀 J11T-16 *DN*15		个	0.020	0.020	0.020	0.020	0.020	0.020
	压力表 中压		块	0.020	0.020	0.020	0.020	0.020	0.020
	压力表补芯		个	0.020	0.020	0.020	0.020	0.020	0.020
	二硫化钼		kg	0.004	0.004	0.004	0.006	0.006	0.006
	水		kg	0.024	0.024	0.048	0.104	0.200	0.400
	其他材料费		%	1.00	1.00	1.00	1.00	1.00	1.00
机械	电焊机（综合）		台班	0.034	0.034	0.034	0.034	0.034	0.034
	汽车式起重机 8t		台班	—	—	—	—	—	0.006
	吊装机械（综合）		台班	—	—	—	—	—	0.032
	载货汽车－普通货车 8t		台班	—	—	—	—	—	0.006
	试压泵 60MPa		台班	0.027	0.027	0.027	0.036	0.043	0.055
	电焊条烘干箱 $60\times50\times75$（cm^3）		台班	0.004	0.004	0.004	0.004	0.004	0.004
	电焊条恒温箱		台班	0.004	0.004	0.004	0.004	0.004	0.004

计量单位：个

编号			8-3-234	8-3-235	8-3-236	8-3-237	8-3-238	8-3-239
项目			公称直径（mm 以内）					
			65	80	100	125	150	200
名称		单位	消耗量					
人工	合计工日	工日	1.257	1.310	1.811	2.041	2.282	2.634
	其中 普工	工日	0.314	0.328	0.453	0.510	0.571	0.659
	其中 一般技工	工日	0.692	0.720	0.996	1.122	1.255	1.449
	其中 高级技工	工日	0.251	0.262	0.362	0.408	0.456	0.527
材料	安全阀门	个	（1.000）	（1.000）	（1.000）	（1.000）	（1.000）	（1.000）
	低碳钢焊条 J427 ϕ3.2	kg	0.165	0.165	0.165	0.165	0.165	0.165
	氧气	m^3	0.141	0.159	0.204	0.273	0.312	0.447
	乙炔气	kg	0.054	0.061	0.078	0.105	0.120	0.172
	无石棉橡胶板 中压 δ0.8~6.0	kg	0.090	0.130	0.170	0.230	0.280	0.330
	青铅（综合）	kg	0.050	0.050	0.050	0.050	0.050	0.075
	热轧厚钢板 δ20	kg	0.025	0.030	0.036	0.047	0.061	0.088
	镀锌铁丝 ϕ1.2~1.6	kg	0.500	0.500	1.000	1.000	1.000	1.000
	无缝钢管 D22×2.5	m	0.010	0.010	0.010	0.010	0.010	0.010
	输水软管 ϕ25	m	0.020	0.020	0.020	0.020	0.020	0.020
	螺纹截止阀 J11T-16 DN15	个	0.020	0.020	0.020	0.020	0.020	0.020
	压力表 中压	块	0.020	0.020	0.020	0.020	0.020	0.020
	压力表补芯	个	0.020	0.020	0.020	0.020	0.020	0.020
	二硫化钼	kg	0.006	0.013	0.013	0.013	0.019	0.029
	水	kg	0.864	1.608	3.140	9.487	10.604	18.213
	其他材料费	%	1.00	1.00	1.00	1.00	1.00	1.00
机械	电焊机（综合）	台班	0.034	0.034	0.034	0.034	0.034	0.034
	汽车式起重机 8t	台班	0.006	0.006	0.012	0.012	0.012	0.012
	吊装机械（综合）	台班	0.032	0.032	0.064	0.064	0.064	0.064
	载货汽车－普通货车 8t	台班	0.006	0.006	0.012	0.012	0.012	0.012
	试压泵 60MPa	台班	0.064	0.071	0.082	0.184	0.219	0.273
	电焊条烘干箱 60×50×75（cm^3）	台班	0.004	0.004	0.004	0.004	0.004	0.004
	电焊条恒温箱	台班	0.004	0.004	0.004	0.004	0.004	0.004

计量单位：个

编号				8-3-240	8-3-241	8-3-242	8-3-243	8-3-244
项目				公称直径（mm 以内）				
				250	300	350	400	450
名称			单位	消耗量				
人工	合计工日		工日	2.925	3.510	4.212	5.054	6.066
	其中	普工	工日	0.732	0.877	1.054	1.264	1.517
		一般技工	工日	1.609	1.931	2.316	2.780	3.336
		高级技工	工日	0.585	0.702	0.842	1.011	1.213
材料	安全阀门		个	（1.000）	（1.000）	（1.000）	（1.000）	（1.000）
	低碳钢焊条 J427 $\phi3.2$		kg	0.165	0.165	0.165	0.165	0.165
	氧气		m^3	0.536	0.644	0.772	0.927	1.112
	乙炔气		kg	0.206	0.248	0.297	0.357	0.428
	无石棉橡胶板 中压 $\delta0.8\sim6.0$		kg	0.396	0.475	0.570	0.684	0.821
	青铅（综合）		kg	0.075	0.075	0.100	0.100	0.100
	热轧厚钢板 $\delta20$		kg	0.114	0.148	0.192	0.250	0.325
	镀锌铁丝 $\phi1.2\sim1.6$		kg	1.000	1.000	1.000	1.000	1.000
	无缝钢管 $D22\times2.5$		m	0.010	0.010	0.010	0.010	0.010
	输水软管 $\phi25$		m	0.020	0.020	0.020	0.020	0.020
	螺纹截止阀 J11T-16 $DN15$		个	0.020	0.020	0.020	0.020	0.020
	压力表 中压		块	0.020	0.020	0.020	0.020	0.020
	压力表补芯		个	0.020	0.020	0.020	0.020	0.020
	二硫化钼		kg	0.034	0.034	0.045	0.067	0.084
	水		kg	32.783	59.010	106.218	191.193	344.147
	其他材料费		%	1.00	1.00	1.00	1.00	1.00
机械	电焊机（综合）		台班	0.034	0.034	0.034	0.034	0.034
	汽车式起重机 8t		台班	0.012	0.012	0.028	0.036	0.037
	吊装机械（综合）		台班	0.074	0.074	0.117	0.133	0.149
	载货汽车－普通货车 8t		台班	0.012	0.012	0.028	0.036	0.037
	试压泵 60MPa		台班	0.342	0.427	0.534	0.667	0.834
	电焊条烘干箱 $60\times50\times75$（cm^3）		台班	0.004	0.004	0.004	0.004	0.004
	电焊条恒温箱		台班	0.004	0.004	0.004	0.004	0.004

9. 安全阀调试定压

工作内容：准备工作，场内搬运，整定压力测试，打铅封，挂合格证。　　**计量单位：**个

编号			8-3-245	8-3-246	8-3-247	8-3-248	8-3-249	8-3-250
项目			公称直径（mm 以内）					
			15	20	25	32	40	50
名称		单位	消耗量					
人工	合计工日	工日	0.555	0.642	0.733	0.788	0.872	0.921
	其中 普工	工日	0.138	0.161	0.183	0.197	0.217	0.231
	其中 一般技工	工日	0.306	0.353	0.403	0.434	0.480	0.506
	其中 高级技工	工日	0.111	0.128	0.147	0.157	0.175	0.184
材料	二硫化钼	kg	0.002	0.002	0.003	0.004	0.004	0.005
	内外环缠绕垫（综合）	个	0.150	0.150	0.150	0.150	0.150	0.150
	其他材料费	%	1.00	1.00	1.00	1.00	1.00	1.00
	碎布	kg	0.023	0.023	0.025	0.025	0.035	0.038
机械	电动空气压缩机 $10m^3/min$	台班	0.011	0.013	0.014	0.017	0.018	0.020
	安全阀试压机 YFC-A	台班	0.065	0.078	0.087	0.097	0.107	0.117

计量单位：个

编号			8-3-251	8-3-252	8-3-253	8-3-254	8-3-255	8-3-256
项目			公称直径（mm 以内）					
			65	80	100	125	150	200
名称		单位	消耗量					
人工	合计工日	工日	1.038	1.122	1.445	1.683	1.683	1.865
	其中 普工	工日	0.260	0.280	0.361	0.421	0.421	0.466
	其中 一般技工	工日	0.571	0.617	0.795	0.925	0.925	1.026
	其中 高级技工	工日	0.207	0.225	0.289	0.337	0.337	0.373
材料	二硫化钼	kg	0.006	0.007	0.011	0.015	0.015	0.019
	内外环缠绕垫（综合）	个	0.150	0.150	0.150	0.150	0.150	0.150
	其他材料费	%	1.00	1.00	1.00	1.00	1.00	1.00
	碎布	kg	0.054	0.069	0.070	0.112	0.112	0.154
机械	叉式起重机 3t	台班	—	—	0.008	0.008	0.008	0.008
	电动单梁起重机 5t	台班	—	—	0.031	0.034	0.034	0.039
	电动空气压缩机 $10m^3/min$	台班	0.021	0.022	0.023	0.024	0.024	0.025
	安全阀试压机 YFC-A	台班	0.123	0.129	0.136	0.144	0.144	0.149

计量单位：个

编号			8-3-257	8-3-258	8-3-259	8-3-260	8-3-261
项目			公称直径（mm 以内）				
			250	300	350	400	450
名称		单位	消耗量				
人工	合计工日	工日	2.052	2.300	2.576	2.887	3.231
	其中 普工	工日	0.513	0.575	0.644	0.722	0.808
	其中 一般技工	工日	1.129	1.265	1.417	1.588	1.777
	其中 高级技工	工日	0.410	0.460	0.515	0.577	0.646
材料	二硫化钼	kg	0.022	0.026	0.029	0.033	0.036
	内外环缠绕垫（综合）	个	0.150	0.150	0.150	0.150	0.150
	其他材料费	%	1.00	1.00	1.00	1.00	1.00
	碎布	kg	0.169	0.185	0.200	0.216	0.231
机械	叉式起重机 3t	台班	0.008	0.008	0.008	0.009	0.009
	电动单梁起重机 5t	台班	0.041	0.044	0.048	0.051	0.055
	电动空气压缩机 $10m^3/min$	台班	0.033	0.034	0.035	0.037	0.040
	安全阀试压机 YFC-A	台班	0.156	0.162	0.168	0.175	0.188

三、高 压 阀 门

1. 螺 纹 阀 门

工作内容：准备工作，阀门壳体压力试验和密封试验，管子切口，套丝，阀门安装。　　**计量单位：**个

编号				8-3-262	8-3-263	8-3-264	8-3-265	8-3-266	8-3-267
项目				公称直径(mm 以内)					
				15	20	25	32	40	50
名称			单位	消耗量					
人工	合计工日		工日	0.339	0.432	0.502	0.643	0.763	0.934
	其中	普工	工日	0.068	0.086	0.101	0.128	0.153	0.187
		一般技工	工日	0.136	0.173	0.201	0.257	0.305	0.374
		高级技工	工日	0.136	0.173	0.201	0.257	0.305	0.374
材料	螺纹阀门		个	(1.000)	(1.000)	(1.000)	(1.000)	(1.000)	(1.000)
	低碳钢焊条 J427 $\phi3.2$		kg	0.165	0.165	0.165	0.165	0.165	0.165
	氧气		m^3	0.141	0.141	0.141	0.141	0.141	0.141
	乙炔气		kg	0.054	0.054	0.054	0.054	0.054	0.054
	尼龙砂轮片 $\phi500\times25\times4$		片	0.012	0.020	0.030	0.043	0.051	0.075
	无石棉橡胶板 高压 $\delta1\sim6$		kg	0.034	0.050	0.084	0.101	0.140	0.168
	聚四氟乙烯生料带		m	0.415	0.509	0.641	0.791	0.904	1.074
	热轧厚钢板 $\delta20$		kg	0.007	0.009	0.010	0.014	0.016	0.020
	无缝钢管 $D22\times2.5$		m	0.010	0.010	0.010	0.010	0.010	0.010
	输水软管 $\phi25$		m	0.020	0.020	0.020	0.020	0.020	0.020
	螺纹截止阀 J11T-16 $DN15$		个	0.020	0.020	0.020	0.020	0.020	0.020
	压力表 高压		块	0.020	0.020	0.020	0.020	0.020	0.020
	压力表补芯		个	0.020	0.020	0.020	0.020	0.020	0.020
	铁砂布		张	0.038	0.065	0.065	0.080	0.100	0.125
	皂化冷却液		kg	0.026	0.043	0.043	0.054	0.067	0.083
	水		kg	0.004	0.008	0.017	0.036	0.070	0.140
	其他材料费		%	1.00	1.00	1.00	1.00	1.00	1.00
机械	电焊机(综合)		台班	0.033	0.033	0.033	0.033	0.033	0.033
	砂轮切割机 $\phi500$		台班	0.003	0.008	0.009	0.011	0.011	0.014
	普通车床 630×2 000(安装用)		台班	0.056	0.092	0.092	0.118	0.146	0.229
	试压泵 60MPa		台班	0.015	0.020	0.024	0.032	0.040	0.046
	电焊条烘干箱 60×50×75(cm^3)		台班	0.003	0.003	0.003	0.003	0.003	0.003
	电焊条恒温箱		台班	0.003	0.003	0.003	0.003	0.003	0.003
	管子切断套丝机 159mm		台班	0.083	0.083	0.083	0.092	0.092	0.092

2. 承插焊阀门

工作内容： 准备工作，阀门壳体压力试验和密封试验，管子切口，管口组对，焊接，阀门安装。

计量单位： 个

编号				8-3-268	8-3-269	8-3-270	8-3-271	8-3-272	8-3-273
项目				公称直径（mm 以内）					
				15	20	25	32	40	50
名称			单位	消耗量					
人工	合计工日		工日	0.304	0.382	0.455	0.564	0.685	0.801
	其中	普工	工日	0.062	0.076	0.091	0.112	0.137	0.161
		一般技工	工日	0.121	0.153	0.182	0.226	0.274	0.320
		高级技工	工日	0.121	0.153	0.182	0.226	0.274	0.320
材料	碳钢焊接阀门		个	（1.000）	（1.000）	（1.000）	（1.000）	（1.000）	（1.000）
	低碳钢焊条 J427 $\phi3.2$		kg	0.298	0.318	0.336	0.365	0.385	0.434
	氧气		m^3	0.141	0.141	0.141	0.153	0.153	0.157
	乙炔气		kg	0.054	0.054	0.054	0.059	0.059	0.060
	尼龙砂轮片 $\phi100\times16\times3$		片	0.004	0.004	0.005	0.007	0.007	0.009
	尼龙砂轮片 $\phi500\times25\times4$		片	0.012	0.020	0.030	0.043	0.051	0.075
	无石棉橡胶板 高压 $\delta1\sim6$		kg	0.034	0.050	0.084	0.101	0.140	0.168
	磨头		块	0.020	0.026	0.031	0.039	0.044	0.053
	丙酮		kg	0.022	0.023	0.024	0.026	0.029	0.035
	热轧厚钢板 $\delta20$		kg	0.007	0.009	0.010	0.014	0.016	0.020
	无缝钢管 $D22\times2.5$		m	0.010	0.010	0.010	0.010	0.010	0.010
	输水软管 $\phi25$		m	0.020	0.020	0.020	0.020	0.020	0.020
	螺纹截止阀 J11T-16 $DN15$		个	0.020	0.020	0.020	0.020	0.020	0.020
	压力表 高压		块	0.020	0.020	0.020	0.020	0.020	0.020
	压力表补芯		个	0.020	0.020	0.020	0.020	0.020	0.020
	碎布		kg	0.002	0.003	0.004	0.006	0.006	0.007
	水		kg	0.004	0.008	0.017	0.036	0.070	0.140
	其他材料费		%	1.00	1.00	1.00	1.00	1.00	1.00
机械	电焊机（综合）		台班	0.078	0.103	0.118	0.135	0.154	0.190
	砂轮切割机 $\phi500$		台班	0.003	0.007	0.008	0.010	0.010	0.012
	试压泵 60MPa		台班	0.021	0.021	0.021	0.028	0.034	0.040
	电焊条烘干箱 $60\times50\times75$（cm^3）		台班	0.008	0.010	0.012	0.014	0.015	0.019
	电焊条恒温箱		台班	0.008	0.010	0.012	0.014	0.015	0.019

3. 对焊阀门(氩电联焊)

工作内容:准备工作,阀门壳体压力试验和密封试验,管子切口,坡口加工,管口组对,焊接,阀门安装。

计量单位:个

编号				8-3-274	8-3-275	8-3-276	8-3-277	8-3-278	8-3-279	8-3-280
项目				公称直径(mm 以内)						
				15	20	25	32	40	50	65
名称			单位	消耗量						
人工	合计工日		工日	1.449	1.449	1.609	1.788	1.788	2.484	3.341
	其中	普工	工日	0.289	0.289	0.323	0.358	0.358	0.496	0.669
		一般技工	工日	0.580	0.580	0.643	0.715	0.715	0.994	1.336
		高级技工	工日	0.580	0.580	0.643	0.715	0.715	0.994	1.336
材料	碳钢焊接阀门		个	(1.000)	(1.000)	(1.000)	(1.000)	(1.000)	(1.000)	(1.000)
	低碳钢焊条 J427 ϕ3.2		kg	0.260	0.260	0.289	0.321	0.321	0.445	0.760
	碳钢焊丝		kg	0.054	0.054	0.060	0.067	0.067	0.093	0.118
	氧气		m^3	0.026	0.026	0.029	0.032	0.032	0.045	0.616
	乙炔气		kg	0.010	0.010	0.011	0.012	0.012	0.017	0.237
	氩气		m^3	0.152	0.152	0.169	0.188	0.188	0.261	0.330
	铈钨棒		g	0.304	0.304	0.338	0.376	0.376	0.522	0.660
	尼龙砂轮片 $\phi100\times16\times3$		片	0.103	0.103	0.114	0.127	0.127	0.176	0.314
	尼龙砂轮片 $\phi500\times25\times4$		片	0.060	0.060	0.067	0.074	0.074	0.103	0.159
	无石棉橡胶板 高压 δ1~6		kg	0.289	0.289	0.321	0.357	0.357	0.496	0.643
	磨头		块	0.040	0.052	0.062	0.078	0.088	0.153	0.201
	丙酮		kg	0.510	0.510	0.567	0.630	0.630	0.875	1.185
	热轧厚钢板 δ20		kg	0.007	0.009	0.010	0.014	0.016	0.020	0.025
	无缝钢管 $D22\times2.5$		m	0.010	0.010	0.010	0.010	0.010	0.010	0.010
	输水软管 ϕ25		m	0.020	0.020	0.020	0.020	0.020	0.020	0.020
	螺纹截止阀 J11T-16 *DN*15		个	0.020	0.020	0.020	0.020	0.020	0.020	0.020
	压力表 高压		块	0.020	0.020	0.020	0.020	0.020	0.020	0.020
	压力表补芯		个	0.020	0.020	0.020	0.020	0.020	0.020	0.020
	钢丝 ϕ4.0		kg	0.026	0.026	0.029	0.032	0.032	0.044	—
	碎布		kg	0.047	0.047	0.052	0.058	0.058	0.080	0.029
	水		kg	0.241	0.241	0.268	0.297	0.297	0.413	0.891
	其他材料费		%	1.00	1.00	1.00	1.00	1.00	1.00	1.00
机械	电焊机(综合)		台班	0.261	0.261	0.290	0.322	0.322	0.447	0.631
	氩弧焊机 500A		台班	0.173	0.173	0.192	0.213	0.213	0.296	0.374
	试压泵 60MPa		台班	0.113	0.113	0.125	0.139	0.139	0.194	0.222
	砂轮切割机 ϕ500		台班	0.033	0.033	0.036	0.040	0.040	0.056	0.073
	普通车床 $630\times2\,000$(安装用)		台班	0.098	0.098	0.109	0.121	0.121	0.167	0.182
	电焊条烘干箱 $60\times50\times75$(cm^3)		台班	0.026	0.026	0.029	0.032	0.032	0.045	0.063
	电焊条恒温箱		台班	0.026	0.026	0.029	0.032	0.032	0.045	0.063

计量单位：个

编号			8-3-281	8-3-282	8-3-283	8-3-284	8-3-285	8-3-286
项目			公称直径（mm 以内）					
			80	100	125	150	200	250
名称		单位	消耗量					
人工	合计工日	工日	3.853	4.545	5.776	6.507	8.048	9.435
人工	其中 普工	工日	0.771	0.909	1.156	1.301	1.610	1.887
人工	其中 一般技工	工日	1.541	1.818	2.310	2.603	3.219	3.774
人工	其中 高级技工	工日	1.541	1.818	2.310	2.603	3.219	3.774
材料	碳钢焊接阀门	个	（1.000）	（1.000）	（1.000）	（1.000）	（1.000）	（1.000）
材料	低碳钢焊条 J427 $\phi3.2$	kg	0.894	1.634	1.914	2.828	5.606	9.479
材料	碳钢焊丝	kg	0.141	0.181	0.215	0.258	0.357	0.445
材料	氧气	m^3	0.692	0.947	1.071	1.841	2.836	3.837
材料	乙炔气	kg	0.266	0.364	0.412	0.708	1.091	1.476
材料	氩气	m^3	0.396	0.508	0.603	0.723	0.998	1.245
材料	铈钨棒	g	0.792	1.016	1.205	1.446	1.996	2.491
材料	尼龙砂轮片 $\phi100 \times 16 \times 3$	片	0.372	0.427	0.502	0.702	0.835	1.257
材料	尼龙砂轮片 $\phi500 \times 25 \times 4$	片	0.189	0.261	0.308	—	—	—
材料	无石棉橡胶板 高压 $\delta1\sim6$	kg	0.941	1.239	1.634	1.982	2.378	2.626
材料	磨头	块	0.236	0.302	—	—	—	—
材料	丙酮	kg	1.395	1.790	2.095	2.500	3.450	4.300
材料	热轧厚钢板 $\delta20$	kg	0.030	0.036	0.047	0.061	0.088	0.128
材料	无缝钢管 $D22 \times 2.5$	m	0.010	0.010	0.010	0.010	0.010	0.010
材料	输水软管 $\phi25$	m	0.020	0.020	0.020	0.020	0.020	0.020
材料	螺纹截止阀 J11T-16 $DN15$	个	0.020	0.020	0.020	0.020	0.020	0.020
材料	压力表 高压	块	0.020	0.020	0.020	0.020	0.020	0.020
材料	压力表补芯	个	0.020	0.020	0.020	0.020	0.020	0.020
材料	角钢（综合）	kg	—	—	—	—	0.435	0.435
材料	碎布	kg	0.034	0.040	0.048	0.059	0.080	0.097
材料	水	kg	1.661	3.242	6.337	10.947	25.948	50.684
材料	其他材料费	%	1.00	1.00	1.00	1.00	1.00	1.00
机械	电焊机（综合）	台班	0.742	1.103	1.290	1.695	2.629	3.526
机械	氩弧焊机 500A	台班	0.448	0.575	0.683	0.819	1.131	1.411
机械	汽车式起重机 8t	台班	0.006	0.011	0.011	0.011	0.011	0.011
机械	吊装机械（综合）	台班	0.029	0.058	0.058	0.058	0.058	0.068
机械	载货汽车－普通货车 8t	台班	0.006	0.011	0.011	0.011	0.011	0.011
机械	试压泵 60MPa	台班	0.245	0.285	0.524	0.763	0.763	0.763
机械	砂轮切割机 $\phi500$	台班	0.086	0.127	0.136	—	—	—
机械	半自动切割机 100mm	台班	—	—	—	0.403	0.586	0.730
机械	普通车床 630×2 000（安装用）	台班	0.196	0.230	0.479	0.522	0.780	0.943
机械	电焊条烘干箱 60×50×75（cm^3）	台班	0.075	0.110	0.129	0.169	0.263	0.353
机械	电焊条恒温箱	台班	0.075	0.110	0.129	0.169	0.263	0.353

计量单位：个

编号			8-3-287	8-3-288	8-3-289	8-3-290	8-3-291
项目			公称直径（mm以内）				
			300	350	400	450	500
名称		单位	消耗量				
人工	合计工日	工日	11.752	14.123	17.128	21.022	23.801
	其中 普工	工日	2.351	2.825	3.426	4.204	4.760
	其中 一般技工	工日	4.701	5.649	6.851	8.409	9.521
	其中 高级技工	工日	4.701	5.649	6.851	8.409	9.521
材料	碳钢焊接阀门	个	（1.000）	（1.000）	（1.000）	（1.000）	（1.000）
	低碳钢焊条 J427 ϕ3.2	kg	14.678	22.351	30.925	41.877	46.343
	碳钢焊丝	kg	0.530	0.615	0.694	0.782	0.870
	氧气	m^3	4.892	5.963	7.210	8.375	9.084
	乙炔气	kg	1.882	2.293	2.773	3.221	3.494
	氩气	m^3	1.484	1.721	1.944	2.191	2.437
	铈钨棒	g	2.968	3.442	3.887	4.382	4.875
	尼龙砂轮片 $\phi100\times16\times3$	片	1.755	2.347	3.040	3.808	4.224
	无石棉橡胶板 高压 δ1~6	kg	2.873	3.865	4.956	5.847	5.947
	丙酮	kg	5.100	6.120	7.344	8.813	10.575
	热轧厚钢板 δ20	kg	0.165	0.211	0.262	—	—
	热轧厚钢板 δ30	kg	—	—	—	0.479	0.582
	无缝钢管 $D22\times2.5$	m	0.010	0.010	0.010	0.010	0.010
	输水软管 ϕ25	m	0.020	0.020	0.020	0.020	0.020
	螺纹截止阀 J11T-16 *DN*15	个	0.020	0.020	0.020	0.020	0.020
	压力表 高压	块	0.020	0.020	0.020	0.020	0.020
	压力表补芯	个	0.020	0.020	0.020	0.020	0.020
	角钢（综合）	kg	0.572	0.572	0.572	0.572	0.572
	碎布	kg	0.114	0.137	0.155	0.172	0.189
	水	kg	87.577	139.075	207.594	295.581	405.463
	其他材料费	%	1.00	1.00	1.00	1.00	1.00
机械	电焊机（综合）	台班	4.524	6.262	8.136	10.266	11.361
	氩弧焊机 500A	台班	1.682	1.949	2.203	2.482	2.762
	汽车式起重机 8t	台班	0.011	0.025	0.033	0.034	0.035
	吊装机械（综合）	台班	0.068	0.107	0.106	0.135	0.135
	载货汽车－普通货车 8t	台班	0.011	0.025	0.033	0.034	0.035
	试压泵 60MPa	台班	0.763	0.860	0.957	1.053	1.150
	半自动切割机 100mm	台班	0.882	1.029	1.190	1.402	1.504
	普通车床 630×2 000（安装用）	台班	1.191	1.430	1.716	2.059	2.471
	电焊条烘干箱 60×50×75（cm^3）	台班	0.453	0.626	0.814	1.026	1.136
	电焊条恒温箱	台班	0.453	0.626	0.814	1.026	1.136

4.法 兰 阀 门

工作内容：准备工作，阀门壳体压力试验和密封试验，阀门安装，螺栓涂二硫化钼。　　**计量单位：**个

编　　号				8-3-292	8-3-293	8-3-294	8-3-295	8-3-296	8-3-297
项　　目				公称直径（mm 以内）					
				15	20	25	32	40	50
名　　称			单位	消　耗　量					
人工	合计工日		工日	0.349	0.349	0.406	0.576	0.640	0.777
	其中	普工	工日	0.069	0.069	0.082	0.116	0.128	0.155
		一般技工	工日	0.140	0.140	0.162	0.230	0.256	0.311
		高级技工	工日	0.140	0.140	0.162	0.230	0.256	0.311
材料	法兰阀门		个	（1.000）	（1.000）	（1.000）	（1.000）	（1.000）	（1.000）
	碳钢透镜垫		个	（1.000）	（1.000）	（1.000）	（1.000）	（1.000）	（1.000）
	低碳钢焊条 J427 ϕ3.2		kg	0.165	0.165	0.165	0.165	0.165	0.165
	氧气		m^3	0.141	0.141	0.141	0.141	0.141	0.141
	乙炔气		kg	0.054	0.054	0.054	0.054	0.054	0.054
	无石棉橡胶板 高压 δ1~6		kg	0.034	0.050	0.084	0.101	0.140	0.168
	二硫化钼		kg	0.006	0.010	0.010	0.011	0.011	0.022
	热轧厚钢板 δ20		kg	0.007	0.009	0.010	0.014	0.016	0.020
	无缝钢管 $D22\times2.5$		m	0.010	0.010	0.010	0.010	0.010	0.010
	输水软管 ϕ25		m	0.020	0.020	0.020	0.020	0.020	0.020
	螺纹截止阀 J11T-16 DN15		个	0.020	0.020	0.020	0.020	0.020	0.020
	压力表 高压		块	0.020	0.020	0.020	0.020	0.020	0.020
	压力表补芯		个	0.020	0.020	0.020	0.020	0.020	0.020
	砂纸		张	0.008	0.016	0.016	0.016	0.016	0.032
	水		kg	0.004	0.008	0.017	0.036	0.070	0.140
	其他材料费		%	1.00	1.00	1.00	1.00	1.00	1.00
	碎布		kg	0.008	0.016	0.016	0.016	0.016	0.032
机械	电焊机（综合）		台班	0.034	0.034	0.034	0.034	0.034	0.034
	试压泵 60MPa		台班	0.025	0.025	0.025	0.033	0.041	0.048
	电焊条烘干箱 $60\times50\times75$（cm^3）		台班	0.004	0.004	0.004	0.004	0.004	0.004
	电焊条恒温箱		台班	0.004	0.004	0.004	0.004	0.004	0.004

计量单位：个

编号			8-3-298	8-3-299	8-3-300	8-3-301	8-3-302	8-3-303
项目			公称直径（mm以内）					
			65	80	100	125	150	200
名称		单位	消耗量					
人工	合计工日	工日	1.047	1.428	1.874	2.503	2.705	3.410
人工	其中 普工	工日	0.209	0.286	0.374	0.501	0.542	0.682
人工	其中 一般技工	工日	0.419	0.571	0.750	1.001	1.082	1.364
人工	其中 高级技工	工日	0.419	0.571	0.750	1.001	1.082	1.364
材料	法兰阀门	个	（1.000）	（1.000）	（1.000）	（1.000）	（1.000）	（1.000）
材料	碳钢透镜垫	个	（1.000）	（1.000）	（1.000）	（1.000）	（1.000）	（1.000）
材料	低碳钢焊条 J427 $\phi3.2$	kg	0.165	0.165	0.165	0.165	0.165	0.165
材料	氧气	m^3	0.141	0.159	0.204	0.273	0.312	0.447
材料	乙炔气	kg	0.054	0.061	0.078	0.105	0.120	0.172
材料	无石棉橡胶板 高压 $\delta1\sim6$	kg	0.218	0.319	0.420	0.554	0.672	0.806
材料	二硫化钼	kg	0.034	0.034	0.040	0.058	0.086	0.110
材料	热轧厚钢板 $\delta20$	kg	0.025	0.030	0.036	0.047	0.061	0.088
材料	无缝钢管 $D22\times2.5$	m	0.010	0.010	0.010	0.010	0.010	0.010
材料	输水软管 $\phi25$	m	0.020	0.020	0.020	0.020	0.020	0.020
材料	螺纹截止阀 J11T-16 *DN*15	个	0.020	0.020	0.020	0.020	0.020	0.020
材料	压力表 高压	块	0.020	0.020	0.020	0.020	0.020	0.020
材料	压力表补芯	个	0.020	0.020	0.020	0.020	0.020	0.020
材料	砂纸	张	0.032	0.032	0.032	0.048	0.072	0.096
材料	水	kg	0.302	0.563	1.099	2.148	3.711	8.796
材料	其他材料费	%	1.00	1.00	1.00	1.00	1.00	1.00
材料	碎布	kg	0.032	0.032	0.032	0.048	0.072	0.096
机械	电焊机（综合）	台班	0.034	0.034	0.034	0.034	0.034	0.034
机械	汽车式起重机 8t	台班	0.006	0.011	0.024	0.024	0.024	0.024
机械	吊装机械（综合）	台班	0.029	0.049	0.057	0.057	0.057	0.057
机械	载货汽车－普通货车 8t	台班	0.006	0.011	0.024	0.024	0.024	0.024
机械	试压泵 60MPa	台班	0.064	0.080	0.091	0.138	0.186	0.186
机械	电焊条烘干箱 $60\times50\times75$（cm^3）	台班	0.004	0.004	0.004	0.004	0.004	0.004
机械	电焊条恒温箱	台班	0.004	0.004	0.004	0.004	0.004	0.004

计量单位：个

编号				8-3-304	8-3-305	8-3-306	8-3-307	8-3-308	8-3-309
项目				公称直径（mm 以内）					
				250	300	350	400	450	500
名称			单位	消耗量					
人工	合计工日		工日	3.697	4.062	4.500	4.925	5.448	6.000
	其中	普工	工日	0.740	0.813	0.901	0.985	1.090	1.200
		一般技工	工日	1.478	1.625	1.800	1.970	2.179	2.400
		高级技工	工日	1.478	1.625	1.800	1.970	2.179	2.400
材料	法兰阀门		个	（1.000）	（1.000）	（1.000）	（1.000）	（1.000）	（1.000）
	碳钢透镜垫		个	（1.000）	（1.000）	（1.000）	（1.000）	（1.000）	（1.000）
	低碳钢焊条 J427 $\phi3.2$		kg	0.165	0.165	0.165	0.165	0.165	0.165
	氧气		m^3	0.627	0.750	0.820	0.910	1.078	1.130
	乙炔气		kg	0.241	0.288	0.315	0.350	0.415	0.435
	无石棉橡胶板 高压 $\delta1\sim6$		kg	0.890	0.974	1.051	1.128	1.211	1.308
	二硫化钼		kg	0.139	0.139	0.186	0.224	0.280	0.280
	热轧厚钢板 $\delta20$		kg	0.128	0.165	0.211	0.262	—	—
	热轧厚钢板 $\delta30$		kg	—	—	—	—	0.479	0.582
	无缝钢管 $D22\times2.5$		m	0.010	0.010	0.010	0.010	0.010	0.010
	输水软管 $\phi25$		m	0.020	0.020	0.020	0.020	0.020	0.020
	螺纹截止阀 J11T-16 $DN15$		个	0.020	0.020	0.020	0.020	0.020	0.020
	压力表 高压		块	0.020	0.020	0.020	0.020	0.020	0.020
	压力表补芯		个	0.020	0.020	0.020	0.020	0.020	0.020
	砂纸		张	0.120	0.120	0.160	0.160	0.200	0.200
	水		kg	17.181	29.687	32.020	34.352	36.897	39.865
	其他材料费		%	1.00	1.00	1.00	1.00	1.00	1.00
	碎布		kg	0.120	0.120	0.160	0.160	0.200	0.200
机械	电焊机（综合）		台班	0.034	0.034	0.034	0.034	0.034	0.034
	汽车式起重机 8t		台班	0.044	0.050	0.067	0.073	0.088	0.097
	吊装机械（综合）		台班	0.057	0.057	0.089	0.089	0.114	0.114
	载货汽车－普通货车 8t		台班	0.044	0.050	0.067	0.073	0.088	0.097
	试压泵 60MPa		台班	0.186	0.211	0.211	0.241	0.272	0.297
	电焊条烘干箱 $60\times50\times75$（cm^3）		台班	0.004	0.004	0.004	0.004	0.004	0.004
	电焊条恒温箱		台班	0.004	0.004	0.004	0.004	0.004	0.004

5. 齿轮、液压传动、电动阀门

工作内容：准备工作，阀门壳体压力试验和密封试验，阀门调试，阀门安装。 **计量单位：**个

编号			8-3-310	8-3-311	8-3-312	8-3-313	8-3-314	8-3-315	8-3-316
项目			公称直径（mm 以内）						
			100	125	150	200	250	300	350
名称		单位	消耗量						
人工	合计工日	工日	3.108	3.840	4.063	4.966	5.868	6.875	8.332
	其中 普工	工日	0.778	0.960	1.017	1.241	1.467	1.719	2.083
	其中 一般技工	工日	1.709	2.111	2.234	2.732	3.228	3.782	4.583
	其中 高级技工	工日	0.621	0.769	0.812	0.993	1.174	1.374	1.666
材料	齿轮、液压、电动阀门	个	(1.000)	(1.000)	(1.000)	(1.000)	(1.000)	(1.000)	(1.000)
	低碳钢焊条 J427 ϕ3.2	kg	0.165	0.165	0.165	0.165	0.165	0.165	0.165
	氧气	m^3	0.204	0.273	0.312	0.447	0.627	0.750	0.820
	乙炔气	kg	0.078	0.105	0.120	0.172	0.241	0.288	0.315
	无石棉橡胶板 中压 δ0.8~6.0	kg	0.170	0.230	0.280	0.330	0.370	0.400	0.540
	热轧厚钢板 δ20	kg	0.036	0.047	0.061	0.088	0.128	0.165	0.211
	无缝钢管 $D22 \times 2.5$	m	0.010	0.010	0.010	0.010	0.010	0.010	0.010
	输水软管 ϕ25	m	0.020	0.020	0.020	0.020	0.020	0.020	0.020
	螺纹截止阀 J11T-16 *DN*15	个	0.020	0.020	0.020	0.020	0.020	0.020	0.020
	压力表 中压	块	0.020	0.020	0.020	0.020	0.020	0.020	0.020
	压力表补芯	个	0.020	0.020	0.020	0.020	0.020	0.020	0.020
	二硫化钼	kg	0.040	0.040	0.086	0.110	0.139	0.139	0.186
	水	kg	1.099	2.148	3.711	8.796	17.181	29.687	47.144
	其他材料费	%	1.00	1.00	1.00	1.00	1.00	1.00	1.00
机械	电焊机（综合）	台班	0.034	0.034	0.034	0.034	0.034	0.034	0.034
	汽车式起重机 8t	台班	0.031	0.031	0.031	0.031	0.031	0.031	0.064
	吊装机械（综合）	台班	0.078	0.078	0.078	0.078	0.089	0.089	0.141
	载货汽车－普通货车 8t	台班	0.031	0.031	0.031	0.031	0.031	0.031	0.064
	试压泵 60MPa	台班	0.068	0.126	0.183	0.183	0.183	0.183	0.206
	电焊条烘干箱 $60 \times 50 \times 75$（cm^3）	台班	0.004	0.004	0.004	0.004	0.004	0.004	0.004
	电焊条恒温箱	台班	0.004	0.004	0.004	0.004	0.004	0.004	0.004

计量单位：个

编　号				8-3-317	8-3-318	8-3-319	8-3-320	8-3-321	8-3-322
项　目				公称直径（mm 以内）					
				400	450	500	600	700	800
名　称			单位	消　耗　量					
人工	合计工日		工日	10.290	11.982	13.307	15.996	19.172	23.902
	其中	普工	工日	2.573	2.995	3.326	3.999	4.794	5.975
		一般技工	工日	5.660	6.590	7.319	8.798	10.544	13.146
		高级技工	工日	2.057	2.397	2.661	3.199	3.835	4.781
材料	齿轮、液压、电动阀门		个	（1.000）	（1.000）	（1.000）	（1.000）	（1.000）	（1.000）
	低碳钢焊条 J427 $\phi3.2$		kg	0.165	0.165	0.165	0.165	0.165	0.165
	氧气		m^3	0.910	1.078	1.130	1.275	1.455	1.590
	乙炔气		kg	0.350	0.415	0.435	0.490	0.560	0.612
	无石棉橡胶板 中压 $\delta0.8$~6.0		kg	0.690	0.810	0.830	0.840	1.030	1.160
	热轧厚钢板 $\delta20$		kg	0.262	—	—	—	—	—
	热轧厚钢板 $\delta30$		kg	—	0.479	0.582	0.826	0.969	1.217
	无缝钢管 $D22\times2.5$		m	0.010	0.010	0.010	0.010	0.010	0.010
	输水软管 $\phi25$		m	0.020	0.020	0.020	0.020	0.020	0.020
	螺纹截止阀 J11T-16 *DN*15		个	0.020	0.020	0.020	0.020	0.020	0.020
	压力表 中压		块	0.020	0.020	0.020	0.020	0.020	0.020
	压力表补芯		个	0.020	0.020	0.020	0.020	0.020	0.020
	二硫化钼		kg	0.224	0.280	0.280	0.392	0.549	0.768
	水		kg	70.371	100.197	137.445	237.510	279.923	330.818
	其他材料费		%	1.00	1.00	1.00	1.00	1.00	1.00
机械	电焊机（综合）		台班	0.034	0.034	0.034	0.034	0.034	0.034
	汽车式起重机 8t		台班	0.081	0.083	0.086	0.128	0.158	0.253
	吊装机械（综合）		台班	0.141	0.179	0.179	0.319	0.383	0.447
	载货汽车－普通货车 8t		台班	0.081	0.083	0.086	0.128	0.158	0.253
	试压泵 60MPa		台班	0.230	0.253	0.276	0.276	0.325	0.384
	电焊条烘干箱 $60\times50\times75$（cm^3）		台班	0.004	0.004	0.004	0.004	0.004	0.004
	电焊条恒温箱		台班	0.004	0.004	0.004	0.004	0.004	0.004

6. 调 节 阀 门

工作内容: 准备工作,阀门安装。 **计量单位:** 个

编号			8-3-323	8-3-324	8-3-325	8-3-326	8-3-327	8-3-328	8-3-329
项目			公称直径(mm 以内)						
			20	25	32	40	50	65	80
名称		单位	消耗量						
人工	合计工日	工日	0.974	0.974	0.974	0.974	0.974	1.700	1.746
其中	普工	工日	0.242	0.242	0.242	0.242	0.242	0.425	0.436
	一般技工	工日	0.536	0.536	0.536	0.536	0.536	0.935	0.961
	高级技工	工日	0.196	0.196	0.196	0.196	0.196	0.340	0.349
材料	调节阀门	个	(1.000)	(1.000)	(1.000)	(1.000)	(1.000)	(1.000)	(1.000)
	无石棉橡胶板 中压 δ0.8~6.0	kg	0.020	0.040	0.040	0.060	0.070	0.090	0.130
	二硫化钼	kg	0.010	0.010	0.011	0.011	0.022	0.034	0.034
	其他材料费	%	1.00	1.00	1.00	1.00	1.00	1.00	1.00
机械	汽车式起重机 8t	台班	—	—	—	—	0.015	0.015	0.015
	吊装机械(综合)	台班	—	—	—	—	0.035	0.035	0.035
	载货汽车－普通货车 8t	台班	—	—	—	—	0.015	0.015	0.015

计量单位：个

编号				8-3-330	8-3-331	8-3-332	8-3-333	8-3-334	8-3-335
项目				公称直径（mm 以内）					
				100	125	150	200	250	300
名称			单位	消耗量					
人工	合计工日		工日	2.544	3.085	3.167	3.591	4.271	4.708
	其中	普工	工日	0.638	0.771	0.791	0.898	1.068	1.177
		一般技工	工日	1.398	1.698	1.743	1.976	2.349	2.590
		高级技工	工日	0.508	0.616	0.633	0.717	0.854	0.942
材料	调节阀门		个	（1.000）	（1.000）	（1.000）	（1.000）	（1.000）	（1.000）
	无石棉橡胶板 中压 δ0.8~6.0		kg	0.170	0.230	0.280	0.330	0.370	0.400
	二硫化钼		kg	0.040	0.058	0.086	0.110	0.139	0.139
	其他材料费		%	1.00	1.00	1.00	1.00	1.00	1.00
机械	汽车式起重机 8t		台班	0.030	0.030	0.030	0.030	0.030	0.030
	吊装机械（综合）		台班	0.069	0.069	0.069	0.070	0.081	0.081
	载货汽车－普通货车 8t		台班	0.030	0.030	0.030	0.030	0.030	0.030

计量单位：个

编 号				8-3-336	8-3-337	8-3-338	8-3-339
项 目				公称直径（mm 以内）			
				350	400	450	500
名 称			单位	消 耗 量			
人工	合计工日		工日	5.025	5.823	6.647	7.227
	其中	普工	工日	1.256	1.456	1.660	1.806
		一般技工	工日	2.764	3.203	3.656	3.975
		高级技工	工日	1.006	1.165	1.330	1.446
材料	调节阀门		个	（1.000）	（1.000）	（1.000）	（1.000）
	无石棉橡胶板 中压 δ0.8~6.0		kg	0.540	0.690	0.810	0.830
	二硫化钼		kg	0.186	0.224	0.280	0.280
	其他材料费		%	1.00	1.00	1.00	1.00
机械	汽车式起重机 8t		台班	0.070	0.088	0.091	0.094
	吊装机械（综合）		台班	0.128	0.128	0.163	0.163
	载货汽车－普通货车 8t		台班	0.070	0.088	0.091	0.094

7. 安全阀门（法兰连接）

工作内容：准备工作，阀门壳体压力试验和密封试验，阀门安装。　　**计量单位：**个

编　号				8-3-340	8-3-341	8-3-342	8-3-343	8-3-344	8-3-345	8-3-346
项　目				公称直径（mm 以内）						
				15	20	25	32	40	50	65
名　称			单位	消　耗　量						
人工	合计工日		工日	1.182	1.182	1.182	1.200	1.331	1.637	2.214
	其中	普工	工日	0.236	0.236	0.236	0.240	0.267	0.327	0.442
		一般技工	工日	0.473	0.473	0.473	0.480	0.532	0.655	0.886
		高级技工	工日	0.473	0.473	0.473	0.480	0.532	0.655	0.886
材料	安全阀门		个	（1.000）	（1.000）	（1.000）	（1.000）	（1.000）	（1.000）	（1.000）
	垫片		个	（2.000）	（2.000）	（2.000）	（2.000）	（2.000）	（2.000）	（2.000）
	低碳钢焊条 J427 $\phi3.2$		kg	0.165	0.165	0.165	0.165	0.165	0.165	0.165
	氧气		m^3	0.141	0.141	0.141	0.141	0.141	0.141	0.141
	乙炔气		kg	0.054	0.054	0.054	0.054	0.054	0.054	0.054
	无石棉橡胶板 高压 $\delta1$~6		kg	0.010	0.020	0.040	0.040	0.060	0.070	0.090
	青铅（综合）		kg	0.050	0.050	0.050	0.050	0.050	0.050	0.050
	热轧厚钢板 $\delta20$		kg	0.008	0.009	0.010	0.014	0.016	0.020	0.025
	镀锌铁丝 $\phi1.2$~1.6		kg	0.500	0.500	0.500	0.500	0.500	0.500	0.500
	无缝钢管 $D22\times2.5$		m	0.010	0.010	0.010	0.010	0.010	0.010	0.010
	输水软管 $\phi25$		m	0.020	0.020	0.020	0.020	0.020	0.020	0.020
	螺纹截止阀 J11T-16 *DN*15		个	0.020	0.020	0.020	0.020	0.020	0.020	0.020
	压力表 高压		块	0.020	0.020	0.020	0.020	0.020	0.020	0.020
	压力表补芯		个	0.020	0.020	0.020	0.020	0.020	0.020	0.020
	二硫化钼		kg	0.007	0.007	0.007	0.009	0.009	0.019	0.029
	水		kg	0.024	0.024	0.048	0.104	0.200	0.400	0.864
	其他材料费		%	1.00	1.00	1.00	1.00	1.00	1.00	1.00
机械	电焊机（综合）		台班	0.040	0.040	0.040	0.040	0.040	0.040	0.040
	汽车式起重机 8t		台班	—	—	—	—	—	0.007	0.007
	吊装机械（综合）		台班	—	—	—	—	—	0.035	0.035
	载货汽车 - 普通货车 8t		台班	—	—	—	—	—	0.007	0.007
	试压泵 60MPa		台班	0.032	0.032	0.032	0.043	0.051	0.064	0.075
	电焊条烘干箱 $60\times50\times75$（cm^3）		台班	0.004	0.004	0.004	0.004	0.004	0.004	0.004
	电焊条恒温箱		台班	0.004	0.004	0.004	0.004	0.004	0.004	0.004

计量单位：个

编号			8-3-347	8-3-348	8-3-349	8-3-350	8-3-351	8-3-352	8-3-353
项目			公称直径（mm 以内）						
			80	100	125	150	200	250	300
名称		单位	消耗量						
人工	合计工日	工日	2.732	3.206	4.235	6.210	8.834	10.600	12.721
人工 其中	普工	工日	0.546	0.641	0.846	1.242	1.766	2.120	2.545
人工 其中	一般技工	工日	1.093	1.282	1.694	2.484	3.534	4.240	5.088
人工 其中	高级技工	工日	1.093	1.282	1.694	2.484	3.534	4.240	5.088
材料	安全阀门	个	（1.000）	（1.000）	（1.000）	（1.000）	（1.000）	（1.000）	（1.000）
材料	垫片	个	（2.000）	（2.000）	（2.000）	（2.000）	（2.000）	（2.000）	（2.000）
材料	低碳钢焊条 J427 $\phi3.2$	kg	0.165	0.165	0.165	0.165	0.165	0.165	0.165
材料	氧气	m^3	0.159	0.204	0.273	0.312	0.447	0.536	0.644
材料	乙炔气	kg	0.061	0.078	0.105	0.120	0.172	0.206	0.248
材料	无石棉橡胶板 高压 $\delta1\sim6$	kg	0.130	0.170	0.230	0.280	0.330	0.396	0.475
材料	青铅（综合）	kg	0.050	0.050	0.050	0.050	0.075	0.075	0.075
材料	热轧厚钢板 $\delta20$	kg	0.030	0.036	0.047	0.061	0.088	0.105	0.126
材料	镀锌铁丝 $\phi1.2\sim1.6$	kg	0.500	1.000	1.000	1.000	1.000	1.000	1.000
材料	无缝钢管 $D22\times2.5$	m	0.010	0.010	0.010	0.010	0.010	0.010	0.010
材料	输水软管 $\phi25$	m	0.020	0.020	0.020	0.020	0.020	0.020	0.020
材料	螺纹截止阀 J11T-16 $DN15$	个	0.020	0.020	0.020	0.020	0.020	0.020	0.020
材料	压力表 高压	块	0.020	0.020	0.020	0.020	0.020	0.020	0.020
材料	压力表补芯	个	0.020	0.020	0.020	0.020	0.020	0.020	0.020
材料	二硫化钼	kg	0.029	0.049	0.061	0.070	0.080	0.096	0.100
材料	水	kg	1.608	3.140	9.487	10.604	18.213	32.783	59.010
材料	其他材料费	%	1.00	1.00	1.00	1.00	1.00	1.00	1.00
机械	电焊机（综合）	台班	0.040	0.040	0.040	0.040	0.040	0.040	0.040
机械	汽车式起重机 8t	台班	0.007	0.013	0.013	0.013	0.013	0.013	0.013
机械	吊装机械（综合）	台班	0.035	0.069	0.069	0.069	0.069	0.081	0.081
机械	载货汽车－普通货车 8t	台班	0.007	0.013	0.013	0.013	0.013	0.013	0.013
机械	试压泵 60MPa	台班	0.083	0.096	0.217	0.257	0.322	0.386	0.463
机械	电焊条烘干箱 $60\times50\times75$（cm^3）	台班	0.004	0.004	0.004	0.004	0.004	0.004	0.004
机械	电焊条恒温箱	台班	0.004	0.004	0.004	0.004	0.004	0.004	0.004

8. 安全阀调试定压

工作内容: 准备工作,场内搬运,整定压力测试,打铅封,挂合格证。　　**计量单位:** 个

编号				8-3-354	8-3-355	8-3-356	8-3-357	8-3-358	8-3-359	8-3-360
项目				公称直径(mm以内)						
				15	20	25	32	40	50	65
名称			单位	消耗量						
人工	合计工日		工日	0.725	0.840	0.958	1.031	1.138	1.201	1.357
	其中	普工	工日	0.145	0.168	0.192	0.207	0.228	0.241	0.271
		一般技工	工日	0.290	0.336	0.383	0.412	0.455	0.480	0.543
		高级技工	工日	0.290	0.336	0.383	0.412	0.455	0.480	0.543
材料	二硫化钼		kg	0.002	0.002	0.003	0.004	0.005	0.005	0.007
	内外环缠绕垫(综合)		个	0.150	0.150	0.150	0.150	0.150	0.150	0.150
	其他材料费		%	1.00	1.00	1.00	1.00	1.00	1.00	1.00
	碎布		kg	0.026	0.026	0.028	0.030	0.038	0.042	0.059
机械	叉式起重机 3t		台班	—	—	—	—	—	—	0.007
	电动单梁起重机 5t		台班	—	—	—	—	—	—	0.013
	电动空气压缩机 10m^3/min		台班	0.013	0.016	0.017	0.020	0.022	0.024	0.025
	安全阀试压机 YFC-A		台班	0.078	0.093	0.105	0.117	0.128	0.140	0.147

计量单位：个

编号				8-3-361	8-3-362	8-3-363	8-3-364	8-3-365	8-3-366	8-3-367
项目				公称直径（mm 以内）						
				80	100	125	150	200	250	300
名称			单位	消耗量						
人工	合计工日		工日	1.466	1.574	1.732	1.904	2.093	2.302	2.532
	其中	普工	工日	0.294	0.316	0.346	0.380	0.419	0.460	0.506
		一般技工	工日	0.586	0.629	0.693	0.762	0.837	0.921	1.013
		高级技工	工日	0.586	0.629	0.693	0.762	0.837	0.921	1.013
材料	二硫化钼		kg	0.008	0.012	0.015	0.017	0.021	0.024	0.029
	内外环缠绕垫（综合）		个	0.150	0.150	0.150	0.150	0.150	0.150	0.150
	其他材料费		%	1.00	1.00	1.00	1.00	1.00	1.00	1.00
	碎布		kg	0.076	0.085	0.104	0.135	0.169	0.186	0.204
机械	叉式起重机 3t		台班	0.007	0.008	0.009	0.009	0.009	0.010	0.011
	电动单梁起重机 5t		台班	0.019	0.024	0.031	0.031	0.035	0.042	0.046
	电动空气压缩机 $10m^3/min$		台班	0.027	0.028	0.030	0.030	0.031	0.032	0.033
	安全阀试压机 YFC-A		台班	0.156	0.164	0.170	0.170	0.179	0.187	0.193

第四章　法 兰 安 装

说　明

一、本章包括低压法兰、中压法兰、高压法兰等各种法兰安装。
二、本章不包括法兰冷紧、热紧。
三、关于下列各项费用的规定：
1. 全加热套管法兰安装，按内套管法兰公称直径执行相应项目，消耗量乘以系数 2.00。
2. 单片法兰安装执行法兰安装相应项目，消耗量乘以系数 0.61，螺栓数量不变。
3. 中压螺纹法兰、平焊法兰安装，执行低压相应项目，消耗量乘以系数 1.20。
4. 节流装置执行法兰安装相应项目，消耗量乘以系数 0.70。
四、有关说明：
1. 焊环活动法兰安装，执行翻边活动法兰安装相应项目，翻边短管更换为焊环。
2. 法兰安装包括一个垫片和一副法兰用的螺栓，螺栓用量按施工图设计用量加损耗量计算。
3. 法兰安装使用垫片是按无石棉橡胶板考虑的，实际施工与项目不同时，可替换。

工程量计算规则

各种法兰安装按不同压力、材质、连接形式和种类,以“副”为计量单位。

一、低 压 法 兰

1. 碳钢法兰(螺纹连接)

工作内容:准备工作,管子切口,套丝,法兰连接,螺栓涂二硫化钼。　　　　**计量单位:**副

编　号				8-4-1	8-4-2	8-4-3	8-4-4	8-4-5	8-4-6
项　目				公称直径(mm 以内)					
				15	20	25	32	40	50
名　称			单位	消　耗　量					
人工	合计工日		工日	0.085	0.100	0.123	0.145	0.175	0.201
	其中	普工	工日	0.021	0.025	0.031	0.037	0.043	0.050
		一般技工	工日	0.055	0.065	0.080	0.094	0.114	0.131
		高级技工	工日	0.009	0.010	0.012	0.014	0.018	0.020
材料	碳钢螺纹法兰		片	(2.000)	(2.000)	(2.000)	(2.000)	(2.000)	(2.000)
	尼龙砂轮片 $\phi500\times25\times4$		片	0.008	0.010	0.012	0.016	0.018	0.026
	无石棉橡胶板 低压 $\delta0.8\sim6.0$		kg	0.010	0.020	0.040	0.040	0.060	0.070
	清油 C01-1		kg	0.020	0.020	0.020	0.020	0.020	0.020
	机油		kg	0.007	0.009	0.011	0.014	0.017	0.021
	白铅油		kg	0.040	0.040	0.040	0.040	0.040	0.040
	聚四氟乙烯生料带		m	0.415	0.509	0.641	0.791	0.904	1.074
	二硫化钼		kg	0.001	0.001	0.001	0.002	0.002	0.002
	碎布		kg	0.010	0.010	0.010	0.010	0.010	0.020
	其他材料费		%	1.00	1.00	1.00	1.00	1.00	1.00
机械	砂轮切割机 $\phi500$		台班	0.001	0.002	0.003	0.005	0.006	0.007
	管子切断套丝机 159mm		台班	0.029	0.029	0.029	0.032	0.032	0.032

计量单位：副

编号				8-4-7	8-4-8	8-4-9
项目				公称直径（mm 以内）		
				65	80	100
名称			单位	消耗量		
人工	合计工日		工日	0.347	0.414	0.661
	其中	普工	工日	0.087	0.103	0.165
		一般技工	工日	0.225	0.269	0.430
		高级技工	工日	0.035	0.042	0.066
材料	碳钢螺纹法兰		片	（2.000）	（2.000）	（2.000）
	尼龙砂轮片 $\phi500 \times 25 \times 4$		片	0.038	0.045	0.067
	无石棉橡胶板 低压 $\delta0.8\sim6.0$		kg	0.090	0.130	0.170
	清油 C01-1		kg	0.020	0.020	0.030
	机油		kg	0.025	0.027	0.035
	白铅油		kg	0.080	0.100	0.130
	二硫化钼		kg	0.002	0.003	0.003
	聚四氟乙烯生料带		m	1.031	1.201	1.371
	碎布		kg	0.020	0.020	0.030
	其他材料费		%	1.00	1.00	1.00
机械	砂轮切割机 $\phi500$		台班	0.009	0.010	0.016
	管子切断套丝机 159mm		台班	0.035	0.035	0.035

2. 碳钢平焊法兰（电弧焊）

工作内容：准备工作，管子切口，磨平，管口组对，焊接，法兰连接，螺栓涂二硫化钼。　　**计量单位：**副

编　号				8-4-10	8-4-11	8-4-12	8-4-13	8-4-14	8-4-15	8-4-16
项　目				公称直径（mm 以内）						
				15	20	25	32	40	50	65
名　称			单位	消　耗　量						
人工	合计工日		工日	0.148	0.168	0.207	0.234	0.268	0.305	0.353
	其中	普工	工日	0.037	0.042	0.053	0.059	0.067	0.076	0.088
		一般技工	工日	0.097	0.109	0.134	0.152	0.174	0.198	0.230
		高级技工	工日	0.014	0.017	0.020	0.023	0.027	0.031	0.035
材料	碳钢平焊法兰		片	(2.000)	(2.000)	(2.000)	(2.000)	(2.000)	(2.000)	(2.000)
	低碳钢焊条 J427 ϕ3.2		kg	0.048	0.052	0.068	0.080	0.096	0.114	0.220
	氧气		m^3	—	—	—	0.006	0.012	0.012	0.064
	乙炔气		kg	—	—	—	0.002	0.005	0.005	0.025
	尼龙砂轮片 $\phi100\times16\times3$		片	0.024	0.026	0.033	0.038	0.056	0.058	0.189
	尼龙砂轮片 $\phi500\times25\times4$		片	0.008	0.010	0.014	0.018	0.024	0.029	—
	磨头		个	0.020	0.026	0.031	0.039	0.044	0.053	0.070
	无石棉橡胶板 低压 δ0.8~6.0		kg	0.017	0.024	0.047	0.047	0.071	0.083	0.106
	白铅油		kg	0.035	0.035	0.035	0.035	0.035	0.047	0.059
	二硫化钼		kg	0.002	0.002	0.002	0.004	0.004	0.004	0.004
	碎布		kg	0.014	0.015	0.017	0.019	0.031	0.032	0.035
	其他材料费		%	1.00	1.00	1.00	1.00	1.00	1.00	1.00
机械	电焊机（综合）		台班	0.018	0.029	0.042	0.051	0.059	0.077	0.110
	砂轮切割机 ϕ500		台班	0.002	0.002	0.004	0.006	0.007	0.008	—
	电焊条烘干箱 $60\times50\times75$（cm^3）		台班	0.002	0.003	0.004	0.005	0.006	0.008	0.011
	电焊条恒温箱		台班	0.002	0.003	0.004	0.005	0.006	0.008	0.011

计量单位：副

编 号				8-4-17	8-4-18	8-4-19	8-4-20	8-4-21	8-4-22	8-4-23
项 目				公称直径（mm 以内）						
				80	100	125	150	200	250	300
名 称			单位	消 耗 量						
人工	合计工日		工日	0.392	0.441	0.468	0.508	0.739	0.990	1.238
	其中	普工	工日	0.099	0.111	0.117	0.127	0.185	0.247	0.310
		一般技工	工日	0.254	0.286	0.304	0.330	0.481	0.644	0.804
		高级技工	工日	0.039	0.044	0.047	0.051	0.073	0.099	0.124
材料	碳钢平焊法兰		片	(2.000)	(2.000)	(2.000)	(2.000)	(2.000)	(2.000)	(2.000)
	低碳钢焊条 J427 ϕ3.2		kg	0.260	0.360	0.400	0.504	1.260	2.500	3.200
	氧气		m^3	0.079	0.107	0.138	0.160	0.217	0.304	0.342
	乙炔气		kg	0.030	0.041	0.053	0.062	0.083	0.117	0.132
	尼龙砂轮片 $\phi100\times16\times3$		片	0.302	0.342	0.462	0.577	0.898	1.322	1.840
	磨头		个	0.082	0.106	—	—	—	—	—
	无石棉橡胶板 低压 δ0.8~6.0		kg	0.153	0.201	0.271	0.330	0.389	0.437	0.472
	角钢（综合）		kg	—	—	—	—	0.236	0.236	0.236
	白铅油		kg	0.083	0.118	0.142	0.165	0.201	0.236	0.295
	二硫化钼		kg	0.006	0.006	0.013	0.013	0.013	0.019	0.029
	碎布		kg	0.038	0.051	0.052	0.054	0.068	0.087	0.109
	其他材料费		%	1.00	1.00	1.00	1.00	1.00	1.00	1.00
机械	电焊机（综合）		台班	0.127	0.163	0.172	0.195	0.458	0.642	0.795
	汽车式起重机 8t		台班	—	0.001	0.001	0.001	0.002	0.002	0.004
	载货汽车－普通货车 8t		台班	—	0.001	0.001	0.001	0.002	0.002	0.004
	电焊条烘干箱 $60\times50\times75$（cm^3）		台班	0.013	0.016	0.017	0.019	0.046	0.064	0.079
	电焊条恒温箱		台班	0.013	0.016	0.017	0.019	0.046	0.064	0.079

计量单位：副

编　号			8-4-24	8-4-25	8-4-26	8-4-27	8-4-28	8-4-29	8-4-30
项　目			公称直径（mm 以内）						
			350	400	450	500	600	700	800
名　称		单位	消　耗　量						
人工	合计工日	工日	1.379	1.570	1.855	2.120	2.202	2.453	3.002
	其中 普工	工日	0.345	0.392	0.463	0.530	0.551	0.614	0.751
	其中 一般技工	工日	0.897	1.020	1.206	1.378	1.431	1.594	1.951
	其中 高级技工	工日	0.138	0.157	0.186	0.212	0.220	0.246	0.300
材料	碳钢平焊法兰	片	（2.000）	（2.000）	（2.000）	（2.000）	（2.000）	（2.000）	（2.000）
	低碳钢焊条 J427 ϕ3.2	kg	4.400	5.400	6.800	7.300	8.000	9.200	9.600
	氧气	m^3	0.400	0.490	0.580	0.700	0.850	0.477	0.600
	乙炔气	kg	0.154	0.188	0.223	0.269	0.327	0.183	0.231
	尼龙砂轮片 $\phi100\times16\times3$	片	2.087	2.984	3.480	4.000	4.759	3.609	4.196
	无石棉橡胶板 低压 δ0.8~6.0	kg	0.637	0.814	0.956	0.979	0.991	1.215	1.369
	黑铅粉	kg	—	—	—	—	0.071	0.071	0.083
	角钢（综合）	kg	0.236	0.236	0.236	0.236	0.236	0.260	0.260
	白铅油	kg	0.295	0.354	0.354	0.389	—	—	—
	二硫化钼	kg	0.029	0.038	0.038	0.038	0.038	0.049	0.049
	碎布	kg	0.116	0.135	0.142	0.160	0.177	0.201	0.217
	其他材料费	%	1.00	1.00	1.00	1.00	1.00	1.00	1.00
机械	电焊机（综合）	台班	0.844	0.954	1.137	1.199	1.226	1.417	1.586
	汽车式起重机 8t	台班	0.005	0.006	0.007	0.007	0.008	0.009	0.011
	载货汽车－普通货车 8t	台班	0.005	0.006	0.007	0.007	0.008	0.009	0.011
	电焊条烘干箱 60×50×75（cm^3）	台班	0.084	0.096	0.113	0.120	0.122	0.142	0.159
	电焊条恒温箱	台班	0.084	0.096	0.113	0.120	0.122	0.142	0.159

计量单位：副

编号				8-4-31	8-4-32	8-4-33	8-4-34	8-4-35	8-4-36	8-4-37
项目				公称直径（mm 以内）						
				900	1 000	1 200	1 400	1 600	1 800	2 000
名称			单位	消耗量						
人工	合计工日		工日	3.423	4.026	4.719	6.395	7.141	8.709	9.889
	其中	普工	工日	0.857	1.006	1.180	1.599	1.785	2.177	2.472
		一般技工	工日	2.225	2.617	3.067	4.156	4.642	5.660	6.428
		高级技工	工日	0.342	0.403	0.472	0.640	0.714	0.871	0.989
材料	碳钢平焊法兰		片	(2.000)	(2.000)	(2.000)	(2.000)	(2.000)	(2.000)	(2.000)
	低碳钢焊条 J427 ϕ3.2		kg	10.800	12.093	16.508	24.000	30.400	34.000	38.000
	氧气		m^3	0.660	0.792	1.022	1.277	1.458	1.640	1.821
	乙炔气		kg	0.254	0.305	0.393	0.491	0.561	0.631	0.700
	尼龙砂轮片 $\phi100\times16\times3$		片	4.619	5.742	6.871	9.095	10.199	11.780	13.101
	无石棉橡胶板 低压 δ0.8~6.0		kg	1.534	1.546	1.723	2.549	2.891	3.068	3.422
	清油 C01-1		kg	0.236	0.283	0.330	0.378	0.425	0.472	0.531
	黑铅粉		kg	0.083	0.083	0.094	0.094	0.106	0.118	0.130
	角钢（综合）		kg	0.260	0.260	0.347	0.347	0.420	0.420	0.420
	二硫化钼		kg	0.064	0.064	0.064	0.083	0.083	0.083	0.083
	碎布		kg	0.243	0.257	0.300	0.328	0.371	0.411	0.441
	其他材料费		%	1.00	1.00	1.00	1.00	1.00	1.00	1.00
机械	电焊机（综合）		台班	1.778	2.159	2.419	3.105	3.910	4.396	4.880
	汽车式起重机 8t		台班	0.012	0.015	0.018	0.024	0.032	0.038	0.047
	载货汽车－普通货车 8t		台班	0.012	0.015	0.018	0.024	0.032	0.038	0.047
	电焊条烘干箱 $60\times50\times75$（cm^3）		台班	0.178	0.216	0.242	0.311	0.391	0.440	0.488
	电焊条恒温箱		台班	0.178	0.216	0.242	0.311	0.391	0.440	0.488

3. 碳钢对焊法兰(电弧焊)

工作内容: 准备工作,管子切口,坡口加工,坡口磨平,管口组对,焊接,法兰连接,螺栓涂二硫化钼。

计量单位: 副

编号				8-4-38	8-4-39	8-4-40	8-4-41	8-4-42	8-4-43
项目				公称直径(mm 以内)					
				15	20	25	32	40	50
名称			单位	消耗量					
人工	合计工日		工日	0.165	0.193	0.243	0.282	0.318	0.350
	其中	普工	工日	0.042	0.048	0.060	0.071	0.080	0.088
		一般技工	工日	0.107	0.125	0.158	0.183	0.207	0.227
		高级技工	工日	0.016	0.020	0.025	0.028	0.031	0.035
材料	碳钢对焊法兰		片	(2.000)	(2.000)	(2.000)	(2.000)	(2.000)	(2.000)
	低碳钢焊条 J427 $\phi3.2$		kg	0.035	0.044	0.063	0.078	0.120	0.142
	氧气		m^3	—	—	—	0.008	0.012	0.012
	乙炔气		kg	—	—	—	0.003	0.005	0.005
	尼龙砂轮片 $\phi100\times16\times3$		片	0.043	0.055	0.088	0.100	0.139	0.158
	尼龙砂轮片 $\phi500\times25\times4$		片	0.008	0.010	0.014	0.018	0.024	0.029
	磨头		个	0.020	0.026	0.031	0.039	0.044	0.053
	无石棉橡胶板 低压 $\delta0.8\sim6.0$		kg	0.020	0.020	0.040	0.040	0.060	0.071
	清油 C01-1		kg	0.011	0.011	0.011	0.011	0.011	0.011
	白铅油		kg	0.031	0.031	0.031	0.031	0.031	0.040
	二硫化钼		kg	0.002	0.002	0.002	0.004	0.004	0.004
	碎布		kg	0.013	0.014	0.015	0.018	0.018	0.028
	其他材料费		%	1.00	1.00	1.00	1.00	1.00	1.00
机械	电焊机(综合)		台班	0.027	0.034	0.045	0.056	0.063	0.080
	砂轮切割机 $\phi500$		台班	0.001	0.001	0.004	0.006	0.007	0.008
	电焊条烘干箱 $60\times50\times75(cm^3)$		台班	0.002	0.003	0.005	0.006	0.006	0.008
	电焊条恒温箱		台班	0.002	0.003	0.005	0.006	0.006	0.008

计量单位：副

编号				8-4-44	8-4-45	8-4-46	8-4-47	8-4-48	8-4-49
项目				公称直径（mm 以内）					
				65	80	100	125	150	200
名称			单位	消耗量					
人工	合计工日		工日	0.371	0.406	0.498	0.610	0.728	0.891
	其中	普工	工日	0.093	0.101	0.124	0.152	0.182	0.222
		一般技工	工日	0.241	0.264	0.324	0.397	0.473	0.579
		高级技工	工日	0.037	0.041	0.050	0.061	0.073	0.089
材料	碳钢对焊法兰		片	（2.000）	（2.000）	（2.000）	（2.000）	（2.000）	（2.000）
	低碳钢焊条 J427 $\phi3.2$		kg	0.260	0.520	0.473	0.628	1.000	1.587
	氧气		m^3	0.220	0.352	0.387	0.438	0.520	0.720
	乙炔气		kg	0.085	0.135	0.149	0.168	0.200	0.277
	尼龙砂轮片 $\phi100\times16\times3$		片	0.209	0.321	0.369	0.502	0.617	0.944
	磨头		个	0.070	0.106	0.125	—	—	—
	无石棉橡胶板 低压 $\delta0.8\sim6.0$		kg	0.091	0.131	0.171	0.231	0.281	0.332
	清油 C01-1		kg	0.011	0.020	0.020	0.020	0.031	0.031
	角钢（综合）		kg	—	—	—	—	—	0.179
	白铅油		kg	0.051	0.071	0.111	0.120	0.140	0.201
	二硫化钼		kg	0.004	0.006	0.006	0.013	0.013	0.013
	碎布		kg	0.032	0.034	0.047	0.051	0.055	0.073
	其他材料费		%	1.00	1.00	1.00	1.00	1.00	1.00
机械	电焊机（综合）		台班	0.135	0.159	0.211	0.266	0.329	0.467
	汽车式起重机 8t		台班	—	—	0.001	0.001	0.001	0.002
	载货汽车－普通货车 8t		台班	—	—	0.001	0.001	0.001	0.002
	电焊条烘干箱 $60\times50\times75(cm^3)$		台班	0.014	0.016	0.021	0.027	0.033	0.047
	电焊条恒温箱		台班	0.014	0.016	0.021	0.027	0.033	0.047

计量单位：副

编号				8-4-50	8-4-51	8-4-52	8-4-53	8-4-54	8-4-55	8-4-56
项目				公称直径（mm 以内）						
				250	300	350	400	450	500	600
名称			单位	消耗量						
人工	合计工日		工日	1.132	1.431	1.907	2.218	2.483	3.089	3.961
	其中	普工	工日	0.283	0.358	0.477	0.554	0.621	0.772	0.990
		一般技工	工日	0.736	0.930	1.239	1.442	1.614	2.009	2.574
		高级技工	工日	0.113	0.143	0.191	0.222	0.248	0.309	0.396
材料	碳钢对焊法兰		片	(2.000)	(2.000)	(2.000)	(2.000)	(2.000)	(2.000)	(2.000)
	低碳钢焊条 J427 $\phi3.2$		kg	2.600	3.240	4.200	6.600	8.049	10.200	13.676
	氧气		m^3	1.004	1.142	1.360	1.750	2.040	2.300	2.774
	乙炔气		kg	0.386	0.439	0.523	0.673	0.785	0.885	1.067
	尼龙砂轮片 $\phi100\times16\times3$		片	1.392	1.927	2.181	3.096	3.610	4.140	4.902
	无石棉橡胶板 低压 $\delta0.8\sim6.0$		kg	0.372	0.401	0.542	0.693	0.813	0.833	0.973
	清油 C01-1		kg	0.040	0.040	0.040	0.060	0.060	0.060	0.060
	角钢（综合）		kg	0.179	0.236	0.236	0.236	0.236	0.236	0.236
	白铅油		kg	0.201	0.251	0.251	0.301	0.301	0.332	0.363
	二硫化钼		kg	0.019	0.029	0.029	0.038	0.038	0.038	0.047
	碎布		kg	0.080	0.087	0.097	0.124	0.131	0.149	0.174
	其他材料费		%	1.00	1.00	1.00	1.00	1.00	1.00	1.00
机械	电焊机（综合）		台班	0.664	0.872	0.986	1.116	1.182	1.452	1.787
	汽车式起重机 8t		台班	0.002	0.002	0.002	0.005	0.006	0.007	0.008
	载货汽车－普通货车 8t		台班	0.002	0.002	0.002	0.005	0.006	0.007	0.008
	电焊条烘干箱 $60\times50\times75(cm^3)$		台班	0.066	0.079	0.099	0.112	0.118	0.145	0.179
	电焊条恒温箱		台班	0.066	0.079	0.099	0.112	0.118	0.145	0.179

4. 碳钢对焊法兰(氩电联焊)

工作内容: 准备工作,管子切口,坡口加工,坡口磨平,管口组对,焊接,法兰连接,螺栓涂二硫化钼。

计量单位: 副

编号				8-4-57	8-4-58	8-4-59	8-4-60	8-4-61	8-4-62
项目				公称直径(mm 以内)					
				15	20	25	32	40	50
名称			单位	消耗量					
人工	合计工日		工日	0.174	0.204	0.258	0.304	0.337	0.389
	其中	普工	工日	0.043	0.051	0.065	0.076	0.084	0.097
		一般技工	工日	0.113	0.133	0.167	0.197	0.219	0.253
		高级技工	工日	0.018	0.020	0.026	0.031	0.034	0.039
材料	碳钢对焊法兰		片	(2.000)	(2.000)	(2.000)	(2.000)	(2.000)	(2.000)
	低碳钢焊条 J427 $\phi3.2$		kg	—	—	—	—	—	0.071
	碳钢焊丝		kg	0.018	0.023	0.040	0.044	0.061	0.032
	氧气		m^3	—	—	—	0.006	0.012	0.012
	乙炔气		kg	—	—	—	0.002	0.005	0.005
	氩气		m^3	0.050	0.063	0.100	0.112	0.172	0.090
	铈钨棒		g	0.099	0.127	0.200	0.240	0.343	0.181
	尼龙砂轮片 $\phi100 \times 16 \times 3$		片	0.041	0.053	0.085	0.098	0.135	0.147
	尼龙砂轮片 $\phi500 \times 25 \times 4$		片	0.008	0.010	0.014	0.018	0.024	0.029
	磨头		个	0.020	0.026	0.031	0.039	0.044	0.053
	无石棉橡胶板 低压 $\delta0.8\sim6.0$		kg	0.020	0.020	0.040	0.040	0.060	0.071
	清油 C01-1		kg	0.011	0.011	0.011	0.011	0.011	0.011
	白铅油		kg	0.031	0.031	0.031	0.031	0.031	0.040
	二硫化钼		kg	0.002	0.002	0.002	0.004	0.004	0.004
	碎布		kg	0.013	0.014	0.015	0.018	0.018	0.028
	其他材料费		%	1.00	1.00	1.00	1.00	1.00	1.00
机械	电焊机(综合)		台班	—	—	—	—	—	0.059
	氩弧焊机 500A		台班	0.028	0.036	0.046	0.058	0.067	0.049
	砂轮切割机 $\phi500$		台班	0.001	0.001	0.004	0.006	0.007	0.008
	电焊条烘干箱 $60 \times 50 \times 75(cm^3)$		台班	—	—	—	—	—	0.006
	电焊条恒温箱		台班	—	—	—	—	—	0.006

计量单位：副

编号			8-4-63	8-4-64	8-4-65	8-4-66	8-4-67	8-4-68
项目			公称直径（mm 以内）					
			65	80	100	125	150	200
名称		单位	消耗量					
人工	合计工日	工日	0.451	0.501	0.626	0.752	0.894	1.153
	其中 普工	工日	0.113	0.125	0.156	0.188	0.224	0.287
	其中 一般技工	工日	0.293	0.326	0.407	0.489	0.581	0.751
	其中 高级技工	工日	0.045	0.050	0.063	0.075	0.089	0.115
材料	碳钢对焊法兰	片	（2.000）	（2.000）	（2.000）	（2.000）	（2.000）	（2.000）
	低碳钢焊条 J427 ϕ3.2	kg	0.180	0.260	0.394	0.500	0.780	1.339
	碳钢焊丝	kg	0.043	0.050	0.065	0.076	0.092	0.127
	氧气	m^3	0.156	0.204	0.245	0.300	0.476	0.686
	乙炔气	kg	0.060	0.078	0.094	0.115	0.183	0.264
	氩气	m^3	0.120	0.140	0.181	0.210	0.256	0.356
	铈钨棒	g	0.240	0.280	0.363	0.420	0.512	0.712
	尼龙砂轮片 $\phi100\times16\times3$	片	0.207	0.316	0.362	0.492	0.607	0.930
	尼龙砂轮片 $\phi500\times25\times4$	片	0.047	0.065	0.079	0.108	—	—
	磨头	个	0.070	0.082	0.106	—	—	—
	无石棉橡胶板 低压 δ0.8~6.0	kg	0.091	0.131	0.171	0.231	0.281	0.332
	清油 C01-1	kg	0.011	0.020	0.020	0.020	0.031	0.031
	白铅油	kg	0.051	0.071	0.111	0.120	0.140	0.201
	二硫化钼	kg	0.004	0.006	0.006	0.013	0.013	0.013
	碎布	kg	0.032	0.034	0.047	0.051	0.055	0.063
	其他材料费	%	1.00	1.00	1.00	1.00	1.00	1.00
机械	电焊机（综合）	台班	0.080	0.092	0.160	0.180	0.249	0.381
	氩弧焊机 500A	台班	0.069	0.083	0.099	0.130	0.156	0.216
	砂轮切割机 ϕ500	台班	0.011	0.012	0.017	0.020	—	—
	半自动切割机 100mm	台班	—	—	—	—	0.052	0.073
	汽车式起重机 8t	台班	—	—	0.001	0.001	0.001	0.002
	载货汽车－普通货车 8t	台班	—	—	0.001	0.001	0.001	0.002
	电焊条烘干箱 $60\times50\times75$（cm^3）	台班	0.008	0.009	0.016	0.018	0.025	0.038
	电焊条恒温箱	台班	0.008	0.009	0.016	0.018	0.025	0.038

计量单位：副

编号			8-4-69	8-4-70	8-4-71	8-4-72	8-4-73	8-4-74	8-4-75
项目			公称直径（mm 以内）						
			250	300	350	400	450	500	600
名称		单位	消耗量						
人工	合计工日	工日	1.261	1.504	1.957	2.291	2.523	3.245	4.200
	其中 普工	工日	0.315	0.376	0.489	0.572	0.631	0.810	1.050
	其中 一般技工	工日	0.819	0.977	1.272	1.489	1.641	2.110	2.730
	其中 高级技工	工日	0.126	0.151	0.195	0.230	0.252	0.325	0.419
材料	碳钢对焊法兰	片	(2.000)	(2.000)	(2.000)	(2.000)	(2.000)	(2.000)	(2.000)
	低碳钢焊条 J427 ϕ3.2	kg	2.390	2.864	3.600	6.000	7.466	9.400	12.883
	碳钢焊丝	kg	0.156	0.190	0.220	0.249	0.281	0.310	0.371
	氧气	m^3	0.910	1.090	1.250	1.675	1.857	2.220	2.640
	乙炔气	kg	0.350	0.419	0.481	0.644	0.714	0.854	1.015
	氩气	m^3	0.440	0.532	0.620	0.696	0.786	0.870	1.038
	铈钨棒	g	0.880	1.064	1.220	1.390	1.572	1.740	2.076
	尼龙砂轮片 $\phi100 \times 16 \times 3$	片	1.372	1.904	2.157	3.060	3.575	4.106	4.856
	无石棉橡胶板 低压 δ0.8~6.0	kg	0.372	0.401	0.542	0.693	0.813	0.833	0.973
	清油 C01-1	kg	0.040	0.040	0.040	0.060	0.060	0.060	0.060
	白铅油	kg	0.201	0.251	0.251	0.301	0.301	0.332	0.332
	二硫化钼	kg	0.019	0.029	0.029	0.038	0.038	0.038	0.046
	碎布	kg	0.072	0.078	0.085	0.113	0.119	0.135	0.140
	其他材料费	%	1.00	1.00	1.00	1.00	1.00	1.00	1.00
机械	电焊机（综合）	台班	0.540	0.643	0.839	0.949	1.035	1.231	1.701
	氩弧焊机 500A	台班	0.267	0.321	0.371	0.421	0.425	0.524	0.627
	半自动切割机 100mm	台班	0.105	0.115	0.145	0.158	0.180	0.206	0.254
	汽车式起重机 8t	台班	0.002	0.002	0.002	0.005	0.006	0.007	0.008
	载货汽车－普通货车 8t	台班	0.002	0.002	0.002	0.005	0.006	0.007	0.008
	电焊条烘干箱 $60 \times 50 \times 75$（cm^3）	台班	0.054	0.064	0.084	0.095	0.104	0.123	0.170
	电焊条恒温箱	台班	0.054	0.064	0.084	0.095	0.104	0.123	0.170

5. 不锈钢平焊法兰（电弧焊）

工作内容：准备工作，管子切口，磨平，管口组对，焊接，焊缝钝化，法兰连接，螺栓涂二硫化钼。

计量单位：副

编　号				8-4-76	8-4-77	8-4-78	8-4-79	8-4-80	8-4-81
项　目				公称直径（mm 以内）					
				15	20	25	32	40	50
名　称			单位	消　耗　量					
人工	合计工日		工日	0.186	0.213	0.262	0.296	0.339	0.387
	其中	普工	工日	0.047	0.053	0.067	0.075	0.085	0.097
		一般技工	工日	0.123	0.138	0.169	0.192	0.221	0.251
		高级技工	工日	0.017	0.022	0.026	0.029	0.034	0.039
材料	不锈钢平焊法兰		片	（2.000）	（2.000）	（2.000）	（2.000）	（2.000）	（2.000）
	不锈钢焊条（综合）		kg	0.038	0.050	0.063	0.080	0.092	0.116
	尼龙砂轮片 $\phi100\times16\times3$		片	0.033	0.043	0.054	0.064	0.073	0.099
	尼龙砂轮片 $\phi500\times25\times4$		片	0.012	0.014	0.021	0.024	0.030	0.030
	耐酸无石棉橡胶板（综合）		kg	0.011	0.021	0.043	0.043	0.064	0.075
	丙酮		kg	0.015	0.017	0.024	0.028	0.032	0.039
	酸洗膏		kg	0.008	0.009	0.013	0.016	0.020	0.024
	水		t	0.002	0.002	0.004	0.004	0.004	0.006
	二硫化钼		kg	0.002	0.002	0.002	0.004	0.004	0.004
	碎布		kg	0.003	0.004	0.004	0.007	0.007	0.011
	其他材料费		%	1.00	1.00	1.00	1.00	1.00	1.00
机械	电焊机（综合）		台班	0.017	0.020	0.027	0.035	0.060	0.066
	砂轮切割机 $\phi500$		台班	0.001	0.003	0.007	0.007	0.008	0.008
	电动空气压缩机 6m^3/min		台班	0.002	0.002	0.002	0.002	0.002	0.002
	电焊条烘干箱 $60\times50\times75$（cm^3）		台班	0.002	0.002	0.002	0.003	0.006	0.006
	电焊条恒温箱		台班	0.002	0.002	0.002	0.003	0.006	0.006

计量单位:副

编号				8-4-82	8-4-83	8-4-84	8-4-85	8-4-86	8-4-87
项目				公称直径(mm 以内)					
				65	80	100	125	150	200
名称			单位	消耗量					
人工	合计工日		工日	0.447	0.495	0.557	0.593	0.643	0.936
	其中	普工	工日	0.111	0.125	0.141	0.148	0.160	0.235
		一般技工	工日	0.292	0.321	0.361	0.385	0.418	0.608
		高级技工	工日	0.044	0.049	0.055	0.060	0.065	0.093
材料	不锈钢平焊法兰		片	(2.000)	(2.000)	(2.000)	(2.000)	(2.000)	(2.000)
	不锈钢焊条(综合)		kg	0.217	0.253	0.320	0.389	0.500	1.180
	尼龙砂轮片 $\phi100\times16\times3$		片	0.118	0.371	0.490	0.655	0.791	1.381
	尼龙砂轮片 $\phi500\times25\times4$		片	0.044	0.054	0.078	—	—	—
	耐酸无石棉橡胶板(综合)		kg	0.082	0.139	0.182	0.246	0.300	0.353
	丙酮		kg	0.051	0.060	0.077	0.090	0.107	0.148
	酸洗膏		kg	0.033	0.039	0.050	0.077	0.103	0.134
	水		t	0.009	0.011	0.013	0.015	0.019	0.026
	二硫化钼		kg	0.004	0.006	0.006	0.013	0.013	0.013
	碎布		kg	0.015	0.019	0.021	0.026	0.032	0.044
	其他材料费		%	1.00	1.00	1.00	1.00	1.00	1.00
机械	电焊机(综合)		台班	0.088	0.103	0.127	0.168	0.181	0.418
	砂轮切割机 $\phi500$		台班	0.015	0.016	0.027	—	—	—
	等离子切割机 400A		台班	—	—	—	0.025	0.037	0.043
	汽车式起重机 8t		台班	—	—	0.001	0.001	0.001	0.002
	载货汽车 - 普通货车 8t		台班	—	—	0.001	0.001	0.001	0.002
	电动空气压缩机 $1m^3/min$		台班	—	—	—	0.025	0.037	0.043
	电动空气压缩机 $6m^3/min$		台班	0.002	0.002	0.002	0.002	0.002	0.002
	电焊条烘干箱 $60\times50\times75(cm^3)$		台班	0.009	0.011	0.013	0.017	0.018	0.042
	电焊条恒温箱		台班	0.009	0.011	0.013	0.017	0.018	0.042

计量单位：副

编 号				8-4-88	8-4-89	8-4-90	8-4-91	8-4-92	8-4-93
项 目				公称直径（mm 以内）					
				250	300	350	400	450	500
名 称			单位	消 耗 量					
人工	合计工日		工日	1.254	1.566	1.745	1.987	2.348	2.684
	其中	普工	工日	0.313	0.392	0.436	0.497	0.586	0.671
		一般技工	工日	0.816	1.018	1.135	1.291	1.527	1.744
		高级技工	工日	0.125	0.156	0.174	0.199	0.236	0.269
材料	不锈钢平焊法兰		片	（2.000）	（2.000）	（2.000）	（2.000）	（2.000）	（2.000）
	不锈钢焊条（综合）		kg	2.360	2.936	4.000	4.600	5.577	7.359
	尼龙砂轮片 $\phi100\times16\times3$		片	1.962	2.621	3.144	3.526	4.775	6.371
	耐酸无石棉橡胶板（综合）		kg	0.396	0.428	0.578	0.738	0.898	1.058
	丙酮		kg	0.184	0.218	0.253	0.285	0.317	0.349
	酸洗膏		kg	0.203	0.242	0.265	0.328	0.391	0.454
	水		t	0.030	0.036	0.043	0.049	0.055	0.061
	二硫化钼		kg	0.019	0.029	0.029	0.038	0.047	0.056
	碎布		kg	0.055	0.064	0.075	0.084	0.093	0.102
	其他材料费		%	1.00	1.00	1.00	1.00	1.00	1.00
机械	电焊机（综合）		台班	0.632	0.703	0.732	0.827	0.921	1.016
	等离子切割机 400A		台班	0.056	0.068	0.079	0.090	0.101	0.112
	汽车式起重机 8t		台班	0.003	0.003	0.004	0.005	0.006	0.007
	载货汽车－普通货车 8t		台班	0.003	0.003	0.004	0.005	0.006	0.007
	电动空气压缩机 $1m^3/min$		台班	0.056	0.068	0.079	0.090	0.101	0.112
	电动空气压缩机 $6m^3/min$		台班	0.002	0.002	0.002	0.002	0.002	0.002
	电焊条烘干箱 $60\times50\times75$（cm^3）		台班	0.063	0.070	0.073	0.083	0.092	0.102
	电焊条恒温箱		台班	0.063	0.070	0.073	0.083	0.092	0.102

6. 不锈钢对焊法兰(电弧焊)

工作内容: 准备工作,管子切口,坡口加工,坡口磨平,焊接,焊缝钝化,法兰连接,螺栓涂二硫化钼。

计量单位:副

编号				8-4-94	8-4-95	8-4-96	8-4-97	8-4-98	8-4-99	8-4-100
项目				公称直径(mm 以内)						
				15	20	25	32	40	50	65
名称			单位	消耗量						
人工	合计工日		工日	0.209	0.245	0.307	0.356	0.403	0.443	0.469
	其中	普工	工日	0.053	0.061	0.076	0.089	0.102	0.111	0.118
		一般技工	工日	0.136	0.158	0.200	0.232	0.262	0.288	0.305
		高级技工	工日	0.021	0.026	0.032	0.036	0.039	0.044	0.047
材料	不锈钢对焊法兰		片	(2.000)	(2.000)	(2.000)	(2.000)	(2.000)	(2.000)	(2.000)
	不锈钢焊条(综合)		kg	0.036	0.040	0.056	0.069	0.079	0.110	0.141
	尼龙砂轮片 $\phi100\times16\times3$		片	0.072	0.089	0.113	0.140	0.163	0.231	0.306
	尼龙砂轮片 $\phi500\times25\times4$		片	0.012	0.014	0.021	0.024	0.030	0.030	0.049
	耐酸无石棉橡胶板(综合)		kg	0.018	0.018	0.036	0.036	0.055	0.064	0.082
	丙酮		kg	0.015	0.017	0.024	0.028	0.032	0.039	0.051
	酸洗膏		kg	0.008	0.009	0.013	0.016	0.020	0.024	0.033
	水		t	0.002	0.002	0.004	0.004	0.004	0.006	0.009
	二硫化钼		kg	0.002	0.002	0.002	0.004	0.004	0.004	0.004
	碎布		kg	0.005	0.007	0.007	0.010	0.010	0.014	0.015
	其他材料费		%	1.00	1.00	1.00	1.00	1.00	1.00	1.00
机械	电焊机(综合)		台班	0.017	0.022	0.030	0.037	0.078	0.094	0.152
	砂轮切割机 $\phi500$		台班	0.001	0.002	0.005	0.007	0.008	0.008	0.018
	电动空气压缩机 $6m^3/min$		台班	0.002	0.002	0.002	0.002	0.002	0.002	0.002
	电焊条烘干箱 $60\times50\times75(cm^3)$		台班	0.002	0.002	0.003	0.004	0.008	0.010	0.015
	电焊条恒温箱		台班	0.002	0.002	0.003	0.004	0.008	0.010	0.015

计量单位：副

编　号				8-4-101	8-4-102	8-4-103	8-4-104	8-4-105	8-4-106
项　目				公称直径（mm 以内）					
				80	100	125	150	200	250
名　称			单位	消　耗　量					
人工	合计工日		工日	0.513	0.631	0.772	0.921	1.128	1.432
	其中	普工	工日	0.127	0.157	0.192	0.230	0.281	0.358
		一般技工	工日	0.334	0.410	0.502	0.599	0.734	0.931
		高级技工	工日	0.051	0.064	0.077	0.092	0.113	0.144
材料	不锈钢对焊法兰		片	（2.000）	（2.000）	（2.000）	（2.000）	（2.000）	（2.000）
	不锈钢焊条（综合）		kg	0.221	0.275	0.504	0.603	1.060	1.712
	尼龙砂轮片 $\phi100\times16\times3$		片	0.375	0.475	0.655	0.808	1.387	1.971
	尼龙砂轮片 $\phi500\times25\times4$		片	0.054	0.078	—	—	—	—
	耐酸无石棉橡胶板（综合）		kg	0.119	0.155	0.210	0.255	0.301	0.337
	丙酮		kg	0.060	0.077	0.090	0.107	0.148	0.184
	酸洗膏		kg	0.039	0.050	0.077	0.103	0.134	0.203
	水		t	0.011	0.013	0.015	0.019	0.026	0.030
	二硫化钼		kg	0.006	0.006	0.013	0.013	0.013	0.019
	碎布		kg	0.018	0.022	0.024	0.035	0.046	0.051
	其他材料费		%	1.00	1.00	1.00	1.00	1.00	1.00
机械	电焊机（综合）		台班	0.157	0.230	0.268	0.330	0.506	0.764
	砂轮切割机 $\phi500$		台班	0.021	0.027	—	—	—	—
	等离子切割机 400A		台班	0.040	0.053	0.086	0.105	0.145	0.189
	汽车式起重机 8t		台班	—	0.001	0.001	0.001	0.002	0.002
	载货汽车 - 普通货车 8t		台班	—	0.001	0.001	0.001	0.002	0.002
	电动空气压缩机 $1m^3/min$		台班	0.040	0.053	0.086	0.105	0.145	0.189
	电动空气压缩机 $6m^3/min$		台班	0.002	0.002	0.002	0.002	0.002	0.002
	电焊条烘干箱 $60\times50\times75$（cm^3）		台班	0.015	0.023	0.027	0.033	0.050	0.076
	电焊条恒温箱		台班	0.015	0.023	0.027	0.033	0.050	0.076

计量单位：副

编号				8-4-107	8-4-108	8-4-109	8-4-110	8-4-111
项目				公称直径（mm 以内）				
				300	350	400	450	500
名称			单位	消耗量				
人工	合计工日		工日	1.811	2.413	2.807	3.142	3.909
	其中	普工	工日	0.453	0.604	0.702	0.786	0.976
		一般技工	工日	1.177	1.568	1.824	2.042	2.542
		高级技工	工日	0.181	0.242	0.281	0.314	0.391
材料	不锈钢对焊法兰		片	（2.000）	（2.000）	（2.000）	（2.000）	（2.000）
	不锈钢焊条（综合）		kg	2.435	2.828	3.200	4.945	7.189
	尼龙砂轮片 $\phi100\times16\times3$		片	2.621	3.115	3.522	4.775	6.185
	耐酸无石棉橡胶板（综合）		kg	0.364	0.491	0.628	0.765	0.902
	丙酮		kg	0.218	0.253	0.285	0.317	0.349
	酸洗膏		kg	0.242	0.265	0.328	0.391	0.454
	水		t	0.036	0.043	0.049	0.055	0.061
	二硫化钼		kg	0.029	0.029	0.038	0.046	0.055
	碎布		kg	0.059	0.071	0.081	0.089	0.096
	其他材料费		%	1.00	1.00	1.00	1.00	1.00
机械	电焊机（综合）		台班	0.950	1.104	1.248	1.393	1.537
	等离子切割机 400A		台班	0.231	0.268	0.304	0.340	0.376
	汽车式起重机 8t		台班	0.002	0.002	0.004	0.005	0.006
	载货汽车－普通货车 8t		台班	0.002	0.002	0.004	0.005	0.006
	电动空气压缩机 $1m^3/min$		台班	0.231	0.268	0.304	0.340	0.376
	电动空气压缩机 $6m^3/min$		台班	0.002	0.002	0.002	0.003	0.003
	电焊条烘干箱 $60\times50\times75$（cm^3）		台班	0.095	0.110	0.125	0.139	0.154
	电焊条恒温箱		台班	0.095	0.110	0.125	0.139	0.154

7. 不锈钢对焊法兰(氩电联焊)

工作内容: 准备工作,管子切口,坡口加工,坡口磨平,管口组对,焊接,焊缝钝化,法兰连接,螺栓涂二硫化钼。

计量单位: 副

编号				8-4-112	8-4-113	8-4-114	8-4-115	8-4-116	8-4-117	8-4-118
项目				公称直径(mm 以内)						
				50	65	80	100	125	150	200
名称			单位	消耗量						
人工	合计工日		工日	0.491	0.571	0.635	0.791	0.951	1.131	1.459
	其中	普工	工日	0.123	0.143	0.158	0.197	0.238	0.283	0.363
		一般技工	工日	0.320	0.371	0.413	0.515	0.619	0.735	0.950
		高级技工	工日	0.049	0.056	0.064	0.080	0.094	0.113	0.146
材料	不锈钢对焊法兰		片	(2.000)	(2.000)	(2.000)	(2.000)	(2.000)	(2.000)	(2.000)
	不锈钢焊条(综合)		kg	0.108	0.197	0.257	0.422	0.550	0.813	1.612
	不锈钢焊丝 1Cr18Ni9Ti		kg	0.034	0.042	0.058	0.072	0.098	0.119	0.194
	氩气		m^3	0.094	0.117	0.162	0.202	0.275	0.334	0.545
	铈钨棒		g	0.147	0.165	0.218	0.253	0.334	0.398	0.551
	尼龙砂轮片 $\phi100\times16\times3$		片	0.197	0.283	0.343	0.436	0.588	0.731	1.240
	尼龙砂轮片 $\phi500\times25\times4$		片	0.030	0.048	0.066	0.090	—	—	—
	耐酸无石棉橡胶板(综合)		kg	0.056	0.072	0.104	0.136	0.184	0.224	0.264
	丙酮		kg	0.029	0.038	0.045	0.058	0.067	0.080	0.110
	酸洗膏		kg	0.024	0.033	0.039	0.050	0.077	0.103	0.134
	水		t	0.048	0.006	0.008	0.010	0.011	0.014	0.019
	二硫化钼		kg	0.004	0.004	0.006	0.006	0.013	0.013	0.013
	碎布		kg	0.009	0.011	0.014	0.016	0.020	0.025	0.034
	其他材料费		%	1.00	1.00	1.00	1.00	1.00	1.00	1.00
机械	电焊机(综合)		台班	0.064	0.095	0.124	0.166	0.215	0.283	0.439
	氩弧焊机 500A		台班	0.069	0.078	0.097	0.116	0.148	0.172	0.236
	砂轮切割机 $\phi500$		台班	0.011	0.016	0.023	0.025	—	—	—
	普通车床 630×2 000(安装用)		台班	0.018	0.029	0.033	0.033	0.034	0.035	0.040
	电焊条烘干箱 60×50×75(cm^3)		台班	0.006	0.010	0.012	0.016	0.022	0.028	0.044
	电焊条恒温箱		台班	0.006	0.010	0.012	0.016	0.022	0.028	0.044
	等离子切割机 400A		台班	—	—	—	—	0.020	0.025	0.036
	汽车式起重机 8t		台班	—	—	—	0.001	0.001	0.001	0.002
	载货汽车 - 普通货车 8t		台班	—	—	—	0.001	0.001	0.001	0.002
	电动空气压缩机 $1m^3/min$		台班	—	—	—	—	0.020	0.025	0.036
	电动空气压缩机 $6m^3/min$		台班	0.002	0.002	0.002	0.002	0.002	0.002	0.002

计量单位：副

编号			8-4-119	8-4-120	8-4-121	8-4-122	8-4-123	8-4-124
项目			公称直径（mm 以内）					
			250	300	350	400	450	500
名称		单位	消耗量					
人工	合计工日	工日	1.595	1.903	2.476	2.898	3.192	4.107
	其中 普工	工日	0.399	0.475	0.619	0.723	0.797	1.025
	其中 一般技工	工日	1.037	1.237	1.610	1.884	2.076	2.670
	其中 高级技工	工日	0.159	0.190	0.247	0.291	0.319	0.411
材料	不锈钢对焊法兰	片	（2.000）	（2.000）	（2.000）	（2.000）	（2.000）	（2.000）
	不锈钢焊条（综合）	kg	2.726	4.220	6.426	8.891	11.356	13.821
	不锈钢焊丝 1Cr18Ni9Ti	kg	0.245	0.302	0.350	0.358	0.366	0.374
	氩气	m^3	0.684	0.845	0.981	1.288	1.535	1.782
	铈钨棒	g	0.688	0.819	0.950	1.073	1.196	1.319
	尼龙砂轮片 $\phi100\times16\times3$	片	1.802	2.428	2.894	3.286	4.473	5.857
	耐酸无石棉橡胶板（综合）	kg	0.296	0.320	0.432	0.552	0.672	0.792
	丙酮	kg	0.138	0.163	0.189	0.213	0.237	0.261
	酸洗膏	kg	0.203	0.242	0.265	0.328	0.391	0.454
	水	t	0.022	0.027	0.032	0.037	0.042	0.047
	二硫化钼	kg	0.019	0.029	0.029	0.038	0.046	0.054
	碎布	kg	0.042	0.048	0.056	0.062	0.071	0.079
	其他材料费	%	1.00	1.00	1.00	1.00	1.00	1.00
机械	电焊机（综合）	台班	0.589	0.755	1.045	1.196	1.346	1.497
	氩弧焊机 500A	台班	0.304	0.358	0.362	0.393	0.401	0.408
	普通车床 630×2 000（安装用）	台班	0.048	0.058	0.074	0.090	0.107	0.123
	等离子切割机 400A	台班	0.048	0.060	0.072	0.076	0.081	0.085
	汽车式起重机 8t	台班	0.002	0.002	0.002	0.003	0.004	0.004
	载货汽车－普通货车 8t	台班	0.002	0.002	0.002	0.003	0.004	0.004
	电动空气压缩机 $1m^3/min$	台班	0.048	0.060	0.072	0.076	0.081	0.085
	电动空气压缩机 $6m^3/min$	台班	0.002	0.002	0.002	0.002	0.002	0.002
	电焊条烘干箱 60×50×75（cm^3）	台班	0.059	0.075	0.104	0.120	0.134	0.150
	电焊条恒温箱	台班	0.059	0.075	0.104	0.120	0.134	0.150

8. 不锈钢对焊法兰（氩弧焊）

工作内容：准备工作，管子切口，坡口加工，焊接，焊缝钝化，法兰连接，螺栓涂二硫化钼。

计量单位：副

编号			8-4-125	8-4-126	8-4-127	8-4-128	8-4-129	8-4-130
项目			公称直径（mm 以内）					
			15	20	25	32	40	50
名称		单位	消耗量					
人工	合计工日	工日	0.241	0.284	0.360	0.423	0.469	0.541
	其中 普工	工日	0.060	0.071	0.091	0.105	0.116	0.135
	其中 一般技工	工日	0.157	0.185	0.233	0.274	0.305	0.353
	其中 高级技工	工日	0.025	0.028	0.037	0.043	0.048	0.054
材料	不锈钢对焊法兰	片	（2.000）	（2.000）	（2.000）	（2.000）	（2.000）	（2.000）
	不锈钢焊丝 1Cr18Ni9Ti	kg	0.015	0.018	0.026	0.034	0.050	0.088
	氩气	m^3	0.042	0.052	0.074	0.094	0.142	0.246
	铈钨棒	g	0.080	0.098	0.144	0.179	0.275	0.478
	尼龙砂轮片 $\phi100\times16\times3$	片	0.026	0.075	0.095	0.119	0.142	0.197
	尼龙砂轮片 $\phi500\times25\times4$	片	0.008	0.010	0.019	0.022	0.027	0.032
	耐酸无石棉橡胶板（综合）	kg	0.016	0.016	0.032	0.032	0.048	0.060
	丙酮	kg	0.010	0.010	0.015	0.017	0.024	0.031
	酸洗膏	kg	0.008	0.009	0.013	0.016	0.020	0.024
	水	t	0.002	0.002	0.003	0.003	0.003	0.005
	二硫化钼	kg	0.002	0.002	0.002	0.004	0.004	0.003
	碎布	kg	0.003	0.005	0.005	0.007	0.007	0.009
	其他材料费	%	1.00	1.00	1.00	1.00	1.00	1.00
机械	氩弧焊机 500A	台班	0.030	0.036	0.047	0.060	0.071	0.112
	砂轮切割机 $\phi500$	台班	0.001	0.002	0.006	0.007	0.008	0.012
	普通车床 630×2 000（安装用）	台班	0.011	0.011	0.013	0.013	0.015	0.020
	电动空气压缩机 $6m^3/min$	台班	0.002	0.002	0.002	0.002	0.002	0.002

计量单位：副

编号			8-4-131	8-4-132	8-4-133	8-4-134	8-4-135	8-4-136
项目			公称直径（mm 以内）					
			65	80	100	125	150	200
名称		单位	消耗量					
人工	合计工日	工日	0.627	0.697	0.872	1.047	1.245	1.605
	其中 普工	工日	0.157	0.174	0.217	0.262	0.312	0.400
	其中 一般技工	工日	0.408	0.453	0.567	0.681	0.809	1.045
	其中 高级技工	工日	0.062	0.070	0.088	0.104	0.124	0.161
材料	不锈钢对焊法兰	片	（2.000）	（2.000）	（2.000）	（2.000）	（2.000）	（2.000）
	不锈钢焊丝 1Cr18Ni9Ti	kg	0.146	0.192	0.296	0.386	0.549	1.058
	氩气	m^3	0.411	0.539	0.829	1.080	1.538	2.962
	铈钨棒	g	0.802	1.049	1.605	2.088	2.980	5.640
	尼龙砂轮片 $\phi100\times16\times3$	片	0.283	0.343	0.436	0.588	0.731	1.240
	尼龙砂轮片 $\phi500\times25\times4$	片	0.051	0.071	0.095	—	—	—
	耐酸无石棉橡胶板（综合）	kg	0.077	0.111	0.145	0.196	0.238	0.281
	丙酮	kg	0.041	0.048	0.061	0.071	0.085	0.117
	酸洗膏	kg	0.034	0.040	0.051	0.079	0.105	0.137
	水	t	0.007	0.009	0.010	0.012	0.015	0.020
	二硫化钼	kg	0.003	0.005	0.005	0.011	0.011	0.011
	碎布	kg	0.011	0.015	0.016	0.020	0.025	0.034
	其他材料费	%	1.00	1.00	1.00	1.00	1.00	1.00
机械	氩弧焊机 500A	台班	0.156	0.185	0.309	0.340	0.445	0.587
	等离子切割机 400A	台班	—	—	—	0.023	0.029	0.041
	砂轮切割机 $\phi500$	台班	0.018	0.026	0.029	—	—	—
	普通车床 630×2 000（安装用）	台班	0.032	0.034	0.037	0.038	0.040	0.045
	汽车式起重机 8t	台班	—	—	0.001	0.001	0.001	0.002
	载货汽车－普通货车 8t	台班	—	—	0.001	0.001	0.001	0.002
	电动空气压缩机 $1m^3/min$	台班	—	—	—	0.023	0.029	0.041
	电动空气压缩机 $6m^3/min$	台班	0.002	0.002	0.002	0.002	0.002	0.002

9. 不锈钢翻边活动法兰(电弧焊)

工作内容: 准备工作,管子切口,坡口加工,坡口磨平,管口组对,焊接,焊缝钝化,法兰连接,螺栓涂二硫化钼。

计量单位:副

编号				8-4-137	8-4-138	8-4-139	8-4-140	8-4-141	8-4-142	8-4-143
项目				公称直径(mm 以内)						
				15	20	25	32	40	50	65
名称			单位	消耗量						
人工	合计工日		工日	0.220	0.250	0.397	0.434	0.482	0.525	0.737
	其中	普工	工日	0.055	0.063	0.099	0.109	0.120	0.131	0.184
		一般技工	工日	0.143	0.162	0.258	0.282	0.314	0.341	0.479
		高级技工	工日	0.022	0.025	0.040	0.043	0.048	0.053	0.074
材料	低压不锈钢翻边短管		个	(2.000)	(2.000)	(2.000)	(2.000)	(2.000)	(2.000)	(2.000)
	活动法兰		片	(2.000)	(2.000)	(2.000)	(2.000)	(2.000)	(2.000)	(2.000)
	不锈钢焊条(综合)		kg	0.036	0.040	0.056	0.069	0.079	0.110	0.141
	尼龙砂轮片 $\phi100\times16\times3$		片	0.072	0.089	0.113	0.140	0.163	0.231	0.306
	尼龙砂轮片 $\phi500\times25\times4$		片	0.007	0.010	0.022	0.026	0.030	0.030	0.044
	耐酸无石棉橡胶板(综合)		kg	0.011	0.021	0.043	0.043	0.064	0.075	0.096
	丙酮		kg	0.015	0.017	0.024	0.028	0.032	0.039	0.051
	氢氧化钠(烧碱)		kg	0.043	0.043	0.064	0.086	0.107	0.128	0.171
	酸洗膏		kg	0.008	0.009	0.013	0.016	0.020	0.024	0.033
	水		t	0.002	0.002	0.004	0.004	0.004	0.006	0.009
	二硫化钼		kg	0.002	0.002	0.002	0.004	0.004	0.004	0.004
	碎布		kg	0.047	0.049	0.049	0.062	0.073	0.076	0.090
	其他材料费		%	1.00	1.00	1.00	1.00	1.00	1.00	1.00
机械	电焊机(综合)		台班	0.017	0.022	0.037	0.053	0.078	0.094	0.134
	砂轮切割机 $\phi500$		台班	0.001	0.002	0.007	0.007	0.008	0.008	0.015
	电动空气压缩机 $6m^3/min$		台班	0.002	0.002	0.002	0.002	0.002	0.002	0.002
	电焊条烘干箱 $60\times50\times75(cm^3)$		台班	0.002	0.002	0.004	0.006	0.008	0.010	0.014
	电焊条恒温箱		台班	0.002	0.002	0.004	0.006	0.008	0.010	0.014

计量单位：副

编号			8-4-144	8-4-145	8-4-146	8-4-147	8-4-148	8-4-149	8-4-150
项目			公称直径（mm 以内）						
			80	100	125	150	200	250	300
名称		单位	消耗量						
人工	合计工日	工日	0.831	1.064	1.195	1.327	1.576	1.950	2.751
	其中 普工	工日	0.207	0.266	0.298	0.332	0.394	0.487	0.687
	其中 一般技工	工日	0.541	0.692	0.777	0.862	1.025	1.268	1.788
	其中 高级技工	工日	0.083	0.106	0.120	0.133	0.157	0.195	0.275
材料	低压不锈钢翻边短管	个	（2.000）	（2.000）	（2.000）	（2.000）	（2.000）	（2.000）	（2.000）
	活动法兰	片	（2.000）	（2.000）	（2.000）	（2.000）	（2.000）	（2.000）	（2.000）
	不锈钢焊条（综合）	kg	0.221	0.275	0.504	0.603	1.060	1.712	2.435
	尼龙砂轮片 $\phi100\times16\times3$	片	0.584	0.750	1.047	1.278	2.227	3.151	4.282
	尼龙砂轮片 $\phi500\times25\times4$	片	0.054	0.078	—	—	—	—	—
	耐酸无石棉橡胶板（综合）	kg	0.139	0.182	0.246	0.300	0.353	0.396	0.428
	丙酮	kg	0.060	0.077	0.090	0.107	0.148	0.184	0.218
	氢氧化钠（烧碱）	kg	0.171	0.214	0.300	0.364	0.407	0.514	0.621
	酸洗膏	kg	0.039	0.050	0.077	0.103	0.134	0.203	0.242
	水	t	0.011	0.013	0.015	0.019	0.026	0.030	0.036
	二硫化钼	kg	0.006	0.006	0.013	0.013	0.013	0.019	0.029
	碎布	kg	0.094	0.107	0.123	0.129	0.141	0.152	0.182
	其他材料费	%	1.00	1.00	1.00	1.00	1.00	1.00	1.00
机械	电焊机（综合）	台班	0.157	0.184	0.188	0.202	0.292	0.435	0.577
	等离子切割机 400A	台班	0.040	0.053	0.086	0.105	0.145	0.189	0.231
	砂轮切割机 $\phi500$	台班	0.016	0.027	—	—	—	—	—
	汽车式起重机 8t	台班	—	0.001	0.001	0.001	0.002	0.002	0.003
	载货汽车－普通货车 8t	台班	—	0.001	0.001	0.001	0.002	0.002	0.003
	电动空气压缩机 $1m^3/min$	台班	0.040	0.053	0.086	0.105	0.145	0.189	0.231
	电动空气压缩机 $6m^3/min$	台班	0.002	0.002	0.002	0.002	0.002	0.002	0.002
	电焊条烘干箱 $60\times50\times75(cm^3)$	台班	0.015	0.019	0.019	0.020	0.029	0.044	0.057
	电焊条恒温箱	台班	0.015	0.019	0.019	0.020	0.029	0.044	0.057

计量单位：副

编　号			8-4-151	8-4-152	8-4-153	8-4-154	8-4-155	8-4-156	8-4-157
项　目			公称直径（mm 以内）						
			350	400	450	500	600	700	800
名　称		单位	消　耗　量						
人工	合计工日	工日	3.109	3.474	3.552	3.939	4.883	5.546	6.258
人工	其中 普工	工日	0.777	0.869	0.888	0.985	1.220	1.387	1.564
人工	其中 一般技工	工日	2.021	2.258	2.308	2.561	3.175	3.605	4.068
人工	其中 高级技工	工日	0.311	0.348	0.355	0.393	0.488	0.554	0.626
材料	低压不锈钢翻边短管	个	（2.000）	（2.000）	（2.000）	（2.000）	（2.000）	（2.000）	（2.000）
材料	活动法兰	片	（2.000）	（2.000）	（2.000）	（2.000）	（2.000）	（2.000）	（2.000）
材料	不锈钢焊条（综合）	kg	2.828	3.200	4.945	7.189	4.298	4.324	6.656
材料	尼龙砂轮片 $\phi100\times16\times3$	片	5.047	5.709	7.975	10.627	8.110	7.239	10.493
材料	耐酸无石棉橡胶板（综合）	kg	0.578	0.738	0.867	0.888	0.899	1.102	1.241
材料	丙酮	kg	0.253	0.285	0.321	0.375	0.424	0.484	0.552
材料	氢氧化钠（烧碱）	kg	0.728	0.813	0.920	0.920	1.177	1.177	1.370
材料	酸洗膏	kg	0.265	0.328	0.369	0.418	0.506	0.636	0.811
材料	水	t	0.043	0.049	0.056	0.060	0.073	0.081	0.094
材料	角钢（综合）	kg	—	—	0.214	0.214	0.214	0.235	0.235
材料	二硫化钼	kg	0.029	0.038	0.038	0.038	0.049	0.049	0.049
材料	碎布	kg	0.193	0.212	0.225	0.293	0.310	0.327	0.360
材料	其他材料费	%	1.00	1.00	1.00	1.00	1.00	1.00	1.00
机械	电焊机（综合）	台班	0.669	0.758	0.853	1.046	1.251	1.432	1.584
机械	等离子切割机 400A	台班	0.268	0.304	0.318	0.352	0.428	0.488	0.567
机械	汽车式起重机 8t	台班	0.004	0.005	0.006	0.006	0.007	0.009	0.010
机械	载货汽车－普通货车 8t	台班	0.004	0.005	0.006	0.006	0.007	0.009	0.010
机械	电动空气压缩机 $1m^3/min$	台班	0.268	0.304	0.318	0.352	0.428	0.488	0.567
机械	电动空气压缩机 $6m^3/min$	台班	0.002	0.002	0.004	0.004	0.004	0.004	0.007
机械	电焊条烘干箱 $60\times50\times75(cm^3)$	台班	0.067	0.076	0.085	0.104	0.125	0.143	0.159
机械	电焊条恒温箱	台班	0.067	0.076	0.085	0.104	0.125	0.143	0.159

计量单位：副

编号				8-4-158	8-4-159	8-4-160	8-4-161
项目				公称直径（mm 以内）			
				900	1 000	1 200	1 400
名称			单位	消耗量			
人工	合计工日		工日	7.203	7.989	9.506	11.170
	其中	普工	工日	1.800	1.997	2.376	2.793
		一般技工	工日	4.683	5.193	6.179	7.261
		高级技工	工日	0.720	0.799	0.951	1.117
材料	低压不锈钢翻边短管		个	（2.000）	（2.000）	（2.000）	（2.000）
	活动法兰		片	（2.000）	（2.000）	（2.000）	（2.000）
	不锈钢焊条（综合）		kg	8.352	9.266	11.093	16.915
	尼龙砂轮片 $\phi100\times16\times3$		片	12.153	13.481	16.139	23.573
	耐酸无石棉橡胶板（综合）		kg	1.391	1.402	1.562	2.311
	丙酮		kg	0.618	0.685	0.779	0.873
	氢氧化钠（烧碱）		kg	1.562	1.990	2.386	2.782
	酸洗膏		kg	1.014	1.267	1.980	3.094
	水		t	0.105	0.116	0.139	0.162
	角钢（综合）		kg	0.235	0.235	0.315	0.315
	二硫化钼		kg	0.064	0.064	0.064	0.083
	碎布		kg	0.379	0.409	0.448	0.499
	其他材料费		%	1.00	1.00	1.00	1.00
机械	电焊机（综合）		台班	1.977	2.194	2.626	3.204
	等离子切割机 400A		台班	0.655	0.727	0.870	1.062
	汽车式起重机 8t		台班	0.011	0.014	0.016	0.021
	载货汽车－普通货车 8t		台班	0.011	0.014	0.016	0.021
	电动空气压缩机 $1m^3/min$		台班	0.655	0.727	0.870	1.062
	电动空气压缩机 $6m^3/min$		台班	0.007	0.007	0.008	0.009
	电焊条烘干箱 $60\times50\times75$（cm^3）		台班	0.198	0.219	0.262	0.321
	电焊条恒温箱		台班	0.198	0.219	0.262	0.321

10. 不锈钢翻边活动法兰（氩弧焊）

工作内容：准备工作，管子切口，坡口加工，管口组对，焊接，焊缝钝化，法兰连接，螺栓涂二硫化钼。

计量单位：副

编号				8-4-162	8-4-163	8-4-164	8-4-165	8-4-166	8-4-167
项目				公称直径（mm 以内）					
				15	20	25	32	40	50
名称			单位	消耗量					
人工	合计工日		工日	0.282	0.318	0.429	0.473	0.554	0.648
	其中	普工	工日	0.071	0.080	0.107	0.118	0.139	0.162
		一般技工	工日	0.183	0.207	0.279	0.307	0.360	0.421
		高级技工	工日	0.028	0.031	0.043	0.048	0.055	0.065
材料	低压不锈钢翻边短管		个	（2.000）	（2.000）	（2.000）	（2.000）	（2.000）	（2.000）
	活动法兰		片	（2.000）	（2.000）	（2.000）	（2.000）	（2.000）	（2.000）
	不锈钢焊丝 1Cr18Ni9Ti		kg	0.032	0.045	0.064	0.080	0.115	0.134
	氩气		m^3	0.037	0.051	0.071	0.091	0.131	0.142
	铈钨棒		g	0.067	0.091	0.127	0.157	0.236	0.249
	尼龙砂轮片 $\phi100\times16\times3$		片	0.037	0.045	0.061	0.075	0.089	0.122
	尼龙砂轮片 $\phi500\times25\times4$		片	0.007	0.010	0.022	0.026	0.030	0.030
	耐酸无石棉橡胶板（综合）		kg	0.011	0.021	0.043	0.043	0.064	0.075
	丙酮		kg	0.015	0.017	0.024	0.028	0.032	0.039
	氢氧化钠（烧碱）		kg	0.043	0.043	0.064	0.086	0.107	0.128
	酸洗膏		kg	0.008	0.009	0.013	0.016	0.020	0.024
	水		t	0.002	0.002	0.004	0.004	0.004	0.006
	二硫化钼		kg	0.002	0.002	0.002	0.004	0.004	0.004
	碎布		kg	0.047	0.049	0.049	0.062	0.073	0.076
	其他材料费		%	1.00	1.00	1.00	1.00	1.00	1.00
机械	氩弧焊机 500A		台班	0.088	0.103	0.136	0.167	0.191	0.204
	砂轮切割机 $\phi500$		台班	0.001	0.002	0.007	0.007	0.008	0.008
	普通车床 630×2 000（安装用）		台班	—	—	—	—	0.016	0.018
	电动空气压缩机 $6m^3/min$		台班	0.002	0.002	0.002	0.002	0.002	0.002

计量单位：副

编号			8-4-168	8-4-169	8-4-170	8-4-171	8-4-172	8-4-173
项目			公称直径（mm 以内）					
			65	80	100	125	150	200
名称		单位	消耗量					
人工	合计工日	工日	0.888	1.016	1.201	1.512	1.796	2.159
	其中 普工	工日	0.223	0.253	0.300	0.378	0.450	0.539
	其中 一般技工	工日	0.577	0.661	0.781	0.983	1.167	1.403
	其中 高级技工	工日	0.088	0.102	0.120	0.151	0.179	0.216
材料	低压不锈钢翻边短管	个	(2.000)	(2.000)	(2.000)	(2.000)	(2.000)	(2.000)
	活动法兰	片	(2.000)	(2.000)	(2.000)	(2.000)	(2.000)	(2.000)
	不锈钢焊丝 1Cr18Ni9Ti	kg	0.209	0.245	0.335	0.343	0.473	1.255
	氩气	m^3	0.154	0.190	0.265	0.322	0.398	0.567
	铈钨棒	g	0.260	0.307	0.398	0.468	0.559	0.773
	尼龙砂轮片 $\phi100\times16\times3$	片	0.157	0.212	0.272	0.384	0.494	0.775
	尼龙砂轮片 $\phi500\times25\times4$	片	0.044	0.054	0.078	—	—	—
	耐酸无石棉橡胶板（综合）	kg	0.096	0.139	0.182	0.246	0.300	0.353
	丙酮	kg	0.051	0.060	0.077	0.090	0.107	0.148
	氢氧化钠（烧碱）	kg	0.171	0.171	0.214	0.300	0.364	0.407
	酸洗膏	kg	0.033	0.039	0.050	0.077	0.103	0.134
	水	t	0.009	0.011	0.013	0.015	0.019	0.026
	二硫化钼	kg	0.004	0.006	0.006	0.013	0.013	0.013
	碎布	kg	0.090	0.094	0.107	0.123	0.129	0.141
	其他材料费	%	1.00	1.00	1.00	1.00	1.00	1.00
机械	氩弧焊机 500A	台班	0.220	0.255	0.327	0.387	0.452	0.611
	等离子切割机 400A	台班	—	—	—	0.025	0.031	0.043
	砂轮切割机 $\phi500$	台班	0.015	0.016	0.027	—	—	—
	普通车床 630×2 000（安装用）	台班	0.021	0.022	0.028	0.031	0.043	0.044
	电动葫芦单速 3t	台班	0.021	0.022	0.028	0.031	0.043	0.044
	汽车式起重机 8t	台班	—	—	0.001	0.001	0.001	0.002
	载货汽车－普通货车 8t	台班	—	—	0.001	0.001	0.001	0.002
	电动空气压缩机 $1m^3/min$	台班	—	—	—	0.025	0.031	0.043
	电动空气压缩机 $6m^3/min$	台班	0.002	0.002	0.002	0.002	0.002	0.002

计量单位：副

编号				8-4-174	8-4-175	8-4-176	8-4-177	8-4-178	8-4-179
项目				公称直径（mm 以内）					
				250	300	350	400	450	500
名称			单位	消耗量					
人工	合计工日		工日	2.703	3.146	3.557	3.971	4.431	4.947
	其中	普工	工日	0.676	0.787	0.889	0.993	1.108	1.236
		一般技工	工日	1.756	2.045	2.312	2.581	2.880	3.216
		高级技工	工日	0.271	0.314	0.356	0.397	0.444	0.495
材料	低压不锈钢翻边短管		个	（2.000）	（2.000）	（2.000）	（2.000）	（2.000）	（2.000）
	活动法兰		片	（2.000）	（2.000）	（2.000）	（2.000）	（2.000）	（2.000）
	不锈钢焊丝 1Cr18Ni9Ti		kg	2.611	3.461	4.020	4.548	5.144	5.820
	氩气		m^3	0.731	0.928	1.160	1.411	1.716	2.087
	铈钨棒		g	0.957	1.138	1.329	1.508	1.711	1.942
	尼龙砂轮片 $\phi100\times16\times3$		片	0.890	1.058	1.199	1.491	1.854	2.306
	耐酸无石棉橡胶板（综合）		kg	0.396	0.428	0.578	0.738	0.942	1.203
	丙酮		kg	0.184	0.218	0.253	0.285	0.321	0.362
	氢氧化钠（烧碱）		kg	0.514	0.621	0.728	0.813	0.908	1.014
	酸洗膏		kg	0.203	0.242	0.265	0.328	0.406	0.503
	水		t	0.030	0.036	0.043	0.049	0.055	0.061
	二硫化钼		kg	0.019	0.029	0.029	0.038	0.038	0.047
	碎布		kg	0.152	0.182	0.193	0.212	0.232	0.252
	其他材料费		%	1.00	1.00	1.00	1.00	1.00	1.00
机械	氩弧焊机 500A		台班	0.786	0.919	1.022	1.162	1.323	1.504
	等离子切割机 400A		台班	0.056	0.068	0.079	0.090	0.102	0.117
	普通车床 630×2 000（安装用）		台班	0.048	0.051	0.054	0.055	0.057	0.059
	电动葫芦单速 3t		台班	0.048	0.051	0.054	0.055	0.057	0.059
	汽车式起重机 8t		台班	0.002	0.003	0.004	0.005	0.006	0.007
	载货汽车－普通货车 8t		台班	0.002	0.003	0.004	0.005	0.006	0.007
	电动空气压缩机 $1m^3/min$		台班	0.056	0.068	0.079	0.090	0.102	0.117
	电动空气压缩机 $6m^3/min$		台班	0.002	0.002	0.002	0.002	0.002	0.002

11. 合金钢平焊法兰(电弧焊)

工作内容:准备工作,管子切口,磨平,管口组对,焊接,法兰连接,螺栓涂二硫化钼。 **计量单位:**副

编号				8-4-180	8-4-181	8-4-182	8-4-183	8-4-184	8-4-185
项目				公称直径(mm 以内)					
				15	20	25	32	40	50
名称			单位	消耗量					
人工	合计工日		工日	0.171	0.193	0.238	0.269	0.308	0.351
	其中	普工	工日	0.043	0.048	0.061	0.068	0.077	0.087
		一般技工	工日	0.112	0.125	0.154	0.175	0.200	0.228
		高级技工	工日	0.016	0.020	0.023	0.026	0.031	0.036
材料	合金钢平焊法兰		片	(2.000)	(2.000)	(2.000)	(2.000)	(2.000)	(2.000)
	合金钢焊条		kg	0.060	0.066	0.085	0.097	0.109	0.150
	氧气		m^3	0.005	0.006	0.007	0.008	0.008	0.012
	乙炔气		kg	0.002	0.002	0.003	0.003	0.003	0.005
	尼龙砂轮片 $\phi100\times16\times3$		片	0.026	0.050	0.083	0.092	0.131	0.158
	尼龙砂轮片 $\phi500\times25\times4$		片	0.007	0.009	0.014	0.019	0.021	0.031
	磨头		个	0.027	0.031	0.037	0.044	0.052	0.063
	无石棉橡胶板 低压 δ0.8~6.0		kg	0.012	0.024	0.047	0.047	0.071	0.083
	清油 C01-1		kg	0.012	0.012	0.012	0.012	0.012	0.012
	丙酮		kg	0.017	0.019	0.026	0.031	0.035	0.042
	白铅油		kg	0.035	0.035	0.035	0.035	0.035	0.047
	二硫化钼		kg	0.002	0.002	0.002	0.004	0.004	0.004
	碎布		kg	0.014	0.017	0.017	0.031	0.031	0.033
	其他材料费		%	1.00	1.00	1.00	1.00	1.00	1.00
机械	电焊机(综合)		台班	0.036	0.044	0.053	0.061	0.068	0.076
	砂轮切割机 $\phi500$		台班	0.001	0.001	0.004	0.006	0.007	0.008
	电焊条烘干箱 $60\times50\times75$(cm^3)		台班	0.003	0.004	0.006	0.006	0.006	0.007
	电焊条恒温箱		台班	0.003	0.004	0.006	0.006	0.006	0.007

计量单位：副

编　号			8-4-186	8-4-187	8-4-188	8-4-189	8-4-190	8-4-191
项　目			公称直径（mm 以内）					
			65	80	100	125	150	200
名　称		单位	消　耗　量					
人工	合计工日	工日	0.406	0.451	0.508	0.539	0.585	0.851
人工	其中 普工	工日	0.101	0.114	0.128	0.135	0.146	0.213
人工	其中 一般技工	工日	0.265	0.292	0.329	0.350	0.380	0.553
人工	其中 高级技工	工日	0.040	0.045	0.051	0.054	0.059	0.085
材料	合金钢平焊法兰	片	（2.000）	（2.000）	（2.000）	（2.000）	（2.000）	（2.000）
材料	合金钢焊条	kg	0.280	0.317	0.391	0.457	0.562	1.407
材料	氧气	m^3	0.017	0.019	0.028	0.032	0.170	0.260
材料	乙炔气	kg	0.006	0.007	0.011	0.012	0.065	0.100
材料	尼龙砂轮片 $\phi100 \times 16 \times 3$	片	0.189	0.302	0.417	0.502	0.617	0.944
材料	尼龙砂轮片 $\phi500 \times 25 \times 4$	片	0.045	0.053	0.077	0.084	—	—
材料	磨头	个	0.083	0.097	0.118	—	—	—
材料	无石棉橡胶板 低压 $\delta0.8$~6.0	kg	0.106	0.153	0.201	0.271	0.330	0.389
材料	清油 C01-1	kg	0.012	0.024	0.024	0.024	0.035	0.035
材料	丙酮	kg	0.059	0.071	0.085	0.099	0.118	0.163
材料	白铅油	kg	0.059	0.083	0.118	0.142	0.165	0.201
材料	二硫化钼	kg	0.004	0.006	0.006	0.013	0.013	0.013
材料	碎布	kg	0.035	0.050	0.052	0.054	0.061	0.080
材料	其他材料费	%	1.00	1.00	1.00	1.00	1.00	1.00
机械	电焊机（综合）	台班	0.113	0.134	0.167	0.178	0.209	0.476
机械	半自动切割机 100mm	台班	—	—	—	—	0.016	0.022
机械	砂轮切割机 $\phi500$	台班	0.011	0.012	0.017	0.020	—	—
机械	汽车式起重机 8t	台班	—	—	0.001	0.001	0.001	0.002
机械	载货汽车－普通货车 8t	台班	—	—	0.001	0.001	0.001	0.002
机械	电焊条烘干箱 60×50×75（cm^3）	台班	0.011	0.014	0.017	0.018	0.021	0.048
机械	电焊条恒温箱	台班	0.011	0.014	0.017	0.018	0.021	0.048

计量单位：副

编号			8-4-192	8-4-193	8-4-194	8-4-195	8-4-196	8-4-197	8-4-198
项目			公称直径（mm 以内）						
			250	300	350	400	450	500	600
名称		单位	消耗量						
人工	合计工日	工日	1.139	1.424	1.587	1.805	2.134	2.438	2.533
	其中 普工	工日	0.285	0.356	0.397	0.451	0.533	0.610	0.633
	其中 一般技工	工日	0.741	0.925	1.031	1.174	1.388	1.585	1.646
	其中 高级技工	工日	0.113	0.142	0.158	0.180	0.214	0.244	0.254
材料	合金钢平焊法兰	片	(2.000)	(2.000)	(2.000)	(2.000)	(2.000)	(2.000)	(2.000)
	合金钢焊条	kg	2.859	3.539	5.289	5.977	7.433	8.914	11.851
	氧气	m^3	0.389	0.438	0.561	0.630	0.708	0.832	1.034
	乙炔气	kg	0.150	0.168	0.216	0.242	0.272	0.320	0.398
	尼龙砂轮片 $\phi100 \times 16 \times 3$	片	1.392	1.927	2.181	3.096	3.610	4.140	4.902
	无石棉橡胶板 低压 δ0.8~6.0	kg	0.437	0.472	0.637	0.814	0.956	0.979	1.144
	清油 C01-1	kg	0.047	0.059	0.071	0.083	0.094	0.094	0.105
	丙酮	kg	0.203	0.241	0.278	0.316	0.356	0.394	0.472
	白铅油	kg	0.236	0.295	0.354	0.354	0.413	0.413	0.472
	二硫化钼	kg	0.019	0.029	0.029	0.038	0.038	0.038	0.047
	碎布	kg	0.087	0.106	0.127	0.146	0.165	0.172	0.190
	其他材料费	%	1.00	1.00	1.00	1.00	1.00	1.00	1.00
机械	电焊机（综合）	台班	0.670	0.821	0.866	0.978	1.203	1.434	1.890
	半自动切割机 100mm	台班	0.031	0.033	0.040	0.045	0.051	0.060	0.076
	汽车式起重机 8t	台班	0.002	0.004	0.005	0.006	0.007	0.007	0.008
	载货汽车－普通货车 8t	台班	0.002	0.004	0.005	0.006	0.007	0.007	0.008
	电焊条烘干箱 $60 \times 50 \times 75$（cm^3）	台班	0.067	0.082	0.087	0.098	0.121	0.143	0.189
	电焊条恒温箱	台班	0.067	0.082	0.087	0.098	0.121	0.143	0.189

12. 合金钢对焊法兰（氩电联焊）

工作内容：准备工作，管子切口，坡口加工，管口组对，焊接，法兰连接，螺栓涂二硫化钼。

计量单位：副

编号				8-4-199	8-4-200	8-4-201	8-4-202	8-4-203	8-4-204
项目				公称直径（mm 以内）					
				15	20	25	32	40	50
名称			单位	消耗量					
人工	合计工日		工日	0.200	0.235	0.297	0.350	0.388	0.448
	其中	普工	工日	0.049	0.059	0.075	0.087	0.097	0.112
		一般技工	工日	0.130	0.153	0.192	0.227	0.252	0.291
		高级技工	工日	0.021	0.023	0.030	0.036	0.039	0.045
材料	合金钢对焊法兰		片	（2.000）	（2.000）	（2.000）	（2.000）	（2.000）	（2.000）
	合金钢焊条		kg	—	—	—	—	—	0.132
	合金钢焊丝		kg	0.021	0.038	0.052	0.064	0.073	0.027
	氧气		m^3	0.007	0.008	0.009	0.011	0.015	0.015
	乙炔气		kg	0.003	0.003	0.004	0.004	0.006	0.006
	氩气		m^3	0.059	0.106	0.145	0.179	0.205	0.077
	铈钨棒		g	0.119	0.212	0.289	0.359	0.411	0.155
	尼龙砂轮片 $\phi100\times16\times3$		片	0.027	0.053	0.085	0.098	0.135	0.147
	尼龙砂轮片 $\phi500\times25\times4$		片	0.009	0.015	0.019	0.024	0.028	0.034
	磨头		个	0.027	0.031	0.037	0.044	0.052	0.050
	无石棉橡胶板 低压 $\delta0.8\sim6.0$		kg	0.012	0.024	0.047	0.047	0.071	0.066
	清油 C01-1		kg	0.012	0.012	0.012	0.012	0.012	0.009
	丙酮		kg	0.017	0.019	0.026	0.031	0.047	0.047
	白铅油		kg	0.035	0.035	0.035	0.035	0.035	0.038
	二硫化钼		kg	0.002	0.002	0.002	0.004	0.004	0.003
	碎布		kg	0.014	0.017	0.017	0.031	0.031	0.026
	其他材料费		%	1.00	1.00	1.00	1.00	1.00	1.00
机械	电焊机（综合）		台班	—	—	—	—	—	0.082
	氩弧焊机 500A		台班	0.027	0.038	0.052	0.064	0.073	0.041
	砂轮切割机 $\phi500$		台班	0.001	0.004	0.005	0.007	0.007	0.009
	普通车床 630×2 000（安装用）		台班	0.013	0.015	0.015	0.016	0.017	0.022
	电焊条烘干箱 60×50×75（cm^3）		台班	—	—	—	—	—	0.008
	电焊条恒温箱		台班	—	—	—	—	—	0.008

计量单位：副

编号			8-4-205	8-4-206	8-4-207	8-4-208	8-4-209	8-4-210
项目			公称直径（mm 以内）					
			65	80	100	125	150	200
名称		单位	消耗量					
人工	合计工日	工日	0.519	0.577	0.719	0.864	1.028	1.326
	其中 普工	工日	0.130	0.144	0.179	0.216	0.258	0.330
	其中 一般技工	工日	0.337	0.375	0.468	0.562	0.668	0.863
	其中 高级技工	工日	0.052	0.058	0.072	0.086	0.102	0.133
材料	合金钢对焊法兰	片	（2.000）	（2.000）	（2.000）	（2.000）	（2.000）	（2.000）
	合金钢焊条	kg	0.256	0.424	0.519	0.555	1.029	1.940
	合金钢焊丝	kg	0.039	0.045	0.059	0.076	0.091	0.117
	氧气	m^3	0.126	0.143	0.222	0.295	0.399	1.119
	乙炔气	kg	0.049	0.055	0.085	0.114	0.154	0.430
	氩气	m^3	0.129	0.153	0.198	0.235	0.282	0.389
	铈钨棒	g	0.218	0.255	0.330	0.407	0.493	0.645
	尼龙砂轮片 $\phi100\times16\times3$	片	0.207	0.316	0.376	0.492	0.607	0.930
	尼龙砂轮片 $\phi500\times25\times4$	片	0.052	0.065	0.086	0.102	—	—
	磨头	个	0.066	0.066	0.118	—	—	—
	无石棉橡胶板 低压 $\delta0.8\sim6.0$	kg	0.085	0.123	0.160	0.217	0.264	0.312
	清油 C01-1	kg	0.009	0.019	0.019	0.022	0.028	0.028
	丙酮	kg	0.047	0.059	0.081	0.082	0.098	0.098
	白铅油	kg	0.038	0.066	0.113	0.113	0.132	0.160
	二硫化钼	kg	0.004	0.006	0.006	0.013	0.013	0.013
	碎布	kg	0.028	0.030	0.049	0.049	0.058	0.065
	其他材料费	%	1.00	1.00	1.00	1.00	1.00	1.00
机械	电焊机（综合）	台班	0.111	0.149	0.177	0.191	0.308	0.454
	氩弧焊机 500A	台班	0.057	0.067	0.089	0.112	0.133	0.174
	砂轮切割机 $\phi500$	台班	0.012	0.013	0.019	0.020	—	—
	普通车床 630×2 000（安装用）	台班	0.036	0.036	0.037	0.041	0.041	0.068
	电动葫芦单速 3t	台班	0.036	0.036	0.037	0.041	0.041	0.068
	汽车式起重机 8t	台班	—	—	0.001	0.001	0.001	0.002
	载货汽车－普通货车 8t	台班	—	—	0.001	0.001	0.001	0.002
	电焊条烘干箱 60×50×75（cm^3）	台班	0.011	0.015	0.018	0.019	0.031	0.045
	电焊条恒温箱	台班	0.011	0.015	0.018	0.019	0.031	0.045

计量单位：副

编　号				8-4-211	8-4-212	8-4-213	8-4-214	8-4-215	8-4-216	8-4-217
项　目				公称直径（mm 以内）						
				250	300	350	400	450	500	600
名　称			单位	消　耗　量						
人工	合计工日		工日	1.450	1.730	2.251	2.634	2.903	3.731	4.829
	其中	普工	工日	0.363	0.432	0.563	0.658	0.725	0.932	1.207
		一般技工	工日	0.942	1.124	1.463	1.712	1.887	2.426	3.140
		高级技工	工日	0.145	0.173	0.225	0.264	0.290	0.373	0.483
材料	合金钢对焊法兰		片	(2.000)	(2.000)	(2.000)	(2.000)	(2.000)	(2.000)	(2.000)
	合金钢焊条		kg	3.242	4.975	7.530	10.378	14.015	14.860	19.342
	合金钢焊丝		kg	0.146	0.175	0.190	0.228	0.258	0.274	0.320
	氧气		m^3	2.394	3.249	3.786	5.331	6.062	9.026	12.721
	乙炔气		kg	0.921	1.250	1.456	2.050	2.332	3.471	4.893
	氩气		m^3	0.484	0.578	0.669	0.756	0.853	0.949	1.142
	铈钨棒		g	0.810	0.965	1.067	1.206	1.367	1.653	2.100
	尼龙砂轮片 $\phi 100 \times 16 \times 3$		片	1.372	1.904	2.157	3.060	3.575	4.106	4.856
	无石棉橡胶板 低压 $\delta 0.8 \sim 6.0$		kg	0.349	0.378	0.510	0.651	0.765	0.784	0.917
	清油 C01-1		kg	0.038	0.047	0.047	0.057	0.057	0.057	0.067
	丙酮		kg	0.168	0.198	0.230	0.261	0.295	0.325	0.389
	白铅油		kg	0.189	0.236	0.236	0.283	0.283	0.312	0.341
	二硫化钼		kg	0.019	0.029	0.029	0.038	0.038	0.038	0.047
	碎布		kg	0.070	0.085	0.093	0.110	0.115	0.130	0.150
	其他材料费		%	1.00	1.00	1.00	1.00	1.00	1.00	1.00
机械	电焊机（综合）		台班	0.607	0.777	1.069	1.380	1.737	1.845	2.310
	氩弧焊机 500A		台班	0.217	0.258	0.299	0.338	0.382	0.424	0.510
	普通车床 630×2 000（安装用）		台班	0.083	0.105	0.122	0.160	0.192	0.299	0.438
	汽车式起重机 8t		台班	0.002	0.002	0.002	0.004	0.005	0.006	0.006
	载货汽车－普通货车 8t		台班	0.002	0.002	0.002	0.004	0.005	0.006	0.006
	电焊条烘干箱 60×50×75（cm^3）		台班	0.061	0.078	0.107	0.138	0.174	0.185	0.231
	电焊条恒温箱		台班	0.061	0.078	0.107	0.138	0.174	0.185	0.231

13. 合金钢对焊法兰(氩弧焊)

工作内容: 准备工作,管子切口,坡口加工,管口组对,焊接,法兰连接,螺栓涂二硫化钼。

计量单位: 副

		编号		8-4-218	8-4-219	8-4-220	8-4-221	8-4-222	8-4-223
项目				公称直径(mm 以内)					
				15	20	25	32	40	50
名称			单位	消耗量					
人工	合计工日		工日	0.220	0.258	0.326	0.384	0.426	0.492
	其中	普工	工日	0.054	0.065	0.082	0.096	0.106	0.123
		一般技工	工日	0.143	0.168	0.211	0.249	0.277	0.320
		高级技工	工日	0.023	0.025	0.033	0.039	0.043	0.049
材料	合金钢对焊法兰		片	(2.000)	(2.000)	(2.000)	(2.000)	(2.000)	(2.000)
	合金钢焊丝		kg	0.021	0.038	0.052	0.064	0.073	0.097
	氧气		m^3	0.007	0.008	0.009	0.011	0.015	0.015
	乙炔气		kg	0.003	0.003	0.004	0.004	0.006	0.006
	氩气		m^3	0.059	0.106	0.145	0.179	0.205	0.271
	铈钨棒		g	0.119	0.212	0.289	0.359	0.411	0.543
	尼龙砂轮片 $\phi100\times16\times3$		片	0.025	0.053	0.085	0.098	0.135	0.147
	尼龙砂轮片 $\phi500\times25\times4$		片	0.009	0.015	0.019	0.024	0.028	0.034
	磨头		个	0.027	0.031	0.037	0.044	0.052	0.055
	无石棉橡胶板 低压 $\delta0.8$~6.0		kg	0.012	0.024	0.047	0.047	0.051	0.066
	清油 C01-1		kg	0.012	0.012	0.012	0.012	0.012	0.012
	丙酮		kg	0.017	0.019	0.026	0.031	0.047	0.047
	白铅油		kg	0.035	0.035	0.035	0.035	0.035	0.038
	二硫化钼		kg	0.002	0.002	0.002	0.004	0.004	0.004
	碎布		kg	0.014	0.017	0.017	0.021	0.021	0.026
	其他材料费		%	1.00	1.00	1.00	1.00	1.00	1.00
机械	氩弧焊机 500A		台班	0.027	0.038	0.052	0.064	0.073	0.117
	砂轮切割机 $\phi500$		台班	0.001	0.004	0.005	0.007	0.007	0.009
	普通车床 630×2 000(安装用)		台班	0.013	0.015	0.015	0.016	0.017	0.022

计量单位：副

编号				8-4-224	8-4-225	8-4-226	8-4-227	8-4-228	8-4-229
项目				公称直径（mm 以内）					
				65	80	100	125	150	200
名称			单位	消耗量					
人工	合计工日		工日	0.571	0.633	0.792	0.952	1.131	1.459
	其中	普工	工日	0.143	0.158	0.197	0.238	0.283	0.364
		一般技工	工日	0.371	0.412	0.515	0.619	0.735	0.950
		高级技工	工日	0.057	0.063	0.080	0.095	0.113	0.146
材料	合金钢对焊法兰		片	（2.000）	（2.000）	（2.000）	（2.000）	（2.000）	（2.000）
	合金钢焊丝		kg	0.179	0.221	0.361	0.361	0.593	1.035
	氧气		m^3	0.023	0.027	0.035	0.039	0.215	0.357
	乙炔气		kg	0.009	0.010	0.013	0.015	0.083	0.137
	氩气		m^3	0.501	0.620	1.011	1.011	1.660	2.893
	铈钨棒		g	1.003	1.239	2.022	2.022	3.319	3.527
	尼龙砂轮片 $\phi100\times16\times3$		片	0.207	0.316	0.376	0.492	0.607	0.930
	尼龙砂轮片 $\phi500\times25\times4$		片	0.052	0.065	0.086	0.102	—	—
	磨头		个	0.066	0.081	0.100	—	—	—
	无石棉橡胶板 低压 δ0.8~6.0		kg	0.085	0.129	0.160	0.217	0.264	0.331
	清油 C01-1		kg	0.012	0.019	0.019	0.020	0.028	0.030
	丙酮		kg	0.047	0.061	0.070	0.081	0.098	0.104
	白铅油		kg	0.038	0.069	0.113	0.113	0.132	0.171
	二硫化钼		kg	0.004	0.005	0.005	0.010	0.010	0.016
	碎布		kg	0.028	0.032	0.042	0.043	0.049	0.058
	其他材料费		%	1.00	1.00	1.00	1.00	1.00	1.00
机械	氩弧焊机 500A		台班	0.164	0.193	0.314	0.374	0.494	0.597
	砂轮切割机 ϕ500		台班	0.012	0.013	0.019	0.020	—	—
	普通车床 630×2 000（安装用）		台班	0.036	0.036	0.037	0.041	0.041	0.068
	电动葫芦单速 3t		台班	0.036	0.036	0.037	0.041	0.041	0.068
	半自动切割机 100mm		台班	—	—	—	—	0.017	0.032
	汽车式起重机 8t		台班	—	—	0.001	0.001	0.001	0.002
	载货汽车－普通货车 8t		台班	—	—	0.001	0.001	0.001	0.002

14. 铝及铝合金翻边活动法兰（氩弧焊）

工作内容：准备工作，管子切口，坡口加工，坡口磨平，管口组对，焊前预热，焊接，焊缝酸洗，法兰连接，螺栓涂二硫化钼。

计量单位：副

编号				8-4-230	8-4-231	8-4-232	8-4-233	8-4-234	8-4-235
项目				管外径（mm以内）					
				18	25	30	40	50	60
名称			单位	消耗量					
人工	合计工日		工日	0.172	0.188	0.212	0.242	0.281	0.376
	其中	普工	工日	0.043	0.047	0.053	0.060	0.070	0.094
		一般技工	工日	0.112	0.122	0.138	0.157	0.183	0.245
		高级技工	工日	0.017	0.019	0.021	0.025	0.028	0.037
材料	低压铝翻边短管		个	(2.000)	(2.000)	(2.000)	(2.000)	(2.000)	(2.000)
	活动法兰		片	(2.000)	(2.000)	(2.000)	(2.000)	(2.000)	(2.000)
	铝锰合金焊丝 丝321 ϕ1~6		kg	0.013	0.015	0.018	0.033	0.040	0.075
	氧气		m^3	0.001	0.001	0.001	0.002	0.002	0.045
	乙炔气		kg	—	—	—	0.001	0.001	0.017
	氩气		m^3	0.013	0.016	0.020	0.037	0.046	0.083
	铈钨棒		g	0.020	0.027	0.035	0.068	0.085	0.161
	尼龙砂轮片 $\phi100\times16\times3$		片	—	—	0.012	0.017	0.022	0.026
	尼龙砂轮片 $\phi500\times25\times4$		片	0.003	0.003	0.005	0.009	0.009	0.011
	耐酸无石棉橡胶板（综合）		kg	0.010	0.020	0.040	0.040	0.060	0.070
	氢氧化钠（烧碱）		kg	0.066	0.086	0.118	0.160	0.194	0.232
	硝酸		kg	0.020	0.024	0.026	0.034	0.038	0.044
	重铬酸钾 98%		kg	0.004	0.007	0.008	0.010	0.012	0.014
	水		t	0.002	0.003	0.004	0.004	0.006	0.006
	二硫化钼		kg	0.002	0.002	0.002	0.004	0.004	0.004
	其他材料费		%	1.00	1.00	1.00	1.00	1.00	1.00
	碎布		kg	0.022	0.022	0.022	0.024	0.044	0.044
机械	氩弧焊机 500A		台班	0.023	0.029	0.035	0.052	0.066	0.073
	砂轮切割机 ϕ500		台班	0.001	0.001	0.002	0.004	0.005	0.007
	电动空气压缩机 $6m^3/min$		台班	0.002	0.002	0.002	0.002	0.002	0.002

计量单位：副

编号			8-4-236	8-4-237	8-4-238	8-4-239	8-4-240	8-4-241
项目			管外径（mm 以内）					
			70	80	100	125	150	180
名称		单位	消耗量					
人工	合计工日	工日	0.459	0.591	0.699	0.929	1.127	1.350
	其中 普工	工日	0.115	0.147	0.175	0.232	0.281	0.337
	其中 一般技工	工日	0.298	0.384	0.454	0.604	0.733	0.878
	其中 高级技工	工日	0.046	0.060	0.070	0.093	0.113	0.135
材料	低压铝翻边短管	个	（2.000）	（2.000）	（2.000）	（2.000）	（2.000）	（2.000）
	活动法兰	片	（2.000）	（2.000）	（2.000）	（2.000）	（2.000）	（2.000）
	铝锰合金焊丝 丝 321 ϕ1~6	kg	0.090	0.103	0.113	0.143	0.204	0.310
	氧气	m^3	0.055	0.061	0.084	0.103	0.137	0.173
	乙炔气	kg	0.021	0.023	0.032	0.040	0.053	0.067
	氩气	m^3	0.098	0.111	0.123	0.155	0.277	0.332
	铈钨棒	g	0.189	0.216	0.234	0.294	0.526	0.633
	尼龙砂轮片 $\phi100\times16\times3$	片	0.031	0.035	0.045	0.056	0.068	0.117
	尼龙砂轮片 $\phi500\times25\times4$	片	0.013	—	—	—	—	—
	耐酸无石棉橡胶板（综合）	kg	0.090	0.130	0.170	0.230	0.280	0.305
	氢氧化钠（烧碱）	kg	0.290	0.310	0.388	0.500	0.644	0.754
	硝酸	kg	0.060	0.064	0.076	0.100	0.118	0.144
	重铬酸钾 98%	kg	0.016	0.018	0.022	0.028	0.036	0.042
	水	t	0.008	0.008	0.010	0.014	0.016	0.020
	二硫化钼	kg	0.004	0.006	0.006	0.013	0.013	0.013
	其他材料费	%	1.00	1.00	1.00	1.00	1.00	1.00
	碎布	kg	0.044	0.056	0.068	0.068	0.070	0.077
机械	氩弧焊机 500A	台班	0.085	0.100	0.125	0.160	0.250	0.295
	砂轮切割机 ϕ500	台班	0.007	—	—	—	—	—
	等离子切割机 400A	台班	—	0.024	0.036	0.045	0.059	0.059
	电动空气压缩机 1m^3/min	台班	—	0.024	0.036	0.045	0.059	0.059
	电动空气压缩机 6m^3/min	台班	0.002	0.002	0.002	0.002	0.002	0.002

计量单位：副

编号			8-4-242	8-4-243	8-4-244	8-4-245	8-4-246
项目			管外径（mm 以内）				
			200	250	300	350	410
名称		单位	消耗量				
人工	合计工日	工日	1.537	1.912	2.445	3.574	4.614
人工	其中 普工	工日	0.384	0.478	0.610	0.893	1.153
人工	其中 一般技工	工日	0.999	1.243	1.590	2.323	2.999
人工	其中 高级技工	工日	0.154	0.191	0.245	0.358	0.462
材料	低压铝翻边短管	个	（2.000）	（2.000）	（2.000）	（2.000）	（2.000）
材料	活动法兰	片	（2.000）	（2.000）	（2.000）	（2.000）	（2.000）
材料	铝锰合金焊丝 丝 321 ϕ1~6	kg	0.325	0.518	0.723	1.428	2.298
材料	氧气	m^3	0.211	0.800	1.055	1.654	2.397
材料	乙炔气	kg	0.081	0.308	0.406	0.636	0.922
材料	氩气	m^3	0.349	0.554	0.779	1.556	2.520
材料	铈钨棒	g	0.664	1.058	1.495	3.027	4.935
材料	尼龙砂轮片 $\phi100\times16\times3$	片	0.130	0.220	0.270	0.310	0.470
材料	耐酸无石棉橡胶板（综合）	kg	0.330	0.370	0.400	0.540	0.690
材料	氢氧化钠（烧碱）	kg	0.800	0.970	1.142	1.308	1.494
材料	硝酸	kg	0.172	0.200	0.252	0.276	0.320
材料	重铬酸钾 98%	kg	0.050	0.056	0.074	0.080	0.092
材料	水	t	0.020	0.024	0.034	0.038	0.044
材料	二硫化钼	kg	0.019	0.019	0.029	0.029	0.038
材料	其他材料费	%	1.00	1.00	1.00	1.00	1.00
材料	碎布	kg	0.084	0.090	0.094	0.102	0.126
机械	氩弧焊机 500A	台班	0.314	0.437	0.590	1.031	1.576
机械	等离子切割机 400A	台班	0.074	0.075	0.112	0.137	0.169
机械	汽车式起重机 8t	台班	0.002	0.002	0.003	0.004	0.005
机械	载货汽车 - 普通货车 8t	台班	0.002	0.002	0.003	0.004	0.005
机械	电动空气压缩机 1m³/min	台班	0.074	0.075	0.112	0.137	0.169
机械	电动空气压缩机 6m³/min	台班	0.002	0.002	0.002	0.002	0.002

15. 铝及铝合金法兰(氩弧焊)

工作内容:准备工作,管子切口,磨平,管口组对,焊前预热,焊接,焊缝酸洗,法兰连接,螺栓涂二硫化钼。

计量单位:副

编号				8-4-247	8-4-248	8-4-249	8-4-250	8-4-251	8-4-252
项目				管外径(mm 以内)					
				18	25	30	40	50	60
名称			单位	消耗量					
人工	合计工日		工日	0.153	0.175	0.196	0.237	0.292	0.384
	其中	普工	工日	0.038	0.043	0.048	0.059	0.073	0.096
		一般技工	工日	0.100	0.114	0.128	0.154	0.190	0.250
		高级技工	工日	0.015	0.018	0.020	0.024	0.029	0.038
材料	铝及铝合金法兰		副	(2.000)	(2.000)	(2.000)	(2.000)	(2.000)	(2.000)
	铝锰合金焊丝 丝 321 ϕ1~6		kg	0.008	0.009	0.010	0.018	0.021	0.038
	氧气		m^3	0.001	0.001	0.001	0.002	0.002	0.045
	乙炔气		kg	—	—	—	0.001	0.001	0.017
	氩气		m^3	0.011	0.013	0.017	0.034	0.043	0.080
	铈钨棒		g	0.023	0.027	0.035	0.068	0.085	0.161
	尼龙砂轮片 $\phi100\times16\times3$		片	—	—	0.012	0.017	0.022	0.026
	尼龙砂轮片 $\phi500\times25\times4$		片	0.003	0.003	0.005	0.009	0.009	0.011
	耐酸无石棉橡胶板(综合)		kg	0.020	0.020	0.040	0.040	0.060	0.070
	氢氧化钠(烧碱)		kg	0.040	0.046	0.058	0.080	0.094	0.112
	硝酸		kg	0.012	0.014	0.016	0.024	0.028	0.034
	重铬酸钾 98%		kg	0.006	0.007	0.008	0.010	0.012	0.014
	水		t	0.003	0.003	0.004	0.004	0.006	0.006
	二硫化钼		kg	0.002	0.002	0.002	0.002	0.004	0.004
	其他材料费		%	1.00	1.00	1.00	1.00	1.00	1.00
	碎布		kg	0.012	0.012	0.012	0.014	0.024	0.024
机械	氩弧焊机 500A		台班	0.012	0.015	0.018	0.028	0.033	0.038
	砂轮切割机 ϕ500		台班	0.001	0.001	0.002	0.004	0.005	0.007
	电动空气压缩机 6m^3/min		台班	0.002	0.002	0.002	0.002	0.002	0.002

计量单位:副

编　号			8-4-253	8-4-254	8-4-255	8-4-256	8-4-257	8-4-258	8-4-259
项　目			管外径(mm 以内)						
			70	80	100	125	150	180	200
名　称		单位	消　耗　量						
人工	合计工日	工日	0.427	0.509	0.587	0.785	0.976	1.180	1.353
人工	其中 普工	工日	0.107	0.127	0.146	0.196	0.244	0.295	0.338
人工	其中 一般技工	工日	0.277	0.331	0.382	0.511	0.634	0.767	0.880
人工	其中 高级技工	工日	0.043	0.051	0.059	0.078	0.098	0.118	0.135
材料	铝及铝合金法兰	副	(2.000)	(2.000)	(2.000)	(2.000)	(2.000)	(2.000)	(2.000)
材料	铝锰合金焊丝 丝 321 $\phi 1\sim 6$	kg	0.043	0.050	0.054	0.069	0.117	0.147	0.163
材料	氧气	m^3	0.055	0.061	0.084	0.103	0.118	0.173	0.211
材料	乙炔气	kg	0.021	0.023	0.032	0.040	0.045	0.067	0.081
材料	氩气	m^3	0.095	0.108	0.117	0.147	0.263	0.316	0.332
材料	铈钨棒	g	0.189	0.216	0.234	0.294	0.526	0.633	0.664
材料	尼龙砂轮片 $\phi 100\times 16\times 3$	片	0.031	0.035	0.045	0.056	0.068	0.117	0.130
材料	尼龙砂轮片 $\phi 500\times 25\times 4$	片	0.013	—	—	—	—	—	—
材料	耐酸无石棉橡胶板(综合)	kg	0.090	0.130	0.170	0.230	0.280	0.297	0.330
材料	氢氧化钠(烧碱)	kg	0.130	0.150	0.188	0.220	0.304	0.394	0.420
材料	硝酸	kg	0.040	0.044	0.056	0.070	0.088	0.104	0.122
材料	重铬酸钾 98%	kg	0.016	0.018	0.022	0.028	0.036	0.042	0.050
材料	水	t	0.008	0.008	0.010	0.014	0.016	0.020	0.024
材料	二硫化钼	kg	0.004	0.004	0.006	0.006	0.013	0.013	0.013
材料	其他材料费	%	1.00	1.00	1.00	1.00	1.00	1.00	1.00
材料	碎布	kg	0.024	0.026	0.038	0.038	0.040	0.042	0.044
机械	氩弧焊机 500A	台班	0.042	0.048	0.059	0.074	0.112	0.140	0.155
机械	砂轮切割机 $\phi 500$	台班	0.007	—	—	—	—	—	—
机械	电动空气压缩机 $1m^3/min$	台班	—	0.024	0.036	0.045	0.059	0.059	0.074
机械	电动空气压缩机 $6m^3/min$	台班	0.002	0.002	0.002	0.002	0.002	0.002	0.002
机械	等离子切割机 400A	台班	—	0.024	0.036	0.045	0.059	0.059	0.074

16. 铜及铜合金翻边活动法兰（氧乙炔焊）

工作内容：准备工作，管子切口，坡口加工，坡口磨平，焊前预热，焊接，法兰连接，螺栓涂二硫化钼。

计量单位：副

编号				8-4-260	8-4-261	8-4-262	8-4-263	8-4-264	8-4-265	8-4-266
项目				管外径（mm 以内）						
				20	30	40	50	65	75	85
名称			单位	消耗量						
人工	合计工日		工日	0.137	0.170	0.206	0.221	0.292	0.329	0.360
	其中	普工	工日	0.034	0.043	0.052	0.055	0.073	0.082	0.090
		一般技工	工日	0.089	0.110	0.134	0.144	0.190	0.214	0.234
		高级技工	工日	0.014	0.017	0.020	0.022	0.029	0.033	0.036
材料	低压铜翻边短管		个	(2.000)	(2.000)	(2.000)	(2.000)	(2.000)	(2.000)	(2.000)
	活动法兰		片	(2.000)	(2.000)	(2.000)	(2.000)	(2.000)	(2.000)	(2.000)
	铜气焊丝		kg	0.015	0.024	0.034	0.040	0.094	0.110	0.128
	氧气		m^3	0.090	0.136	0.193	0.242	0.390	0.448	0.529
	乙炔气		kg	0.035	0.052	0.074	0.093	0.150	0.172	0.203
	尼龙砂轮片 $\phi100\times16\times3$		片	0.013	0.018	0.023	0.027	0.032	0.036	0.046
	尼龙砂轮片 $\phi500\times25\times4$		片	0.005	0.011	0.017	0.025	0.028	0.032	—
	无石棉橡胶板 低压 δ0.8~6.0		kg	0.010	0.040	0.040	0.060	0.070	0.090	0.130
	硼砂		kg	0.004	0.007	0.010	0.013	0.020	0.028	0.038
	清油 C01-1		kg	0.001	0.001	0.001	0.001	0.001	0.001	0.002
	白铅油		kg	0.030	0.030	0.030	0.030	0.040	0.050	0.070
	铁砂布		张	0.014	0.018	0.030	0.038	0.056	0.066	0.066
	二硫化钼		kg	0.002	0.002	0.002	0.004	0.004	0.004	0.004
	碎布		kg	0.011	0.011	0.012	0.022	0.024	0.024	0.026
	其他材料费		%	1.00	1.00	1.00	1.00	1.00	1.00	1.00
机械	砂轮切割机 ϕ500		台班	0.003	0.004	0.005	0.008	0.011	0.012	—
	等离子切割机 400A		台班	—	—	—	—	—	—	0.027
	电动空气压缩机 1m^3/min		台班	—	—	—	—	—	—	0.027

计量单位：副

编号				8-4-267	8-4-268	8-4-269	8-4-270	8-4-271	8-4-272	8-4-273
项目				管外径（mm 以内）						
				100	120	150	185	200	250	300
名称			单位	消耗量						
人工	合计工日		工日	0.385	0.467	0.598	0.775	1.072	1.471	1.917
	其中	普工	工日	0.097	0.116	0.150	0.194	0.268	0.368	0.479
		一般技工	工日	0.250	0.304	0.388	0.504	0.697	0.956	1.246
		高级技工	工日	0.038	0.047	0.060	0.077	0.107	0.147	0.192
材料	低压铜翻边短管		个	(2.000)	(2.000)	(2.000)	(2.000)	(2.000)	(2.000)	(2.000)
	活动法兰		片	(2.000)	(2.000)	(2.000)	(2.000)	(2.000)	(2.000)	(2.000)
	铜气焊丝		kg	0.207	0.248	0.309	0.377	0.412	0.517	0.620
	氧气		m^3	0.555	0.612	0.696	0.857	0.929	1.163	1.395
	乙炔气		kg	0.213	0.235	0.268	0.330	0.357	0.447	0.537
	尼龙砂轮片 $\phi100\times16\times3$		片	0.058	0.069	0.119	0.133	0.225	0.274	0.313
	无石棉橡胶板 低压 δ0.8~6.0		kg	0.170	0.230	0.280	0.298	0.330	0.370	0.400
	硼砂		kg	0.038	0.040	0.048	0.050	0.060	0.080	0.100
	清油 C01-1		kg	0.020	0.020	0.030	0.030	0.030	0.040	0.050
	白铅油		kg	0.100	0.120	0.140	0.153	0.170	0.200	0.250
	铁砂布		张	0.084	0.096	0.128	0.170	0.188	0.266	0.344
	二硫化钼		kg	0.006	0.006	0.013	0.013	0.013	0.019	0.029
	碎布		kg	0.036	0.038	0.038	0.045	0.049	0.060	0.060
	其他材料费		%	1.00	1.00	1.00	1.00	1.00	1.00	1.00
机械	等离子切割机 400A		台班	0.129	0.154	0.190	0.238	0.257	0.322	0.386
	汽车式起重机 8t		台班	0.001	0.001	0.001	0.001	0.002	0.002	0.003
	载货汽车 - 普通货车 8t		台班	0.001	0.001	0.001	0.001	0.002	0.002	0.003
	电动空气压缩机 $1m^3/min$		台班	0.129	0.154	0.190	0.238	0.257	0.322	0.386

17. 铜及铜合金法兰(氧乙炔焊)

工作内容: 准备工作,管子切口,磨平,管口组对,焊前预热,焊接,法兰连接,螺栓涂二硫化钼。

计量单位: 副

编号				8-4-274	8-4-275	8-4-276	8-4-277	8-4-278	8-4-279	8-4-280
项目				管外径(mm 以内)						
				20	30	40	50	65	75	85
名称			单位	消耗量						
人工	合计工日		工日	0.162	0.238	0.280	0.336	0.371	0.422	0.478
	其中	普工	工日	0.041	0.060	0.070	0.084	0.093	0.105	0.120
		一般技工	工日	0.105	0.154	0.182	0.218	0.241	0.274	0.310
		高级技工	工日	0.016	0.024	0.028	0.034	0.037	0.043	0.048
材料	铜法兰		片	(2.000)	(2.000)	(2.000)	(2.000)	(2.000)	(2.000)	(2.000)
	铜气焊丝		kg	0.020	0.031	0.040	0.070	0.099	0.157	0.182
	氧气		m^3	0.086	0.129	0.177	0.222	0.231	0.378	0.443
	乙炔气		kg	0.033	0.050	0.068	0.085	0.089	0.145	0.170
	尼龙砂轮片 $\phi100\times16\times3$		片	0.012	0.017	0.022	0.026	0.031	0.035	0.045
	尼龙砂轮片 $\phi500\times25\times4$		片	0.005	0.011	0.017	0.025	0.028	0.032	—
	无石棉橡胶板 低压 δ0.8~6.0		kg	0.010	0.040	0.040	0.060	0.070	0.090	0.130
	硼砂		kg	0.004	0.005	0.006	0.007	0.014	0.018	0.019
	清油 C01-1		kg	0.001	0.001	0.001	0.001	0.001	0.001	0.002
	铁砂布		张	0.014	0.018	0.030	0.038	0.056	0.066	0.066
	白铅油		kg	0.030	0.030	0.030	0.030	0.040	0.050	0.070
	二硫化钼		kg	0.002	0.002	0.002	0.004	0.004	0.004	0.004
	碎布		kg	0.012	0.014	0.016	0.026	0.028	0.030	0.030
	其他材料费		%	1.00	1.00	1.00	1.00	1.00	1.00	1.00
机械	砂轮切割机 $\phi500$		台班	0.003	0.004	0.005	0.008	0.011	0.012	—
	等离子切割机 400A		台班	—	—	—	—	—	—	0.027
	电动空气压缩机 $1m^3/min$		台班	—	—	—	—	—	—	0.027

计量单位：副

编号				8-4-281	8-4-282	8-4-283	8-4-284	8-4-285	8-4-286	8-4-287
项目				管外径（mm 以内）						
				100	120	150	185	200	250	300
名称			单位	消耗量						
人工	合计工日		工日	0.570	0.663	0.944	1.224	1.506	1.788	2.180
	其中	普工	工日	0.142	0.166	0.236	0.306	0.377	0.447	0.545
		一般技工	工日	0.371	0.431	0.614	0.796	0.979	1.162	1.417
		高级技工	工日	0.057	0.066	0.094	0.122	0.150	0.179	0.218
材料	铜法兰		片	(2.000)	(2.000)	(2.000)	(2.000)	(2.000)	(2.000)	(2.000)
	铜气焊丝		kg	0.212	0.251	0.313	0.380	0.414	0.541	0.974
	氧气		m^3	0.547	0.660	0.897	1.146	1.189	1.423	1.793
	乙炔气		kg	0.210	0.254	0.345	0.441	0.457	0.547	0.690
	尼龙砂轮片 $\phi100\times16\times3$		片	0.057	0.068	0.118	0.132	0.224	0.273	0.312
	无石棉橡胶板 低压 δ0.8~6.0		kg	0.170	0.230	0.280	0.297	0.330	0.370	0.400
	硼砂		kg	0.028	0.034	0.042	0.050	0.080	0.100	0.130
	清油 C01-1		kg	0.020	0.020	0.030	0.030	0.030	0.040	0.050
	铁砂布		张	0.084	0.096	0.128	0.170	0.188	0.266	0.344
	白铅油		kg	0.100	0.120	0.140	0.153	0.170	0.200	0.250
	二硫化钼		kg	0.006	0.006	0.013	0.013	0.013	0.019	0.029
	碎布		kg	0.042	0.046	0.048	0.060	0.066	0.082	0.088
	其他材料费		%	1.00	1.00	1.00	1.00	1.00	1.00	1.00
机械	等离子切割机 400A		台班	0.038	0.045	0.056	0.070	0.076	0.094	0.114
	汽车式起重机 8t		台班	0.001	0.001	0.001	0.001	0.002	0.002	0.003
	载货汽车－普通货车 8t		台班	0.001	0.001	0.001	0.001	0.002	0.002	0.003
	电动空气压缩机 $1m^3/min$		台班	0.038	0.045	0.056	0.070	0.076	0.094	0.114

18. 低压塑料法兰（热熔焊）

工作内容：准备工作，管子切口，磨平，管口组对，焊前预热，焊接，法兰连接，螺栓涂二硫化钼。

计量单位：副

编　号				8-4-288	8-4-289	8-4-290	8-4-291	8-4-292	8-4-293
项　目				管外径（mm 以内）					
				20	25	32	40	50	75
名　称			单位	消　耗　量					
人工	合计工日		工日	0.109	0.136	0.152	0.178	0.196	0.230
	其中	普工	工日	0.034	0.042	0.048	0.056	0.061	0.072
		一般技工	工日	0.041	0.052	0.056	0.066	0.074	0.086
		高级技工	工日	0.034	0.042	0.048	0.056	0.061	0.072
材料	塑料法兰（带短管）		片	（2.000）	（2.000）	（2.000）	（2.000）	（2.000）	（2.000）
	无石棉橡胶板　低压　δ0.8~6.0		kg	0.020	0.040	0.040	0.060	0.070	0.090
	碎布		kg	0.004	0.005	0.007	0.007	0.008	0.012
	铁砂布		张	0.030	0.036	0.040	0.046	0.060	0.085
	钢锯条		条	0.149	0.187	0.238	0.303	0.305	—
	丙酮		kg	0.020	0.020	0.030	0.030	0.040	0.050
	二硫化钼		kg	0.002	0.002	0.004	0.004	0.004	0.004
	其他材料费		%	1.00	1.00	1.00	1.00	1.00	1.00
机械	木工圆锯机　500mm		台班	—	—	—	—	—	0.009
	热熔对接焊机　630mm		台班	0.038	0.051	0.060	0.068	0.085	0.108

工作内容：准备工作，管子切口，磨平，管口组对，焊前预热，焊接，法兰连接，螺栓涂二硫化钼。

计量单位：副

编号			8-4-294	8-4-295	8-4-296	8-4-297	8-4-298
项目			管外径（mm 以内）				
			90	110	150	200	250
名称		单位	消耗量				
人工	合计工日	工日	0.251	0.287	0.326	0.512	0.690
人工	其中 普工	工日	0.078	0.090	0.102	0.160	0.216
人工	其中 一般技工	工日	0.095	0.107	0.122	0.192	0.258
人工	其中 高级技工	工日	0.078	0.090	0.102	0.160	0.216
材料	塑料法兰（带短管）	片	（2.000）	（2.000）	（2.000）	（2.000）	（2.000）
材料	无石棉橡胶板 低压 δ0.8~6.0	kg	0.130	0.170	0.280	0.330	0.370
材料	碎布	kg	0.014	0.015	0.019	0.033	0.040
材料	铁砂布	张	0.100	0.149	0.196	0.321	0.505
材料	丙酮	kg	0.060	0.070	0.100	0.140	0.170
材料	二硫化钼	kg	0.006	0.006	0.013	0.013	0.019
材料	其他材料费	%	1.00	1.00	1.00	1.00	1.00
机械	木工圆锯机 500mm	台班	0.009	0.009	0.009	0.018	0.018
机械	热熔对接焊机 630mm	台班	0.124	0.160	0.191	0.449	0.628
机械	汽车式起重机 8t	台班	0.001	0.001	0.001	0.001	0.001
机械	载货汽车－普通货车 8t	台班	0.001	0.001	0.001	0.001	0.001

19. 低压玻璃钢法兰（环氧树脂）

工作内容：准备工作，管子切口，磨平，管口组对，焊前预热，焊接，法兰连接，螺栓涂二硫化钼。

计量单位：副

编　号				8-4-299	8-4-300	8-4-301	8-4-302	8-4-303	8-4-304
项　目				管外径（mm 以内）					
				25	40	50	80	100	125
名　称			单位	消　耗　量					
人工	合计工日		工日	0.201	0.318	0.400	0.709	0.886	1.323
	其中	普工	工日	0.121	0.191	0.240	0.425	0.532	0.794
		一般技工	工日	0.080	0.127	0.160	0.284	0.354	0.529
材料	玻璃钢法兰		片	（2.000）	（2.000）	（2.000）	（2.000）	（2.000）	（2.000）
	环氧树脂 618#		kg	0.124	0.165	0.227	0.453	0.556	0.886
	尼龙砂轮片 $\phi500\times25\times4$		片	0.001	0.001	0.002	0.002	0.003	0.004
	无石棉橡胶板 低压 $\delta0.8\sim6.0$		kg	0.047	0.071	0.083	0.153	0.201	0.271
	铁砂布		张	0.004	0.008	0.012	0.021	0.023	0.042
	石英粉 100 目		kg	0.127	0.197	0.247	0.498	0.622	0.996
	二硫化钼		kg	0.002	0.004	0.004	0.006	0.006	0.013
	邻苯二甲酸二丁酯		kg	0.008	0.012	0.016	0.031	0.039	0.063
	丙酮		kg	0.031	0.048	0.061	0.122	0.152	0.244
	乙二胺		kg	0.006	0.010	0.012	0.024	0.030	0.049
	玻璃布 $\delta0.2$		m^2	0.831	1.291	1.613	3.256	4.057	6.501
	其他材料费		%	1.00	1.00	1.00	1.00	1.00	1.00
机械	砂轮切割机 $\phi500$		台班	0.002	0.003	0.003	0.007	0.008	0.010

工作内容：准备工作，管子切口，磨平，管口组对，焊前预热，焊接，法兰连接，螺栓涂二硫化钼。

计量单位：副

编号			8-4-305	8-4-306	8-4-307	8-4-308	8-4-309	8-4-310
项目			管外径（mm 以内）					
			150	200	250	300	400	500
名称		单位	消耗量					
人工	合计工日	工日	1.759	2.232	2.571	3.407	5.248	7.009
人工	其中 普工	工日	1.056	1.339	1.543	2.044	3.149	4.206
人工	其中 一般技工	工日	0.703	0.893	1.028	1.363	2.099	2.803
材料	玻璃钢法兰	片	(2.000)	(2.000)	(2.000)	(2.000)	(2.000)	(2.000)
材料	环氧树脂 618#	kg	1.215	1.609	2.410	3.214	5.315	7.272
材料	尼龙砂轮片 $\phi500\times25\times4$	片	0.004	0.005	0.006	0.006	0.007	0.008
材料	无石棉橡胶板 低压 $\delta0.8$~6.0	kg	0.330	0.389	0.437	0.472	0.814	0.979
材料	铁砂布	张	0.062	0.082	0.124	0.163	0.268	0.367
材料	石英粉 100 目	kg	1.370	1.809	2.707	3.600	5.951	8.144
材料	二硫化钼	kg	0.013	0.013	0.019	0.019	0.029	0.029
材料	邻苯二甲酸二丁酯	kg	0.086	0.114	0.170	0.227	0.375	0.512
材料	丙酮	kg	0.335	0.443	0.663	0.881	1.456	1.993
材料	乙二胺	kg	0.067	0.089	0.133	0.176	0.291	0.399
材料	玻璃布 $\delta0.2$	m^2	8.946	11.810	17.676	23.513	35.862	53.175
材料	其他材料费	%	1.00	1.00	1.00	1.00	1.00	1.00
机械	砂轮切割机 $\phi500$	台班	0.012	0.014	0.018	0.024	0.029	0.035
机械	汽车式起重机 8t	台班	0.001	0.001	0.001	0.001	0.001	0.001
机械	载货汽车 - 普通货车 8t	台班	0.001	0.001	0.001	0.001	0.001	0.001

二、中 压 法 兰

1. 碳钢对焊法兰(电弧焊)

工作内容: 准备工作,管子切口,坡口加工,坡口磨平,焊接,法兰连接,螺栓涂二硫化钼。

计量单位: 副

编号				8-4-311	8-4-312	8-4-313	8-4-314	8-4-315	8-4-316	8-4-317
项目				公称直径(mm 以内)						
				15	20	25	32	40	50	65
名称			单位	消耗量						
人工	合计工日		工日	0.190	0.232	0.261	0.284	0.321	0.353	0.415
	其中	普工	工日	0.047	0.058	0.065	0.071	0.081	0.088	0.104
		一般技工	工日	0.105	0.128	0.144	0.156	0.176	0.194	0.228
		高级技工	工日	0.038	0.046	0.052	0.057	0.064	0.071	0.083
材料	碳钢对焊法兰		片	(2.000)	(2.000)	(2.000)	(2.000)	(2.000)	(2.000)	(2.000)
	低碳钢焊条 J427 ϕ3.2		kg	0.054	0.069	0.100	0.150	0.160	0.200	0.440
	氧气		m^3	—	—	—	—	—	—	0.317
	乙炔气		kg	—	—	—	—	—	—	0.122
	尼龙砂轮片 $\phi100 \times 16 \times 3$		片	0.060	0.076	0.119	0.155	0.210	0.223	0.276
	尼龙砂轮片 $\phi500 \times 25 \times 4$		片	0.010	0.013	0.018	0.025	0.029	0.043	—
	磨头		个	0.020	0.026	0.031	0.039	0.044	0.053	0.070
	无石棉橡胶板 低压 δ0.8~6.0		kg	0.024	0.024	0.047	0.047	0.071	0.083	0.106
	清油 C01-1		kg	0.012	0.012	0.012	0.012	0.012	0.012	0.012
	白铅油		kg	0.035	0.035	0.035	0.035	0.035	0.047	0.059
	二硫化钼		kg	0.002	0.002	0.002	0.004	0.004	0.004	0.004
	碎布		kg	0.014	0.015	0.017	0.019	0.019	0.032	0.035
	其他材料费		%	1.00	1.00	1.00	1.00	1.00	1.00	1.00
机械	电焊机(综合)		台班	0.029	0.046	0.062	0.076	0.088	0.107	0.164
	砂轮切割机 ϕ500		台班	0.001	0.004	0.006	0.009	0.009	0.010	—
	电焊条烘干箱 $60 \times 50 \times 75$(cm^3)		台班	0.003	0.004	0.006	0.008	0.009	0.011	0.017
	电焊条恒温箱		台班	0.003	0.004	0.006	0.008	0.009	0.011	0.017

计量单位：副

编号			8-4-318	8-4-319	8-4-320	8-4-321	8-4-322	8-4-323
项目			公称直径（mm 以内）					
			80	100	125	150	200	250
名称		单位	消耗量					
人工	合计工日	工日	0.458	0.546	0.668	0.820	0.885	1.202
	其中 普工	工日	0.114	0.137	0.167	0.205	0.221	0.301
	其中 一般技工	工日	0.252	0.300	0.368	0.451	0.487	0.661
	其中 高级技工	工日	0.092	0.109	0.133	0.164	0.177	0.240
材料	碳钢对焊法兰	片	（2.000）	（2.000）	（2.000）	（2.000）	（2.000）	（2.000）
	低碳钢焊条 J427 ϕ3.2	kg	0.628	0.834	1.296	1.800	3.400	5.400
	氧气	m^3	0.369	0.470	0.620	0.775	1.050	1.470
	乙炔气	kg	0.142	0.181	0.238	0.298	0.404	0.565
	尼龙砂轮片 $\phi100\times16\times3$	片	0.357	0.476	0.670	0.914	1.405	2.042
	磨头	个	0.082	0.106	—	—	—	—
	无石棉橡胶板 低压 δ0.8~6.0	kg	0.153	0.201	0.271	0.330	0.389	0.437
	清油 C01-1	kg	0.024	0.024	0.024	0.035	0.035	0.047
	白铅油	kg	0.083	0.130	0.142	0.165	0.236	0.236
	二硫化钼	kg	0.006	0.006	0.013	0.013	0.013	0.019
	碎布	kg	0.038	0.052	0.055	0.060	0.080	0.087
	其他材料费	%	1.00	1.00	1.00	1.00	1.00	1.00
机械	电焊机（综合）	台班	0.193	0.267	0.313	0.396	0.587	0.764
	汽车式起重机 8t	台班	—	0.001	0.001	0.001	0.002	0.002
	载货汽车－普通货车 8t	台班	—	0.001	0.001	0.001	0.002	0.002
	电焊条烘干箱 $60\times50\times75$（cm^3）	台班	0.019	0.027	0.031	0.039	0.059	0.076
	电焊条恒温箱	台班	0.019	0.027	0.031	0.039	0.059	0.076

计量单位：副

编号			8-4-324	8-4-325	8-4-326	8-4-327	8-4-328	8-4-329
项目			公称直径（mm 以内）					
			300	350	400	450	500	600
名称		单位	消耗量					
人工	合计工日	工日	1.437	2.137	2.681	3.221	3.874	5.067
	其中 普工	工日	0.359	0.535	0.671	0.804	0.969	1.267
	其中 一般技工	工日	0.791	1.175	1.475	1.772	2.131	2.786
	其中 高级技工	工日	0.287	0.428	0.536	0.644	0.775	1.014
材料	碳钢对焊法兰	片	（2.000）	（2.000）	（2.000）	（2.000）	（2.000）	（2.000）
	低碳钢焊条 J427 ϕ3.2	kg	7.600	10.800	14.000	15.600	21.257	27.267
	氧气	m^3	1.890	2.120	2.464	3.160	3.556	4.623
	乙炔气	kg	0.727	0.815	0.948	1.215	1.368	1.778
	尼龙砂轮片 $\phi100\times16\times3$	片	2.718	3.448	4.280	4.798	5.513	7.912
	无石棉橡胶板 低压 δ0.8~6.0	kg	0.472	0.637	0.814	0.956	0.979	1.144
	清油 C01-1	kg	0.047	0.047	0.071	0.071	0.071	0.071
	白铅油	kg	0.295	0.295	0.354	0.354	0.389	0.424
	二硫化钼	kg	0.029	0.029	0.038	0.038	0.038	0.047
	碎布	kg	0.094	0.104	0.135	0.142	0.160	0.187
	其他材料费	%	1.00	1.00	1.00	1.00	1.00	1.00
机械	电焊机（综合）	台班	0.962	1.311	1.688	2.115	2.340	2.993
	汽车式起重机 8t	台班	0.002	0.002	0.005	0.006	0.007	0.008
	载货汽车－普通货车 8t	台班	0.002	0.002	0.005	0.006	0.007	0.008
	电焊条烘干箱 $60\times50\times75$（cm^3）	台班	0.096	0.131	0.169	0.212	0.234	0.300
	电焊条恒温箱	台班	0.096	0.131	0.169	0.212	0.234	0.300

2. 碳钢对焊法兰（氩电联焊）

工作内容：准备工作，管子切口，坡口加工，坡口磨平，管口组对，焊接，法兰连接，螺栓涂二硫化钼。

计量单位：副

编号			8-4-330	8-4-331	8-4-332	8-4-333	8-4-334	8-4-335	8-4-336
项目			公称直径（mm 以内）						
			15	20	25	32	40	50	65
名称		单位	消耗量						
人工	合计工日	工日	0.231	0.280	0.325	0.379	0.443	0.489	0.581
人工	其中 普工	工日	0.058	0.070	0.082	0.095	0.111	0.122	0.145
人工	其中 一般技工	工日	0.127	0.154	0.178	0.208	0.244	0.269	0.320
人工	其中 高级技工	工日	0.046	0.056	0.065	0.076	0.088	0.098	0.116
材料	碳钢对焊法兰	片	(2.000)	(2.000)	(2.000)	(2.000)	(2.000)	(2.000)	(2.000)
材料	低碳钢焊条 J427 ϕ3.2	kg	—	—	—	—	—	0.095	0.360
材料	碳钢焊丝	kg	0.028	0.035	0.060	0.080	0.100	0.043	0.044
材料	氧气	m^3	—	—	—	0.013	0.014	0.019	0.230
材料	乙炔气	kg	—	—	—	0.005	0.005	0.007	0.088
材料	氩气	m^3	0.077	0.099	0.160	0.220	0.260	0.121	0.122
材料	铈钨棒	g	0.154	0.197	0.320	0.430	0.500	0.242	0.242
材料	尼龙砂轮片 $\phi100\times16\times3$	片	0.058	0.073	0.119	0.155	0.208	0.217	0.270
材料	尼龙砂轮片 $\phi500\times25\times4$	片	0.010	0.013	0.018	0.025	0.029	0.043	0.064
材料	磨头	个	0.020	0.026	0.031	0.039	0.044	0.053	0.070
材料	无石棉橡胶板 低压 δ0.8~6.0	kg	0.024	0.024	0.047	0.047	0.071	0.083	0.106
材料	清油 C01-1	kg	0.012	0.012	0.012	0.012	0.012	0.012	0.012
材料	白铅油	kg	0.035	0.035	0.035	0.035	0.035	0.085	0.090
材料	二硫化钼	kg	0.002	0.002	0.002	0.004	0.004	0.004	0.004
材料	碎布	kg	0.014	0.015	0.017	0.019	0.019	0.032	0.035
材料	其他材料费	%	1.00	1.00	1.00	1.00	1.00	1.00	1.00
机械	电焊机（综合）	台班	—	—	—	—	—	0.076	0.119
机械	氩弧焊机 500A	台班	0.030	0.043	0.060	0.074	0.084	0.050	0.071
机械	砂轮切割机 ϕ500	台班	0.001	0.005	0.006	0.009	0.009	0.010	0.014
机械	电焊条烘干箱 $60\times50\times75$（cm^3）	台班	—	—	—	—	—	0.008	0.012
机械	电焊条恒温箱	台班	—	—	—	—	—	0.008	0.012

计量单位：副

编号				8-4-337	8-4-338	8-4-339	8-4-340	8-4-341	8-4-342
项目				公称直径（mm 以内）					
				80	100	125	150	200	250
名称			单位	消耗量					
人工	合计工日		工日	0.647	0.800	1.034	1.123	1.468	1.909
	其中	普工	工日	0.162	0.200	0.258	0.281	0.366	0.477
		一般技工	工日	0.356	0.440	0.569	0.618	0.808	1.050
		高级技工	工日	0.129	0.160	0.207	0.224	0.294	0.382
材料	碳钢对焊法兰		片	(2.000)	(2.000)	(2.000)	(2.000)	(2.000)	(2.000)
	低碳钢焊条 J427 ϕ3.2		kg	0.530	0.700	1.146	1.600	2.800	4.400
	碳钢焊丝		kg	0.046	0.062	0.070	0.086	0.120	0.152
	氧气		m^3	0.258	0.320	0.418	0.746	1.000	1.410
	乙炔气		kg	0.099	0.123	0.161	0.287	0.385	0.542
	氩气		m^3	0.130	0.174	0.200	0.240	0.340	0.420
	铈钨棒		g	0.260	0.348	0.400	0.480	0.680	0.840
	尼龙砂轮片 $\phi100\times16\times3$		片	0.353	0.468	0.660	0.901	1.385	2.022
	尼龙砂轮片 $\phi500\times25\times4$		片	0.086	0.115	0.150	—	—	—
	磨头		个	0.082	0.106	—	—	—	—
	无石棉橡胶板 低压 δ0.8~6.0		kg	0.153	0.201	0.271	0.330	0.389	0.437
	清油 C01-1		kg	0.024	0.024	0.024	0.035	0.035	0.047
	白铅油		kg	0.110	0.130	0.142	0.165	0.236	0.236
	角钢（综合）		kg	—	—	—	—	0.179	0.179
	二硫化钼		kg	0.006	0.006	0.013	0.013	0.013	0.019
	碎布		kg	0.038	0.052	0.055	0.060	0.080	0.087
	其他材料费		%	1.00	1.00	1.00	1.00	1.00	1.00
机械	电焊机（综合）		台班	0.141	0.210	0.245	0.322	0.499	0.669
	氩弧焊机 500A		台班	0.089	0.109	0.130	0.156	0.214	0.268
	砂轮切割机 ϕ500		台班	0.016	0.025	0.026	—	—	—
	半自动切割机 100mm		台班	—	—	—	0.077	0.112	0.140
	汽车式起重机 8t		台班	—	0.001	0.001	0.001	0.002	0.002
	载货汽车－普通货车 8t		台班	—	0.001	0.001	0.001	0.002	0.002
	电焊条烘干箱 $60\times50\times75$（cm^3）		台班	0.014	0.021	0.024	0.033	0.050	0.067
	电焊条恒温箱		台班	0.014	0.021	0.024	0.033	0.050	0.067

计量单位：副

编号			8-4-343	8-4-344	8-4-345	8-4-346	8-4-347	8-4-348
项目			公称直径（mm 以内）					
			300	350	400	450	500	600
名称		单位	消耗量					
人工	合计工日	工日	2.430	2.852	3.486	4.145	4.902	6.318
	其中 普工	工日	0.607	0.712	0.871	1.036	1.226	1.579
	其中 一般技工	工日	1.336	1.569	1.917	2.279	2.696	3.475
	其中 高级技工	工日	0.486	0.571	0.698	0.830	0.980	1.264
材料	碳钢对焊法兰	片	（2.000）	（2.000）	（2.000）	（2.000）	（2.000）	（2.000）
	低碳钢焊条 J427 ϕ3.2	kg	7.800	10.600	13.800	15.200	20.348	26.101
	碳钢焊丝	kg	0.180	0.212	0.260	0.300	0.391	0.505
	氧气	m^3	1.680	2.010	2.351	2.860	3.470	4.400
	乙炔气	kg	0.646	0.773	0.904	1.100	1.335	1.692
	氩气	m^3	0.506	0.600	0.696	0.760	1.094	1.415
	铈钨棒	g	1.020	1.180	1.390	1.520	2.189	2.830
	尼龙砂轮片 $\phi100\times16\times3$	片	2.684	3.412	4.172	4.758	5.460	7.845
	无石棉橡胶板 低压 δ0.8~6.0	kg	0.472	0.637	0.814	0.956	0.979	1.144
	清油 C01-1	kg	0.047	0.047	0.071	0.071	0.071	0.071
	白铅油	kg	0.295	0.295	0.354	0.354	0.389	0.424
	角钢（综合）	kg	0.236	0.236	0.236	0.236	0.236	0.236
	二硫化钼	kg	0.029	0.029	0.038	0.038	0.038	0.047
	碎布	kg	0.094	0.104	0.135	0.142	0.160	0.187
	其他材料费	%	1.00	1.00	1.00	1.00	1.00	1.00
机械	电焊机（综合）	台班	0.859	1.188	1.544	1.948	2.155	2.767
	氩弧焊机 500A	台班	0.319	0.370	0.418	0.471	0.524	0.629
	半自动切割机 100mm	台班	0.169	0.197	0.227	0.268	0.288	0.348
	汽车式起重机 8t	台班	0.002	0.002	0.005	0.006	0.007	0.007
	载货汽车－普通货车 8t	台班	0.002	0.002	0.005	0.006	0.007	0.007
	电焊条烘干箱 $60\times50\times75(cm^3)$	台班	0.086	0.119	0.155	0.195	0.216	0.277
	电焊条恒温箱	台班	0.086	0.119	0.155	0.195	0.216	0.277

3. 不锈钢对焊法兰（电弧焊）

工作内容：准备工作，管子切口，坡口加工，坡口磨平，焊接，焊缝钝化，法兰连接，螺栓涂二硫化钼。

计量单位：副

编号				8-4-349	8-4-350	8-4-351	8-4-352	8-4-353	8-4-354
项目				公称直径（mm 以内）					
				15	20	25	32	40	50
名称			单位	消耗量					
人工	合计工日		工日	0.240	0.294	0.330	0.360	0.406	0.446
	其中	普工	工日	0.059	0.073	0.082	0.090	0.103	0.111
		一般技工	工日	0.133	0.162	0.182	0.198	0.223	0.245
		高级技工	工日	0.049	0.058	0.066	0.072	0.081	0.090
材料	不锈钢对焊法兰		片	（2.000）	（2.000）	（2.000）	（2.000）	（2.000）	（2.000）
	不锈钢焊条（综合）		kg	0.036	0.044	0.065	0.080	0.123	0.180
	尼龙砂轮片 $\phi100\times16\times3$		片	0.073	0.090	0.135	0.167	0.234	0.336
	尼龙砂轮片 $\phi500\times25\times4$		片	0.012	0.015	0.024	0.028	0.034	0.038
	耐酸无石棉橡胶板（综合）		kg	0.020	0.020	0.040	0.040	0.060	0.070
	丙酮		kg	0.015	0.017	0.024	0.028	0.032	0.039
	酸洗膏		kg	0.010	0.011	0.016	0.019	0.024	0.029
	水		t	0.002	0.002	0.004	0.004	0.004	0.006
	二硫化钼		kg	0.002	0.002	0.002	0.004	0.004	0.004
	碎布		kg	0.005	0.007	0.007	0.010	0.010	0.012
	其他材料费		%	1.00	1.00	1.00	1.00	1.00	1.00
机械	电焊机（综合）		台班	0.034	0.042	0.057	0.071	0.093	0.112
	砂轮切割机 $\phi500$		台班	0.001	0.003	0.007	0.008	0.011	0.014
	电动空气压缩机 $6m^3/min$		台班	0.002	0.002	0.002	0.002	0.002	0.002
	电焊条烘干箱 $60\times50\times75(cm^3)$		台班	0.003	0.004	0.006	0.007	0.009	0.011
	电焊条恒温箱		台班	0.003	0.004	0.006	0.007	0.009	0.011

计量单位：副

编号				8-4-355	8-4-356	8-4-357	8-4-358	8-4-359	8-4-360
项目				公称直径（mm 以内）					
				65	80	100	125	150	200
名称			单位	消耗量					
人工	合计工日		工日	0.526	0.579	0.690	0.844	1.037	1.120
	其中	普工	工日	0.131	0.144	0.173	0.211	0.259	0.280
		一般技工	工日	0.289	0.318	0.380	0.465	0.571	0.617
		高级技工	工日	0.105	0.116	0.137	0.168	0.207	0.224
材料	不锈钢对焊法兰		片	（2.000）	（2.000）	（2.000）	（2.000）	（2.000）	（2.000）
	不锈钢焊条（综合）		kg	0.320	0.414	0.620	0.820	1.178	2.229
	尼龙砂轮片 $\phi100\times16\times3$		片	0.496	0.578	0.725	0.847	1.352	2.060
	尼龙砂轮片 $\phi500\times25\times4$		片	0.060	0.083	0.112	—	—	—
	耐酸无石棉橡胶板（综合）		kg	0.090	0.130	0.170	0.230	0.280	0.330
	丙酮		kg	0.051	0.060	0.077	0.090	0.107	0.148
	酸洗膏		kg	0.040	0.047	0.060	0.092	0.124	0.161
	水		t	0.008	0.010	0.012	0.014	0.018	0.024
	二硫化钼		kg	0.004	0.006	0.006	0.013	0.013	0.013
	碎布		kg	0.014	0.017	0.021	0.024	0.035	0.045
	其他材料费		%	1.00	1.00	1.00	1.00	1.00	1.00
机械	电焊机（综合）		台班	0.159	0.209	0.274	0.356	0.445	0.660
	砂轮切割机 $\phi500$		台班	0.020	0.030	0.033	—	—	—
	等离子切割机 400A		台班	—	0.041	0.052	0.090	0.110	0.159
	汽车式起重机 8t		台班	—	—	0.001	0.001	0.001	0.002
	载货汽车 - 普通货车 8t		台班	—	—	0.001	0.001	0.001	0.002
	电动空气压缩机 $1m^3/min$		台班	—	0.041	0.052	0.090	0.110	0.159
	电动空气压缩机 $6m^3/min$		台班	0.002	0.002	0.002	0.002	0.002	0.002
	电焊条烘干箱 $60\times50\times75$（cm^3）		台班	0.016	0.021	0.028	0.036	0.044	0.066
	电焊条恒温箱		台班	0.016	0.021	0.028	0.036	0.044	0.066

计量单位：副

编　号				8-4-361	8-4-362	8-4-363	8-4-364	8-4-365	8-4-366
项　目				公称直径（mm以内）					
				250	300	350	400	450	500
名　称			单位	消　耗　量					
人工	合计工日		工日	1.522	1.817	2.702	3.390	4.073	4.901
	其中	普工	工日	0.381	0.454	0.676	0.848	1.017	1.226
		一般技工	工日	0.837	1.000	1.485	1.865	2.241	2.696
		高级技工	工日	0.304	0.363	0.541	0.677	0.815	0.980
材料	不锈钢对焊法兰		片	（2.000）	（2.000）	（2.000）	（2.000）	（2.000）	（2.000）
	不锈钢焊条（综合）		kg	3.662	5.562	8.340	11.434	15.376	17.016
	尼龙砂轮片 $\phi100\times16\times3$		片	3.137	4.115	5.286	6.577	8.135	9.030
	耐酸无石棉橡胶板（综合）		kg	0.370	0.400	0.540	0.690	0.794	0.913
	丙酮		kg	0.184	0.218	0.253	0.285	0.317	0.349
	酸洗膏		kg	0.244	0.290	0.318	0.394	0.443	0.502
	水		t	0.028	0.034	0.040	0.046	0.053	0.061
	二硫化钼		kg	0.019	0.029	0.029	0.038	0.038	0.038
	碎布		kg	0.050	0.058	0.069	0.079	0.088	0.099
	其他材料费		%	1.00	1.00	1.00	1.00	1.00	1.00
机械	电焊机（综合）		台班	0.907	1.201	1.537	1.908	2.424	2.787
	等离子切割机 400A		台班	0.208	0.262	0.316	0.376	0.432	0.497
	汽车式起重机 8t		台班	0.002	0.002	0.002	0.004	0.005	0.005
	载货汽车－普通货车 8t		台班	0.002	0.002	0.002	0.004	0.005	0.005
	电动空气压缩机 $1m^3/min$		台班	0.208	0.262	0.316	0.376	0.432	0.497
	电动空气压缩机 $6m^3/min$		台班	0.002	0.002	0.002	0.002	0.002	0.003
	电焊条烘干箱 $60\times50\times75(cm^3)$		台班	0.090	0.120	0.154	0.191	0.243	0.279
	电焊条恒温箱		台班	0.090	0.120	0.154	0.191	0.243	0.279

4. 不锈钢对焊法兰(氩电联焊)

工作内容: 准备工作,管子切口,坡口加工,管口组对,焊接,焊缝钝化,法兰连接,螺栓涂二硫化钼。

计量单位: 副

编号				8-4-367	8-4-368	8-4-369	8-4-370	8-4-371	8-4-372	8-4-373
项目				公称直径(mm 以内)						
				50	65	80	100	125	150	200
名称			单位	消耗量						
人工	合计工日		工日	0.618	0.735	0.818	1.012	1.308	1.420	1.858
	其中	普工	工日	0.154	0.184	0.205	0.253	0.327	0.355	0.464
		一般技工	工日	0.340	0.405	0.450	0.556	0.720	0.781	1.022
		高级技工	工日	0.124	0.147	0.163	0.202	0.262	0.283	0.372
材料	不锈钢对焊法兰		片	(2.000)	(2.000)	(2.000)	(2.000)	(2.000)	(2.000)	(2.000)
	不锈钢焊条(综合)		kg	0.135	0.246	0.321	0.528	0.688	1.016	2.015
	不锈钢焊丝 1Cr18Ni9Ti		kg	0.042	0.052	0.072	0.090	0.123	0.149	0.243
	氩气		m^3	0.117	0.146	0.202	0.252	0.344	0.418	0.681
	铈钨棒		g	0.184	0.206	0.272	0.316	0.417	0.498	0.689
	尼龙砂轮片 $\phi100\times16\times3$		片	0.290	0.444	0.516	0.644	0.757	1.237	1.887
	尼龙砂轮片 $\phi500\times25\times4$		片	0.038	0.060	0.083	0.112	—	—	—
	耐酸无石棉橡胶板(综合)		kg	0.070	0.090	0.130	0.170	0.230	0.280	0.330
	丙酮		kg	0.036	0.048	0.056	0.072	0.084	0.100	0.138
	酸洗膏		kg	0.029	0.040	0.047	0.060	0.092	0.124	0.161
	水		t	0.060	0.008	0.010	0.012	0.014	0.018	0.024
	二硫化钼		kg	0.004	0.004	0.006	0.006	0.013	0.013	0.013
	碎布		kg	0.011	0.014	0.018	0.020	0.025	0.031	0.042
	其他材料费		%	1.00	1.00	1.00	1.00	1.00	1.00	1.00
机械	电焊机(综合)		台班	0.083	0.122	0.160	0.214	0.278	0.365	0.566
	氩弧焊机 500A		台班	0.090	0.101	0.125	0.149	0.191	0.222	0.305
	砂轮切割机 $\phi500$		台班	0.014	0.020	0.030	0.033	—	—	—
	普通车床 630×2 000(安装用)		台班	0.023	0.037	0.042	0.042	0.043	0.046	0.052
	电动空气压缩机 $6m^3/min$		台班	0.002	0.002	0.002	0.002	0.002	0.002	0.002
	电焊条烘干箱 60×50×75(cm^3)		台班	0.008	0.013	0.016	0.022	0.028	0.037	0.057
	电焊条恒温箱		台班	0.008	0.013	0.016	0.022	0.028	0.037	0.057
	等离子切割机 400A		台班	—	—	—	—	0.026	0.033	0.047
	汽车式起重机 8t		台班	—	—	—	0.001	0.001	0.001	0.002
	载货汽车－普通货车 8t		台班	—	—	—	0.001	0.001	0.001	0.002
	电动空气压缩机 $1m^3/min$		台班	—	—	—	—	0.026	0.033	0.047

计量单位：副

编　号			8-4-374	8-4-375	8-4-376	8-4-377	8-4-378	8-4-379
项　目			公称直径（mm 以内）					
			250	300	350	400	450	500
名　称		单位	消　耗　量					
人工	合计工日	工日	2.415	3.074	3.607	4.409	5.244	6.200
	其中 普工	工日	0.603	0.769	0.901	1.102	1.310	1.550
	其中 一般技工	工日	1.328	1.690	1.984	2.425	2.884	3.410
	其中 高级技工	工日	0.483	0.616	0.722	0.882	1.049	1.240
材料	不锈钢对焊法兰	片	（2.000）	（2.000）	（2.000）	（2.000）	（2.000）	（2.000）
	不锈钢焊条（综合）	kg	3.407	5.275	8.033	11.114	12.781	14.698
	不锈钢焊丝 1Cr18Ni9Ti	kg	0.306	0.377	0.438	0.575	0.661	0.760
	氩气	m^3	0.855	1.056	1.226	1.610	1.852	2.129
	铈钨棒	g	0.860	1.024	1.187	1.341	1.542	1.773
	尼龙砂轮片 $\phi100\times16\times3$	片	2.927	3.849	4.957	6.216	7.704	8.570
	耐酸无石棉橡胶板（综合）	kg	0.370	0.400	0.540	0.690	0.794	0.913
	丙酮	kg	0.172	0.204	0.236	0.266	0.306	0.352
	酸洗膏	kg	0.244	0.290	0.318	0.394	0.443	0.502
	水	t	0.028	0.034	0.040	0.046	0.053	0.061
	二硫化钼	kg	0.019	0.029	0.029	0.038	0.038	0.038
	碎布	kg	0.052	0.060	0.070	0.078	0.090	0.103
	其他材料费	%	1.00	1.00	1.00	1.00	1.00	1.00
机械	电焊机（综合）	台班	0.761	0.976	1.350	1.754	2.017	2.320
	氩弧焊机 500A	台班	0.393	0.463	0.508	0.574	0.661	0.760
	等离子切割机 400A	台班	0.061	0.077	0.093	0.110	0.127	0.146
	普通车床 630×2 000（安装用）	台班	0.061	0.075	0.095	0.120	0.138	0.158
	汽车式起重机 8t	台班	0.002	0.002	0.002	0.004	0.005	0.005
	载货汽车－普通货车 8t	台班	0.002	0.002	0.002	0.004	0.005	0.005
	电动空气压缩机 $1m^3/min$	台班	0.061	0.077	0.093	0.110	0.127	0.146
	电动空气压缩机 $6m^3/min$	台班	0.002	0.002	0.002	0.002	0.002	0.003
	电焊条烘干箱 60×50×75（cm^3）	台班	0.076	0.098	0.135	0.176	0.202	0.232
	电焊条恒温箱	台班	0.076	0.098	0.135	0.176	0.202	0.232

5. 不锈钢对焊法兰(氩弧焊)

工作内容: 准备工作,管子切口,坡口加工,焊接,焊缝钝化,法兰连接,螺栓涂二硫化钼。

计量单位:副

编号			8-4-380	8-4-381	8-4-382	8-4-383	8-4-384	8-4-385
项目			公称直径(mm 以内)					
			15	20	25	32	40	50
名称		单位	消耗量					
人工	合计工日	工日	0.321	0.390	0.451	0.527	0.616	0.680
	其中 普工	工日	0.081	0.097	0.114	0.133	0.154	0.169
	其中 一般技工	工日	0.176	0.214	0.247	0.289	0.340	0.374
	其中 高级技工	工日	0.064	0.078	0.090	0.105	0.122	0.136
材料	不锈钢对焊法兰	片	(2.000)	(2.000)	(2.000)	(2.000)	(2.000)	(2.000)
	不锈钢焊丝 1Cr18Ni9Ti	kg	0.019	0.023	0.033	0.042	0.063	0.109
	氩气	m^3	0.053	0.065	0.093	0.118	0.178	0.289
	铈钨棒	g	0.100	0.123	0.180	0.224	0.344	0.562
	尼龙砂轮片 $\phi100\times16\times3$	片	0.061	0.076	0.116	0.145	0.206	0.290
	尼龙砂轮片 $\phi500\times25\times4$	片	0.010	0.012	0.024	0.028	0.034	0.038
	耐酸无石棉橡胶板(综合)	kg	0.020	0.020	0.040	0.040	0.060	0.070
	丙酮	kg	0.010	0.010	0.015	0.017	0.024	0.036
	酸洗膏	kg	0.010	0.011	0.016	0.019	0.024	0.029
	水	t	0.002	0.002	0.004	0.004	0.004	0.006
	二硫化钼	kg	0.002	0.002	0.002	0.004	0.004	0.004
	碎布	kg	0.004	0.006	0.006	0.008	0.008	0.010
	其他材料费	%	1.00	1.00	1.00	1.00	1.00	1.00
机械	氩弧焊机 500A	台班	0.039	0.047	0.058	0.072	0.096	0.150
	砂轮切割机 $\phi500$	台班	0.001	0.003	0.007	0.008	0.011	0.015
	普通车床 630×2 000(安装用)	台班	0.015	0.015	0.017	0.017	0.019	0.026
	电动空气压缩机 $6m^3/min$	台班	0.002	0.002	0.002	0.002	0.002	0.002

计量单位:副

编号			8-4-386	8-4-387	8-4-388	8-4-389	8-4-390	8-4-391
项目			公称直径(mm以内)					
			65	80	100	125	150	200
名称		单位	消耗量					
人工	合计工日	工日	0.807	0.900	1.113	1.439	1.562	2.043
	其中 普工	工日	0.201	0.225	0.278	0.359	0.391	0.510
	其中 一般技工	工日	0.445	0.495	0.612	0.792	0.860	1.124
	其中 高级技工	工日	0.161	0.180	0.223	0.288	0.311	0.409
材料	不锈钢对焊法兰	片	(2.000)	(2.000)	(2.000)	(2.000)	(2.000)	(2.000)
	不锈钢焊丝 1Cr18Ni9Ti	kg	0.172	0.226	0.348	0.454	0.646	1.245
	氩气	m^3	0.483	0.634	0.975	1.270	1.809	3.485
	铈钨棒	g	0.944	1.234	1.888	2.456	3.506	6.635
	尼龙砂轮片 $\phi100\times16\times3$	片	0.444	0.516	0.644	0.757	1.237	1.887
	尼龙砂轮片 $\phi500\times25\times4$	片	0.060	0.083	0.112	—	—	—
	耐酸无石棉橡胶板(综合)	kg	0.090	0.130	0.170	0.230	0.280	0.330
	丙酮	kg	0.048	0.056	0.072	0.084	0.100	0.138
	酸洗膏	kg	0.040	0.047	0.060	0.092	0.124	0.161
	水	t	0.008	0.010	0.012	0.014	0.018	0.024
	二硫化钼	kg	0.004	0.006	0.006	0.013	0.013	0.013
	碎布	kg	0.012	0.016	0.017	0.022	0.027	0.036
	其他材料费	%	1.00	1.00	1.00	1.00	1.00	1.00
机械	氩弧焊机 500A	台班	0.201	0.259	0.354	0.459	0.626	0.733
	等离子切割机 400A	台班	—	—	—	0.026	0.033	0.047
	砂轮切割机 $\phi500$	台班	0.021	0.031	0.033	—	—	—
	普通车床 630×2 000(安装用)	台班	0.039	0.041	0.042	0.043	0.046	0.052
	汽车式起重机 8t	台班	—	—	0.001	0.001	0.001	0.002
	载货汽车-普通货车 8t	台班	—	—	0.001	0.001	0.001	0.002
	电动空气压缩机 $1m^3/min$	台班	—	—	—	0.026	0.033	0.047
	电动空气压缩机 $6m^3/min$	台班	0.002	0.002	0.002	0.002	0.002	0.002

6. 合金钢对焊法兰(电弧焊)

工作内容: 准备工作,管子切口,坡口加工,管口组对,焊接,法兰连接,螺栓涂二硫化钼。

计量单位:副

编号				8-4-392	8-4-393	8-4-394	8-4-395	8-4-396	8-4-397	8-4-398
项目				公称直径(mm 以内)						
				15	20	25	32	40	50	65
名称			单位	消耗量						
人工	合计工日		工日	0.219	0.267	0.301	0.327	0.369	0.406	0.477
	其中	普工	工日	0.054	0.067	0.075	0.082	0.093	0.101	0.120
		一般技工	工日	0.121	0.147	0.166	0.179	0.202	0.223	0.262
		高级技工	工日	0.044	0.053	0.060	0.066	0.074	0.082	0.095
材料	合金钢对焊法兰		片	(2.000)	(2.000)	(2.000)	(2.000)	(2.000)	(2.000)	(2.000)
	合金钢焊条		kg	0.044	0.078	0.105	0.131	0.150	0.232	0.430
	氧气		m^3	0.007	0.008	0.009	0.011	0.015	0.018	0.028
	乙炔气		kg	0.003	0.003	0.004	0.004	0.006	0.007	0.011
	尼龙砂轮片 $\phi100\times16\times3$		片	0.061	0.076	0.119	0.155	0.210	0.223	0.276
	尼龙砂轮片 $\phi500\times25\times4$		片	0.009	0.014	0.019	0.024	0.028	0.038	0.065
	无石棉橡胶板 低压 $\delta0.8\sim6.0$		kg	0.012	0.024	0.047	0.047	0.071	0.083	0.106
	清油 C01-1		kg	0.012	0.012	0.012	0.012	0.012	0.012	0.012
	丙酮		kg	0.017	0.019	0.026	0.031	0.047	0.047	0.059
	白铅油		kg	0.035	0.035	0.035	0.035	0.035	0.047	0.047
	磨头		个	0.027	0.031	0.037	0.044	0.052	0.063	0.083
	二硫化钼		kg	0.002	0.002	0.002	0.004	0.004	0.004	0.004
	碎布		kg	0.014	0.017	0.017	0.031	0.031	0.033	0.035
	其他材料费		%	1.00	1.00	1.00	1.00	1.00	1.00	1.00
机械	电焊机(综合)		台班	0.048	0.069	0.089	0.110	0.125	0.150	0.217
	砂轮切割机 $\phi500$		台班	0.001	0.004	0.006	0.009	0.009	0.010	0.014
	普通车床 630×2 000(安装用)		台班	0.016	0.019	0.019	0.020	0.021	0.029	0.045
	电焊条烘干箱 60×50×75(cm^3)		台班	0.005	0.007	0.009	0.011	0.013	0.015	0.022
	电焊条恒温箱		台班	0.005	0.007	0.009	0.011	0.013	0.015	0.022

计量单位：副

<table>
<tr><td colspan="3">编　　号</td><td>8-4-399</td><td>8-4-400</td><td>8-4-401</td><td>8-4-402</td><td>8-4-403</td><td>8-4-404</td><td>8-4-405</td></tr>
<tr><td colspan="3" rowspan="2">项　　目</td><td colspan="7">公称直径（mm 以内）</td></tr>
<tr><td>80</td><td>100</td><td>125</td><td>150</td><td>200</td><td>250</td><td>300</td></tr>
<tr><td colspan="2">名　　称</td><td>单位</td><td colspan="7">消　耗　量</td></tr>
<tr><td rowspan="4">人工</td><td>合计工日</td><td>工日</td><td>0.527</td><td>0.628</td><td>0.768</td><td>0.944</td><td>1.019</td><td>1.384</td><td>1.653</td></tr>
<tr><td>其中 普工</td><td>工日</td><td>0.131</td><td>0.158</td><td>0.192</td><td>0.236</td><td>0.255</td><td>0.347</td><td>0.413</td></tr>
<tr><td>其中 一般技工</td><td>工日</td><td>0.290</td><td>0.345</td><td>0.423</td><td>0.519</td><td>0.561</td><td>0.761</td><td>0.910</td></tr>
<tr><td>其中 高级技工</td><td>工日</td><td>0.106</td><td>0.125</td><td>0.153</td><td>0.189</td><td>0.204</td><td>0.276</td><td>0.330</td></tr>
<tr><td rowspan="14">材料</td><td>合金钢对焊法兰</td><td>片</td><td>(2.000)</td><td>(2.000)</td><td>(2.000)</td><td>(2.000)</td><td>(2.000)</td><td>(2.000)</td><td>(2.000)</td></tr>
<tr><td>合金钢焊条</td><td>kg</td><td>0.505</td><td>0.859</td><td>1.007</td><td>1.436</td><td>2.718</td><td>4.465</td><td>6.783</td></tr>
<tr><td>氧气</td><td>m^3</td><td>0.032</td><td>0.044</td><td>0.048</td><td>0.269</td><td>0.420</td><td>0.586</td><td>0.759</td></tr>
<tr><td>乙炔气</td><td>kg</td><td>0.012</td><td>0.017</td><td>0.019</td><td>0.103</td><td>0.162</td><td>0.226</td><td>0.292</td></tr>
<tr><td>尼龙砂轮片 $\phi100\times16\times3$</td><td>片</td><td>0.357</td><td>0.476</td><td>0.670</td><td>0.914</td><td>1.405</td><td>2.042</td><td>2.718</td></tr>
<tr><td>尼龙砂轮片 $\phi500\times25\times4$</td><td>片</td><td>0.078</td><td>0.107</td><td>0.127</td><td>—</td><td>—</td><td>—</td><td>—</td></tr>
<tr><td>无石棉橡胶板 低压 δ0.8~6.0</td><td>kg</td><td>0.153</td><td>0.201</td><td>0.271</td><td>0.330</td><td>0.389</td><td>0.437</td><td>0.472</td></tr>
<tr><td>清油 C01-1</td><td>kg</td><td>0.024</td><td>0.024</td><td>0.024</td><td>0.035</td><td>0.035</td><td>0.047</td><td>0.059</td></tr>
<tr><td>丙酮</td><td>kg</td><td>0.073</td><td>0.087</td><td>0.101</td><td>0.123</td><td>0.168</td><td>0.210</td><td>0.248</td></tr>
<tr><td>白铅油</td><td>kg</td><td>0.083</td><td>0.142</td><td>0.142</td><td>0.165</td><td>0.201</td><td>0.236</td><td>0.295</td></tr>
<tr><td>磨头</td><td>个</td><td>0.097</td><td>0.125</td><td>—</td><td>—</td><td>—</td><td>—</td><td>—</td></tr>
<tr><td>二硫化钼</td><td>kg</td><td>0.006</td><td>0.006</td><td>0.013</td><td>0.013</td><td>0.013</td><td>0.019</td><td>0.029</td></tr>
<tr><td>碎布</td><td>kg</td><td>0.038</td><td>0.052</td><td>0.054</td><td>0.061</td><td>0.068</td><td>0.087</td><td>0.106</td></tr>
<tr><td>其他材料费</td><td>%</td><td>1.00</td><td>1.00</td><td>1.00</td><td>1.00</td><td>1.00</td><td>1.00</td><td>1.00</td></tr>
<tr><td rowspan="8">机械</td><td>电焊机（综合）</td><td>台班</td><td>0.257</td><td>0.355</td><td>0.412</td><td>0.507</td><td>0.746</td><td>0.974</td><td>1.211</td></tr>
<tr><td>半自动切割机 100mm</td><td>台班</td><td>—</td><td>—</td><td>—</td><td>0.022</td><td>0.035</td><td>0.040</td><td>0.046</td></tr>
<tr><td>砂轮切割机 $\phi500$</td><td>台班</td><td>0.016</td><td>0.025</td><td>0.026</td><td>—</td><td>—</td><td>—</td><td>—</td></tr>
<tr><td>普通车床 630×2 000（安装用）</td><td>台班</td><td>0.045</td><td>0.046</td><td>0.047</td><td>0.049</td><td>0.056</td><td>0.066</td><td>0.081</td></tr>
<tr><td>汽车式起重机 8t</td><td>台班</td><td>—</td><td>0.001</td><td>0.001</td><td>0.001</td><td>0.002</td><td>0.002</td><td>0.002</td></tr>
<tr><td>载货汽车－普通货车 8t</td><td>台班</td><td>—</td><td>0.001</td><td>0.001</td><td>0.001</td><td>0.002</td><td>0.002</td><td>0.002</td></tr>
<tr><td>电焊条烘干箱 60×50×75（cm^3）</td><td>台班</td><td>0.026</td><td>0.035</td><td>0.041</td><td>0.051</td><td>0.074</td><td>0.097</td><td>0.121</td></tr>
<tr><td>电焊条恒温箱</td><td>台班</td><td>0.026</td><td>0.035</td><td>0.041</td><td>0.051</td><td>0.074</td><td>0.097</td><td>0.121</td></tr>
</table>

计量单位：副

编号				8-4-406	8-4-407	8-4-408	8-4-409	8-4-410
项目				公称直径（mm 以内）				
				350	400	450	500	600
名称			单位	消耗量				
人工	合计工日		工日	2.457	3.083	3.704	4.456	5.826
	其中	普工	工日	0.615	0.771	0.925	1.114	1.456
		一般技工	工日	1.350	1.696	2.038	2.451	3.204
		高级技工	工日	0.492	0.616	0.741	0.891	1.166
材料	合金钢对焊法兰		片	（2.000）	（2.000）	（2.000）	（2.000）	（2.000）
	合金钢焊条		kg	10.170	13.943	18.750	20.749	27.555
	氧气		m^3	0.897	1.121	1.267	1.397	1.673
	乙炔气		kg	0.345	0.431	0.487	0.537	0.643
	尼龙砂轮片 $\phi100\times16\times3$		片	3.448	4.280	4.798	5.513	7.912
	无石棉橡胶板 低压 $\delta0.8\sim6.0$		kg	0.637	0.814	0.956	0.979	1.144
	清油 C01-1		kg	0.059	0.071	0.071	0.071	0.071
	丙酮		kg	0.288	0.326	0.368	0.406	0.486
	白铅油		kg	0.295	0.354	0.354	0.389	0.424
	二硫化钼		kg	0.029	0.038	0.038	0.038	0.047
	碎布		kg	0.116	0.137	0.144	0.163	0.189
	其他材料费		%	1.00	1.00	1.00	1.00	1.00
机械	电焊机（综合）		台班	1.613	2.040	2.540	2.815	3.588
	半自动切割机 100mm		台班	0.050	0.057	0.071	0.078	0.100
	普通车床 630×2 000（安装用）		台班	0.087	0.130	0.164	0.178	0.226
	汽车式起重机 8t		台班	0.002	0.005	0.006	0.007	0.008
	载货汽车 – 普通货车 8t		台班	0.002	0.005	0.006	0.007	0.008
	电焊条烘干箱 60×50×75（cm^3）		台班	0.161	0.204	0.254	0.281	0.359
	电焊条恒温箱		台班	0.161	0.204	0.254	0.281	0.359

7. 合金钢对焊法兰(氩电联焊)

工作内容: 准备工作,管子切口,坡口加工,管口组对,焊接,法兰连接,螺栓涂二硫化钼。

计量单位: 副

编号				8-4-411	8-4-412	8-4-413	8-4-414	8-4-415	8-4-416	8-4-417
项目				公称直径(mm 以内)						
				50	65	80	100	125	150	200
名称			单位	消耗量						
人工	合计工日		工日	0.562	0.668	0.743	0.920	1.189	1.292	1.688
	其中	普工	工日	0.140	0.167	0.186	0.230	0.297	0.323	0.421
		一般技工	工日	0.309	0.368	0.409	0.506	0.654	0.711	0.929
		高级技工	工日	0.113	0.133	0.148	0.184	0.238	0.258	0.338
材料	合金钢对焊法兰		片	(2.000)	(2.000)	(2.000)	(2.000)	(2.000)	(2.000)	(2.000)
	合金钢焊条		kg	0.165	0.314	0.368	0.674	0.789	1.166	2.312
	合金钢焊丝		kg	0.034	0.048	0.058	0.074	0.089	0.106	0.148
	氧气		m^3	0.018	0.028	0.032	0.044	0.048	0.269	0.420
	乙炔气		kg	0.007	0.011	0.012	0.017	0.019	0.103	0.162
	氩气		m^3	0.097	0.136	0.163	0.210	0.249	0.299	0.412
	铈钨棒		g	0.194	0.273	0.327	0.419	0.497	0.596	0.824
	尼龙砂轮片 $\phi100\times16\times3$		片	0.217	0.270	0.353	0.468	0.660	0.901	1.385
	尼龙砂轮片 $\phi500\times25\times4$		片	0.042	0.065	0.078	0.107	0.127	—	—
	磨头		个	0.063	0.083	0.097	0.125	—	—	—
	无石棉橡胶板 低压 δ0.8~6.0		kg	0.083	0.106	0.153	0.201	0.271	0.330	0.389
	清油 C01-1		kg	0.012	0.012	0.024	0.024	0.024	0.035	0.035
	丙酮		kg	0.005	0.059	0.073	0.087	0.101	0.123	0.123
	白铅油		kg	0.047	0.047	0.083	0.142	0.142	0.165	0.201
	二硫化钼		kg	0.004	0.004	0.006	0.006	0.013	0.013	0.019
	碎布		kg	0.033	0.035	0.038	0.052	0.054	0.061	0.068
	其他材料费		%	1.00	1.00	1.00	1.00	1.00	1.00	1.00
机械	电焊机(综合)		台班	0.105	0.167	0.199	0.292	0.338	0.425	0.649
	氩弧焊机 500A		台班	0.053	0.074	0.089	0.115	0.136	0.163	0.225
	砂轮切割机 $\phi500$		台班	0.011	0.014	0.016	0.025	0.026	—	—
	普通车床 630×2 000(安装用)		台班	0.029	0.045	0.045	0.046	0.047	0.049	0.056
	电焊条烘干箱 60×50×75(cm^3)		台班	0.011	0.017	0.020	0.029	0.033	0.043	0.065
	电焊条恒温箱		台班	0.011	0.017	0.020	0.029	0.033	0.043	0.065
	半自动切割机 100mm		台班	—	—	—	—	—	0.022	0.035
	汽车式起重机 8t		台班	—	—	—	0.001	0.001	0.001	0.002
	载货汽车－普通货车 8t		台班	—	—	—	0.001	0.001	0.001	0.002

计量单位：副

编号			8-4-418	8-4-419	8-4-420	8-4-421	8-4-422	8-4-423	8-4-424
项目			公称直径（mm 以内）						
			250	300	350	400	450	500	600
名称		单位	消耗量						
人工	合计工日	工日	2.196	2.795	3.280	4.009	4.767	5.638	7.267
人工	其中 普工	工日	0.549	0.698	0.819	1.003	1.191	1.410	1.816
人工	其中 一般技工	工日	1.207	1.537	1.804	2.204	2.622	3.101	3.997
人工	其中 高级技工	工日	0.440	0.559	0.657	0.803	0.954	1.127	1.454
材料	合金钢对焊法兰	片	（2.000）	（2.000）	（2.000）	（2.000）	（2.000）	（2.000）	（2.000）
材料	合金钢焊条	kg	3.909	6.053	9.217	12.752	17.269	19.110	25.468
材料	合金钢焊丝	kg	0.183	0.218	0.254	0.287	0.322	0.359	0.431
材料	氧气	m^3	0.586	0.759	0.897	1.121	1.267	1.397	1.673
材料	乙炔气	kg	0.226	0.292	0.345	0.431	0.487	0.537	0.643
材料	氩气	m^3	0.513	0.612	0.709	0.801	0.904	1.005	1.209
材料	铈钨棒	g	1.027	1.224	1.420	1.602	1.807	2.011	2.420
材料	尼龙砂轮片 $\phi100\times16\times3$	片	2.022	2.684	3.412	4.172	4.758	5.460	7.845
材料	无石棉橡胶板 低压 $\delta0.8$~6.0	kg	0.437	0.472	0.637	0.814	0.956	0.979	1.144
材料	清油 C01-1	kg	0.047	0.059	0.059	0.071	0.071	0.071	0.071
材料	丙酮	kg	0.210	0.248	0.288	0.326	0.368	0.406	0.486
材料	白铅油	kg	0.236	0.295	0.295	0.354	0.354	0.389	0.424
材料	二硫化钼	kg	0.029	0.029	0.038	0.038	0.049	0.049	0.060
材料	碎布	kg	0.087	0.106	0.116	0.137	0.144	0.163	0.189
材料	其他材料费	%	1.00	1.00	1.00	1.00	1.00	1.00	1.00
机械	电焊机（综合）	台班	0.869	0.944	1.307	1.698	2.142	2.371	3.044
机械	氩弧焊机 500A	台班	0.280	0.334	0.387	0.437	0.493	0.548	0.659
机械	半自动切割机 100mm	台班	0.040	0.046	0.050	0.057	0.071	0.078	0.100
机械	普通车床 630×2 000（安装用）	台班	0.066	0.081	0.102	0.130	0.164	0.178	0.226
机械	汽车式起重机 8t	台班	0.002	0.002	0.002	0.005	0.006	0.007	0.008
机械	载货汽车－普通货车 8t	台班	0.002	0.002	0.002	0.005	0.006	0.007	0.008
机械	电焊条烘干箱 60×50×75（cm^3）	台班	0.087	0.095	0.131	0.170	0.214	0.237	0.305
机械	电焊条恒温箱	台班	0.087	0.095	0.131	0.170	0.214	0.237	0.305

8. 合金钢对焊法兰(氩弧焊)

工作内容:准备工作,管子切口,坡口加工,管口组对,焊接,法兰连接,螺栓涂二硫化钼。

计量单位:副

编号				8-4-425	8-4-426	8-4-427	8-4-428	8-4-429	8-4-430
项目				公称直径(mm 以内)					
				15	20	25	32	40	50
名称			单位	消耗量					
人工	合计工日		工日	0.292	0.355	0.411	0.479	0.560	0.618
	其中	普工	工日	0.073	0.089	0.104	0.120	0.140	0.154
		一般技工	工日	0.161	0.195	0.225	0.263	0.309	0.340
		高级技工	工日	0.058	0.071	0.082	0.096	0.111	0.124
材料	合金钢对焊法兰		片	(2.000)	(2.000)	(2.000)	(2.000)	(2.000)	(2.000)
	合金钢焊丝		kg	0.022	0.040	0.055	0.067	0.077	0.122
	氧气		m^3	0.007	0.009	0.010	0.011	0.016	0.018
	乙炔气		kg	0.003	0.003	0.004	0.004	0.006	0.007
	氩气		m^3	0.062	0.112	0.152	0.188	0.216	0.339
	铈钨棒		g	0.125	0.223	0.304	0.377	0.431	0.679
	尼龙砂轮片 $\phi100\times16\times3$		片	0.058	0.073	0.119	0.155	0.208	0.217
	尼龙砂轮片 $\phi500\times25\times4$		片	0.010	0.016	0.020	0.025	0.030	0.042
	磨头		个	0.028	0.032	0.038	0.046	0.055	0.063
	无石棉橡胶板 低压 δ0.8~6.0		kg	0.012	0.025	0.050	0.050	0.074	0.083
	清油 C01-1		kg	0.012	0.012	0.012	0.012	0.012	0.012
	丙酮		kg	0.017	0.020	0.027	0.032	0.050	0.050
	白铅油		kg	0.037	0.037	0.037	0.037	0.037	0.047
	二硫化钼		kg	0.002	0.002	0.002	0.004	0.004	0.004
	碎布		kg	0.015	0.017	0.017	0.032	0.032	0.034
	其他材料费		%	1.00	1.00	1.00	1.00	1.00	1.00
机械	氩弧焊机 500A		台班	0.043	0.051	0.063	0.077	0.129	0.151
	砂轮切割机 $\phi500$		台班	0.001	0.005	0.006	0.009	0.009	0.011
	普通车床 630×2 000(安装用)		台班	0.016	0.019	0.019	0.020	0.021	0.029

计量单位：副

编号				8-4-431	8-4-432	8-4-433	8-4-434	8-4-435	8-4-436
项目				公称直径（mm 以内）					
				65	80	100	125	150	200
名称			单位	消耗量					
人工	合计工日		工日	0.735	0.818	1.012	1.308	1.420	1.857
	其中	普工	工日	0.183	0.205	0.253	0.326	0.355	0.463
		一般技工	工日	0.405	0.450	0.557	0.720	0.782	1.022
		高级技工	工日	0.147	0.163	0.202	0.262	0.283	0.372
材料	合金钢对焊法兰		片	(2.000)	(2.000)	(2.000)	(2.000)	(2.000)	(2.000)
	合金钢焊丝		kg	0.224	0.263	0.451	0.451	0.741	1.218
	氧气		m^3	0.028	0.032	0.044	0.048	0.269	0.420
	乙炔气		kg	0.011	0.012	0.017	0.019	0.103	0.162
	氩气		m^3	0.627	0.738	1.264	1.264	2.074	3.403
	铈钨棒		g	1.253	1.475	2.528	2.528	4.149	4.149
	尼龙砂轮片 $\phi100\times16\times3$		片	0.270	0.353	0.468	0.660	0.901	1.385
	尼龙砂轮片 $\phi500\times25\times4$		片	0.065	0.078	0.107	0.127	—	—
	磨头		个	0.083	0.097	0.125	—	—	—
	无石棉橡胶板 低压 δ0.8~6.0		kg	0.106	0.153	0.201	0.271	0.330	0.389
	清油 C01-1		kg	0.012	0.024	0.024	0.024	0.035	0.035
	丙酮		kg	0.059	0.073	0.087	0.101	0.123	0.123
	白铅油		kg	0.047	0.083	0.142	0.142	0.165	0.201
	二硫化钼		kg	0.004	0.006	0.006	0.013	0.013	0.019
	碎布		kg	0.035	0.038	0.052	0.054	0.061	0.068
	其他材料费		%	1.00	1.00	1.00	1.00	1.00	1.00
机械	氩弧焊机 500A		台班	0.212	0.289	0.405	0.505	0.638	0.649
	砂轮切割机 ϕ500		台班	0.014	0.016	0.025	0.026	—	—
	普通车床 630×2 000（安装用）		台班	0.045	0.045	0.046	0.047	0.049	0.056
	半自动切割机 100mm		台班	—	—	—	—	0.022	0.035
	汽车式起重机 8t		台班	—	—	0.001	0.001	0.001	0.002
	载货汽车－普通货车 8t		台班	—	—	0.001	0.001	0.001	0.002

9. 铜及铜合金对焊法兰（氧乙炔焊）

工作内容： 准备工作，管子切口，坡口加工，坡口磨平，焊前预热，焊接，法兰连接，螺栓涂二硫化钼。

计量单位： 副

编号				8-4-437	8-4-438	8-4-439	8-4-440	8-4-441	8-4-442	8-4-443
项目				管外径（mm 以内）						
				20	30	40	50	65	75	85
名称			单位	消耗量						
人工	合计工日		工日	0.243	0.331	0.346	0.434	0.464	0.493	0.531
	其中	普工	工日	0.061	0.083	0.087	0.109	0.116	0.123	0.133
		一般技工	工日	0.134	0.182	0.190	0.238	0.255	0.271	0.292
		高级技工	工日	0.048	0.066	0.069	0.087	0.093	0.099	0.106
材料	铜对焊法兰		片	(2.000)	(2.000)	(2.000)	(2.000)	(2.000)	(2.000)	(2.000)
	铜气焊丝		kg	0.020	0.042	0.058	0.098	0.128	0.150	0.216
	氧气		m^3	0.095	0.204	0.336	0.387	0.490	0.593	0.865
	乙炔气		kg	0.037	0.078	0.129	0.149	0.188	0.228	0.333
	尼龙砂轮片 $\phi100\times16\times3$		片	0.012	0.017	0.022	0.070	0.092	0.108	0.200
	尼龙砂轮片 $\phi500\times25\times4$		片	0.007	0.014	0.022	0.031	0.037	0.041	—
	无石棉橡胶板 低压 $\delta0.8\sim6.0$		kg	0.010	0.040	0.040	0.060	0.070	0.090	0.130
	硼砂		kg	0.005	0.008	0.011	0.013	0.026	0.030	0.044
	清油 C01-1		kg	0.001	0.001	0.001	0.001	0.001	0.001	0.002
	铁砂布		张	0.014	0.018	0.030	0.038	0.056	0.066	0.066
	白铅油		kg	0.030	0.030	0.030	0.030	0.040	0.050	0.070
	二硫化钼		kg	0.002	0.002	0.002	0.004	0.004	0.004	0.004
	碎布		kg	0.012	0.012	0.012	0.022	0.022	0.022	0.022
	其他材料费		%	1.00	1.00	1.00	1.00	1.00	1.00	1.00
机械	砂轮切割机 $\phi500$		台班	0.003	0.004	0.007	0.012	0.014	0.016	—
	等离子切割机 400A		台班	—	—	—	—	—	—	0.106
	电动空气压缩机 $1m^3/min$		台班	—	—	—	—	—	—	0.106

计量单位：副

编号				8-4-444	8-4-445	8-4-446	8-4-447	8-4-448	8-4-449	8-4-450
项目				管外径（mm 以内）						
				100	120	150	185	200	250	300
名称			单位	消耗量						
人工	合计工日		工日	0.578	0.733	0.877	1.017	1.342	1.681	2.067
	其中	普工	工日	0.145	0.184	0.220	0.255	0.335	0.420	0.517
		一般技工	工日	0.317	0.403	0.482	0.559	0.738	0.925	1.137
		高级技工	工日	0.116	0.146	0.175	0.203	0.269	0.336	0.413
材料	铜对焊法兰		片	(2.000)	(2.000)	(2.000)	(2.000)	(2.000)	(2.000)	(2.000)
	铜气焊丝		kg	0.245	0.350	0.438	0.542	0.916	1.150	1.382
	氧气		m^3	0.978	1.387	1.740	2.154	3.436	4.311	5.182
	乙炔气		kg	0.376	0.533	0.669	0.828	1.322	1.658	1.993
	尼龙砂轮片 $\phi100\times16\times3$		片	0.281	0.402	0.507	0.630	0.902	1.136	1.371
	无石棉橡胶板 低压 $\delta0.8$~6.0		kg	0.170	0.230	0.280	0.314	0.330	0.370	0.400
	硼砂		kg	0.049	0.070	0.088	0.108	0.184	0.230	0.276
	清油 C01-1		kg	0.002	0.002	0.003	0.003	0.003	0.004	0.005
	铁砂布		张	0.084	0.096	0.128	0.170	0.188	0.266	0.344
	白铅油		kg	0.100	0.120	0.140	0.153	0.170	0.200	0.250
	二硫化钼		kg	0.006	0.006	0.013	0.013	0.013	0.019	0.029
	碎布		kg	0.015	0.019	0.023	0.029	0.032	0.040	0.046
	其他材料费		%	1.00	1.00	1.00	1.00	1.00	1.00	1.00
机械	等离子切割机 400A		台班	0.109	0.156	0.195	0.241	0.274	0.342	0.411
	汽车式起重机 8t		台班	0.001	0.001	0.001	0.001	0.002	0.002	0.002
	载货汽车 – 普通货车 8t		台班	0.001	0.001	0.001	0.001	0.002	0.002	0.002
	电动空气压缩机 $1m^3/min$		台班	0.109	0.156	0.195	0.241	0.274	0.342	0.411

三、高 压 法 兰

1. 碳钢法兰(螺纹连接)

工作内容:准备工作,管子切口,套丝,法兰连接,螺栓涂二硫化钼。 **计量单位:**副

编 号				8-4-451	8-4-452	8-4-453	8-4-454	8-4-455	8-4-456
项 目				公称直径(mm 以内)					
				15	20	25	32	40	50
名 称			单位	消 耗 量					
人工	合计工日		工日	0.121	0.153	0.174	0.196	0.234	0.319
	其中	普工	工日	0.025	0.031	0.034	0.038	0.046	0.063
		一般技工	工日	0.048	0.061	0.070	0.079	0.094	0.128
		高级技工	工日	0.048	0.061	0.070	0.079	0.094	0.128
材料	碳钢螺纹法兰		片	(2.000)	(2.000)	(2.000)	(2.000)	(2.000)	(2.000)
	碳钢透镜垫		个	(1.000)	(1.000)	(1.000)	(1.000)	(1.000)	(1.000)
	尼龙砂轮片 $\phi500\times25\times4$		片	0.012	0.020	0.030	0.043	0.051	0.075
	煤油		kg	0.360	0.400	0.440	0.540	0.640	0.740
	黑铅粉		kg	0.040	0.040	0.050	0.050	0.060	0.070
	铁砂布		张	0.038	0.052	0.065	0.080	0.100	0.125
	皂化液		kg	0.026	0.034	0.043	0.054	0.067	0.083
	砂纸		张	0.004	0.004	0.004	0.004	0.004	0.004
	聚四氟乙烯生料带		m	0.415	0.509	0.641	0.791	0.904	1.074
	二硫化钼		kg	0.001	0.001	0.001	0.002	0.002	0.002
	碎布		kg	0.034	0.034	0.044	0.044	0.064	0.074
	其他材料费		%	1.00	1.00	1.00	1.00	1.00	1.00
机械	砂轮切割机 $\phi500$		台班	0.003	0.007	0.009	0.011	0.011	0.014
	普通车床 630×2 000(安装用)		台班	0.055	0.072	0.090	0.114	0.142	0.223
	管子切断套丝机 159mm		台班	0.068	0.068	0.068	0.075	0.075	0.075

计量单位：副

编号				8-4-457	8-4-458	8-4-459	8-4-460	8-4-461	8-4-462
项目				公称直径（mm 以内）					
				65	80	100	125	150	200
名称			单位	消耗量					
人工	合计工日		工日	0.433	0.478	0.559	0.683	0.741	0.874
	其中	普工	工日	0.087	0.096	0.111	0.135	0.149	0.175
		一般技工	工日	0.173	0.191	0.224	0.274	0.296	0.350
		高级技工	工日	0.173	0.191	0.224	0.274	0.296	0.350
材料	碳钢螺纹法兰		片	（2.000）	（2.000）	（2.000）	（2.000）	（2.000）	（2.000）
	碳钢透镜垫		个	（1.000）	（1.000）	（1.000）	（1.000）	（1.000）	（1.000）
	氧气		m^3	—	—	0.302	0.365	0.534	0.676
	乙炔气		kg	—	—	0.116	0.140	0.205	0.260
	尼龙砂轮片 $\phi500\times25\times4$		片	0.103	0.139	—	—	—	—
	煤油		kg	0.900	1.100	1.200	1.260	1.392	1.440
	黑铅粉		kg	0.080	0.100	0.112	0.120	0.128	0.139
	铁砂布		张	0.172	0.195	0.241	0.296	0.349	0.455
	皂化液		kg	0.115	0.130	0.161	0.198	0.233	0.303
	砂纸		张	0.004	0.004	0.004	0.004	0.004	0.004
	二硫化钼		kg	0.002	0.003	0.003	0.003	0.003	0.003
	碎布		kg	0.074	0.074	0.084	0.101	0.102	0.116
	其他材料费		%	1.00	1.00	1.00	1.00	1.00	1.00
机械	砂轮切割机 $\phi500$		台班	0.014	0.016	—	—	—	—
	普通车床 630×2 000（安装用）		台班	0.307	0.348	0.428	0.530	0.624	0.805
	半自动切割机 100mm		台班	—	—	—	—	0.027	0.037
	管子切断套丝机 159mm		台班	0.083	0.083	0.083	0.090	0.090	0.090

2. 碳钢对焊法兰(电弧焊)

工作内容: 准备工作,管子切口,坡口加工,管口组对,焊接,法兰连接,螺栓涂二硫化钼。

计量单位: 副

编号				8-4-463	8-4-464	8-4-465	8-4-466	8-4-467	8-4-468	8-4-469
项目				公称直径(mm 以内)						
				15	20	25	32	40	50	65
名称			单位	消耗量						
人工	合计工日		工日	0.372	0.443	0.523	0.624	0.744	0.850	1.138
	其中	普工	工日	0.076	0.087	0.105	0.126	0.148	0.168	0.228
		一般技工	工日	0.148	0.178	0.209	0.249	0.298	0.341	0.455
		高级技工	工日	0.148	0.178	0.209	0.249	0.298	0.341	0.455
材料	碳钢透镜垫		个	(1.000)	(1.000)	(1.000)	(1.000)	(1.000)	(1.000)	(1.000)
	碳钢对焊法兰		片	(2.000)	(2.000)	(2.000)	(2.000)	(2.000)	(2.000)	(2.000)
	低碳钢焊条 J427 $\phi3.2$		kg	0.123	0.176	0.290	0.418	0.504	0.775	1.317
	尼龙砂轮片 $\phi100\times16\times3$		片	0.062	0.074	0.082	0.091	0.104	0.144	0.219
	尼龙砂轮片 $\phi500\times25\times4$		片	0.012	0.020	0.030	0.043	0.051	0.075	0.115
	磨头		个	0.020	0.026	0.031	0.039	0.044	0.053	0.070
	煤油		kg	0.180	0.200	0.220	0.270	0.320	0.370	0.450
	丙酮		kg	0.022	0.023	0.024	0.026	0.029	0.035	0.047
	二硫化钼		kg	0.002	0.002	0.002	0.004	0.004	0.004	0.004
	碎布		kg	0.032	0.033	0.044	0.046	0.066	0.077	0.080
	其他材料费		%	1.00	1.00	1.00	1.00	1.00	1.00	1.00
机械	电焊机(综合)		台班	0.058	0.069	0.091	0.117	0.138	0.171	0.233
	砂轮切割机 $\phi500$		台班	0.003	0.007	0.009	0.011	0.011	0.014	0.015
	普通车床 630×2 000(安装用)		台班	0.017	0.024	0.035	0.035	0.036	0.037	0.041
	电动葫芦单速 3t		台班	—	—	—	—	—	0.037	0.041
	电焊条烘干箱 60×50×75(cm^3)		台班	0.006	0.007	0.009	0.012	0.014	0.017	0.024
	电焊条恒温箱		台班	0.006	0.007	0.009	0.012	0.014	0.017	0.024

计量单位：副

编号			8-4-470	8-4-471	8-4-472	8-4-473	8-4-474	8-4-475	8-4-476
项目			公称直径（mm 以内）						
			80	100	125	150	200	250	300
名称		单位	消耗量						
人工	合计工日	工日	1.358	1.833	2.693	3.659	4.014	5.319	7.043
人工	其中 普工	工日	0.272	0.367	0.537	0.729	0.802	1.065	1.409
人工	其中 一般技工	工日	0.543	0.733	1.078	1.465	1.606	2.127	2.817
人工	其中 高级技工	工日	0.543	0.733	1.078	1.465	1.606	2.127	2.817
材料	碳钢透镜垫	个	(1.000)	(1.000)	(1.000)	(1.000)	(1.000)	(1.000)	(1.000)
材料	碳钢对焊法兰	片	(2.000)	(2.000)	(2.000)	(2.000)	(2.000)	(2.000)	(2.000)
材料	低碳钢焊条 J427 $\phi3.2$	kg	1.791	2.783	4.999	7.819	12.137	17.996	28.364
材料	氧气	m^3	—	0.302	0.365	0.534	0.751	1.025	1.260
材料	乙炔气	kg	—	0.116	0.140	0.205	0.289	0.394	0.485
材料	尼龙砂轮片 $\phi100\times16\times3$	片	0.255	0.388	0.453	0.632	1.124	1.720	2.430
材料	尼龙砂轮片 $\phi500\times25\times4$	片	0.155	—	—	—	—	—	—
材料	磨头	个	0.082	0.106	—	—	—	—	—
材料	煤油	kg	0.550	0.600	0.630	0.700	0.800	0.900	1.000
材料	丙酮	kg	0.056	0.072	0.084	0.100	0.138	0.172	0.204
材料	角钢（综合）	kg	—	—	—	—	0.152	0.152	0.200
材料	二硫化钼	kg	0.006	0.006	0.013	0.013	0.013	0.019	0.029
材料	碎布	kg	0.082	0.094	0.107	0.131	0.158	0.174	0.190
材料	其他材料费	%	1.00	1.00	1.00	1.00	1.00	1.00	1.00
机械	电焊机（综合）	台班	0.292	0.427	0.645	0.901	1.352	1.930	2.833
机械	砂轮切割机 $\phi500$	台班	0.018	—	—	—	—	—	—
机械	半自动切割机 100mm	台班	—	—	—	0.027	0.042	0.089	0.121
机械	普通车床 630×2 000（安装用）	台班	0.044	0.051	0.107	0.117	0.165	0.211	0.260
机械	电动葫芦单速 3t	台班	0.044	0.051	0.107	0.117	0.165	—	—
机械	汽车式起重机 8t	台班	—	0.001	0.001	0.001	0.010	0.020	0.030
机械	载货汽车－普通货车 8t	台班	—	0.001	0.001	0.001	0.010	0.020	0.030
机械	电动单梁起重机 5t	台班	—	—	—	—	—	0.211	0.260
机械	电焊条烘干箱 60×50×75（cm^3）	台班	0.030	0.043	0.064	0.090	0.135	0.193	0.283
机械	电焊条恒温箱	台班	0.030	0.043	0.064	0.090	0.135	0.193	0.283

计量单位：副

编号				8-4-477	8-4-478	8-4-479	8-4-480	8-4-481
项目				公称直径（mm 以内）				
				350	400	450	500	600
名称			单位	消耗量				
人工	合计工日		工日	8.997	10.930	13.849	16.750	22.571
	其中	普工	工日	1.800	2.185	2.770	3.349	4.514
		一般技工	工日	3.598	4.373	5.539	6.701	9.028
		高级技工	工日	3.598	4.373	5.539	6.701	9.028
材料	碳钢透镜垫		个	（1.000）	（1.000）	（1.000）	（1.000）	（1.000）
	碳钢对焊法兰		片	（2.000）	（2.000）	（2.000）	（2.000）	（2.000）
	低碳钢焊条 J427 ϕ3.2		kg	38.720	46.946	67.154	82.348	117.750
	氧气		m^3	1.534	1.723	2.365	2.432	3.141
	乙炔气		kg	0.590	0.663	0.910	0.935	1.208
	尼龙砂轮片 $\phi100\times16\times3$		片	3.263	4.189	5.287	5.858	7.527
	煤油		kg	1.100	1.200	1.300	1.400	1.500
	丙酮		kg	0.236	0.266	0.300	0.330	0.394
	角钢（综合）		kg	0.200	0.200	0.200	0.200	0.200
	二硫化钼		kg	0.029	0.038	0.038	0.038	0.047
	碎布		kg	0.208	0.224	0.240	0.256	0.278
	其他材料费		%	1.00	1.00	1.00	1.00	1.00
机械	电焊机（综合）		台班	3.386	4.106	5.874	7.202	10.299
	半自动切割机 100mm		台班	0.146	0.166	0.199	0.240	0.315
	普通车床 630×2 000（安装用）		台班	0.345	0.380	0.469	0.510	0.642
	汽车式起重机 8t		台班	0.035	0.044	0.060	0.081	0.118
	载货汽车－普通货车 8t		台班	0.035	0.044	0.060	0.081	0.118
	电动单梁起重机 5t		台班	0.345	0.380	0.469	0.510	0.642
	电焊条烘干箱 60×50×75（cm^3）		台班	0.339	0.411	0.587	0.720	1.030
	电焊条恒温箱		台班	0.339	0.411	0.587	0.720	1.030

3. 碳钢对焊法兰（氩电联焊）

工作内容： 准备工作，管子切口，坡口加工，管口组对，焊接，法兰连接，螺栓涂二硫化钼。

计量单位：副

编号				8-4-482	8-4-483	8-4-484	8-4-485	8-4-486	8-4-487	8-4-488
项目				公称直径（mm 以内）						
				15	20	25	32	40	50	65
名称			单位	消耗量						
人工	合计工日		工日	0.375	0.463	0.573	0.701	0.829	0.877	1.152
	其中	普工	工日	0.075	0.093	0.113	0.139	0.165	0.177	0.230
		一般技工	工日	0.150	0.185	0.230	0.281	0.332	0.350	0.461
		高级技工	工日	0.150	0.185	0.230	0.281	0.332	0.350	0.461
材料	碳钢透镜垫		个	(1.000)	(1.000)	(1.000)	(1.000)	(1.000)	(1.000)	(1.000)
	碳钢对焊法兰		片	(2.000)	(2.000)	(2.000)	(2.000)	(2.000)	(2.000)	(2.000)
	低碳钢焊条 J427 $\phi3.2$		kg	—	—	—	—	—	0.722	1.129
	碳钢焊丝		kg	0.050	0.086	0.143	0.197	0.227	0.024	0.030
	氩气		m^3	0.140	0.241	0.401	0.550	0.636	0.067	0.084
	铈钨棒		g	0.279	0.483	0.802	1.101	1.271	0.134	0.168
	尼龙砂轮片 $\phi100 \times 16 \times 3$		片	0.058	0.070	0.078	0.087	0.100	0.140	0.215
	尼龙砂轮片 $\phi500 \times 25 \times 4$		片	0.012	0.020	0.030	0.043	0.051	0.075	0.103
	磨头		个	0.020	0.026	0.031	0.039	0.044	0.053	0.070
	煤油		kg	0.180	0.200	0.220	0.270	0.320	0.370	0.450
	丙酮		kg	0.022	0.023	0.024	0.026	0.029	0.035	0.047
	二硫化钼		kg	0.002	0.002	0.002	0.004	0.004	0.004	0.004
	碎布		kg	0.032	0.033	0.044	0.046	0.066	0.077	0.080
	其他材料费		%	1.00	1.00	1.00	1.00	1.00	1.00	1.00
机械	电焊机（综合）		台班	—	—	—	—	—	0.162	0.206
	氩弧焊机 500A		台班	0.048	0.074	0.119	0.164	0.189	0.035	0.044
	砂轮切割机 $\phi500$		台班	0.003	0.007	0.009	0.011	0.011	0.014	0.014
	普通车床 630×2 000（安装用）		台班	0.017	0.024	0.035	0.035	0.036	0.037	0.041
	电动葫芦单速 3t		台班	—	—	—	—	—	0.037	0.041
	电焊条烘干箱 60×50×75（cm^3）		台班	—	—	—	—	—	0.016	0.020
	电焊条恒温箱		台班	—	—	—	—	—	0.016	0.020

计量单位：副

编号				8-4-489	8-4-490	8-4-491	8-4-492	8-4-493	8-4-494	8-4-495
项目				公称直径（mm以内）						
				80	100	125	150	200	250	300
名称			单位	消耗量						
人工	合计工日		工日	1.397	1.890	2.747	3.719	4.074	5.400	7.106
	其中	普工	工日	0.279	0.378	0.549	0.743	0.816	1.081	1.420
		一般技工	工日	0.559	0.756	1.099	1.488	1.629	2.159	2.843
		高级技工	工日	0.559	0.756	1.099	1.488	1.629	2.159	2.843
材料	碳钢透镜垫		个	(1.000)	(1.000)	(1.000)	(1.000)	(1.000)	(1.000)	(1.000)
	碳钢对焊法兰		片	(2.000)	(2.000)	(2.000)	(2.000)	(2.000)	(2.000)	(2.000)
	低碳钢焊条 J427 ϕ3.2		kg	1.717	2.691	4.630	7.296	11.343	16.888	26.727
	碳钢焊丝		kg	0.035	0.048	0.064	0.074	0.113	0.136	0.157
	氧气		m^3	—	0.272	0.329	0.534	0.676	1.025	1.120
	乙炔气		kg	—	0.105	0.127	0.205	0.260	0.394	0.431
	氩气		m^3	0.098	0.133	0.180	0.208	0.318	0.378	0.442
	铈钨棒		g	0.197	0.266	0.360	0.416	0.635	0.757	0.883
	尼龙砂轮片 $\phi100\times16\times3$		片	0.251	0.384	0.449	0.628	1.120	1.716	2.426
	尼龙砂轮片 $\phi500\times25\times4$		片	0.139	—	—	—	—	—	—
	磨头		个	0.082	0.106	—	—	—	—	—
	煤油		kg	0.550	0.600	0.630	0.700	0.800	0.900	1.000
	丙酮		kg	0.056	0.072	0.084	0.100	0.138	0.172	0.204
	角钢（综合）		kg	—	—	—	—	0.152	0.152	0.200
	二硫化钼		kg	0.006	0.006	0.013	0.013	0.013	0.019	0.029
	碎布		kg	0.082	0.094	0.107	0.131	0.158	0.174	0.190
	其他材料费		%	1.00	1.00	1.00	1.00	1.00	1.00	1.00
机械	电焊机（综合）		台班	0.283	0.416	0.606	0.849	1.275	1.825	2.685
	氩弧焊机 500A		台班	0.052	0.070	0.095	0.111	0.167	0.200	0.233
	砂轮切割机 ϕ500		台班	0.016	—	—	—	—	—	—
	半自动切割机 100mm		台班	—	—	—	0.027	0.037	0.089	0.108
	普通车床 630×2 000（安装用）		台班	0.044	0.051	0.107	0.117	0.157	0.211	0.260
	电动葫芦单速 3t		台班	0.044	0.051	0.107	0.117	0.157	—	—
	汽车式起重机 8t		台班	—	0.001	0.001	0.001	0.010	0.020	0.030
	载货汽车－普通货车 8t		台班	—	0.001	0.001	0.001	0.010	0.020	0.030
	电动单梁起重机 5t		台班	—	—	—	—	—	0.211	0.260
	电焊条烘干箱 60×50×75（cm^3）		台班	0.028	0.041	0.061	0.085	0.128	0.183	0.269
	电焊条恒温箱		台班	0.028	0.041	0.061	0.085	0.128	0.183	0.269

计量单位:副

编号				8-4-496	8-4-497	8-4-498	8-4-499	8-4-500
项目				公称直径(mm 以内)				
				350	400	450	500	600
名称			单位	消耗量				
人工	合计工日		工日	9.040	11.022	13.897	16.810	22.650
	其中	普工	工日	1.808	2.206	2.780	3.362	4.530
		一般技工	工日	3.616	4.408	5.559	6.724	9.060
		高级技工	工日	3.616	4.408	5.559	6.724	9.060
材料	碳钢透镜垫		个	(1.000)	(1.000)	(1.000)	(1.000)	(1.000)
	碳钢对焊法兰		片	(2.000)	(2.000)	(2.000)	(2.000)	(2.000)
	低碳钢焊条 J427 $\phi3.2$		kg	36.884	44.691	63.953	71.374	98.057
	碳钢焊丝		kg	0.186	0.230	0.254	0.289	0.348
	氧气		m^3	1.534	1.723	2.365	2.432	3.141
	乙炔气		kg	0.590	0.663	0.910	0.935	1.208
	氩气		m^3	0.519	0.644	0.711	0.809	0.974
	铈钨棒		g	1.039	1.288	1.423	1.619	1.815
	尼龙砂轮片 $\phi100\times16\times3$		片	3.259	4.185	5.283	5.854	7.523
	煤油		kg	1.100	1.200	1.300	1.400	1.500
	丙酮		kg	0.236	0.266	0.300	0.330	0.394
	角钢(综合)		kg	0.200	0.200	0.200	0.200	0.200
	二硫化钼		kg	0.029	0.038	0.038	0.038	0.047
	碎布		kg	0.208	0.224	0.240	0.256	0.278
	其他材料费		%	1.00	1.00	1.00	1.00	1.00
机械	电焊机(综合)		台班	3.583	4.312	6.085	6.815	9.288
	氩弧焊机 500A		台班	0.275	0.340	0.375	0.427	0.516
	半自动切割机 100mm		台班	0.146	0.166	0.199	0.240	0.315
	普通车床 630×2 000(安装用)		台班	0.326	0.380	0.469	0.538	0.698
	汽车式起重机 8t		台班	0.035	0.044	0.060	0.081	0.118
	载货汽车 - 普通货车 8t		台班	0.035	0.044	0.060	0.081	0.118
	电动单梁起重机 5t		台班	0.326	0.380	0.469	0.538	0.698
	电焊条烘干箱 60×50×75(cm^3)		台班	0.358	0.434	0.609	0.681	0.929
	电焊条恒温箱		台班	0.358	0.434	0.609	0.681	0.929

4. 不锈钢对焊法兰（电弧焊）

工作内容： 准备工作，管子切口，坡口加工，管口组对，焊接，焊缝钝化，法兰连接，螺栓涂二硫化钼。

计量单位： 副

编号			8-4-501	8-4-502	8-4-503	8-4-504	8-4-505	8-4-506
项目			公称直径（mm以内）					
			15	20	25	32	40	50
名称		单位	消耗量					
人工	合计工日	工日	0.471	0.560	0.662	0.790	0.942	1.075
	其中 普工	工日	0.096	0.110	0.132	0.159	0.188	0.213
	其中 一般技工	工日	0.188	0.225	0.265	0.315	0.377	0.431
	其中 高级技工	工日	0.188	0.225	0.265	0.315	0.377	0.431
材料	不锈钢透镜垫	个	（1.000）	（1.000）	（1.000）	（1.000）	（1.000）	（1.000）
	不锈钢对焊法兰	片	（2.000）	（2.000）	（2.000）	（2.000）	（2.000）	（2.000）
	不锈钢焊条（综合）	kg	0.082	0.125	0.210	0.264	0.358	0.502
	尼龙砂轮片 $\phi100 \times 16 \times 3$	片	0.073	0.085	0.093	0.102	0.115	0.155
	尼龙砂轮片 $\phi500 \times 25 \times 4$	片	0.016	0.022	0.042	0.050	0.062	0.069
	丙酮	kg	0.014	0.016	0.022	0.026	0.030	0.036
	氢氧化钠（烧碱）	kg	0.050	0.050	0.072	0.096	0.120	0.144
	酸洗膏	kg	0.012	0.014	0.020	0.024	0.030	0.036
	水	t	0.002	0.002	0.004	0.004	0.004	0.006
	二硫化钼	kg	0.002	0.002	0.002	0.004	0.004	0.004
	碎布	kg	0.054	0.056	0.056	0.068	0.078	0.081
	其他材料费	%	1.00	1.00	1.00	1.00	1.00	1.00
机械	电焊机（综合）	台班	0.046	0.059	0.086	0.109	0.129	0.157
	砂轮切割机 $\phi500$	台班	0.005	0.009	0.012	0.014	0.019	0.022
	普通车床 630×2 000（安装用）	台班	0.019	0.024	0.032	0.036	0.043	0.043
	电动葫芦单速 3t	台班	—	—	—	—	—	0.043
	电动空气压缩机 $6m^3/min$	台班	0.002	0.002	0.002	0.002	0.002	0.002
	电焊条烘干箱 $60 \times 50 \times 75(cm^3)$	台班	0.004	0.006	0.008	0.011	0.013	0.016
	电焊条恒温箱	台班	0.004	0.006	0.008	0.011	0.013	0.016

计量单位：副

编号			8-4-507	8-4-508	8-4-509	8-4-510	8-4-511	8-4-512
项目			公称直径（mm 以内）					
			65	80	100	125	150	200
名称		单位	消耗量					
人工	合计工日	工日	1.439	1.718	2.320	3.406	4.628	5.079
	其中 普工	工日	0.288	0.344	0.464	0.679	0.922	1.015
	其中 一般技工	工日	0.576	0.687	0.928	1.363	1.853	2.032
	其中 高级技工	工日	0.576	0.687	0.928	1.363	1.853	2.032
材料	不锈钢透镜垫	个	（1.000）	（1.000）	（1.000）	（1.000）	（1.000）	（1.000）
	不锈钢对焊法兰	片	（2.000）	（2.000）	（2.000）	（2.000）	（2.000）	（2.000）
	不锈钢焊条（综合）	kg	0.921	1.441	1.982	3.597	5.153	11.065
	尼龙砂轮片 $\phi100\times16\times3$	片	0.274	0.276	0.395	0.590	0.771	1.580
	尼龙砂轮片 $\phi500\times25\times4$	片	0.125	0.174	—	—	—	—
	丙酮	kg	0.048	0.056	0.072	0.084	0.100	0.138
	氢氧化钠（烧碱）	kg	0.192	0.192	0.240	0.340	0.410	0.460
	酸洗膏	kg	0.050	0.059	0.075	0.116	0.155	0.201
	水	t	0.008	0.010	0.012	0.014	0.018	0.024
	二硫化钼	kg	0.004	0.006	0.006	0.013	0.013	0.013
	碎布	kg	0.094	0.098	0.120	0.135	0.141	0.152
	其他材料费	%	1.00	1.00	1.00	1.00	1.00	1.00
机械	电焊机（综合）	台班	0.288	0.296	0.406	0.631	0.942	1.636
	等离子切割机 400A	台班	—	—	0.027	0.035	0.044	0.071
	砂轮切割机 $\phi500$	台班	0.034	0.042	—	—	—	—
	普通车床 630×2 000（安装用）	台班	0.050	0.050	0.052	0.064	0.077	0.184
	电动葫芦单速 3t	台班	0.050	0.050	0.052	0.064	0.077	0.184
	汽车式起重机 8t	台班	—	—	0.001	0.001	0.001	0.010
	载货汽车－普通货车 8t	台班	—	—	0.001	0.001	0.001	0.010
	电动空气压缩机 $1m^3/min$	台班	—	—	0.027	0.035	0.044	0.071
	电动空气压缩机 $6m^3/min$	台班	0.002	0.002	0.002	0.002	0.002	0.002
	电焊条烘干箱 60×50×75（cm^3）	台班	0.029	0.030	0.041	0.063	0.095	0.164
	电焊条恒温箱	台班	0.029	0.030	0.041	0.063	0.095	0.164

计量单位：副

编　　号			8-4-513	8-4-514	8-4-515	8-4-516	8-4-517	8-4-518
项　　目			公称直径（mm 以内）					
			250	300	350	400	450	500
名　　称		单位	消　耗　量					
人工	合计工日	工日	6.728	8.909	11.380	13.826	17.516	21.189
	其中 普工	工日	1.347	1.782	2.277	2.763	3.504	4.237
	其中 一般技工	工日	2.691	3.564	4.551	5.531	7.006	8.476
	其中 高级技工	工日	2.691	3.564	4.551	5.531	7.006	8.476
材料	不锈钢透镜垫	个	（1.000）	（1.000）	（1.000）	（1.000）	（1.000）	（1.000）
	不锈钢对焊法兰	片	（2.000）	（2.000）	（2.000）	（2.000）	（2.000）	（2.000）
	不锈钢焊条（综合）	kg	16.728	23.618	31.837	42.488	48.861	56.190
	尼龙砂轮片 $\phi100\times16\times3$	片	2.286	3.288	4.010	5.415	6.227	7.161
	丙酮	kg	0.172	0.204	0.236	0.266	0.306	0.352
	氢氧化钠（烧碱）	kg	0.580	0.700	0.840	0.980	1.127	1.296
	酸洗膏	kg	0.305	0.363	0.398	0.492	0.554	0.627
	水	t	0.028	0.034	0.040	0.046	0.053	0.061
	二硫化钼	kg	0.019	0.029	0.029	0.038	0.038	0.038
	碎布	kg	0.162	0.190	0.226	0.260	0.299	0.344
	其他材料费	%	1.00	1.00	1.00	1.00	1.00	1.00
机械	电焊机（综合）	台班	2.367	3.341	4.316	5.759	6.623	7.616
	等离子切割机 400A	台班	0.095	0.146	0.169	0.207	0.237	0.273
	普通车床 630×2 000（安装用）	台班	0.247	0.334	0.383	0.491	0.565	0.649
	电动葫芦单速 3t	台班	0.247	—	—	—	—	—
	汽车式起重机 8t	台班	0.020	0.030	0.035	0.044	0.051	0.058
	载货汽车－普通货车 8t	台班	0.020	0.030	0.035	0.044	0.051	0.058
	电动单梁起重机 5t	台班	—	0.334	0.383	0.491	0.565	0.649
	电动空气压缩机 $1m^3/min$	台班	0.095	0.146	0.169	0.207	0.237	0.273
	电动空气压缩机 $6m^3/min$	台班	0.002	0.002	0.002	0.002	0.002	0.003
	电焊条烘干箱 60×50×75（cm^3）	台班	0.237	0.334	0.432	0.576	0.663	0.762
	电焊条恒温箱	台班	0.237	0.334	0.432	0.576	0.663	0.762

5. 不锈钢对焊法兰（氩电联焊）

工作内容：准备工作，管子切口，坡口加工，管口组对，焊接，焊缝钝化，法兰连接，螺栓涂二硫化钼。

计量单位：副

		编号		8-4-519	8-4-520	8-4-521	8-4-522	8-4-523	8-4-524
		项目		公称直径（mm 以内）					
				15	20	25	32	40	50
		名称	单位	消耗量					
人工		合计工日	工日	0.474	0.586	0.726	0.886	1.049	1.109
	其中	普工	工日	0.095	0.118	0.143	0.175	0.208	0.224
		一般技工	工日	0.190	0.234	0.291	0.355	0.420	0.442
		高级技工	工日	0.190	0.234	0.291	0.355	0.420	0.442
材料		不锈钢透镜垫	个	(1.000)	(1.000)	(1.000)	(1.000)	(1.000)	(1.000)
		不锈钢对焊法兰	片	(2.000)	(2.000)	(2.000)	(2.000)	(2.000)	(2.000)
		不锈钢焊条（综合）	kg	—	—	—	—	—	0.442
		不锈钢焊丝 1Cr18Ni9Ti	kg	0.045	0.068	0.113	0.144	0.195	0.050
		氩气	m^3	0.127	0.192	0.317	0.403	0.548	0.142
		铈钨棒	g	0.231	0.350	0.589	0.740	1.005	0.154
		尼龙砂轮片 $\phi100\times16\times3$	片	0.071	0.083	0.091	0.100	0.113	0.153
		尼龙砂轮片 $\phi500\times25\times4$	片	0.016	0.022	0.042	0.050	0.062	0.069
		丙酮	kg	0.014	0.016	0.022	0.026	0.030	0.036
		氢氧化钠（烧碱）	kg	0.050	0.050	0.072	0.096	0.120	0.144
		酸洗膏	kg	0.012	0.014	0.020	0.024	0.030	0.036
		水	t	0.002	0.002	0.004	0.004	0.004	0.006
		二硫化钼	kg	0.002	0.002	0.002	0.004	0.004	0.004
		碎布	kg	0.054	0.056	0.056	0.068	0.078	0.081
		其他材料费	%	1.00	1.00	1.00	1.00	1.00	1.00
机械		电焊机（综合）	台班	—	—	—	—	—	0.141
		氩弧焊机 500A	台班	0.065	0.090	0.136	0.175	0.224	0.105
		砂轮切割机 $\phi500$	台班	0.005	0.009	0.012	0.014	0.019	0.022
		普通车床 630×2 000（安装用）	台班	0.019	0.024	0.032	0.036	0.043	0.043
		电动葫芦单速 3t	台班	—	—	—	0.036	0.043	0.043
		电动空气压缩机 $6m^3/min$	台班	0.002	0.002	0.002	0.002	0.002	0.002
		电焊条烘干箱 60×50×75（cm^3）	台班	—	—	—	—	—	0.014
		电焊条恒温箱	台班	—	—	—	—	—	0.014

计量单位：副

编　号				8-4-525	8-4-526	8-4-527	8-4-528	8-4-529	8-4-530
项　目				公称直径(mm 以内)					
				65	80	100	125	150	200
名　称			单位	消　耗　量					
人工	合计工日		工日	1.458	1.767	2.390	3.474	4.703	5.154
	其中	普工	工日	0.291	0.353	0.478	0.695	0.940	1.032
		一般技工	工日	0.583	0.707	0.956	1.390	1.882	2.061
		高级技工	工日	0.583	0.707	0.956	1.390	1.882	2.061
材料	不锈钢透镜垫		个	(1.000)	(1.000)	(1.000)	(1.000)	(1.000)	(1.000)
	不锈钢对焊法兰		片	(2.000)	(2.000)	(2.000)	(2.000)	(2.000)	(2.000)
	不锈钢焊条(综合)		kg	0.768	1.029	1.769	3.290	4.746	10.258
	不锈钢焊丝 1Cr18Ni9Ti		kg	0.088	0.105	0.158	0.185	0.222	0.338
	氩气		m^3	0.246	0.293	0.443	0.519	0.623	0.946
	铈钨棒		g	0.280	0.298	0.304	0.342	0.417	0.775
	尼龙砂轮片 $\phi100\times16\times3$		片	0.270	0.272	0.387	0.577	0.755	1.546
	尼龙砂轮片 $\phi500\times25\times4$		片	0.125	0.174	—	—	—	—
	丙酮		kg	0.048	0.056	0.072	0.084	0.100	0.138
	氢氧化钠(烧碱)		kg	0.192	0.192	0.240	0.340	0.410	0.460
	酸洗膏		kg	0.050	0.059	0.075	0.116	0.155	0.201
	水		t	0.008	0.010	0.012	0.014	0.018	0.024
	二硫化钼		kg	0.004	0.006	0.006	0.013	0.013	0.013
	碎布		kg	0.094	0.098	0.120	0.135	0.141	0.152
	其他材料费		%	1.00	1.00	1.00	1.00	1.00	1.00
机械	电焊机(综合)		台班	0.244	0.293	0.330	0.525	0.705	1.383
	氩弧焊机 500A		台班	0.155	0.176	0.231	0.277	0.326	0.527
	等离子切割机 400A		台班	—	—	0.027	0.035	0.044	0.071
	砂轮切割机 $\phi500$		台班	0.034	0.042	—	—	—	—
	普通车床 630×2 000(安装用)		台班	0.048	0.050	0.052	0.064	0.077	0.184
	电动葫芦单速 3t		台班	0.048	0.050	0.052	0.064	0.077	0.184
	汽车式起重机 8t		台班	—	—	0.001	0.001	0.001	0.010
	载货汽车－普通货车 8t		台班	—	—	0.001	0.001	0.001	0.010
	电动空气压缩机 $1m^3/min$		台班	—	—	0.027	0.035	0.044	0.071
	电动空气压缩机 $6m^3/min$		台班	0.002	0.002	0.002	0.002	0.002	0.002
	电焊条烘干箱 60×50×75(cm^3)		台班	0.025	0.030	0.033	0.052	0.070	0.139
	电焊条恒温箱		台班	0.025	0.030	0.033	0.052	0.070	0.139

计量单位：副

编号				8-4-531	8-4-532	8-4-533	8-4-534	8-4-535	8-4-536
项目				公称直径（mm 以内）					
				250	300	350	400	450	500
名称			单位	消耗量					
人工	合计工日		工日	6.832	8.991	11.437	13.945	17.582	21.266
	其中	普工	工日	1.368	1.797	2.287	2.791	3.517	4.253
		一般技工	工日	2.732	3.597	4.575	5.577	7.032	8.507
		高级技工	工日	2.732	3.597	4.575	5.577	7.032	8.507
材料	不锈钢透镜垫		个	（1.000）	（1.000）	（1.000）	（1.000）	（1.000）	（1.000）
	不锈钢对焊法兰		片	（2.000）	（2.000）	（2.000）	（2.000）	（2.000）	（2.000）
	不锈钢焊条（综合）		kg	15.584	22.002	29.850	39.837	45.813	52.684
	不锈钢焊丝 1Cr18Ni9Ti		kg	0.423	0.550	0.594	0.734	0.844	0.971
	氩气		m^3	1.184	1.537	1.664	2.053	2.361	2.715
	铈钨棒		g	0.980	1.420	1.673	1.863	2.142	2.464
	尼龙砂轮片 $\phi100\times16\times3$		片	2.236	3.217	3.923	5.298	6.093	7.007
	丙酮		kg	0.172	0.204	0.236	0.266	0.306	0.352
	氢氧化钠（烧碱）		kg	0.580	0.700	0.840	0.980	1.127	1.296
	酸洗膏		kg	0.305	0.363	0.398	0.492	0.554	0.627
	水		t	0.028	0.034	0.040	0.046	0.053	0.061
	二硫化钼		kg	0.019	0.029	0.029	0.038	0.038	0.038
	碎布		kg	0.162	0.190	0.226	0.260	0.299	0.344
	其他材料费		%	1.00	1.00	1.00	1.00	1.00	1.00
机械	电焊机（综合）		台班	2.008	2.834	3.682	4.914	5.651	6.499
	氩弧焊机 500A		台班	0.647	0.886	0.904	1.172	1.347	1.550
	等离子切割机 400A		台班	0.095	0.146	0.169	0.207	0.237	0.273
	普通车床 630×2 000（安装用）		台班	0.247	0.334	0.383	0.491	0.565	0.649
	电动葫芦单速 3t		台班	0.247	—	—	—	—	—
	汽车式起重机 8t		台班	0.020	0.030	0.035	0.049	0.057	0.065
	载货汽车－普通货车 8t		台班	0.020	0.030	0.035	0.049	0.057	0.065
	电动单梁起重机 5t		台班	—	0.334	0.383	0.491	0.565	0.649
	电动空气压缩机 $1m^3/min$		台班	0.095	0.146	0.169	0.207	0.237	0.273
	电动空气压缩机 $6m^3/min$		台班	0.002	0.002	0.002	0.002	0.002	0.003
	电焊条烘干箱 60×50×75（cm^3）		台班	0.201	0.283	0.369	0.491	0.565	0.650
	电焊条恒温箱		台班	0.201	0.283	0.369	0.491	0.565	0.650

6. 合金钢对焊法兰（电弧焊）

工作内容：准备工作，管子切口，坡口加工，管口组对，焊接，法兰连接，螺栓涂二硫化钼。

计量单位：副

编　号				8-4-537	8-4-538	8-4-539	8-4-540	8-4-541	8-4-542	8-4-543
项　目				公称直径（mm 以内）						
				15	20	25	32	40	50	65
名　称			单位	消　耗　量						
人工	合计工日		工日	0.427	0.510	0.601	0.717	0.856	0.977	1.308
	其中	普工	工日	0.087	0.100	0.121	0.145	0.170	0.193	0.262
		一般技工	工日	0.170	0.205	0.240	0.286	0.343	0.392	0.523
		高级技工	工日	0.170	0.205	0.240	0.286	0.343	0.392	0.523
材料	合金钢透镜垫		个	(1.000)	(1.000)	(1.000)	(1.000)	(1.000)	(1.000)	(1.000)
	合金钢对焊法兰		片	(2.000)	(2.000)	(2.000)	(2.000)	(2.000)	(2.000)	(2.000)
	合金钢焊条		kg	0.080	0.126	0.205	0.257	0.348	0.488	0.990
	尼龙砂轮片 $\phi100\times16\times3$		片	0.068	0.079	0.088	0.099	0.110	0.149	0.243
	尼龙砂轮片 $\phi500\times25\times4$		片	0.011	0.018	0.025	0.033	0.043	0.060	0.101
	磨头		个	0.023	0.026	0.031	0.037	0.044	0.053	0.070
	煤油		kg	0.180	0.200	0.220	0.270	0.320	0.370	0.450
	丙酮		kg	0.018	0.018	0.030	0.030	0.034	0.048	0.064
	二硫化钼		kg	0.002	0.002	0.002	0.004	0.004	0.004	0.004
	碎布		kg	0.032	0.034	0.044	0.046	0.066	0.078	0.080
	其他材料费		%	1.00	1.00	1.00	1.00	1.00	1.00	1.00
机械	电焊机（综合）		台班	0.055	0.072	0.095	0.120	0.145	0.181	0.245
	砂轮切割机 $\phi500$		台班	0.003	0.006	0.009	0.010	0.011	0.011	0.015
	普通车床 630×2 000（安装用）		台班	0.017	0.021	0.029	0.033	0.039	0.040	0.043
	电动葫芦单速 3t		台班	—	—	—	0.033	0.039	0.040	0.043
	电焊条烘干箱 60×50×75（cm^3）		台班	0.006	0.008	0.009	0.012	0.014	0.018	0.025
	电焊条恒温箱		台班	0.006	0.008	0.009	0.012	0.014	0.018	0.025

计量单位:副

编号				8-4-544	8-4-545	8-4-546	8-4-547	8-4-548	8-4-549	8-4-550
项目				公称直径(mm以内)						
				80	100	125	150	200	250	300
名称			单位	消耗量						
人工	合计工日		工日	1.561	2.108	3.098	4.208	4.616	6.117	8.098
	其中	普工	工日	0.313	0.422	0.618	0.838	0.922	1.225	1.620
		一般技工	工日	0.624	0.843	1.240	1.685	1.847	2.446	3.239
		高级技工	工日	0.624	0.843	1.240	1.685	1.847	2.446	3.239
材料	合金钢透镜垫		个	(1.000)	(1.000)	(1.000)	(1.000)	(1.000)	(1.000)	(1.000)
	合金钢对焊法兰		片	(2.000)	(2.000)	(2.000)	(2.000)	(2.000)	(2.000)	(2.000)
	合金钢焊条		kg	1.475	1.927	3.323	5.011	11.050	16.412	24.397
	氧气		m^3	—	0.245	0.354	0.400	0.624	0.949	1.170
	乙炔气		kg	—	0.094	0.136	0.154	0.240	0.365	0.450
	尼龙砂轮片 $\phi100\times16\times3$		片	0.263	0.390	0.522	0.711	1.382	1.975	2.854
	尼龙砂轮片 $\phi500\times25\times4$		片	0.139	0.140	0.145	—	—	—	—
	磨头		个	0.082	0.106	—	—	—	—	—
	煤油		kg	0.550	0.600	0.630	0.655	0.680	0.765	0.850
	丙酮		kg	0.080	0.094	0.112	0.132	0.182	0.228	0.270
	二硫化钼		kg	0.006	0.006	0.013	0.013	0.013	0.019	0.029
	碎布		kg	0.082	0.094	0.106	0.116	0.141	0.155	0.170
	其他材料费		%	1.00	1.00	1.00	1.00	1.00	1.00	1.00
机械	电焊机(综合)		台班	0.299	0.419	0.688	1.097	1.857	2.565	3.699
	砂轮切割机 $\phi500$		台班	0.018	0.019	0.022	—	—	—	—
	半自动切割机 100mm		台班	—	—	—	0.026	0.041	0.081	0.118
	普通车床 630×2 000(安装用)		台班	0.046	0.048	0.057	0.071	0.160	0.216	0.277
	电动葫芦单速 3t		台班	0.046	0.048	0.057	0.071	0.160	0.216	—
	汽车式起重机 8t		台班	—	0.001	0.001	0.001	0.010	0.020	0.030
	载货汽车-普通货车 8t		台班	—	0.001	0.001	0.001	0.010	0.020	0.030
	电动单梁起重机 5t		台班	—	—	—	—	—	—	0.277
	电焊条烘干箱 60×50×75(cm^3)		台班	0.030	0.042	0.069	0.109	0.185	0.256	0.370
	电焊条恒温箱		台班	0.030	0.042	0.069	0.109	0.185	0.256	0.370

计量单位：副

编　号				8-4-551	8-4-552	8-4-553	8-4-554	8-4-555
项　目				公称直径（mm 以内）				
				350	400	450	500	600
名　称			单位	消　耗　量				
人工	合计工日		工日	10.345	12.569	15.925	19.263	25.956
	其中	普工	工日	2.070	2.512	3.186	3.851	5.191
		一般技工	工日	4.138	5.029	6.370	7.706	10.383
		高级技工	工日	4.138	5.029	6.370	7.706	10.383
材料	合金钢透镜垫		个	（1.000）	（1.000）	（1.000）	（1.000）	（1.000）
	合金钢对焊法兰		片	（2.000）	（2.000）	（2.000）	（2.000）	（2.000）
	合金钢焊条		kg	33.169	44.377	56.466	68.729	93.081
	氧气		m^3	1.402	1.764	2.018	2.703	3.642
	乙炔气		kg	0.539	0.678	0.776	1.040	1.401
	尼龙砂轮片 $\phi100\times16\times3$		片	3.712	4.913	5.673	6.842	8.771
	煤油		kg	0.935	1.020	1.105	1.190	1.360
	丙酮		kg	0.286	0.312	0.312	0.358	0.404
	二硫化钼		kg	0.029	0.038	0.038	0.038	0.047
	碎布		kg	0.186	0.203	0.215	0.232	0.261
	其他材料费		%	1.00	1.00	1.00	1.00	1.00
机械	电焊机（综合）		台班	4.877	6.268	7.432	8.613	11.972
	半自动切割机 100mm		台班	0.138	0.164	0.185	0.266	0.369
	普通车床 630×2 000（安装用）		台班	0.333	0.393	0.477	0.561	0.729
	汽车式起重机 8t		台班	0.035	0.044	0.060	0.081	0.118
	载货汽车 – 普通货车 8t		台班	0.035	0.044	0.060	0.081	0.118
	电动单梁起重机 5t		台班	0.333	0.393	0.477	0.561	0.729
	电焊条烘干箱 60×50×75（cm^3）		台班	0.488	0.627	0.743	0.861	1.198
	电焊条恒温箱		台班	0.488	0.627	0.743	0.861	1.198

7. 合金钢对焊法兰(氩电联焊)

工作内容: 准备工作,管子切口,坡口加工,管口组对,焊接,法兰连接,螺栓涂二硫化钼。

计量单位:副

编号			8-4-556	8-4-557	8-4-558	8-4-559	8-4-560	8-4-561	8-4-562
项目			公称直径(mm 以内)						
			15	20	25	32	40	50	65
名称		单位	消耗量						
人工	合计工日	工日	0.432	0.533	0.660	0.806	0.954	1.010	1.325
	其中 普工	工日	0.086	0.107	0.130	0.160	0.190	0.204	0.265
	其中 一般技工	工日	0.173	0.213	0.265	0.323	0.382	0.403	0.530
	其中 高级技工	工日	0.173	0.213	0.265	0.323	0.382	0.403	0.530
材料	合金钢透镜垫	个	(1.000)	(1.000)	(1.000)	(1.000)	(1.000)	(1.000)	(1.000)
	合金钢对焊法兰	片	(2.000)	(2.000)	(2.000)	(2.000)	(2.000)	(2.000)	(2.000)
	合金钢焊条	kg	—	—	—	—	—	0.481	0.933
	合金钢焊丝	kg	0.042	0.066	0.107	0.134	0.182	0.028	0.034
	氩气	m^3	0.116	0.184	0.298	0.375	0.508	0.078	0.095
	铈钨棒	g	0.233	0.368	0.597	0.750	1.017	0.156	0.189
	尼龙砂轮片 $\phi100\times16\times3$	片	0.064	0.075	0.084	0.095	0.106	0.145	0.239
	尼龙砂轮片 $\phi500\times25\times4$	片	0.011	0.018	0.025	0.033	0.043	0.060	0.101
	磨头	个	0.023	0.026	0.031	0.037	0.044	0.053	0.070
	煤油	kg	0.180	0.200	0.220	0.270	0.320	0.370	0.450
	丙酮	kg	0.018	0.018	0.030	0.030	0.034	0.048	0.064
	二硫化钼	kg	0.002	0.002	0.002	0.004	0.004	0.004	0.004
	碎布	kg	0.032	0.034	0.044	0.046	0.066	0.078	0.080
	其他材料费	%	1.00	1.00	1.00	1.00	1.00	1.00	1.00
机械	电焊机(综合)	台班	—	—	—	—	—	0.165	0.221
	氩弧焊机 500A	台班	0.072	0.113	0.157	0.192	0.259	0.043	0.052
	砂轮切割机 $\phi500$	台班	0.003	0.006	0.009	0.010	0.011	0.011	0.015
	普通车床 630×2 000(安装用)	台班	0.017	0.021	0.029	0.033	0.039	0.040	0.043
	电动葫芦单速 3t	台班	—	—	—	0.033	0.039	0.040	0.043
	电焊条烘干箱 60×50×75(cm^3)	台班	—	—	—	—	—	0.017	0.022
	电焊条恒温箱	台班	—	—	—	—	—	0.017	0.022

计量单位:副

编号			8-4-563	8-4-564	8-4-565	8-4-566	8-4-567	8-4-568	8-4-569
项目			公称直径(mm以内)						
			80	100	125	150	200	250	300
名称		单位	消耗量						
人工	合计工日	工日	1.607	2.173	3.159	4.276	4.686	6.209	8.173
	其中 普工	工日	0.321	0.435	0.631	0.854	0.938	1.242	1.633
	其中 一般技工	工日	0.643	0.869	1.264	1.711	1.874	2.483	3.270
	其中 高级技工	工日	0.643	0.869	1.264	1.711	1.874	2.483	3.270
材料	合金钢透镜垫	个	(1.000)	(1.000)	(1.000)	(1.000)	(1.000)	(1.000)	(1.000)
	合金钢对焊法兰	片	(2.000)	(2.000)	(2.000)	(2.000)	(2.000)	(2.000)	(2.000)
	合金钢焊条	kg	1.394	1.820	3.158	4.748	10.471	15.567	23.189
	合金钢焊丝	kg	0.039	0.055	0.059	0.075	0.116	0.149	0.165
	氧气	m^3	—	0.245	0.354	0.400	0.624	0.949	1.170
	乙炔气	kg	—	0.094	0.136	0.154	0.240	0.365	0.450
	氩气	m^3	0.110	0.154	0.164	0.211	0.325	0.415	0.460
	铈钨棒	g	0.221	0.308	0.328	0.421	0.651	0.831	0.920
	尼龙砂轮片 $\phi100\times16\times3$	片	0.259	0.386	0.518	0.707	1.378	1.971	2.850
	尼龙砂轮片 $\phi500\times25\times4$	片	0.139	0.140	0.145	—	—	—	—
	磨头	个	0.082	0.106	—	—	—	—	—
	煤油	kg	0.550	0.595	0.600	0.630	0.680	0.765	0.850
	丙酮	kg	0.080	0.094	0.112	0.132	0.182	0.228	0.270
	二硫化钼	kg	0.006	0.006	0.006	0.013	0.013	0.013	0.019
	碎布	kg	0.082	0.094	0.106	0.116	0.141	0.155	0.170
	其他材料费	%	1.00	1.00	1.00	1.00	1.00	1.00	1.00
机械	电焊机(综合)	台班	0.274	0.386	0.550	0.747	1.376	1.951	2.748
	氩弧焊机 500A	台班	0.061	0.085	0.091	0.117	0.180	0.230	0.254
	砂轮切割机 $\phi500$	台班	0.018	0.019	0.022	—	—	—	—
	半自动切割机 100mm	台班	—	—	—	0.026	0.041	0.081	0.118
	普通车床 630×2 000(安装用)	台班	0.046	0.048	0.057	0.071	0.160	0.216	0.277
	电动葫芦单速 3t	台班	0.046	0.048	0.057	0.071	0.160	0.216	—
	汽车式起重机 8t	台班	—	0.001	0.001	0.001	0.010	0.020	0.030
	载货汽车－普通货车 8t	台班	—	0.001	0.001	0.001	0.010	0.020	0.030
	电动单梁起重机 5t	台班	—	—	—	—	—	—	0.277
	电焊条烘干箱 60×50×75(cm^3)	台班	0.027	0.039	0.055	0.074	0.138	0.195	0.275
	电焊条恒温箱	台班	0.027	0.039	0.055	0.074	0.138	0.195	0.275

计量单位：副

编号			8-4-570	8-4-571	8-4-572	8-4-573	8-4-574
项目			公称直径（mm 以内）				
			350	400	450	500	600
名称		单位	消耗量				
人工	合计工日	工日	10.396	12.676	15.982	19.330	26.047
	其中 普工	工日	2.079	2.537	3.196	3.866	5.209
	其中 一般技工	工日	4.158	5.069	6.393	7.732	10.419
	其中 高级技工	工日	4.158	5.069	6.393	7.732	10.419
材料	合金钢透镜垫	个	（1.000）	（1.000）	（1.000）	（1.000）	（1.000）
	合金钢对焊法兰	片	（2.000）	（2.000）	（2.000）	（2.000）	（2.000）
	合金钢焊条	kg	31.542	42.215	53.665	65.268	88.321
	合金钢焊丝	kg	0.192	0.218	0.282	0.349	0.480
	氧气	m^3	1.402	1.764	2.018	2.703	3.642
	乙炔气	kg	0.539	0.678	0.776	1.040	1.401
	氩气	m^3	0.538	0.610	0.791	0.977	1.344
	铈钨棒	g	1.076	1.220	1.581	1.953	2.686
	尼龙砂轮片 $\phi100\times16\times3$	片	3.708	4.909	5.669	6.838	8.767
	煤油	kg	0.935	1.020	1.105	1.190	1.360
	丙酮	kg	0.286	0.312	0.312	0.358	0.404
	二硫化钼	kg	0.029	0.038	0.038	0.038	0.047
	碎布	kg	0.186	0.203	0.215	0.232	0.261
	其他材料费	%	1.00	1.00	1.00	1.00	1.00
机械	电焊机（综合）	台班	3.181	4.116	5.181	6.281	8.446
	氩弧焊机 500A	台班	0.298	0.337	0.437	0.540	0.743
	半自动切割机 100mm	台班	0.138	0.164	0.185	0.266	0.369
	普通车床 630×2 000（安装用）	台班	0.333	0.393	0.477	0.561	0.729
	汽车式起重机 8t	台班	0.035	0.044	0.060	0.081	0.118
	载货汽车－普通货车 8t	台班	0.035	0.044	0.060	0.081	0.118
	电动单梁起重机 5t	台班	0.333	0.393	0.477	0.561	0.729
	电焊条烘干箱 60×50×75（cm^3）	台班	0.318	0.411	0.518	0.628	0.845
	电焊条恒温箱	台班	0.318	0.411	0.518	0.628	0.845

第五章　管道压力试验、吹扫与清洗

说　明

一、本章包括管道压力试验、管道系统清扫、管道系统清洗、管道脱脂、管道油清洗。

二、本章包括临时用空压机和泵作动力进行试压、吹扫及清洗，管道连接的管线、盲板、阀门、螺栓等所用的材料摊销量，不包括管道之间的临时串通管和临时排放管线。

三、管道油清洗项目按系统循环清洗考虑，包括油冲洗、系统连接和滤油机用橡胶管的摊销。

四、管道液压试验是按普通水编制的，如设计要求其他介质，可按实计算。

工程量计算规则

本章管道压力试验、泄漏性试验、吹扫与清洗按不同压力、规格，以“100m”为计量单位。

一、管道压力试验

1. 低中压管道液压试验

工作内容： 准备工作，制堵盲板，装设临时泵、管线，灌水加压，停压检查，强度试验，严密性试验，拆除临时性管线、盲板，现场清理。

计量单位： 100m

编　号			8-5-1	8-5-2	8-5-3	8-5-4	8-5-5
项　目			公称直径（mm 以内）				
			50	100	200	300	400
名　称		单位	消　耗　量				
人工	合计工日	工日	2.286	2.755	3.368	4.564	5.420
	其中 普工	工日	0.915	1.102	1.347	1.826	2.168
	其中 一般技工	工日	1.143	1.378	1.684	2.282	2.710
	其中 高级技工	工日	0.228	0.276	0.337	0.456	0.542
材料	水	t	（0.348）	（0.984）	（3.888）	（8.772）	（14.928）
	低碳钢焊条 J427 ϕ3.2	kg	0.200	0.200	0.200	0.200	0.200
	氧气	m^3	0.156	0.300	0.460	0.460	0.610
	乙炔气	kg	0.060	0.115	0.177	0.177	0.235
	无石棉橡胶板 低压 δ0.8~6.0	kg	0.312	0.600	0.900	0.900	2.100
	热轧厚钢板 δ12~20	kg	3.822	7.350	22.140	34.860	42.630
	无缝钢管 *DN*20	m	0.800	0.800	0.800	0.800	0.800
	橡胶软管 *DN*20	m	0.600	0.600	0.600	0.600	0.600
	截止阀 PN10 *DN*20	个	0.200	0.200	0.200	0.200	0.200
	压力表 0~16MPa	块	0.100	0.100	0.100	0.100	0.100
	压力表表弯（管）	个	0.100	0.100	0.100	0.100	0.100
	其他材料费	%	1.00	1.00	1.00	1.00	1.00
机械	电焊机（综合）	台班	0.100	0.100	0.100	0.100	0.100
	立式钻床 25mm	台班	0.019	0.020	0.030	0.040	0.050
	试压泵 60MPa	台班	0.095	0.100	0.200	0.200	0.300
	电焊条烘干箱 60×50×75（cm^3）	台班	0.010	0.010	0.010	0.010	0.010
	电焊条恒温箱	台班	0.010	0.010	0.010	0.010	0.010

计量单位：100m

编号				8-5-6	8-5-7	8-5-8	8-5-9	8-5-10
项目				公称直径（mm 以内）				
				500	600	800	1 000	1 200
名称			单位	消耗量				
人工	合计工日		工日	6.480	6.973	7.727	8.508	6.973
	其中	普工	工日	2.592	2.790	3.091	3.403	2.790
		一般技工	工日	3.240	3.487	3.863	4.254	3.487
		高级技工	工日	0.648	0.697	0.773	0.851	0.697
材料	水		t	（23.760）	（42.648）	（72.757）	（113.017）	（162.864）
	低碳钢焊条 J427 $\phi3.2$		kg	0.200	0.300	0.300	0.400	0.400
	氧气		m^3	0.760	0.910	1.420	2.075	2.100
	乙炔气		kg	0.292	0.350	0.546	0.798	0.808
	无石棉橡胶板 低压 $\delta0.8$~6.0		kg	2.100	2.100	3.276	4.788	5.800
	热轧厚钢板 $\delta12$~20		kg	54.180	62.340	79.140	94.200	113.040
	无缝钢管 *DN*20		m	0.800	—	—	—	—
	无缝钢管 *DN*50		m	—	0.800	0.800	0.800	0.800
	橡胶软管 *DN*20		m	0.600	—	—	—	—
	橡胶软管 *DN*50		m	—	0.600	0.600	0.600	0.600
	截止阀 PN10 *DN*20		个	0.200	—	—	—	—
	截止阀 PN10 *DN*50		个	—	0.200	0.200	0.200	0.200
	压力表 0~16MPa		块	0.100	0.100	0.100	0.100	0.100
	压力表表弯（管）		个	0.100	0.100	0.100	0.100	0.100
	其他材料费		%	1.00	1.00	1.00	1.00	1.00
机械	电焊机（综合）		台班	0.100	0.150	0.150	0.175	0.175
	立式钻床 25mm		台班	0.060	0.060	0.060	0.060	0.060
	试压泵 60MPa		台班	0.300	0.300	0.300	0.439	0.439
	电焊条烘干箱 60×50×75（cm^3）		台班	0.010	0.015	0.015	0.018	0.018
	电焊条恒温箱		台班	0.010	0.015	0.015	0.018	0.018

2. 高压管道液压试验

工作内容: 准备工作,制堵盲板,装设临时泵、管线,灌水加压,停压检查,强度试验,严密性试验,拆除临时性管线、盲板,现场清理。

计量单位: 100m

编号			8-5-11	8-5-12	8-5-13	8-5-14	8-5-15	8-5-16	8-5-17
项目			公称直径(mm 以内)						
			50	100	200	300	400	500	600
名称		单位	消耗量						
人工	合计工日	工日	3.978	4.726	5.771	7.820	9.290	11.110	13.331
人工 其中	普工	工日	1.193	1.418	1.731	2.346	2.787	3.333	3.999
人工 其中	一般技工	工日	1.989	2.363	2.886	3.910	4.645	5.555	6.666
人工 其中	高级技工	工日	0.796	0.945	1.154	1.564	1.858	2.222	2.666
材料	水	t	(0.348)	(0.984)	(3.888)	(8.772)	(14.928)	(23.760)	(28.512)
材料	低碳钢焊条 J427 $\phi 3.2$	kg	0.200	0.200	0.200	0.200	0.200	0.200	0.240
材料	氧气	m^3	0.150	0.300	0.460	0.530	0.610	0.760	0.912
材料	乙炔气	kg	0.058	0.115	0.177	0.204	0.235	0.292	0.351
材料	无石棉橡胶板 低压 $\delta 0.8 \sim 6.0$	kg	0.400	0.600	0.900	0.900	2.100	2.100	2.520
材料	热轧厚钢板 $\delta 20 \sim 40$	kg	5.800	12.240	45.210	69.720	85.260	108.360	130.032
材料	无缝钢管 *DN*20	m	0.800	0.800	0.800	0.800	0.800	0.800	0.800
材料	橡胶软管 *DN*20	m	1.000	1.000	1.000	1.000	1.000	1.000	1.000
材料	截止阀 PN10 *DN*20	个	0.200	0.200	0.200	0.200	0.200	0.200	0.240
材料	压力表 0~64MPa	块	0.100	0.100	0.100	0.100	0.100	0.100	0.100
材料	压力表表弯(管)	个	0.100	0.100	0.100	0.100	0.100	0.100	0.100
材料	其他材料费	%	1.00	1.00	1.00	1.00	1.00	1.00	1.00
机械	电焊机(综合)	台班	0.100	0.100	0.100	0.100	0.100	0.100	0.120
机械	试压泵 60MPa	台班	0.260	0.310	0.460	0.549	0.709	0.799	0.959
机械	普通车床 630×2 000(安装用)	台班	0.200	0.300	0.400	0.599	0.699	0.899	1.079
机械	电焊条烘干箱 60×50×75(cm^3)	台班	0.010	0.010	0.010	0.010	0.010	0.010	0.012
机械	电焊条恒温箱	台班	0.010	0.010	0.010	0.010	0.010	0.010	0.012

3. 低压管道气压试验

工作内容：准备工作，制堵盲板，装设临时泵、管线，充气加压，停压检查，强度试验，严密性试验，拆除临时性管线、盲板，现场清理。

计量单位：100m

编号				8-5-18	8-5-19	8-5-20	8-5-21	8-5-22	8-5-23	8-5-24
项目				公称直径（mm 以内）						
				50	100	200	300	400	500	600
名称			单位	消耗量						
人工	合计工日		工日	2.048	2.431	3.000	3.588	4.734	5.304	5.950
	其中	普工	工日	0.819	0.972	1.200	1.435	1.894	2.122	2.380
		一般技工	工日	1.024	1.216	1.500	1.794	2.367	2.652	2.975
		高级技工	工日	0.205	0.243	0.300	0.359	0.473	0.530	0.595
材料	低碳钢焊条 J427 $\phi3.2$		kg	0.200	0.200	0.200	0.200	0.200	0.200	0.300
	氧气		m^3	0.150	0.300	0.460	0.460	0.610	0.760	0.910
	乙炔气		kg	0.058	0.115	0.177	0.177	0.235	0.292	0.350
	无石棉橡胶板 低压 $\delta0.8\sim6.0$		kg	0.400	0.600	0.900	0.900	2.100	2.100	2.100
	热轧厚钢板 $\delta12\sim20$		kg	1.830	7.350	22.140	34.860	42.630	54.180	60.840
	无缝钢管 *DN*20		m	1.000	1.000	1.000	1.000	1.000	—	—
	无缝钢管 *DN*50		m	—	—	—	—	—	1.000	1.000
	截止阀 PN10 *DN*20		个	0.200	0.200	0.200	0.200	—	—	—
	截止阀 PN10 *DN*32		个	—	—	—	—	0.200	0.200	0.200
	针型阀		个	0.100	0.100	0.100	0.100	0.100	0.100	0.100
	压力表 0~16MPa		块	0.200	0.200	0.200	0.200	0.200	0.200	0.200
	温度计 0~120℃		块	0.200	0.200	0.200	0.200	0.200	0.200	0.200
	肥皂		块	0.150	0.300	0.600	0.900	1.000	1.100	1.200
	其他材料费		%	1.00	1.00	1.00	1.00	1.00	1.00	1.00
机械	电焊机（综合）		台班	0.100	0.100	0.100	0.100	0.100	0.100	0.150
	立式钻床 25mm		台班	0.010	0.020	0.030	0.040	0.050	0.060	0.060
	电动空气压缩机 $6m^3/min$		台班	0.090	0.100	0.110	0.120	0.130	0.140	0.150
	电焊条烘干箱 $60\times50\times75(cm^3)$		台班	0.010	0.010	0.010	0.010	0.010	0.010	0.015
	电焊条恒温箱		台班	0.010	0.010	0.010	0.010	0.010	0.010	0.015

计量单位：100m

编　号			8-5-25	8-5-26	8-5-27	8-5-28	8-5-29	8-5-30	8-5-31
项　目			公称直径（mm 以内）						
			800	1 000	1 200	1 400	1 600	1 800	2 000
名　称		单位	消　耗　量						
人工	合计工日	工日	6.902	8.237	10.803	12.700	13.660	15.658	16.610
	其中 普工	工日	2.761	3.295	4.321	5.080	5.464	6.263	6.644
	其中 一般技工	工日	3.451	4.118	5.402	6.350	6.830	7.829	8.305
	其中 高级技工	工日	0.690	0.824	1.080	1.270	1.366	1.566	1.661
材料	低碳钢焊条 J427 ϕ3.2	kg	0.300	0.300	0.400	0.400	0.400	0.500	0.500
	氧气	m^3	1.220	1.520	1.830	2.130	2.320	2.730	3.040
	乙炔气	kg	0.469	0.585	0.704	0.819	0.892	1.050	1.169
	无石棉橡胶板 低压 δ0.8~6.0	kg	3.700	3.700	4.900	5.760	6.540	7.320	8.100
	热轧厚钢板 δ12~20	kg	79.140	94.200	113.040	131.880	150.720	169.560	188.400
	无缝钢管 *DN*50	m	1.000	1.000	1.000	1.000	1.000	1.000	1.000
	截止阀 PN10 *DN*50	个	0.200	0.200	0.200	0.200	0.200	0.200	0.200
	针型阀	个	0.100	0.100	0.100	0.100	0.100	0.100	0.100
	压力表 0~16MPa	块	0.200	0.200	0.200	0.200	0.200	0.200	0.200
	肥皂	块	1.700	2.200	2.500	3.000	3.500	4.000	4.500
	温度计 0~120℃	块	0.200	0.200	0.200	0.200	0.200	0.200	0.200
	其他材料费	%	1.00	1.00	1.00	1.00	1.00	1.00	1.00
机械	电焊机（综合）	台班	0.150	0.150	0.200	0.200	0.200	0.250	0.250
	立式钻床 25mm	台班	0.070	0.100	0.100	0.100	0.120	0.120	0.120
	电动空气压缩机 $6m^3/min$	台班	0.170	0.190	—	—	—	—	—
	电动空气压缩机 $10m^3/min$	台班	—	—	0.090	0.110	0.150	0.200	0.270
	电焊条烘干箱 60×50×75（cm^3）	台班	0.015	0.015	0.020	0.020	0.020	0.025	0.025
	电焊条恒温箱	台班	0.015	0.015	0.020	0.020	0.020	0.025	0.025

计量单位：100m

编号			8-5-32	8-5-33	8-5-34	8-5-35	8-5-36
项目			公称直径（mm 以内）				
			2 200	2 400	2 600	2 800	3 000
名称		单位	消耗量				
人工	合计工日	工日	18.616	20.502	22.423	24.420	26.324
	其中 普工	工日	7.446	8.201	8.969	9.768	10.530
	其中 一般技工	工日	9.308	10.251	11.212	12.210	13.162
	其中 高级技工	工日	1.862	2.050	2.242	2.442	2.632
材料	低碳钢焊条 J427 ϕ3.2	kg	0.500	0.500	0.600	0.600	0.600
	氧气	m^3	3.350	3.650	3.950	4.260	4.560
	乙炔气	kg	1.288	1.404	1.519	1.638	1.754
	无石棉橡胶板 低压 δ0.8~6.0	kg	8.910	9.890	11.080	12.520	14.270
	热轧厚钢板 δ12~20	kg	207.240	226.080	244.920	263.760	282.600
	无缝钢管 *DN*50	m	1.000	1.000	1.000	1.000	1.000
	截止阀 PN10 *DN*50	个	0.200	0.200	0.200	0.200	0.200
	针型阀	个	0.100	0.100	0.100	0.100	0.100
	压力表 0~16MPa	块	0.200	0.200	0.200	0.200	0.200
	温度计 0~120℃	块	0.200	0.200	0.200	0.200	0.200
	肥皂	块	5.000	5.500	6.000	6.500	7.000
	其他材料费	%	1.00	1.00	1.00	1.00	1.00
机械	电焊机（综合）	台班	0.300	0.300	0.300	0.350	0.350
	立式钻床 25mm	台班	0.150	0.150	0.150	0.150	0.150
	电动空气压缩机 10m^3/min	台班	0.300	0.350	0.400	0.450	0.499
	电焊条烘干箱 60×50×75（cm^3）	台班	0.030	0.030	0.030	0.035	0.035
	电焊条恒温箱	台班	0.030	0.030	0.030	0.035	0.035

4. 低中压管道泄漏性试验

工作内容: 准备工作,配临时管道,设备管道封闭,系统充压,涂刷检查液,检查泄漏,放压,紧固螺栓,更换垫片或盘根,阀门处理,充压,稳压,检查,放压,拆除临时管道,现场清理。

计量单位: 100m

编号				8-5-37	8-5-38	8-5-39	8-5-40	8-5-41	8-5-42	8-5-43
项目				公称直径(mm 以内)						
				50	100	200	300	400	500	600
名称			单位	消耗量						
人工	合计工日		工日	2.550	3.034	3.766	4.506	5.958	6.690	8.027
	其中	普工	工日	1.020	1.214	1.506	1.802	2.383	2.676	3.211
		一般技工	工日	1.275	1.517	1.883	2.253	2.979	3.345	4.014
		高级技工	工日	0.255	0.303	0.377	0.451	0.596	0.669	0.802
材料	低碳钢焊条 J427 $\phi3.2$		kg	0.200	0.200	0.200	0.200	0.200	0.200	0.240
	氧气		m^3	0.150	0.300	0.460	0.460	0.610	0.760	0.912
	乙炔气		kg	0.058	0.115	0.177	0.177	0.235	0.292	0.351
	无石棉橡胶板 低压 $\delta0.8\sim6.0$		kg	0.400	0.600	0.900	0.900	2.100	2.100	2.520
	热轧厚钢板 $\delta12\sim20$		kg	1.830	7.350	22.140	34.860	42.630	54.180	65.016
	无缝钢管 *DN*20		m	1.000	1.000	1.000	1.000	1.000	1.000	1.200
	截止阀 PN10 *DN*20		个	0.200	0.200	0.200	0.200	0.200	0.200	0.240
	针型阀		个	0.100	0.100	0.100	0.100	0.100	0.100	0.120
	压力表 0~16MPa		块	0.200	0.200	0.200	0.200	0.200	0.200	0.240
	温度计 0~120℃		块	0.200	0.200	0.200	0.200	0.200	0.200	0.240
	肥皂		块	0.150	0.300	0.600	0.900	1.000	1.100	1.320
	其他材料费		%	1.00	1.00	1.00	1.00	1.00	1.00	1.00
机械	电焊机(综合)		台班	0.100	0.100	0.100	0.100	0.100	0.100	0.120
	立式钻床 25mm		台班	0.010	0.020	0.030	0.040	0.050	0.060	0.072
	电动空气压缩机 $6m^3/min$		台班	0.090	0.100	0.110	0.120	0.130	0.140	0.168
	电焊条烘干箱 $60\times50\times75(cm^3)$		台班	0.010	0.010	0.010	0.010	0.010	0.010	0.012
	电焊条恒温箱		台班	0.010	0.010	0.010	0.010	0.010	0.010	0.012

5.低中压管道真空试验

工作内容: 准备工作,制堵盲板,装设临时管线,试验,检查,拆除临时管线、盲板,现场清理。

计量单位: 100m

编号				8-5-44	8-5-45	8-5-46	8-5-47	8-5-48	8-5-49	8-5-50
项目				公称直径(mm以内)						
				50	100	200	300	400	500	600
名称			单位	消耗量						
人工	合计工日		工日	3.000	3.570	4.428	5.304	7.012	7.871	9.445
	其中	普工	工日	1.200	1.428	1.771	2.122	2.805	3.148	3.778
		一般技工	工日	1.500	1.785	2.214	2.652	3.506	3.936	4.723
		高级技工	工日	0.300	0.357	0.443	0.530	0.701	0.787	0.944
材料	低碳钢焊条 J427 ϕ3.2		kg	0.200	0.200	0.200	0.200	0.200	0.200	0.240
	氧气		m^3	0.150	0.300	0.460	0.460	0.610	0.760	0.912
	乙炔气		kg	0.058	0.115	0.177	0.177	0.235	0.292	0.351
	无石棉橡胶板 低压 δ0.8~6.0		kg	0.400	0.600	0.900	0.900	2.100	2.100	2.520
	热轧厚钢板 δ12~20		kg	1.830	7.350	22.140	34.860	42.630	54.180	65.016
	无缝钢管 *DN*20		m	1.000	1.000	1.000	1.000	1.000	1.000	1.200
	截止阀 PN10 *DN*20		个	0.200	0.200	0.200	0.200	0.200	0.200	0.240
	针型阀		个	0.100	0.100	0.100	0.100	0.100	0.100	0.120
	压力表 0~16MPa		块	0.200	0.200	0.200	0.200	0.200	0.200	0.240
	温度计 0~120℃		块	0.200	0.200	0.200	0.200	0.200	0.200	0.240
	其他材料费		%	1.00	1.00	1.00	1.00	1.00	1.00	1.00
机械	电焊机(综合)		台班	0.100	0.100	0.100	0.100	0.100	0.100	0.120
	立式钻床 25mm		台班	0.010	0.020	0.030	0.040	0.050	0.060	0.072
	电动空气压缩机 6m^3/min		台班	0.270	0.300	0.330	0.360	0.390	0.420	0.503
	电焊条烘干箱 60×50×75(cm^3)		台班	0.010	0.010	0.010	0.010	0.010	0.010	0.012
	电焊条恒温箱		台班	0.010	0.010	0.010	0.010	0.010	0.010	0.012

二、管道系统吹扫

1. 水　冲　洗

工作内容：准备工作，制堵盲板，装设临时管线，通水冲洗检查，系统管线复位，临时管线拆除，现场清理。

计量单位：100m

编　号			8-5-51	8-5-52	8-5-53	8-5-54	8-5-55	8-5-56	8-5-57
项　目			公称直径（mm 以内）						
			50	100	200	300	400	500	600
名　称		单位	消　耗　量						
人工	合计工日	工日	2.151	2.364	2.891	3.911	4.651	5.551	5.977
人工	其中　普工	工日	0.861	0.946	1.157	1.565	1.860	2.220	2.390
人工	其中　一般技工	工日	1.075	1.182	1.445	1.955	2.326	2.776	2.989
人工	其中　高级技工	工日	0.215	0.236	0.289	0.391	0.465	0.555	0.598
材料	水	t	(2.160)	(11.070)	(43.740)	(98.690)	(167.940)	(267.170)	(394.470)
材料	低碳钢焊条 J427 ϕ3.2	kg	0.200	0.200	0.200	0.200	0.200	0.200	0.300
材料	氧气	m^3	0.150	0.300	0.460	0.460	0.610	0.760	0.910
材料	乙炔气	kg	0.058	0.115	0.177	0.177	0.235	0.292	0.350
材料	无石棉橡胶板 低压 δ0.8~6.0	kg	0.540	0.950	1.560	1.700	3.480	3.760	6.360
材料	热轧厚钢板 δ12~20	kg	0.610	2.450	7.380	11.620	14.210	18.060	20.280
材料	无缝钢管 *DN*50	m	0.100	0.100	0.100	0.100	—	—	—
材料	无缝钢管 *DN*100	m	—	—	—	—	0.100	0.100	0.100
材料	橡胶软管 *DN*50	m	0.800	0.800	0.800	0.800	—	—	—
材料	橡胶软管 *DN*100	m	—	—	—	—	0.800	0.800	0.800
材料	截止阀 PN10 *DN*50	个	0.100	0.100	0.100	0.100	—	—	—
材料	截止阀 PN10 *DN*100	个	—	—	—	—	0.100	0.100	0.100
材料	法兰 *DN*50	片	0.100	0.100	0.100	0.100	—	—	—
材料	法兰 *DN*100	片	—	—	—	—	0.100	0.100	0.100
材料	其他材料费	%	1.00	1.00	1.00	1.00	1.00	1.00	1.00
机械	电焊机（综合）	台班	0.100	0.100	0.100	0.100	0.100	0.100	0.150
机械	立式钻床 25mm	台班	0.010	0.020	0.030	0.040	0.050	0.060	0.060
机械	电动单级离心清水泵 100mm	台班	0.020	0.050	0.170	0.400	—	—	—
机械	电动单级离心清水泵 200mm	台班	—	—	—	—	0.310	0.470	0.679
机械	电焊条烘干箱 60×50×75（cm^3）	台班	0.010	0.010	0.010	0.010	0.010	0.010	0.015
机械	电焊条恒温箱	台班	0.010	0.010	0.010	0.010	0.010	0.010	0.015

2.空气吹扫

工作内容: 准备工作,制堵盲板,装设临时管线,充气加压,敲打管道检查,系统管线复位,临时管线拆除,现场清理。

计量单位: 100m

编号				8-5-58	8-5-59	8-5-60	8-5-61	8-5-62	8-5-63	8-5-64
项目				公称直径(mm以内)						
				50	100	200	300	400	500	600
名称			单位	消耗量						
人工	合计工日		工日	1.232	1.462	1.802	2.151	2.840	3.180	3.571
	其中	普工	工日	0.493	0.585	0.721	0.861	1.136	1.272	1.429
		一般技工	工日	0.616	0.731	0.901	1.075	1.420	1.590	1.785
		高级技工	工日	0.123	0.146	0.180	0.215	0.284	0.318	0.357
材料	低碳钢焊条 J427 ϕ3.2		kg	0.200	0.200	0.200	0.200	0.200	0.200	0.300
	氧气		m^3	0.150	0.300	0.460	0.460	0.610	0.760	0.910
	乙炔气		kg	0.058	0.115	0.177	0.177	0.235	0.292	0.350
	无石棉橡胶板 低压 δ0.8~6.0		kg	0.540	0.950	1.560	1.700	3.480	3.760	6.360
	热轧厚钢板 δ12~20		kg	0.610	2.450	7.380	11.620	14.210	18.060	20.780
	无缝钢管 *DN*32		m	0.500	0.500	—	—	—	—	—
	无缝钢管 *DN*50		m	—	—	0.500	0.500	0.500	0.500	0.500
	截止阀 PN10 *DN*32		个	0.200	0.200	—	—	—	—	—
	截止阀 PN10 *DN*50		个	—	—	0.200	0.200	0.200	0.200	0.200
	法兰 *DN*32		片	0.400	0.400	—	—	—	—	—
	法兰 *DN*50		片	—	—	0.400	0.400	0.400	0.400	0.400
	其他材料费		%	1.00	1.00	1.00	1.00	1.00	1.00	1.00
机械	电焊机(综合)		台班	0.100	0.100	0.100	0.100	0.100	0.100	0.150
	立式钻床 25mm		台班	0.010	0.020	0.030	0.040	0.050	0.060	0.060
	电动空气压缩机 6m^3/min		台班	0.070	0.080	0.090	0.090	0.100	0.110	0.120
	电焊条烘干箱 60×50×75(cm^3)		台班	0.010	0.010	0.010	0.010	0.010	0.010	0.015
	电焊条恒温箱		台班	0.010	0.010	0.010	0.010	0.010	0.010	0.015

3.蒸 汽 吹 扫

工作内容：准备工作，制堵盲板，装设临时管线，通气暖管，加压升压恒温，降温检查，反复多次吹洗，检查，系统管线复位，临时管线拆除，现场清理。 **计量单位：**100m

编 号				8-5-65	8-5-66	8-5-67	8-5-68	8-5-69	8-5-70	8-5-71
项 目				公称直径（mm 以内）						
				50	100	200	300	400	500	600
名 称			单位	消 耗 量						
人工	合计工日		工日	1.786	2.364	2.933	3.511	4.251	5.101	6.930
	其中	普工	工日	0.714	0.946	1.174	1.405	1.700	2.040	2.772
		一般技工	工日	0.893	1.182	1.466	1.755	2.126	2.551	3.465
		高级技工	工日	0.179	0.236	0.293	0.351	0.425	0.510	0.693
材料	蒸汽		t	（2.720）	（10.850）	（42.300）	（96.270）	（170.850）	（265.770）	（383.730）
	低碳钢焊条 J427 ϕ3.2		kg	0.200	0.200	0.200	0.200	0.200	0.200	0.300
	氧气		m^3	0.150	0.300	0.460	0.460	0.610	0.760	0.910
	乙炔气		kg	0.058	0.115	0.177	0.177	0.235	0.292	0.350
	无石棉橡胶板 低压 δ0.8~6.0		kg	0.140	0.350	0.660	0.800	1.380	1.660	2.660
	热轧厚钢板 δ12~20		kg	0.610	2.450	7.380	11.620	14.210	18.060	20.780
	无缝钢管 *DN*32		m	0.500	0.500	—	—	—	—	—
	无缝钢管 *DN*50		m	—	—	0.500	0.500	0.500	0.500	0.500
	截止阀 PN10 *DN*32		个	0.200	0.200	—	—	—	—	—
	截止阀 PN10 *DN*50		个	—	—	0.200	0.200	0.200	0.200	0.200
	法兰 *DN*32		片	0.400	0.400	—	—	—	—	—
	法兰 *DN*50		片	—	—	0.400	0.400	0.400	0.400	0.400
	其他材料费		%	1.00	1.00	1.00	1.00	1.00	1.00	1.00
机械	电焊机（综合）		台班	0.100	0.100	0.100	0.100	0.100	0.100	0.150
	立式钻床 25mm		台班	0.010	0.020	0.030	0.040	0.050	0.060	0.060
	电焊条烘干箱 60×50×75（cm^3）		台班	0.010	0.010	0.010	0.010	0.010	0.010	0.015
	电焊条恒温箱		台班	0.010	0.010	0.010	0.010	0.010	0.010	0.015

三、管道系统清洗

1. 碱　　洗

工作内容： 准备工作，临时管线安装及拆除，配制清洗剂，清洗，检查，剂料回收，现场清理。

计量单位： 100m

编号			8-5-72	8-5-73	8-5-74	8-5-75	8-5-76	8-5-77	8-5-78
项目			公称直径（mm 以内）						
			50	100	200	300	400	500	600
名称		单位	消耗量						
人工	合计工日	工日	2.474	3.147	4.676	6.828	9.947	13.492	16.190
人工	其中 普工	工日	0.990	1.259	1.870	2.731	3.979	5.397	6.476
人工	其中 一般技工	工日	1.237	1.573	2.338	3.414	4.973	6.746	8.095
人工	其中 高级技工	工日	0.247	0.315	0.468	0.683	0.995	1.349	1.619
材料	碱洗药剂	kg	(19.670)	(39.330)	(65.040)	(97.090)	(127.570)	(157.600)	(189.120)
材料	水	t	(0.480)	(2.460)	(9.720)	(21.930)	(37.320)	(59.370)	(71.244)
材料	低碳钢焊条 J427 $\phi3.2$	kg	0.200	0.200	0.200	0.200	0.200	0.200	0.200
材料	氧气	m^3	0.150	0.150	0.470	0.470	0.760	0.760	0.912
材料	乙炔气	kg	0.058	0.058	0.181	0.181	0.292	0.292	0.351
材料	耐酸无石棉橡胶板（综合）	kg	0.280	0.680	1.320	1.600	2.800	3.320	3.984
材料	热轧厚钢板 $\delta12\sim20$	kg	0.610	2.450	7.380	11.620	14.210	18.060	21.672
材料	无缝钢管 *DN*25	m	0.200	—	—	—	—	—	—
材料	无缝钢管 *DN*50	m	—	0.200	0.200	0.200	0.200	0.200	0.200
材料	耐碱塑料管 *DN*25	m	1.000	—	—	—	—	—	—
材料	耐碱塑料管 *DN*50	m	—	1.000	1.000	1.000	1.000	1.000	1.000
材料	截止阀 PN10 *DN*25	个	0.200	—	—	—	—	—	—
材料	截止阀 PN10 *DN*50	个	—	0.200	0.200	0.200	0.200	0.200	0.200
材料	其他材料费	%	1.00	1.00	1.00	1.00	1.00	1.00	1.00
机械	电焊机（综合）	台班	0.100	0.100	0.100	0.100	0.100	0.100	0.120
机械	耐腐蚀泵 40mm	台班	0.499	0.599	0.699	—	—	—	—
机械	耐腐蚀泵 100mm	台班	—	—	—	0.799	0.899	0.999	1.199
机械	立式钻床 25mm	台班	0.010	0.020	0.030	0.040	0.050	0.060	0.072
机械	电焊条烘干箱 60×50×75（cm^3）	台班	0.010	0.010	0.010	0.010	0.010	0.010	0.012
机械	电焊条恒温箱	台班	0.010	0.010	0.010	0.010	0.010	0.010	0.012

2. 酸　洗

工作内容： 准备工作，临时管线安装及拆除，配制清洗剂，清洗，中和处理，检查，剂料回收，现场清理。

计量单位： 100m

编　号			8-5-79	8-5-80	8-5-81	8-5-82	8-5-83	8-5-84	8-5-85
项　目			公称直径（mm 以内）						
			50	100	200	300	400	500	600
名　称		单位	消 耗 量						
人工	合计工日	工日	3.477	4.429	6.614	9.683	13.492	19.205	23.046
人工	其中 普工	工日	1.391	1.771	2.646	3.873	5.397	7.683	9.219
人工	其中 一般技工	工日	1.738	2.215	3.307	4.842	6.746	9.602	11.523
人工	其中 高级技工	工日	0.348	0.443	0.661	0.968	1.349	1.920	2.304
材料	酸洗药剂	kg	(23.400)	(47.100)	(58.780)	(72.820)	(95.680)	(118.000)	(141.600)
材料	碱洗药剂	kg	(3.930)	(7.850)	(15.750)	(23.500)	(31.400)	(39.400)	(47.280)
材料	水	t	(0.640)	(3.280)	(12.960)	(29.240)	(49.760)	(79.160)	(94.992)
材料	低碳钢焊条 J427 ϕ3.2	kg	0.200	0.200	0.200	0.200	0.200	0.200	0.200
材料	氧气	m^3	0.150	0.150	0.470	0.470	0.760	0.760	0.912
材料	乙炔气	kg	0.058	0.058	0.181	0.181	0.292	0.292	0.351
材料	耐酸无石棉橡胶板（综合）	kg	0.280	0.680	1.320	1.600	2.800	3.320	3.984
材料	热轧厚钢板 δ12~20	kg	0.610	2.450	7.380	11.620	14.210	18.060	21.672
材料	无缝钢管 *DN*25	m	0.200	—	—	—	—	—	—
材料	无缝钢管 *DN*50	m	—	0.200	0.200	0.200	0.200	0.200	0.200
材料	耐酸塑料管 *DN*25	m	1.000	—	—	—	—	—	—
材料	耐酸塑料管 *DN*50	m	—	1.000	1.000	1.000	1.000	1.000	1.000
材料	截止阀 PN10 *DN*25	个	0.200	—	—	—	—	—	—
材料	截止阀 PN10 *DN*50	个	—	0.200	0.200	0.200	0.200	0.200	0.200
材料	其他材料费	%	1.00	1.00	1.00	1.00	1.00	1.00	1.00
机械	电焊机（综合）	台班	0.100	0.100	0.100	0.100	0.100	0.100	0.120
机械	耐腐蚀泵 40mm	台班	0.499	0.599	0.699	—	—	—	—
机械	耐腐蚀泵 100mm	台班	—	—	—	0.799	0.899	0.999	1.199
机械	立式钻床 25mm	台班	0.010	0.020	0.030	0.040	0.050	0.060	0.072
机械	电焊条烘干箱 60×50×75（cm^3）	台班	0.010	0.010	0.010	0.010	0.010	0.010	0.012
机械	电焊条恒温箱	台班	0.010	0.010	0.010	0.010	0.010	0.010	0.012

3. 化 学 清 洗

工作内容：准备工作，临时管线安装及拆除，配制清洗剂，碱煮，水冲洗，酸洗，水冲洗，中和钝化，水冲洗，检查，充氮保护，剂料回收，现场清理。

计量单位：100m

编号				8-5-86	8-5-87	8-5-88	8-5-89	8-5-90	8-5-91	8-5-92
项目				公称直径（mm 以内）						
				50	100	200	300	400	500	600
名称			单位	消耗量						
人工	合计工日		工日	13.695	16.264	21.755	31.006	40.868	50.950	61.141
	其中	普工	工日	5.478	6.506	8.701	12.402	16.347	20.380	24.457
		一般技工	工日	6.848	8.132	10.878	15.503	20.434	25.475	30.570
		高级技工	工日	1.369	1.626	2.176	3.101	4.087	5.095	6.114
材料	化学清洗介质		kg	（50.080）	（157.905）	（556.875）	（1 235.850）	（1 932.975）	（3 032.205）	（3 638.646）
	水		t	（30.808）	（81.582）	（314.814）	（720.149）	（1 271.580）	（1 978.508）	（2 374.210）
	蒸汽		t	（4.494）	（10.843）	（41.842）	（95.716）	（169.007）	（262.966）	（315.559）
	氮气		m^3	0.832	2.853	10.911	24.458	41.859	65.489	78.587
	低碳钢焊条 J427 ϕ3.2		kg	0.400	0.400	0.400	0.400	0.400	0.400	0.400
	氧气		m^3	0.300	0.300	0.940	0.940	1.520	1.520	1.824
	乙炔气		kg	0.115	0.115	0.362	0.362	0.585	0.585	0.702
	无石棉橡胶板 中压 δ0.8~6.0		kg	0.560	1.360	2.640	3.200	5.600	6.640	7.968
	热轧厚钢板 δ12~20		kg	4.296	8.139	16.504	24.492	32.103	39.865	47.838
	无缝钢管 *DN*32		m	0.500	—	—	—	—	—	—
	无缝钢管 *DN*50		m	—	0.500	0.500	0.500	—	—	—
	无缝钢管 *DN*100		m	—	—	—	—	0.500	0.500	0.500
	耐酸塑料管 *DN*25		m	2.000	—	—	—	—	—	—
	耐酸塑料管 *DN*50		m	—	2.000	2.000	2.000	2.000	2.000	2.000
	截止阀 PN10 *DN*25		个	0.400	—	—	—	—	—	—
	截止阀 PN10 *DN*50		个	—	0.400	0.400	0.400	—	—	—
	截止阀 PN10 *DN*100		个	—	—	—	—	0.400	0.400	0.400
	钢板平焊法兰 1.6MPa *DN*25		片	0.400	—	—	—	—	—	—
	钢板平焊法兰 1.6MPa *DN*50		片	—	0.400	0.400	0.400	—	—	—
	钢板平焊法兰 1.6MPa *DN*100		片	—	—	—	—	0.400	0.400	0.400
	压力表 0~64MPa		块	0.200	0.200	0.200	0.200	0.200	0.200	0.200
	温度计 0~120℃		块	0.200	0.200	0.200	0.200	0.200	0.200	0.200
	转子流量计 TZB-25 1 000t/min		支	0.200	0.200	0.200	0.200	0.200	0.200	0.200
	浊度计		套	0.200	0.200	0.200	0.200	0.200	0.200	0.200
	其他材料费		%	1.00	1.00	1.00	1.00	1.00	1.00	1.00
机械	电焊机（综合）		台班	0.200	0.200	0.200	0.200	0.200	0.200	0.200
	立式钻床 25mm		台班	0.025	0.050	0.075	0.100	0.125	0.150	0.180
	电动空气压缩机 $6m^3$/min		台班	0.140	0.160	0.180	0.200	0.220	0.240	0.288
	耐腐蚀泵 40mm		台班	1.249	1.498	1.748	—	—	—	—
	耐腐蚀泵 100mm		台班	—	—	—	1.998	2.248	2.497	2.997
	药剂泵		台班	0.158	0.189	0.227	0.272	0.313	0.360	0.432
	电焊条烘干箱 60×50×75（cm^3）		台班	0.020	0.020	0.020	0.020	0.020	0.020	0.020
	电焊条恒温箱		台班	0.020	0.020	0.020	0.020	0.020	0.020	0.020

四、管 道 脱 脂

工作内容：准备工作，临时管线安装及拆除，配制脱脂剂，脱脂，检查，剂料回收，现场清理。

计量单位：100m

编　号			8-5-93	8-5-94	8-5-95	8-5-96	8-5-97	8-5-98	8-5-99
项　目			公称直径（mm 以内）						
			50	100	200	300	400	500	600
名　称		单位	消　耗　量						
人工	合计工日	工日	1.666	2.330	3.477	5.874	8.732	9.683	11.136
	其中 普工	工日	0.666	0.932	1.391	2.349	3.493	3.873	4.454
	其中 一般技工	工日	0.833	1.165	1.738	2.938	4.366	4.842	5.568
	其中 高级技工	工日	0.167	0.233	0.348	0.587	0.873	0.968	1.114
材料	脱脂介质	kg	(18.840)	(37.700)	(78.050)	(116.510)	(153.080)	(188.520)	(216.798)
	低碳钢焊条 J427 ϕ3.2	kg	0.200	0.200	0.200	0.200	0.200	0.200	0.200
	氧气	m^3	0.150	0.150	0.470	0.470	0.760	0.760	0.874
	乙炔气	kg	0.058	0.058	0.181	0.181	0.292	0.292	0.336
	无石棉橡胶板 低压 δ0.8~6.0	kg	0.280	0.680	1.320	1.600	2.800	3.320	3.818
	白布	m	4.000	7.200	13.900	16.000	18.800	23.600	27.140
	热轧厚钢板 δ12~20	kg	0.610	2.450	7.380	11.620	14.210	18.060	20.769
	无缝钢管 *DN*25	m	0.200	—	—	—	—	—	—
	无缝钢管 *DN*50	m	—	0.200	0.200	0.200	0.200	0.200	0.200
	蛇皮塑料管 *DN*25	m	1.000	—	—	—	—	—	—
	蛇皮塑料管 *DN*50	m	—	1.000	1.000	1.000	1.000	1.000	1.000
	截止阀 PN10 *DN*25	个	0.200	—	—	—	—	—	—
	截止阀 PN10 *DN*50	个	—	0.200	0.200	0.200	0.200	0.200	0.200
	其他材料费	%	1.00	1.00	1.00	1.00	1.00	1.00	1.00
机械	电焊机（综合）	台班	0.100	0.100	0.100	0.100	0.100	0.100	0.115
	立式钻床 25mm	台班	0.010	0.020	0.030	0.040	0.050	0.060	0.069
	电动空气压缩机 6m^3/min	台班	0.070	0.080	0.090	0.100	0.110	0.120	0.138
	耐腐蚀泵 40mm	台班	0.499	0.599	0.699	—	—	—	—
	耐腐蚀泵 100mm	台班	—	—	—	0.799	0.899	0.999	1.149
	电焊条烘干箱 60×50×75（cm^3）	台班	0.010	0.010	0.010	0.010	0.010	0.010	0.012
	电焊条恒温箱	台班	0.010	0.010	0.010	0.010	0.010	0.010	0.012

五、管道油清洗

工作内容：准备工作，临时管线安装及拆除、清洗，敲打管道，检查，反复清洗，检查，油回收，现场清理。

计量单位：100m

编号			8-5-100	8-5-101	8-5-102	8-5-103	8-5-104	8-5-105	8-5-106
项目			公称直径（mm 以内）						
			15	20	25	32	40	50	65
名称		单位	消耗量						
人工	合计工日	工日	7.159	9.590	12.047	15.440	19.283	21.730	23.074
人工	其中 普工	工日	2.864	3.836	4.820	6.176	7.714	8.691	9.229
人工	其中 一般技工	工日	3.579	4.795	6.023	7.720	9.641	10.866	11.537
人工	其中 高级技工	工日	0.716	0.959	1.204	1.544	1.928	2.173	2.308
材料	油	kg	（27.000）	（54.000）	（94.500）	（135.000）	（189.000）	（216.000）	（486.000）
材料	滤油纸 300×300	张	2.550	4.090	7.650	10.870	16.330	28.270	52.300
材料	耐油胶管（综合）	m	1.500	1.500	1.500	1.500	1.500	1.500	1.500
材料	镀锌铁丝 ϕ4.0	kg	0.290	0.310	0.340	0.370	0.410	0.460	0.520
材料	碎布	kg	0.410	0.550	0.680	0.880	1.090	1.170	1.250
材料	其他材料费	%	1.00	1.00	1.00	1.00	1.00	1.00	1.00
机械	高压油泵 50MPa	台班	0.679	0.909	1.139	1.459	1.818	2.268	—
机械	高压油泵 80MPa	台班	—	—	—	—	—	—	1.728
机械	真空滤油机 6 000L/h	台班	0.030	0.050	0.100	0.140	0.200	0.350	0.649

计量单位：100m

编　号			8-5-107	8-5-108	8-5-109	8-5-110	8-5-111
项　目			公称直径（mm 以内）				
			80	100	125	150	200
名　称		单位	消　耗　量				
人工	合计工日	工日	25.344	25.990	39.882	58.424	70.463
人工	其中 普工	工日	10.137	10.396	15.953	23.370	28.184
人工	其中 一般技工	工日	12.672	12.995	19.941	29.212	35.232
人工	其中 高级技工	工日	2.535	2.599	3.988	5.842	7.047
材料	油	kg	（702.000）	（1 107.000）	（1 634.000）	（2 295.000）	（4 374.000）
材料	滤油纸 300×300	张	74.200	113.100	173.890	254.460	484.620
材料	耐油胶管（综合）	m	1.500	1.500	1.500	1.500	1.500
材料	镀锌铁丝 ϕ4.0	kg	0.590	0.670	0.750	0.860	1.080
材料	碎布	kg	1.330	1.400	2.160	2.590	3.010
材料	其他材料费	%	1.00	1.00	1.00	1.00	1.00
机械	高压油泵 80MPa	台班	2.168	2.338	3.586	5.255	10.010
机械	真空滤油机 6 000L/h	台班	0.929	1.409	2.168	3.177	6.054

第六章　无损检测与焊口热处理

说　明

一、本章包括管材表面无损检测、焊缝无损检测、配合超声检测焊缝人工打磨、配合管材表面检测翻转、焊口预热及后热、焊口热处理、硬度测定、光谱分析。

二、本章不包括以下工作内容：

1. 固定射线检测仪器使用的各种支架制作。

2. 超声波检测对比试块的制作。

三、电加热片、电阻丝、电感应预热及后热项目，如设计要求焊后立即进行热处理，预热及后热项目消耗量乘以系数0.87。

四、有关说明：

1. 无损探伤项目已综合考虑了高空作业降效因素。

2. 电加热片是按履带式考虑的，实际与项目不同时可替换。

工程量计算规则

一、X 射线、γ 射线无损检测,按管材的双壁厚执行相应项目。

二、管材表面无损检测按规格,以“10m”为计量单位。

三、焊缝射线检测按管道不同壁厚、胶片规格,以“10 张”为计量单位。

四、焊缝超声波、磁粉和渗透检测按规格,以“10 口”为计量单位。

五、焊口预热及后热和焊口热处理按不同材质、规格,以“10 口”为计量单位。

一、管材表面无损检测

1.磁粉检测

工作内容: 准备工作,领取材料,检测部位除锈清理,配制及喷涂渗透液,喷涂显像剂,干燥处理,观察结果,缺陷部位处理记录,清洗药渍,技术报告。　　**计量单位:** 10m

编　号				8-6-1	8-6-2	8-6-3	8-6-4
项　目				公称直径(mm以内)			
				50	100	200	350
名　称			单位	消　耗　量			
人工	合计工日		工日	0.153	0.278	0.463	0.694
	其中	普工	工日	0.038	0.070	0.116	0.173
		一般技工	工日	0.100	0.180	0.301	0.451
		高级技工	工日	0.015	0.028	0.046	0.070
材料	变压器油		kg	0.240	0.464	0.960	1.440
	压敏胶粘带		m	0.160	0.240	0.320	0.400
	煤油		kg	0.240	0.464	0.960	1.440
	磁粉		g	16.000	30.400	66.400	99.200
	尼龙砂轮片 $\phi100\times16\times3$		片	0.240	0.320	0.360	0.400
	其他材料费		%	1.00	1.00	1.00	1.00
	碎布		kg	0.128	0.280	0.456	0.504
机械	电动葫芦单速 3t		台班	0.006	0.011	0.018	0.028
	磁粉探伤仪		台班	0.087	0.158	0.263	0.396

2.渗透检测

工作内容: 准备工作,领取材料,检测部位除锈清理,配制及喷涂渗透液,喷涂显像剂,干燥处理,观察结果,缺陷部位处理记录,清洗药渍,技术报告。

计量单位:10m

编号				8-6-5	8-6-6	8-6-7	8-6-8
项目				普通渗透检测 公称直径(mm 以内)			
				100	200	350	500
名称			单位	消耗量			
人工	合计工日		工日	0.176	0.357	0.614	0.862
	其中	普工	工日	0.044	0.089	0.154	0.216
		一般技工	工日	0.114	0.232	0.399	0.560
		高级技工	工日	0.018	0.036	0.061	0.086
材料	渗透剂 500mL		瓶	0.759	1.541	2.652	3.723
	显像剂 500mL		瓶	1.519	3.082	5.304	7.448
	清洗剂 500mL		瓶	2.278	4.623	7.956	11.169
	尼龙砂轮片 $\phi100\times16\times3$		片	0.258	0.258	0.258	0.258
	碎布		kg	0.381	0.773	1.322	1.859
	其他材料费		%	1.00	1.00	1.00	1.00
机械	轴流通风机 7.5kW		台班	0.021	0.043	0.074	0.103

计量单位:10m

编号				8-6-9	8-6-10	8-6-11	8-6-12
项目				荧光渗透检测 公称直径(mm 以内)			
				100	200	350	500
名称			单位	消耗量			
人工	合计工日		工日	0.211	0.430	0.737	1.034
	其中	普工	工日	0.053	0.108	0.185	0.258
		一般技工	工日	0.137	0.279	0.479	0.672
		高级技工	工日	0.021	0.043	0.073	0.104
材料	荧光渗透探伤剂 500mL		瓶	0.759	1.541	2.652	3.723
	显像剂 500mL		瓶	1.519	3.082	5.304	7.448
	清洗剂 500mL		瓶	2.278	4.623	7.956	11.169
	尼龙砂轮片 $\phi100\times16\times3$		片	0.258	0.258	0.258	0.258
	碎布		kg	0.381	0.773	1.322	1.859
	其他材料费		%	1.00	1.00	1.00	1.00
机械	轴流通风机 7.5kW		台班	0.026	0.051	0.089	0.124

3. 超声波检测

工作内容：准备工作，搬运仪器，校验仪器及探头，检验部位清理除污，涂抹耦合剂，检测，检验结果，记录鉴定，技术报告。

计量单位：10m

编号			8-6-13	8-6-14	8-6-15	8-6-16
项目			公称直径（mm 以内）			
			150	250	350	350 以上
名称		单位	消耗量			
人工	合计工日	工日	0.619	0.885	1.048	1.105
	其中 普工	工日	0.155	0.222	0.262	0.276
	其中 一般技工	工日	0.402	0.575	0.681	0.718
	其中 高级技工	工日	0.062	0.088	0.105	0.111
材料	机油 5#~7#	kg	0.240	0.320	0.440	0.536
	耦合剂	kg	1.400	2.400	3.200	3.744
	直探头	个	0.020	0.034	0.047	0.054
	斜探头	个	0.025	0.043	0.059	0.067
	探头线	根	0.160	0.200	0.240	0.320
	毛刷	把	0.800	1.200	1.440	1.600
	铁砂布 0#~2#	张	6.400	10.400	13.600	16.000
	碎布	kg	1.200	1.440	2.000	2.400
	其他材料费	%	1.00	1.00	1.00	1.00
机械	超声波探伤仪	台班	0.290	0.415	0.491	0.518

二、焊缝无损检测

1.X光射线检测

(1)80mm×300mm

工作内容:准备工作,射线机的搬运及固定,焊缝清刷,透照位置标记编号,底片号码编排,底片固定,开机拍片,暗室处理,底片鉴定,技术报告。

计量单位:10张

编号				8-6-17	8-6-18	8-6-19	8-6-20
项目				管壁厚(mm)			
				16以内	30以内	42以内	42以上
名称			单位	消耗量			
人工	合计工日		工日	1.727	2.144	2.680	3.335
	其中	普工	工日	0.432	0.536	0.670	0.834
		一般技工	工日	1.122	1.394	1.742	2.168
		高级技工	工日	0.173	0.214	0.268	0.333
材料	X射线胶片 80×300		张	12.000	12.000	12.000	12.000
	定影剂 1 000cc		瓶	0.260	0.260	0.260	0.260
	显影剂		L	0.260	0.260	0.260	0.260
	医用白胶布		m^2	0.096	0.096	0.096	0.096
	医用输血胶管 ϕ8		m	0.464	0.464	0.464	0.464
	压敏胶粘带		m	5.520	5.520	5.520	5.520
	白油漆		kg	0.096	0.096	0.096	0.096
	塑料暗袋 80×300		副	0.464	0.464	0.464	0.464
	增感屏 80×300		副	0.480	0.480	0.480	0.480
	阿拉伯铅号码		套	0.304	0.304	0.304	0.304
	英文铅号码		套	0.304	0.304	0.304	0.304
	像质计		个	0.464	0.464	0.464	0.464
	贴片磁铁		副	0.184	0.184	0.184	0.184
	铅板 80×300×3		块	0.304	0.304	0.304	0.304
	水		t	0.120	0.120	0.120	0.120
	其他材料费		%	1.00	1.00	1.00	1.00
机械	X光片脱水烘干机 ZTH-340		台班	0.042	0.053	0.066	0.081
	X射线探伤机		台班	0.606	0.755	0.944	1.171

（2）80mm × 150mm

工作内容：准备工作，射线机的搬运及固定，焊缝清刷，透照位置标记编号，底片号码编排，底片固定，开机拍片，暗室处理，底片鉴定，技术报告。 **计量单位：**10张

编号				8-6-21	8-6-22	8-6-23
项目				管壁厚（mm以内）		
				16	30	42
名称			单位	消耗量		
人工	合计工日		工日	1.727	2.144	2.680
	其中	普工	工日	0.432	0.536	0.670
		一般技工	工日	1.122	1.394	1.742
		高级技工	工日	0.173	0.214	0.268
材料	X射线胶片 80×150		张	12.000	12.000	12.000
	定影剂 1 000cc		瓶	0.130	0.130	0.130
	显影剂		L	0.130	0.130	0.130
	医用白胶布		m^2	0.048	0.048	0.048
	医用输血胶管 $\phi8$		m	0.280	0.280	0.280
	压敏胶粘带		m	5.520	5.520	5.520
	白油漆		kg	0.096	0.096	0.096
	塑料暗袋 80×150		副	0.464	0.464	0.464
	增感屏 80×150		副	0.480	0.480	0.480
	阿拉伯铅号码		套	0.304	0.304	0.304
	英文铅号码		套	0.304	0.304	0.304
	像质计		个	0.464	0.464	0.464
	贴片磁铁		副	0.184	0.184	0.184
	铅板 80×150×3		块	0.304	0.304	0.304
	水		t	0.120	0.120	0.120
	其他材料费		%	1.00	1.00	1.00
机械	X光片脱水烘干机 ZTH-340		台班	0.042	0.053	0.066
	X射线探伤机		台班	0.606	0.755	0.944

2. γ 射线检测(外透法)

(1)80mm×300mm

工作内容: 准备工作,射线机的搬运及固定,焊缝清刷,透照位置标记编号,底片号码编排,底片固定,开机拍片,暗室处理,底片鉴定,技术报告。

计量单位: 10 张

编号			8-6-24	8-6-25	8-6-26	8-6-27
项目			管壁厚(mm)			
			30 以内	40 以内	50 以内	50 以上
名称		单位	消耗量			
人工	合计工日	工日	2.814	3.752	5.629	8.661
	其中 普工	工日	0.704	0.938	1.408	2.165
	其中 一般技工	工日	1.829	2.439	3.658	5.630
	其中 高级技工	工日	0.281	0.375	0.563	0.866
材料	X 射线胶片 80×300	张	12.000	12.000	12.000	12.000
	定影剂 1 000cc	瓶	0.260	0.260	0.260	0.260
	显影剂	L	0.260	0.260	0.260	0.260
	铅板 80×300×3	块	0.304	0.304	0.304	0.304
	医用白胶布	m^2	0.096	0.096	0.096	0.096
	医用输血胶管 ϕ8	m	0.464	0.464	0.464	0.464
	白油漆	kg	0.096	0.096	0.096	0.096
	塑料暗袋 80×300	副	0.464	0.464	0.464	0.464
	增感屏 80×300	副	0.480	0.480	0.480	0.480
	阿拉伯铅号码	套	0.304	0.304	0.304	0.304
	英文铅号码	套	0.304	0.304	0.304	0.304
	像质计	个	0.464	0.464	0.464	0.464
	水	t	0.120	0.120	0.120	0.120
	其他材料费	%	1.00	1.00	1.00	1.00
机械	X 光片脱水烘干机 ZTH-340	台班	0.092	0.123	0.185	0.284
	γ 射线探伤仪(Ir192)	台班	1.319	1.759	2.638	4.057

（2）80mm × 150mm

工作内容：准备工作，射线机的搬运及固定，焊缝清刷，透照位置标记编号，底片号码编排，底片固定，开机拍片，暗室处理，底片鉴定，技术报告。 **计量单位：**10 张

编号				8-6-28	8-6-29	8-6-30	8-6-31
项目				管壁厚（mm）			
				30 以内	40 以内	50 以内	50 以上
名称			单位	消耗量			
人工	合计工日		工日	2.814	3.752	5.629	8.661
	其中	普工	工日	0.704	0.938	1.408	2.165
		一般技工	工日	1.829	2.439	3.658	5.630
		高级技工	工日	0.281	0.375	0.563	0.866
材料	X 射线胶片 80 × 150		张	12.000	12.000	12.000	12.000
	定影剂 1 000cc		瓶	0.260	0.260	0.260	0.260
	显影剂		L	0.260	0.260	0.260	0.260
	铅板 80 × 300 × 3		块	0.304	0.304	0.304	0.304
	医用白胶布		m^2	0.096	0.096	0.096	0.096
	医用输血胶管 $\phi8$		m	0.464	0.464	0.464	0.464
	白油漆		kg	0.096	0.096	0.096	0.096
	塑料暗袋 80 × 150		副	0.464	0.464	0.464	0.464
	增感屏 80 × 150		副	0.480	0.480	0.480	0.480
	阿拉伯铅号码		套	0.304	0.304	0.304	0.304
	英文铅号码		套	0.304	0.304	0.304	0.304
	像质计		个	0.464	0.464	0.464	0.464
	水		t	0.120	0.120	0.120	0.120
	其他材料费		%	1.00	1.00	1.00	1.00
机械	X 光片脱水烘干机 ZTH-340		台班	0.092	0.123	0.185	0.284
	γ 射线探伤仪（Ir192）		台班	1.319	1.759	2.638	4.057

3. 超声波检测

工作内容：准备工作，搬运仪器，校验仪器及探头，检验部位清理除污，涂抹耦合剂，检测，检验结果，记录鉴定，技术报告。

计量单位：10 口

编号			8-6-32	8-6-33	8-6-34	8-6-35
项目			公称直径（mm）			
			150 以内	250 以内	350 以内	350 以上
名称		单位	消耗量			
人工	合计工日	工日	0.309	0.595	0.917	1.184
	其中 普工	工日	0.077	0.148	0.229	0.297
	其中 一般技工	工日	0.201	0.387	0.596	0.769
	其中 高级技工	工日	0.031	0.060	0.092	0.118
材料	机油 5#~7#	kg	0.120	0.261	0.521	0.803
	耦合剂	kg	0.800	1.628	2.842	4.282
	碎布	kg	0.800	1.200	1.600	2.000
	铁砂布 0#~2#	张	4.800	7.200	10.400	13.600
	毛刷	把	0.800	1.200	1.600	1.600
	斜探头	个	0.006	0.010	0.014	0.016
	探头线	根	0.004	0.006	0.010	0.010
	其他材料费	%	1.00	1.00	1.00	1.00
机械	超声波探伤仪	台班	0.145	0.279	0.429	0.555

4. 磁 粉 检 测

工作内容: 准备工作,搬运机器,接电,检测部位除锈清理,配制磁悬液,磁电、磁粉反应,缺陷处理,技术报告。

计量单位: 10 口

编 号				8-6-36	8-6-37	8-6-38	8-6-39
项 目				普通磁粉检测 公称直径(mm)			
				150 以内	250 以内	350 以内	350 以上
名 称			单位	消 耗 量			
人工	合计工日		工日	0.231	0.397	0.548	0.620
	其中	普工	工日	0.058	0.099	0.138	0.155
		一般技工	工日	0.150	0.258	0.356	0.403
		高级技工	工日	0.023	0.040	0.054	0.062
材料	表面活性剂 Oπ-20		mL	46.000	46.000	46.000	46.000
	亚硝酸钠		g	46.000	46.000	46.000	46.000
	磁粉		g	138.000	138.000	138.000	138.000
	消泡剂		g	18.400	18.400	18.400	18.400
	尼龙砂轮片 $\phi100\times16\times3$		片	0.184	0.184	0.184	0.184
	碎布		kg	0.184	0.184	0.184	0.184
	其他材料费		%	1.00	1.00	1.00	1.00
机械	磁粉探伤仪		台班	0.134	0.226	0.312	0.353

计量单位：10 口

编号				8-6-40	8-6-41	8-6-42	8-6-43
项目				荧光磁粉检测 公称直径（mm）			
				150 以内	250 以内	350 以内	350 以上
名称			单位	消耗量			
人工	合计工日		工日	0.417	0.714	0.987	1.114
	其中	普工	工日	0.104	0.179	0.247	0.279
		一般技工	工日	0.271	0.464	0.641	0.724
		高级技工	工日	0.042	0.071	0.099	0.111
材料	表面活性剂 Oπ-20		mL	46.000	46.000	46.000	46.000
	亚硝酸钠		g	46.000	46.000	46.000	46.000
	荧光磁粉		g	18.400	18.400	18.400	18.400
	消泡剂		g	9.200	9.200	9.200	9.200
	尼龙砂轮片 $\phi100\times16\times3$		片	0.184	0.184	0.184	0.184
	碎布		kg	0.184	0.184	0.184	0.184
	其他材料费		%	1.00	1.00	1.00	1.00
机械	磁粉探伤仪		台班	0.242	0.407	0.610	0.635

5. 渗 透 检 测

工作内容：准备工作，领取材料，检测部位除锈清理，配制及喷涂渗透液，喷涂显像剂，干燥处理，观察结果，缺陷部位处理记录，清洗药渍，技术报告。

计量单位：10 口

编　号			8-6-44	8-6-45	8-6-46	8-6-47
项　目			普通渗透检测　公称直径（mm 以内）			
			100	200	350	500
名　称		单位	消　耗　量			
人工	合计工日	工日	0.157	0.319	0.548	0.770
	其中 普工	工日	0.039	0.080	0.138	0.193
	其中 一般技工	工日	0.102	0.207	0.356	0.500
	其中 高级技工	工日	0.016	0.032	0.054	0.077
材料	渗透剂　500mL	瓶	0.542	1.101	1.894	2.659
	显像剂　500mL	瓶	1.085	2.202	3.789	5.320
	清洗剂　500mL	瓶	1.627	3.302	5.683	7.978
	尼龙砂轮片　$\phi100\times16\times3$	片	0.184	0.184	0.184	0.184
	碎布	kg	0.272	0.552	0.944	1.328
	其他材料费	%	1.00	1.00	1.00	1.00
机械	轴流通风机　7.5kW	台班	0.019	0.038	0.066	0.092

计量单位：10 口

编　号			8-6-48	8-6-49	8-6-50	8-6-51
项　目			荧光渗透检测　公称直径（mm 以内）			
			100	200	350	500
名　称		单位	消　耗　量			
人工	合计工日	工日	0.189	0.383	0.658	0.923
	其中 普工	工日	0.048	0.096	0.165	0.230
	其中 一般技工	工日	0.122	0.249	0.428	0.600
	其中 高级技工	工日	0.019	0.038	0.065	0.093
材料	荧光渗透探伤剂　500mL	瓶	0.542	1.101	1.894	2.659
	显像剂　500mL	瓶	1.085	2.202	3.789	5.320
	清洗剂　500mL	瓶	1.627	3.302	5.683	7.978
	尼龙砂轮片　$\phi100\times16\times3$	片	0.184	0.184	0.184	0.184
	碎布	kg	0.272	0.552	0.944	1.328
	其他材料费	%	1.00	1.00	1.00	1.00
机械	轴流通风机　7.5kW	台班	0.023	0.046	0.079	0.111

6. 相控阵超声检测

(1)厚度 $T \leq 20$

工作内容: 准备工作,编制操作指导书,校核灵敏度,技术交底,等待打磨,外观检查,清理焊缝,划分区域,标记中心线等,扫查工件,图谱评定,填写记录。 **计量单位:** 口

编号				8-6-52	8-6-53	8-6-54	8-6-55	8-6-56
项目				公称直径(mm 以内)				
				50	100	200	400	600
名称			单位	消耗量				
人工	合计工日		工日	0.228	0.413	0.764	1.178	1.692
	其中	普工	工日	0.086	0.157	0.288	0.450	0.676
		一般技工	工日	0.071	0.128	0.238	0.364	0.508
		高级技工	工日	0.071	0.128	0.238	0.364	0.508
材料	凡士林		kg	0.003	0.005	0.010	0.010	0.017
	相控阵楔块		个	0.005	0.010	0.020	0.025	0.033
	相控阵探头		个	0.001	0.001	0.001	0.001	0.001
	水		t	0.027	0.052	0.100	0.125	0.167
	其他材料费		%	1.00	1.00	1.00	1.00	1.00
机械	笔记本电脑		台班	0.063	0.063	0.063	0.079	0.079
	相控阵检测仪		台班	0.046	0.085	0.155	0.240	0.360
	相控阵扫查架		台班	0.046	0.085	0.155	0.240	0.360
	相控阵探头转换器		台班	0.046	0.085	0.155	0.240	0.360

编　号				8-6-57	8-6-58	8-6-59	8-6-60	8-6-61
项　目				公称直径（mm 以内）				
				800	1 000	1 200	1 400	1 600
名　称			单位	消　耗　量				
人工	合计工日		工日	2.312	2.711	3.242	3.773	4.303
	其中	普工	工日	0.944	1.115	1.334	1.553	1.771
		一般技工	工日	0.684	0.798	0.954	1.110	1.266
		高级技工	工日	0.684	0.798	0.954	1.110	1.266
材料	凡士林		kg	0.025	0.033	0.040	0.046	0.053
	相控阵楔块		个	0.050	0.125	0.150	0.174	0.199
	相控阵探头		个	0.001	0.002	0.002	0.003	0.003
	水		t	0.250	0.333	0.399	0.464	0.529
	其他材料费		%	1.00	1.00	1.00	1.00	1.00
机械	笔记本电脑		台班	0.079	0.079	0.079	0.079	0.079
	相控阵检测仪		台班	0.500	0.591	0.706	0.821	0.937
	相控阵扫查架		台班	0.500	0.591	0.706	0.821	0.937
	相控阵探头转换器		台班	0.500	0.591	0.706	0.821	0.937

（2）厚度 $T>20$

工作内容：准备工作，编制操作指导书，校核灵敏度，技术交底，等待打磨，外观检查，清理焊缝，划分区域，标记中心线等，扫查工件，图谱评定，填写记录。 **计量单位：**口

编号				8-6-62	8-6-63	8-6-64	8-6-65	8-6-66
项目				公称直径（mm 以内）				
				200	400	600	800	1 000
名称			单位	消耗量				
人工	合计工日		工日	0.808	1.334	1.938	2.561	2.937
	其中	普工	工日	0.306	0.518	0.782	1.049	1.213
		一般技工	工日	0.251	0.408	0.578	0.756	0.862
		高级技工	工日	0.251	0.408	0.578	0.756	0.862
材料	凡士林		kg	0.010	0.010	0.017	0.025	0.033
	相控阵楔块		个	0.020	0.025	0.033	0.050	0.125
	相控阵探头		个	0.001	0.001	0.001	0.001	0.002
	水		t	0.100	0.125	0.167	0.250	0.333
	其他材料费		%	1.00	1.00	1.00	1.00	1.00
机械	笔记本电脑		台班	0.063	0.079	0.079	0.079	0.079
	相控阵检测仪		台班	0.166	0.277	0.415	0.555	0.642
	相控阵扫查架		台班	0.166	0.277	0.415	0.555	0.642
	相控阵探头转换器		台班	0.166	0.277	0.415	0.555	0.642

三、配合超声检测焊缝人工打磨

工作内容：准备工器具，焊缝打磨。 **计量单位：**道

编号				8-6-67	8-6-68	8-6-69	8-6-70	8-6-71
项目				公称直径（mm 以内）				
				200	300	400	500	600
名称			单位	消耗量				
人工	合计工日		工日	0.124	0.144	0.178	0.212	0.250
	其中	普工	工日	0.013	0.014	0.018	0.022	0.025
		一般技工	工日	0.098	0.116	0.142	0.168	0.200
		高级技工	工日	0.013	0.014	0.018	0.022	0.025
材料	尼龙砂轮片 $\phi100\times16\times3$		片	0.023	0.035	0.046	0.055	0.068

四、配合管材表面检测翻转

工作内容：准备工作、管材摆放、管材翻转。　　　　　　　　　　　　　　　**计量单位：**10m

编　　号				8-6-72	8-6-73	8-6-74
项　　目				公称直径（mm 以内）		
				200	400	600
名　　称			单位	消　耗　量		
人工	合计工日		工日	0.276	0.468	0.704
	其中	普工	工日	0.138	0.234	0.352
		一般技工	工日	0.138	0.234	0.352
机械	吊装机械（综合）		台班	0.132	0.224	0.337

五、焊口预热及后热

1. 低中压碳钢管电加热片

工作内容：准备工作，热电偶固定，包扎，连线，通电升温，拆除，回收材料，清理现场。

计量单位：10 口

编　　号				8-6-75	8-6-76	8-6-77	8-6-78	8-6-79	8-6-80	8-6-81
项　　目				公称直径（mm 以内）						
				50	100	200	300	400	500	600
名　　称			单位	消　耗　量						
人工	合计工日		工日	1.530	1.748	2.185	2.351	3.349	4.206	4.838
	其中	普工	工日	0.383	0.437	0.547	0.587	0.837	1.051	1.210
		一般技工	工日	0.994	1.136	1.420	1.529	2.177	2.734	3.144
		高级技工	工日	0.153	0.175	0.218	0.235	0.335	0.421	0.484
材料	岩棉板		m^3	0.116	0.133	0.167	0.267	0.418	0.563	0.647
	电加热片		m^2	0.016	0.019	0.024	0.036	0.054	0.066	0.075
	热电偶　1 000℃　1m		个	0.140	0.160	0.200	0.400	0.660	0.660	0.759
	其他材料费		%	1.00	1.00	1.00	1.00	1.00	1.00	1.00
机械	自控热处理机		台班	0.519	0.593	0.741	0.840	1.194	1.499	1.723

2. 高压碳钢管电加热片

工作内容: 准备工作,热电偶固定,包扎,连线,通电升温,拆除,回收材料,清理现场。

计量单位: 10 口

编号			单位	8-6-82	8-6-83	8-6-84	8-6-85	8-6-86	8-6-87	8-6-88
项目				公称直径(mm 以内)						
				50	100	200	300	400	500	600
名称			单位	消耗量						
人工	合计工日		工日	2.294	2.621	3.276	3.529	5.023	6.310	7.256
	其中	普工	工日	0.573	0.655	0.819	0.881	1.255	1.576	1.813
		一般技工	工日	1.491	1.703	2.129	2.294	3.266	4.102	4.717
		高级技工	工日	0.230	0.263	0.328	0.354	0.502	0.632	0.726
材料	岩棉板		m^3	0.174	0.200	0.251	0.401	0.627	0.845	0.971
	电加热片		m^2	0.024	0.029	0.036	0.054	0.081	0.099	0.113
	热电偶 1 000℃ 1m		个	0.210	0.240	0.300	0.600	0.990	0.990	1.139
	其他材料费		%	1.00	1.00	1.00	1.00	1.00	1.00	1.00
机械	自控热处理机		台班	0.778	0.889	1.112	1.260	1.791	2.248	2.585

3. 低中压碳钢管电阻丝

工作内容: 准备工作,热电偶固定,电阻丝固定,包扎,连线,通电升温,拆除,回收材料,清理现场。

计量单位: 10 口

编号			单位	8-6-89	8-6-90	8-6-91	8-6-92	8-6-93	8-6-94	8-6-95
项目				公称直径(mm 以内)						
				50	100	200	300	400	500	600
名称			单位	消耗量						
人工	合计工日		工日	1.605	1.835	2.294	2.470	3.517	4.416	5.078
	其中	普工	工日	0.401	0.458	0.573	0.617	0.879	1.104	1.269
		一般技工	工日	1.043	1.193	1.491	1.606	2.286	2.870	3.301
		高级技工	工日	0.161	0.184	0.230	0.247	0.352	0.442	0.508
材料	岩棉板		m^3	0.116	0.133	0.167	0.267	0.418	0.563	0.647
	镍铬电阻丝 ϕ3.2		kg	0.280	0.350	0.700	0.700	1.050	1.150	1.400
	耐热电瓷环 ϕ20		个	24.000	30.000	60.000	60.000	90.000	100.000	120.000
	热电偶 1 000℃ 1m		个	0.140	0.160	0.200	0.400	0.660	0.660	0.759
	其他材料费		%	1.00	1.00	1.00	1.00	1.00	1.00	1.00
机械	自控热处理机		台班	0.519	0.593	0.741	0.840	1.194	1.499	1.723

4. 高压碳钢管电阻丝

工作内容：准备工作，热电偶固定，电阻丝固定，包扎，连线，通电升温，拆除，回收材料，清理现场。

计量单位：10 口

编号				8-6-96	8-6-97	8-6-98	8-6-99	8-6-100	8-6-101	8-6-102
项目				公称直径（mm 以内）						
				50	100	200	300	400	500	600
名称			单位	消耗量						
人工	合计工日		工日	2.407	2.751	3.439	3.705	5.275	6.625	7.618
	其中	普工	工日	0.601	0.687	0.859	0.925	1.318	1.656	1.904
		一般技工	工日	1.565	1.789	2.236	2.409	3.429	4.306	4.952
		高级技工	工日	0.241	0.275	0.344	0.371	0.528	0.663	0.762
材料	岩棉板		m^3	0.174	0.200	0.251	0.401	0.627	0.845	0.971
	镍铬电阻丝 ϕ3.2		kg	0.420	0.525	1.050	1.050	1.575	1.725	2.100
	耐热电瓷环 ϕ20		个	36.000	45.000	90.000	90.000	135.000	150.000	180.000
	热电偶 1 000℃ 1m		个	0.210	0.240	0.300	0.600	0.990	0.990	1.139
	其他材料费		%	1.00	1.00	1.00	1.00	1.00	1.00	1.00
机械	自控热处理机		台班	0.778	0.889	1.112	1.260	1.791	2.248	2.585

5. 低中压合金钢管电加热片

工作内容：准备工作，热电偶固定，包扎，连线，通电升温，拆除，回收材料，清理现场。

计量单位：10 口

编号				8-6-103	8-6-104	8-6-105	8-6-106	8-6-107	8-6-108	8-6-109
项目				公称直径（mm 以内）						
				50	100	200	300	400	500	600
名称			单位	消耗量						
人工	合计工日		工日	2.551	2.833	3.089	3.297	4.276	5.580	6.413
	其中	普工	工日	0.638	0.708	0.773	0.824	1.068	1.395	1.602
		一般技工	工日	1.658	1.842	2.007	2.143	2.780	3.627	4.169
		高级技工	工日	0.255	0.283	0.309	0.330	0.428	0.558	0.642
材料	岩棉板		m^3	0.116	0.133	0.167	0.267	0.418	0.563	0.647
	电加热片		m^2	0.016	0.019	0.024	0.036	0.054	0.066	0.075
	热电偶 1 000℃ 1m		个	0.200	0.200	0.200	0.400	0.660	0.660	0.750
	其他材料费		%	1.00	1.00	1.00	1.00	1.00	1.00	1.00
机械	自控热处理机		台班	0.904	1.005	1.095	1.169	1.523	1.985	2.281

6. 高压合金钢管电加热片

工作内容:准备工作,热电偶固定,包扎,连线,通电升温,拆除,回收材料,清理现场。

计量单位:10 口

编号				8-6-110	8-6-111	8-6-112	8-6-113	8-6-114	8-6-115	8-6-116
项目				公称直径(mm 以内)						
				50	100	200	300	400	500	600
名称			单位	消耗量						
人工	合计工日		工日	4.080	4.533	4.941	5.275	6.841	8.927	10.262
	其中	普工	工日	1.020	1.133	1.236	1.318	1.710	2.231	2.564
		一般技工	工日	2.652	2.947	3.211	3.429	4.447	5.803	6.671
		高级技工	工日	0.408	0.453	0.494	0.528	0.684	0.893	1.027
材料	岩棉板		m^3	0.186	0.213	0.267	0.427	0.669	0.901	1.035
	电加热片		m^2	0.026	0.030	0.038	0.058	0.086	0.106	0.120
	热电偶 1 000℃ 1m		个	0.320	0.320	0.320	0.640	1.056	1.056	1.200
	其他材料费		%	1.00	1.00	1.00	1.00	1.00	1.00	1.00
机械	自控热处理机		台班	1.447	1.607	1.752	1.871	2.437	3.175	3.650

7. 低中压合金钢管电阻丝

工作内容:准备工作,热电偶固定,电阻丝固定,包扎,连线,通电升温,拆除,回收材料,清理现场。

计量单位:10 口

编号				8-6-117	8-6-118	8-6-119	8-6-120	8-6-121	8-6-122	8-6-123
项目				公称直径(mm 以内)						
				50	100	200	300	400	500	600
名称			单位	消耗量						
人工	合计工日		工日	2.833	2.975	3.242	3.461	4.485	5.695	6.732
	其中	普工	工日	0.708	0.743	0.811	0.865	1.121	1.424	1.683
		一般技工	工日	1.842	1.934	2.107	2.250	2.915	3.701	4.376
		高级技工	工日	0.283	0.298	0.324	0.346	0.449	0.570	0.673
材料	岩棉板		m^3	0.116	0.133	0.167	0.267	0.418	0.563	0.647
	镍铬电阻丝 ϕ3.2		kg	0.280	0.350	0.700	0.700	1.050	1.150	1.400
	耐热电瓷环 ϕ20		个	24.000	30.000	60.000	60.000	90.000	100.000	120.000
	热电偶 1 000℃ 1m		个	0.200	0.200	0.200	0.400	0.660	0.660	0.750
	其他材料费		%	1.00	1.00	1.00	1.00	1.00	1.00	1.00
机械	自控热处理机		台班	1.005	1.005	1.095	1.169	1.523	1.985	2.281

8. 高压合金钢管电阻丝

工作内容：准备工作，热电偶固定，电阻丝固定，包扎，连线，通电升温，拆除，回收材料，清理现场。

计量单位：10 口

编　号				8-6-124	8-6-125	8-6-126	8-6-127	8-6-128	8-6-129	8-6-130
项　目				公称直径（mm 以内）						
				50	100	200	300	400	500	600
名　称			单位	消　耗　量						
人工	合计工日		工日	4.533	4.759	5.188	5.538	7.175	9.110	10.772
	其中	普工	工日	1.133	1.189	1.298	1.385	1.794	2.278	2.694
		一般技工	工日	2.947	3.094	3.371	3.600	4.663	5.921	7.001
		高级技工	工日	0.453	0.476	0.519	0.553	0.718	0.911	1.077
材料	岩棉板		m^3	0.186	0.213	0.267	0.427	0.669	0.901	1.035
	镍铬电阻丝 $\phi3.2$		kg	0.448	0.560	1.120	1.120	1.680	1.840	2.240
	耐热电瓷环 $\phi20$		个	38.400	48.000	96.000	96.000	144.000	160.000	192.000
	热电偶 1 000℃ 1m		个	0.320	0.320	0.320	0.640	1.056	1.056	1.200
	其他材料费		%	1.00	1.00	1.00	1.00	1.00	1.00	1.00
机械	自控热处理机		台班	1.607	1.607	1.752	1.871	2.437	3.175	3.650

9. 碳钢管电感应

工作内容：准备工作，热电偶固定，包扎，连线，通电升温，拆除，回收材料，清理现场。

计量单位：10 口

编　号				8-6-131	8-6-132	8-6-133	8-6-134	8-6-135	8-6-136	8-6-137
项　目				公称直径（mm 以内）						
				50	100	200	300	400	500	600
名　称			单位	消　耗　量						
人工	合计工日		工日	1.416	1.618	2.022	2.185	2.937	3.713	4.271
	其中	普工	工日	0.354	0.405	0.506	0.547	0.734	0.928	1.068
		一般技工	工日	0.920	1.051	1.314	1.420	1.909	2.414	2.776
		高级技工	工日	0.142	0.162	0.202	0.218	0.294	0.371	0.427
材料	保温布		m^2	2.100	2.400	3.000	3.800	5.900	7.200	8.280
	硬铜绞线 TJ-120mm^2		kg	2.590	2.960	3.700	5.400	7.100	8.700	10.005
	热电偶 1 000℃ 1m		个	0.140	0.160	0.200	0.400	0.660	0.660	0.759
	其他材料费		%	1.00	1.00	1.00	1.00	1.00	1.00	1.00
机械	中频加热处理机 100kW		台班	0.465	0.531	0.664	0.717	0.969	1.221	1.404

10. 低中压合金钢管电感应

工作内容: 准备工作,热电偶固定,包扎,连线,通电升温,拆除,回收材料,清理现场。

计量单位:10 口

编号				8-6-138	8-6-139	8-6-140	8-6-141	8-6-142	8-6-143	8-6-144
项目				公称直径(mm 以内)						
				50	100	200	300	400	500	600
名称			单位	消耗量						
人工		合计工日	工日	2.625	2.625	2.873	3.089	3.795	4.948	5.690
	其中	普工	工日	0.656	0.656	0.718	0.773	0.949	1.237	1.423
		一般技工	工日	1.706	1.706	1.868	2.007	2.467	3.216	3.698
		高级技工	工日	0.263	0.263	0.287	0.309	0.379	0.495	0.569
材料		保温布	m^2	2.400	2.700	3.000	3.800	5.900	7.200	8.280
		硬铜绞线 TJ-120mm^2	kg	1.200	2.000	3.700	5.400	7.100	8.700	10.005
		热电偶 1 000℃ 1m	个	0.210	0.210	0.300	0.400	0.660	0.660	0.759
		其他材料费	%	1.00	1.00	1.00	1.00	1.00	1.00	1.00
机械		中频加热处理机 100kW	台班	0.862	0.862	0.946	1.015	1.252	1.633	1.878

11. 高压合金钢管电感应

工作内容: 准备工作,热电偶固定,包扎,连线,通电升温,拆除,回收材料,清理现场。

计量单位:10 口

编号				8-6-145	8-6-146	8-6-147	8-6-148	8-6-149	8-6-150	8-6-151
项目				公称直径(mm 以内)						
				50	100	200	300	400	500	600
名称			单位	消耗量						
人工		合计工日	工日	2.793	2.793	4.693	4.925	6.850	7.264	8.354
	其中	普工	工日	0.698	0.698	1.173	1.232	1.713	1.815	2.088
		一般技工	工日	1.815	1.815	3.051	3.201	4.452	4.722	5.430
		高级技工	工日	0.280	0.280	0.469	0.492	0.685	0.727	0.836
材料		保温布	m^2	2.870	3.280	4.100	5.800	8.500	11.800	13.570
		硬铜绞线 TJ-120mm^2	kg	1.200	2.000	5.700	8.200	10.700	12.600	14.490
		热电偶 1 000℃ 1m	个	0.210	0.210	0.300	0.400	0.600	0.660	0.759
		其他材料费	%	1.00	1.00	1.00	1.00	1.00	1.00	1.00
机械		中频加热处理机 100kW	台班	0.923	0.923	1.549	1.626	2.254	2.393	2.752

12. 碳钢管氧乙炔

工作内容：准备工作，加热。　　　　**计量单位：**10 口

编　　号				8-6-152	8-6-153	8-6-154	8-6-155	8-6-156	8-6-157	8-6-158
项　　目				公称直径（mm 以内）						
				50	100	200	300	400	500	600
名　　称			单位	消　耗　量						
人工	合计工日		工日	0.054	0.191	0.610	1.387	2.153	3.431	3.945
	其中	普工	工日	0.014	0.048	0.152	0.347	0.539	0.858	0.987
		一般技工	工日	0.035	0.124	0.397	0.901	1.399	2.230	2.564
		高级技工	工日	0.005	0.019	0.061	0.139	0.215	0.343	0.394
材料	氧气		m^3	0.259	0.984	4.351	9.970	15.705	24.836	28.561
	乙炔气		kg	0.100	0.378	1.673	3.835	6.040	9.552	10.985
	其他材料费		%	1.00	1.00	1.00	1.00	1.00	1.00	1.00

13. 合金钢管氧乙炔

工作内容：准备工作，加热。　　　　**计量单位：**10 口

编　　号				8-6-159	8-6-160	8-6-161	8-6-162	8-6-163	8-6-164	8-6-165
项　　目				公称直径（mm 以内）						
				50	100	200	300	400	500	600
名　　称			单位	消　耗　量						
人工	合计工日		工日	0.058	0.258	0.671	1.446	2.368	3.775	4.340
	其中	普工	工日	0.014	0.065	0.168	0.362	0.592	0.944	1.085
		一般技工	工日	0.038	0.167	0.436	0.939	1.539	2.454	2.821
		高级技工	工日	0.006	0.026	0.067	0.145	0.237	0.377	0.434
材料	氧气		m^3	0.286	0.900	4.786	10.396	17.276	27.320	31.418
	乙炔气		kg	0.110	0.346	1.841	3.998	6.645	10.508	12.084
	其他材料费		%	1.00	1.00	1.00	1.00	1.00	1.00	1.00

六、焊口热处理

1. 低中压碳钢电加热片

工作内容：准备工作，热电偶固定、包扎，连线，通电升温，恒温，降温，拆除，回收材料，清理现场。

计量单位：10 口

编号				8-6-166	8-6-167	8-6-168	8-6-169	8-6-170	8-6-171	8-6-172
项目				公称直径（mm 以内）						
				50	100	200	300	400	500	600
名称			单位	消耗量						
人工	合计工日		工日	4.365	4.990	6.237	9.745	10.528	11.581	12.106
	其中	普工	工日	1.091	1.248	1.559	2.435	2.632	2.895	3.027
		一般技工	工日	2.837	3.243	4.054	6.335	6.843	7.528	7.869
		高级技工	工日	0.437	0.499	0.624	0.975	1.053	1.158	1.210
材料	岩棉板		m^3	0.161	0.184	0.231	0.382	0.560	0.774	0.890
	电加热片		m^2	0.042	0.048	0.060	0.090	0.114	0.144	0.165
	热电偶 1 000℃ 1m		个	0.500	0.500	0.500	1.000	1.500	1.500	1.725
	其他材料费		%	1.00	1.00	1.00	1.00	1.00	1.00	1.00
机械	自控热处理机		台班	0.918	1.049	1.311	2.055	2.220	2.442	2.553

2. 高压碳钢电加热片

工作内容：准备工作，热电偶固定、包扎，连线，通电升温，恒温，降温，拆除，回收材料，清理现场。

计量单位：10 口

编号				8-6-173	8-6-174	8-6-175	8-6-176	8-6-177	8-6-178	8-6-179
项目				公称直径（mm 以内）						
				50	100	200	300	400	500	600
名称			单位	消耗量						
人工	合计工日		工日	5.195	5.937	10.290	19.004	18.739	29.182	33.535
	其中	普工	工日	1.299	1.484	2.572	4.750	4.684	7.296	8.385
		一般技工	工日	3.376	3.859	6.689	12.353	12.181	18.969	21.798
		高级技工	工日	0.520	0.594	1.029	1.901	1.874	2.917	3.352
材料	岩棉板		m^3	0.161	0.184	0.231	0.420	0.616	0.937	1.077
	电加热片		m^2	0.042	0.048	0.060	0.099	0.125	0.174	0.200
	热电偶 1 000℃ 1m		个	0.500	0.500	0.500	1.100	1.650	1.815	2.087
	其他材料费		%	1.00	1.00	1.00	1.00	1.00	1.00	1.00
机械	自控热处理机		台班	1.092	1.248	2.163	4.008	3.952	6.154	7.071

3. 低中压碳钢管电阻丝

工作内容：准备工作，热电偶固定、包扎，连线，通电升温，恒温，降温，拆除，回收材料，清理现场。

计量单位：10 口

编号				8-6-180	8-6-181	8-6-182	8-6-183	8-6-184	8-6-185	8-6-186
项目				公称直径（mm 以内）						
				50	100	200	300	400	500	600
名称			单位	消耗量						
人工	合计工日		工日	5.020	5.749	7.171	9.930	12.106	13.317	13.922
	其中	普工	工日	1.255	1.437	1.793	2.483	3.027	3.329	3.481
		一般技工	工日	3.263	3.737	4.661	6.454	7.869	8.656	9.049
		高级技工	工日	0.502	0.575	0.717	0.993	1.210	1.332	1.392
材料	岩棉板		m^3	0.161	0.184	0.231	0.382	0.560	0.774	0.890
	镍铬电阻丝 ϕ3.2		kg	0.560	0.700	1.400	1.400	2.100	2.300	2.800
	耐热电瓷环 ϕ20		个	48.000	60.000	120.000	120.000	180.000	200.000	240.000
	热电偶 1 000℃ 1m		个	0.500	0.500	0.500	1.000	1.500	1.650	1.725
	其他材料费		%	1.00	1.00	1.00	1.00	1.00	1.00	1.00
机械	自控热处理机		台班	1.121	1.447	1.773	1.848	3.015	3.316	3.467

4. 高压碳钢管电阻丝

工作内容：准备工作，热电偶固定、包扎，连线，通电升温，恒温，降温，拆除，回收材料，清理现场。

计量单位：10 口

编号				8-6-187	8-6-188	8-6-189	8-6-190	8-6-191	8-6-192	8-6-193
项目				公称直径（mm 以内）						
				50	100	200	300	400	500	600
名称			单位	消耗量						
人工	合计工日		工日	5.974	6.841	11.834	19.363	21.550	33.560	38.564
	其中	普工	工日	1.493	1.711	2.958	4.842	5.388	8.389	9.642
		一般技工	工日	3.883	4.447	7.692	12.585	14.007	21.814	25.066
		高级技工	工日	0.598	0.683	1.184	1.936	2.155	3.357	3.856
材料	岩棉板		m^3	0.161	0.184	0.231	0.420	0.616	0.937	1.077
	镍铬电阻丝 ϕ3.2		kg	0.560	0.700	1.400	1.540	2.310	2.783	3.388
	耐热电瓷环 ϕ20		个	48.000	60.000	120.000	132.000	198.000	242.000	290.400
	热电偶 1 000℃ 1m		个	0.500	0.500	0.500	1.100	1.650	1.997	2.087
	其他材料费		%	1.00	1.00	1.00	1.00	1.00	1.00	1.00
机械	自控热处理机		台班	1.334	1.722	2.925	3.605	5.367	8.357	9.604

5. 低中压合金钢管电加热片

工作内容: 准备工作,热电偶固定、包扎,连线,通电升温,恒温,降温,拆除,回收材料,清理现场。

计量单位: 10 口

编号				8-6-194	8-6-195	8-6-196	8-6-197	8-6-198	8-6-199	8-6-200
项目				公称直径(mm 以内)						
				50	100	200	300	400	500	600
名称			单位	消耗量						
人工	合计工日		工日	5.557	6.866	7.316	10.768	12.437	13.680	14.302
	其中	普工	工日	1.389	1.716	1.829	2.692	3.109	3.420	3.575
		一般技工	工日	3.612	4.463	4.755	6.999	8.084	8.892	9.296
		高级技工	工日	0.556	0.687	0.732	1.077	1.244	1.368	1.431
材料	岩棉板		m^3	0.161	0.184	0.231	0.382	0.560	0.774	0.890
	电加热片		m^2	0.042	0.048	0.060	0.090	0.114	0.114	0.165
	热电偶 1 000℃ 1m		个	0.500	0.500	0.500	1.000	1.500	1.500	1.725
	其他材料费		%	1.00	1.00	1.00	1.00	1.00	1.00	1.00
机械	自控热处理机		台班	1.170	1.447	1.542	2.266	2.622	2.884	3.015

6. 高压合金钢管电加热片

工作内容: 准备工作,热电偶固定、包扎,连线,通电升温,恒温,降温,拆除,回收材料,清理现场。

计量单位: 10 口

编号				8-6-201	8-6-202	8-6-203	8-6-204	8-6-205	8-6-206	8-6-207
项目				公称直径(mm 以内)						
				50	100	200	300	400	500	600
名称			单位	消耗量						
人工	合计工日		工日	6.596	8.209	12.041	21.071	22.192	34.457	39.626
	其中	普工	工日	1.649	2.052	3.011	5.268	5.548	8.614	9.907
		一般技工	工日	4.287	5.336	7.826	13.696	14.425	22.397	25.756
		高级技工	工日	0.660	0.821	1.204	2.107	2.219	3.446	3.963
材料	岩棉板		m^3	0.161	0.184	0.231	0.382	0.560	0.774	0.890
	电加热片		m^2	0.042	0.048	0.060	0.120	0.156	0.258	0.296
	热电偶 1 000℃ 1m		个	0.500	0.500	0.500	1.000	1.500	1.500	1.725
	其他材料费		%	1.00	1.00	1.00	1.00	1.00	1.00	1.00
机械	自控热处理机		台班	1.391	1.727	2.536	4.440	4.671	7.253	8.341

7. 低中压合金钢管电阻丝

工作内容：准备工作，热电偶固定、包扎，连线，通电升温，恒温，降温，拆除，回收材料，清理现场。

计量单位：10 口

编号				8-6-208	8-6-209	8-6-210	8-6-211	8-6-212	8-6-213	8-6-214
项目				公称直径（mm 以内）						
				50	100	200	300	400	500	600
名称			单位	消耗量						
人工	合计工日		工日	6.389	7.896	8.413	8.784	14.302	15.017	15.380
	其中	普工	工日	1.597	1.974	2.103	2.196	3.575	3.754	3.845
		一般技工	工日	4.153	5.132	5.468	5.710	9.296	9.761	9.997
		高级技工	工日	0.639	0.790	0.842	0.878	1.431	1.502	1.538
材料	岩棉板		m^3	0.161	0.184	0.231	0.382	0.560	0.774	0.890
	镍铬电阻丝 $\phi3.2$		kg	0.560	0.700	1.400	1.400	2.100	2.300	2.800
	耐热电瓷环 $\phi20$		个	48.000	60.000	120.000	120.000	180.000	200.000	240.000
	热电偶 1 000℃ 1m		个	0.500	0.500	0.500	1.000	1.500	1.650	1.725
	其他材料费		%	1.00	1.00	1.00	1.00	1.00	1.00	1.00
机械	自控热处理机		台班	1.360	1.663	1.773	1.848	3.015	3.316	3.467

8. 高压合金钢管电阻丝

工作内容：准备工作，热电偶固定、包扎，连线，通电升温，恒温，降温，拆除，回收材料，清理现场。

计量单位：10 口

编号				8-6-215	8-6-216	8-6-217	8-6-218	8-6-219	8-6-220	8-6-221
项目				公称直径（mm 以内）						
				50	100	200	300	400	500	600
名称			单位	消耗量						
人工	合计工日		工日	7.584	9.441	13.847	24.226	25.522	39.612	45.569
	其中	普工	工日	1.896	2.360	3.462	6.056	6.381	9.903	11.392
		一般技工	工日	4.930	6.137	9.000	15.747	16.589	25.748	29.620
		高级技工	工日	0.758	0.944	1.385	2.423	2.552	3.961	4.557
材料	岩棉板		m^3	0.161	0.184	0.231	0.382	0.560	0.774	0.890
	镍铬电阻丝 $\phi3.2$		kg	0.560	0.700	1.400	1.400	2.100	2.300	2.800
	耐热电瓷环 $\phi20$		个	48.000	60.000	120.000	120.000	180.000	200.000	240.000
	热电偶 1 000℃ 1m		个	0.500	0.500	0.500	1.000	1.500	1.650	1.725
	其他材料费		%	1.00	1.00	1.00	1.00	1.00	1.00	1.00
机械	自控热处理机		台班	1.600	1.986	2.917	5.106	5.372	8.341	9.592

9. 碳钢管电感应

工作内容: 准备工作,热电偶固定、包扎,连线,通电升温,恒温,降温,拆除,回收材料,清理现场。

计量单位: 10 口

编号			8-6-222	8-6-223	8-6-224	8-6-225	8-6-226	8-6-227	8-6-228
项目			公称直径(mm 以内)						
			50	100	200	300	400	500	600
名称		单位	消耗量						
人工	合计工日	工日	5.951	6.799	8.499	12.750	13.140	13.140	15.111
其中	普工	工日	1.488	1.699	2.124	3.188	3.285	3.285	3.777
	一般技工	工日	3.868	4.420	5.525	8.287	8.541	8.541	9.823
	高级技工	工日	0.595	0.680	0.850	1.275	1.314	1.314	1.511
材料	保温布	m^2	0.904	1.521	2.826	3.982	5.086	9.121	10.489
	硬铜绞线 TJ-120mm^2	kg	3.827	7.060	12.939	18.869	24.530	30.356	34.909
	热电偶 1 000℃ 1m	个	0.500	0.500	0.500	1.000	1.500	1.500	1.725
	其他材料费	%	1.00	1.00	1.00	1.00	1.00	1.00	1.00
机械	中频加热处理机 100kW	台班	1.162	1.329	1.661	2.491	2.564	2.564	2.949

10. 低压合金钢管电感应

工作内容: 准备工作,热电偶固定、包扎,连线,通电升温,恒温,降温,拆除,回收材料,清理现场。

计量单位: 10 口

编号			8-6-229	8-6-230	8-6-231	8-6-232	8-6-233	8-6-234	8-6-235
项目			公称直径(mm 以内)						
			50	100	200	300	400	500	600
名称		单位	消耗量						
人工	合计工日	工日	5.350	6.585	6.977	10.460	10.951	16.603	19.093
其中	普工	工日	1.338	1.646	1.744	2.615	2.738	4.151	4.774
	一般技工	工日	3.477	4.280	4.535	6.799	7.118	10.792	12.410
	高级技工	工日	0.535	0.659	0.698	1.046	1.095	1.660	1.909
材料	保温布	m^2	1.040	1.750	3.250	4.580	5.850	10.490	12.063
	硬铜绞线 TJ-120mm^2	kg	4.402	8.120	14.880	21.700	28.210	43.640	50.186
	热电偶 1 000℃ 1m	个	0.500	0.500	0.500	1.000	1.500	1.500	1.725
	其他材料费	%	1.00	1.00	1.00	1.00	1.00	1.00	1.00
机械	中频加热处理机 100kW	台班	1.048	1.285	1.361	2.039	2.137	3.242	3.728

11. 中高压合金钢管电感应

工作内容: 准备工作,热电偶固定、包扎,连线,通电升温,恒温,降温,拆除,回收材料,清理现场。

计量单位: 10 口

编号				8-6-236	8-6-237	8-6-238	8-6-239	8-6-240	8-6-241	8-6-242
项目				公称直径(mm 以内)						
				50	100	200	300	400	500	600
名称			单位	消耗量						
人工	合计工日		工日	6.364	8.221	11.457	19.506	20.071	31.579	39.977
	其中	普工	工日	1.591	2.055	2.865	4.876	5.018	7.895	9.994
		一般技工	工日	4.136	5.344	7.446	12.679	13.046	20.526	25.985
		高级技工	工日	0.637	0.822	1.146	1.951	2.007	3.158	3.998
材料	保温布		m^2	1.040	1.750	3.250	4.580	5.850	10.490	12.630
	硬铜绞线 TJ-120mm^2		kg	4.400	8.120	14.880	21.700	28.210	43.640	50.186
	热电偶 1 000℃ 1m		个	0.500	0.500	0.500	1.000	1.500	1.500	1.725
	其他材料费		%	1.00	1.00	1.00	1.00	1.00	1.00	1.00
机械	中频加热处理机 100kW		台班	1.245	1.538	2.235	3.810	3.920	6.160	7.084

七、硬度测定

工作内容: 准备工作,测定硬度值,技术报告。

计量单位: 10 个点

编号			8-6-243
项目			管材
名称		单位	消耗量
人工	合计工日	工日	0.278
	一般技工	工日	0.278
材料	尼龙砂轮片 $\phi100\times16\times3$	片	0.500
	铁砂布 $0^{\#}$~$2^{\#}$	张	2.500
	打印纸	箱	0.100
	色带	根	0.100
	其他材料费	%	1.00
机械	里氏硬度计	台班	0.465

八、光 谱 分 析

工作内容：准备工作，调试机器，工件检测表面清理，测试分析，对比标准，数据记录，评定，技术报告。

计量单位：点

编号				8-6-244	8-6-245	8-6-246
项目				定性	半定量	全组分
名称			单位	消耗量		
人工	合计工日		工日	0.034	0.067	0.127
	其中	一般技工	工日	0.031	0.060	0.114
		高级技工	工日	0.003	0.007	0.013
材料	尼龙砂轮片 $\phi100\times16\times3$		片	0.010	0.010	0.010
	铁砂布 $0^{\#}\sim2^{\#}$		张	0.100	0.100	0.100
	其他材料费		%	1.00	1.00	1.00
	碎布		kg	0.001	0.001	0.001
机械	红外光谱仪		台班	0.093	—	—
	光谱分析仪		台班	—	0.056	0.140

第七章　其　　他

说　明

一、本章适用于管道支吊架制作与安装、高合金焊口内部充氩保护、套管制作与安装、三通补强圈制作与安装、半成品管段场外运输等。

二、本章不包括分汽缸、集气罐和空气分气筒的附件安装的工作内容。

三、有关规定：

1. 弹簧式管架制作与安装中弹簧组件按成品考虑，木垫式管架制作与安装中木垫按成品考虑。

2. 采用成型钢管焊接的异型管架制作与安装执行一般管架制作与安装项目，消耗量乘以系数 1.30。

3. 一般管架制作与安装项目按碳钢材质编制，不锈钢管、有色金属管、非金属管的管架制作与安装执行一般管架制作与安装项目，消耗量乘以系数 1.10，焊材按实调整。

4. 管道支吊架制作、安装比例：一般管架：制作占 65%，安装占 35%。

5. 夹套管的定位板制作与安装执行一般管架（100kg 以内）制作与安装项目。

四、半成品管段场外运输子目是指半成品在施工现场范围以外的水平运输，包括发包方供应仓库到场外防腐厂、场外预制厂、场外防腐厂到场外预制厂、场外预制厂到安装现场等，半成品管段场外运输超过 10km 时项目不适用。

工程量计算规则

一、管道支吊架制作与安装质量按图集整个组件考虑,以“100kg”为计量单位。

二、套管制作与安装按套管公称直径,以“个”为计量单位。

三、高合金焊口内部充氩保护按管道不同规格,以“10 口”为计量单位。

一、管道支吊架制作与安装

工作内容:准备工作,切断,煨制,钻孔,组对,焊接,打洞,固定安装,堵洞。 **计量单位:**100kg

编号			8-7-1	8-7-2	8-7-3	8-7-4	8-7-5
项目			一般管架(kg)			木垫式管架	弹簧式管架
			50以内	100以内	100以上		
名称		单位	消耗量				
人工	合计工日	工日	5.227	4.925	4.103	3.927	3.471
人工	其中 普工	工日	1.307	1.231	1.026	0.982	0.868
人工	其中 一般技工	工日	3.397	3.201	2.667	2.552	2.256
人工	其中 高级技工	工日	0.523	0.493	0.410	0.393	0.347
材料	型钢(综合)	kg	(106.000)	(106.000)	(106.000)	(102.000)	(102.000)
材料	低碳钢焊条 J427 ϕ3.2	kg	2.974	2.653	1.848	1.400	1.932
材料	氧气	m^3	1.808	1.569	1.096	1.474	0.861
材料	乙炔气	kg	0.695	0.604	0.422	0.567	0.331
材料	尼龙砂轮片 $\phi500\times25\times4$	片	0.611	0.560	0.390	0.581	0.665
材料	碎布	kg	0.321	0.294	0.206	—	—
材料	六角螺母	kg	1.582	1.449	1.010	1.232	1.267
材料	垫圈(综合)	kg	—	—	—	0.245	0.287
材料	磨头	个	0.122	0.112	0.078	—	—
材料	白色硅酸盐水泥 32.5	kg	9.250	8.472	5.900	6.300	4.550
材料	砂子	m^3	—	—	—	0.021	0.007
材料	碎石 0.5~3.2	m^3	0.015	0.014	0.010	—	—
材料	木材	m^3	0.003	0.003	0.002	0.034	—
材料	机油	kg	0.122	0.112	0.078	—	—
材料	丙酮	kg	0.054	0.049	0.036	—	—
材料	钢垫片 0.8	kg	0.764	0.700	0.488	—	—
材料	水	t	0.008	0.007	0.006	0.728	0.742
材料	焦炭	kg	—	—	—	11.991	6.132
材料	其他材料费	%	1.00	1.00	1.00	1.00	1.00
机械	汽车式起重机 8t	台班	0.006	0.009	0.013	0.007	0.017
机械	吊装机械(综合)	台班	0.034	0.051	0.072	0.037	0.060
机械	载货汽车-普通货车 8t	台班	0.006	0.009	0.013	0.007	0.017
机械	普通车床 630×2 000(安装用)	台班	0.041	0.062	0.089	—	0.066
机械	立式钻床 25mm	台班	0.233	0.349	0.489	0.065	0.077
机械	砂轮切割机 ϕ500	台班	0.103	0.155	0.220	0.577	0.155
机械	电焊机(综合)	台班	0.413	0.620	0.864	0.280	0.559
机械	电焊条烘干箱 60×50×75(cm^3)	台班	0.041	0.062	0.086	0.028	0.056
机械	电焊条恒温箱	台班	0.041	0.062	0.086	0.028	0.056
机械	轴流通风机 7.5kW	台班	0.041	0.062	0.089	0.192	0.174

二、高合金焊口内部充氩保护

工作内容:准备工作,装堵板,管口封闭,焊口贴胶布,接通气源,充氩,调整流量,拆除堵板。

计量单位:10 口

编号			8-7-6	8-7-7	8-7-8	8-7-9	8-7-10	8-7-11	8-7-12
项目			公称直径(mm 以内)						
			50	100	200	300	400	500	600
名称		单位	消耗量						
人工	合计工日	工日	0.511	0.680	1.105	1.700	2.125	2.805	3.647
	其中 普工	工日	0.128	0.170	0.276	0.425	0.531	0.701	0.912
	其中 一般技工	工日	0.332	0.442	0.718	1.105	1.381	1.823	2.370
	其中 高级技工	工日	0.051	0.068	0.111	0.170	0.213	0.281	0.365
材料	热轧薄钢板 δ2.0	kg	0.080	0.310	1.260	2.830	5.020	7.850	10.205
	氩气	m^3	0.800	1.200	2.200	3.500	4.800	5.900	7.670
	橡胶板 δ5~10	kg	0.020	0.110	0.360	0.770	1.320	2.020	2.626
	铜管	m	1.000	1.000	1.000	1.000	1.000	1.000	1.000
	其他材料费	%	1.00	1.00	1.00	1.00	1.00	1.00	1.00

三、蒸汽分汽缸制作

工作内容：准备工作，下料，切断，切割，卷圆，坡口，焊接，水压试验。　　**计量单位**：100kg

编号				8-7-13	8-7-14	8-7-15
项目				钢管制（kg）		钢板制
				50 以内	50 以上	
名称			单位	消耗量		
人工	合计工日		工日	6.385	3.305	4.337
	其中	普工	工日	1.596	0.826	1.084
		一般技工	工日	4.150	2.148	2.819
		高级技工	工日	0.638	0.331	0.434
材料	无缝钢管（综合）		kg	（93.180）	（93.860）	（6.270）
	低碳钢焊条 J427 ϕ3.2		kg	4.190	2.510	3.730
	氧气		m^3	3.170	2.790	3.240
	乙炔气		kg	1.219	1.073	1.246
	尼龙砂轮片 $\phi100\times16\times3$		片	1.680	1.000	1.300
	热轧厚钢板 δ12~20		kg	12.820	12.140	99.730
	熟铁管箍 *DN*20		个	7.000	2.000	1.000
	焦炭		kg	28.500	11.200	6.900
	其他材料费		%	1.00	1.00	1.00
机械	电焊机（综合）		台班	1.873	0.749	0.610
	鼓风机 $18m^3/min$		台班	0.216	0.091	0.114
	卷板机 $20\times2\,500$（安装用）		台班	—	—	0.114
	电焊条烘干箱 $60\times50\times75(cm^3)$		台班	0.187	0.075	0.061
	电焊条恒温箱		台班	0.187	0.075	0.061

四、蒸汽分汽缸安装

工作内容：准备工作，分汽缸安装。　　　　**计量单位：**个

编号				8-7-16	8-7-17	8-7-18	8-7-19	8-7-20
项目				单重（kg）				
				50以内	100以内	150以内	200以内	200以上
名称			单位	消耗量				
人工	合计工日		工日	3.175	4.126	4.877	5.207	5.548
	其中	普工	工日	0.795	1.032	1.219	1.301	1.387
		一般技工	工日	2.063	2.682	3.170	3.385	3.606
		高级技工	工日	0.317	0.412	0.488	0.521	0.555
材料	分汽缸		个	（1.000）	（1.000）	（1.000）	（1.000）	（1.000）
	低碳钢焊条 J427 ϕ3.2		kg	0.240	0.470	0.500	0.560	0.900
	尼龙砂轮片 $\phi100\times16\times3$		片	0.100	0.190	0.200	0.220	0.360
	其他材料费		%	1.00	1.00	1.00	1.00	1.00
机械	电焊机（综合）		台班	0.032	0.064	0.064	0.064	0.963
	电焊条烘干箱 $60\times50\times75$（cm^3）		台班	0.004	0.006	0.006	0.006	0.096
	电焊条恒温箱		台班	0.004	0.006	0.006	0.006	0.096

五、集气罐制作

工作内容：准备工作，下料，切割，坡口，焊接，水压试验。　　**计量单位：**个

编　号				8-7-21	8-7-22	8-7-23	8-7-24	8-7-25
项　目				公称直径（mm 以内）				
				150	200	250	300	400
名　称			单位	消　耗　量				
人工	合计工日		工日	0.563	0.758	0.968	1.287	1.700
	其中	普工	工日	0.141	0.190	0.242	0.322	0.425
		一般技工	工日	0.366	0.492	0.629	0.837	1.105
		高级技工	工日	0.056	0.076	0.097	0.128	0.170
材料	无缝钢管（综合）		m	（0.300）	（0.320）	（0.430）	（0.430）	（0.450）
	熟铁管箍		个	（2.000）	（2.000）	（2.000）	（2.000）	（2.000）
	低碳钢焊条 J427 ϕ3.2		kg	0.520	1.030	1.800	2.120	2.860
	氧气		m^3	0.530	0.770	1.120	1.320	1.860
	乙炔气		kg	0.204	0.296	0.431	0.508	0.715
	尼龙砂轮片 $\phi100\times16\times3$		片	0.210	0.410	0.720	0.850	1.140
	热轧厚钢板 δ8~20		kg	—	—	9.000	12.000	22.000
	热轧厚钢板 δ12~20		kg	2.000	3.500	—	—	—
	其他材料费		%	1.00	1.00	1.00	1.00	1.00
机械	电焊机（综合）		台班	0.072	0.090	0.108	0.117	0.180
	电焊条烘干箱 $60\times50\times75$（cm^3）		台班	0.007	0.009	0.011	0.012	0.018
	电焊条恒温箱		台班	0.007	0.009	0.011	0.012	0.018

六、集气罐安装

工作内容：准备工作，集气罐安装。 **计量单位：**个

编号				8-7-26	8-7-27	8-7-28	8-7-29	8-7-30
项目				公称直径（mm 以内）				
				150	200	250	300	400
名称			单位	消耗量				
人工	合计工日		工日	0.227	0.319	0.404	0.487	0.648
	其中	普工	工日	0.056	0.079	0.100	0.122	0.162
		一般技工	工日	0.148	0.208	0.263	0.317	0.421
		高级技工	工日	0.023	0.032	0.041	0.048	0.065
材料	集气罐		个	（1.000）	（1.000）	（1.000）	（1.000）	（1.000）
	其他材料费		%	1.00	1.00	1.00	1.00	1.00

七、空气分气筒制作与安装

工作内容：准备工作，下料，切割，焊接，安装，水压试验。　　　　**计量单位：**个

编　号				8-7-31	8-7-32	8-7-33
项　目				公称直径 × 长度		
				100 × 400	150 × 400	200 × 400
名　称			单位	消　耗　量		
人工	合计工日		工日	0.547	0.749	0.951
	其中	普工	工日	0.138	0.187	0.238
		一般技工	工日	0.355	0.487	0.618
		高级技工	工日	0.054	0.075	0.095
材料	无缝钢管（综合）		m	（0.400）	（0.400）	（0.400）
	低碳钢焊条 J427 ϕ3.2		kg	0.500	0.650	1.270
	氧气		m^3	0.250	0.340	0.340
	乙炔气		kg	0.096	0.131	0.131
	尼龙砂轮片 ϕ100 × 16 × 3		片	0.200	0.260	0.510
	热轧厚钢板 δ12~20		kg	1.500	1.800	2.200
	熟铁管箍 *DN*20		个	4.000	4.000	4.000
	其他材料费		%	1.00	1.00	1.00
机械	电焊机（综合）		台班	0.198	0.261	0.315
	电焊条烘干箱 60 × 50 × 75（cm^3）		台班	0.020	0.026	0.031
	电焊条恒温箱		台班	0.020	0.026	0.031

八、钢制排水漏斗制作与安装

工作内容: 准备工作,下料,切断,切割,焊接,安装。 **计量单位:** 个

编号				8-7-34	8-7-35	8-7-36	8-7-37
项目				公称直径(mm 以内)			
				50	100	150	200
名称			单位	消耗量			
人工	合计工日		工日	0.362	0.563	0.782	1.161
	其中	普工	工日	0.090	0.141	0.196	0.290
		一般技工	工日	0.235	0.366	0.508	0.755
		高级技工	工日	0.037	0.056	0.078	0.116
材料	无缝钢管(综合)		m	(0.100)	(0.150)	(0.200)	(0.250)
	低碳钢焊条 J427 ϕ3.2		kg	0.250	0.350	0.550	1.300
	氧气		m^3	0.230	0.490	0.820	1.170
	乙炔气		kg	0.088	0.188	0.315	0.450
	尼龙砂轮片 $\phi100\times16\times3$		片	0.100	0.140	0.220	0.520
	热轧薄钢板 δ3.5~4.0		kg	1.700	7.050	—	—
	热轧厚钢板 δ4.5~7.0		kg	—	—	13.000	15.800
	其他材料费		%	1.00	1.00	1.00	1.00
机械	电焊机(综合)		台班	0.135	0.180	0.207	0.342
	电焊条烘干箱 $60\times50\times75(cm^3)$		台班	0.013	0.018	0.021	0.034
	电焊条恒温箱		台班	0.013	0.018	0.021	0.034

九、套管制作与安装

1. 柔性防水套管制作

工作内容：准备工作，放样，下料，切割，焊接，刷防锈漆。　　　　**计量单位：**个

编号			8-7-38	8-7-39	8-7-40	8-7-41	8-7-42	8-7-43
项目			公称直径（mm 以内）					
			50	80	100	125	150	200
名称		单位	消耗量					
人工	合计工日	工日	1.142	1.364	1.731	1.976	2.268	2.527
	其中 普工	工日	0.286	0.341	0.433	0.494	0.567	0.632
	其中 一般技工	工日	0.742	0.887	1.125	1.284	1.474	1.643
	其中 高级技工	工日	0.114	0.136	0.173	0.198	0.227	0.252
材料	焊接钢管（综合）	kg	（4.400）	（6.540）	（7.520）	（9.720）	（11.800）	（18.190）
	醇酸防锈漆 C53-1	kg	0.100	0.120	0.140	0.200	0.250	0.400
	低碳钢焊条 J427 ϕ3.2	kg	1.000	1.250	1.470	1.800	2.480	4.560
	氧气	m^3	2.340	3.160	3.510	3.740	4.100	5.270
	乙炔气	kg	0.900	1.215	1.350	1.438	1.577	2.027
	尼龙砂轮片 $\phi100\times16\times3$	片	0.050	0.084	0.100	0.125	0.150	0.206
	热轧厚钢板 δ10~20	kg	13.500	21.400	23.900	26.920	29.460	48.170
	方钢（综合）	kg	0.500	0.650	0.700	0.850	1.000	1.250
	溶剂汽油 200#	kg	0.020	0.040	0.040	0.050	0.060	0.090
	其他材料费	%	1.00	1.00	1.00	1.00	1.00	1.00
机械	电焊机（综合）	台班	0.343	0.428	0.651	0.685	0.728	0.814
	普通车床 630×2 000（安装用）	台班	0.036	0.046	0.064	0.073	0.073	0.091
	立式钻床 25mm	台班	0.009	0.018	0.027	0.027	0.036	0.036
	电焊条烘干箱 60×50×75（cm^3）	台班	0.035	0.043	0.065	0.068	0.073	0.081
	电焊条恒温箱	台班	0.035	0.043	0.065	0.068	0.073	0.081

计量单位：个

编号				8-7-44	8-7-45	8-7-46	8-7-47	8-7-48	8-7-49
项目				公称直径（mm 以内）					
				250	300	350	400	450	500
名称			单位	消耗量					
人工	合计工日		工日	2.804	3.110	3.432	3.838	4.481	4.749
	其中	普工	工日	0.701	0.778	0.859	0.959	1.120	1.187
		一般技工	工日	1.822	2.021	2.230	2.495	2.913	3.087
		高级技工	工日	0.281	0.311	0.343	0.384	0.448	0.475
材料	焊接钢管（综合）		kg	(24.260)	(31.120)	(36.540)	(40.330)	(44.680)	(51.130)
	醇酸防锈漆 C53-1		kg	0.610	0.720	0.900	1.090	1.220	1.440
	低碳钢焊条 J427 $\phi3.2$		kg	7.040	9.200	10.040	11.600	15.200	16.800
	氧气		m^3	6.440	6.440	6.550	6.550	6.670	6.790
	乙炔气		kg	2.477	2.477	2.519	2.519	2.565	2.612
	尼龙砂轮片 $\phi100\times16\times3$		片	0.257	0.306	0.355	0.401	0.451	0.499
	热轧厚钢板 $\delta10\sim20$		kg	56.070	67.600	—	—	—	—
	热轧厚钢板 $\delta15\sim30$		kg	—	—	83.790	99.390	108.820	125.220
	方钢（综合）		kg	1.500	1.750	2.000	2.220	3.050	3.620
	溶剂汽油 200#		kg	0.150	0.180	0.230	0.270	0.300	0.360
	焦炭		kg	—	—	100.000	120.000	140.000	160.000
	木柴		kg	—	—	12.000	12.000	12.000	16.000
	其他材料费		%	1.00	1.00	1.00	1.00	1.00	1.00
机械	电焊机（综合）		台班	1.019	1.028	1.113	1.370	1.713	2.055
	普通车床 630×2 000（安装用）		台班	0.091	0.109	0.128	0.146	0.164	0.182
	立式钻床 25mm		台班	0.046	0.055	0.064	0.064	0.073	0.082
	电焊条烘干箱 60×50×75（cm^3）		台班	0.102	0.103	0.112	0.137	0.171	0.206
	电焊条恒温箱		台班	0.102	0.103	0.112	0.137	0.171	0.206
	鼓风机 $18m^3/min$		台班	—	—	0.182	0.182	0.219	0.255

计量单位：个

编号				8-7-50	8-7-51	8-7-52	8-7-53
项目				公称直径（mm以内）			
				600	700	800	900
名称			单位	消耗量			
人工	合计工日		工日	5.362	6.121	7.599	8.243
	其中	普工	工日	1.340	1.530	1.900	2.060
		一般技工	工日	3.486	3.979	4.939	5.358
		高级技工	工日	0.536	0.612	0.760	0.825
材料	焊接钢管（综合）		kg	（60.350）	（69.670）	（78.800）	（88.360）
	醇酸防锈漆 C53-1		kg	1.730	2.030	2.780	3.080
	低碳钢焊条 J427 ϕ3.2		kg	24.000	28.000	41.600	45.600
	氧气		m^3	6.790	7.310	8.780	9.950
	乙炔气		kg	2.612	2.812	3.377	3.827
	尼龙砂轮片 $\phi100\times16\times3$		片	0.584	0.679	0.773	0.867
	热轧厚钢板 δ15~30		kg	190.950	223.880	275.690	318.470
	方钢（综合）		kg	4.630	5.120	5.940	6.770
	溶剂汽油 200#		kg	0.420	0.500	0.690	0.770
	焦炭		kg	180.000	200.000	240.000	280.000
	木柴		kg	16.000	16.000	20.000	20.000
	其他材料费		%	1.00	1.00	1.00	1.00
机械	电焊机（综合）		台班	2.569	2.997	4.453	4.796
	普通车床 630×2 000（安装用）		台班	0.200	0.228	0.255	0.273
	立式钻床 25mm		台班	0.091	0.109	0.128	0.146
	电焊条烘干箱 60×50×75（cm^3）		台班	0.257	0.300	0.445	0.479
	电焊条恒温箱		台班	0.257	0.300	0.445	0.479
	鼓风机 $18m^3/min$		台班	0.255	0.255	0.328	0.364

计量单位：个

编号				8-7-54	8-7-55	8-7-56
项目				公称直径（mm以内）		
				1 000	1 200	1 400
名称			单位	消耗量		
人工	合计工日		工日	9.514	13.196	17.154
	其中	普工	工日	2.378	3.299	4.289
		一般技工	工日	6.185	8.577	11.150
		高级技工	工日	0.951	1.320	1.715
材料	焊接钢管（综合）		kg	（97.540）	（112.561）	（130.313）
	醇酸防锈漆 C53-1		kg	3.410	3.751	4.092
	低碳钢焊条 J427 $\phi3.2$		kg	51.200	56.320	61.440
	氧气		m^3	11.700	12.870	14.040
	乙炔气		kg	4.500	4.950	5.400
	尼龙砂轮片 $\phi100\times16\times3$		片	0.961	1.057	1.153
	热轧厚钢板 $\delta15\sim30$		kg	348.830	383.713	418.596
	方钢（综合）		kg	7.050	7.755	8.460
	溶剂汽油 200#		kg	0.850	0.935	1.020
	焦炭		kg	320.000	352.000	384.000
	木柴		kg	20.000	22.000	24.000
	其他材料费		%	1.00	1.00	1.00
机械	电焊机（综合）		台班	5.824	6.406	7.571
	普通车床 630×2 000（安装用）		台班	0.292	0.321	0.379
	立式钻床 25mm		台班	0.164	0.180	0.213
	电焊条烘干箱 60×50×75（cm^3）		台班	0.582	0.640	0.757
	电焊条恒温箱		台班	0.582	0.640	0.757
	鼓风机 18m^3/min		台班	0.401	0.441	0.521

2. 柔性防水套管安装

工作内容：准备工作，找标高，找平，找正，就位，安装，加添料，紧螺栓。　　**计量单位：**个

编号				8-7-57	8-7-58	8-7-59	8-7-60	8-7-61	8-7-62
项目				公称直径（mm 以内）					
				50	100	150	200	300	400
名称			单位	消耗量					
人工	合计工日		工日	0.299	0.319	0.337	0.460	0.506	0.621
	其中	普工	工日	0.075	0.080	0.084	0.116	0.127	0.155
		一般技工	工日	0.194	0.207	0.219	0.298	0.329	0.404
		高级技工	工日	0.030	0.032	0.034	0.046	0.050	0.062
材料	黄干油		kg	0.070	0.070	0.120	0.120	0.160	0.200
	机油 5#~7#		kg	0.040	0.050	0.050	0.080	0.080	0.100
	橡胶无石棉盘根 编织 ϕ11~25（250℃）		kg	0.110	0.170	0.230	0.290	0.420	0.540
	双头螺柱带螺母		kg	0.360	0.640	1.280	1.280	3.480	4.800
	橡胶密封圈 *DN*50		个	2.000	—	—	—	—	—
	橡胶密封圈 *DN*100		个	—	2.000	—	—	—	—
	橡胶密封圈 *DN*150		个	—	—	2.000	—	—	—
	橡胶密封圈 *DN*200		个	—	—	—	2.000	—	—
	橡胶密封圈 *DN*300		个	—	—	—	—	2.000	—
	橡胶密封圈 *DN*400		个	—	—	—	—	—	2.000
	其他材料费		%	1.00	1.00	1.00	1.00	1.00	1.00

计量单位：个

编号				8-7-63	8-7-64	8-7-65	8-7-66	8-7-67	8-7-68
项目				公称直径（mm 以内）					
				500	600	800	1 000	1 200	1 400
名称			单位	消耗量					
人工	合计工日		工日	0.851	0.851	0.928	1.080	1.437	1.798
	其中	普工	工日	0.213	0.213	0.232	0.270	0.359	0.451
		一般技工	工日	0.553	0.553	0.603	0.702	0.934	1.168
		高级技工	工日	0.085	0.085	0.093	0.108	0.144	0.179
材料	黄干油		kg	0.240	0.280	0.400	0.560	0.745	0.932
	机油 5#~7#		kg	0.150	0.200	0.250	0.350	0.466	0.582
	橡胶无石棉盘根 编织 ϕ11~25（250℃）		kg	0.830	1.110	1.480	1.780	1.958	2.136
	双头螺柱带螺母		kg	5.120	7.800	17.280	20.160	22.176	24.192
	橡胶密封圈 *DN*500		个	2.000	—	—	—	—	—
	橡胶密封圈 *DN*600		个	—	2.000	—	—	—	—
	橡胶密封圈 *DN*800		个	—	—	2.000	—	—	—
	橡胶密封圈 *DN*1 000		个	—	—	—	2.000	—	—
	橡胶密封圈 *DN*1 200		个	—	—	—	—	2.000	—
	橡胶密封圈 *DN*1 400		个	—	—	—	—	—	2.000
	其他材料费		%	1.00	1.00	1.00	1.00	1.00	1.00

3. 刚性防水套管制作

工作内容：准备工作，放样，下料，切割，组对，焊接，车制，刷防锈漆。　　　**计量单位：**个

编　号			8-7-69	8-7-70	8-7-71	8-7-72	8-7-73	8-7-74
项　目			公称直径（mm 以内）					
			50	80	100	125	150	200
名　称		单位	消　耗　量					
人工	合计工日	工日	0.483	0.575	0.759	0.911	0.973	1.203
	其中 普工	工日	0.121	0.144	0.190	0.228	0.244	0.301
	其中 一般技工	工日	0.314	0.373	0.493	0.592	0.632	0.782
	其中 高级技工	工日	0.048	0.058	0.076	0.091	0.097	0.120
材料	焊接钢管（综合）	kg	（3.260）	（4.020）	（5.140）	（8.350）	（9.460）	（13.780）
	醇酸防锈漆 C53-1	kg	0.050	0.060	0.070	0.100	0.120	0.200
	低碳钢焊条 J427 $\phi3.2$	kg	0.400	0.500	0.590	0.720	0.990	1.800
	氧气	m^3	1.170	1.460	1.640	1.760	1.870	1.990
	乙炔气	kg	0.450	0.562	0.631	0.677	0.719	0.765
	尼龙砂轮片 $\phi100\times16\times3$	片	0.040	0.056	0.068	0.084	0.100	0.138
	热轧厚钢板 $\delta10\sim15$	kg	3.970	4.950	6.150	7.110	8.240	12.190
	扁钢 59 以内	kg	0.900	1.050	1.250	1.400	1.600	2.000
	溶剂汽油 200#	kg	0.010	0.020	0.020	0.030	0.030	0.040
	其他材料费	%	1.00	1.00	1.00	1.00	1.00	1.00
机械	电焊机（综合）	台班	0.137	0.171	0.257	0.274	0.291	0.325
	普通车床 630×2 000（安装用）	台班	0.018	0.018	0.027	0.036	0.036	0.046
	电焊条烘干箱 60×50×75（cm^3）	台班	0.014	0.017	0.026	0.027	0.029	0.032
	电焊条恒温箱	台班	0.014	0.017	0.026	0.027	0.029	0.032

计量单位：个

编号			8-7-75	8-7-76	8-7-77	8-7-78	8-7-79	8-7-80
项目			公称直径（mm 以内）					
			250	300	350	400	450	500
名称		单位	消耗量					
人工	合计工日	工日	1.509	1.785	2.222	2.551	2.881	3.065
	其中 普工	工日	0.377	0.446	0.556	0.638	0.720	0.767
	其中 一般技工	工日	0.981	1.160	1.444	1.658	1.873	1.992
	其中 高级技工	工日	0.151	0.179	0.222	0.255	0.288	0.306
材料	焊接钢管（综合）	kg	（18.760）	（21.840）	（27.770）	（31.360）	（34.690）	（37.950）
	低碳钢焊条 J427 ϕ3.2	kg	2.800	3.680	3.740	4.160	5.600	6.240
	氧气	m^3	2.570	2.630	2.930	3.160	3.160	3.390
	乙炔气	kg	0.988	1.012	1.127	1.215	1.215	1.304
	尼龙砂轮片 $\phi100\times16\times3$	片	0.172	0.204	0.237	0.268	0.300	0.333
	热轧厚钢板 δ10~15	kg	15.610	29.200	37.860	45.410	53.020	61.040
	扁钢 59 以内	kg	2.400	2.700	3.100	3.400	3.800	4.100
	溶剂汽油 200#	kg	0.070	0.090	0.110	0.130	0.150	0.180
	醇酸防锈漆 C53-1	kg	0.310	0.350	0.450	0.540	0.660	0.770
	焦炭	kg	—	—	—	70.000	80.000	90.000
	木柴	kg	—	—	—	6.000	6.000	8.000
	其他材料费	%	1.00	1.00	1.00	1.00	1.00	1.00
机械	电焊机（综合）	台班	0.411	0.480	0.574	0.642	0.719	0.754
	普通车床 630×2 000（安装用）	台班	0.046	0.055	0.064	0.073	0.082	0.082
	鼓风机 18m^3/min	台班	—	—	—	0.091	0.109	0.128
	剪板机 20×2 500（安装用）	台班	—	—	—	0.018	0.018	0.027
	卷板机 20×2 500（安装用）	台班	—	—	—	0.036	0.036	0.055
	电焊条烘干箱 60×50×75（cm^3）	台班	0.041	0.048	0.058	0.064	0.072	0.076
	电焊条恒温箱	台班	0.041	0.048	0.058	0.064	0.072	0.076

计量单位：个

编号				8-7-81	8-7-82	8-7-83	8-7-84
项目				公称直径（mm 以内）			
				600	700	800	900
名称			单位	消耗量			
人工	合计工日		工日	3.578	4.068	4.979	5.960
	其中	普工	工日	0.894	1.017	1.244	1.490
		一般技工	工日	2.326	2.644	3.237	3.874
		高级技工	工日	0.358	0.407	0.498	0.596
材料	焊接钢管（综合）		kg	（44.750）	（50.670）	（57.330）	（63.990）
	低碳钢焊条 J427 ϕ3.2		kg	8.800	10.000	15.600	17.600
	氧气		m^3	3.390	3.690	4.120	4.970
	乙炔气		kg	1.304	1.419	1.585	1.912
	尼龙砂轮片 $\phi100\times16\times3$		片	0.390	0.452	0.515	0.578
	热轧厚钢板 δ10~15		kg	79.560	92.840	102.300	116.690
	扁钢 59 以内		kg	4.800	5.500	5.800	6.400
	溶剂汽油 200#		kg	0.210	0.250	0.340	0.350
	醇酸防锈漆 C53-1		kg	0.810	1.010	1.340	1.540
	焦炭		kg	110.000	130.000	150.000	170.000
	木柴		kg	8.000	8.000	10.000	10.000
	其他材料费		%	1.00	1.00	1.00	1.00
机械	电焊机（综合）		台班	1.079	1.156	1.696	2.090
	普通车床 630×2 000（安装用）		台班	0.100	0.109	0.128	0.137
	鼓风机 $18m^3/min$		台班	0.128	0.128	0.164	0.182
	剪板机 20×2 500（安装用）		台班	0.027	0.036	0.036	0.046
	卷板机 20×2 500（安装用）		台班	0.073	0.082	0.082	0.091
	电焊条烘干箱 60×50×75（cm^3）		台班	0.108	0.116	0.170	0.209
	电焊条恒温箱		台班	0.108	0.116	0.170	0.209

计量单位：个

编　号			8-7-85	8-7-86	8-7-87
项　目			公称直径（mm 以内）		
			1 000	1 200	1 400
名　称		单位	消　耗　量		
人工	合计工日	工日	6.490	8.630	11.225
	其中 普工	工日	1.623	2.158	2.806
	其中 一般技工	工日	4.218	5.609	7.296
	其中 高级技工	工日	0.649	0.863	1.123
材料	焊接钢管（综合）	kg	(70.780)	(74.319)	(83.308)
	低碳钢焊条 J427 ϕ3.2	kg	19.600	26.068	33.320
	氧气	m^3	5.850	7.781	9.945
	乙炔气	kg	2.250	2.993	3.825
	尼龙砂轮片 $\phi100\times16\times3$	片	0.641	0.853	1.090
	热轧厚钢板 δ10~15	kg	138.600	184.338	235.620
	扁钢 59 以内	kg	7.200	9.576	12.240
	溶剂汽油 200#	kg	0.420	0.559	0.714
	醇酸防锈漆 C53-1	kg	1.900	2.527	3.230
	焦炭	kg	200.000	266.000	340.000
	木柴	kg	15.000	19.950	25.500
	其他材料费	%	1.00	1.00	1.00
机械	电焊机（综合）	台班	2.201	2.927	3.742
	普通车床 630×2 000（安装用）	台班	0.146	0.194	0.248
	鼓风机 18m^3/min	台班	0.200	0.267	0.341
	剪板机 20×2 500（安装用）	台班	0.046	0.061	0.077
	卷板机 20×2 500（安装用）	台班	0.109	0.145	0.186
	电焊条烘干箱 60×50×75（cm^3）	台班	0.220	0.293	0.374
	电焊条恒温箱	台班	0.220	0.293	0.374

4. 刚性防水套管安装

工作内容：准备工作，找标高，找平，找正，就位，安装，加填料。　　**计量单位：**个

编号				8-7-88	8-7-89	8-7-90	8-7-91	8-7-92	8-7-93
项目				公称直径（mm 以内）					
				50	100	150	200	300	400
名称			单位	消耗量					
人工	合计工日		工日	0.498	0.521	0.559	0.773	0.842	1.027
	其中	普工	工日	0.124	0.130	0.139	0.193	0.211	0.257
		一般技工	工日	0.324	0.339	0.364	0.503	0.547	0.667
		高级技工	工日	0.050	0.052	0.056	0.077	0.084	0.103
材料	水泥 P·O 42.5		kg	0.905	1.214	2.025	2.085	2.516	3.424
	填充绒		kg	0.388	0.520	0.868	0.894	1.078	1.467
	油麻		kg	1.200	1.600	2.040	2.440	3.860	4.710
	其他材料费		%	1.00	1.00	1.00	1.00	1.00	1.00

计量单位：个

编号				8-7-94	8-7-95	8-7-96	8-7-97	8-7-98	8-7-99
项目				公称直径（mm 以内）					
				500	600	800	1 000	1 200	1 400
名称			单位	消耗量					
人工	合计工日		工日	1.417	1.417	1.549	1.800	2.394	3.115
	其中	普工	工日	0.354	0.354	0.388	0.450	0.598	0.779
		一般技工	工日	0.921	0.921	1.006	1.170	1.556	2.025
		高级技工	工日	0.142	0.142	0.155	0.180	0.240	0.311
材料	水泥 P·O 42.5		kg	5.072	6.340	8.340	10.376	13.800	17.950
	填充绒		kg	2.174	2.712	3.566	4.448	5.920	7.695
	油麻		kg	5.460	6.480	8.520	10.530	14.005	18.217
	其他材料费		%	1.00	1.00	1.00	1.00	1.00	1.00

5. 一般穿墙套管制作与安装

工作内容： 准备工作，切管，焊接，除锈刷漆，安装，填塞密封材料，堵洞。　　**计量单位：** 个

编号			8-7-100	8-7-101	8-7-102	8-7-103	8-7-104
项目			公称直径（mm 以内）				
			50	100	150	200	250
名称		单位	消耗量				
人工	合计工日	工日	0.141	0.342	0.580	0.708	0.751
	其中 普工	工日	0.035	0.086	0.145	0.177	0.188
	其中 一般技工	工日	0.092	0.222	0.377	0.460	0.488
	其中 高级技工	工日	0.014	0.034	0.058	0.071	0.075
材料	碳钢管	m	（0.300）	（0.300）	（0.300）	（0.300）	（0.300）
	酚醛防锈漆（各种颜色）	kg	0.020	0.037	0.051	0.063	0.075
	圆钢 ϕ10~14	kg	0.158	0.158	0.158	0.316	0.316
	氧气	m^3	0.024	0.090	0.324	0.414	0.429
	乙炔气	kg	0.009	0.035	0.125	0.159	0.165
	低碳钢焊条 J427 ϕ3.2	kg	0.019	0.029	0.034	0.035	0.038
	汽油 70#~90#	kg	0.005	0.009	0.013	0.016	0.019
	钢丝刷子	把	0.003	0.006	0.008	0.010	0.012
	油麻	kg	0.623	2.194	3.152	3.236	3.443
	密封油膏	kg	0.163	0.258	0.612	0.635	0.661
	水泥 P·O 42.5	kg	0.245	0.440	0.800	0.953	1.087
	砂子	kg	0.734	1.319	2.399	2.859	3.262
	其他材料费	%	1.00	1.00	1.00	1.00	1.00
	碎布	kg	0.003	0.006	0.008	0.010	0.012
机械	电焊机（综合）	台班	0.008	0.008	0.008	0.008	0.008
	电焊条烘干箱 60×50×75（cm^3）	台班	0.001	0.001	0.001	0.001	0.001
	电焊条恒温箱	台班	0.001	0.001	0.001	0.001	0.001

计量单位：个

编号				8-7-105	8-7-106	8-7-107	8-7-108	8-7-109	8-7-110
项目				公称直径（mm 以内）					
				300	350	400	450	500	600
名称			单位	消耗量					
人工	合计工日		工日	0.837	0.966	1.146	1.289	1.435	1.720
	其中	普工	工日	0.209	0.241	0.286	0.322	0.359	0.430
		一般技工	工日	0.544	0.628	0.745	0.838	0.932	1.118
		高级技工	工日	0.084	0.097	0.115	0.129	0.144	0.172
材料	碳钢管		m	（0.300）	（0.300）	（0.300）	（0.300）	（0.300）	（0.300）
	酚醛防锈漆（各种颜色）		kg	0.087	0.099	0.122	0.137	0.153	0.183
	圆钢 ϕ10~14		kg	0.316	0.316	0.474	0.533	0.593	0.711
	氧气		m^3	0.486	0.619	0.825	0.928	1.031	1.238
	乙炔气		kg	0.187	0.238	0.317	0.357	0.397	0.476
	低碳钢焊条 J427 ϕ3.2		kg	0.040	0.042	0.042	0.047	0.053	0.063
	汽油 70#~90#		kg	0.022	0.025	0.031	0.035	0.039	0.047
	钢丝刷子		把	0.014	0.016	0.020	0.023	0.025	0.030
	油麻		kg	3.755	3.977	4.679	5.264	5.849	7.019
	密封油膏		kg	0.763	0.865	0.966	1.087	1.208	1.449
	水泥 P·O 42.5		kg	1.233	1.368	1.553	1.747	1.941	2.330
	砂子		kg	3.698	4.105	4.660	5.243	5.825	6.990
	其他材料费		%	1.00	1.00	1.00	1.00	1.00	1.00
	碎布		kg	0.014	0.016	0.020	0.023	0.025	0.030
机械	电焊机（综合）		台班	0.008	0.008	0.008	0.008	0.008	0.008
	电焊条烘干箱 60×50×75（cm^3）		台班	0.001	0.001	0.001	0.001	0.001	0.001
	电焊条恒温箱		台班	0.001	0.001	0.001	0.001	0.001	0.001

十、水位计安装

工作内容：准备工作，清洗检查，水位计安装。 **计量单位：**组

编号				8-7-111	8-7-112
项目				管式（ϕ20mm 以下）	板式（δ20mm 以下）
名称			单位	消耗量	
人工	合计工日		工日	0.186	0.942
	其中	普工	工日	0.046	0.235
		一般技工	工日	0.121	0.613
		高级技工	工日	0.019	0.094
材料	水位计		套	（1.000）	（1.000）
	其他材料费		%	1.00	1.00

十一、阀门操纵装置安装

工作内容：准备工作，部件检查，组合装配，安装，固定，试动调正。 **计量单位：**100kg

编号				8-7-113
项目				阀门操纵装置
名称			单位	消耗量
人工	合计工日		工日	7.280
	其中	普工	工日	1.821
		一般技工	工日	4.731
		高级技工	工日	0.728
材料	阀门操纵装置		kg	（100.000）
	低碳钢焊条 J427 ϕ3.2		kg	0.800
	氧气		m^3	1.080
	乙炔气		kg	0.415
	尼龙砂轮片 $\phi100\times16\times3$		片	0.320
	其他材料费		%	1.00
机械	电焊机（综合）		台班	0.297
	电焊条烘干箱 $60\times50\times75$（cm^3）		台班	0.030
	电焊条恒温箱		台班	0.030

十二、调节阀临时短管制作与装拆

工作内容：准备工作，切管，焊法兰，拆除调节阀，装临时短管，试压，吹洗后短管拆除，调节阀复位。

计量单位：个

编号				8-7-114	8-7-115	8-7-116	8-7-117
项目				公称直径（mm 以内）			
				50	100	150	200
名称			单位	消耗量			
人工	合计工日		工日	1.099	1.308	2.266	2.618
	其中	普工	工日	0.275	0.326	0.566	0.655
		一般技工	工日	0.714	0.851	1.473	1.701
		高级技工	工日	0.110	0.131	0.227	0.262
材料	低碳钢焊条 J427 ϕ3.2		kg	0.030	0.070	0.120	0.230
	氧气		m^3	0.080	0.180	0.310	0.590
	乙炔气		kg	0.031	0.069	0.119	0.227
	尼龙砂轮片 $\phi100\times16\times3$		片	0.010	0.030	0.050	0.090
	无石棉橡胶板 低压 δ0.8~6.0		kg	0.070	0.170	0.280	0.330
	法兰 PN1.6MPa *DN*50		副	0.400	—	—	—
	法兰 PN1.6MPa *DN*100		副	—	0.400	—	—
	法兰 PN1.6MPa *DN*150		副	—	—	0.400	—
	法兰 PN1.6MPa *DN*200		副	—	—	—	0.400
	其他材料费		%	1.00	1.00	1.00	1.00
机械	电焊机（综合）		台班	0.026	0.052	0.052	0.078
	电焊条烘干箱 $60\times50\times75$（cm^3）		台班	0.003	0.006	0.006	0.008
	电焊条恒温箱		台班	0.003	0.006	0.006	0.008
	汽车式起重机 8t		台班	0.007	0.014	0.014	0.014
	吊装机械（综合）		台班	0.035	0.070	0.070	0.070
	载货汽车－普通货车 8t		台班	0.007	0.014	0.014	0.014

计量单位：个

编号			8-7-118	8-7-119	8-7-120	8-7-121
项目			公称直径（mm 以内）			
			300	400	500	600
名称		单位	消耗量			
人工	合计工日	工日	4.252	5.398	5.912	6.798
	其中 普工	工日	1.063	1.350	1.478	1.699
	其中 一般技工	工日	2.764	3.508	3.843	4.419
	其中 高级技工	工日	0.425	0.540	0.591	0.680
材料	低碳钢焊条 J427 ϕ3.2	kg	0.540	0.880	1.440	2.448
	氧气	m^3	0.690	1.130	1.850	3.145
	乙炔气	kg	0.265	0.435	0.712	1.210
	尼龙砂轮片 $\phi100 \times 16 \times 3$	片	0.220	0.350	0.580	0.986
	无石棉橡胶板 低压 δ0.8~6.0	kg	0.400	0.690	0.830	1.411
	法兰 PN1.6MPa *DN*300	副	0.400	—	—	—
	法兰 PN1.6MPa *DN*400	副	—	0.400	—	—
	法兰 PN1.6MPa *DN*500	副	—	—	0.400	—
	法兰 PN1.6MPa *DN*600	副	—	—	—	0.400
	其他材料费	%	1.00	1.00	1.00	1.00
机械	电焊机（综合）	台班	0.129	0.155	0.207	0.238
	电焊条烘干箱 $60 \times 50 \times 75$（cm^3）	台班	0.013	0.015	0.021	0.024
	电焊条恒温箱	台班	0.013	0.015	0.021	0.024
	汽车式起重机 8t	台班	0.014	0.039	0.041	0.041
	吊装机械（综合）	台班	0.082	0.128	0.162	0.162
	载货汽车 - 普通货车 8t	台班	0.014	0.039	0.041	0.041

十三、虾体弯制作及摵弯

1. 碳钢管虾体弯制作（电弧焊）

工作内容：准备工作，管子切口，坡口加工，坡口磨平，管口组对，焊接，堆放。　　　　**计量单位：**10个

编　号			8-7-122	8-7-123	8-7-124	8-7-125	8-7-126	8-7-127	8-7-128	8-7-129
项　目			公称直径（mm以内）							
			200	250	300	350	400	450	500	600
名　称		单位	消　耗　量							
人工	合计工日	工日	14.742	20.675	23.428	28.026	31.481	36.865	40.759	46.873
人工	其中 普工	工日	3.686	5.169	5.857	7.006	7.870	9.217	10.190	11.719
人工	其中 一般技工	工日	9.582	13.439	15.228	18.217	20.463	23.962	26.493	30.467
人工	其中 高级技工	工日	1.474	2.067	2.343	2.803	3.148	3.686	4.076	4.687
材料	碳钢管	m	（4.860）	（5.860）	（6.670）	（7.420）	（8.230）	（9.070）	（9.120）	（9.120）
材料	低碳钢焊条 J427 ϕ3.2	kg	17.695	34.799	41.514	66.043	74.735	110.870	122.569	122.569
材料	氧气	m^3	26.797	40.130	45.326	59.758	65.917	76.370	88.807	102.200
材料	乙炔气	kg	10.307	15.435	17.433	22.984	25.353	29.373	34.157	39.308
材料	尼龙砂轮片 $\phi100\times16\times3$	片	4.995	6.489	7.760	11.589	13.137	17.817	19.722	22.680
材料	角钢（综合）	kg	2.508	2.508	3.300	3.300	3.300	3.300	3.300	3.795
材料	碎布	kg	0.462	0.561	0.660	0.792	0.891	0.990	1.089	1.252
材料	其他材料费	%	1.00	1.00	1.00	1.00	1.00	1.00	1.00	1.00
机械	电焊机（综合）	台班	6.396	9.085	10.837	13.495	15.270	17.968	19.863	22.842
机械	电焊条烘干箱 $60\times50\times75$（cm^3）	台班	0.640	0.908	1.084	1.350	1.527	1.797	1.986	2.284
机械	电焊条恒温箱	台班	0.640	0.908	1.084	1.350	1.527	1.797	1.986	2.284

2. 不锈钢管虾体弯制作(电弧焊)

工作内容: 准备工作,管子切口,坡口加工,坡口磨平,管口组对,焊接,焊缝钝化,堆放。

计量单位:10个

编号			8-7-130	8-7-131	8-7-132	8-7-133	8-7-134	8-7-135	8-7-136
项目			公称直径(mm以内)						
			200	250	300	350	400	450	500
名称		单位	消耗量						
人工	合计工日	工日	20.158	24.083	27.983	31.962	35.845	41.222	47.404
	其中 普工	工日	5.040	6.021	6.996	7.991	8.962	10.305	11.851
	其中 一般技工	工日	13.103	15.654	18.189	20.775	23.299	26.795	30.813
	其中 高级技工	工日	2.015	2.408	2.798	3.196	3.584	4.122	4.740
材料	不锈钢管	m	(4.860)	(5.760)	(6.750)	(7.430)	(8.230)	(8.230)	(8.230)
	不锈钢焊条(综合)	kg	9.362	11.685	13.916	16.147	18.252	29.989	34.129
	尼龙砂轮片 $\phi100\times16\times3$	片	10.107	11.055	15.401	17.922	20.303	23.348	26.851
	丙酮	kg	2.277	2.838	3.366	3.894	4.389	5.047	5.805
	酸洗膏	kg	0.201	0.305	0.363	0.398	0.492	0.554	0.627
	水	t	0.396	0.462	0.561	0.660	0.759	0.873	1.003
	碎布	kg	0.693	0.858	0.990	1.155	1.280	1.472	1.692
	其他材料费	%	1.00	1.00	1.00	1.00	1.00	1.00	1.00
机械	电焊机(综合)	台班	6.284	7.844	9.343	10.841	12.254	14.092	16.207
	等离子切割机 400A	台班	5.759	7.180	8.553	9.921	11.206	12.886	14.819
	电动空气压缩机 $1m^3/min$	台班	5.759	7.180	8.553	9.921	11.206	12.886	14.819
	电动空气压缩机 $6m^3/min$	台班	0.033	0.033	0.033	0.033	0.033	0.038	0.044
	电焊条烘干箱 $60\times50\times75(cm^3)$	台班	0.629	0.784	0.934	1.084	1.226	1.409	1.621
	电焊条恒温箱	台班	0.629	0.784	0.934	1.084	1.226	1.409	1.621

3. 不锈钢管虾体弯制作（氩电联焊）

工作内容：准备工作，管子切口，坡口加工，坡口磨平，管口组对，焊接，焊缝钝化，堆放。

计量单位：10 个

编号				8-7-137	8-7-138	8-7-139	8-7-140	8-7-141	8-7-142	8-7-143
项目				公称直径（mm 以内）						
				200	250	300	350	400	450	500
名称			单位	消耗量						
人工	合计工日		工日	20.764	24.850	28.896	33.041	38.641	44.438	51.102
	其中	普工	工日	5.191	6.212	7.224	8.260	9.660	11.109	12.776
		一般技工	工日	13.496	16.153	18.783	21.477	25.117	28.885	33.216
		高级技工	工日	2.077	2.485	2.889	3.304	3.864	4.444	5.110
材料	不锈钢管		m	(4.860)	(5.760)	(6.750)	(7.430)	(8.230)	(8.230)	(8.230)
	不锈钢焊条（综合）		kg	4.825	6.013	7.161	8.313	10.586	12.174	13.999
	不锈钢焊丝 1Cr18Ni9Ti		kg	2.650	3.389	4.197	5.102	6.587	7.575	8.711
	氩气		m^3	7.422	9.490	11.751	14.283	18.444	21.211	24.392
	铈钨棒		g	12.052	15.101	17.998	20.935	26.743	30.755	35.368
	尼龙砂轮片 $\phi100\times16\times3$		片	6.753	9.429	12.735	14.838	16.821	19.344	22.246
	丙酮		kg	2.277	2.838	3.366	3.894	4.389	5.047	5.805
	酸洗膏		kg	0.201	0.305	0.363	0.398	0.492	0.554	0.627
	水		t	0.396	0.462	0.561	0.660	0.759	0.873	1.003
	碎布		kg	0.693	0.858	0.990	1.155	1.280	1.471	1.692
	其他材料费		%	1.00	1.00	1.00	1.00	1.00	1.00	1.00
机械	电焊机（综合）		台班	3.467	4.324	5.146	5.977	7.608	8.750	10.062
	氩弧焊机 500A		台班	4.240	5.472	6.368	7.029	8.837	10.162	11.686
	等离子切割机 400A		台班	5.759	7.180	8.553	9.921	11.206	12.886	14.819
	电动空气压缩机 $1m^3/min$		台班	5.759	7.180	8.553	9.921	11.206	12.886	14.819
	电动空气压缩机 $6m^3/min$		台班	0.033	0.033	0.033	0.033	0.033	0.038	0.044
	电焊条烘干箱 $60\times50\times75(cm^3)$		台班	0.347	0.432	0.515	0.598	0.761	0.875	1.006
	电焊条恒温箱		台班	0.347	0.432	0.515	0.598	0.761	0.875	1.006

4. 铝管虾体弯制作(氩弧焊)

工作内容: 准备工作,管子切口,坡口加工,坡口磨平,管口组对,焊口处理,焊前预热,焊接,焊缝酸洗。

计量单位: 10 个

编号			8-7-144	8-7-145	8-7-146	8-7-147	8-7-148	8-7-149	8-7-150
项目			管外径(mm 以内)						
			150	180	200	250	300	350	410
名称		单位	消耗量						
人工	合计工日	工日	13.335	16.059	19.136	25.517	34.710	41.782	54.392
人工	其中 普工	工日	3.334	4.015	4.784	6.379	8.677	10.446	13.598
人工	其中 一般技工	工日	8.667	10.438	12.438	16.586	22.562	27.158	35.355
人工	其中 高级技工	工日	1.334	1.606	1.914	2.552	3.471	4.178	5.439
材料	铝管	m	(4.080)	(4.550)	(4.880)	(5.860)	(6.670)	(7.430)	(8.660)
材料	铝焊丝 丝 301 ϕ3.0	kg	1.840	2.130	2.530	3.670	4.700	8.920	14.540
材料	氧气	m^3	2.755	3.234	3.811	4.500	5.100	6.600	7.244
材料	乙炔气	kg	1.060	1.244	1.466	1.731	1.962	2.538	2.786
材料	氩气	m^3	5.148	5.960	7.095	10.266	13.167	24.974	40.712
材料	铈钨棒	g	10.296	11.920	14.190	20.533	26.334	49.949	81.424
材料	尼龙砂轮片 $\phi100 \times 16 \times 3$	片	1.928	2.294	2.739	4.540	4.888	6.888	10.100
材料	氢氧化钠(烧碱)	kg	5.610	6.600	7.399	9.266	10.362	10.362	12.111
材料	硝酸	kg	1.452	1.716	2.013	2.607	3.003	3.234	3.795
材料	重铬酸钾 98%	kg	0.594	0.693	0.825	1.056	1.221	1.320	1.518
材料	水	t	0.264	0.330	0.396	0.495	0.561	0.627	0.726
材料	碎布	kg	0.660	0.693	0.726	0.891	0.990	1.023	1.089
材料	其他材料费	%	1.00	1.00	1.00	1.00	1.00	1.00	1.00
机械	氩弧焊机 500A	台班	1.761	2.041	2.432	3.281	4.209	7.484	11.780
机械	等离子切割机 400A	台班	8.469	9.912	11.791	13.625	17.439	20.071	24.659
机械	电动空气压缩机 1m^3/min	台班	8.469	9.912	11.791	13.625	17.439	20.071	24.659
机械	电动空气压缩机 6m^3/min	台班	0.033	0.033	0.033	0.033	0.033	0.033	0.033

5. 铜管虾体弯制作（氧乙炔焊）

工作内容：准备工作，管子切口，坡口加工，坡口磨平，管口组对，焊口处理，焊前预热，焊接，堆放。

计量单位：10 个

编　号				8-7-151	8-7-152	8-7-153	8-7-154	8-7-155
项　目				管外径（mm 以内）				
				150	185	200	250	300
名　称			单位	消　耗　量				
人工	合计工日		工日	14.739	18.468	20.264	25.114	30.602
	其中	普工	工日	3.685	4.616	5.066	6.278	7.650
		一般技工	工日	9.580	12.005	13.172	16.324	19.891
		高级技工	工日	1.474	1.847	2.026	2.512	3.061
材料	铜管		m	（4.200）	（4.670）	（5.050）	（6.050）	（8.330）
	铜气焊丝		kg	4.950	6.600	7.430	8.940	9.930
	氧气		m^3	9.897	12.205	13.210	16.538	27.203
	乙炔气		kg	3.807	4.694	5.081	6.361	10.463
	尼龙砂轮片 $\phi 100 \times 16 \times 3$		片	2.647	3.281	3.553	4.459	5.364
	铁砂布		张	2.112	2.805	3.102	4.389	5.676
	硼砂		kg	0.990	1.320	1.485	1.782	1.980
	碎布		kg	0.297	0.396	0.429	0.528	0.627
	其他材料费		%	1.00	1.00	1.00	1.00	1.00
机械	等离子切割机 400A		台班	8.289	10.467	11.461	14.139	16.577
	电动空气压缩机 $1m^3/min$		台班	8.289	10.467	11.461	14.139	16.577

6. 中压螺旋卷管虾体弯制作(电弧焊)

工作内容: 准备工作,管子切口,坡口加工,坡口磨平,管口组对,焊接,堆放。 **计量单位:** 10个

编号				8-7-156	8-7-157	8-7-158	8-7-159	8-7-160	8-7-161
项目				公称直径(mm以内)					
				200	250	300	350	400	450
名称			单位	消耗量					
人工	合计工日		工日	11.697	14.937	17.694	21.598	24.175	27.512
	其中	普工	工日	2.925	3.735	4.424	5.399	6.044	6.878
		一般技工	工日	7.602	9.709	11.501	14.039	15.714	17.883
		高级技工	工日	1.170	1.493	1.769	2.160	2.417	2.751
材料	螺旋卷管		m	(4.890)	(5.860)	(6.670)	(6.780)	(9.050)	(9.810)
	低碳钢焊条 J427 ϕ3.2		kg	23.357	34.799	41.514	56.773	64.231	72.145
	氧气		m^3	30.252	37.995	41.955	50.858	55.339	60.388
	乙炔气		kg	11.635	14.613	16.137	19.561	21.284	23.226
	尼龙砂轮片 $\phi100\times16\times3$		片	4.446	6.489	7.760	10.398	11.781	13.250
	角钢(综合)		kg	3.300	3.300	3.300	3.300	3.300	3.300
	碎布		kg	0.462	0.561	0.693	0.792	0.891	0.990
	其他材料费		%	1.00	1.00	1.00	1.00	1.00	1.00
机械	电焊机(综合)		台班	4.141	5.452	6.504	7.965	9.011	10.121
	电焊条烘干箱 $60\times50\times75$(cm^3)		台班	0.414	0.545	0.650	0.796	0.901	1.012
	电焊条恒温箱		台班	0.414	0.545	0.650	0.796	0.901	1.012

计量单位：10 个

编号				8-7-162	8-7-163	8-7-164	8-7-165	8-7-166	8-7-167
项目				公称直径（mm 以内）					
				500	600	700	800	900	1 000
名称			单位	消耗量					
人工	合计工日		工日	39.462	52.674	60.084	67.824	75.502	83.321
	其中	普工	工日	9.866	13.169	15.020	16.956	18.876	20.830
		一般技工	工日	25.650	34.238	39.055	44.086	49.076	54.159
		高级技工	工日	3.946	5.267	6.009	6.782	7.550	8.332
材料	螺旋卷管		m	（9.880）	（10.430）	（11.610）	（13.940）	（16.510）	（17.930）
	低碳钢焊条 J427 $\phi3.2$		kg	78.555	86.612	99.159	113.102	127.044	140.989
	氧气		m^3	80.880	104.926	117.563	132.609	147.879	162.758
	乙炔气		kg	31.108	40.356	45.217	51.003	56.877	62.599
	尼龙砂轮片 $\phi100\times16\times3$		片	14.690	21.050	24.107	27.501	30.897	34.293
	角钢（综合）		kg	4.400	4.400	4.840	4.840	4.840	4.840
	碎布		kg	1.452	1.760	1.980	2.288	2.552	2.816
	其他材料费		%	1.00	1.00	1.00	1.00	1.00	1.00
机械	电焊机（综合）		台班	10.630	11.002	12.594	14.365	16.135	17.908
	电焊条烘干箱 $60\times50\times75$（cm^3）		台班	1.063	1.100	1.259	1.437	1.614	1.791
	电焊条恒温箱		台班	1.063	1.100	1.259	1.437	1.614	1.791

7. 低中压碳钢、合金钢管机械揻弯

工作内容:准备工作,管材检查,选料,号料,更换胎具,弯管成型。 **计量单位:**10 个

编号				8-7-168	8-7-169	8-7-170	8-7-171	8-7-172	8-7-173
项目				公称直径(mm 以内)					
				20	32	50	65	80	100
名称			单位	消耗量					
人工	合计工日		工日	0.178	0.263	0.790	1.105	1.496	1.871
	其中	普工	工日	0.044	0.066	0.198	0.276	0.374	0.468
		一般技工	工日	0.116	0.171	0.513	0.718	0.972	1.216
		高级技工	工日	0.018	0.026	0.079	0.111	0.150	0.187
材料	碳钢管(合金钢管)		m	(1.890)	(2.660)	(3.820)	(4.780)	(5.750)	(7.030)
	碎布		kg	0.012	0.012	0.015	0.018	0.022	0.025
	其他材料费		%	1.00	1.00	1.00	1.00	1.00	1.00
机械	坡口机 2.8kW		台班	—	—	0.240	0.270	0.360	0.360
	电动弯管机 100mm		台班	0.100	0.140	0.190	0.310	0.430	0.620

8. 低中压不锈钢管机械揻弯

工作内容:准备工作,管材检查,选料,号料,更换胎具,弯管成型。 **计量单位:**10 个

编号				8-7-174	8-7-175	8-7-176	8-7-177	8-7-178	8-7-179
项目				公称直径(mm 以内)					
				20	32	50	65	80	100
名称			单位	消耗量					
人工	合计工日		工日	0.374	0.501	1.327	1.717	2.236	2.976
	其中	普工	工日	0.094	0.125	0.332	0.429	0.558	0.744
		一般技工	工日	0.243	0.326	0.862	1.116	1.454	1.934
		高级技工	工日	0.037	0.050	0.133	0.172	0.224	0.298
材料	不锈钢管		m	(1.890)	(2.660)	(3.820)	(4.780)	(5.750)	(7.030)
	薄砂轮片 500×25×4		片	0.120	0.270	0.320	0.460	0.540	0.690
	碎布		kg	0.012	0.012	0.015	0.018	0.022	0.025
	其他材料费		%	1.00	1.00	1.00	1.00	1.00	1.00
机械	坡口机 2.8kW		台班	—	—	0.300	0.350	0.450	0.450
	砂轮切割机 ϕ500		台班	0.080	0.080	0.160	0.160	0.180	0.240
	电动弯管机 100mm		台班	0.120	0.190	0.300	0.420	0.600	0.780

9. 铝管机械揻弯

工作内容：准备工作，管材检查，选料，号料，更换胎具，弯管成型。　　　　**计量单位：**10 个

编号				8-7-180	8-7-181	8-7-182	8-7-183	8-7-184	8-7-185
项目				管外径（mm 以内）					
				20	32	50	70	80	100
名称			单位	消耗量					
人工	合计工日		工日	0.171	0.256	0.714	0.978	1.334	1.793
	其中	普工	工日	0.043	0.064	0.179	0.245	0.334	0.448
		一般技工	工日	0.111	0.166	0.464	0.635	0.867	1.166
		高级技工	工日	0.017	0.026	0.071	0.098	0.133	0.179
材料	铝管		m	(1.730)	(2.400)	(3.410)	(4.260)	(5.100)	(6.230)
	碎布		kg	0.012	0.012	0.015	0.018	0.022	0.025
	其他材料费		%	1.00	1.00	1.00	1.00	1.00	1.00
机械	电动弯管机 100mm		台班	0.100	0.140	0.180	0.300	0.410	0.650

10. 铜管机械揻弯

工作内容：准备工作，管材检查，选料，号料，更换胎具，弯管成型。　　　　**计量单位：**10 个

编号				8-7-186	8-7-187	8-7-188	8-7-189	8-7-190	8-7-191
项目				管外径（mm 以内）					
				20	32	55	65	85	100
名称			单位	消耗量					
人工	合计工日		工日	0.188	0.289	0.748	1.046	1.419	1.921
	其中	普工	工日	0.047	0.072	0.187	0.262	0.355	0.480
		一般技工	工日	0.122	0.188	0.486	0.679	0.922	1.249
		高级技工	工日	0.019	0.029	0.075	0.105	0.142	0.192
材料	铜管		m	(1.730)	(2.400)	(3.690)	(4.260)	(5.380)	(6.230)
	碎布		kg	0.012	0.012	0.015	0.018	0.022	0.025
	其他材料费		%	1.00	1.00	1.00	1.00	1.00	1.00
机械	坡口机 2.8kW		台班	—	—	—	—	—	0.290
	电动弯管机 100mm		台班	0.100	0.150	0.200	0.330	0.450	0.720

11. 塑料管揻弯

工作内容: 准备工作,管材检查,选料,号料,更换胎具,弯管成型。

计量单位: 10 个

编号				8-7-192	8-7-193	8-7-194	8-7-195	8-7-196
项目				管外径(mm 以内)				
				20	25	32	40	51
名称			单位	消耗量				
人工	合计工日		工日	0.901	0.927	0.943	1.181	1.199
	其中	普工	工日	0.225	0.232	0.235	0.295	0.300
		一般技工	工日	0.586	0.602	0.614	0.768	0.779
		高级技工	工日	0.090	0.093	0.094	0.118	0.120
材料	塑料管		m	(1.730)	(2.010)	(2.400)	(2.850)	(3.410)
	绿豆砂		m^3	0.010	0.010	0.020	0.020	0.040
	电阻丝		根	0.060	0.060	0.060	0.080	0.080
	碎布		kg	0.160	0.168	0.214	0.245	0.253
	其他材料费		%	1.00	1.00	1.00	1.00	1.00

计量单位: 10 个

编号				8-7-197	8-7-198	8-7-199	8-7-200
项目				管外径(mm 以内)			
				65	76	90	114
名称			单位	消耗量			
人工	合计工日		工日	1.573	1.581	1.845	1.963
	其中	普工	工日	0.393	0.395	0.462	0.490
		一般技工	工日	1.023	1.028	1.199	1.277
		高级技工	工日	0.157	0.158	0.184	0.196
材料	塑料管		m	(4.260)	(4.880)	(5.660)	(7.010)
	绿豆砂		m^3	0.060	0.080	0.130	0.160
	电阻丝		根	0.110	0.110	0.120	0.120
	其他材料费		%	1.00	1.00	1.00	1.00
机械	木工圆锯机 600mm		台班	0.020	0.020	0.020	0.030

12. 低中压碳钢管中频揻弯

工作内容:准备工作,管子切口,管子上胎具,加热,揻弯,成型检查,堆放。　　**计量单位:**10 个

编号				8-7-201	8-7-202	8-7-203	8-7-204	8-7-205
项目				公称直径(mm 以内)				
				100	150	200	250	300
名称			单位	消耗量				
人工	合计工日		工日	2.620	2.943	3.876	4.700	6.756
	其中	普工	工日	0.655	0.736	0.969	1.174	1.689
		一般技工	工日	1.703	1.913	2.519	3.056	4.391
		高级技工	工日	0.262	0.294	0.388	0.470	0.676
材料	碳钢管		m	(3.010)	(4.220)	(5.420)	(6.630)	(7.830)
	其他材料费		%	1.00	1.00	1.00	1.00	1.00
机械	普通车床 630×2 000(安装用)		台班	0.470	0.483	0.530	0.579	0.642
	中频揻弯机 160kW		台班	0.714	0.833	1.000	1.250	—
	中频揻弯机 250kW		台班	—	—	—	—	1.667
	电动葫芦单速 3t		台班	0.470	0.483	1.530	1.829	2.309

计量单位:10 个

编号				8-7-206	8-7-207	8-7-208	8-7-209
项目				公称直径(mm 以内)			
				350	400	450	500
名称			单位	消耗量			
人工	合计工日		工日	9.804	11.369	14.520	23.125
	其中	普工	工日	2.451	2.842	3.630	5.781
		一般技工	工日	6.372	7.391	9.438	15.031
		高级技工	工日	0.981	1.136	1.452	2.313
材料	碳钢管		m	(9.040)	(10.250)	(11.450)	(12.660)
	其他材料费		%	1.00	1.00	1.00	1.00
机械	普通车床 630×2 000(安装用)		台班	0.769	0.975	1.043	1.104
	中频揻弯机 250kW		台班	2.500	2.857	3.333	5.000
	电动葫芦单速 3t		台班	3.269	3.832	4.376	5.770
	电动单梁起重机 5t		台班	—	—	—	0.334

13. 高压碳钢管中频摵弯

工作内容: 准备工作,管子切口,管子上胎具,加热,摵弯,成型检查,堆放。　　**计量单位:** 10 个

编号				8-7-210	8-7-211	8-7-212	8-7-213	8-7-214	8-7-215
项目				公称直径(mm 以内)					
				100	150	200	250	300	350
名称			单位	消耗量					
人工	合计工日		工日	3.732	6.092	7.170	8.855	13.710	18.236
人工	其中	普工	工日	0.933	1.523	1.792	2.213	3.427	4.560
人工	其中	一般技工	工日	2.426	3.960	4.661	5.756	8.912	11.853
人工	其中	高级技工	工日	0.373	0.609	0.717	0.886	1.371	1.823
材料	碳钢管		m	(3.010)	(4.220)	(5.420)	(6.630)	(7.830)	(9.040)
材料	其他材料费		%	1.00	1.00	1.00	1.00	1.00	1.00
机械	普通车床 630×2 000(安装用)		台班	0.590	1.710	1.893	1.928	3.064	3.229
机械	中频摵弯机 250kW		台班	1.071	1.250	1.500	1.875	2.501	3.750
机械	电动单梁起重机 5t		台班	—	—	—	—	3.064	3.229
机械	电动葫芦单速 3t		台班	1.661	2.960	3.093	3.818	4.000	4.182

计量单位: 10 个

编号				8-7-216	8-7-217	8-7-218
项目				公称直径(mm 以内)		
				400	450	500
名称			单位	消耗量		
人工	合计工日		工日	22.335	27.877	43.916
人工	其中	普工	工日	5.584	6.969	10.979
人工	其中	一般技工	工日	14.518	18.120	28.546
人工	其中	高级技工	工日	2.233	2.788	4.391
材料	碳钢管		m	(10.250)	(11.450)	(12.660)
材料	其他材料费		%	1.00	1.00	1.00
机械	普通车床 630×2 000(安装用)		台班	4.568	5.151	7.086
机械	中频摵弯机 250kW		台班	4.286	5.000	7.500
机械	电动单梁起重机 5t		台班	4.568	5.151	7.086
机械	电动葫芦单速 3t		台班	4.286	5.000	7.500

14. 低中压不锈钢管中频揻弯

工作内容: 准备工作,管子切口,管子上胎具,加热,揻弯,成型检查,堆放。　　　**计量单位:** 10 个

编　号				8-7-219	8-7-220	8-7-221	8-7-222	8-7-223	8-7-224	8-7-225
项　目				公称直径(mm 以内)						
				100	150	200	250	300	350	400
名　称			单位	消　耗　量						
人工	合计工日		工日	3.043	3.536	4.628	5.640	8.237	11.636	13.642
	其中	普工	工日	0.762	0.884	1.156	1.409	2.060	2.910	3.411
		一般技工	工日	1.977	2.298	3.009	3.667	5.353	7.562	8.867
		高级技工	工日	0.304	0.354	0.463	0.564	0.824	1.164	1.364
材料	不锈钢管		m	(3.010)	(4.220)	(5.420)	(6.630)	(7.830)	(9.040)	(10.250)
	其他材料费		%	1.00	1.00	1.00	1.00	1.00	1.00	1.00
机械	普通车床 630×2 000(安装用)		台班	0.506	0.581	0.623	0.694	0.747	0.845	1.170
	中频揻弯机 160kW		台班	0.857	1.000	1.200	1.500	—	—	—
	中频揻弯机 250kW		台班	—	—	—	—	2.000	3.000	3.428
	电动葫芦单速 3t		台班	0.506	0.581	1.823	2.194	2.847	3.845	4.598

15. 高压不锈钢管中频揻弯

工作内容: 准备工作,管子切口,管子上胎具,加热,揻弯,成型检查,堆放。　　　**计量单位:** 10 个

编　号				8-7-226	8-7-227	8-7-228	8-7-229	8-7-230
项　目				公称直径(mm 以内)				
				100	150	200	250	300
名　称			单位	消　耗　量				
人工	合计工日		工日	4.480	5.960	8.013	10.427	15.329
	其中	普工	工日	1.121	1.491	2.003	2.607	3.832
		一般技工	工日	2.911	3.873	5.208	6.778	9.964
		高级技工	工日	0.448	0.596	0.802	1.042	1.533
材料	不锈钢管		m	(3.010)	(4.220)	(5.420)	(6.630)	(7.830)
	其他材料费		%	1.00	1.00	1.00	1.00	1.00
机械	普通车床 630×2 000(安装用)		台班	0.708	1.256	1.564	2.197	3.018
	中频揻弯机 250kW		台班	1.286	1.500	1.800	2.250	3.000
	电动单梁起重机 5t		台班	—	—	—	—	3.018
	电动葫芦单速 3t		台班	1.994	2.756	3.364	4.447	4.455

计量单位：10个

编　号				8-7-231	8-7-232	8-7-233	8-7-234
项　目				公称直径（mm以内）			
				350	400	450	500
名　称			单位	消　耗　量			
人工	合计工日		工日	22.227	25.224	32.930	44.482
	其中	普工	工日	5.557	6.306	8.232	11.121
		一般技工	工日	14.447	16.396	21.405	28.913
		高级技工	工日	2.223	2.522	3.293	4.448
材料	不锈钢管		m	(9.040)	(10.250)	(11.450)	(12.660)
	其他材料费		%	1.00	1.00	1.00	1.00
机械	普通车床 630×2 000（安装用）		台班	4.076	4.554	5.873	7.669
	中频揻弯机 250kW		台班	4.500	5.142	6.000	9.000
	电动单梁起重机 5t		台班	4.076	4.554	5.873	6.546
	电动葫芦单速 3t		台班	4.500	5.142	6.000	7.000

16. 低中压合金钢管中频揻弯

工作内容：准备工作，管子切口，管子上胎具，加热，揻弯，成型检查，堆放。　　　　计量单位：10个

编　号				8-7-235	8-7-236	8-7-237	8-7-238	8-7-239
项　目				公称直径（mm以内）				
				100	150	200	250	300
名　称			单位	消　耗　量				
人工	合计工日		工日	3.336	3.808	5.008	6.102	8.848
	其中	普工	工日	0.834	0.952	1.252	1.526	2.213
		一般技工	工日	2.168	2.475	3.255	3.966	5.750
		高级技工	工日	0.334	0.381	0.501	0.610	0.885
材料	合金钢管		m	(3.010)	(4.220)	(5.420)	(6.630)	(7.830)
	其他材料费		%	1.00	1.00	1.00	1.00	1.00
机械	普通车床 630×2 000（安装用）		台班	0.516	0.553	0.584	0.636	0.705
	中频揻弯机 160kW		台班	0.964	1.125	1.350	1.688	—
	中频揻弯机 250kW		台班	—	—	—	—	2.250
	电动葫芦单速 3t		台班	0.516	0.553	1.934	2.324	2.955

计量单位:10 个

编号				8-7-240	8-7-241	8-7-242	8-7-243
项目				公称直径(mm 以内)			
				350	400	450	500
名称			单位	消耗量			
人工	合计工日		工日	12.935	14.934	19.159	30.748
	其中	普工	工日	3.233	3.733	4.790	7.687
		一般技工	工日	8.408	9.708	12.453	19.987
		高级技工	工日	1.294	1.493	1.916	3.074
材料	合金钢管		m	(9.040)	(10.250)	(11.450)	(12.660)
	其他材料费		%	1.00	1.00	1.00	1.00
机械	普通车床 630×2 000(安装用)		台班	0.860	1.072	1.146	1.215
	中频揻弯机 250kW		台班	3.375	3.857	4.500	6.750
	电动葫芦单速 3t		台班	4.235	4.929	5.646	7.598
	电动单梁起重机 5t		台班	—	—	—	0.367

17. 高压合金钢管中频揻弯

工作内容:准备工作,管子切口,管子上胎具,加热,揻弯,成型检查,堆放。　　计量单位:10 个

编号				8-7-244	8-7-245	8-7-246	8-7-247	8-7-248
项目				公称直径(mm 以内)				
				100	150	200	250	300
名称			单位	消耗量				
人工	合计工日		工日	4.700	6.540	8.761	11.299	16.502
	其中	普工	工日	1.174	1.635	2.190	2.825	4.126
		一般技工	工日	3.056	4.251	5.695	7.344	10.726
		高级技工	工日	0.470	0.654	0.876	1.130	1.650
材料	合金钢管		m	(3.010)	(4.220)	(5.420)	(6.630)	(7.830)
	其他材料费		%	1.00	1.00	1.00	1.00	1.00
机械	普通车床 630×2 000(安装用)		台班	0.596	1.315	1.610	2.216	2.958
	中频揻弯机 250kW		台班	1.446	1.688	2.025	2.532	3.375
	电动单梁起重机 5t		台班	—	—	—	—	2.958
	电动葫芦单速 3t		台班	2.042	3.003	3.635	3.818	4.273

计量单位：10 个

编号				8-7-249	8-7-250	8-7-251	8-7-252
项目				公称直径（mm 以内）			
				350	400	450	500
名称			单位	消耗量			
人工	合计工日		工日	24.127	27.745	35.932	55.572
	其中	普工	工日	6.032	6.936	8.984	13.893
		一般技工	工日	15.683	18.034	23.355	36.122
		高级技工	工日	2.412	2.775	3.593	5.557
材料	合金钢管		m	（9.040）	（10.250）	（11.450）	（12.660）
	其他材料费		%	1.00	1.00	1.00	1.00
机械	普通车床 630×2 000（安装用）		台班	4.068	4.751	5.951	7.380
	中频揻弯机 250kW		台班	5.063	5.786	6.750	10.125
	电动单梁起重机 5t		台班	4.068	4.751	5.951	7.380
	电动葫芦单速 3t		台班	5.063	5.786	6.750	10.125

十四、三通补强圈制作与安装

1. 低压碳钢管开孔三通补强圈制作与安装（电弧焊）

工作内容： 准备工作，划线，号料，切割，坡口加工，板弧滚压，钻孔，锥丝，组对，焊接。

计量单位： 10个

编号				8-7-253	8-7-254	8-7-255	8-7-256	8-7-257	8-7-258
项目				公称直径（mm以内）					
				50	100	150	200	250	300
名称			单位	消耗量					
人工	合计工日		工日	0.700	1.275	1.988	2.569	3.587	4.076
	其中	普工	工日	0.233	0.425	0.662	0.855	1.194	1.357
		一般技工	工日	0.233	0.425	0.662	0.855	1.194	1.357
		高级技工	工日	0.234	0.425	0.664	0.859	1.199	1.361
材料	无缝钢管（综合）		kg	（1.881）	（5.791）	（9.724）	（14.066）	（17.582）	（35.446）
	低碳钢焊条 J427 $\phi3.2$		kg	0.455	1.663	3.200	5.079	8.320	10.369
	氧气		m^3	0.035	1.125	1.663	2.305	3.212	3.653
	乙炔气		kg	0.013	0.433	0.640	0.887	1.235	1.405
	尼龙砂轮片 $\phi100\times16\times3$		片	0.506	1.844	3.128	4.794	7.014	10.006
	角钢（综合）		kg	—	—	—	0.574	0.574	0.755
	磨头		个	0.169	0.338	—	—	—	—
	碎布		kg	0.014	0.020	0.034	0.048	0.062	0.068
	其他材料费		%	1.00	1.00	1.00	1.00	1.00	1.00
机械	汽车式起重机 8t		台班	—	0.003	0.003	0.003	0.007	0.009
	载货汽车－普通货车 8t		台班	—	0.003	0.003	0.003	0.007	0.009
	电动葫芦单速 3t		台班	—	—	—	0.059	0.063	0.074
	电焊机（综合）		台班	0.136	0.373	0.534	0.746	1.056	1.264
	电焊条烘干箱 $60\times50\times75(cm^3)$		台班	0.014	0.038	0.053	0.075	0.106	0.126
	电焊条恒温箱		台班	0.014	0.038	0.053	0.075	0.106	0.126

2. 中压碳钢管开孔三通补强圈制作与安装（电弧焊）

工作内容：准备工作，划线，号料，切割，坡口加工，板弧滚压，钻孔，锥丝，组对，焊接。

计量单位：10 个

编号				8-7-259	8-7-260	8-7-261	8-7-262	8-7-263	8-7-264
项目				公称直径（mm 以内）					
				50	100	150	200	250	300
名称			单位	消耗量					
人工	合计工日		工日	0.839	1.531	2.388	3.081	4.304	4.888
	其中	普工	工日	0.280	0.510	0.796	1.026	1.433	1.628
		一般技工	工日	0.280	0.510	0.796	1.026	1.433	1.628
		高级技工	工日	0.280	0.511	0.796	1.029	1.437	1.633
材料	无缝钢管（综合）		kg	（2.257）	（6.949）	（11.669）	（16.879）	（21.098）	（42.535）
	低碳钢焊条 J427 $\phi 3.2$		kg	0.546	1.996	3.840	6.095	9.984	12.443
	氧气		m^3	0.043	1.350	1.995	2.765	3.855	4.383
	乙炔气		kg	0.017	0.519	0.767	1.063	1.483	1.686
	尼龙砂轮片 $\phi 100 \times 16 \times 3$		片	0.607	2.213	3.754	5.753	8.417	12.007
	角钢（综合）		kg	—	—	—	0.689	0.689	0.906
	磨头		个	0.203	0.406	—	—	—	—
	碎布		kg	0.017	0.024	0.041	0.058	0.074	0.082
	其他材料费		%	1.00	1.00	1.00	1.00	1.00	1.00
机械	汽车式起重机 8t		台班	—	0.004	0.004	0.004	0.008	0.011
	载货汽车－普通货车 8t		台班	—	0.004	0.004	0.004	0.008	0.011
	电动葫芦单速 3t		台班	—	—	—	0.070	0.076	0.089
	电焊机（综合）		台班	0.163	0.446	0.641	0.895	1.267	1.517
	电焊条烘干箱 $60 \times 50 \times 75$（cm^3）		台班	0.016	0.044	0.064	0.090	0.126	0.151
	电焊条恒温箱		台班	0.016	0.044	0.064	0.090	0.126	0.151

3. 低压不锈钢管开孔三通补强圈制作与安装（电弧焊）

工作内容： 准备工作，划线，号料，切割，坡口加工，板弧滚压，钻孔，锥丝，组对，焊接，焊缝钝化。

计量单位：10 个

编　　号			8-7-265	8-7-266	8-7-267	8-7-268	8-7-269	8-7-270
项　　目			公称直径（mm 以内）					
			50	100	150	200	250	300
名　　称		单位	消　耗　量					
人工	合计工日	工日	0.757	1.512	2.084	2.822	3.844	4.659
	其中 普工	工日	0.252	0.504	0.694	0.939	1.280	1.551
	其中 一般技工	工日	0.252	0.504	0.694	0.939	1.280	1.551
	其中 高级技工	工日	0.254	0.504	0.697	0.944	1.284	1.556
材料	不锈钢无缝钢管	kg	（1.881）	（5.791）	（9.724）	（14.066）	（17.582）	（35.446）
	不锈钢焊条（综合）	kg	0.351	0.881	1.931	3.392	5.478	7.791
	不锈钢专用砂轮片	片	0.738	2.400	4.091	7.127	10.083	13.701
	碎布	kg	0.039	0.068	0.105	0.144	0.178	0.205
	白垩粉	kg	0.204	0.255	0.277	0.300	0.355	0.410
	石油沥青油毡 350#	m^2	0.126	0.158	0.172	0.186	0.270	0.354
	丙酮	kg	0.123	0.246	0.342	0.473	0.589	0.699
	酸洗膏	kg	0.086	0.176	0.364	0.474	0.716	0.852
	水	t	0.020	0.041	0.062	0.082	0.096	0.116
	其他材料费	%	1.00	1.00	1.00	1.00	1.00	1.00
机械	汽车式起重机 8t	台班	—	0.003	0.003	0.003	0.007	0.009
	载货汽车－普通货车 8t	台班	—	0.003	0.003	0.003	0.007	0.009
	电动葫芦单速 3t	台班	0.039	0.048	0.053	0.056	0.062	0.068
	等离子切割机 400A	台班	0.078	0.155	0.309	0.429	0.559	0.682
	电焊机（综合）	台班	0.137	0.304	0.530	0.745	1.064	1.369
	电焊条烘干箱 60×50×75（cm^3）	台班	0.014	0.030	0.053	0.075	0.106	0.137
	电焊条恒温箱	台班	0.014	0.030	0.053	0.075	0.106	0.137
	电动空气压缩机 $1m^3/min$	台班	0.078	0.155	0.309	0.429	0.559	0.682
	电动空气压缩机 $6m^3/min$	台班	0.007	0.007	0.007	0.007	0.007	0.007

4. 中压不锈钢管开孔三通补强圈制作与安装（电弧焊）

工作内容：准备工作，划线，号料，切割，坡口加工，板弧滚压，钻孔，锥丝，组对，焊接，焊缝钝化。

计量单位：10 个

编号			8-7-271	8-7-272	8-7-273	8-7-274	8-7-275	8-7-276
项目			公称直径（mm 以内）					
			50	100	150	200	250	300
名称		单位	消耗量					
人工	合计工日	工日	0.910	1.813	2.501	3.386	4.611	5.590
人工	其中 普工	工日	0.303	0.604	0.833	1.128	1.536	1.862
人工	其中 一般技工	工日	0.303	0.604	0.833	1.128	1.536	1.862
人工	其中 高级技工	工日	0.304	0.606	0.835	1.131	1.539	1.866
材料	不锈钢无缝钢管	kg	(2.257)	(6.949)	(11.669)	(16.879)	(21.098)	(42.535)
材料	不锈钢焊条（综合）	kg	0.421	1.057	2.317	4.070	6.574	9.349
材料	不锈钢专用砂轮片	片	0.886	2.880	4.909	8.552	12.100	16.441
材料	碎布	kg	0.047	0.082	0.126	0.173	0.213	0.246
材料	白垩粉	kg	0.245	0.306	0.332	0.360	0.426	0.492
材料	石油沥青油毡 350#	m^2	0.151	0.190	0.206	0.223	0.324	0.425
材料	丙酮	kg	0.148	0.295	0.410	0.568	0.707	0.839
材料	酸洗膏	kg	0.103	0.211	0.437	0.569	0.859	1.022
材料	水	t	0.024	0.049	0.074	0.098	0.115	0.139
材料	其他材料费	%	1.00	1.00	1.00	1.00	1.00	1.00
机械	汽车式起重机 8t	台班	—	0.004	0.004	0.004	0.008	0.011
机械	载货汽车－普通货车 8t	台班	—	0.004	0.004	0.004	0.008	0.011
机械	电动葫芦单速 3t	台班	0.047	0.058	0.063	0.068	0.075	0.082
机械	等离子切割机 400A	台班	0.094	0.186	0.371	0.515	0.670	0.819
机械	电焊机（综合）	台班	0.164	0.364	0.636	0.894	1.277	1.642
机械	电焊条烘干箱 60×50×75（cm^3）	台班	0.016	0.037	0.064	0.090	0.128	0.164
机械	电焊条恒温箱	台班	0.016	0.037	0.064	0.090	0.128	0.164
机械	电动空气压缩机 1m^3/min	台班	0.094	0.186	0.371	0.515	0.670	0.819
机械	电动空气压缩机 6m^3/min	台班	0.008	0.008	0.008	0.008	0.008	0.008

5. 低压合金钢管开孔三通补强圈制作与安装(电弧焊)

工作内容: 准备工作,划线,号料,切割,坡口加工,板弧滚压,钻孔,锥丝,组对,焊接。

计量单位: 10 个

编号				8-7-277	8-7-278	8-7-279	8-7-280	8-7-281	8-7-282
项目				公称直径(mm 以内)					
				50	100	150	200	250	300
名称			单位	消耗量					
人工	合计工日		工日	0.801	1.642	1.918	3.049	4.138	4.746
	其中	普工	工日	0.266	0.547	0.638	1.015	1.378	1.580
		一般技工	工日	0.266	0.547	0.638	1.015	1.378	1.580
		高级技工	工日	0.269	0.549	0.642	1.019	1.382	1.585
材料	合金钢管		kg	(1.881)	(5.791)	(9.724)	(14.066)	(17.582)	(35.446)
	合金钢焊条		kg	0.427	1.680	2.354	4.049	7.964	9.500
	氧气		m^3	0.038	0.090	0.543	0.830	1.245	1.400
	乙炔气		kg	0.015	0.035	0.209	0.319	0.479	0.538
	尼龙砂轮片 $\phi100\times16\times3$		片	0.234	0.566	0.795	1.214	1.911	2.287
	碎布		kg	0.039	0.068	0.105	0.144	0.178	0.205
	磨头		个	0.199	0.378	—	—	—	—
	丙酮		kg	0.136	0.272	0.378	0.521	0.650	0.770
	其他材料费		%	1.00	1.00	1.00	1.00	1.00	1.00
机械	汽车式起重机 8t		台班	—	0.004	0.004	0.004	0.008	0.010
	载货汽车－普通货车 8t		台班	—	0.004	0.004	0.004	0.008	0.010
	电动葫芦单速 3t		台班	—	0.092	0.129	0.135	0.150	0.154
	半自动切割机 100mm		台班	—	—	0.045	0.062	0.091	0.097
	电焊机(综合)		台班	0.130	0.381	0.532	0.757	1.076	1.282
	电焊条烘干箱 $60\times50\times75$(cm^3)		台班	0.013	0.038	0.053	0.076	0.108	0.129
	电焊条恒温箱		台班	0.013	0.038	0.053	0.076	0.108	0.129

6. 中压合金钢管开孔三通补强圈制作与安装(电弧焊)

工作内容: 准备工作,划线,号料,切割,坡口加工,板弧滚压,钻孔,锥丝,组对,焊接。 **计量单位:** 10 个

编号				8-7-283	8-7-284	8-7-285	8-7-286	8-7-287	8-7-288
项目				公称直径(mm 以内)					
				50	100	150	200	250	300
名称			单位	消耗量					
人工	合计工日		工日	0.961	1.971	2.302	3.659	4.965	5.697
	其中	普工	工日	0.320	0.656	0.767	1.218	1.653	1.897
		一般技工	工日	0.320	0.656	0.767	1.218	1.653	1.897
		高级技工	工日	0.320	0.659	0.768	1.223	1.658	1.902
材料	合金钢管		kg	(1.881)	(5.791)	(9.724)	(14.066)	(17.582)	(35.446)
	合金钢焊条		kg	0.512	2.016	2.825	4.859	9.557	11.400
	氧气		m^3	0.045	0.107	0.650	0.995	1.495	1.680
	乙炔气		kg	0.017	0.041	0.250	0.383	0.575	0.646
	尼龙砂轮片 $\phi100\times16\times3$		片	0.281	0.679	0.954	1.457	2.293	2.744
	碎布		kg	0.047	0.082	0.126	0.173	0.213	0.246
	磨头		个	0.239	0.454	—	—	—	—
	丙酮		kg	0.163	0.326	0.454	0.625	0.780	0.924
	其他材料费		%	1.00	1.00	1.00	1.00	1.00	1.00
机械	汽车式起重机 8t		台班	—	0.006	0.006	0.006	0.009	0.012
	载货汽车－普通货车 8t		台班	—	0.006	0.006	0.006	0.009	0.012
	电动葫芦单速 3t		台班	—	0.110	0.154	0.161	0.179	0.185
	半自动切割机 100mm		台班	—	—	0.054	0.075	0.109	0.116
	电焊机(综合)		台班	0.156	0.456	0.638	0.908	1.291	1.538
	电焊条烘干箱 $60\times50\times75$(cm^3)		台班	0.015	0.045	0.064	0.091	0.129	0.154
	电焊条恒温箱		台班	0.015	0.045	0.064	0.091	0.129	0.154

7. 铝及铝合金管开孔三通补强圈制作与安装（氩弧焊）

工作内容： 准备工作，划线，号料，切割，坡口加工，板弧滚压，钻孔，锥丝，组对焊接。 **计量单位：** 10个

编号				8-7-289	8-7-290	8-7-291	8-7-292	8-7-293	8-7-294
项目				公称直径（mm 以内）					
				50	100	150	200	250	300
名称			单位	消耗量					
人工	合计工日		工日	0.735	1.298	2.244	3.242	4.160	4.937
	其中	普工	工日	0.147	0.256	0.449	0.653	0.836	0.991
		一般技工	工日	0.294	0.521	0.898	1.295	1.662	1.973
		高级技工	工日	0.294	0.521	0.898	1.295	1.662	1.973
材料	铝及铝合金管		kg	（0.749）	（2.305）	（3.871）	（4.869）	（6.086）	（12.270）
	铝焊丝 丝301 ϕ1~6		kg	0.054	0.149	0.347	0.498	0.674	0.953
	氧气		m^3	0.008	0.298	0.508	0.753	2.067	2.317
	乙炔气		kg	0.003	0.115	0.195	0.290	0.795	0.891
	氩气		m^3	0.152	0.418	0.971	1.394	1.887	2.668
	尼龙砂轮片 $\phi100\times16\times3$		片	0.161	0.402	0.684	1.021	1.380	1.848
	铈钨棒		g	0.304	0.835	1.942	2.789	3.775	5.335
	氢氧化钠（烧碱）		kg	0.335	0.671	1.085	1.499	1.748	2.004
	硝酸		kg	0.100	0.200	0.314	0.435	0.500	0.649
	重铬酸钾 98%		kg	0.043	0.078	0.128	0.179	0.200	0.264
	水		t	0.021	0.036	0.057	0.086	0.093	0.121
	碎布		kg	0.086	0.136	0.143	0.157	0.178	0.193
	其他材料费		%	1.00	1.00	1.00	1.00	1.00	1.00
机械	汽车式起重机 8t		台班	—	0.003	0.003	0.003	0.004	0.008
	载货汽车－普通货车 8t		台班	—	0.003	0.003	0.003	0.004	0.008
	等离子切割机 400A		台班	—	0.382	0.584	0.779	0.990	1.189
	氩弧焊机 500A		台班	0.040	0.074	0.154	0.221	0.279	0.393
	电动空气压缩机 $1m^3/min$		台班	—	0.382	0.584	0.779	0.990	1.189
	电动空气压缩机 $6m^3/min$		台班	0.007	0.007	0.007	0.007	0.007	0.007

十五、半成品管段场外运输

工作内容：准备工作，管段装车，运输，管段卸车。 **计量单位：**10t

编号				8-7-295	8-7-296
项目				2km 以内	每增加 1km
名称			单位	消耗量	
人工	合计工日		工日	3.213	0.241
	其中	普工	工日	1.446	0.108
		一般技工	工日	1.446	0.109
		高级技工	工日	0.321	0.024
材料	钢丝绳 ϕ19~21.5		kg	2.400	—
	其他材料费		%	1.00	1.00
机械	汽车式起重机 16t		台班	0.879	0.022
	载货汽车－普通货车 15t		台班	0.879	0.022

附　　录

一、主要材料损耗率表

主要材料损耗率表

名称	计量单位	损耗率（%）
低、中压碳钢管	10m	4
高压碳钢管	10m	3.6
低、中、高压合金钢管	10m	3.6
低、中、高压不锈钢管	10m	3.6
不锈钢板卷管	10m	4
碳钢板卷管	10m	4
衬里钢管	10m	4
无缝铝管	10m	4
铝板卷管	10m	4
无缝铜管	10m	4
铜板卷管	10m	4
塑料管	10m	3
玻璃钢管	10m	2
玻璃管	10m	4
承插铸铁管	10m	2
法兰铸铁管	10m	1
预应力混凝土管	10m	1
冷冻排管	10m	2
螺纹管件	10 件	1
螺纹阀门 *DN*20 以下	个	2
螺纹阀门 *DN*20 以上	个	1
带帽螺栓	套	3

二、吊装机械(综合)

吊装机械(综合)

机械名称	电动单筒快速卷扬机(牵引力 kN)	汽车式起重机(提升质量 t)			
	5	8	16	25	50
比例(%)	20	10	35	25	10

三、焊接机械(综合)

焊接机械(综合)

机械名称	交流弧焊机(容量 kV·A)	交流弧焊机(容量 kV·A)		
	21	14	20	32
比例(%)	30	30	30	10

四、平焊法兰螺栓质量表

平焊法兰螺栓质量表

公称直径（mm）	0.25MPa				0.6MPa				1MPa				1.6MPa				2.5MPa			
	法兰		螺栓		法兰		螺栓		法兰		螺栓		法兰		螺栓		法兰		螺栓	
	δ	孔数	L	kg	δ	孔数	L	kg	δ	孔数	L	kg	δ	孔数	L	kg	δ	孔数	L	kg
10	10	4	10×35	0.182	12	4	10×40	0.197	12	4	12×40	0.281	14	4	12×45	0.300	16	4	12×50	0.319
15	10	4	10×35	0.182	12	4	10×40	0.197	12	4	12×40	0.281	14	4	12×45	0.300	16	4	12×50	0.319
20	12	4	10×40	0.197	14	4	10×40	0.197	14	4	12×45	0.300	16	4	12×50	0.319	18	4	12×50	0.319
25	12	4	10×40	0.197	14	4	10×40	0.197	14	4	12×45	0.300	18	4	12×50	0.319	18	4	12×50	0.319
32	12	4	12×40	0.281	16	4	12×50	0.319	16	4	16×50	0.601	18	4	16×55	0.635	20	4	16×60	0.669
40	12	4	12×40	0.281	16	4	12×50	0.319	18	4	16×55	0.635	20	4	16×60	0.669	22	4	16×65	0.702
50	12	4	12×40	0.281	16	4	12×50	0.319	18	4	16×55	0.635	22	4	16×65	0.702	24	4	16×70	0.736
70	14	4	12×45	0.300	16	4	12×50	0.319	20	4	16×60	0.669	24	4	16×70	0.736	24	8	16×70	1.472
80	14	4	16×50	0.601	18	4	16×55	0.635	20	4	16×60	0.669	24	8	16×70	1.472	26	8	16×70	1.472
100	14	4	16×50	0.601	18	4	16×55	0.635	22	8	16×65	1.404	26	8	16×70	1.472	28	8	20×80	2.710
125	14	8	16×50	1.202	20	8	16×60	1.338	24	8	16×70	1.472	28	8	16×75	1.540	30	8	22×85	3.556
150	16	8	16×50	1.202	20	8	16×60	1.338	24	8	20×70	2.498	28	8	20×80	2.710	30	8	22×85	3.556
175	18	8	16×50	1.202	22	8	16×65	1.404	24	8	20×70	2.498	28	8	20×80	2.710	32	12	22×90	5.334
200	20	8	16×53	1.270	22	8	16×65	1.404	24	8	20×70	2.498	30	12	20×85	4.380	32	12	22×90	5.334
225	22	8	16×60	1.338	22	8	16×65	1.404	24	8	20×70	2.498	30	12	20×85	4.380	34	12	27×100	9.981
250	22	12	16×65	2.106	24	12	16×70	2.208	26	12	20×75	3.906	32	12	22×90	5.334	34	12	27×100	9.981
300	22	12	20×70	3.747	24	12	20×70	3.747	28	12	20×80	4.065	32	12	22×90	5.334	36	16	27×105	14.076
350	22	12	20×70	3.747	26	12	20×75	3.906	28	16	20×80	5.420	34	16	22×95	7.620	42	16	30×120	18.996
400	22	16	20×70	4.996	28	16	20×80	5.420	30	16	22×85	7.112	38	16	27×105	14.076	44	16	30×120	18.996
450	24	16	20×70	4.996	28	16	20×80	5.420	30	20	22×85	8.890	42	20	27×115	18.560	48	20	30×130	24.930
500	24	16	20×70	4.996	30	16	20×85	5.840	32	20	22×90	8.890	48	20	30×130	24.930	52	20	36×150	41.450
600	24	20	22×75	7.932	30	20	22×85	8.890	36	20	27×105	17.595	50	20	30×140	26.120	—	—	—	—
700	26	24	22×80	9.900	32	24	22×90	10.668	—	—	—	—	—	—	—	—	—	—	—	—
800	26	24	27×85	18.804	32	24	27×95	19.962	—	—	—	—	—	—	—	—	—	—	—	—
900	28	24	27×85	18.804	34	24	27×100	19.962	—	—	—	—	—	—	—	—	—	—	—	—
1 000	30	28	27×90	21.938	36	28	27×105	24.633	—	—	—	—	—	—	—	—	—	—	—	—
1 200	30	32	27×90	25.072	—	—	—	—	—	—	—	—	—	—	—	—	—	—	—	—
1 400	32	36	27×95	29.943	—	—	—	—	—	—	—	—	—	—	—	—	—	—	—	—
1 600	32	40	27×95	33.270	—	—	—	—	—	—	—	—	—	—	—	—	—	—	—	—

五、榫槽面平焊法兰螺栓质量表

榫槽面平焊法兰螺栓质量表

公称直径（mm）	0.25MPa				0.6MPa				1MPa				1.6MPa				2.5MPa			
	法兰		螺栓		法兰		螺栓		法兰		螺栓		法兰		螺栓		法兰		螺栓	
	δ	孔数	L	kg	δ	孔数	L	kg	δ	孔数	L	kg	δ	孔数	L	kg	δ	孔数	L	kg
10	10	4	10×40	0.197	12	4	10×45	0.210	12	4	12×45	0.300	14	4	12×50	0.319	16	4	12×55	0.338
15	10	4	10×40	0.197	12	4	10×45	0.210	12	4	12×45	0.300	14	4	12×50	0.319	16	4	12×55	0.338
20	12	4	10×45	0.210	14	4	10×50	0.223	14	4	12×50	0.319	16	4	12×55	0.338	18	4	12×60	0.357
25	12	4	10×45	0.210	14	4	10×50	0.223	14	4	12×50	0.319	18	4	12×60	0.357	18	4	12×60	0.357
32	12	4	12×45	0.300	16	4	12×55	0.338	16	4	16×60	0.669	18	4	16×65	0.702	20	4	16×65	0.702
40	12	4	12×45	0.300	16	4	12×55	0.338	18	4	16×65	0.702	20	4	16×65	0.702	22	4	16×75	0.770
50	12	4	12×45	0.300	16	4	12×55	0.338	18	4	16×65	0.702	22	4	16×70	0.736	24	4	16×75	0.770
70	14	4	12×50	0.319	16	4	12×55	0.338	20	4	16×70	0.736	24	4	16×70	0.736	24	8	16×75	1.540
80	14	4	16×55	0.635	18	4	16×65	0.702	20	4	16×70	0.736	24	8	16×75	1.540	26	8	16×80	1.608
100	14	4	16×55	0.635	18	4	16×65	0.702	22	8	16×70	1.472	26	8	16×80	1.608	28	8	20×85	2.920
125	14	8	16×55	1.270	20	8	16×65	1.404	24	8	16×75	1.540	28	8	16×85	1.742	30	8	22×95	3.810
150	16	8	16×60	1.338	20	8	16×65	1.404	24	8	20×80	2.710	28	8	20×90	2.920	30	8	22×95	3.810
175	16	8	16×60	1.338	22	8	16×70	1.472	24	8	20×80	2.710	28	8	20×90	2.920	32	12	22×100	5.715
200	18	8	16×65	1.402	22	8	16×70	1.472	24	8	20×80	2.710	30	12	20×95	4.695	32	12	22×100	5.715
225	20	8	16×65	1.402	22	8	16×70	1.472	24	8	20×80	2.710	30	12	20×95	4.695	34	12	27×105	10.557
250	22	12	16×70	2.208	24	12	16×75	2.310	26	12	20×85	4.380	32	12	22×100	5.715	34	12	27×105	10.557
300	22	12	20×75	3.906	24	12	20×80	4.065	28	12	20×90	4.380	32	12	22×100	5.715	36	16	27×120	14.848
350	22	12	20×75	3.906	26	12	20×85	4.380	28	16	20×90	5.840	34	16	22×105	8.132	42	16	30×130	19.944
400	22	16	20×75	5.208	28	16	20×85	5.840	30	16	22×95	7.620	38	16	27×115	14.848	44	16	30×130	19.944
450	24	16	20×80	5.420	28	16	20×90	5.840	30	20	22×95	9.525	42	20	27×130	19.520	48	20	30×140	26.120
500	24	16	20×80	5.420	30	16	20×90	5.840	32	20	22×100	9.525	48	20	30×140	26.120	52	20	36×150	41.450
600	24	20	22×85	8.890	30	20	22×90	8.890	36	20	22×110	17.595	50	20	36×150	41.450	—	—	—	—
700	26	24	22×85	10.668	—	—	—	—	—	—	—	—	—	—	—	—	—	—	—	—
800	26	24	27×90	18.804	—	—	—	—	—	—	—	—	—	—	—	—	—	—	—	—

六、对焊法兰螺栓质量表

对焊法兰螺栓质量表

公称直径（mm）	0.25MPa				0.6MPa				1MPa				1.6MPa			
	法兰		螺栓		法兰		螺栓		法兰		螺栓		法兰		螺栓	
	δ	孔数	L	kg	δ	孔数	L	kg	δ	孔数	L	kg	δ	孔数	L	kg
10	10	4	10×40	0.197	4	12	10×40	0.197	12	4	12×45	0.300	14	4	12×50	0.319
15	10	4	10×40	0.197	4	12	10×40	0.197	12	4	12×45	0.300	14	4	12×50	0.319
20	10	4	10×40	0.197	4	12	10×40	0.197	14	4	12×50	0.319	14	4	12×50	0.319
25	10	4	10×40	0.197	4	14	10×45	0.210	14	4	12×50	0.319	14	4	12×50	0.319
32	10	4	12×40	0.300	4	14	12×50	0.319	16	4	16×60	0.669	16	4	16×60	0.669
40	12	4	12×45	0.300	4	14	12×50	0.319	16	4	16×60	0.669	16	4	16×60	0.669
50	12	4	12×45	0.300	4	14	12×50	0.319	16	4	16×60	0.669	16	4	16×60	0.669
70	12	4	12×45	0.300	4	14	12×50	0.319	18	4	16×65	0.702	18	4	16×65	0.702
80	14	4	16×50	0.601	4	16	16×60	0.669	18	4	16×65	0.702	20	8	16×70	1.472
100	14	4	16×50	0.601	4	16	16×60	0.669	20	8	16×70	1.472	20	8	16×70	1.472
125	14	8	16×50	1.202	8	18	16×65	1.404	22	8	16×75	1.540	22	8	16×80	1.608
150	14	8	16×50	1.202	8	18	16×65	1.404	22	8	20×75	2.604	22	8	20×80	2.710
175	16	8	16×60	1.338	8	20	16×70	1.472	22	8	20×75	2.604	24	8	20×80	2.710
200	16	8	16×60	1.338	8	20	16×70	1.472	22	8	20×75	2.604	24	12	20×80	4.065
225	18	8	16×65	1.404	8	20	16×70	1.472	22	8	20×75	2.604	24	12	20×80	4.065
250	20	12	16×70	2.208	12	22	16×75	2.310	24	12	20×80	4.065	26	12	22×85	5.334
300	20	12	20×70	3.747	12	22	20×75	3.906	26	12	20×85	4.380	28	12	22×90	5.334
350	20	12	20×70	3.747	12	22	20×75	3.906	26	16	20×85	5.840	32	16	22×100	7.620
400	20	16	20×70	4.996	16	22	20×75	5.208	26	16	22×85	7.112	36	16	27×115	14.848
450	20	16	20×70	4.996	16	22	20×75	5.208	26	20	22×90	8.890	38	20	27×120	18.560
500	24	16	20×80	5.420	16	24	20×80	5.420	28	20	22×90	8.890	42	20	30×130	24.930
600	24	20	22×80	8.250	20	24	22×80	8.250	30	20	27×95	16.635	46	20	36×140	39.740
700	24	24	22×80	9.900	24	24	22×80	9.900	30	24	27×100	19.962	48	24	36×140	47.688
800	24	24	27×85	18.804	24	24	27×85	18.804	32	24	30×110	27.072	50	24	36×150	49.740

续表

公称直径（mm）	2.5MPa				4MPa				6.4MPa			
	法兰		螺栓		法兰		螺栓		法兰		螺栓	
	δ	孔数	L	kg	δ	孔数	L	kg	δ	孔数	L	kg
10	16	4	12×55	0.338	16	4	12×65	0.376	18	4	12×70	0.395
15	16	4	12×55	0.338	16	4	12×65	0.376	18	4	12×70	0.395
20	16	4	12×55	0.338	16	4	12×65	0.376	20	4	16×80	0.804
25	16	4	12×55	0.338	16	4	12×65	0.376	22	4	16×85	0.871
32	18	4	16×65	0.702	18	4	16×75	0.770	24	4	20×95	1.565
40	18	4	16×65	0.702	18	4	16×75	0.770	24	4	20×95	1.565
50	20	4	16×70	0.736	20	4	16×80	0.804	26	4	20×100	1.565
70	22	8	16×70	1.472	22	8	16×85	1.743	28	8	20×110	3.345
80	22	8	16×70	1.472	24	8	16×85	1.743	30	8	20×110	3.345
100	24	8	20×80	2.710	26	8	20×100	3.130	32	8	22×120	4.321
125	26	8	22×85	2.556	28	8	20×110	3.345	36	8	27×140	8.193
150	28	8	22×90	3.556	30	8	20×110	3.345	38	8	30×150	10.924
175	28	12	22×95	5.715	36	12	27×130	11.713	42	12	30×150	16.386
200	30	12	27×95	9.981	38	12	27×140	12.289	44	12	30×160	17.105
225	32	12	27×105	10.557	40	12	30×150	16.386	46	12	30×160	17.105
250	32	12	27×105	10.557	42	12	30×150	16.386	48	12	36×180	27.951
300	36	16	27×115	14.848	46	16	30×160	22.807	54	16	36×190	40.008
350	40	16	30×120	18.996	52	16	30×170	24.725	60	16	36×200	40.008
400	44	16	30×130	19.944	58	16	36×200	40.008	66	16	42×220	61.368
450	46	20	30×140	26.120	60	20	36×200	50.010	—	—	—	—
500	48	20	36×150	41.450	62	20	42×210	76.710	—	—	—	—
600	54	20	36×160	43.160	—	—	—	—	—	—	—	—
700	58	24	42×170	80.856	—	—	—	—	—	—	—	—
800	60	24	42×180	80.856	—	—	—	—	—	—	—	—

七、梯形槽式对焊法兰螺栓质量表

梯形槽式对焊法兰螺栓质量表

公称直径（mm）	6.4MPa				10MPa				16MPa			
	法兰		螺栓		法兰		螺栓		法兰		螺栓	
	δ	孔数	L	kg	δ	孔数	L	kg	δ	孔数	L	kg
10~15	22	4	12×80	0.433	22	4	12×80	0.433	26	4	16×95	0.939
20	24	4	16×90	0.871	24	4	16×90	0.871	32	4	20×110	1.673
25	24	4	16×90	0.871	24	4	16×90	0.871	34	4	20×110	1.673
32	26	4	20×100	1.565	30	4	20×110	1.673	36	4	22×120	2.160
40	28	4	20×110	1.673	32	4	20×110	1.673	40	4	24×130	2.901
50	30	4	20×110	1.673	34	4	22×120	2.160	44	8	24×140	6.107
65	32	8	20×110	3.346	38	8	22×130	4.576	50	8	27×160	8.962
80	36	8	20×120	3.556	42	8	22×140	4.832	54	8	27×170	9.730
100	40	8	22×140	4.832	48	8	27×160	8.962	58	8	30×180	12.362
125	44	8	27×150	8.578	52	8	30×170	12.362	70	8	36×210	21.373
150	48	8	30×160	11.404	58	12	30×180	18.543	80	12	36×230	34.115
200	54	12	30×180	18.543	66	12	36×210	32.060	92	12	42×260	51.625
250	62	12	36×200	30.006	74	12	36×220	32.060	100	12	48×290	78.315
300	66	16	36×220	47.747	80	16	42×240	65.101	—	—	—	—

八、焊环活动法兰螺栓质量表

焊环活动法兰螺栓质量表

公称直径（mm）	0.25MPa				1MPa				1.6MPa			
	法兰		螺栓		法兰		螺栓		法兰		螺栓	
	δ	孔数	L	kg	δ	孔数	L	kg	δ	孔数	L	kg
10	10	4	10×55	0.236	12	4	12×60	0.357	14	4	12×65	0.376
15	10	4	10×55	0.236	12	4	12×60	0.357	14	4	12×65	0.376
20	10	4	10×55	0.236	14	4	12×65	0.376	16	4	12×75	0.414
25	12	4	10×60	0.250	14	4	12×65	0.376	16	4	12×75	0.414
32	12	4	12×60	0.357	16	4	16×80	0.804	18	4	16×85	0.871
40	12	4	12×60	0.357	18	4	16×80	0.804	20	4	16×90	0.871
50	12	4	12×60	0.357	18	4	16×80	0.804	20	4	16×90	0.871
70	14	4	12×70	0.395	20	4	16×90	0.871	22	4	16×100	0.939
80	14	4	16×75	0.770	22	4	16×100	0.939	24	8	16×100	1.878
100	14	4	16×75	0.77	24	8	16×100	1.378	26	8	16×110	2.013
125	14	8	16×75	1.540	26	8	16×110	2.013	28	8	16×115	2.149
150	16	8	16×80	1.608	26	8	20×110	3.345	28	8	20×120	3.556
200	18	8	16×90	1.742	26	8	20×120	3.556	28	12	20×120	5.334
250	20	12	16×100	2.817	28	12	20×120	5.334	—	—	—	—
300	24	12	20×110	5.019	30	12	20×130	5.651	—	—	—	—
400	32	16	20×130	7.535	—	—	—	—	—	—	—	—
500	38	16	20×150	8.380	—	—	—	—	—	—	—	—

九、管口翻边活动法兰螺栓质量表

管口翻边活动法兰螺栓质量表

公称直径（mm）	0.25MPa、0.6MPa			
	法兰		螺栓	
	δ	孔数	L	kg
15	10	4	10×45	0.210
20	10	4	10×45	0.210
25	12	4	10×50	0.223
32	12	4	12×50	0.319
40	12	4	12×50	0.319
50	12	4	12×50	0.319
70	14	4	12×55	0.338
80	14	4	16×60	0.669
100	14	4	16×60	0.669
125	14	8	16×60	1.338
150	16	8	16×65	1.404
175	18	8	16×70	1.472
200	18	8	16×70	1.472
225	20	8	16×75	1.540
250	20	12	16×75	2.310
300	24	12	20×85	4.380
350	28	12	20×90	4.380
400	32	16	20×100	6.260
450	34	16	20×105	6.692
500	38	16	20×110	6.692

主编单位：电力工程造价与定额管理总站

专业主编单位：中国石油化工集团有限公司工程部

参编单位：中国石油化工集团有限公司工程定额管理站
中国石油化工股份有限公司天津分公司
中石化南京工程有限公司
中石化宁波工程有限公司
中石化第四建设有限公司
中石化第五建设有限公司
中石化第十建设有限公司

计价依据编制审查委员会综合协商组：胡传海　王海宏　吴佐民　王中和　董士波
冯志祥　褚得成　刘中强　龚桂林　薛长立
杨廷珍　汪亚峰　蒋玉翠　汪一江

计价依据编制审查委员会专业咨询组：薛长立　蒋玉翠　杨　军　张　鑫　李　俊
余铁明　庞宗琨

编制人员：蒋　炜　高云强　刘学民　孙俊卿　潘昌栋　张崇凯　龙军海　张铭钊
由　媛　辛　烨　雷　凌　蔡益荣　张　晴　张永栋　崔　健　孙　刚

审查专家：薛长立　蒋玉翠　张　鑫　杜浐阳　杨晓春　兰有东　周文国　汪　洋
刘和平

专业内部审查专家：褚得成　蒋玉翠　马红旗　汪　洋　王勤民　苏　勇

软件支持单位：成都鹏业软件股份有限公司

软件操作人员：杜　彬　赖勇军　孟　涛　可　伟